U0188730

新型建筑防水材料施工

主编　沈春林

中国建材工业出版社

图书在版编目（CIP）数据

新型建筑防水材料施工/沈春林主编．—北京：
中国建材工业出版社，2015.2（2017.8 重印）
ISBN 978-7-5160-1014-3

Ⅰ．①新… Ⅱ．①沈… Ⅲ．①建筑材料—防水材料
Ⅳ．①TU57

中国版本图书馆 CIP 数据核字（2014）第 251787 号

内 容 简 介

本书较为详尽地介绍了防水卷材、防水涂料、防水密封材料的基本施工技术以及路桥卷材防水层、种植屋面卷材防水层、聚氯乙烯膜片泳池防水层、沥青瓦防水层、聚氨酯涂膜防水层、聚脲涂膜防水层、橡化沥青非固化防水涂料防水层、路桥涂膜防水层、聚甲基丙烯酸甲酯涂膜防水层、聚合物水泥涂膜防水层、路桥接缝密封防水、聚硫和聚氨酯密封胶给水排水工程密封防水、聚合物水泥砂浆防水层、渗透结晶型防水材料防水层等数十种采用当今应用最为广泛的建筑防水材料构成的防水层的设计与施工技术。

本书可供从事建筑防水设计和施工的工程技术人员、施工人员学习参考。

新型建筑防水材料施工

主编 沈春林

出版发行：中国建材工业出版社
地　　址：北京市海淀区三里河路 1 号
邮　　编：100044
经　　销：全国各地新华书店
印　　刷：北京雁林吉兆印刷有限公司
开　　本：850mm×1168mm　1/32
印　　张：25
字　　数：666 千字
版　　次：2015 年 2 月第 1 版
印　　次：2017 年 8 月第 2 次
定　　价：**88.00 元**

本社网址：**www.jccbs.com.cn**　　微信公众号：**zgjcgycbs**
广告经营许可证号：京海工商广字第 8293 号
本书如出现印装质量问题，由我社市场营销部负责调换。联系电话：(010)88386906

本书编委会

主　　编：沈春林

副 主 编：苏立荣　高　岩　李　芳　杨炳元　褚建军　康杰分
　　　　　李　伶　宋银河　任绍志　黄永瑞　刘冠麟　刘　军
　　　　　陈　燕

编写人员：赵国芳　王荣柱　杨　军　徐长福　王玉峰　李　伟
　　　　　朱　江　杨广林　元　哲　罗擎旻　韩维忠　王继飞
　　　　　王　军　范　伟　汪良美　翁立林　盛建铭　杨根泉
　　　　　余金妹　宫　安　蔡京福　金　人　金剑平　郑家玉
　　　　　冯国荣　牛　杰　邱钰明　徐铭强　吴庆彪　李文甲
　　　　　韩春风　赵　斌　孟月珍　孙明海　许永彰　徐伟杰
　　　　　蔡皓钦　娄亚威　储伯良　易　举　樊细杨　贾志荣

前　言

我国从二十世纪五十年代开始应用沥青油毡以来，该类防水材料一直是我国建筑防水材料的主导产品。随着科学技术的不断进步，我国建筑防水工业得到了大力的发展，目前建筑防水材料已向高聚物改性沥青材料、合成高分子材料的方向发展，其产品结构开始发生变化，已从单一的沥青防水油毡发展为建筑防水卷材、建筑防水涂料、建筑防水密封材料、刚性防水及堵漏材料等四个大类上百个小类产品。随着我国国民经济的持续发展，防水材料的使用领域也在日益扩大，目前已从建筑物的屋面、墙地面、地下防水等领域扩展到了水利、环保、道桥、隧道、机场、地铁等众多领域的防水。随着建筑防水材料新产品的不断开发以及中外防水技术的交流和融合，路桥防水卷材、耐根穿刺防水卷材、聚脲防水涂料、橡化沥青非固化防水涂料、聚甲基丙烯酸甲酯防水涂料、渗透结晶型防水材料等已广泛应用于建筑防水领域。

近年来，我国陆续发布了 GB 50108—2008《地下工程防水技术规范》、GB 50345—2012《屋面工程技术规范》、JGJ/T 235—2011《建筑外墙防水工程技术规程》、JGJ 155—2013《种植屋面工程技术规程》、JGJ/T 200—2010《喷涂聚脲防水工程技术规程》、CECS 195：2006《聚合物水泥、渗透结晶型防水材料应用技术规程》、CECS 217：2006《聚硫、聚氨酯密封胶给水排水工程应用技术规程》、CECS 208：2006《泳池用聚氯乙烯膜片应用技术规程》等国家或行业标准和工程技术规范，这对促进我国建筑防水工程材料和绿色节能环保材料的发展具有重要的意义。

为了促进我国建筑防水事业的发展，规范新型建筑防水材料的施工，中国建材工业出版社组织编写《新型建筑防水材料施工》一书。全书共分五章，在介绍建筑防水卷材、建筑防水涂料、建筑防水密封材料基本施工技术的基础上，较为详尽地介绍路桥防水卷材、种植屋面用耐根穿刺防水卷材、泳池用聚氯乙烯膜片、沥青瓦、聚氨酯防水涂料、聚脲防水涂料、橡化沥青非固化防水涂料、路桥防水涂料、聚甲基丙烯酸甲酯防水涂料、聚合物水泥防水涂料、路桥接缝用密封材料、给水排水工程用聚硫和聚氨酯密封胶、聚合物水泥防水砂浆、渗透结晶型防水材料等当今应用最为广泛的建筑防水材料的性能、分类、技术性能要求、应用范围、防水工程的设计和施工，内容较为详尽，可为读者提供防水设计和施工技术方面的实用性指导。

　　编者在编写本书的过程中，参考和采用了许多学者和专家的著作、文献、论文、工具书和标准资料，并得到了许多单位和同仁的大力支持与帮助，在此谨致以诚挚的谢意，并衷心希望能继续得到各位同仁广泛的帮助和指正。由于所掌握的资料和信息不够全面，加之编者水平所限，书中肯定存在着许多不足之处，敬请读者不吝赐教。

沈春林

2014. 9. 16

目　　录

第1章 概 论

新型建筑防水材料的施工是指运用先进的科学技术方法，采取材料、构造设计、施工工艺、管理等一系列手段，设置科学合理的防水层，阻止水对建（构）筑物的危害并进行防治的一门施工技术。随着建筑科学技术的快速发展，建（构）筑物正在向高深两个方面扩展，就空间的利用和开发而言，设施不断增多，规模不断扩大，对建（构）筑物的防水要求也就越来越高，防水功能在建筑功能中已占有十分重要的地位，建筑防水工程及其施工技术也随之日益显示出其重要性。

1.1 建筑防水工程

防水工程是指为了防止水对人类建造工程的危害而采取一定的材料和构造形式进行设防、治理方式的总称。

概括而言，建筑防水就是防止雨水、地下水、工业和民用的给水排水、腐蚀性液体以及空气中的湿气、蒸气等侵入建筑物的方法，有的要防止其从地下室墙体、外墙体、屋面渗入室内，有的要防止水的流失、渗出，如蓄水池、泳池、水渠等。建筑防水方法一是采取"导"，将水排除，如采用设置疏水泄水层、排水沟，加大排水坡度等方法，以减少对工程的危害；二是采取"防"，即采取各种方法，将水拒之于建筑物需干燥的部位之外，如采用卷材防水层等。实施这些手段的工程称之为防水工程。

1.1.1 防水工程的分类

建筑防水工程可依据设防的部位、设防的方法、所采用的设防材料性能和品种进行分类。

（1）按土木工程的类别进行分类。防水工程就土木工程的类别而言，可分为建筑物防水和构筑物防水。

（2）按设防的部位进行分类。依据房屋建筑的基本构成及各构件所起的作用，按建筑物、构筑物工程设防的部位可划分为地上防水工程和地下防水工程。地上防水工程包括屋面防水工程、墙体防水工程和地面防水工程。地下防水工程是指地下室、地下管沟、地下铁道、隧道、地下建筑物和构筑物等处的防水。

屋面防水是指各类建筑物、构筑物屋面部位的防水；

墙体防水是指外墙立面、坡面、板缝、门窗、框架梁底、柱边等处的防水；

地面防水是指楼面、地面以及卫生间、浴室、盥洗间、厨房、开水间楼地面、管道等处的防水；

特殊建筑物、构筑物等部位的防水是指水池、水塔、室内游泳池、喷水池、四季厅、室内花园、储油罐、路桥等处的防水。

（3）按设防方法分类。按设防方法可分为复合防水和构造自防水。

复合防水是指采用各种防水材料进行防水的一种新型防水做法。在设防中采用多种不同性能的防水材料，利用各自具有的特性，在防水工程中复合使用，发挥各种防水材料的优势，以提高防水工程的整体性能，做到"刚柔结合，多道设防，综合治理"。如在节点部位，可用密封材料或性能各异的防水材料与大面积的一般防水材料配合使用，形成复合防水。

构造自防水是指采用一定形式或方法进行构造自防水或结合排水的一种防水做法。如地铁车站为防止侧墙渗水采用的双层侧墙内衬墙（补偿收缩防水钢筋混凝土），为防止顶板结构产生裂纹而设置的诱导缝和后浇带，为解决地铁结构漂浮而在底板下设置的倒滤层（渗排水层）等。

（4）按设防材料的品种分类。防水工程按设防材料的品种可分为卷材防水、涂膜防水、密封材料防水、混凝土和水泥砂浆防水、塑料板防水、金属板防水等。

（5）按设防材料性能分类。按设防材料的性能进行分类，可分为刚性防水和柔性防水。

刚性防水是指采用防水混凝土和防水砂浆做防水层。防水砂浆防水层是利用抹压均匀、密实的素灰和水泥砂浆分层交替施工，以构成一个整体防水层。由于是分层交替抹压，各层残留的毛细孔道相互弥补，从而阻塞了渗漏水的通道，因此具有较高的抗渗能力。

柔性防水则是采用起防水作用的柔性材料做防水层，如卷材防水层、涂膜防水层、密封材料防水层等。

1.1.2　建筑防水工程的功能和基本内容

建筑防水工程是建筑工程中的一个重要组成部分。建筑防水技术是保证建筑物和构筑物的结构不受水的侵袭，内部空间不受水的危害的专门措施。具体而言，是指为防止雨水、生产或生活用水、地下水、滞水、毛细管水，以及人为因素引起的水文地质改变而产生的水渗入建筑物、构筑物内部或防止蓄水工程向外渗漏所采取的一系列结构、构造和建筑措施。概括地讲，防水工程包括防止外水向建筑内部渗透、蓄水结构内的水向外渗漏及建筑物、构筑物内部相互止水三大部分。

建筑物防水工程涉及建筑物、构筑物的地下室、楼地面、墙面、屋面等诸多部位，其功能就是要使建筑物或构筑物在设计耐久年限内，防止各类水的侵蚀，确保建筑结构及内部空间不受污损，为人们提供一个安全和舒适的生活和工作环境。不同部位的防水，对防水功能的要求有所不同。

屋面防水的功能是：防止雨水或人为因素产生的水从屋面渗入建筑物内部所采取的一系列结构、构造和建筑措施。对于屋面有综合利用要求的，如用作活动场所、屋顶花园，则对其防水的要求将更高。屋面防水工程的做法很多，大体上可分为：卷材防水屋面、涂膜防水屋面、刚性防水屋面、保温隔热屋面、瓦材防水屋面等。

墙体防水的功能是：防止风雨袭击时，雨水通过墙体渗透到室内。墙面是垂直的，雨水虽无法停留，但墙面有施工构造缝以及毛细孔等，雨水在风力作用下，产生渗透压力可达到室内。

楼地面防水功能是：防止生活、生产用水和生活、生产产生的污水渗漏到楼下或通过隔墙渗入其他房间，这些场所管道多，用水量集中，飞溅严重。有时不但要防止渗漏，还要防止酸碱液体的侵蚀，尤其是化工生产车间。

储水池和储液池等的防水功能是：防止水或液体往外渗漏，设在地下时还要考虑地下水向里渗漏。储水池和储液池等结构除本身具有防水能力外，一般还将防水层设在内部，并且要求所使用的防水材料不能污染水质或液体，同时又不能被储液所腐蚀。这些防水材料多数采用无机类材料，如聚合物砂浆等。

建筑防水工程的主要内容见表1-1。

表1-1　建筑防水工程的主要内容

类别			防水工程的主要内容
建筑物地上工程防水	屋面防水		混凝土结构自防水、卷材防水、涂膜防水、砂浆防水、瓦材防水、金属屋面防水、屋面接缝密封防水
	墙地面防水	墙体防水	混凝土结构自防水、砂浆防水、卷材防水、涂膜防水、接缝密封防水
		地面防水	混凝土结构自防水、砂浆防水、卷材防水、涂膜防水、接缝密封防水
建筑物地下工程防水			混凝土结构自防水、砂浆防水、卷材防水、涂膜防水、接缝密封防水、注浆防水、排水、塑料板防水、金属板防水、特殊施工法防水
特种工程防水			特种构筑物防水、市政工程防水、水工建筑物防水等

1.2　材料、建筑材料和建筑防水材料

1.2.1　材料、高分子材料

1. 材料

材料是指具有能满足指定工作条件下使用要求的形态和物理性

能的一类物质，材料是人类生存所依赖的物质基础。

材料是和一定的使用场合相联系的，可由一种或几种物质构成，同一种物质，亦因其制备方法或加工方法的不同，可成为使用场合各异的不同类型的材料。由化学物质或原料转变为适用于一定用途的材料，其转变过程称之为材料化过程或材料工艺过程。聚合物材料中的各种成型加工过程等，都属于材料化过程。

构成材料的品种繁多，为了研究、使用的方便，人们常从不同的角度对材料进行分类。最常用的是按材料的化学成分、使用功能和使用领域进行分类。

材料依其化学成分一般可分为金属材料、非金属材料和复合材料三大类。金属材料可分为黑色金属材料和有色金属材料，非金属材料可分为无机非金属材料和有机非金属材料，复合材料则可以再分为金属-金属复合物材料、非金属-非金属复合材料、金属-非金属复合材料等几类。材料依其使用功能可分为结构材料、功能材料等。材料依其使用领域可分为建筑材料、医用材料、电子材料、耐磨材料、耐火材料、耐蚀材料等。

2. 高分子材料

高分子材料是非金属材料的重要组成部分，高分子材料又称聚合物、高分子化合物、高聚物，是天然高分子和合成高分子化合物的总称。高分子化合物是一类品种繁多、应用广泛、普遍存在的物质，如自然界的蛋白质、淀粉、纤维以及人工合成的塑料、橡胶、合成纤维等。这类物质之所以称为高分子，其特点是相对分子质量较高，高分子材料其相对分子质量一般大于10000，其分子是由千百万个原子彼此以共价键（少量高分子也以离子键）相连而组成。

高分子材料的相对分子质量虽大，原子虽多，但其结构却有规律性，一般是由一种（均聚物）或几种（共聚物）简单的化合物经过不断地重复而组成聚合物的。根据相对分子质量大小的不同，可以把聚合物分为低聚物和高聚物。重复单元仅为一种的称为均聚物，分子内包含两种或两种以上重复单元的称为共聚物。

通常把合成聚合物所用的低分子原料称之为单体，由单体经化学反应形成聚合物的过程称为聚合反应，许多相同的小分子聚合成线型大分子，像一条长长的链，称这种链状分子为"分子链"，其中每个重复结构单元称为链节。如防水材料中的聚氯乙烯（PVC）是以氯乙烯为原料聚合而成的：

$$nCH = CH_2 \longrightarrow \left[CH - CH_2 \right]_n$$
$$\quad\ \ |\qquad\qquad\quad |$$
$$\quad\ \ Cl\qquad\qquad\ Cl$$

在此$\left[CH_2 - CHCl \right]_n$是聚氯乙烯的结构式，它表示其分子是由$n$个基本结构单元 – $CH_2 - CHCl$ – 重复连接而成，所以其结构单元又称重复结构单元，n代表重复结构单元的数目，又称聚合度，简称$\overline{DP}$。氯乙烯的结构单元与单体的原子种类和原子数目完全相同，故其结构单元又可称为单体单元。但对于由两种单体经过反应得到的缩聚物，其重复结构单元是由两种结构单元组成，其结构单元与单体的组成不完全相同的，不能称为单体单元，因此，在某些情况下，重复结构单元 = 链节 ≒ 基本结构单元。

对于线型高分子，聚合物的相对分子质量等于聚合度$\overline{DP}$（或链节n）和重复单元式量M_0的乘积：

$$M = \overline{DP} \cdot M_0 = n \cdot M_0$$

在这类聚合物中，重复单元、结构单元、单体单元是相同的。

有的高分子聚合物，基本结构单元与重复结构单元不同，例如由己二胺和己二酸缩聚制得的聚酰胺：

$$nH_2N\ (CH_2)_6NH_2 + nHOOC\ (CH_2)_4COOH \longrightarrow$$
$$\left[HN\ (CH_2)_6NHCO\ (CH_2)_4CO \right]_n + 2nH_2O$$

聚合物主要用作材料，根据制成材料的性质和用途，习惯上可将聚合物分为塑料、橡胶、纤维三大类，即平时常说的三大合成材料，有时也加上涂料、粘合剂共分为五大类。按聚合物的功能可分为通用高分子材料、特殊高分子材料、功能高分子材料。根据聚合物生成反应或聚合物结构，可将聚合物分为线型聚合物、接枝共聚物、嵌段共聚物（又称镶嵌共聚物）、网状聚合物等。从高分子化学角度来看，一般以有机化合物分类为基础，根据主链结构，可将聚合物分为碳链聚合物、杂链聚合物和元素有机聚合物三大类。碳链聚合物大分子主链完全由碳原子组成，绝大部分烯类和二烯类聚合物属于这一类，如聚乙烯、聚苯乙烯、聚氯乙烯等。杂链聚合物大分子主链中除碳原子外，还有氧、氮、硫等杂原子，如聚氨酯、聚醚、聚酯、聚酰胺、聚硫橡胶等，这类大分子中都有特征基团，它们在建筑防水材料中多应用于防水涂料、堵漏止水材料、密封材料、胎体材料。元素有机聚合物大分子主链中没有碳原子，主要由硅、硼、铝和氧、氮、硫、磷等原子组成，但其侧基则由有机基团组成，如甲基、乙基、乙烯基、苄基等，有机硅橡胶就是其典型的例子。

1.2.2　建筑材料、建筑防水材料

1. 建筑材料

建筑材料是依据材料的使用领域进行分类得出的一个类别。

建筑材料是建筑物和构筑物所用的全部材料及其制品的总称，建筑材料是一切建筑工程的物质基础。构成建筑材料的品种繁多，如水泥、砂石、钢材、混凝土、砂浆、砌块、预构件、涂料、玻璃等，为了研究、使用的方便，人们常从不同的角度对建筑材料进行分类，其中最常用的是按材料化学成分和使用功能分类，如图 1-1 所示。

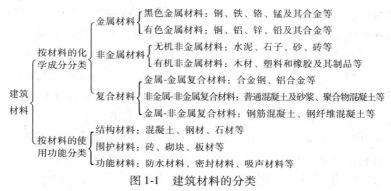

图 1-1　建筑材料的分类

建筑材料按其使用功能可分为结构材料、围护材料和功能材料等三类。结构材料主要是指利用其力学性能，构成建筑物受力构件和结构所用的材料，如混凝土、钢材、石材等材料；围护材料是指用于建筑物围护结构的材料，如墙体、门窗等部位使用的砖、砌块、板材等材料；功能材料主要是指其特殊的物理性能可以提供某些建筑功能的非承重用材料，如建筑防水材料、建筑密封材料、吸声隔热材料、建筑装饰材料等。

2. 建筑防水材料

建筑防水材料是指应用于建筑物和构筑物中起防潮、防漏、保护建筑物和构筑物及其构件不受水侵蚀破坏作用的一类建筑材料。

建筑防水材料的防潮作用是指防止地下水或地基中的盐溶液等腐蚀性物质渗透到建筑构件的内部，防漏作用是指防止雨水、雪水从屋顶、墙面或混凝土构件之间的接缝渗透到建筑构件内部，防止蓄水结构内的水向外渗漏以及建筑物、构筑物内部相互止水。建筑防水材料是各类建筑物和构筑物不可缺少的一类功能性材料，是建筑材料的重要的组成部分，目前已广泛应用于工业与民用建筑、市政建设、地下工程、道路桥梁、隧道涵洞等领域。

随着现代科学技术（尤其是高分子材料）的高速发展，高分子聚合物改性沥青、丙烯酸酯、聚氨酯、聚硅氧烷等合成高分子材料已在建筑防水材料工业中得到了广泛的应用，一大批新型建筑防水材料产品得到了开发和广泛的应用，在防水混凝土、防水砂浆、瓦材等无机刚性防水材料中亦引入了丙烯酸酯、有机硅等大量的高分子材料，这些新型防水材料产品已在工程应用中取得了较好的效果。目前我国已基本上发展成门类齐全、产品规格档次配套，工艺装备开发已经初具规模的防水材料生产工业体系。许多新型建筑防水材料已逐步向国际水平靠拢，在品种上改性沥青防水卷材、合成高分子防水卷材、高聚物改性沥青防水涂料、合成高分子防水涂料、合成高分子防水密封材料、刚性防水和堵漏止水材料等一系列国际上有的防水材料，我国基本上都已具备。国产建筑防水材料能基本上满足国家重点工程、工农业建筑、市政设施以及民用住宅等建筑工程对高、中、低不同档次防水材料的性能要求。

1.2.3　建筑防水材料的类别

建筑物和构筑物的防水是依靠具有防水性能的材料来实现的，防水材料质量的优劣直接关系到防水层的耐久年限。随着石油、化工、建材工业的快速发展和科学技术的进步，防水材料已从少数材料品种迈向多类型、多品种的阶段，数量越来越多，性能各异。依据建筑防水材料的外观形态，一般将建筑防水材料分为防水卷材、防水涂料、防水密封材料、刚性防水及堵漏材料四大系列，这四大类材料又根据其组成不同可分为上百个品种。建筑防水材料的大类品种如图 1-2 所示。

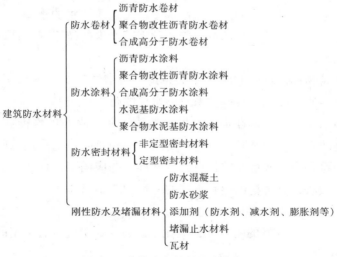

图 1-2　建筑防水材料的大类品种

建筑防水材料从性能上一般可分为柔性防水材料和刚性防水材料两大类，柔性防水材料主要有防水卷材、防水涂料、密封材料等，刚性防水材料主要有防水混凝土、防水砂浆等。

在建筑物基层上铺贴防水卷材或涂刷防水涂料，使之形成防水隔离层，这就是通常所说的柔性防水。柔性防水是一种被广泛应用的防水方法，其选材合理，采用复合柔性防水技术，其使用耐久年限可达到 20 年以上。但柔性防水措施的成本费用较高，其防水层一旦遭到损坏或失效，其渗漏部位则难以寻找，修复也较困难，故一般均采用重新铺贴卷材或重新涂刷防水涂料，更换整个防水层的方法来进行修复。

依靠结构构件自身的密实性或采用刚性防水材料做防水层，以达到建筑物的防水目的则被称之为刚性防水。

1.2.4 建筑防水材料的性能和功能要求

建筑防水材料在建筑材料中属于功能性材料。建筑物采用防水材料的主要目的是为了防潮、防渗、防漏。建筑物一般均由屋面、墙面、地面、基础等构成，这些部位均是建筑防水的重要部位。防水就是要防止建筑物各部位由于各种因素产生的裂缝或构件的接缝之间出现渗水。

建筑物和构筑物的防水是依靠具有防水性能的材料来实现的，防水材料质量的优劣直接关系到防水层的耐久年限。

防水工程的质量在很大程度上取决于防水材料的性能和质量，材料是防水工程的基础。在进行防水工程施工时，所采用的防水材料必须符合国家或行业的材料质量标准，并应满足设计要求。不同的防水做法，对材料也应有不同的防水功能要求。

1. 建筑防水材料的共性要求

（1）具有良好的耐候性，对光、热、臭氧等应具有一定的承受能力。

（2）具有抗水渗透和耐酸碱性能。

（3）对外界温度和外力具有一定的适应性，即材料的拉伸强度要高，断裂伸长率要大，能承受温差变化以及各种外力与基层伸缩、开裂所引起的变形。

（4）整体性好，既能保持自身的粘结性，又能与基层牢固粘结，同时在外力作用下，有较高的剥离强度，能形成稳定的不透水整体。

2. 不同部位防水工程对材料的不同要求

对于不同部位的防水工程和不同的防水做法，对防水材料的性能要求也各有其侧重点，具体要求如下：

（1）屋面防水工程所采用的防水材料其耐候性、耐冷热性、耐外力的性能尤为重要。因为屋面防水层，尤其是不设保温层的外露防水层，长期经受风吹、雨淋、日晒、冰冻等恶劣的自然环境侵袭和基层结构的变形影响。

（2）地下防水工程所采用的防水材料必须具备优质的抗渗能力和伸长率，具有良好的整体不透水性。这些要求是针对地下水的不断侵蚀，且水压较大，以及地下结构可能产生的变形等条件而提出的。

（3）室内厕浴间防水工程所选用的防水材料，应能适合基层形状的变化并有利于管道设备的敷设，以不透水性优异、无接缝的整体涂膜最为理想。这是针对面积小、穿墙管洞多、阴阳角多、卫生设备多等因素带来的与地面、楼面、墙面连接构造较复杂等特点而提出的。

（4）建筑外墙板缝防水工程所选用的防水材料应以具有较好的耐候性、高延长率以及粘结性、抗下垂性等性能优异的材料，一般选择防水密封材料并辅以衬垫保温隔热材料进行配套处理。这是考虑到墙体有承受保温、隔热、防水综合性能的需要和缝隙构造连接的特殊形式而提出的。

（5）特殊构筑物防水工程所选用的防水材料，应依据不同工程的特点和使用功能的不同要求，由设计酌情选定。

1.2.5　防水材料的选择和使用

对于不同部位的防水工程和不同的防水做法，对防水材料的性能要求也各有其侧重点。

防水材料由于品种和性能各异，因此各有着不同的优缺点，也各具有相应的使用范围和要求，尤其是新型防水材料的推广使用，更应掌握这方面的知识。正确选择和合理使用建筑防水材料，是提高防水质量的关键，也是设计和施工的前提，选用防水材料应严格执行《建设事业"十一五"推广应用和限制禁止使用技术》的规定。在此基础上需要注意以下几个方面。

1. 材料的性能和特点

建筑防水材料可分为柔性和刚性两大类。柔性防水材料拉伸强度高、伸长率大、质量小、施工方便，但操作技术要求较严，耐穿刺性和耐老化性能不如刚性材料。同是柔性材料，卷材为工厂化生产，厚薄均匀，质量比较稳定，施工工艺简单，功效高，但卷材搭接缝多，接缝处易脱开，应用于复杂表面及不平整基层施工难度大。而防水涂料的性能和特点与之恰好相反。同是卷材，合成高分子卷材、高聚物改性沥青卷材和沥青卷材也有不同的优缺点。由此可见，在选择防水材料时，必须注意其性能和特点。有关各类防水材料的性能和特点可参考表1-2。

表1-2　各类防水材料的性能特点

材料类别　性能特点　性能指标	合成高分子卷材		高聚物改性沥青卷材	沥青卷材	合成高分子涂料	高聚物改性沥青涂料	沥青基涂料	防水混凝土	防水砂浆
	不加筋	加筋							
拉伸强度	○	○	△	×	△	△	×	×	×
延伸性	○	△	△	×	○	△	×	×	×
匀质性（薄厚）	○	○	○	△	×	×	×	△	△
搭接性	○△	△	△	△	○	△	○	—	△
基层粘结性	△	△	△	△	○	○	○	○	○
背衬效应	△	△	△	△	△	△	△	—	—

续表

材料类别 性能特点 性能指标	合成高分子卷材		高聚物改性沥青卷材	沥青卷材	合成高分子涂料	高聚物改性沥青涂料	沥青基涂料	防水混凝土	防水砂浆
	不加筋	加筋							
耐低温性	○	○	△	×	○	△	×	○	○
耐热性	○	○	△	×	○	△	○	×	○
耐穿刺性	△	×	△	×	×	×	△	○	○
耐老化	○	○	△	×	○	△	×	○	○
施工性	○	○	○	冷△ 热×	×	×	×	△	△
施工气候影响程度	△	△	△	×	×	×	×	○	○
基层含水率要求	△	△	△	△	×	×	×	○	○
质量保证率	○	○	△	×	○	△	×	○	○
复杂基层适应性	△	△	△	△	○	○	○	×	△
环境及人为污染	○	○	△	×	△	×	×	○	○
荷载增加程度	○	○	○	△	○	○	△	×	×
价格	高	高	中	低	高	高	中	低	低
储运	○	○	○	△	×	△	×	○	○

注：○—好；△——一般；×—差。

2. 建筑物功能与外界环境要求

在了解了各类防水材料的性能和特点后，还应根据建筑物结构类型、防水构造形式，以及节点部位、外界气候情况（包括温度、湿度、酸雨、紫外线等）、建筑物的结构形式（整浇或装配式）与跨度、屋面坡度、地基变形程度和防水层暴露情况等选定相适应的材料。表 1-3 可供在选择相适应材料时参考。

表1-3　防水材料适用参考表

材料使用情况	材　料　类　别						
	合成高分子卷材	高聚物改性沥青卷材	沥青基卷材	合成高分子涂料	高聚物改性沥青涂料	细石混凝土防水	水泥砂浆防水
特别重要建筑屋面	○	⊙	×	⊙	×	⊙	×
重要及高层建筑屋面	○	○	×	○	×	⊙	×
一般建筑屋面	△	△	△	△	※	○	※
有振动车间屋面	○	△	×	△	×	※	×
恒温恒湿屋面	○	△	×	△	×	△	×
蓄水种植屋面	△	△	×	⊙	⊙	○	△
大跨度结构建筑	○	△	※	※	※	×	×
动水压作用混凝土地下室	○	△	△	○	△	×	△
静水压作用混凝土地下室	○	△	※	○	△	○	△
静水压砖墙体地下室	○	△	△	△	△	×	○
卫生间	※	※	×	○	○	⊙	⊙
水池内防水	※	△	×	○	○	○	○
外墙面防水	×	×	×	○	×	△	○
水池外防水	△	△	△	○	○	⊙	○

注：○—优先使用；⊙—复合采用；※—有条件采用；△—可以采用；×—不应采用或不可采用。

3. 施工条件和市场价格

在选择防水材料时，还应考虑到施工条件和市场价格因素。例如合成高分子防水卷材可分为弹性体、塑性体和加筋的合成纤维三大类，不仅用料不同，而且性能差异也很大；同时还要考虑到所选用的材料在当地的实际使用效果如何；还应考虑到与合成高分子防水卷材相配套的胶粘剂、施工工艺等施工条件因素。

以上以防水卷材为例提出了选材的要求，同样防水涂料、密封材料也有很多品种与各种技术指标，其选材的要求与上述基本相同。选择材料时除了上面提到的几点以外，还应进一步考虑防水层能否适应基层的变形问题。

1.3　建筑防水材料的施工

建筑防水材料的施工，是建筑施工技术的一个重要组成部分，是保证建（构）筑物不受水侵蚀，内部空间不受到水危害的分项工程施工。其任务是通过防水材料的合理使用，防止渗漏水的发生，从而确保建筑物的使用功能，延长建筑物的使用寿命。建筑防水材料的施工的质量直接影响到建筑物的使用年限，涉及人们生活、生产、工作的正常进行。

建筑防水材料的施工是一个系统工程，涉及各个方面，须综合材料、设计、施工、管理等方面的因素，精心组织、精心施工，确保其防水、防渗的质量，方可达到建（构）筑物在合理的设计耐久年限内的使用功能。

1.3.1　防水材料施工的类型

防水材料的施工若按其防水材料的形态，可分为防水卷材的施工、防水涂料的施工、防水密封材料的施工以及刚性防水材料的施工。

防水卷材是建筑防水材料中的重要品种，通常可分为沥青防水卷材、高聚物改性沥青防水卷材和合成高分子防水卷材等类别。其中前一类是传统的防水卷材，而后两类则代表了防水卷材的发展方向，由于其具有优越的性能，高聚物改性沥青防水卷材和合成高分子防水卷材是我国今后大力开发和应用的新型防水材料。防水卷材常用的施工方法根据是否采用加热操作，分为热施工法和冷施工法。热施工法可进一步分为热熔法、热玛琋脂粘结法、热风焊接法等；冷施工法可进一步分为冷粘法（冷玛琋脂粘结法、冷胶粘剂粘结法）、自粘法、机械固定法、空铺法、湿铺法、预铺法等。

防水涂料又称涂膜防水材料，通常可分为沥青基防水涂料、高聚物改性沥青防水涂料和合成高分子防水涂料。近年来高聚物改性沥青防水涂料和合成高分子防水涂料等新型防水涂料发展很快，已有高、中、低档系列产品问市，产品和品种丰富。涂膜防水施工按涂膜的厚度不同，可分为薄质涂料施工和厚质涂料施工。薄质涂料常采用涂刷法和喷涂法施工，厚质涂料常采用抹压法和刮涂法施工。由于涂料本身性能不同，所采用的工具和工艺也有所不同，根据工程的需要，涂膜防水可做成单纯涂膜层或加胎体增强涂膜层（如一布二涂、二布三涂、多布多涂）。

建筑防水密封材料是指填充于建筑物的接缝、裂缝、门窗框以及管道接头或其他结构的连接处起到水密、气密作用的一类材料。常用的密封材料主要有高聚物改性沥青防水密封材料和合成高分子防水密封材料，常用的施工方法有热灌法和冷嵌法。

刚性防水材料是指由胶凝材料，颗粒状的粗细骨料和水，必要时掺入一定数量的外加剂、高分子聚合物材料，通过合理调整水泥砂浆或混凝土配合比，减少或抑制孔隙率，改善空隙结构特性，增加各材料界面间的密实性方法配制而成的具有一定抗渗能力的水泥砂浆、混凝土类的防水材料。刚性防水材料的施工即主要是指防水砂浆、防水混凝土的施工。

堵漏止水材料是指能在短时间内迅速凝结从而堵住水渗出的一类防水材料。建筑防水工程的渗漏水主要形式有点、缝和面的渗漏，根据渗漏水量的不同，又可分为慢渗、快渗、漏水和涌水。防水工程修补堵漏，要根据工程特点，针对不同的渗漏部位，选用不同的材料和工艺技术进行施工。孔洞渗漏水可选用促凝灰浆、高效无机防水粉、膨胀水泥等进行堵漏；裂缝渗漏水则可采用促凝灰浆（砂浆）、注浆材料等进行堵漏；大面积渗漏水最常用的修补材料则是水泥砂浆抹面、膨胀水泥砂浆、氯化铁防水砂浆、有机硅防水砂浆、水泥基渗透结晶型防水材料等；细部构造的防水堵漏可采用止水带、遇水膨胀橡胶止水材料、建筑防水密封胶、混凝土建筑接缝防水体系等。

1.3.2　保证施工质量的因素

新型防水材料的施工质量与施工条件、准备工作、管理制度、质量检验、工艺水平、操作人员的技术水平和工作态度、相关层次的质量、成品保护工作等诸多因素有关，只有认真做好施工过程中各环节相关方面的工作，把好施工的每道关，才能确保施工质量的优良。

新型建筑防水材料所具有的优良防水性能最终还是通过施工来实现的，而目前建筑防水施工多以手工作业为主，若操作人员稍一疏忽，便可能会出现渗漏。由此可见，施工是至关重要的，是防水工程质量好坏的最为主要的因素。

做好新型建筑防水材料施工的关键，概括来说，主要有以下五个方面。

（1）专业施工队施工屋面防水工程中，浇筑、抹压、涂刷、粘贴等，大都是手工操作。一支没有经过专业理论与实际操作培训的队伍，是不可能把防水工程做好的。纵观以往防水工程失败的主要原因，大多是因施工队伍技术素质低劣所致。因此，防水工程必须由防水专业队伍或防水工施工，严禁非防水专业队伍或非防水工进行防水施工。

（2）防水工技术素质。建筑物渗漏是当前防水工程突出的质量通病。要确保建筑防水工程质量，施工是关键，对于施工，提高防水工人的技术素质尤为重要。原建设部 1996 年颁发的《建筑行业职业技能标准》提出了应知、应会的技术素质要求。

（3）施工图会审。施工图会审既是施工单位和有关各方审阅施工图时发现问题、集思广益、完善设计的过程，也是设计人员介绍设计意图并向施工人员作技术交底的过程。会审图纸能使施工人员吃透图纸及说明，从而有利于制订针对性的施工方案和保证防水工程质量所应采取的技术措施。

图纸会审内容，应逐条记录并整理成文，经设计和有关各方核定签署，作为施工图的重要补充部分。

（4）编制施工方案。施工单位应根据设计要求，编制施工方案。施工方案一般包括概要、工程质量目标、组织与管理和防水施工操作等部分，明确规定防水材料质量要求、施工程序、工作管理与质量措施、自防水结构和防水层的施工准备、操作要点以及一些细部做法等。同时，明确分部分项工程施工责任人。施工方案制订后，需经设计单位及有关各方签认。

（5）施工技术的监理。现场监理人员应紧密配合施工技术部门、施工质检员和技术监督部门，做好下列工作。

① 原材料、半成品质量的检验。现场使用的各种原材料和半成品需有三证，即现场外观质量检验合格证、现场抽样复验合格证（法定单位检测、试验）、材料出厂质量合格证和使用说明书。没有三证的材料和半成品，应坚决禁止使用。不合格的材料和半成品，应及时清理出场，以免混淆。为不误工期，此项工作应在用料之前做好。

② 抽查操作人员上岗证。防水工上岗证应是上级建设主管部门核发的有效证件。防水工还应包括防水结构施工操作人员。如发现非防水工作业，应责令施工单位停工整改。

③ 工序检查。检查内容包括：防水混凝土、UEA 混凝土、预应力混凝土、纤维混凝土、防水砂浆和沥青玛瑞脂等施工配合比的可靠性（施工配合比必须由法定试验室通过现场取料试配试验合格）；自防水结构混凝土施工时，模板、预埋件、变形缝、施工缝、止水片、原材料计量及混凝土搅拌、振捣、抹压和养护的工序检查；防水层施工时，找平层、防水层、保护层、细部构造及其他防水工程的工序，均须逐一检查。为防止上道工序存在的问题被下道工序覆盖，给防水工程留下隐患，以卷材防水层为例：第一层卷材检查合格后，才能做第二层防水卷材，直至最后检查验收。如发现上道工序质量不合格，必须返工补救，达到合格标准后，才允许下道工序施工。

施工现场班组，应有严格的自检、互检、交接检制度。施工企业应有专职质检员跟班检查监督，各道工序施工前，质检记录应齐全，经现场监理签认；工序完工后，有关人员验收签字，不得事后补办或走过场。

④ 严格执行分项工程验收制度。一个项目竣工后，有关技术监督各方必须进行竣工验收检查，然后综合评定，办理竣工验收手续，不达标的项目应不予验收。待加固处理经检查合格后，重新验收。

第2章 建筑防水卷材的施工

以原纸、纤维毡、纤维布、金属箔、塑料膜或纺织物等材料中的一种或数种复合为胎基，浸涂石油沥青、煤沥青、高聚物改性沥青制成的或以合成高分子材料为基料加入助剂、填充剂经过多种工艺加工而成的长条片状成卷供应并起防水作用的产品称之为防水卷材。

2.1 建筑防水卷材的施工工艺

2.1.1 建筑防水卷材及施工方法的分类

1. 建筑防水卷材的分类

常用的防水卷材按其材料的组成不同，一般可分为沥青基防水卷材、合成高分子防水卷材、柔性聚合物水泥防水卷材、金属防水卷材等四大类，建筑防水卷材的分类如图 2-1 所示。

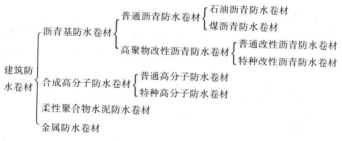

图 2-1 建筑防水卷材的分类

采用沥青作浸涂材料的沥青基防水卷材根据所采用的沥青材料不同，可进一步分为普通沥青防水卷材和高分子聚合物改性沥青防水卷材两大类。

普通沥青防水卷材是以原纸、纤维织物，纤维毡、塑料膜、金属箔等材料为胎基，以石油沥青、煤沥青、页岩沥青或非高聚物材料改性的沥青为基料，以滑石粉、板岩粉、碳酸钙等为填充料进行浸涂或辊压，并在其表面撒布粉状、片状、粒状矿质材料或合成高分子薄膜、金属膜等材料制成的可卷曲的片状类防水材料。普通沥青防水卷材的分类如图2-2所示。

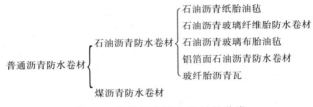

图2-2　普通沥青防水卷材的分类

高分子聚合物改性沥青防水卷材简称高聚物改性沥青防水卷材，是以玻纤胎、聚酯胎、黄麻布、聚乙烯膜、聚酯无纺布、金属箔或两种材料复合为胎基，以掺量不少于10%的合成高分子聚合物改性沥青、氧化沥青为浸涂材料，以粉状、片状、粒状矿物质材料、合成高分子薄膜、金属膜为覆面材料制成的可卷曲的一类片状防水材料。高聚物改性沥青防水卷材目前国内广泛应用的主要品种其分类如图2-3所示。

合成高分子防水卷材又称高分子防水片材，是以合成橡胶、合成树脂或两者的共混体为基料，加入适量的化学助剂、填充剂等，采用混炼、塑炼、压延或挤出成型、硫化、定型等橡胶或塑料的加工工艺所制成的无胎加筋或不加筋的弹性或塑性的片状可卷曲的一类建筑防水材料。合成高分子防水卷材的分类如图2-4所示。

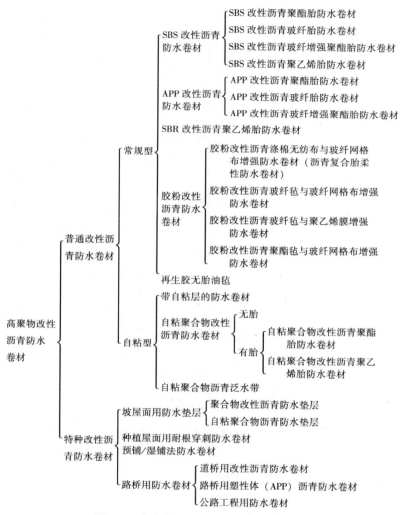

图 2-3　高聚物改性沥青防水卷材的分类

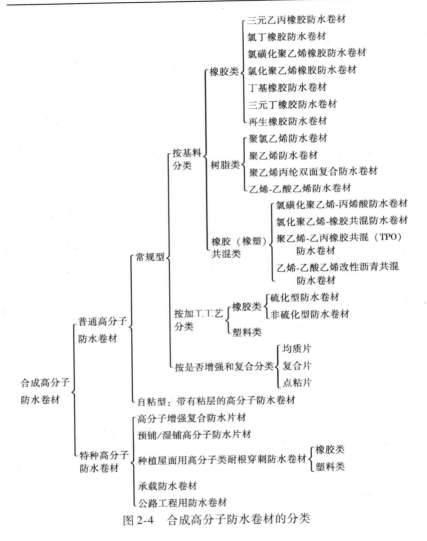

图 2-4　合成高分子防水卷材的分类

2. 卷材施工方法的分类

　　建筑防水卷材按其施工方法分为热施工法和冷施工法两大类。热施工法包括热风焊接法、热熔法、热玛琋脂粘结法等；冷施工法包括冷粘法（冷玛琋脂粘结法、冷胶粘剂粘结法）、自粘法、机械固定法、空铺法、湿铺法、预铺法等。热玛琋脂粘结法、冷粘法（包括冷玛琋脂粘结法、冷胶粘剂粘结法）可统称为胶粘剂粘结法。采用胶粘剂粘贴卷材，根据卷材与基层的粘贴面积和形式的不同，可分为满粘法、点粘法和条粘法，满粘法的涂油可采用浇油法、刷油法和刮油法，点粘法和条粘法的涂油可采用撒油法。

　　这些不同的施工工艺均各有不同的适用范围，大体而言，热施工法多用于沥青类防水卷材的铺贴，冷施工法多用于高分子防水卷材的铺贴。热风焊接法主要用于卷材与卷材的粘贴工艺，热熔法、胶粘剂粘贴法、自粘法主要用于卷材与卷材、卷材与基层的粘贴；机械固定法、空铺法、湿铺法、预铺法主要用于卷材与基层的粘贴。条粘法、点粘法、空铺法更适合于防水层上有重物覆盖或基层变形较大的场合，是一种克服基层变形导致拉裂卷材防水层的有效措施，在工程应用中则应根据建筑部位、使用条件、施工情况采用一种或几种方式，一般而言通常都采用满粘法。

　　防水卷材施工工艺的分类如图 2-5 所示。

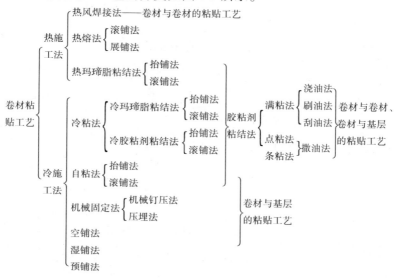

图 2-5　防水卷材铺贴工艺的分类

2.1.2 卷材防水层的设置做法

地下防水工程一般把卷材防水层设置在建筑结构的外侧，称其为外防水。它与卷材防水层设在结构内侧相比较具有以下优点：外防水的防水层在迎水面，受压力水的作用而紧压在混凝土结构上，防水的效果良好，而内防水的卷材防水层则在背水面，受压力水的作用而易局部脱开，外防水造成渗漏的机会要比内防水少，故一般卷材防水层多采用外防水。地下工程卷材外防水的铺贴按其保护墙施工先后顺序及卷材设置方法可分为"外防外贴法"和"外防内贴法"。外防外贴法是待结构边墙施工完成后，直接把防水层贴在防水结构的外墙外表面，最后砌保护墙。外防内贴法是在结构边墙施工前，先砌保护墙，然后将卷材防水层贴在保护墙上，最后浇筑边墙混凝土。这两种设置方法的优缺点参见表2-1，施工时可据具体情况选用。

表2-1 外防外贴和外防内贴优缺点比较

名称	优　点	缺　点
外防外贴法	1. 因绝大部分卷材防水层均直接贴在结构的外表面，故其防水层受结构沉降变形影响小； 2. 由于是后贴立面防水层，故在浇筑混凝土结构时不会损坏防水层，只需要注意底板与留槎部位防水层的保护即可； 3. 便于检查混凝土结构及卷材防水层的质量且容易修补	1. 工序多、工期长，需要一定的工作面； 2. 土方量大，模板需用量亦较大； 3. 卷材接头不易保护好，施工繁琐，影响防水层质量
外防内贴法	1. 工序简便、工期短； 2. 节省施工占地，土方量较小； 3. 节约外墙外侧模板； 4. 卷材防水层无需临时固定留槎，可连续铺贴，质量容易保证	1. 受结构沉降变形影响，容易断裂，产生漏水现象； 2. 卷材防水层及混凝土结构抗渗质量不易检验；如产生渗漏修补较困难

1. 外防外贴法

先在垫层上铺贴底层卷材，四周留出接头，待底板混凝土和立面混凝土浇筑完毕，将立面卷材防水层直接铺设在防水结构的外墙表面。具体施工顺序如下：

① 浇筑防水结构底板混凝土垫层，在垫层上抹 1：3 水泥砂浆找平层，抹平压光。

② 在底板垫层上砌永久性保护墙，保护墙的高度为 $B + (200 \sim 500)$ mm（B 为底板厚度），墙下平铺油毡条一层。

③ 在永久性保护墙上砌临时性保护墙，保护墙的高度为 150mm ×（油毡层数 +1），临时性保护墙应用石灰砂浆砌筑。

④ 在永久性保护墙和垫层上抹 1：3 水泥砂浆找平层，转角要抹成圆弧形；在临时性保护墙上抹石灰砂浆找平层，并刷石灰浆；若用模板代替临时性保护墙，应在其上涂刷隔离剂。保护墙找平层基本干燥后，满涂冷底子油一道，但临时性保护墙不涂冷底子油。

⑤ 在垫层及永久性保护墙上铺贴卷材防水层，转角处加贴卷材附加层；铺贴时应先底面、后立面，四周接头甩槎部分应交叉搭接，并贴于保护墙上；从垫层折向立面的卷材永久性保护墙的接触部位，应用胶结材料紧密贴严，与临时性保护墙（或围护结构模板）接触部位应分层临时固定在该墙（或模板）上。

⑥ 油毡铺贴完毕，在底板垫层和永久性保护墙上抹热沥青或玛琋脂，并趁热撒上干净的热砂，冷却后在垫层、永久性保护墙和临时性保护墙上抹 1：3 水泥砂浆，作为卷材防水层的保护层。浇筑防水结构的混凝土底板和墙身混凝土时，保护墙作为墙体外侧的模板。

⑦ 防水结构混凝土浇筑完工并检查验收后，拆除临时性保护墙，清理出甩槎接头的卷材，如有破损处，应进行修补后，再依次分层铺贴防水结构外表面的防水卷材。此处卷材可错槎接缝，上层卷材盖过下层卷材不应小于 150mm，接缝处加盖条，卷材防水层甩槎、接槎的构造做法如图 2-6 所示。

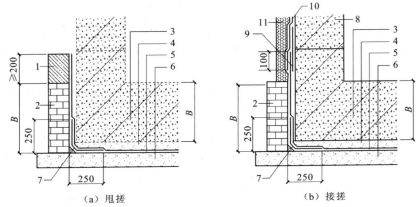

（a）甩槎　　　　　　　　　（b）接槎

图 2-6　卷材防水层甩槎、接槎构造

1—临时保护墙；2—永久保护墙；3—细石混凝土保护层；

4—卷材防水层；5—水泥砂浆找平层；6—混凝土垫层；7—卷材加强层；

8—结构墙体；9—卷材加强层；10—卷材防水层；11—卷材保护层

⑧ 卷材防水层铺贴完毕，立即进行渗漏检验，如有渗漏立即修补，无渗漏时砌永久性保护墙；永久性保护墙每隔 5~6m 及转角处应留缝，缝宽不小于 20mm，缝内用油毡条或沥青麻丝填塞；保护墙与卷材防水层之间的缝隙，边砌边用 1:3 水泥砂浆填满。保护墙做法如图 2-7 所示。保护墙施工完毕后，随即回填土。

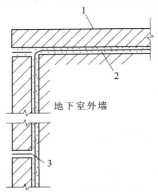

地下室外墙

图 2-7　保护墙留缝做法

1—保护墙；2—卷材防水层；3—油毡或沥青麻丝

⑨ 采用外防外贴法铺贴卷材防水层时，应符合下列规定：

（a）铺贴卷材应先铺平面，后铺立面，交接处应交叉搭接。

（b）临时性保护墙应用石灰砂浆砌筑，内表面应用石灰砂浆做找平层，并刷石灰浆。如用模板代替临时性保护墙，应在其上涂刷隔离剂。

（c）从底面折向立面的卷材与永久性保护墙的接触部位，应采用空铺法施工。与临时保护墙或围护结构模板接触的部位，应临时贴附在该墙上或模板上，卷材铺好后，顶端应临时固定。

（d）当不设保护墙时，从底面折向立面的卷材的接槎部位应采取可靠的保护措施。

（e）主体结构完成后，铺贴立面卷材时，应先将接槎部位的各层卷材揭开，并将其表面清理干净，如卷材有局部损伤，应及时进行修补。卷材接槎的搭接长度，高聚物改性沥青卷材为150mm，合成高分子卷材为100mm。当使用两层卷材时，卷材应错茬接缝，上层卷材应盖过下层卷材。

2. 外防内贴法

先浇筑混凝土垫层，在垫层上将永久性保护墙全部砌好，抹水泥砂浆找平层，将卷材防水层直接铺贴在垫层和永久性保护墙上。其施工顺序如下：

① 做混凝土垫层，如保护墙较高，可采取加大永久性保护墙下垫层厚度做法，必要时可配置加强钢筋。

② 在混凝土垫层上砌永久性保护墙，保护墙厚度可采用一砖厚，其下干铺油毡一层。

③ 保护墙砌好后，在垫层和保护墙表面抹 1∶3 水泥砂浆找平层，阴阳角处应抹成钝角或圆角。

④ 找平层干燥后，刷冷底子油 1 ~ 2 遍。冷底子油干燥后，将卷材防水层直接铺贴在保护墙和垫层上。铺贴卷材防水层时应先铺立面后铺平面。铺贴立面时，应先转角，后大面。

⑤ 卷材防水层铺贴完毕后，及时做好保护层。平面上可浇一

层 30~50mm 的细石混凝土或抹一层 1:3 水泥砂浆；立面保护层可在卷材表面刷一道沥青胶结料，趁热撒一层热砂，冷却后再在其表面抹一层 1:3 水泥砂浆层找平面，并搓成麻面，以利于与混凝土墙体的粘结。

⑥ 浇筑防水结构的底板和墙体混凝土。

⑦ 回填土。

⑧ 当施工条件受到限制时，可采用外防内贴法铺贴卷材防水层并应符合下列规定：

（a）主体结构的保护墙内表面应抹 20mm 厚的 1:3 水泥砂浆找平层，然后铺贴卷材，并根据卷材特性选用保护层。

（b）卷材宜先铺立面，后铺平面。铺贴立面时，应先转角，后大面。

2.1.3 卷材的铺贴顺序、方向和搭接方法

1. 卷材的铺贴顺序

防水卷材的铺贴顺序及技术要求如下：

① 卷材铺贴应按"先高后低"的顺序施工。即高低跨屋面，后铺低跨屋面；在同高度大面积的屋面，应先铺离上料点较远的部位，后铺较近部位。这样施工人员操作和运料时，对已完工屋面的防水层就不会踩踏破坏。

② 卷材大面积铺贴前，应先做好节点密封处理、附加层和屋面排水较集中部位（屋面与水落口连接处、檐口、屋面转角处、板端缝等）的处理、分格缝的空铺条处理等，然后方可由屋面最低标高处向上施工。

③ 在相同高度的大面积屋面上铺贴卷材，要分成若干施工流水段。施工流水段分段的界限宜设在屋脊、天沟、变形缝等处。根据操作要求，再确定各施工流水段的先后次序。如在包括檐口在内的施工流水段中，应先贴檐口，再往上贴到屋脊或天窗的边墙；在包括天沟在内的施工流水段中，应先贴水落口，再向两边贴到分水岭并往上贴到屋脊或天窗的边墙，以减少搭接，如图 2-8 所示。在

铺贴时，接缝应顺当地年最大频率风向（主导风向）搭接。

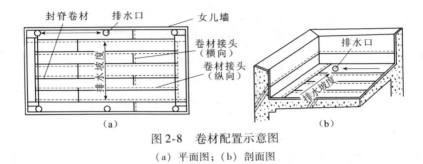

图 2-8　卷材配置示意图

（a）平面图；（b）剖面图

上述施工顺序的基本原则，适合于各种防水卷材的操作工艺。

2. 卷材的铺贴方向

卷材的铺贴方向应根据屋面坡度、防水卷材的种类和屋面是否有震动确定。当屋面坡度小于 3% 时，卷材宜平行于屋脊铺贴；屋面坡度在 3% ~ 15% 时，卷材可平行或垂直于屋脊铺贴；屋面坡度大于 15% 或受震动时，沥青卷材应垂直于屋脊铺贴，高聚物改性沥青防水卷材和合成高分子卷材可根据屋面坡度、屋面是否受震动、防水层的粘结方式、粘结强度、是否机械固定等因素综合考虑采用平行或垂直屋脊铺贴。上下层卷材不得相互垂直铺贴。屋面坡度大于 25% 时，卷材宜垂直屋脊方向铺贴，并应采取固定措施，固定点还应密封。

3. 卷材搭接的方法和宽度要求

（1）搭接的方法

铺贴卷材采用搭接方法，其搭接缝的技术要求如下：

① 上下层卷材不得相互垂直铺贴。垂直铺贴的卷材重缝多，容易漏水。

② 平行于屋脊的搭接缝应顺流水方向搭接；垂直于屋脊的搭接缝应顺当地年最大频率风向搭接。如图 2-9、图 2-10 所示。

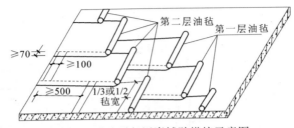

图 2-9 油毡平行屋脊铺贴搭接示意图

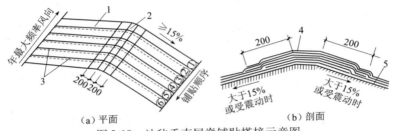

（a）平面 （b）剖面

图 2-10 油毡垂直屋脊铺贴搭接示意图

1—卷材；2—屋脊；3—顺风接槎；4—沥青油毡；5—找平层

③ 相邻两幅卷材的接头应相互错开 300mm 以上，以免多层接头重叠而使得卷材粘贴不平。

④ 叠层铺贴时，上下层卷材间的搭接缝应错开。两层卷材铺设时，应使上下两层的长边搭接缝错开 1/2 幅宽，如图 2-11 所示。三层卷材铺设时，应使上下层的长边搭接缝错开 1/3 幅宽，如图 2-12 所示。

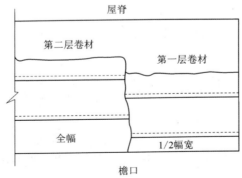

图 2-11 两层卷材铺贴

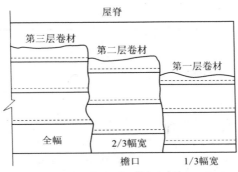

图 2-12　三层卷材铺贴

⑤ 垂直屋脊铺贴时，每幅卷材都应铺过屋脊不小于 200mm，屋脊处不得留设短边搭接缝。

⑥ 叠层铺设的各层卷材，在天沟与屋面的连接处应采取叉接法搭接，搭接缝应错开；接缝处宜留在屋面或天沟侧面，不宜留在沟底。

⑦ 在铺贴卷材时，不得污染檐口的外侧和墙面。

⑧ 高聚物改性沥青防水卷材和合成高分子防水卷材的搭接缝，宜用材料性能相容的密封材料封严。

（2）搭接的宽度

各种卷材的搭接宽度应符合表 2-2 的要求。

表 2-2　卷材搭接宽度

铺贴方法 卷材种类	短边搭接/mm		长边搭接/mm	
	满粘法	空铺、点粘、 条粘法	满粘法	空铺、点粘、 条粘法
沥青防水卷材	100	150	70	100
高聚物改性沥青防水卷材	80	100	80	100
自粘聚合物改性 沥青防水卷材	60	—	60	—

铺贴方法 卷材种类		短边搭接/mm		长边搭接/mm	
		满粘法	空铺、点粘、条粘法	满粘法	空铺、点粘、条粘法
合成高分子防水卷材	胶粘剂	80	100	80	100
	胶粘带	50	60	50	60
	单焊缝	60，有效焊接宽度不小于25mm			
	双焊缝	80，有效焊接宽度不小于10mm			

2.1.4 卷材的粘结施工方法

防水卷材的粘结施工方法有热风焊接法、热熔法、胶粘剂粘结法、自粘法、机械固定法、空铺法、湿铺法、预铺法等。

1. 热风焊接法

热风焊接法是指采用热空气焊枪进行卷材与卷材搭接结合的一种卷材粘结施工方法，一般用于高分子卷材，如 PVC 卷材等的接缝施工，一般还要辅以其他施工方法。

铺贴 PVC 卷材，接缝若采用焊接法施工，应符合下列规定：

① 卷材的搭接缝可以采用单焊缝或双焊缝。单焊缝的搭接宽度应为 60mm，有效焊接宽度不应小于 30mm；双焊缝的搭接宽度应为 80mm，中间应留设 10～20mm 的空腔，有效焊接宽度不宜小于 10mm。

② 焊接缝的结合面应清理干净，焊缝应严密。

③ 应先焊长边搭接缝，后焊短边搭接缝。

2. 热熔法

热熔法铺贴时采用火焰加热器熔化热熔型防水卷材底层的热熔胶进行粘贴，常用于 SBS 改性沥青防水卷材、APP 改性沥青防水卷材、氯磺化聚乙烯卷材、热熔橡胶复合防水卷材等与基层的粘结施工。

（1）操作工艺流程

清理基层→涂刷基层处理剂→节点附加增强处理→定位、弹线→热熔铺贴卷材→搭接缝粘结→蓄水试验→保护层施工→检查验收

（2）操作要点

① 清理基层　剔除基层上的隆起异物，彻底清扫、清除基层表面的灰尘。

② 涂刷基层处理剂　基层处理剂采用溶剂型改性沥青防水涂料或橡胶改性沥青胶结材料，用长柄滚刷将其涂刷在基层表面，要求涂刷均匀，厚薄一致，不得漏刷或露底。经 8h 以上干燥后，方可进行热熔法施工，以避免失火。

③ 节点附加增强处理　基层处理剂干燥后，按设计节点构造图做好节点附加增强处理。

④ 定位、弹线　在基层上按规范要求，排布卷材，弹出基准线。

⑤ 热熔铺贴卷材　热熔铺贴卷材有滚铺法和展铺法之分。大面积铺贴以"滚铺法"为佳，先铺大面，后粘结搭接缝。"展铺法"用于条粘，将热熔型卷材展开平铺在基层上，然后沿卷材周边掀起加热熔融进行粘铺。满铺滚铺法施工程序是：熔粘端部卷材→滚粘大面积卷材→粘贴立面卷材→卷材搭接施工→保护层接缝收头处理。

（a）熔粘端部卷材　将整卷卷材置于铺贴起始端（勿打开）。对准缝线，滚展长约 1m 并拉起，用手持液化气火焰喷枪，点燃并对准卷材面（有热熔胶的面）与基层面加热，如图 2-13（a）所示，待卷材底层胶呈熔融状即进行铺贴，并用手持压辊对铺贴好的卷材进行排气压实。铺到卷材端头剩下 30cm 时，将端头翻在隔热板上，再行烘烤并铺牢压实，如图 2-13（b）所示。

（b）滚粘大面卷材　起始端卷材粘牢后，持火焰枪人站滚铺前方，对着待铺好整卷卷材，点燃喷枪使火焰对准卷材与基层面的夹角（图 2-14），喷枪距加热处约 0.3～0.5m，往复烘烤，至卷材底面胶呈黑色光泽并伴有微泡（不得出现大量气泡），即及时推滚卷

材进行粘铺，后随一人施行排气压实工序。

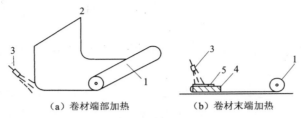

（a）卷材端部加热　　　　（b）卷材末端加热

图 2-13　热熔卷材端部铺贴示意

1—卷材；2—端部；3—喷灯；4—末端；5—隔热板

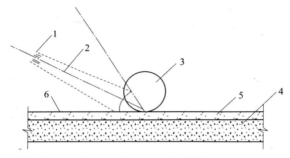

图 2-14　熔焊火焰与卷材和基层表面的相对位置

1—喷嘴；2—火焰；3—改性沥青卷材；

4—水泥砂浆找平层；5—混凝土层；6—卷材防水层

（c）粘贴立面卷材　采用外防外贴法从底面（平面）转到立面（墙面）铺贴的卷材，恰为有热熔胶的底面背对立面，因此这部分卷材应使用氯丁橡胶改性沥青胶粘剂（为 SBS 卷材的配套材料），以冷粘法将卷材粘贴在立墙面上。后面继续向上铺贴的热熔型卷材仍用热熔法进行，且上层卷材盖过下层卷材应不小于 150mm。

⑥搭接缝粘结　搭接缝粘结之前，先熔烧下层卷材上表面搭接宽度内的防粘隔离层。处理时，操作者一手持烫板，一手持喷枪，使喷枪靠近烫板并距卷材 50～100mm，边熔烧，边沿搭接线后

退。为防止火焰烧伤卷材其他部位，烫板与喷枪应同步移动。处理完毕隔离层，即进行接缝粘结，其操作方法与卷材和基层的粘结相同。

施工时应注意：在滚压时，以卷材边缘溢出少量的热熔胶为宜，溢出的热熔胶应用灰刀刮平，并沿边封严接缝口；烘烤时间不宜过长，防止烧坏面层材料。整个防水层粘贴完毕后，所有搭接缝边用密封材料予以严密封涂。

⑦ 蓄水试验　防水层完工后，按卷材热玛琋脂粘结施工的相同要求做蓄水试验。

⑧ 保护层施工　蓄水试验合格后，按设计要求进行保护层施工。

3. 热玛琋脂粘结法

热玛琋脂粘结法是指将熬制好的玛琋脂趁热浇洒在基层或已铺贴好的卷材上，并立即在其上再铺贴后一层卷材的一种卷材粘结施工方法。此为一种传统的施工方法，主要适用于沥青防水卷材的施工。

4. 冷粘法

卷材冷粘法施工包括冷胶粘剂粘结法和冷玛琋脂粘结法。

（1）冷胶粘剂粘结法

合成高分子防水卷材大多可用于屋面单层防水，卷材的厚度宜为 $1.2 \sim 2mm$。冷胶粘剂粘结法工艺施工是合成高分子防水卷材的主要施工方法。各种合成高分子防水卷材的冷粘贴施工除由于配套胶粘剂引起的差异外，大致相同。

① 材料准备　合成高分子防水卷材的外观质量和取样复验其技术性能指标应合格；合成高分子防水卷材的每平方米施工面积用量为 $1.15 \sim 1.20m^2$，可参考此值备料。合成高分子防水卷材的胶粘剂一般由厂家随卷材配套供应或由厂家指定产品，并应经现场复验合格。

② 操作工艺流程　清理基层→涂刷基层处理剂→节点附加增

37

强处理→定位、弹基准线→涂刷基层胶粘剂→粘贴卷材→卷材接缝粘结→卷材接缝密封→蓄水试验→保护层施工→检查验收。

③ 操作要点　以三元乙丙橡胶防水卷材的冷粘贴施工为例。

（a）清理基层　剔除基层上的隆起异物，彻底清扫、清除基层表面的灰尘。

（b）涂刷基层处理剂　将聚氨酯底胶按甲料：乙料 = 1：3 的比例（质量比）配合，搅拌均匀，用长柄刷涂刷在基层上，涂布量一般以 $0.15 \sim 0.2 kg/m^2$ 为宜。底胶涂刷 4h 以后才能进行下道工序施工。

（c）节点附加增强处理　阴阳角、排水口、管子根部周围等构造节点部位，加刷一遍聚氨酯防水涂料（按甲料：乙料 = 1：1.5 的比例配合，搅拌均匀，涂刷宽度距节点中心不少于 $200 \sim 250mm$，厚约 2mm，固化时间不少于 24h）做加强层，然后铺贴一层卷材。天沟宜粘贴两层卷材。

（d）定位、弹基准线　按卷材排布配置，弹出定位和基准线。

（e）涂刷基层胶粘剂　需将基层胶粘剂分别涂刷在基层及防水卷材的表面。基层按事先弹好的位置线用长柄滚刷涂刷，同时，将卷材平置于施工面旁边的基层上，用湿布除去卷材表面的浮灰，划出搭接边（满粘法不小于 80mm，其他不小于 100mm），然后在其表面均匀涂刷基层胶粘剂。涂刷时，按一个方向进行，厚薄均匀，不露底，不堆积。

（f）粘贴卷材　基层及防水卷材分别涂胶后，晾干约 20min，手触不粘即可进行粘贴。操作人员将刷好胶粘剂的卷材抬起，使刷胶面朝下，将始端粘贴在定位线部位，然后沿基准线向前粘贴。粘贴时，卷材不得拉伸。随即用胶辊用力向前、向两侧滚压（图 2-15），排除空气，使两者粘结牢固。

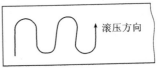

图 2-15　排气滚压方法

（g）卷材接缝粘结　卷材接缝宽度范围内（80mm 或 100mm），采用丁基橡胶胶粘剂（按 A：B＝1：1 的比例配制、搅拌均匀），用油漆刷均匀涂刷在卷材接缝部位的两个粘结面上，涂胶后 20min 左右，指触不粘，随即进行粘结。粘结从一端顺卷材长边方向至短边方向进行，用手持压辊滚压，使卷材粘牢。

（h）卷材接缝密封　卷材末端的接缝及收头处，可用聚氨酯密封胶或氯磺化聚乙烯密封膏封严密，以防止接缝、收头处剥落。

（i）蓄水试验。

（j）保护层施工　屋面经蓄水试验合格后，放水待面层干燥，按设计构造图立即进行保护层施工，以避免防水层受损。

（2）冷玛琋脂粘结法

沥青基防水卷材冷粘贴施工，除所用的胶结材料为冷玛琋脂外，其他与卷材热粘贴施工相同，不另赘述。要注意的是，冷玛琋脂使用时应搅匀，稠度太高时可加入少量溶剂稀释搅匀。粘贴卷材时，冷玛琋脂的厚度宜为 0.5～1mm，面层的厚度宜为 1～1.5mm。冷玛琋脂一般采用刮涂法施工。

以下仅就高聚物改性沥青卷材的冷粘贴施工工艺作简要概述。

高聚物改性沥青卷材单层防水卷材厚度不宜小于 4mm，复合防水时不宜小于 3mm。

① 材料准备　进场卷材经现场复验其外观质量和技术性能指标应合格；基层处理剂、胶粘剂等必须与卷材的材性相容，并应经现场抽验合格。常用的胶粘剂为改性沥青胶粘剂、橡胶沥青玛琋脂等，而基层处理剂可为相应胶粘剂的稀释液。

② 操作工艺流程　同高分子卷材冷粘施工的工艺流程。

③ 操作要点

（a）清理基层　同高分子卷材冷粘施工。

（b）涂刷基层处理剂　高聚物改性沥青防水卷材的基层处理剂可选用氯丁沥青胶乳、橡胶改性沥青溶液、沥青溶液等。将基层处理剂搅拌均匀，先行涂刷节点部位一遍，然后进行大面积涂刷，涂刷应均匀，不得过厚、过薄。一般涂刷 4h 左右，方可进行下道工序的施工。

（c）节点附加增强处理　在构造节点部位及周边扩大 200mm 范围内，均匀涂刷一层厚度不小于 1mm 的弹性沥青胶粘剂，随即粘贴一层聚酯纤维无纺布，并在布面上再涂一层厚 1mm 的胶粘剂，构成无接缝的增强层。

（d）定位、弹基准线　同高分子卷材冷粘施工。

（e）涂刷基层胶粘剂　基层胶粘剂的涂刷可用胶皮刮板进行，要求涂刷在基层上，厚薄均匀，不露底、不堆积，厚度约为 0.5mm。空铺法、条粘法、点粘法应按规定的位置和面积涂刷胶粘剂。

（f）粘贴防水卷材　胶粘剂涂刷后，根据其性能，控制其涂刷的间隔时间。一人在后均匀用力，推赶铺贴卷材，并注意排除卷材下面的空气，一人用手持压辊，滚压卷材面，使之与基层更好地粘结。

卷材与立面的粘结，应从下面均匀用力往上推赶，使之粘结牢固。当气温较低时，可考虑用热熔法施工。

整个卷材的铺贴应平整顺直，不得扭曲、皱褶等。

（g）卷材接缝粘结　卷材接缝处应满涂胶粘剂（与基层胶粘剂同一品种），在合适的间隔时间后，使接缝处卷材粘结，并滚压之，将溢出的胶粘剂随即刮平、封口。

卷材与卷材搭接缝也可用热熔法粘结。

（h）卷材接缝密封　接缝口应用密封材料封严，宽度不小于 10mm。

（i）蓄水试验。

（j）保护层施工　同高分子卷材冷粘施工。

（3）冷粘法施工的注意事项

① 与卷材配套的胶粘剂（如基层处理剂、卷材搭接胶粘剂等）性能不同，不能混用，而应专用。

② 胶粘剂必须涂刷均匀，涂刷速度不宜太慢；涂完胶粘剂与

粘铺卷材之间的间隔时间一定要掌握好，要求准确判断胶粘剂涂刷后的干燥程度，一般是涂刷后干燥 20～30min，待手感不粘时为好。

③ 高分子卷材及其配套辅助材料多属易燃物，进场后应放在通风干燥的仓库；仓库和施工现场均应严禁烟火，且须备有消防器材。

④ 每次用完的机具须及时用有机溶剂（如二甲苯）清洗干净，以便再用。

⑤ 做好对已完工的防水层的保护。

5. 自粘法

防水卷材自粘法施工有滚铺法、抬铺法等工艺。滚铺法适用于立面、平面等大面积铺贴；抬铺法除适用于复杂部位或节点外，还适宜于小面积铺贴。

（1）操作工艺流程

清理基层→涂刷基层处理剂→节点附加增强处理→定位、弹基准线→铺贴大面卷材→卷材封边→嵌缝→蓄水试验→检查验收。

（2）操作要点

① 清理基层　同其他施工方法。

② 涂刷基层处理剂　基层处理剂可用稀释的乳化沥青或其他沥青基防水涂料。涂刷要薄而均匀，不漏刷、不凝滞。干燥 6h 后，即可铺贴防水卷材。

③ 节点附加增强处理　按设计要求，在构造节点部位铺贴附加层或在做附加层之前，再涂刷一遍增强胶粘剂，在此上做附加层。

④ 定位、弹基准线　按卷材排铺布置，弹出定位线、基准线。

⑤ 滚铺法铺贴大面积自粘型防水卷材　以自粘型彩色三元乙丙橡胶防水卷材为例，三人一组，一人撕纸，一人滚铺卷材，一人随后将卷材压实。铺贴卷材时，应按基准线的位置，缓缓剥开卷材背面的防粘隔离纸，将卷材直接粘贴于基层上，随撕隔离纸，随将卷材向前滚铺。铺贴卷材时，卷材应保持自然松弛状态，不得拉得过紧或过松，不得出现褶皱。每当铺好一段卷材，应立即用胶皮压

41

辊压实粘牢。自粘型卷材铺贴方法如图 2-16 所示。

⑥ 抬铺法铺贴防水卷材

（a）根据待铺部位的基层形状进行丈量，按量测尺寸裁剪卷材，留够搭接长度。

（b）掀剥隔离纸。使剥起的隔离纸与卷材粘结面呈 45° ~

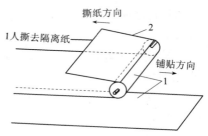

图 2-16　自粘型卷材铺贴
1—卷材；2—隔离纸

60°锐角，这样不易拉断隔离纸。如有小片隔离纸无法剥去，可用密封粘结材料涂盖。

（c）对折卷材。将剥掉隔离纸的卷材抬起，将胶结面朝外沿长向对折好，接着抬到待铺位置，胶结面朝向对准基层面弹好的长短向粉线放铺卷材，再拎住对折的另半幅卷材缓缓放铺，最后以压辊将卷材排气压实贴牢。

⑦ 搭接缝粘贴

（a）搭接缝在粘结前用手持汽油喷灯沿搭接缝处的粉线将下层卷材上表面的防粘层（聚乙烯薄膜等）熔掉，准备与上层卷材底面的自粘胶结合。

（b）粘贴搭接缝。掀开搭接部位卷材，用手持扁头热风枪加热上层卷材底面的胶粘剂，边加热熔化胶粘剂边向前推移，另一人将接缝处予以排气压平，最后一人手持压辊滚压搭接卷材，使其平实粘牢。施工中防止粘结不牢或熔烧过分损坏卷材。

（c）骑缝增强处理。要求在接缝贴好后，再加粘一层宽 120mm 的防水卷材。对三重重叠部分再做密封处理，方法同冷粘法。

⑧ 卷材封边　自粘型彩色三元乙丙橡胶防水卷材的长、短向一边约宽 50 ~ 70mm 不带自粘胶，故搭接缝处需刷胶封边，以确保卷材搭接缝处能粘结牢固。施工时，将卷材搭接部位翻开，用油漆刷将基层胶粘剂均匀地涂刷在卷材接缝的两个粘结面上。涂胶 20min 后，指触不粘时，随即进行粘贴。粘结后用手持压辊仔细滚

压密实使之粘结牢固。

⑨ 嵌缝　大面积卷材铺贴完毕后，所有卷材接缝处应用丙烯酸密封胶仔细嵌缝。嵌缝时，胶封不得宽窄不一，做到严实毋疵。

⑩ 蓄水试验。

6. 机械固定法

机械固定法是采用螺钉将卷材固定在屋面结构层上的一种卷材铺贴方法。这种铺贴方法和点粘法相类似，施工复杂，造价略高些。在我国东南沿海地区，由于台风多、风力大，故不宜采用机械固定法铺贴卷材。机械固定法一般采用镀锌钉或铜钉等固定卷材防水层，多用于在木基层上铺设高聚物改性沥青防水卷材。

7. 空铺法

空铺法是铺贴卷材防水层时，卷材与基层仅在四周一定宽度内粘结，其余部分采取不粘结的一种施工方法，如图 2-17 所示。

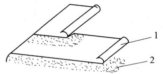

图 2-17　空铺法铺贴工艺
1—首层卷材；2—粘结材料

卷材不粘结在基层上，只是浮铺在基层上面。空铺法有下列优点：施工速度快，施工方便；卷材不受基层断裂的制约；卷材不因基层含水率高而拖延工期；还能降低防水造价。

上人屋面因铺砌地砖，地砖足以压住卷材不被风吹揭，所以宜空铺法施工。地下室底板下的防水层，空铺最好。

卷材可以空铺，而防水涂料只能满粘，不能空铺。若基层裂缝，涂膜极易拉断，造成渗漏，这是涂膜防水的一大缺点。补救措施：使用抗拉强度高的加筋材料，使防水涂膜抗拉强度大于粘结强度，避免在基层裂缝处出现剥离。传统的三毡四油作法，就是以强大的抗拉强度对抗基层裂缝，从而弥补自身无延伸率的缺点。

8. 湿铺法和预铺法

（1）水泥（砂）浆湿铺法

水泥（砂）浆湿铺法工艺（简称湿铺法）铺贴防水卷材属冷

粘法施工范畴。其施工工艺流程参见图 2-18。

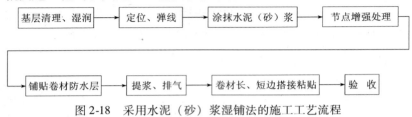

图 2-18 采用水泥（砂）浆湿铺法的施工工艺流程

采用水泥（砂）浆湿铺法工艺铺设防水卷材，其施工要点如下：

① 基层清理、湿润，基层应坚实、洁净，用扫帚、铁铲等工具将基层表面的灰尘、杂物清理干净，干燥的基面需预先洒水润湿，但不应残留积水。

② 按铺设卷材的范围定位，弹线。

③ 抹 1:3 水泥砂浆，其厚度可视基层平整情况而定，一般为 10～20mm。铺抹水泥（砂）浆时应注意压实、抹平，在阴角部位，应采用水泥砂浆分层抹成半径为 50mm 以上的圆弧。铺抹水泥（砂）浆的宽度应比卷材的长、短边各宽出 100～300mm，并应在铺抹过程中注意保证其平整度。

④ 在大面积卷材铺贴前，应对节点部位（如阴阳角、施工缝、后浇带、变形缝、穿墙管道等）按照施工技术规范提出的要求进行加强处理。

⑤ 在大面积铺贴自粘防水卷材时，应先揭去防水卷材下表面的隔离膜，将卷材平铺在已抹好的水泥（砂）浆基层上，卷材与相邻卷材之间可采用平行对接方式的工艺进行铺贴，亦可将二幅卷材采用上下搭接的工艺进行铺贴。对接缝宽宜控制在 3～5mm 之间。若采用搭接工艺，其搭接宽度应不小于 60mm。卷材上的搭接隔离膜可待长、短边搭接时再揭除。

⑥ 粘贴好卷材后，可采用木抹子或橡胶板拍打卷材的上表面，提浆、排出卷材下面的空气，使卷材与水泥砂浆层紧密粘结牢固。

⑦ 卷材铺贴完成后，应养护 48h（其具体时间可视环境温度而定，一般情况下，温度越高所需时间越短）。

⑧ 卷材的对接缝可采用自粘封口条压盖在对接部位，操作时，应先将卷材搭接部位上表面的搭接隔离膜或硅油隔离纸揭除，然后再粘贴自粘封口条；若二幅卷材间采用上下搭接的工艺铺贴，可先将上下卷材的搭接隔离膜揭除，使上下搭接边自粘搭接在一起，无需自粘封口条。若搭接部位被污染，则需先清理干净。

⑨ 铺贴立面时，卷材的收头处应采用胶带或加厚水泥浆进行临时密封，以防止收头处水分过快散失。

（2）预铺反粘法

预铺反粘法工艺（简称预铺法）铺贴防水卷材属冷粘法施工范畴，其地下室底板的基本构成包括基层、细部附加防水层、主体部位卷材防水层、收头和边缘密封、混凝土底板（现场浇筑）或粘贴在卷材防水层上的其他构造层次。其施工工艺流程如图 2-19 所示。

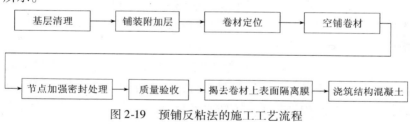

图 2-19　预铺反粘法的施工工艺流程

采用预铺反粘法工艺铺贴防水卷材的施工要点如下：

① 清理基层，基层应坚实、平整、无明水。

② 细部节点部位应做附加防水处理。地下室底板阴阳角、后浇带、变形缝、桩头等部位应进行加强处理，梁槽、涵台坑等凹陷部位可采用湿铺法先行铺贴卷材。

③ 地下工程若采用预铺法工艺铺贴卷材防水层，应先铺平面，后铺立面。临时性保护墙宜采用石灰砂浆砌筑，内表面应涂刷隔离剂。

④ 根据设计要求应对铺贴卷材的部位进行定位弹线。铺贴卷材时，应先按基准线采用空铺工艺铺好第一幅卷材，然后再铺设第二幅卷材。采用预铺法工艺铺设防水卷材时，应将搭接边重叠，然后揭开两幅卷材搭接部位的隔离膜，可用压辊重压排出空气，以确保两幅卷材的搭接边能粘结牢固。若在铺贴卷材时，遇到低温，则可采用热风焊枪辅助加热后粘合。采用自粘搭接的方式，卷材长、短边搭接宽度不小于 60mm。铺贴卷材时卷材不得用力拉伸，需应随时注意与基准线对齐，以防止出现偏差难以纠正。

⑤ 卷材长边采用自粘搭接边搭接，卷材的短边则可采用橡胶沥青冷胶粘结剂粘结搭接，卷材端搭接区应相互错开。立面施工时，应在自粘搭接边位置距离卷材边缘 10～20mm 的范围内，每隔 400～600mm 进行机械固定，确保固定结构被卷材完全覆盖。

⑥ 从底面折向立面的卷材与永久性保护墙的接触部位，应采用空铺法工艺施工；卷材与临时性保护墙或围护结构模板的接触部位，应将卷材临时粘贴在该墙体或模板上，并将顶端临时固定。若不设保护墙，从底面折向立面的卷材接茬部位应采取可靠的保护措施。

⑦ 在进行卷材防水层质量验收合格后，方可将防水卷材上表面隔离膜揭除干净。为防止卷材粘脚，可在卷材上撒水泥粉进行隔离，然后浇筑结构混凝土。若防水卷材隔离层为砂面，则可直接在卷材上浇筑结构混凝土。在浇筑钢筋混凝土时，应注意卷材防水层的后续保护，如钢筋笼要本着轻放的原则，不能在防水层上拖动，以避免破坏卷材防水层，在绑扎钢筋过程中，如移动钢筋需要用撬棒，应在其下设木垫板，作临时保护，以免破坏防水层。若不慎破坏了防水层，则应及时进行修补。

高分子自粘防水卷材宜采用预铺反粘法施工，并应符合下列规定：

① 卷材宜单层铺设。

② 在潮湿基面上铺设卷材时，其基面应平整坚固，无明显

积水。

③ 卷材的长边应采用自粘边搭接，短边应采用胶粘带搭接，卷材端部搭接区应相互错开。

④ 立面施工时，在自粘边位置距离卷材边缘 10～20mm 内，应每隔 400～600mm 进行机械固定，以保证固定位置被卷材完全覆盖。

⑤ 浇筑结构混凝土时不得损伤防水层。

9. 卷材粘贴的技术要求

沥青防水卷材屋面均采用三毡四油或二毡三油叠层铺贴，用热玛琦脂或冷玛琦脂进行粘结，其粘结层的厚度见表 2-3。高聚物改性沥青防水卷材屋面一般为单层铺贴，随其施工工艺不同，有不同的粘结要求，见表 2-4。合成高分子防水卷材屋面一般为单层铺贴，随其施工工艺不同，有不同的粘结要求，见表 2-5。

表 2-3　玛琦脂粘结层厚度

粘结部位	粘结层厚度/mm	
	热玛琦脂	冷玛琦脂
卷材与基层粘结	1～1.5	0.5～1
卷材与卷材粘结	1～1.5	0.5～1
保护层粒料粘结	2～3	1～1.5

表 2-4　高聚物改性沥青防水卷材粘结技术要求

热　熔　法	冷　粘　法	自　粘　法
1. 幅宽内应均匀加热，熔融至呈光亮黑色为度； 2. 不得过分加热，以免烧穿卷材； 3. 热熔后立即滚铺； 4. 滚压排气，使之平展、粘牢不得皱褶； 5. 搭接部位溢出热熔胶后，随即刮封接口	1. 均匀涂刷胶粘剂，不漏底、不堆积； 2. 根据胶粘剂性能及气温，控制涂胶后粘合的最佳时间； 3. 滚压、排气、粘牢； 4. 溢出的胶粘剂随即刮平封口	1. 基层表面应涂刷基层处理剂； 2. 自粘胶底面的隔离纸应全部撕净； 3. 滚压、排气、粘牢； 4. 搭接部用热风焊枪加热，溢出自粘胶随即刮平封口； 5. 铺贴立面及大坡面时，应先加热后粘贴牢固

表 2-5   合成高分子防水卷材粘结技术要求

冷 粘 法	自 粘 法	热风焊接法
1. 在找平层上均匀涂刷基层处理剂； 2. 在基层或基层和卷材底面涂刷配套的胶粘剂； 3. 控制胶粘剂涂刷后的粘合时间； 4. 粘合时不得用力拉伸卷材，避免卷材铺贴后处于受拉状态； 5. 滚压、排气、粘牢； 6. 清理干净卷材搭接缝处的搭接面，涂刷接缝专用配套胶粘剂，滚压、排气、粘牢	同高聚物改性沥青防水卷材的粘结方法和要求	1. 先将卷材结合面清洗干净； 2. 卷材铺放平整顺直，搭接尺寸准确； 3. 控制热风加热温度和时间； 4. 滚压、排气、粘牢； 5. 先焊长边搭接缝，后焊短边搭接缝

2.1.5   胶粘剂粘贴法的涂刷工艺

卷材与卷材、卷材与基层之间若采用胶粘剂粘贴施工法进行粘贴，其涂刷胶粘剂的工艺有满粘法、条粘法和点粘法等多种，在铺贴卷材时，应按设计的规定，选择合理的粘贴工艺方式。在确定了卷材的铺贴工艺方式后，还需选用正确的操作方法，常见的操作方法有浇油法、刷油法、刮油法和撒油法。

1. 卷材的涂刷工艺

（1）满粘法

满粘法施工卷材是传统的习惯作法，参见图 2-20（a），卷材满粘在砂浆基层上，可以防止被大风掀起。大风作用在屋面上的负压力为 800~1000Pa，合成高分子卷材采用胶粘剂粘合，粘结强度为 1~5MPa，每 1m^2 粘结力达 $1 \times 10^6 \sim 5 \times 10^6$N；防水涂料与砂浆基层粘结力为 20~30kPa，每 1m^2 粘结力达 20kN 以上，沥青卷材与基层的粘结力可视作与涂料相同。因此不上人屋面不必满粘，只需点粘或条粘即可，也可以采用机械固定或压重法。但女儿墙部位，距泛水边 800mm 处周围要满粘。

地下室侧墙的防水层应全部满粘；而且粘结越牢固越好，因为当地下室下沉时，防水层和建筑可同步沉降。

瓦屋面坡度，大黏土瓦或其他瓦都应做在满铺的防水层上，防水层必须牢牢粘结在望板上防止下滑。

满粘法的缺点：砂浆基层干燥后会产生收缩裂缝，屋面板也会产生收缩裂缝，人在屋面上走动、地震、室内锻锤、天车运行都会导致基层开裂和缝宽加大。基层裂缝容易把满粘的卷材拉断。这一现象屡见不鲜。

基层开裂是从零开始，从零裂开到 3~5mm，甚至达到 10mm。满粘的卷材在裂缝处也是从零开始延伸，以其延伸适应裂缝的发展。满粘法施工速度慢，工期长。

满粘法施工要求砂浆基层含水率低，为了等待基层干燥，会延迟工期。特别是在雨季施工，常因基层太潮湿，不能涂胶，一等再等。

（2）条粘法、点粘法

条粘法和点粘法是介于满粘法和空铺法之间的做法。

条粘法只在卷材长向搭边处和基层粘结。铺贴卷材时，卷材与基层粘结面不少于两条，每条宽度不小于 150mm，参见图 2-20（c）。

点粘法是在铺贴卷材时，卷材或打孔卷材与基层采用点状粘结的一种施工方法。每平方米粘结不少于 5 点，每点面积为 100mm × 100mm，参见图 2-20（b）。

无论采用空铺、条粘还是点粘法，施工时都必须注意：距屋面周边 800mm 内的防水层应满粘，保证防水层四周与基层粘结牢固；卷材与卷材之间应满粘，保证搭接严密。

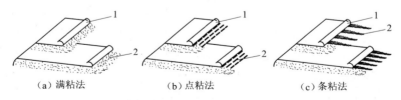

（a）满粘法　　　（b）点粘法　　　（c）条粘法

图 2-20　卷材防水层的铺贴方法

1—首层卷材；2—粘结材料

　　防水设计时，要考虑满粘还是点粘，满粘后能否不被裂缝拉断，选用哪种材料合适，选用的这种材料实剥宽度是多大，能否满足裂缝需要的延伸，特别应该知道该材料能够承受的最大裂缝宽度值。当预估裂缝宽度大于该材料最大承受的裂缝，就不能满粘，应采取降低粘结强度，或者改为点粘。常用防水材料的最大承受裂缝宽度见表 2-6。

表 2-6　几种常用防水材料最大承受裂缝宽度

防水材料名称	材料厚度 /mm	抗拉强度 /MPa	粘结强度 ×10⁻¹/(MPa)	实剥宽度 /cm	延伸率 /%	最大承受裂缝 /mm
铝箔面油毡	3.2	1.0	0.04	21	2	0.42
APP 改性沥青卷材	4	1.1	0.04	23	30	6.9
SBS 改性沥青卷材	4	1.1	0.04	23	30	6.9
自粘结油毡	3	0.2	0.01	17	2	0.34
聚乙烯膜沥青卷材	4	0.07	0.04	1.6	300	4.9
再生胶油毡	1.2	0.96	1.0	0.96	120	1.2
三元乙丙橡胶卷材	1.2	0.96	1.0	0.96	450	4.4
氯化聚乙烯卷材	1.2	0.96	1.0	0.96	200	2.0
氯化聚乙烯 603 （玻璃布加筋）	1.2	0.96	1.0	0.96	5	0.1
氯化聚乙烯橡胶共混	1.2	0.88	1.0	0.9	450	4.1
聚乙烯卷材	2	2.0	1.0	1.8	200	3.7
氯丁胶卷材	1.2	0.4	1.0	0.5	250	1.3
丁基胶卷材	1.2	0.36	1.0	0.47	250	1.2
氯磺化聚乙烯卷材	2	0.7	1.0	0.75	140	1.1
橡塑防水卷材	1.5	0.3	1.0	0.42	80	0.4
再生胶防水卷材	1.25	0.4	1.0	0.5	150	0.7
聚氨酯涂膜	2	0.5	0.5	0.6	450	2.6
硅橡胶涂膜	1.2	0.3	0.5	0.42	700	3.0
CB 型丙烯酸酯涂料	1.2	0.1	0.5	0.25	868	2.2

2. 卷材铺贴的操作方法及操作工艺要求

在屋面卷材防水工程中，施工是保证质量的关键，因此，其操作方法必须正确，如施工时卷材铺得不好，粘结不牢，势将导致鼓泡、漏水、流淌等不良的后果，常见的卷材铺贴的操作方法，主要有浇油法、刷油法、刮油法、撒油法等多种。

（1）浇油法

浇油法是我国较为普遍采用的一种操作方法，一般由三名施工人员为一组，浇油、铺毡、滚压收边各一人。

① 浇油　浇油者手提油壶，在推毡人前方，向卷材的宽度方向或蛇形浇油。要求浇油均匀，且不可浇得太多太长，以饱满为佳，如图 2-21 所示。

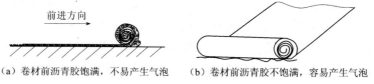

（a）卷材前沥青胶饱满，不易产生气泡　　（b）卷材前沥青胶不饱满，容易产生气泡

图 2-21　浇油法铺贴卷材

② 铺毡　铺毡者大拇指朝上，双手卡住并紧压卷材，呈弓箭步立于卷材中间，眼睛盯着浇下油，油浇到后，就用双手推着卷材向前滚进。滚进时，应使卷材前后稍加滚动，以便将沥青玛琋脂或沥青胶压匀并把多余的胶挤压出来，控制玛琋脂的厚度在 1～1.5mm，最厚不超过 2mm。要随时注意卷材划线的位置，避免发生卷材偏斜、扭曲、起鼓，并要双手推压均衡，以保证卷材铺得平直。铺毡者还要随身带好小刀，如发现卷材有起鼓或粘结不牢处，立即刺破开口，用玛琋脂贴紧压实。

③ 滚压收边　为使卷材之间、卷材与基层之间能紧密地粘贴在一起，还须 1 人用质量约 80～100kg 的表面包有 20～30mm 胶皮的滚筒，跟在铺毡者的后面向前慢慢滚压收边，滚筒应与铺毡者保持 1m 左右的距离，随铺随滚压，在滚压时，不能使滚筒来回拉动。

对于卷材边缘挤出的玛琋脂，要用胶皮刮板刮去，不能有翘边现象。天沟、檐口、泛水及转角等处不能用滚筒滚压的地方，要用刮板仔细刮平压实。采用这种操作方法的优点是，生产效率高，气泡少，粘贴密实；缺点是不易控制玛琋脂的厚度。此操作方法在实际使用中效果不太理想，这是因为在屋面坡度较大时不适合采用滚筒滚压；坡度较平缓时采用也有一定的困难，这是因为基层不可能施工得很平整。其次滚筒使用后易沾上玛琋脂，导致滚压困难。可采用"卷芯铺贴法"，在铺贴时，先在卷材里面卷进重约 5kg 的铁辊子（或木辊子），借助辊子的压力，将多余的沥青玛琋脂挤出，从而使油毡铺贴平整，与基层粘结牢固，效果较好。

（2）刷油法

此施工方法与浇油法不同之处是将浇油改为用长柄刷蘸油涂刷，油层要求饱满均匀，厚薄一致。铺毡、滚压、收边工序则与浇油法相同，滚压应及时，以防粘结不牢。采用此施工方法可节约玛琋脂。该施工法一般由四个施工人员组成，即刷油、铺贴、滚压、收边各一人。

① 刷油　由一人用长柄刷蘸油将玛琋脂刷到基层上。涂刷时人要站在油毡前面进行，使油浪饱满均匀。不可在冷底子油上揉刷，以免油凉或不起油浪。刷油宽度以 30～50cm 为宜，出油毡边不应大于 5cm。

② 铺毡　铺毡施工人员应弓身前俯，双手紧压卷材，全身用力，随着刷油，稳稳地推压油浪。在铺毡中，应防止油毡松卷，推压无力，一旦松卷应重新卷紧。为防止卷材端头一段不易铺贴，可事先在油毡芯中卷进辊子，以增强其滚压力。

③ 滚压　紧跟铺贴后不超过 2m 进行。用铁滚筒在卷材中间向两边缓缓滚压。滚压时操作工人不得站在未冷却的卷材上，并要负责质量自检工作，如发现鼓泡，必须刺破排气，重新压实。

④ 收边　用胶皮刮板刮压卷材的两边，挤出多余的玛琋脂，赶出气泡，并将两边封死压平。如边部有皱褶或翘边时，须及时处

理，防止堆积沥青疙瘩。

这种施工方法的优点是，油层薄而饱满，均匀一致，卷材平整压得实，节约沥青玛琋脂；缺点是刷油铺毡需有熟练的技术，沥青玛琋脂要保持使用温度（190℃左右）有一定的困难，油温降低，油毡就会粘贴不牢，同样也会发生鼓泡。

（3）刮油法

本施工法是浇油法和刷油法两种施工方法的综合和改进，施工时由三名施工人员组成，即浇油、刮油一人，铺贴、滚压收边各一人。

其操作要点是：一人在前先用油壶浇油，随即手持长柄胶皮刮板进行刮油；第二人紧跟着铺贴油毡；第三人进行滚压收边。由于长柄胶皮刮板在施工时刮油比较均匀饱满，故此法施工质量较好、工效高。

（4）撒油法

以上三种铺贴方法，均为满铺。另一种是撒油法（包括点粘、条粘）。撒油法的特点是铺第一层卷材时，不满涂玛琋脂，而是采用条刷、点刷、蛇形浇油使第一层油毡与基层之间有相互串通的空隙，但在檐口、屋脊和屋面转角处至少应满刷 800mm 宽的玛琋脂，使卷材牢固粘结在基层上。在铺第一层卷材后，二、三层卷材仍采用满铺法。此法施工的短边搭接宽度为 150mm，长边搭接宽度为 100mm。此法有利于防水层与基层（结构层）脱开，当基层发生变化时，防水层不受影响。

以上四种铺贴方法，均应严格控制沥青玛琋脂铺贴厚度。同时在铺贴过程中，运到屋面的沥青玛琋脂要派专人测温，不断进行搅拌，防止在油桶、油壶内发生沉淀。

2.2　卷材防水层的基本施工方法

2.2.1　沥青防水卷材的施工

1. 作业条件

① 屋面施工前，应掌握施工图的要求，选择防水工程专业队，编制防水工程施工方案。

② 屋面施工应按施工工序进行检验。基层表面必须平整、坚实、干燥、清洁，且不得有起砂、开裂和空鼓等缺陷。

③ 屋面防水层的基层必须先行施工，然后养护、干燥，坡度应符合设计和施工技术规范的要求，不得有积水现象。

④ 防水层施工前，突出屋面的管根、预埋件、楼板吊环、拖拉绳、吊架子固定构造处等，应做好基层处理；阴阳角、女儿墙、通气囱根、天窗、伸缩缝、变形缝等处，应做成半径为 150mm 的圆弧或钝角。

⑤ 做好材料、工具和设施的准备。

⑥ 沥青防水卷材严禁在雨天、雪天施工，五级风及其以上时不得施工，环境气温低于 5℃时不宜施工。施工中途下雨时，应做好已铺卷材周边的防护工作。

2. 配制沥青玛琋脂

配制沥青玛琋脂应遵守下列规定：

① 玛琋脂的标号，应视使用条件、屋面坡度和当地历年极端最高气温，遵照《屋面工程技术规范》附录 B.1.1 条选定，其性能应符合《屋面工程技术规范》附录 B.1.2 条规定。

② 现场配制玛琋脂的配合比及其软化点和耐热度的关系数据，应由试验部门根据所用原料试配后确定。在施工中按确定的配合比严格配料，每工作班均应检查与玛琋脂耐热度相应的软化点和柔韧性。

③ 热玛琋脂的加热温度不应高于 240℃，使用温度不宜低于 190℃，并应经常检查。熬制好的玛琋脂宜在本工作班内用完。当不能用完时应与新熬的材料分批混合使用，必要时还应做性能检验。

④ 冷玛琋脂使用时应搅匀，稠度太高时可加少量溶剂稀释搅匀。

3. 基层处理剂的涂刷

涂刷前，首先检查找平层的质量和干燥程度，并加以清扫，符合要求后才可进行。在大面积涂刷前，应用毛刷对屋面节点、周边、拐角等部位进行处理。

（1）冷底子油的涂刷

冷底子油作为基层处理剂主要用于热粘贴铺设沥青卷材（油毡）。涂刷要薄而均匀，不得有空白、麻点、气泡，也可用机械喷涂。如果基层表面过于粗糙，宜先刷一遍慢挥发性冷底子油，待其表干后，再刷一遍快挥发性冷底子油。涂刷时间宜在铺贴油毡前 1~2h 进行，使油层干燥而又不沾染灰尘。

（2）基层处理剂的涂刷

铺贴高聚物改性沥青卷材和合成高分子卷材采用基层处理剂时的施工操作与冷底子油基本相同。一般气候条件下基层处理剂干燥时间为 4h 左右。基层处理剂的品种要视卷材而定，不可错用。施工时除应掌握其产品说明书的技术要求外，还应注意下列问题：

① 施工时应将已配制好的或分桶包装的各组分按配合比搅拌均匀。

② 一次喷、涂的面积，根据基层处理剂干燥时间的长短和施工进度的快慢确定。若面积过大，来不及铺贴卷材，时间过长易被风沙尘土污染或露水打湿；若面积过小，影响下道工序的进行，拖延工期。

③ 基层处理剂涂刷后宜在当天铺完防水层，但也要根据情况灵活掌握。如多雨季节、工期紧张的情况下，可先涂好全部基层处理剂后再铺贴卷材，这样可防止雨水渗入找平层，而且基层处理剂干燥后的表面水分蒸发较快。

④ 当喷、涂两遍基层处理剂时，第二遍喷、涂应在第一遍干燥后进行。等最后一遍基层处理剂干燥后，才能铺贴卷材。一般气候条件下基层处理剂干燥时间为 1h 左右。

4. 铺贴卷材

（1）铺贴卷材的基本要求

1）采用叠层铺贴沥青防水卷材的粘贴厚度：热玛琋脂宜为

1～1.5mm，冷玛蹄脂宜为0.5～1mm；面层厚度：热玛蹄脂宜为2～3mm，冷玛蹄脂宜为1～1.5mm。玛蹄脂应涂刮均匀，不得过厚或堆积。

2）铺贴立面或大坡面卷材时，玛蹄脂应清涂，并尽量减少卷材短边搭接。

3）水落口、天沟、檐沟、檐口及立面卷材收头等施工应符合下列规定：

① 水落口应牢固地固定在承重结构上。当采用金属制品时，所有零件均应做防锈处理。

② 天沟、檐沟铺贴卷材时应从沟底开始，当沟底过宽、卷材需纵向搭接时，搭接缝应用密封材料封口。

③ 铺至混凝土檐口或立面的卷材收头应裁齐后压入凹槽，并用压条或带垫片钉子固定，最大钉距不应大于900mm，凹槽内用密封材料嵌填封严。在凹槽上部的女儿墙顶部必须加扣金属盖板或铺贴合成高分子卷材，做好防水处理。

4）卷材铺贴应符合下列规定：

① 卷材在铺贴前应保持干燥，其表面的撒布料应预先清扫干净，并避免损伤卷材。

② 在无保温层的装配式屋面上，应沿屋面板的端缝先单边点粘一层卷材，每边的宽度不应小于100mm，或采取其他能增大防水层适应变形的措施，然后再铺贴屋面卷材。

③ 选择不同胎体和性能的卷材复合使用时，高性能的卷材应放在面层。

④ 铺贴卷材应随刮涂玛蹄脂随滚铺卷材，并展平压实。

⑤ 采用空铺、点粘、条粘第一层卷材或第一层为打孔卷材时，在檐口、屋脊和屋面的转角处及突出屋面的交接处，卷材应满涂玛蹄脂，其宽度不得小于800mm。当采用热玛蹄脂时，应涂刷冷底子油。

5）为了便于掌握卷材铺贴方向、距离和尺寸，应在找平层上弹线并进行试铺工作。对于天沟、水落口、立墙转角、穿墙（板）管道处，应按设计要求事先进行裁剪工作。

6）热粘贴卷材连续铺贴可采用浇油法、刷油法、刮油法和撒油法。一般多采用浇油法，即用带嘴油壶将热沥青玛琋脂左右来回在卷材前浇油，浇油宽度比卷材每边少 10～20mm，边浇油边滚铺卷材，并使卷材两边有少量玛琋脂挤出。铺贴卷材时，应沿基准线滚铺，以避免铺斜或发生扭曲等现象。

7）卷材在铺贴前应保持干燥，其表面的撒布料应预先清扫干净，并避免损伤卷材。

8）排气屋面施工时应使排气道纵横贯通，不得堵塞。卷材铺贴时，应避免玛琋脂流入排气道内。采用条粘、点粘、空铺第一层卷材或打孔卷材时，在檐口、屋脊和屋面的转角处及突出屋面的连接处，卷材应满涂玛琋脂，其宽度不得小于 800mm。

9）铺贴卷材时，应随刮涂玛琋脂随铺贴卷材，并展开压实。

（2）沥青卷材热玛琋脂粘结施工的操作要点

沥青卷材热玛琋脂粘结施工的操作工艺流程如下：

清理基层→檐口防污→涂刷冷底子油→节点附加增强处理→定位、弹基准线→粘贴卷材→蓄水试验→保护层施工→检查验收。

① 清理基层　将基层上的杂物、尘土清扫干净，节点处可用吹风机辅助清理。

② 檐口防污　为防止卷材铺贴时热玛琋脂污染檐口，可在檐口前沿刷上一层较稠的滑石粉浆或粘贴防污塑料纸，待卷材铺贴完毕，将滑石粉浆上的沥青胶铲干净或撕去防污纸。

③ 涂刷冷底子油　冷底子油的作用是增强基层与防水卷材间的粘结，可用喷涂法或涂刷法施工。当用涂刷法时，基底养护完毕、表面干燥并清扫后，用胶皮板刷或藤筋刷子涂刷第一遍冷底子油，第一遍干燥后再涂刷第二遍。涂刷要均匀，愈薄愈好，但不得留有空白。快挥发性冷底子油涂刷于基层上的干燥时间约为 5～10h，视气候情况而定。

④ 节点附加增强处理　按设计要求，事先根据节点的情况，剪裁卷材，铺设增强层。

⑤ 定位、弹线、试铺　按卷材的铺贴布置在找平层上弹出定位基准线，然后试铺卷材。

⑥ 粘贴卷材　粘贴卷材可选用浇油法、刷油法、刮油法、撒油法工艺，前三种工艺为满铺，每一层卷材铺设完毕后，均应进行检验，在符合质量要求后，方可铺设下一层卷材。

⑦ 蓄水试验　卷材铺贴完毕后，按要求进行检验。平屋面可采用蓄水试验，蓄水时间不宜少于72h；坡屋面可采用淋水试验，持续淋水时间不少于2h。屋面无渗漏和积水、排水系统通畅为合格。

⑧ 做保护层　面层撒绿豆砂作保护时，卷材表面涂刷2～3mm厚的玛琋脂，将预热好的绿豆砂（温度宜为100℃）趁热入筛铺撒，使绿豆砂与玛琋脂粘结牢固。未粘结的绿豆砂应清扫干净。

（3）沥青卷材冷玛琋脂粘结施工的操作要点

沥青防水卷材冷粘贴法施工，除所用的胶结材料为冷玛琋脂外，其他与卷材热粘贴施工基本相同。

沥青卷材冷玛琋脂铺贴施工是指以冷玛琋脂或专用冷胶料为胶粘剂的一种防水冷施工方法，其操作要点与传统的防水卷材热玛琋脂铺贴施工基本相同，不另赘述。但要注意的是：

① 冷玛琋脂使用时应搅匀，稠度太高时可加入少量溶剂稀释。

② 若使用石油沥青纸胎防水卷材，宜选用双面撒料的卷材，铺设前，先将卷材裁剪至不长于10m，反卷后平放2～3d，避免铺设时起鼓。

③ 管道根部、水落口、女儿墙、阴阳角等细部构造部位应用玻璃丝布或聚酯无纺布粘贴作附加增强层。因为冷玛琋脂一般凝固较慢，若用纸胎卷材粘贴，由于它有一定的回弹性，不易粘牢。

④ 铺贴宜用刮油法。将冷玛琋脂倒在基层上，用刮板按弹线部位摊刮，厚度约0.5～10mm，宽度与卷材宽度相同，涂层要均

匀，然后将卷材端部与冷玛瑃脂粘牢，随即双手用力向前滚铺，铺后用压辊或压板压实，将气泡赶出。夏季施工时，基层上涂刮冷玛瑃脂后，过 10～30min，待溶剂挥发一部分而稍有黏性再铺卷材，但不应迟于 45min，每铺一层卷材，隔 5～8h，再按压或滚压一遍，然后以同法铺第二层、第三层卷材。

⑤ 在平面与立面交接处，应分别在卷材上与基层上薄刷冷玛瑃脂一层，隔 10～20min 再粘贴卷材，用刮板自上下两面往圆角中部挤压，使之伏贴，并将上部钉牢于预埋的木条上。

⑥ 保护层一般采用云母粉。铺撒前，先在防水层面层上刮涂一层冷玛瑃脂，厚度为 1～1.5mm，边刮冷玛瑃脂边撒云母粉，云母粉要铺撒均匀，不要过厚。待冷玛瑃脂表面已干，能上人时将多余的云母粉扫掉。

2.2.2　高聚物改性沥青防水卷材的施工

高聚物改性沥青防水卷材的收头处理，水落口、天沟、檐沟、檐口等部位的施工，以及排气屋面施工，均与沥青防水卷材施工相同。立面或大坡面铺贴高聚物改性沥青防水卷材时，应采用满粘法，并宜减少短边搭接。

1. 作业条件

① 施工前审核图纸，编制防水工程方案，并进行技术交底；屋面防水必须由专业队施工，持证上岗。

② 铺贴防水层的基层表面，应将尘土、杂物彻底清除干净。

③ 基层坡度应符合设计要求，表面应顺平，阴阳角处应做成圆弧形，基层表面必须干燥，含水率应不大于 9%。

④ 卷材及配套材料必须验收合格，规格、技术性能必须符合设计要求及标准的规定。存放易燃材料时应避开火源。

⑤ 高聚物改性沥青防水卷材，严禁在雨天、雪天施工；五级风及其以上时不得施工；环境气温低于 5℃时不宜施工。施工中途如下雨、下雪，应做好已铺卷材周边的防护工作。

注：热熔法施工环境气温不宜低于 -10℃。

2. 冷粘法施工

（1）冷粘法施工的基本要求

冷粘法铺贴高聚物改性沥青防水卷材，是指用高聚物改性沥青胶粘剂或冷玛琋脂粘贴于涂有冷底子油的屋面基层上。

高聚物改性沥青防水卷材施工不同于沥青防水卷材多层做法，通常只是单层或多层设防，因此，每幅卷材铺贴必须位置准确，搭接宽度符合要求。其施工应符合以下要求：

① 根据防水工程的具体情况，确定卷材的铺贴顺序和铺贴方向，并在基层上弹出基准线，然后沿基准线铺贴卷材。

② 胶粘剂涂刷应均匀，不露底，不堆积。卷材空铺、点粘、条粘时，应按规定的位置及面积涂刷胶粘剂。根据胶粘剂的性能，应控制胶粘剂涂刷与卷材铺贴的间隔时间。

③ 复杂部位如管根、水落口、烟囱底部等易发生渗漏的部位，可在其中心 200mm 左右范围先均匀涂刷一遍改性沥青胶粘剂，厚度 1mm 左右；涂胶后随即粘贴一层聚酯纤维无纺布，并在无纺布上再涂刷一遍厚度为 1mm 左右的改性沥青胶粘剂，使其干燥后形成一层无接缝的整体防水涂膜增强层。

④ 铺贴卷材时应平整顺直，搭接尺寸准确，不得扭曲、皱褶。搭接部位的接缝应满涂胶粘剂，辊压粘贴牢固。

⑤ 铺贴卷材时，可按照卷材的配置方案，边涂刷胶粘剂，边滚铺卷材，在铺贴卷材时应及时排除卷材下面的空气，并辊压粘结牢固。

⑥ 搭接缝部位，最好采用热风焊机或火焰加热器（热熔焊接卷材的专用工具）或汽油喷灯加热，以接缝卷材表面熔融至光亮黑色时，即可进行粘合，封闭严密。采用冷粘法时，搭接缝口应用材性相容的密封材料封严，宽度不应小于 10mm。

（2）高聚物改性沥青防水卷材冷粘法施工的操作要点

高聚物改性沥青防水卷材冷粘法施工的流程如下：

清理基层→涂刷基层处理剂→节点附加增强处理→定位、弹基

准线→涂刷基层胶粘剂→粘贴卷材→卷材接缝粘贴→卷材接缝密封→蓄水试验→保护层施工→检查验收。

① 清理基层。剔除基层上的隆起异物，清除基层上的杂物，清扫干净尘土。

② 喷涂基层处理剂。高聚物改性沥青防水卷材的基层处理剂可选用氯丁沥青胶乳、橡胶改性沥青溶液、沥青溶液等。将基层处理剂搅拌均匀，先行涂刷节点部位一遍，然后进行大面积涂刷，涂刷应均匀，不得过厚、过薄。一般涂刷 4h 左右，方可进行下道工序的施工。

③ 节点的附加增强处理。在构造节点部位及周边扩大 200mm 范围内，均匀涂刷一层厚度不小于 1mm 的弹性沥青胶粘剂，随即粘贴一层聚酯纤维无纺布，并在布面上再涂一层厚 1mm 的胶粘剂，构造成无接缝的增强层。

④ 定位、弹线。同高分子卷材冷粘施工。

⑤ 涂刷基层胶粘剂。基层胶粘剂的涂刷可用胶皮刮板进行，要求涂刷在基层上，厚薄均匀，不漏底、不堆积，厚度约为 0.5mm。空铺法、条粘法、点粘法应按规定的位置和面积涂刷胶粘剂。

⑥ 粘贴防水卷材。胶粘剂涂刷后，根据其性能，控制其涂刷的间隔时间，一人在后均匀用力，推赶铺贴卷材，并注意排除卷材下面的空气，一人用手持压辊，滚压卷材面，使之与基层更好地粘结。

卷材与立面的粘贴，应从下面均匀用力往上推赶，使之粘结牢固。当气温较低时，可考虑用热熔法施工。

整个卷材的铺贴应平整顺直。不得扭曲、皱褶等。

⑦ 卷材接缝粘结。卷材接缝处，应满涂胶粘剂（与基层胶粘剂同一品种），在合适的间隔时间后，使接缝处卷材粘结并辊压，溢出的胶粘剂随即刮平封口。

卷材与卷材搭接缝也可用热熔法粘结。

⑧ 卷材接缝密封。接缝口应用密封材料封严，宽度不小于10mm。

⑨ 蓄水试验。

⑩ 保护层施工。屋面经蓄水试验合格后，放水待面层干燥，按设计构造图立即进行保护层施工，以避免防水层受损。

如为上人屋面铺砌块材保护层，其块材下面的隔离层，可铺干砂 1～2mm。块材之间约10mm的缝隙用水泥砂浆灌实。铺设时拉通线，控制板面流水坡度、平整度，使缝隙整齐一致。每隔一定距离（面积不大于100m²）及女儿墙周围设置伸缩缝。

如为不上人屋面，当使用配套银粉反光涂料时，涂刷前应将卷材表面清扫干净。

3. 热熔法施工

热熔法铺贴采用火焰加热器熔化防水层卷材底层的热熔胶进行粘贴。热熔卷材是一种在工厂生产过程中底面就涂有一层软化点较高的改性沥青热熔胶防水卷材。该施工方法常用于 SBS 改性沥青防水卷材、APP 改性沥青防水卷材等与基层的粘结施工。

（1）热熔法施工的基本要求

热熔法铺贴卷材应符合下列规定：

① 火焰加热器的喷嘴距卷材面的距离应适中，幅宽内加热应均匀，以卷材表面熔融至光亮黑色为度，不得过分加热卷材。厚度小于3mm的高聚物改性沥青防水卷材，严禁采用热熔法施工。

② 卷材表面热熔后应立即滚铺卷材，滚铺时应排除卷材下面的空气，使之平展并粘贴牢固。

③ 搭接缝部位宜以溢出热熔的改性沥青为度，溢出的改性沥青宽度为2mm左右并均匀顺直为宜。当接缝处的卷材有铝箔或矿物粒（片）料时，应清除干净后再进行热熔和接缝处理。

④ 铺贴卷材时应平整顺直，搭接尺寸准确，不得扭曲。

⑤ 采用条粘法时，每幅卷材与基层粘结面不应少于两条，每条宽度不应小于150mm。

（2）热熔法的操作工艺

热熔法的操作工艺可分为滚铺法和展铺法两种。

1）滚铺法的施工方法

① 固定端部卷材　把成卷的卷材抬至开始铺贴的位置，将卷材展开 lm 左右，对好长、短向的搭接缝，把展开的端部卷材由一名操作人员拉起（人站在卷材的正侧面），另一名操作人员持喷枪站在卷材的背面一侧（即待加热底面），慢慢旋开喷枪开关（不能太大），当听到燃料气嘴喷出的嘶嘶声，即可点燃火焰（点火时，人应站在喷头的侧后面，不可正对喷头），再调节开关，使火焰呈蓝色时即可进行操作。操作时，应先将喷枪火焰对准卷材与基面交接处，同时加热卷材底面粘胶层和基层。此时提卷材端头的操作人员把卷材稍微前倾，并且慢慢地放下卷材，平铺在规定的基层位置上，再由另一操作人员用手持压辊排气，并使卷材熔粘在基层上。当熔贴卷材的端头只剩下 30cm 左右时，应把卷材末端翻放在隔热板上，而隔热板的位置则放在已熔贴好的卷材上面，最后用喷枪火焰分别加热余下卷材和基层表面，待加热充分后，再提起卷材粘贴于基层上予以固定。

② 卷材大面积铺贴　粘贴好端部卷材后，持枪人应站在卷材滚铺的前方，把喷枪对准卷材和基面的交接处，同时加热卷材和基面。条粘时只需加热两侧时，加热宽度各为 150mm 左右。此时推滚卷材的工人应蹲在已铺好的端部卷材上面，待卷材充分加热后缓缓地推压卷材，并随时注意卷材的搭接缝宽度。与此同时，另一人紧跟其后，用棉纱团从中间向两边抹压卷材，赶出气泡，并用抹刀将溢出的热熔胶刮压抹平。距熔粘位置 1~2m 处，另一人用压辊压实卷材。

2）展铺法的施工方法

展铺法是先把卷材平展铺于基层表面，再沿边缘掀起卷材，加热卷材底面和基层表面，然后将卷材粘贴于基层上的一种热熔法施工工艺。展铺法主要适用于条粘法铺贴卷材，其施工操作方法如下。

先把卷材展铺在待铺的基面上，对准搭接缝，按滚铺法相同的方法熔贴好开始端部卷材。若整幅卷材不够平服，可把另一端（末端）卷材卷在一根 $\phi 30mm \times 1500mm$ 的木棒上，由 2 ~ 3 人拉直整幅卷材，使之无皱褶、波纹并能平服地与基层相贴为准。当卷材对准长边搭接缝的弹线位置后，由一施工人员站在末端卷材上面作临时固定，以防卷材回缩。拉直卷材的作用是防止卷材皱褶及偏离搭接位置，而造成相邻两幅卷材搭接不均匀；同时也可使卷材尽量平服以少留空气。

固定好末端后，从始端开始熔贴卷材。操作时，在距开始端约 1500mm 的地方，由手持喷枪的施工人员掀开卷材边缘约 200mm 高（其掀开高度应以喷枪头易于喷热侧边卷材的底面胶粘剂为准），再把喷枪头伸进侧边卷材底部，开大火焰，转动枪头，加热卷材边宽约 200mm 左右的底面胶和基面，边加热边沿长向后退。另一人拿棉纱团，从卷材中间向两边赶出气泡，并将卷材抹压平整。最后一人紧随其后及时用手持压辊压实两侧边卷材，并用抹刀将挤出的胶粘剂刮压平整。当两侧卷材热熔粘贴只剩下末端 1000mm 长时，与滚铺法一样，熔贴好末端卷材。这样每幅卷材的长边、短边四周均能粘贴于屋面基层上。

3）搭接缝的施工方法

热熔卷材表面一般都有一层防粘隔离层，如把它留在搭接缝间，则不利于搭接粘贴。因此，在热熔粘结搭接缝之前，应先将下一层卷材表面的防粘隔离层用喷枪熔烧掉，以利于搭接缝粘结牢固。

操作时，由持喷枪的施工人员拿好烫板柄，把烫板沿搭接粉线向后移动，喷枪火焰随烫板一起移动，喷枪应紧靠烫板，并距卷材高 50 ~ 100mm。喷枪移动速度要控制合适，以刚好熔去隔离层为准。在移动过程中，烫板和喷枪要密切配合，切忌火焰烧伤或烫板烫伤搭接处的相邻卷材面。另外，在加热时还应注意喷嘴不能触及卷材，否则极易损伤或戳破卷材。

滚压时，待搭接缝口有热熔胶（胶粘剂）溢出，收边的施工人员趁热用棉纱团抹平卷材后，即可用抹灰刀把溢出的热熔胶刮平，沿边封严。

对于卷材短边搭接缝，还可用抹灰刀挑开，同时用汽油喷灯烘烤卷材搭接处，待加热至适当温度后，随即用抹灰刀将接缝处溢出的热熔胶刮平、封严，这同样会取得很好的效果。

（3）高聚物改性沥青防水卷材热熔法施工的操作要点

高聚物改性沥青防水卷材热熔法施工的操作工艺流程如下：

清理基层→涂刷基层处理剂→节点附加增强处理→定位、弹基准线→热熔铺贴卷材→搭接缝卷材→蓄水试验→保护层施工→检查验收。

① 清理基层　剔除基层上的隆起异物，彻底清扫、清除基层表面的灰尘。

② 涂刷基层处理剂　基层处理剂采用溶剂型改性沥青防水涂料或橡胶改性沥青胶结料。将基层处理剂均匀涂刷在基层上，厚薄一致。

③ 节点附加增强处理　待基层处理剂干燥后，按设计节点构造图做好节点附加增强处理。

④ 定位、划线　在基层上按规范要求，排布卷材，弹出基准线。

⑤ 热熔粘贴　将卷材沥青膜底面朝下，对正粉线，用火焰喷枪对准卷材与基层的结合面，同时加热卷材与基层。喷枪头距加热面 50～100mm，当烘烤到沥青熔化，卷材底有光泽并发黑，有一薄的熔层时，即用胶皮压辊滚压密实。如此边烘烤边推压，当端头只剩下 300mm 左右时，将卷材翻放于隔热板上加热，同时加热基层表面，粘贴卷材并压实。

⑥ 搭接缝粘结　搭接缝粘结之前，先熔烧下层卷材上表面搭接宽度内的防粘隔离层。处理时，操作者一手持烫板，一手持喷枪，使喷枪靠近烫板并距卷材 50～100mm，边熔烧，边沿搭接线后

退。为防止火焰烧伤卷材其他部位，烫板与喷枪应同步移动。

处理完毕隔离层，即可进行接缝粘结，其操作方法与卷材和基层的粘结相同。

施工时应注意：在滚压时，以卷材边缘溢出少量的热熔胶为宜，溢出的热熔胶应用灰刀刮平，并沿边封严接缝口；烘烤时间不宜过长，以防止烧坏面层材料。

⑦ 整个防水层粘贴完毕后，所有搭接缝的边均应用密封材料予以严密的涂封　根据 GB 50207—2012《屋面工程质量验收规范》规定，采用热熔法、冷粘法、自粘法工艺铺设的高聚物改性沥青防水卷材屋面，其"接缝口应用密封材料封严，宽度不应小于10mm"。密封材料可用聚氯乙烯建筑防水接缝材料或建筑防水沥青嵌缝油膏，也可采用封口胶或冷玛琦脂。密封材料应在缝口抹平，使其形成明显的沥青条带。

⑧ 蓄水试验　防水层完工后，按卷材热玛琦脂粘结施工的相同要求做蓄水试验。

⑨ 保护层施工　蓄水试验合格后，按设计要求进行保护层施工。

4. 自粘法施工

自粘贴卷材施工法是指自粘型卷材的铺贴方法。施工的特点是不需涂刷胶粘剂。自粘型卷材在工厂生产过程中，在其底面涂上一层高性能的胶粘剂，胶粘剂表面覆有一层隔离纸。施工中剥去隔离纸，即可直接铺贴。

自粘贴改性沥青卷材施工方法与自粘型高分子卷材施工方法相似。但对于搭接缝的处理，为了保证接缝粘结性能，搭接部位应该用热风枪加热，尤其在温度较低时施工，这一措施更为必要。

（1）自粘法施工的基本要求

自粘法铺贴卷材应符合下列规定：

① 铺粘卷材前，基层表面应均匀涂刷基层处理剂，干燥后及时铺贴卷材。

② 铺贴卷材时应将自粘胶底面的隔离纸完全撕净。

③ 铺贴卷材时应排除卷材下面的空气，并辊压粘贴牢固。

④ 铺贴的卷材应平整顺直，搭接尺寸准确，不得扭曲、皱褶。低温施工时，立面、大坡面及搭接部位宜采用热风机加热，加热后随即粘贴牢固。

⑤ 搭接缝口应采用材性相容的密封材料封严。

（2）高聚物改性沥青防水卷材自粘法施工的操作要点

1）卷材滚铺时，高聚物改性沥青防水卷材要稍拉紧一点，不能太松弛。应排除卷材下面的空气，并辊压粘结牢固。

2）搭接缝的粘贴应注意下列要求：

① 自粘型卷材上表面有一层防粘层（聚乙烯薄膜或其他材料），在铺贴卷材前，应先将相邻卷材待搭接部位上表面的防粘层熔化掉，使搭接缝能粘贴牢固。操作时手持汽油喷灯沿搭接缝线熔烧待搭接卷材表面的防粘层。

② 粘结搭接缝时，应掀开搭接部位卷材，用偏头热风枪加热搭接卷材底面的胶粘剂并逐渐前移。另一人随其后，把加热后的搭接部位卷材用棉布由里向外进行排气，并抹压平整。最后紧随一人用手持压辊滚压搭接部位，使搭接缝密实。

③ 加热时应注意控制好加热温度，其控制标准为手持压辊压过搭接卷材后，使搭接边末端胶粘剂稍有外溢。

④ 搭接缝粘贴密实后，所有搭接缝均用密封材料封边，宽度应不小于 10mm。

⑤ 铺贴立面、大坡面卷材时，可采用加热方法使自粘卷材与基层粘结牢固，必要时还应加钉固定。

3）应注意的质量问题

① 屋面不平整　找平层不平顺时会造成积水。施工时应找好线，放好坡，找平层施工中应拉线检查。做到坡度符合要求，平整无积水。

② 空鼓　铺贴卷材时基层不干燥，或铺贴操作不认真，边角

处易出现空鼓。铺贴卷材应掌握基层含水率，不符合要求时不能铺贴卷材；同时铺贴时应平、实，压边紧密，粘结牢固。

③ 渗漏 多发生在细部位置。铺贴附加层时，从卷材剪配到粘贴操作，应使附加层紧贴到位，封严、压实，不得有翘边等现象。

2.2.3 合成高分子防水卷材的施工

合成高分子卷材与沥青油毡相比，具有质量轻，延伸率大，低温柔性好，色彩丰富，以及施工简便（冷施工）等特点，因此近几年合成高分子卷材得到很大发展，并在施工中得到广泛应用。

合成高分子防水卷材的水落口、天沟、檐沟、檐口及立面卷材收头等施工均与沥青防水卷材的施工相同，立面或大坡面铺贴合成高分子防水卷材与聚合物改性沥青防水卷材的施工相同。

1. 作业条件

① 施工前审核图纸，编制屋面防水施工方案，并进行技术交底。屋面防水工程必须由专业施工队持证上岗。

② 铺贴防水层的基层必须施工完毕，并经养护、干燥，防水层施工前应将基层表面清除干净，同时进行基层验收，合格后方可进行防水层施工。

③ 基层坡度应符合设计要求，不得有空鼓、开裂、起砂、脱皮等缺陷；基层含水率应不大于9%。

④ 按设计要求，准备好卷材及配套材料。存放和操作应远离火源，防止发生事故。

⑤ 合成高分子防水卷材，严禁在雨天、雪天施工；五级风及其以上时不得施工；环境气温低于5℃时不宜施工。施工中途下雨、下雪，应做好已铺卷材周边的防护工作。

注：焊接法施工环境气温不宜低于 - 10℃。

2. 冷粘法施工

合成高分子防水卷材，大多可用于屋面单层防水，卷材的厚度宜为 1.2 ~ 2mm。

冷粘贴施工是合成高分子卷材的主要施工方法。各种合成高分子卷材的冷粘贴施工除由于配套胶粘剂引起的差异外，大致相同。

（1）冷粘法施工的基本要求

冷粘法铺贴卷材应符合下列规定：

① 基层胶粘剂可涂刷在基层或涂刷在基层和卷材底面，涂刷应均匀，不露底，不堆积。卷材空铺、点粘、条粘时，应按规定的位置及面积涂刷胶粘剂。

② 根据胶粘剂的性能，控制胶粘剂涂刷与卷材铺贴的间隔时间。

③ 铺贴卷材不得皱褶，也不得用力拉伸卷材，并应排除卷材下面的空气，辊压粘贴牢固。

④ 铺贴的卷材应平整顺直，搭接尺寸准确，不得扭曲。

⑤ 卷材铺好压粘后，应将搭接部位的粘合面清理干净，并采用与卷材配套的接缝专用胶粘剂，在搭接缝粘合面上涂刷均匀，不露底，不堆积。根据专用胶粘剂性能，应控制胶粘剂涂刷与粘合间隔时间，并排除缝间的空气，辊压粘贴牢固。

⑥ 搭接缝口应采用材性相容的密封材料封严。

⑦ 卷材搭接部位采用胶粘带粘结时，粘合面应清理干净，必要时可涂刷与卷材及胶粘带材性相容的基层胶粘剂，撕去胶粘带隔离纸后应及时粘合上层卷材，并辊压粘牢。低温施工时，宜采用热风机加热，使其粘贴牢固、封闭严密。

（2）冷粘法的操作工艺

在平面上铺贴卷材时，可采用抬铺法或滚铺法进行。

各种胶粘剂的性能和施工环境各不相同，有的可以在涂刷后立即粘贴卷材，有的则必须待溶剂挥发一部分后才能粘贴卷材，尤以后者居多，这就要求控制好胶粘剂涂刷与卷材铺贴的间隔时间。一般要求基屋及卷材上涂刷的胶粘剂达到表干程度，其间隔时间与胶粘剂性能及气温、湿度、风力等因素均有关，通常为 10～30min，施工时可凭经验确定，用指触不粘手时即可开始粘贴卷材。间隔时间的控制是冷粘贴施工的难点，这对粘结力和粘结的可靠性影响甚大。

1）抬铺法

在涂布好胶粘剂的卷材两端各安排 1 人，拉直卷材，中间根据卷材的长度安排 1~4 人，同时将卷材沿长向对折，使涂布胶粘剂的一面向外，抬起卷材，将一边对准搭接缝处的粉线，再翻开上半部卷材铺在基层上，同时拉开卷材使之平服。操作过程中，对折、抬起卷材、对粉线、翻平卷材等工序，均应同时进行。

2）滚铺法

将涂布完胶粘剂并干燥度达到要求的卷材用 $\phi 50~100mm$ 的塑料管或原来用来装运卷材的筒芯重新成卷，使涂布胶粘剂的一面朝外，成卷时两端要平整，以保证铺贴时能对齐粉线，并要注意防止砂子、灰尘等杂物粘在卷材表面。成卷后用 1 根 $\phi 30mm \times 1500mm$ 的钢管穿入中心的塑料管或筒芯内，由两人分别持钢管两端，抬起卷材的端头，对准粉线，固定在已铺好的卷材顶端搭接部位或基层面上，抬卷材的两人同时匀速向前，展开卷材，并随时注意将卷材边缘对准粉线，同时应使卷材铺贴平整，直到铺完一幅卷材。铺贴合成高分子卷材要尽量保持其松弛状态，但不能有皱褶。

每铺完一幅卷材，应立即用干净而松软的长柄压辊从卷材一端顺卷材横向顺序滚压一遍，彻底排除卷材粘结层间的空气。

排除空气后，平面部位卷材可用外包橡胶的大压辊滚压（一般重 30~40kg），使其粘贴牢固。滚压应从中间向两侧边移动，做到排气彻底。

平面立面交接处，应先粘贴好平面，经过转角，由下往上粘贴卷材，粘贴时切勿拉紧，要轻轻沿转角压紧压实，再往上粘贴，同时排出空气，最后用手持压辊滚压密实，滚压时要从上往下进行。

（3）合成高分子防水卷材冷粘法施工的操作要点

合成高分子防水卷材冷粘法施工的操作工艺流程如下：

清理基层→涂刷基层处理剂→节点附加增强处理→定位、弹基

准线→涂刷基层胶粘剂→粘贴卷材→卷材接缝粘贴→卷材接缝密封→蓄水试验→保护层施工→检查验收。

1）三元乙丙橡胶防水卷材的冷粘法施工

① 清理基层。

② 涂刷基层处理剂。将聚氨酯底胶按甲料：乙料＝1：3的比例（质量比）配合，搅拌均匀，用长柄刷涂刷在基层上。涂布量一般以 $0.15 \sim 0.2 kg/m^2$ 为宜。底胶涂刷4h以后才能进行下道工序施工。

③ 节点附加增强处理。阴阳角、排水口、管子根部周围等构造节点部位，加刷一遍聚氨酯防水涂料（按甲料：乙料＝1：1.5的比例配合，搅拌均匀，涂刷宽度距节点中心不少于200~250mm，厚约2mm，固化时间不少于24h）做加强层，然后铺贴一层卷材。天沟宜粘贴两层卷材。

④ 定位、弹基准线。按卷材排布配置，弹出定位和基准线。

⑤ 涂刷基层胶粘剂。基层胶粘剂使用 CX-404 胶。需将胶分别涂刷在基层及防水卷材的表面。基层按事先弹好的位置线用长柄滚刷涂刷，同时，将卷材平置于施工面旁边的基层上，用湿布除去卷材表面的浮灰，划出长边及短边各不涂胶的接合部位（满粘法不小于80mm，其他不小于100mm），然后在其表面均匀涂刷 CX-404胶。涂刷时，按一个方向进行，厚薄均匀，不漏底，不堆积。

⑥ 粘贴防水卷材。基层及防水卷材分别涂胶后，晾干约20min，手触不粘即可进行粘结。操作人员将刷好胶粘剂的卷材抬起，使刷胶面朝下，将始端粘贴在定位线部位，然后沿基准线向前粘贴。粘贴时，卷材不得拉伸。随即用胶辊用力向前、向两侧滚压排除空气，使两者粘结牢固。

⑦ 卷材接缝粘贴。卷材接缝宽度范围内（80mm 或 100mm），将丁基橡胶胶粘剂（按 A：B＝1：1的比例配制，搅拌均匀）用油漆刷均匀涂刷在卷材接缝部位的两个粘结面上，涂胶后 20min 左右，指触不粘后，随即进行粘贴。粘结从一端顺卷材长边方向至短边方向进行，用手持压辊滚压，使卷材粘牢。

⑧ 卷材接缝密封。卷材末端的接缝及收头处，可用聚氨酯密封胶或氯磺化聚乙烯密封膏嵌封严密，以防止接缝、收头处剥落。

⑨ 蓄水试验。

⑩ 保护层施工。

2）氯化聚乙烯防水卷材的冷粘法施工

① 基层处理。

② 涂布404氯丁胶粘剂：在铺贴卷材前将404氯丁胶粘剂打开并搅拌均匀，将基层清理干净后即可涂刷施工。

在基层表面涂布404氯丁胶粘剂：在基层处理干燥后将杂物清除干净，用滚刷蘸满404氯丁胶粘剂迅速而均匀地进行涂布施工，涂布时不能在同一处反复多次涂刷，以免"咬起"胶块。

在卷材表面涂刷404氯丁胶粘剂：将卷材展开摊铺在平整干净的基层上，用长柄滚刷蘸满404氯丁胶粘剂均匀涂布在卷材表面上，涂胶时，厚度一致，不允许有露底和凝聚胶块存在。一般待手感基本干燥后才能进行铺贴卷材的施工。

③ 铺贴卷材：应将卷材按长方向配置，尽量减少接头，从流水坡度的上坡开始弹出基准线，由两边向屋脊，按顺序铺贴，顺水接茬，最后用一条卷材封脊。铺贴卷材时不允许打折。

排除空气。每铺完一张卷材后，应立即用干净而松软的长把滚刷从卷材的一端开始朝卷材横向顺序用力滚压一遍，以便彻底排除卷材与基层间的空气。然后用手压滚按顺序认真滚一遍。

末端收头处理。为防止卷材末端剥落或浸水，末端收头必须用密封材料封闭。当密封材料固化后，即可用掺有胶乳的水泥砂浆压缝封闭。

3）聚氯乙烯（PVC）防水卷材的冷粘法施工

① 施工时气温宜在5~35℃（特殊情况例外）。施工人员以3~5人组成一组施工。做好基层处理工作。

② PVC卷材的材料铺贴程序基本上同沥青卷材，用PVC卷材做防水层一般采用一毡一油，在落水口的集水口、天沟等特殊部位

加铺一层卷材，或配套用氯丁橡胶防水涂料施工。

③ 卷材在铺贴前应先开卷并清除隔离物。

④ 卷材铺贴方向，应根据屋面坡度确定。铺贴时，应由檐口铺向屋脊，当屋面坡度大于 15% 时，卷材应垂直于屋脊铺贴（立铺），屋面坡度在 15% 以内，应尽可能采用平行于屋脊方向铺贴卷材，压边宽度为 40~60mm，接头宽度为 80~100mm，立铺时卷材应越过屋脊 200~300mm，屋脊上不得留接缝。

⑤ 胶粘剂的涂刷：在已干燥的板面上，均匀涂刷一层 0.8~1mm 厚胶粘剂，待内含溶剂挥发一部分，表面基本干燥后（约 20min，涂层愈厚或气温愈低，干燥时间愈长），再铺贴卷材。

⑥ 手工铺贴卷材时，需用两手紧压卷材，向前滚进。推卷时，可前后滚动，将冷粘剂压匀，压卷用力应均匀一致，铺平铺直。

⑦ 在铺贴卷材的同时，用圆辊筒滚平压紧卷材，并注意排除气沟，消除皱纹。

⑧ 防水层施工质量的检查及修补：PVC 卷材铺贴完毕后，要对施工质量进行检查，其检查方法同其他防水材料相同。由于采用单层防水，它的漏点是较易发现的，修补方法也极简便，即在漏水点周围涂刷一点冷粘剂，剪一小块卷材铺贴即可，或用氯丁橡胶防水材料修补更为理想。

⑨ 防水层的保护：PVC 防水卷材的保护设施的施工（包括刚性防水层或架空隔热层）宜在卷材铺贴 24h 后进行。如用砂浆做保护层，可在卷材上涂刷一层胶粘剂，均匀撒一层 3~5mm 粗砂，轻度拍实即可。

4）氯化聚乙烯-橡胶共混防水卷材的冷粘法施工

① 基层处理。

② 喷涂基层处理剂：喷涂时要特别注意薄厚均匀，不允许过厚过薄，否则都将影响施工质量。一般喷涂后干燥 12h（视温度、湿度而定），才能进行下道工艺的施工。阴阳角、排水口、管子根部的周围是容易发生渗漏的薄弱部位，为提高防水施工质量，对于

以上部位更要严格检查，精心处理。

③ 涂布 BX-12 胶：在铺贴卷材时，将卷材展开摊铺在干净平整的基层上，用长柄滚刷蘸满已搅拌均匀的 BX-12 胶均匀涂布在卷材表面上，但接头部位的 100mm 不能涂胶，厚薄应均匀，不允许有露底和凝聚胶块存在。

在基层表面涂布 BX-12 胶：在基层处理干燥后，用滚刷蘸满 BX-12 胶迅速而均匀地进行涂布施工。涂布时不能在同一处反复多次涂刷，以免将基层处理剂"咬起"，从而影响施工质量。涂 BX-12 胶后，一般手感基本干燥后才能进行铺贴卷材的施工。

④ 铺贴卷材应注意下列问题：

a. 应将卷材按长方向配置，尽量减少接头，从流水坡度的上坡开始，弹出基准线，由两边向屋脊，按顺序铺贴，顺水接茬，最后用一条卷材封脊。铺贴卷材时，不允许打折和拉伸卷材。

b. 排除空气：每当铺完一张卷材后，应立即用干净而松软的长柄滚刷从卷材的一端开始，沿卷材的横方向顺序用力地滚压一遍，以便彻底排除卷材与基层间的空气。

c. 把胶粘剂按一定配比混合均匀，再用油漆刷均匀地涂刷在接缝部分的表面（卷材的接缝一般为 100mm）。待基本干燥后，即可进行粘结，而后用手持压辊按顺序认真滚压一遍。

d. 末端收头处理：为了防止卷材末端剥落或渗水，末端收头必须用密封材料封闭。当密封材料固化后，即可用掺有胶乳的水泥砂浆压缝封闭。

e. 涂刷表面涂料：在卷材铺贴完毕，经过认真检查，确认完全合格后，将卷材表面的尘土杂物清扫干净，再用长柄滚刷均匀涂刷表面涂料。涂完表面涂料后，一般不要再在卷材表面走动，以免损坏防水卷材。

3. 自粘法施工

自粘法卷材施工是指自粘型卷材的铺贴方法。是合成高分子卷材的主要施工方法。

自粘型合成高分子防水卷材是在工厂生产过程中，在卷材底面涂敷一层自粘胶，自粘胶表面覆一层隔离纸，铺贴时只要撕下隔离纸，即可直接粘贴于涂刷了基层处理剂的基层上。自粘型合成高分子防水卷材及聚合物改性沥青防水卷材解决了因涂刷胶结剂不均匀而影响卷材铺贴的质量问题，并使卷材铺贴施工工艺简化，提高了施工效率。

（1）自粘法施工的基本要求

合成高分子防水卷材自粘法施工的基本要求与高聚物改性沥青防水卷材自粘法施工的基本要求相同。

（2）自粘法的操作工艺

自粘型卷材的粘结胶通常有高聚物改性沥青粘结胶、合成高分子粘结胶两种。施工一般采用满粘法铺贴，铺贴时为增加粘结强度，基层表面应涂刷基层处理剂；干燥后应及时铺贴卷材。卷材铺贴可采用滚铺法或抬铺法进行。

1）滚铺法

当铺贴面积大、隔离纸容易掀剥时，则可采用滚铺法，即掀剥隔离纸与铺贴卷材同时进行。施工时不需打开整卷卷材，用一根钢管插入成筒卷材中心的芯筒，然后由两人各持钢管一端抬至待铺位置的起始端，并将卷材向前展出约 500mm，由另一人掀剥此部分卷材的隔离纸，并将其卷到已用过的芯筒上。将已剥去隔离纸的卷材对准已弹好的粉线轻轻摆铺，再加以压实。起始端铺贴完成后，一人缓缓掀剥隔离纸卷入上述芯筒上，并向前移动，抬着卷材的两人同时沿基准粉线向前滚铺卷材。注意抬卷材两人的移动速度要相同、协调。滚铺时，对自粘贴卷材要稍紧一些，不能太松弛。

铺完一幅卷材后，用长柄滚刷，由起始端开始，彻底排除卷材下面的空气。然后再用大压辊或手持压辊将卷材压实，粘贴牢固。

2）抬铺法

抬铺法是先将待铺卷材剪好，反铺于基层上，并剥去卷材的全部隔离纸后再铺贴卷材的方法。适合于较复杂的铺贴部位，或隔离纸不易剥离的场合。施工时按下列方法进行：首先根据基层形状裁剪卷材。裁剪时，将卷材铺展在待铺部位，按实测基层尺寸（考虑搭接宽度）裁剪卷材。然后将剪好的卷材认真仔细地剥除隔离纸，用力要适度，已剥开的隔离纸与卷材宜成锐角，这样不易拉断隔离纸。如出现小片隔离纸粘连在卷材上时可用小刀仔细挑出，注意不能刺破卷材。实在无法剥离时，应用密封材料加以涂盖。全部隔离纸剥离完毕后，将卷材有胶面朝外，沿长向对折卷材。然后抬起并翻转卷材，使搭接边对准粉线，从短边搭接缝开始沿长向铺放好搭接缝侧的半幅卷材，然后再铺放另半幅。在铺放过程中，各操作人员要默契配合，铺贴的松紧度与滚铺法相同。铺放完毕后再进行排气、辊压。

3）立面和大坡面的铺贴

由于自粘型卷材与基层的粘结力相对较低，在立面和大坡面上，卷材容易产生下滑现象，因此在立面或大坡面上粘贴施工时，宜用手持式汽油喷枪将卷材底面的胶粘剂适当加热后再进行粘贴、排气和辊压。

4）搭接缝的粘贴

自粘型卷材上表面常带有防粘层（聚乙烯膜或其他材料），在铺贴卷材前，应将相邻卷材待搭接部位上表面的防粘层先熔化掉，使搭接缝能粘结牢固。操作时，用手持汽油喷枪沿搭接缝粉线进行。

粘结搭接缝时，应掀开搭接部位卷材，宜用扁头热风枪加热卷材底面胶粘剂，加热后随即粘贴、排气、辊压，溢出的自粘胶随即刮平封口。

搭接缝粘贴密实后，所有接缝口均用密封材料封严，宽度不应小于10mm。

（3）合成高分子防水卷材自粘法施工的操作要点

合成高分子防水卷材自粘法施工的流程如下：

清理基层→涂刷基层处理剂→节点附加增强处理→定位、弹基

准线→铺贴大面卷材、卷材封边→嵌缝→蓄水试验→检查验收。

① 清理基层　同其他施工方法。

② 涂刷基层处理剂　基层处理剂可用稀释的乳化沥青或其他沥青基防水涂料。涂刷要薄而均匀，不漏刷、不凝滞。干燥 6h 后，即可铺贴防水卷材。

③ 节点附加增强处理　按设计要求，在构造节点部位铺贴附加层或在做附加层之前，再涂刷一遍增强胶粘剂，再在此上做附加层。

④ 定位、弹基准线　按卷材排铺布置，弹出定位线、基准线。

⑤ 铺贴大面自粘型防水卷材　以自粘型彩色三元乙丙橡胶防水卷材为例，三人一组，一人撕纸，一人滚铺卷材，一人随后将卷材压实。铺贴卷材时，应按基准线的位置，缓缓剥开卷材背面的防粘隔离纸，将卷材直接粘贴于基层上，随撕隔离纸，随将卷材向前滚铺。铺贴卷材时，卷材应保持自然松弛状态，不得拉得过紧或过松，不得出现褶皱，每当铺好一段卷材，应立即用胶皮压辊压实粘牢。

⑥ 卷材封边　自粘型彩色三元乙丙防水卷材的长、短向一边宽 50～70mm 处不带自粘胶，故搭接接缝处需刷胶封边，以确保卷材搭接缝处能粘结牢固。施工时，将卷材搭接部位翻开，用油漆刷将 CX-404 胶均匀地涂刷在卷材接缝的两个粘结面上，涂胶 20min 后，指触不粘时，随即进行粘贴。粘结后用手持压辊仔细滚压密实，使之粘结牢固。

⑦ 嵌缝　大面卷材铺贴完毕后，所有卷材接缝处应用丙烯酸密封胶仔细嵌缝。嵌缝时，胶封不得宽窄不一，做到严实毋疵。

⑧ 蓄水试验。

4. 焊接法施工

热风焊接施工是指采用热空气加热热塑性卷材的粘合面进行卷材与卷材接缝粘结的施工方法，卷材与基层间可采用空铺、机械固定、胶粘剂粘结等方法。

热风焊接法一般适用热塑性合成高分子防水卷材的接缝施工。由于合成高分子卷材粘结性差，采用胶粘剂粘结可靠性差，所以在与基层粘结时，采用胶粘剂，而接缝处采用热风焊接，确保防水层搭接缝的可靠。目前国内用焊接法施工的合成高分子卷材有 PVC（聚氯乙烯）防水卷材、PE（聚乙烯）防水卷材、TPO 防水卷材。热风焊接合成高分子卷材施工除搭接缝外，其他要求与合成高分子卷材冷粘法完全一致。其搭接缝所采用的焊接方法有两种：一种为热熔焊接（热风焊接），即采用热风焊枪，电加热产生热气体由焊嘴喷出，将卷材表面熔化达到焊接熔合；另一种是溶剂焊（冷焊），即采用溶剂（如四氢呋喃）进行接合。接缝方式也有搭接和对接两种。目前我国大部分采用热风焊接搭接法。

施工时，将卷材展开铺放在需铺贴的位置，按弹线位置调整对齐，搭接宽度应准确，铺放平整顺直，不得皱褶，然后将卷材向后一半对折，这时使用滚刷在屋面基层和卷材底面均匀涂刷胶粘剂（搭接缝焊接部位切勿涂胶），不应漏涂露底，亦不应堆积过厚，根据环境温度、湿度和压力，待胶粘剂溶剂挥发手触不粘时，即可将卷材铺放在屋面基层上，并使用压辊压实，排出卷材底部空气。另一半卷材，重复上述工艺进行铺粘。

需进行机械固定的，则在搭接缝下幅卷材距边 30mm 处，按设计要求的间距用螺钉（带垫帽）钉于基层上，然后用上幅卷材覆盖焊接。

（1）焊接法和机械固定法铺设卷材应符合下列规定：

① 对热塑性卷材的搭接缝宜采用单缝焊或双缝焊，焊接应严密。

② 焊接前，卷材应铺放平整、顺直，搭接尺寸准确，焊接缝的结合面应清扫干净。

③ 应先焊长边搭接缝，后焊短边搭接缝。

④ 卷材采用机械固定时，固定件应与结构层固定牢固，固定件间距应根据当地的使用环境与条件确定，并不宜大于 600mm。距

周边 800mm 范围内的卷材应满粘。

（2）高密度聚乙烯（HDPE）卷材的焊接施工操作工艺流程如下：

清理基层→节点附加增强处理→定位、弹线→铺贴卷材、施工覆盖层→卷材接缝焊接→收头处理、密封→蓄水试验→检查验收。

① 清理基层　一切易戳破卷材的尖锐物，应彻底清除干净。

② 节点附加增强处理　对节点部位，预先剪裁卷材，首先焊接一层卷材。

③ 定位、弹线　高密度聚乙烯（HDPE）卷材宽度大（达6.86m、10.50m）、长度长（55~381m），因而接缝较少，要求事先定出接缝的位置，并弹出基准线。

④ 铺贴卷材、施工覆盖层　首先根据屋面尺寸，计算并剪裁好卷材，然后边铺卷材边在铺好的卷材上覆盖砂浆，但要留出焊接缝的位置。覆盖层用 1:2.5 的水泥砂浆铺就，半硬性施工，一次压光，厚约 20mm，然后用 250mm 见方的分块器压槽，在槽内填干砂，并对覆盖层进行覆盖养护。

⑤ 接缝焊接　整个屋面卷材铺设完毕后，将卷材焊缝处擦洗干净，用热风机将上、下两层卷材热粘，用砂轮打毛，然后用温控热焊机进行焊接。注意在焊接过程中，不能沾污焊条。

⑥ 收头处理、密封　用水泥钉或膨胀螺栓固定铝合金压条压牢卷材收头，并用厚度不小于 5mm 的油膏层将其封严，然后用砂浆覆盖。如坡度较大，则应加设钢丝网后方可覆盖砂浆。

⑦ 蓄水试验　同其他施工方法。

2.3　路桥卷材防水层的设计与施工

在城市交通和高速公路的建设中，各种类型的钢筋混凝土结构路桥已普遍应用，由于路桥面渗水对混凝土及钢结构桥梁的耐久性影响巨大，特别是在北方地区，化冰盐水对具有负弯矩结构及预应力钢丝束的腐蚀已不容忽视。随着对碱-集料反应认识的逐步深化，在路桥结构中设置防水层的必要性已逐步取得共识，即在整体路桥结构中防水层已是不可缺少的重要组成部分。

路桥防水层的类型有卷材防水层、涂膜防水层、水泥砂浆防水层、防水混凝土等多种。卷材防水层是在混凝土结构表面或垫层上铺贴防水卷材而形成的一类防水层。同建筑防水一样，路桥防水工程也是一个系统工程，涉及材料、设计、施工、维护管理多个方面，其中材料是基础，设计是前提，施工是关键，管理是保证。目前我国路桥工程普遍采用沥青混凝土铺装层，在这种条件下，做好防水层的设计工作，合理选择防水材料，正确制定施工工艺是十分重要的，各方面的技术要求都必须适应路桥工程的特殊功能要求与环境条件。

2.3.1 路桥防水卷材的技术性能要求

已发布的路桥用防水卷材产品标准有三项，即建材行业标准JC/T 974—2005《道桥用改性沥青防水卷材》、交通行业标准JT/T 536—2004《路桥用塑性体（APP）沥青防水卷材》和JT/T 664—2006《公路工程土工合成材料 防水材料》。

1. 道桥用改性沥青防水卷材

道桥用改性沥青防水卷材是指适用于以水泥混凝土为面层的道路和桥梁表面（机场跑道、停车场等也可参照使用），并在其上面铺加沥青混凝土层的一类改性沥青聚酯胎防水卷材。

（1）产品的分类、规格和标记

产品按其施工工艺的不同，可分为自粘施工防水卷材（I）、热熔施工防水卷材（R）、热熔胶施工防水卷材（J）。自粘施工防水卷材是指整体具有自粘性的以苯乙烯-丁二烯-苯乙烯（SBS）为主，加入其他聚合物的一类橡胶改性沥青防水卷材；热熔施工防水卷材和热熔胶施工防水卷材按其采用的改性材料不同，可分为苯乙烯－丁二烯－苯乙烯（SBS）热塑性弹性体改性沥青防水卷材和无规聚丙烯或无规聚烯烃类（APP）塑性体改性沥青防水卷材。APP改性沥青防水卷材按其沥青铺装层的形式不同可分为 I 型和 II 型。自粘施工防水卷材、SBS、APPⅠ型改性沥青防水卷材主要用于摊铺式沥青混凝土的铺装，APPⅡ型改性沥青防水卷材主要用于浇注式沥青混凝土混合料的铺装。卷材上表面材料为细砂（S）。热熔施工防水卷材按下表面材料分为聚乙烯膜（PE）、细砂（S），热熔胶施工防水卷材下表面材料为细砂（S）。道桥用改性沥青防水卷材的分类如图 2-22 所示。

卷材的长度规格分为 7.5m、10m、15m、20m；卷材的宽度为 1m；自粘施工防水卷材的厚度为 2.5mm，热熔施工防水卷材的厚度分为 3.5mm、4.5mm，热熔胶施工防水卷材的厚度分为 2.5mm、3.5mm。

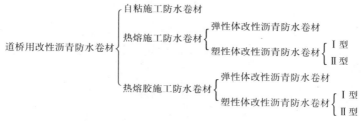

图 2-22　道桥用改性沥青防水卷材的分类

产品可按施工方式、改性材料（SBS 或 APP）、型号、下表面材料、面积、厚度和标准号顺序进行标记，例如热熔和热熔胶施工、APP 改性沥青Ⅰ型细砂 10m² 的 3.5mm 厚度的道桥防水卷材的标记为：道桥防水卷材 R&J APPⅠS 10m²　3.5mm JC/T 974—2005。

（2）产品的技术要求

1）尺寸偏差、卷重

面积负偏差不超过 1%，厚度平均值不小于明示值，不超过（明示值 +0.5）mm，最小单值不小于（明示值 −0.2）mm。

卷材的单位面积质量应符合表 2-7 的规定，卷重为单位面积质量乘以面积。

表 2-7　单位面积质量　　　JC/T 974—2005

厚度/mm	2.5	3.5	4.5
单位面积质量/（kg/m²）≥	2.8	3.8	4.8

2）外观

成卷卷材应卷紧卷齐，端面里进外出不超过 10mm，自粘卷材不超过 20mm。成卷卷材在 4℃～60℃任意产品温度下展开，在距卷芯 1000mm 长度外不应有 10mm 以上的裂纹或粘结。胎基应浸透，不应有未被浸渍的条纹，卷材的胎基应靠近卷材的上表面。卷材表面平整，不允许有孔洞、缺边和裂口。卷材上表面的细砂应均匀紧密地粘附于卷材表面。长度 10m 以下（包括 10m）的卷材不应有接头；10m 以上的卷材，每卷卷材接头不多于一处，接头应剪切整齐，并加长 300mm，一批产品中有接头卷材数不应超过 2%。

3）物理力学性能

卷材的通用性能应符合表 2-8 的规定；卷材的应用性能应符合表 2-9 的规定。

表 2-8　卷材通用性能　　　　JC/T 974—2005

序号	项　　　目		指　　标			
			Z	R、J		
				SBS	APP	
					I	II
1	卷材下表面沥青涂盖层厚度[a]/mm ≥	2.5mm	1.0	—		
		3.5mm	—	1.5		
		4.5mm	—	2.0		
2	可溶物含量/（g/m²） ≥	2.5mm	1700	1700		
		3.5mm	—	2400		
		4.5mm	—	3100		
3	耐热性[b]/℃		110	115	130	160
			无滑动、流淌、滴落			
4	低温柔性[c]/℃		−25	−25	−15	−10
			无裂纹			

第 2 章　建筑防水卷材的施工

续表

序号	项目		Z	SBS	APP I	APP II
				R、J		
5	拉力/（N/50mm） ≥		600	800		
6	最大拉力时延伸率/% ≥		40			
7	盐处理	拉力保持率/% ≥	90			
		低温柔性/℃	−25	−25	−15	−10
			无裂纹			
		质量增加/% ≤	1.0			
8	热老化	拉力保持率/% ≥	90			
		延伸率保持率/% ≥	90			
		低温柔性/℃	−20	−20	−10	−5
			无裂纹			
		尺寸变化率/% ≤	0.5			
		质量损失/% ≤	1.0			
9	渗油性/张数 ≤		1			
10	自粘沥青剥离强度/（N/mm） ≥		1.0	—		

a　不包括热熔胶施工卷材。
b　供需双方可以商定更高的温度。
c　供需双方可以商定更低的温度。

表 2-9　卷材应用性能　　JC/T 974—2005

序号	项目	指标
1	50℃剪切强度[a]/MPa ≥	0.12
2	50℃粘结强度[a]/MPa ≥	0.050
3	热碾压后抗渗性	0.1MPa，30min 不透水
4	接缝变形能力[a]	10000 次循环无破坏

a　供需双方根据需要可以采用其他温度。

2. 路桥用塑性体（APP）改性沥青防水卷材

路桥用塑性体（APP）改性沥青防水卷材是指以无规聚丙烯（APP）或其他无规聚烯烃类聚合物（APAO、APO）改性剂为主，辅以各种助剂制成的沥青涂盖料浸涂聚酯胎基（PY）两面，并在上表面撒以细砂、矿物粒（片）料制成的有特殊性能指标及用途的一类防水卷材。

（1）产品的分类、规格和标记

此类产品按其上表面材料的不同，可分为砂面（M）、矿物粒（片）面（S）等两类；按物理力学性能分为Ⅰ型和Ⅱ型，Ⅰ型适用于热拌沥青混凝土路桥面，Ⅱ型适用于沥青玛蹄脂（SMA）混凝土路桥面。

产品规格如下：卷材幅宽为 1000mm；厚度为 3mm、4mm、5mm；卷材面积，每卷面积为 $10m^2$、$7.5mm^2$。

产品型号标记表示方式如下。产品代号：APP，型号，胎基代号，上表面材料，厚度。例如 3mm 厚砂面聚酯胎Ⅰ型塑性体改性沥青防水卷材的产品型号标记为：APP-Ⅰ-PY-M-3。

（2）产品的技术要求

1）卷重、面积及厚度

卷重、面积及厚度应符合表 2-10 的要求。

表 2-10 卷重、面积及厚度　　JT/T 536—2004

规格（公称厚度）/mm		3		4		5	
上表面材料		S	M	S	M	S	M
面积/（m²/卷）	公称面积≥	10		10		7.5	
	偏差	±0.10		±0.10		±0.10	±0.10
最低卷重/（kg/卷）		35.0	40.0	45.0	50.0	33.0	37.5	44	48
厚度/mm	平均值≥	3.0	3.2	4.0	4.2	4.0	4.2	5.2	5.2
	最小单值	2.7	2.9	3.7	3.9	3.7	3.9	4.9	4.9

2）外观

成卷卷材应卷紧卷齐，端面里进外出不得超过 10mm。成卷卷材在 4℃~60℃任意温度下展开，在距卷芯 1000mm 长度外不应有 10mm 以上的裂纹或粘结。胎基应浸透，不应有未被浸渍的条纹。卷材表面应平整，不允许有孔洞、缺边和裂口，矿物粒（片）料粒度应均匀一致，并紧密地粘附于卷材表面。胎基要求在卷材上表面下的 1/3~1/2 的位置，以保证底面有一定厚度的沥青。每卷卷材的接头处不应超过一个；较短的一段长度不应少于 1000mm，接头应剪切整齐，并加长 150mm。

3）物理力学性能

卷材的物理力学性能应符合表 2-11 的规定。

表 2-11　卷材物理力学性能　　JT/T 536—2004

项目		I 型	II 型
可溶物含量/（g/m²）	3mm	≥2100	
	4mm	≥2900	
	5mm	≥3700	
不透水性（压力不小于 0.4MPa，保持时间不小于 30min）		不透水	
耐热度（2h 涂盖层垂直悬挂）/℃		130±2	150±2
		无滑动、流淌、滴落	
拉力/（N/50mm）	纵向	≥600	≥800
	横向	≥550	≥750
最大拉力时延伸率/%	纵向	≥25	≥35
	横向	≥30	≥40
低温柔度（3s 弯曲 180°）/℃		-10	-20
		无裂纹	
撕裂强度/N	纵向	≥300	≥400
	横向	≥250	≥350

项目		I 型	II 型
人工气候加速老化	外观	无滑动、流淌、滴落	
	纵向拉力保持率/%	≥80	
	低温柔度/℃	3	-10
		无裂纹	
抗硌破（130℃/2h，500g 重锤，300mm 高度）		冲击后无硌破	
渗水系数（500mm 水柱下 16h）/（mL/min）		≤1	
高温抗剪（60℃，粘合面正应力 0.1MPa，压速 10mm/min）/（N/mm）	沥青混凝土面	2	2.5
	混凝土面	2	2.5
低温抗裂（-20℃）/MPa		≥6	≥8
低温延伸率（-20℃）/%		≥20	≥30
耐腐蚀性	耐腐（20℃）	饱和 Ca（OH）$_2$ 溶液中浸泡 15d 无异常	
	耐盐水（20℃）	30g/L 盐水中浸泡 15d 无异常	

3. 公路工程用防水卷材

公路工程用防水材料产品的种类有：防水卷材（代号：RJ）、防水涂料（代号：RT）、防水板（代号：RB）三类。公路工程用防水卷材是指采用高分子聚合物、改性材料、合成高分子复合材料，加入一定的功能性助剂等为辅料，以优质毡或复合毡为胎体，辅以功能性防水材料为覆面制成的一类平面防水片状卷材制品。公路工程用防水材料适用于公路工程，执行交通行业标准 JT/T 664—2006《公路工程土工合成材料　防水材料》。水运、铁路、水利、建筑、机场、海洋、环保和农业等领域工程用防水材料也可参照执行。

（1）产品的分类、规格和标记

公路工程用防水材料可分为防水卷材、防水涂料、防水板三类。

公路工程用防水材料其高分子聚合物原材料的名称及代号参见表 2-12。

表 2-12　高分子聚合物原材料名称与代号　　JT/T 664—2006

名称	标识符	名称	标识符
聚乙烯	PE	聚酰胺	PA

名称	标识符	名称	标识符
聚丙烯	PP	乙烯共聚物沥青	ECB
聚酯	PET	SBS 改性沥青	SBS

注：未列塑料及树脂基础聚合物的名称按 GB/T 1844.1 等规定表示。

产品的型号标记由产品类型（防水卷材，代号为 R）、产品种类名称代号（卷材为 J，涂料为 T，板为 B）、产品规格（标称不透水压力：MPa）、原材料代号组成。公路工程用防水卷材的型号标记示例如下：采用 SBS 改性沥青为主要原料制成的防水层体，不透水的水压力为 0.3MPa 的防水卷材可表示为：RJ0.3/SBS。

防水卷材产品规格系列为：RJ 0.1、RJ 0.2、RJ 0.3、RJ 0.4、RJ 0.5、RJ 0.6。

防水卷材尺寸的允许偏差应符合如下的要求：

单位面积质量（％）：±5；

厚度（％）：+10；

宽度（％）：+3。

（2）产品的技术要求

1）外观

防水卷材无断裂、皱褶、折痕、杂质、胶块、凹痕、孔洞、剥离、边缘不整齐、胎体露白、未浸透、散布材料颗粒，卷端面错位不大于 50mm，切口平直、无明显锯齿现象。

2）理化性能

防水卷材的物理力学性能应满足表 2-13 规定的指标要求；抗光老化要求应符合表 2-14 的规定。

表 2-13　防水卷材技术性能指标　　JT/T 664—2006

项　　目	规　　格					
	RJ0.1	RJ0.2	RJ0.3	RJ0.4	RJ0.5	RJ0.6
耐静水压力/MPa	≥0.1	≥0.2	≥0.3	≥0.4	≥0.5	≥0.6
纵、横向拉伸强度/（kN/m）	≥7					

续表

项　　目	规　　格					
	RJ0.1	RJ0.2	RJ0.3	RJ0.4	RJ0.5	RJ0.6
纵、横向拉伸强度时的伸长率/%	≥30					
纵、横向撕裂力/N	≥30					
−15℃环境180°角弯折两次的柔度	无裂纹					
90℃环境保持2h的耐热度	无滑动、流淌与滴落					
粘结剥离强度/（kN/m）	≥0.8					
胎体增强材料的质量	增强胎体基布的技术性能按 JT/T 514 或 JT/T 664 选用					

表 2-14　防水材料抗光老化　JT/T 664—2006

项　　目	要　　求			
光老化等级	I	II	III	IV
辐射强度为 550W/m² 照射 150h 时拉伸强度保持率/%	<50	50~80	80~95	>95
炭黑含量/%	−	2.0~2.5		

注：对采用非炭黑作抗光老化助剂的防水材料，光老化等级参照执行。

2.3.2　路桥卷材防水层的设计

路桥防水设计应符合"多道设防、防排结合"的原则，卷材防水层宜首选高耐热塑性体（APP）改性沥青防水卷材做主要防水层。同时，对伸缩缝、隔离带、防撞墩等部位也必须满贴防水卷材，以保证路桥防水层的连续性，切忌防水层中断。伸缩缝处必须在桥面混凝土结构中放置橡胶止水带并用密封材料嵌实，以形成多道设防。同时，桥面排水必须通畅，防止局部产生积水，避免防水层长期处于干湿、冻融交替的不利环境，造成防水层破坏，引发渗漏。

1. 路桥防水应遵循的理论

路桥防水工程的设计与施工是两个极其重要的环节，任何一个环节出了问题，都会造成返工，延误工期，浪费人力和物力，甚至前功尽弃。因此进行路桥防水设计应遵循相关的理论。

水对路桥的破坏主要是腐蚀路桥结构的钢筋和混凝土，使路面面层和桥梁结构层之间形成滑动面，从而造成面层结构的滑动，缩短面层的使用寿命，危及行车安全。桥梁防水构造除了承受行车荷载和刹车荷载带来的剪切外，还要承受特殊的脉冲动态水压以及路桥结构混凝土产生裂缝对防水层造成的"零"延伸的影响。

（1）脉冲动态水压

路面铺装用的沥青混凝土在配比设计上并未达到沥青完全填充集料间空隙的程度，压实之后的路面沥青混凝土铺装层内仍然存在着孔洞和孔隙，汽车在有水的、带孔隙的路面上行驶会引起"唧筒"效应。空隙中的水在行车车轮的滚动碾压下产生瞬间巨大的脉冲动态水压。行车频率越高，"唧筒"效应产生的频率也越高；行车速度越大，"唧筒"效应产生的脉冲动态水压也越大。"唧筒"效应引起巨大的压力水会侵蚀混凝土路面，而且压力水对混凝土的渗透作用远大于静态水。

（2）"零"延伸问题

防水卷材一旦与刚性基层紧密地粘结在一起，卷材即失去自由延伸的能力。与刚性基层紧密粘结的卷材抵抗"零"延伸断裂的有效因素是卷材的厚度及塑性变形能力。

"零"延伸对所有建筑的柔性防水层都可能造成破坏。为了防止"零"延伸破坏，典型的措施就是在屋面柔性防水层水泥砂浆找平层的分格缝上设置附加层，并且附加层只能单边粘贴，从而增加卷材的厚度及塑性变形区域。

对于路桥防水构造而言，"零"延伸造成的破坏是双重的，除了路桥结构本身造成的"零"延伸破坏外，路面沥青混凝土面层结构也会对其下面的防水构造造成"零"延伸破坏。

2. 路桥防水卷材的选择

基于路桥防水层所需要的特殊功能，所选用的防水材料不仅要具有较高的抗拉强度、耐高温高热、高温抗砀破、高温抗剪、低温抗裂等特殊性能要求，而且还应能起到有效地遏制路桥面裂缝产生的破坏作用。

（1）选材的原则

在设置路桥防水层时，其防水层不仅要起到防水的效果，而且还应担当路面构造同基层之间的连接层作用。路桥要不断遭受行车动载作用，桥梁结构经常处于高频率往复变形状态，因此要求防水层具有足够的抗变形能力及较高的强度，故路桥防水层需具备以下条件，并将其作为选材的原则：

① 有较强的抗渗能力，可抵抗脉冲动态水压，不渗水和不溶于水，不受冻融循环的影响。

② 防水层同基层之间具有良好的粘结能力，对混凝土的粘结性能要高，不会起泡或分层，在防水层和路面结构层之间不能形成滑动面。

③ 防水层具有良好的塑性变形能力和足够的厚度，足以抵制"零"延伸。

④ 防水层具有足够的抗拉强度，用以阻止或减缓反射裂缝进入路面面层结构。

⑤ 防水层应具备良好的耐高温和耐低温能力，适应当地的气候环境，应保证防水层在最严酷的环境中保持正常的工作状态。当选用热沥青混凝土做路桥面层时，防水层更要具有不被铺筑沥青混凝土破坏的能力，即在铺设沥青混凝土时，能耐高温、耐穿孔和耐滑动，能够承受摊铺滚压沥青现场的交通压力。

⑥ 防水材料应具有良好的柔韧性。大量工程实践表明，路桥工程所采用的防水材料应具有特殊的性能，一般的建筑防水材料是不能应用于路桥防水工程的。如防水层没有足够的抗拉强度以阻止或减缓反射裂缝进入路面，则将导致路面出现网状的裂缝；防水层如不能同基层紧密结合，可造成月牙形推挤裂纹，甚至导致路面断裂。

（2）路桥用防水卷材的选择

工程中若使用高档卷材，则可选用三元乙丙橡胶防水卷材，该材料具有延伸率大、拉伸强度高、抗剪切性能好、使用寿命长等特点，但其价格较昂贵，胶粘剂的选用亦比较讲究，且对基础的要求比较严格，即钢筋水泥表面要求二次压光，对基础含水率也有一定的要求。

若工程中选用中档卷材，若铺沥青路面，则可选用聚酯毡塑性体（APP）改性沥青防水卷材；若铺设水泥混凝土路面，也可采用聚酯毡弹性体（SBS）改性沥青防水卷材。

（3）卷材的耐高温性

应用于沥青混凝土路桥的塑性体改性沥青防水卷材的性能指标不同于其他塑性体改性沥青防水卷材，其中耐高温性是极其重要的一项性能要求，直接影响到路桥的防水质量。

卷材的耐高温指标主要是从以下两个方面予以考虑的：①路桥用防水卷材在防水层施工完毕后，其上要铺设热沥青砂或温度稍高的 SBS 改性沥青，这就要求卷材的耐热性能应适应沥青混凝土的摊铺要求，即卷材的耐热温度要达到 130~160℃，否则不能抵抗在铺设热沥青混凝土时载重车辆、压路机的碾压，不具备抗车辙能力，会产生卷材同基础分离、变形、向外翻开等现象；②在我国华南、华北的大部分地区，太阳光对沥青路面的辐射温度在 74 ~ 79℃（每年 6 月中旬实测），而桥面的温度除了太阳光的热辐射外，还应加上地表向桥体下面蒸发的约 5~7℃ 的热气流温度，这就使桥面沥青表面温度可达到 81~83℃。经测量，在表层沥青下 30mm 处的温度为 73℃ 左右，40mm 处的温度为 69℃ 左右。据有关资料统计，在表层以下 100mm 范围内，每降低 10mm，温度就下降 4℃ 左右。因此，路桥工程的设计人员应在考虑卷材的耐高温指标后，方可设计其卷材上表面应铺设多厚的沥青层。如在上述外界温度条件下，可选用耐热温度为 140℃ 的卷材，这样，在沥青表面下 40mm 处的温度为 69℃ 时，卷材就有一倍以上可变温度的范围；如采用耐 150℃ 以上高温的防水卷材，其保险系数则更大。

3. 路桥卷材防水层的基本构造

路桥防水层的最佳选择应采用双层 3mm 厚的防水卷材，其总厚度应为6mm，也可选择单层4mm厚的防水卷材，但也有使用过单层3mm厚防水卷材的。

桥面防水卷材应选用卷材一面为页岩片的覆面、底面覆PE膜，以保证施工时卷材表面不易遭受破坏。如采用双层做法，下层卷材应采用双面PE膜，上层卷材底面为PE膜、上面为页岩片覆面，以便于上下两层卷材之间粘结牢固，卷材上面岩片覆面可保护防水层在摊铺沥青混凝土时不被破坏。

目前国内桥面铺装层采用沥青混凝土已成为最佳选择，其基本构造如图2-23所示。

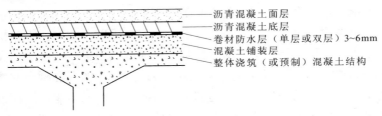

图2-23　沥青混凝土桥面防水层构造示意图

为了防止水泥混凝土路面水害的产生，比较好的办法就是在水泥混凝土路面尚未发生大面积网裂前进行"白加黑"（在水泥路面上铺装沥青层）路面修复。为了消散和吸收水泥板块受力面产生的裂缝处集中的应力应变，防止反射裂缝的产生，同时，阻止水的渗入，可在板缝外加盖一层聚酯胎改性沥青防水卷材层，然后在防水层上面铺盖沥青混凝土层，"白加黑"路面防水层的构造如图2-24所示。

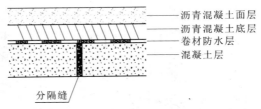

图2-24　"白加黑"路面防水层构造示意图

4. 路桥卷材防水层的细部构造处理

如能够合理地选用防水卷材，严格地按照操作规程进行施工，那么，主桥面产生渗漏是并不多见的。而因若干细部构造设计不精确或施工工艺粗糙而形成的薄弱环节，则常常是路桥面产生渗漏水的原因所在，因此必须充分重视，正确处理好各种细部构造，如桥头搭板、隔离带、隔离墩、缘石底部均必须满铺防水卷材，不可间断，栏杆底座也须用卷材包上。伸缩缝和排水口的做法如图 2-25、图 2-26 所示。在路桥直道中，伸缩缝的设置较为频繁，在施工中，此处搭接卷材时应在卷材起始部位沿幅宽方向钉入 3~5 个水泥钢钉，这样做可增加卷材抵抗变形的能力。

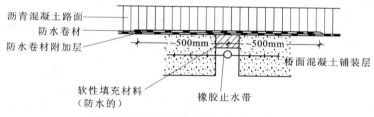

图 2-25　桥面伸缩缝防水做法示意图

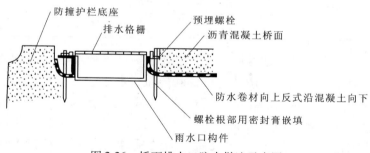

图 2-26　桥面排水口防水做法示意图

5. 弯道排水和弯道沥青层

路桥弯道防水的关键是进行排水，应根据弯道大小、路面宽度、辐射坡度以及当地最大降水量等设计排水孔。

路桥弯道不论是铺设沥青还是铺设改性沥青，不应同于直道，一般直道铺设 40mm 厚的沥青层就可以满足车载的要求，弯道则不同，在 135°~90°全弯道内需铺设厚度为 55~95mm 的沥青层方可满足要求。

2.3.3 路桥卷材防水层的施工

1. 施工准备

（1）材料准备

路桥专用防水卷材应符合相关的标准，并能满足设计要求，经过检测，并由监理单位对检测报告认定后方可使用。其外观质量应符合表 2-15 的要求。储运卷材时应注意立式码放、高度不应超过两层，避免雨淋、日晒、受潮，并注意通风。

表 2-15　防水卷材的外观质量

序　号	项　　目	判断标准
1	断裂、皱褶、孔洞、剥离	不允许
2	边缘不整齐、砂砾不均匀	无明显
3	胎体未浸透、露胎	不允许
4	涂盖不均匀	不允许

密封材料及铺贴卷材用的基层处理剂（冷底子油）等配套材料应有出厂说明书、产品合格证和质量说明书，并应在有效使用期内使用；所选用的材料必须对基层混凝土有亲和力，且与防水卷材性能相容。一般来讲，基层处理剂（冷底子油）应由供应防水卷材的厂家配套供应，汽油等辅助材料则可由防水施工单位自备。

（2）施工机具准备

路桥防水施工常用的机具如下：

① 常用设备有：高压吹风机、刻纹机、磨盘机等。

② 常用工具有：热熔专用喷枪喷灯、拌料桶、电动搅拌器、

压辊、皮尺、弹线绳、滚刷、鬃刷、胶皮刮板、切刀、剪刀、小钢尺、小平铲以及消防器材等。

（3）技术准备

防水施工方案已经审批完毕，施工单位必须具备防水专业资质，操作工人应持证上岗。

审核施工图纸，编制防水施工方案，经审批后，向相关人员进行书面的施工技术交底。

2. 施工工艺

（1）工艺流程

路桥防水工程施工工艺流程如图 2-27 所示。

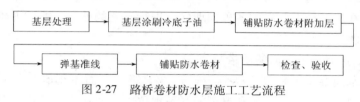

图 2-27　路桥卷材防水层施工工艺流程

（2）基层处理

路桥卷材防水层是在混凝土结构表面或垫层上铺贴防水卷材而形成的。卷材防水层是用混凝土垫层或水泥砂浆找平层作为基层的。

防水层的垫层是由细石混凝土浇筑而成，其主要作用在于覆盖梁体的顶面，接顺桥梁的纵、横坡度，为防水层提供一个平整、粗糙的找平层，提高防水层的刚度，以防止防水层在施工和使用期间的断裂、破损现象的发生。

基层表面质量是影响上部各构造层次耐久性的重要因素，其直接表现为影响防水系统与混凝土结构的粘结强度，因此，在进行防水层施工之前，必须通过各种试验方法鉴定结构基层的状况并进行处理。

1）基层的平整度

混凝土基层（找平层、面层）应平整，允许基面坡度平缓变化，采用 2m 直尺检查基面，直尺与基面之间的最大空隙不应超过 5mm，且每 1m 不多于 1 处。不得有明显的凹凸、尖硬接茬、裂缝、麻面等现象出现，不允许有外露的钢筋、铅丝等。

承接卷材的钢筋混凝土基层局部小范围内的凹陷或凸起，容易造成防水卷材铺贴不实，而平缓的不平整则不影响卷材的密实铺贴（可能影响沥青混凝土路面的平整度）。钢筋混凝土基层局部凹凸界定与处理应遵循的原则为：局部凸起，其高度大于 5mm，面积小于 1.5m² 的视为局部凸突，必须剁除并打磨平整；局部凹陷，其深度大于 5mm，面积小于 0.75m² 的视为局部凹陷，应采用细粒沥青混凝土或环氧树脂砂浆修复。

在原基层上留置的各种预埋件应进行必要的处理，割除并涂刷防锈漆。

2）混凝土表面的质量

基面混凝土强度应达到设计强度等级，表面不得有松散的浮浆、起砂、掉皮、空鼓和严重的开裂现象。基面在涂刷冷底子油之前应确保其混凝土表面坚实平整且粗糙度适宜。

卷材防水层与坚实的水泥混凝土基层之间应具有很高的粘结强度，不依靠水泥混凝土的表面粗糙度即能满足路面面层对抗剪强度的要求。如基层表面的强度不足，浮浆、起砂则是引起粘结强度不足的主要原因。

混凝土表面出现浮浆现象，是在混凝土浇筑过程中产生的质量问题，水灰比过大、混凝土坍落度过大、施工过程中未对混凝土表面进行压实压光处理，均是造成表面浮浆的原因所在。对于混凝土表面出现的浮浆，可采用表面机械打磨清理的处理方法。特别应注意的是浮浆的深度以及表面浅层内的混凝土质量，混凝土表面产生浮浆后往往会发现表层混凝土存在强度不足的状况。

混凝土表面起砂现象多为混凝土养护不当所致。在现场搓擦观察或进行粘结剥离试验时，如能搓擦起砂或剥离面带砂均可视为混凝土表面严重起砂。混凝土浇筑后遇雨或养护洒水过早均能造成表面起砂。对混凝土表面起砂的处理非常麻烦，需要根据具体情况经多方研究后方可确定。

经现场粘结剥离试验，如剥离面发生在混凝土面内，即剥离面大量粘结混凝土材料，即可视为混凝土表面强度不足。在正常的混凝土配比情况下，混凝土表面的强度不足多为养护问题，可采取混凝土表面加固的方法进行处理。

3）混凝土基层的含水率

混凝土基层必须干净、干燥，其含水率应控制在 9% 以下才能施工。基层干燥程度的简易检测方法是在基层表面平铺 $1m^2$ 卷材，自重静置 3~4h 后，掀起检查，基层被卷材所覆盖的部位与卷材的覆盖面处均未见水印，即可视为符合要求，可进行铺设卷材防水层的施工。如果遇到下雨，基层必须经太阳曝晒，待混凝土完全干燥后，方可进行防水施工，以保证卷材粘贴牢固。

4）基层的清洁

基层混凝土表面必须进行认真的清扫，杂物、渣灰、尘土、油渍必须清除干净。在铺贴防水层前，应用手提高压吹风机吹扫基面，将混凝土基面彻底处理干净。

5）基层细部结构要求

① 基面阴阳角处均应抹角做成圆弧或钝角状，当应用高聚物改性沥青防水卷材时，其圆弧半径应大于 150mm。阴阳角做成弧形钝角，可避免卷材铺贴不实、折断而造成渗漏。

② 基层的坡度应符合设计要求。

③ 桥面两侧的防撞墙应抹成八字或圆弧角，泄水口周围直径 500mm 范围内的坡度不应小于 5%，且坡向长度不小于 100mm，泄水槽内基层应抹圆角并压光，PVC 泄水管口下皮的标高应在泄水口槽内最低处。应避免桥面泄水管口处雨水溢至桥面板结构层内。

④ 基面所有管件、地漏或排水口等都必须与防水基层安装牢固，不得有任何松动，并应采用密封材料做好处理。

⑤ 钢筋混凝土预制件安装后，桥面板间或主梁间出现"错台儿"，则应在"错台儿"处用水泥砂浆抹成缓坡处理。

⑥ 桥梁机动车桥面与检修（人行）步道应设置防水层。

⑦ 在预制安装主梁的纵向缝、横向缝顶处设置加强防水层时，其缝宽两侧各在 5~10cm 范围之内不粘贴，以确保在结构变形时，防水层有足够的变形量。

⑧ 接缝处理：在进行卷材防水层施工之前，应对桥梁基层的活动量较大的接缝先进行密封处理。密封材料施工结束后，在顶部应设置加强防水层，在缝宽的两侧各 50~100mm 范围之内空铺一条油毡，再粘贴聚合物改性沥青防水卷材，以确保在结构发生变形时，防水层有足够的变形量。

⑨ 基层表面增加粗糙度：对于那些基层表面过于光滑之处，应视具体情况做刻纹处理，以增加粗糙度。

⑩ 基层验收：通过试验，对基层进行检测，可任选一处（约 $1m^2$ 左右）已经过处理的基层，涂刷冷底子油并使充分干燥（其干燥时间可视大气温度而定）后，按要求铺贴防水卷材，在充分冷却后进行撕裂试验，如为卷材撕裂开，不露出基层，则可视为基层处理合格。

基层在经过现场技术负责人及其监理方验收合格后，方可进行卷材防水层的施工。

（3）涂刷基层处理剂

涂刷基层处理剂（冷底子油）应在已确认基层表面处理完毕并经职能部门验收合格后方可进行。

冷底子油使用前应倒入专用的拌料桶内搅拌均匀，冷底子油可采用滚刷铺涂。涂刷（涂刮）冷底子油是为了粘贴卷材，一般情况下要涂刷（涂刮）两遍。第一遍可采用固含量为 35%~40% 的冷底子油涂刷，这样可使 80% 以上的冷底子油渗入到水泥中，表面留存的则很少，从而保证冷底子油渗入水泥混凝土中 7mm。待第一遍冷底子油完全干涸，并经彻底清扫后，可用固含量为 55%~60% 的冷底子油进行第二遍涂刮，涂刮时一定要用刮板，不能用刷子，这点尤为重要。

在基层上涂刮冷底子油，其参考用量为 $0.3\sim0.4\,kg/m^2$。涂刷时必须保证涂刷均匀，不堆积，不留空白，以保证其粘结牢固。

铺涂完毕后，必须给予足够的渗透干燥时间。冷底子油的干燥标准为以手触摸不粘手，且具有一定的硬度。涂刷冷底子油后的基层禁止人或车辆通过。

（4）铺贴卷材附加层

在冷底子油实干后，按照设计的要求，在需做附加层的部位做好附加层防水。

在桥面阴阳角、水平面与立面交界处、泄水孔和雨水管等异型部位处所做的附加层防水，可采用卷材防水，也可以采用涂膜防水。卷材附加层可采用两面覆 PE 膜的卷材，采用满粘铺贴法，全粘于基层上，附加层宽度和材质应符合设计要求，并粘实贴平；如采用涂膜附加层，可先采用防水涂料涂刷，再用胎体材料增强。

（5）弹基准线

按照防水卷材的具体规格尺寸，卷材的铺贴方向和顺序，在桥面基层上用明显的色粉线弹出防水卷材的铺贴基准线，以保证铺贴卷材的顺直，尤其是在桥面的曲线部位，应按照曲线的半径放线，以直代曲，确保铺贴接茬的宽度。

（6）铺贴卷材

① 卷材铺贴方向可横向，也可纵向进行铺贴。当基层面坡度小于或等于 3% 时，可平行于拱方向铺贴；当坡度大于 3% 时，其铺贴方向应视施工现场情况确定。

② 卷材铺贴的层数，应根据设计的要求和当地气候条件确定，一般为 $2\sim4$ 层，在采用优质材料、精心施工的条件下，可采用 2 层。

③ 铺贴防水卷材所使用的沥青胶，其软化点应比垫层可能的最高温度高出 20～25℃，且不低于 40℃，加热温度和使用温度不低于 150℃，粘贴卷材的沥青胶厚度一般为 1.5～2.5mm，不得超过 3mm。

④ 铺贴卷材时搭接尺寸如下：卷材搭接宽度沿卷材的长度方向应为 150mm，沿卷材的宽度方向应为 100mm，上下两层卷材不得相互垂直，相邻卷材短边搭接应错开 15cm 以上，并将搭接边缘用喷灯烘烤一遍，再用胶皮刮板挤压出熔化的沥青胶粘剂，并用辊子滚压平整，形成一道密封条，使两幅卷材粘结牢固，以保证防水层的密实性。

⑤ 卷材铺贴顺序应自边缘最低处开始，应根据基层坡度，顺水搭接。

⑥ 路缘石和防撞护栏一侧的防水卷材，应向上卷起并与其粘结牢固，泄水口槽内及泄水口周围 0.5m 范围内应采用 APP 改性沥青密封材料涂封，涂料层贴入下水管内 50mm，然后铺设 APP 卷材，热熔满贴到下水管内 50mm。

⑦ 粘贴卷材应展平压实，卷材与基层以及各层卷材之间必须粘结紧密，并将多铺的沥青胶结材料挤出，接缝必须封缝严密，防止出现水路。当粘贴完最后一层卷材后，表面应再涂刷一层厚为 1～1.5mm 的热沥青胶结材料。卷材的收头应用水泥钉固定。

⑧ 铺贴防水卷材可分别选用热熔施工工艺和冷贴施工工艺。热熔施工速度快，适用于工期紧的路桥防水工程，相对比较容易达到质量要求。如果采用冷作业施工，必须使用与规定相适应的粘结剂，确保其粘结强度，以满足质量要求。

⑨ 铺贴卷材若为分块作业，纵向接茬需预留出不小于 30cm，横向接茬需预留出不小于 20cm，以便与下次施工卷材进行搭接。

⑩ 卷材热熔施工工艺如下：

a. 卷材热熔施工工艺流程参见表 2-16；双层防水卷材的铺贴示意图如图 2-28 所示。

表 2-16　卷材热熔工艺流程

序号	工程	使用材料	工艺及用量
1	清扫基面		
2	涂刷基层处理剂	应用与卷材配套的底油	涂刷均匀，不得漏刷、堆积
3	按设计要求铺贴附加层部位	符合标准的 APP 路桥专用防水卷材	热熔工艺
4	底层卷材铺贴	高耐热沥青卷材（双面膜）	热熔工艺 $1.2m^2/m^2$
5	表层卷材铺贴	高耐热沥青卷材（一面膜、一面岩片）	热熔工艺 $1.2m^2/m^2$
6	热熔封边		

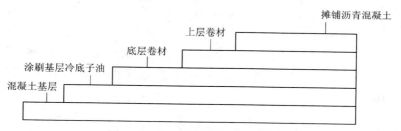

图 2-28　双层防水卷材铺贴示意图

b. 展开卷材，首先排好第一卷防水卷材，然后弹好基线，按准确尺寸裁剪后，再收卷到初始位置。

c. 将卷材按铺贴的方向摆正，点燃喷灯或喷枪，用喷灯或喷枪加热基层和卷材，喷头距离卷材 200mm 左右，加热要均匀，卷材表面熔化后（以表面熔化至呈光亮黑点为度，不得过分加热导致烧穿卷材），立即向前滚铺，铺设时应顺桥方向铺贴，铺贴顺序应自边缘最低处开始，从排水下游向上游方向铺设，用火焰边熔化卷材，边向前滚铺卷材，使卷材牢固粘结在基面上。滚铺时不得卷入异物。依次重复进行铺贴，每卷卷材在端头搭接处应交错排列铺贴，同时必须保证搭接部位粘结质量；滚铺时还应排除卷材下面的空气，使之平展，不得皱褶，并应压实粘结牢固，粘接面积不得低于 99.5%。卷材铺贴完后，随即进行热熔封边，将边缝及卷材接茬处用喷灯加热后，趁热用小抹子将边缝封牢。

d. 用热熔机具或喷灯烘烤卷材底层至近熔化状态进行粘结的方法，卷材与基层的粘贴必须紧密牢固，卷材热熔烘烤后，用钢压滚进行反复碾压。

（7）季节性施工

1）雨期施工

对于基层涂刷冷底子油施工前，必须保证基层干燥，其含水量应小于 9%。

卷材严禁在雨天、雪天环境下施工。雨雪后基层晾干且经现场含水量检测合格后方可施工。五级风以上不得进行施工。

2）冬季施工

冬季进行防水卷材施工时，应搭设暖棚，保证各工序施工时的温度高于 5℃。采用热熔法工艺施工时，温度不应低于 −10℃。

（8）施工注意事项

① 为防止粘结不牢、空鼓等现象的发生，施工时应严格执行操作规定，确保基层干燥。卷材在粘结过程中要注意烘烤均匀，不漏烤且不要过烤，以防止破坏卷材胎体。冷底子油应注意铺涂均匀，不留空白。

② 为防止出现防水卷材搭接长度不够，卷材在铺设作业前，应精确计算用料，并严格按照弹线铺贴。边角部位的加强层应严格按规定的要求施工，以保证卷材的搭接长度。

③ 施工时，应将防水卷材内衬伸进泄水口内规定的长度，以防止在泄水口周围接茬不良导致漏水。

④ 进入现场的施工人员均须穿戴工作服、安全帽和其他必备

的安全防护用具，在防水层的施工中，操作人员均应穿着软底鞋，严禁穿带有钉子的鞋进入现场，以免损坏卷材防水层，严禁闲杂人员进行施工作业区。

⑤ 如发现卷材防水层有空鼓或破洞，应及时割开损坏部分进行修复，然后方可进行粗粒式沥青混凝土的施工。

⑥ 施工时用的材料和辅助材料，多属易燃物品，在存放材料的仓库和施工现场必须严禁烟火，同时要配备消防器材，材料存放场地应保持干燥、阴凉、通风且远离火源。

⑦ 有毒、易燃物品应盛入密封容器内，入库存放，严禁露天堆放。

⑧ 施工下脚料、废料、余料要及时清理回收，基层处理和清扫要及时，并采取防尘措施。

⑨ 防水卷材施工完毕后应封闭交通，严格限制载重车辆通行，在进行铺装层施工时，运料车辆应慢行，严禁调头刹车。

⑩ 已铺设好的防水层上严禁堆放构件、机械及其他杂物，应设专人看管，并设置护栏标志以引起注意。

⑪ 卷材防水层铺贴完成并经检验合格后，应及时进行下道工序的施工。

（9）保护层施工

卷材防水层施工完毕后，应仔细检查并修补，质量验收合格后，做 40mm 厚的 C20 细石混凝土保护层，然后方可进行钢筋混凝土路桥面的浇筑施工，振捣密实，湿养护至少 14d。

3. 路桥防水工程的验收

路桥防水工程完工之后，整理施工过程中的有关文件资料和记录（如防水卷材出厂合格证、质量检验报告、防水卷材试验报告及相关质量文件、隐蔽工程检查记录、工序质量评定表等），会同建设监理单位共同按质量标准进行验收，必要部位要进行抽样检验，验收合格后将验收文件和记录存档。

① 原材料质量应符合设计要求，经检验各项指标合格；冷底

子油涂刷均匀，不得有漏涂处。

② 防水层之间及防水层与桥面铺装层之间应粘贴紧密，结合牢固，油层厚度及搭接长度符合设计规定。

按照每 1000m² 作为一个质量评定单元，采用现场抽查热熔铺贴后卷材与水泥混凝土的剥离强度来验证卷材的粘结性能以及热熔粘结质量，用现场简易剥离试验设备检测卷材的铺贴质量，检测依据可参考试验室数据以及剥离面的分布，90°剥离强度（20℃，50mm/min）≥50N/50mm。现场剥离试验参见图 2-29。

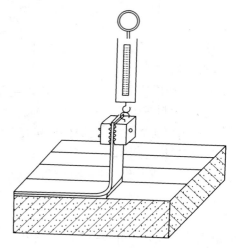

图 2-29　现场剥离试验示意图

通过检查卷材搭接处有无缝隙来控制搭接质量，缝隙检查时用螺丝刀检查接口，发现不严之处应及时修补，不得留下任何隐患。

防水层应具有良好的不透水性；能承受各种静载和动载作用而不损坏；有足够的弹塑性和韧性等变形能力；具有温度稳定性，温度高时不致融流，温度低时不致脆裂；具有耐腐蚀抗老化的性能。

③ 防水层施工完成后，其表面必须平整，并符合防水要求，

无明显积水现象，无滑移、翘边、起泡、皱褶、空鼓、脱皮、裂缝、油包等缺陷。

2.4　种植层面卷材防水层的设计与施工

屋面是建筑物的第五立面，种植屋面是铺以种植土，或在容器或种植模板中栽植植物来覆盖建筑屋面和地下建筑顶板的一种绿化形式。这一特定区域具有高出地面以上，周围不与自然土层相连接的特点。屋顶绿化不仅增加了绿化面积，改善了人类生存的环境，而且能够使居室冬暖夏凉，大量节约能源。

种植屋面是人们根据建筑物的结构特点及屋顶的环境条件，选择生态习性与之相适应的植物材料，通过一定的技术从而达到节能环保和丰富园林景观的一种形式。种植屋面是一种融合建筑技术与园林艺术为一体的一个系统的工程，故其必须从设计、选材、施工、管理维护等方面进行综合的研究。

2.4.1　种植屋面的类型和构造

2.4.1.1　种植屋面的类型

种植屋面的类型参见图 2-30。

1. 简单式种植屋面、花园式种植屋面及地下建筑顶板覆土种植

种植屋面根据其形式可分为简单式种植屋面和花园式种植屋面及地下建筑顶板覆土种植。

简单式种植屋面又称地毯式种植屋面、屋顶草坪，是指仅利用地被植物和低矮灌木、草坪进行绿化的一类种植屋面。其一般不设置园林小品等设施，一般也不允许非维护人员进入。简单式种植屋面其绿化植物的基质厚度要求为 20 ~ 50cm，以低成本、低氧化为原则，多用植物要求其滞尘和控温能力强，并根据建筑物的自身条件，尽量达到植物种类多样化、绿化层次丰富、生态效益突出的效果。

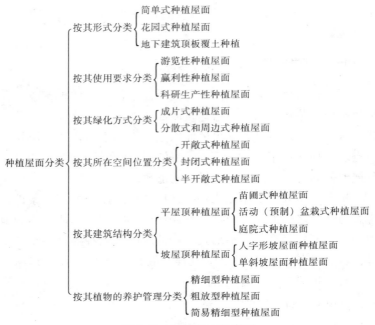

图 2-30　种植屋面的类型

花园式种植屋面又称屋顶花园，是根据屋顶的具体条件，选择配置小型乔木、低矮灌木及草坪地被植物，并设置园路、座椅和园林小品等，提供一定的游览和休憩活动空间的较为复杂绿化的一类种植屋面，为花园式屋顶绿化，其内容有通过适当的微地形处理，以植物造景为主，采用乔、灌、草相结合的复层植物配置方式，有适量的乔木、园亭、花架、山石等园林小品，以产生较好的生态效益和景观效果。而乔木、园亭、花架、山石等较重的物体均应设计在建筑承重墙、柱、梁的位置上，以利于荷载的安全。花园式种植屋面其植物基质的厚度要求≥60cm，这类种植屋面的造价较高。

地下建筑顶板覆土种植是指在地下车库、停车场、商场、人防等建筑设施顶板上实现地面绿化。地下建筑顶板覆土与地面自然土相接，不被建筑物封闭围合的一类种植屋面。此类种植屋面其种植以植物造景为主，形成以乔木、花卉、草坪等种植结构，并配以坐椅、休闲小路、园林小品及水池等景观为永久性的地面花园。

2. 游览性种植屋面、赢利性种植屋面和科研生产性种植屋面

种植屋面按其使用要求可分为游览性种植屋面、赢利性种植屋面和科研生产性种植屋面。

游览性种植屋面多为给本楼工作或居住的人们提供业余休息的场所，在一些大型公共建筑的屋顶（如宾馆、超级市场、写字楼）可为顾客提供交谈会客、休息座椅场所，其绿化面积、园林小品等均应有一定的数量。

赢利性种植屋面多用于旅游宾馆、饭店、夜总会和在夜晚开办的舞会，以及夏季夜晚营业的茶室、冷饮、餐厅等，因其居高临下，夜间气温宜人，并能乘凉观赏城市夜景，深受人们的欢迎。此类种植屋面一般种植有适宜傍晚开花并具有芳香的花卉品种，并具有可靠的安全防护措施和夜间照明的安全措施。

科研生产性种植屋面是指利用屋顶面积结合科研和生产要求，种植各类树木、花卉、蔬果，除管理所必需的小道外，屋顶上多按行按排种植，屋顶绿化效果和绿化面积一般均好于其他类型的种植屋面。

3. 成片式、分散式和周边式种植屋面

种植屋面按其绿化方式可分为成片式、分散式和周边式种植屋面。

成片式种植屋面是指在屋顶的绝大部分以种植各类地被植物或小灌木为主，色块、图案形式采用观叶植物或整齐、艳丽的各色草花，形成成片的种植区的一类种植屋面。这种粗放、自然式的草坪绿化的特点是地被植物在种植土厚度仅为 10~20cm 时即可生长发育、屋顶所加荷载小、俯视效果好，适用于屋顶高低交错的低层屋顶。此类屋顶花园因其注重整体视觉效果，内部可不设园路，只需留出管理用通道即可。

分散式和周边式种植屋面是指屋顶种植采用花盆、花桶、花池等分散形式组成绿化区或沿建筑屋顶周边布置种植池的一类种植屋

面。这种点线式种植可根据屋顶的适用要求和空间尺度灵活布置，具有布点灵活、构造简单的特点，适应性强，可应用于大多数屋顶。

4. 开敞式、封闭式和半开敞式种植屋面

在低层、多层或高层建筑的屋顶上，种植屋面按其所在空间位置可分为开敞式、封闭式和半开敞式等类型。

开敞式种植屋面是指居于建筑群体的顶部，屋顶四周不与其他建筑物相接的一类种植屋面。

封闭式种植屋面是指种植屋面四周均有建筑物包围形成的内天井布局，植物生长受到四周建筑物阴影影响，多为间接采光的一类种植屋面。此类种植屋面以选用耐阴植物为宜。

半开敞式种植屋面是指在一组建筑群体中，主体建筑周围的裙房屋顶上建造一类种植屋面，它有一面、二面或三面依靠在主体建筑之旁。这种形式的种植屋面不仅为使用提供了便利，并由于建筑物的遮挡可形成有利于植物生长的小气候，对防风、防晒有利，但应避免依附墙壁的反光玻璃在强光的反射下对植物的损害。

5. 坡顶种植屋面和平顶种植屋面

种植屋面按其屋面的建筑结构可分为坡顶种植屋面和平顶种植屋面。

坡屋顶可分为人字形坡屋面和单斜坡屋面。在一些低层的坡顶建筑商可采用葛藤、爬山虎、南瓜、葫芦等适应性强、栽培管理粗放的藤本植物。尤其是对于小别墅，屋面常与屋前屋后绿化结合，可形成丰富的绿化景观。

在现代建筑中，钢筋混凝土的平屋顶较为多见，这是开拓屋顶绿化的最好空间，其可分为苗圃式、庭院式、活动（预制）盆栽式等多种，其绿化一般多采用一种方式，一般以草坪和灌木为主，图案多为几何构图，给人以简洁明快的视觉享受。苗圃式种植屋面是指从经济效益出发，将屋顶作为生产基础，种植蔬菜、中草药、果树、花木和农作物等的一类种植屋面；活动（预制）盆栽式种植屋面是一类机动性强，布置灵活，常被家庭采用的一类种植屋面；庭院式种植屋面为屋顶绿化中常见的形式，是指具有适当起伏的地貌，并配置有小亭、水池、花架、座椅等园林建筑小品，并点缀以山石，搭配种植浅根性的小乔木与灌木、花卉、草坪、藤本植物。为满足植物根系生长的需要，这类种植屋面的种植土需要 30 ~ 40cm 厚，局部可设计成 60 ~ 80cm，在建筑设计时应统筹考虑，以满足种植屋面对屋顶承重的要求，设计时还应尽量使较重的部位（如山石、花架、亭子）设计在梁柱上方的位置。这种类型的种植屋面多用于宾馆、酒店，也适用于企事业单位及居住区公共建筑的屋顶绿化。

6. 精细型、粗放型、简易精细型种植屋面

种植屋面根据其植物的养护管理情况可分为精细型种植屋面、粗放型种植屋面和简易精细型种植屋面。

精细型种植屋面是真正意义上的屋顶花园，植物的选择可随心所欲，可种植高大的乔木、低矮的灌木、鲜艳的花朵，还可设计休闲场所、运动场所、儿童游乐场、人行道、车行道、池塘和喷泉等，是植被绿化与人工造景、亭台楼阁和溪流水榭的完美组合，它的特点是：①经常养护；②经常灌溉；③从草坪、常绿植物到灌木、乔木均可选择；④整体高度 15 ~ 100cm；⑤质量为 150 ~ 1000kg/m²。

粗放型种植屋面居于自然野性和人工雕琢之间，是低矮灌木和彩色花朵的完美结合。在德国，这种绿化形式非常普遍，绿化效果比较粗放和自然化，所选用的植物具有抗干旱、生命力强的特点，并且颜色丰富鲜艳，绿化效果显著，可应用于坡屋顶和平屋顶。它的特点是：①定期养护；②定期灌溉；③从草坪绿化屋顶到灌木绿化屋顶；④整体高度 15 ~ 25cm；⑤质量为 120 ~ 250kg/m²。由于粗放型屋顶绿化具备质量轻、养护粗放的特点，因此比较适合于荷载有限以及后期养护投资有限的屋顶，被亲切地称为"生态毯"。当然，如果房屋承重力增加，设计师还可以加入更多的设计理念，使

人工造景得到更好的展示。

简易精细型种植屋面是介于精细绿化和粗放绿化之间的一种绿化形式，所种植植物包括开花和草本植物以及矮乔木和灌木。

2.4.1.2 种植屋面系统的基本构造

在大力发展种植屋面的今天，如何设计出可靠的种植屋面系统，如何正确选用种植屋面系统材料，如何沿用原来的常规做法做好屋面的防水，已成为摆在设计师面前的棘手问题。吸收当今世界，特别是德国种植屋面的先进经验，是解决如上棘手问题的最佳途径。

1. 耐根穿刺层防水层技术

在德国，种植屋面的系统技术已相当成熟，威达公司作为当今德国最大的防水企业，已具有近 160 年的历史，它在德国种植屋面系统技术的发展过程中发挥着相当重要的作用。德国威达公司的种植屋面系统是由隔汽层（蒸汽阻拦层）、保温层（绝热层）、底层防水层、根阻防水层、排水层、过滤层以及种植土和植被等组成，其中耐根穿刺防水材料是保证种植屋面最终质量的关键所在。

用于种植屋面的防水卷材不仅要满足不同屋面规定性能指标，同时还要具有根阻性能，根阻性能试验技术涉及面广（如试验植物的选择、试验的条件等）、试验设备复杂且试验周期较长。在欧洲，根阻性能要满足欧洲规范 EN 13948 中的规定。德国园林景观权威机构 FLL（景观设计与园林建筑研究会）已于 1984 年开创性地进行了根阻试验。要求用于种植屋面的上层防水材料的根阻性能必须通过权威机构（FBB）的严格认证。

根据上述要求，威达防水系统推荐使用如下根阻防水材料，其根阻性能已经通过了国际园林景观权威机构 FLL 长达 2 年或 4 年的试验验证。

（1）含有铜复合胎基的 SBS 改性沥青根阻防水卷材，其产品具有如下特性：

① 复合铜胎基（$250g/m^2$），植物根接触到复合铜胎基中铜离子后，转向寻找其他方式继续生长；铜与聚酯复合，保持聚酯胎基性能：抗拉强度 $800N/5cm$；延伸率 40%，产品的延伸率大，使材料具有理想的抗变形能力，可适应不同结构的变形；抗拉强度高，有利于材料适应结构的变形，避免材料撕裂。

② 根阻性能已经通过长达 4 年的试验验证和环保性能，植物保持原有的旺盛生命力，不会死亡；无毒、无挥发性物质，不会对环境造成影响。

③ 防水、根阻的完美结合。使用的成功案例长达 30 年以上。

（2）以 OCB 为原料的高分子根阻防水材料，其产品具有如下特性：

① 材料本身具有坚硬的机械性能和极强的抗植物穿透的性能，实验证明：可以抵抗竹子根的穿透作用，根阻性能已经通过长达 4 年的试验验证。

② 具有理想的耐高温和耐低温性能。

③ 具有极强的抗老化和抗腐蚀能力，可以有效地抵抗植物和营养土对材料的腐蚀作用。

④ 环保性能符合要求，不含有任何软化剂、增塑剂及其他添加剂，不会对动植物造成任何伤害。

⑤ 产品具有极强的抗变形能力，可以抵抗屋面结构在温度变化和不均匀沉降等作用下的变形。

⑥ 防水、根阻的完美结合。

2. 种植层面系统的构造

不是所有具有根阻性能的材料都适用于种植屋面系统，还需要与整体种植屋面系统相匹配，除根阻性能以外还需要具有以下性能：防水性能，环保性能，自重轻、施工方法简单、屋面节点及搭接部位易操作等。考虑到种植屋面对这些性能的要求很高，以及考虑到种植屋面的耐久年限，通常强调应做二道防水，以保证防水性能。

在我国种植屋面系统的设计需要建筑设计与园林设计两个专业相互配合，但实际上二者脱节的现象时有发生。一些建筑设计师对园林知识了解甚少，例如在种植屋面结构荷载设计、排水系统设计、植物的抗风固定设计等都会遇到困难；相对而言，一些园林设计师也常常不考虑屋面类型、结构分区等而随意设计园林小品等，这样势必会造成系统不匹配甚至破坏。为此，威达公司推出了自己的种植屋面系统。如图 2-31 所示为威达屋面系统的基本组成（其各层次的分析详见本书相关章节），如图 2-32 ~ 图 2-41 所示为威达种植屋面的推荐方案。这里所说的花园式种植屋面就是指复杂式种植屋面。简单花园式种植屋面这个名字是直译德语技术资料而来的。其实应该算是简单式和复杂式的混合形式，也就是说，是简单式的种植区域（土薄、植草）和复杂式的种植区域（土厚、植被复杂）交叉布置或者分区布置。

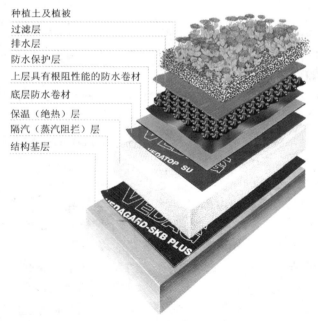

种植土及植被
过滤层
排水层
防水保护层
上层具有根阻性能的防水卷材
底层防水卷材
保温（绝热）层
隔汽（蒸汽阻拦）层
结构基层

图 2-31　威达层面系统的基本组成

3. 花园式（复杂式）种植屋面（Vedaplan MF + DSM1502）

花园式（复杂式）种植屋面（Vedaplan MF + DSM1502）方案如图 2-32（a）所示。对该系统描述如下：

（1）种植区域

① 基层（建议 2% ~9% 相当于 1° ~5° 的找坡处理），水泥结构或钢结构。

② 威达自粘蒸汽阻拦防水卷材 Vedagard SK-Plus（RC）。

③ 保温（绝热）层。

④ 底层防水材料（可以取消）。

⑤ 威达高分子-FPO 根阻防水卷材-Vedaplan MF（RC）。

⑥ 威达过滤排水保护板 VEDAFLOR DSM 1502。

⑦ 营养土 15 ~200cm（根据设计需要）。

⑧ 植物（根据设计需要）。

（2）走道及屋顶平台区域

①~⑥相同，⑦碎石层（直径 2 ~8mm，厚度≥5cm），⑧石板 4 ~5cm 铺面（或其他材料铺面）。

4. 花园式（复杂式）种植屋面（Vedatop SU/PV + Vedatect WF/Vedaflor WS-I + Vedag Maxistud perfored）

花园式（复杂式）种植屋面（Vedatop SU/PV + Vedatect WF/Vedaflor WS-I + Vedag Maxistudperfored）方案如图 2-32（b）所示。对该系统描述如下：

（1）种植区域

① 基层（建议 2% ~9% 相当于 1° ~5° 的找坡处理），水泥结构或钢结构。

② 威达自粘蒸汽阻拦防水卷材 Vedatect SK-D（RC）。

③ 保温层。

④ 威达自粘底层防水卷材-Vedatop SU/PV（RC）。

⑤ 威达根阻防水卷材-Vedaflor WS-I（RC）或 Vedatect WF（RC）。

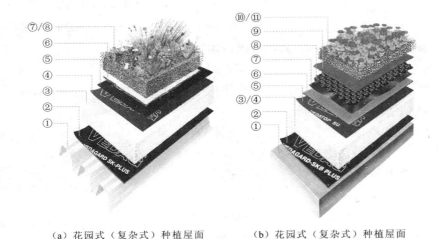

（a）花园式（复杂式）种植屋面　　　　　（b）花园式（复杂式）种植屋面
（Vedaplan MF+DSM1502）

图 2-32　花园式（复杂式）种植屋面

⑥ PE 保护隔离层。

⑦ 威达带孔排水板-Maxistud perfored。

⑧ 威达过滤毯-SSV 300 filter fleece。

⑨ 营养土 15～300cm（根据设计需要）。

⑩ 植物（根据设计需要）。

（2）走道及屋顶平台区域

①～⑧相同，⑨碎石层（直径 2～8mm，厚度≥5cm），⑩石板 4～5cm 铺面（或其他材料铺面）。

5. 花园式（复杂式）种植屋面（Vedaflor U + Vedatect WF/ Vedaflor WS-I + Vedag Maxistud perfored）

花园式（复杂式）种植屋面（Vedaflor U + Vedatect WF/Vedaflor WS-I + Vedag Maxistud perfored）方案如图 2-33 所示。对该系统描述如下：

（1）种植区域

① 基层（建议 2%～9% 相当于 1°～5° 的找坡处理），水泥结构

或钢结构。

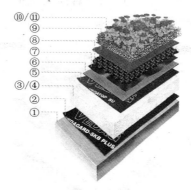

图 2-33　花园式（复杂式）种植屋面

② 威达自粘汽阻拦防水卷材 Vedatect SK-D （RC）。

③ 保温层。

④ 20mm 厚水泥砂浆保护层（在保温材料上做）。

⑤ 威达热熔型底层防水卷材-Vedaflor U 或 Vedatect PYE PV200 S3 （SBS 3mm）。

⑥ 威达根阻防水卷材-Vedaflor WS- I （RC） 或 Vedatect WF （RC）。

⑦ PE 保护隔离层。

⑧ 威达带孔排水板-Maxistud perfored。

⑨ 威达过滤毯-SSV 300 filter fleece。

⑩ 营养土 15 ~ 300cm （根据设计需要）。

⑪ 植物（根据设计需要）。

（2）走道及屋顶平台区域

①~⑨相同，⑩碎石层（直径 2 ~ 8mm，厚度≥5cm），⑪石板 4 ~ 5cm 铺面（或其他材料铺面）。

6. 复杂式种植屋面（适用：种植基质 20 ~ 200cm 厚，双面带毡蓄排水板设置）

复杂式种植屋面（适用：种植基质 20 ~ 200cm 厚，双面带毡蓄排水板设置）方案如图 2-34 所示。对该系统描述如下（从上至下各层）：

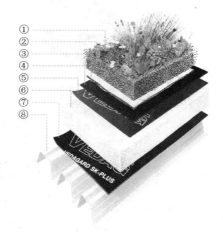

图 2-34　复杂式种植屋面

① 植物。

② 种植基质（20 ~ 200cm 厚）。

③ 双面带毡蓄排水板设置 = 过滤 + 蓄排水 + 保护 Vedaflor Dranschutzmatte DSM 1502。

④ 根阻防水材料 Vedaflor WS- I 。

⑤ 底层防水材料 Vedatop SU/TM（自粘）。

⑥ 保温层。

⑦ 隔汽层 Vedagard SK-Plus。

⑧ 结构基层。

注：④、⑤两层防水材料可以用单层高分子根阻防水材料 Vedaplan MF 代替。

7. 复杂式种植屋面［适用：种植基质 50 ~ 300cm 厚，采用粒料（陶粒、卵石等）蓄排水层或相应厚度的成品排水板］

复杂式种植屋面［适用：种植基质 50 ~ 300cm 厚，采用粒料（陶粒、卵石等）蓄排水层或相应厚度的成品排水板］方案如图 2-35

所示。对该系统描述如下（从上至下各层）：

图 2-35　复杂式种植屋面

① 植物。

② 种植基质（50~300cm 厚）。

③ 过滤层。

④ 排水层［采用粒料（陶粒、卵石等）蓄排水层或相应厚度的成品排水板］。

⑤ 保护隔离层。

⑥ 根阻防水材料 Vedaflor WS-I 或 Vedaplan。

⑦ 底层防水材料 Vedatop SU/TM（自粘）。

⑧ 抗压型保温板（根据土层厚度设计）。

⑨ 基层处理剂。

⑩ 结构基层。

8. 简单式种植屋面（Vedaplan MF + DSM1502）

简单式种植屋面（Vedaplan MF + DSM1502）方案如图 2-36 所

示。对该系统描述如下：

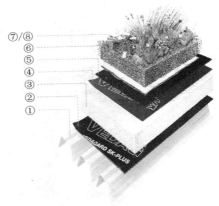

图 2-36　简单式种植屋面

（1）种植区域

① 基层（建议 2% ~ 9% 相当于 1° ~ 5° 的找坡处理），水泥结构或钢结构。

② 威达自粘蒸汽阻拦防水卷材 Vedagard SK-Plus（RC）。

③ 保温层。

④ 底层防水材料（可以取消）。

⑤ 威达高分子根阻防水卷材-Vedaplan MF（FPO 产品）。

⑥ 威达过滤排水保护板 VEDAFLOR DSM 1502。

⑦ 营养土 4 ~ 30cm（根据设计需要）。

⑧ 植物（根据设计需要）。

（2）走道及屋顶平台区域

①~⑥相同，⑦碎石层（直径 2 ~ 8mm，厚度 ≥ 5cm），⑧石板 4 ~ 5cm 铺面（或其他材料铺面）。

注：土层厚度 < 15cm 且屋面坡度 > 2% 时可取消排水层，用保护层材料代替过滤排水板。

9. 简单式种植屋面（Vedatop SU/PV + Vedatect WF/Vedaflor WS-I + GEO P）

简单式种植屋面（Vedatop SU/PV + Vedatect WF/Vedaflor WS-Ⅰ + GEO P）方案见图 2-37。对该系统描述如下：

（1）种植区域

① 基层（建议 2% ~9% 相当于 1°~5°的找坡处理），水泥结构或钢结构。

② 威达自粘蒸汽阻拦防水卷材 Vedatect SK-D（RC）。

③ 保温层。

④ 威达自粘底层防水卷材-Vedatop SU/PV（RC）。

⑤ 威达根阻防水卷材-Vedaflor WS-I（RC）或 Vedatect WF（RC）。

⑥ 威达过滤排水板-GEOP。

⑦ 营养土 4cm ~30cm（根据设计需要）。

⑧ 植物（根据设计需要）。

（2）走道及屋顶平台区域

①~⑥相同，⑦碎石层（直径 2~8mm，厚度≥5cm），⑧石板 4~5cm 铺面（或其他材料铺面）。

注：土层厚度 <15cm 且屋面坡度 >2% 时可取消排水层，用保护层材料代替过滤排水板。

图 2-37　简单式种植屋面

10. 简单式种植屋面（Vedaflor U + Vedatect WF/Vedaflor WS-I + GEO P）

简单式种植屋面（Vedaflor U + Vedatect WF/Vedaflor WS-I + GEO P）方案如图 2-38 所示。对该系统描述如下：

图 2-38　简单式种植屋面

（1）种植区域

① 基层（建议 2%～9% 相当于 1°～5° 的找坡处理），水泥结构或钢结构。

② 威达自粘蒸汽阻拦防水卷材 Vedatect SK-D（RC）。

③ 保温层。

④ 20mm 厚水泥砂浆保护层（在保温材料上做）。

⑤ 威达热熔型底层防水卷材-Vedaflor U 或 Vedatect PYE PV200 S3（SBS 3mm）。

⑥ 威达根阻防水卷材-Vedaflor WS-I（RC）或 Vedatect WF（RC）。

⑦ 威达过滤排水板-GEO P（过滤排水一体材料）（或威达排水板-Drain + 威达过滤毯-SSV 300 filter fleece）。

⑧ 营养土 4～30cm（根据设计需要）。

⑨ 植物（根据设计需要）。

（2）走道及屋顶平台区域

①~⑦相同，⑧碎石层（直径 2~8mm，厚度 ≥5cm），⑨石板 4~5cm 铺面（或其他材料铺面）。

注：土层厚度 <15cm 且屋面坡度 >2% 时可取消排水层，用保护层材料代替过滤排水板。

11. 简单式种植屋面（适用：种植基质 <15cm 厚，无排水层设置）

简单式种植屋面方案见图 2-39。对该系统描述如下（从上至下）：

① 植物。

② 种植基质（小于 15cm 厚）。

③ 保护层 Vedaflor SSM 500。

④ 分离滑动层 Vedaflor TGF 200。

⑤ 根阻防水材料 Vedaflor WS-I 或 Vedatect WF。

⑥ 底层防水材料 Vedatop SU（自粘）。

⑦ 保温层。

⑧ 隔汽层 Vedagard SK-Plus 或 Vedatect SK D。

⑨ 结构基层。

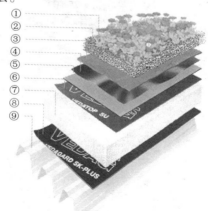

图 2-39 简单式种植屋面

（适用：种植基质 <15cm 厚，无排水层设置）

12. 简单式种植屋面（适用：种植基质＜40cm 厚，营养基蓄排水过滤毯设置）

简单式种植屋面方案见图 2-40。对该系统描述如下（从上至下）：

① 植物。

② 种植基质（小于40cm 厚）。

③ 营养基蓄排水过滤毯 ＝ 同等厚度基质 ＋ 过滤 ＋ 蓄排水 VEDAFLOR Vegetationsmatte。

④ 保护毡。

⑤ 分离滑动层 Vedaflor TGF 200。

⑥ 根阻防水材料 Vedaflor WS- I 。

图 2-40　简单式种植屋面

⑦ 底层防水材料 Vedatop SU。

⑧ 保温层。

⑨ 隔汽层 Vedagard SK-Plus 或 Vedatect SK D。

⑩ 结构基层。

13. 简单花园式种植屋面（Vedatop SU/PV + Vedatect WF/Vedaflor WS-I + Vegatations Mat）

简单花园式种植屋面（Vedatop SU/PV + Vedatect WF/Vedaflor WS-I + Vegatations Mat）方案见图 2-41 所示。对该系统描述如下：

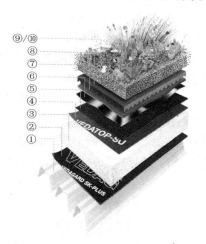

图 2-41　简单花园式种植屋面

（1）种植区域

① 基层（建议2%～9%相当于1°～5°的找坡处理），水泥结构或钢结构。

② 威达自粘蒸汽阻拦防水卷材 Vedatect SK-D（RC）。

③ 保温层。

④ 威达自粘底层防水卷材-Vedatop SU/PV（RC）。

⑤ 威达根阻防水卷材-Vedaflor WS-I（RC）或 Vedatect WF（RC）。

⑥ 分离滑动层 Vedaflor TGF 200（屋面坡度 >2% 时可取消）。

⑦ 保护毡（连续进行上部施工时可取消，或只做临时保护用）。

⑧ 威达营养基蓄排水毯-Vedaflor Vegatations Mat。

⑨ 营养土 2～40cm（根据设计需要）。

⑩ 植物（根据设计需要）。

（2）走道及屋顶平台区域

①～⑧相同，⑨碎石层（直径2～8mm，厚度≥5cm），⑩石板4～5cm铺面（或其他材料铺面）。

14. 种植屋面系统技术的注意事项

（1）屋面结构基层-坡度要求：为了顺利排除屋面上的雨水，屋面在保证2%坡度的同时，对于种植斜屋面来讲，屋面坡度大于20%就必须进行防滑处理。防滑枕木的间距根据屋面坡度而设定：屋面坡度15～20度防滑枕木的间距100cm；屋面坡度20～30度防滑枕木的间距50cm；屋面坡度30～40度防滑枕木的间距33cm；屋面坡度40～60度防滑枕木的间距20cm。

（2）屋面结构的承载能力：种植屋面结构同时要承受"动荷载"和"静荷载"。静荷载由所有的构造层共同组成，例如屋面防水层、保温层、保护层、砾石以及排水层、过滤层和植被种植层，要考虑这些构造层所用材料饱和水状态下的密度，另外要考虑植物本身产生的逐渐增加的荷载和灌溉产生的附加荷载。

（3）排水口的设置要求：种植屋面上的排水口是不允许遮盖住的，要保障排水口的周围没有植物、容易辨认，不要因为植物的长入而阻塞和影响排水，宜将排水口置于一个直径为60～100cm的砾石面内，如图2-42所示。

图2-42　排水口的设置

2.4.2　种植屋面的组成材料

种植屋面的组成材料主要有保温隔热材料、普通防水材料、耐根穿刺防水材料、过滤和蓄（排）水材料、种植土和种植植物等。

1. 找坡材料

种植层面常用的找坡材料有加气混凝土、轻质陶粒混凝土、水泥膨胀珍珠岩、水泥蛭石等。找坡材料应符合下列规定：①找坡材料应选用密度低并具有一定抗压强度的材料；②当坡长小于 4m 时，宜采用水泥砂浆找坡；③当坡长为 4～9m 时，可采用加气混凝土、轻质陶粒混凝土、水泥膨胀珍珠岩和水泥蛭石等材料找坡，也可采用结构找坡；④当坡长大于 9m 时，应采用结构找坡。

2. 保温隔热材料

种植屋面保温隔热材料应选用密度小（宜小于 $100kg/m^3$）、压缩强度高、导热系数小、吸水率低的材料，不得使用松散保温隔热材料。

3. 隔汽层材料

正置式保温种植屋面为了防止室内水蒸汽进入保温层并导致保温层被破坏，威达种植屋面系统在保温层下设置有蒸汽阻挡层，这里的蒸汽阻挡层就是所谓的隔汽层，其采用的隔汽材料有以下几种。

（1）Vedagard SK-PLUS（RC）威达蒸汽阻拦卷材

VEDAGARD® SK-PLUS（RC）是一种双面自粘性 SBS 改性沥青卷材，产品采用具有抗碱腐蚀功能的特殊金属复合胎基，按照 EN ISO 9001 进行生产和质量控制。本产品于 +5℃以上温度激活，阻止蒸汽和空气穿透，特别适合作型钢和木结构基层屋面的蒸汽阻拦卷材（隔汽层卷材）；塑化表面的钢结构基层无须涂冷底子油，特别适于与矿棉和聚氨酯保温板的粘结。

此产品的铺设方法如下：

VEDAGPRD® SK-PLUS（RC）铺设在钢结构的基层上，直接撕开硅化的隔离膜即可自粘；铺设在木结构上，在搭接部位使用钉子固定，撕去硅化保护膜后密封搭接部位。两边侧和底侧搭接至少8cm（短边10cm，长边8cm），T-形接头部位割成45°角，以使搭接部位不至于过厚。如遇整晚施工的紧急情况，T-形接头可用喷灯烘烤发软。当安装上层保温板时，应在将卷材上表面保护膜用喷灯扫去后立即进行，只需简单地将保温板搁置在热沥青上即可。如果是矿棉保温板，则卷材上表面沥青必须是热熔液态，以保证之间的粘结力。

（2）威达自粘特殊金属面层 SBS 改性沥青隔汽材料

VEDATECT® SK-D（RC）是一种冷自粘弹性体改性沥青隔汽卷材，上表面镀有一层耐碱、耐腐蚀的特殊金属，产品按照 EN ISO 9001 进行生产和质量控制，产品符合欧洲标准 EN 13970 要求。产品具有极佳的隔汽效果（耐水汽渗透性等效空气层厚度 S_d 值在 1500m 以上）；幅宽 1m，适用于大多数的压型钢板；用在带涂层的压型钢板基层上时无需涂刷冷底子油；5℃及以上可冷自粘安装；施工方便快捷；与基层粘结良好。施工中，即使波谷位置也不怕踩踏。

VEDATECT® SK-D（RC）根据德国屋面防水组织（ZVDH）的《平屋面指南》和德国屋面协会的《沥青片材 ABC》，用作隔汽层，尤其适用于轻钢结构屋面系统。

产品的铺设方法如下：

揭去 VEDATECT® SK-D（RC）下表面及接缝处的自粘保护膜后直接粘结在基层上，搭接宽度为 8cm；纵向搭接宜在波峰位置，接缝和收边部位都要压实密封；T 型接头须做 45°斜角，搭接形成的不平处应采用胶带或者热烘烤方式使其平整；须隔夜施工时，搭接和 T 型接头部位必须用喷枪略微烘烤。

4. 普通防水材料

普通防水材料的选用应符合现行国家标准 GB 50345《屋面工程技术规范》和 GB 50108《地下工程防水技术规范》的规定。

种植屋面所采用的普通防水材料有防水卷材、土工膜、水泥基渗透结晶型防水材料等。常用于种植层面的防水卷材品种众多，主要有：弹性体改性沥青防水卷材、塑性体改性沥青防水卷材、改性沥青聚乙烯胎防水卷材、湿铺法双面自粘防水卷材、高分子防水片材。

威达公司应用于种植屋面普通防水层的防水卷材产品主要有以下几种。

（1）VEDATOP® SU（RC）威达屋面自粘防水卷材

VEDATOP® SU 是一种优质的弹性改性沥青自粘防水卷材，采用抗撕拉胎基，下表面为改性沥青自粘胶，上表面为 PE 保护膜及搭接边自粘保护膜。产品生产符合 EN ISO 9001。

该产品其特点是自粘，安装简便清洁，安装效率高，具有良好的粘结性能。用喷灯安装上部材料时可保护保温层。

VEDATOP® SU（RC）可用于翻新屋面或新建屋面的非暴露防水层，对各种屋面的特殊情况适应性强，可充分满足不同屋面的需要。

产品的铺贴方法如下：揭去 VEDATOP® SU（RC）底层和侧边的自粘胶保护膜，使之与底层材料或经基层处理剂处理过的基层粘结，长向和短向搭接至少需 8cm，在短向搭接收头处 8cm 范围内需用冷沥青胶 VEDATEX®涂抹于卷材表面。

（2）Vedatect® PYE S3 sand 威达 I 型聚酯胎 3mm/3.2mmSBS 改性沥青防水卷材

Vedatect® PYE S3 sand 威达 I 型聚酯胎 3mm/3.2mmSBS 改性沥青防水卷材是一种高质量的弹性改性沥青防水材料。卷材是通过使用高强度的聚酯胎基浸透优质 SBS 改性沥青涂层，然后在上表面附着石英砂，下表面附以防粘保护膜等一系列严谨的工序加工而成。产品的生产过程通过 ISO 9001 认证，并且具有绿色环保材料认证证书。

该产品具有极强的可操作性，即使在极高的施工温度下仍能保持抗变形能力；具有高抗裂能力和高抗穿刺能力。

Vedatect® PYE S3 sand 威达 I 型聚酯胎 3mm/3.2mmSBS 改性沥

青防水卷材可用于建筑及公用工程项目以及冷库、游泳池、地铁、隧道、污水池等构筑物的防水、防腐，特别适用于温变应力及形变应力较大的场所，如混凝土表面自身的变形，或温度变化、震动荷载或地面沉降较大的场所。

Vedatect® PYE S3 sand 威达Ⅰ型聚酯胎 3mm/3.2mmSBS 改性沥青防水卷材可采用喷灯或用热沥青安装，满铺或点铺，长边及短边搭接均应大于 8cm，点铺或空铺一般采用 10cm 搭接。

（3）VEDAGSPRINT®（RC）Sand 威达Ⅰ型聚酯胎 4mm SBS 改性沥青防水卷材

VEDAGSPRINT®（RC）Sand 威达Ⅰ型聚酯胎 4mm SBS 改性沥青防水卷材是一种高质量的弹性改性沥青防水材料。卷材是通过使用高强度的聚酯胎基浸透优质 SBS 改性沥青涂层，然后在上表面附着石英砂，下表面附以防粘聚丙烯保护膜等一系列严密的工序加工而成。产品的生产过程通过 ISO 9001 认证，并且具有绿色环保材料认证证书。

该产品具有极强的可操作性，即使在极高的施工温度下仍能保持抗变形能力；具有高抗裂能力和高抗剪能力。

VEDAGSPRINT®（RC）Sand 威达Ⅰ型聚酯胎 4mm SBS 改性沥青防水卷材可用于建筑及公用工程项目以及冷库、游泳池、地铁、隧道、污水池等构筑物的防水、防腐，特别适用于温变应力及形变应力较大的场所，如混凝土表面自身的变形，或温度变化、震动荷载或地面沉降较大的场所。

VEDAGSPRINT®（RC）Sand 威达Ⅰ型聚酯胎 4mm SBS 改性沥青防水卷材可采用喷灯安装或用热沥青安装，满铺或点粘，长边及短边搭接均应大于 8cm，点粘或空铺一般采用 10cm 搭接。

（4）Vedaflor® U 威达种植屋面用底层根阻沥青防水卷材

Vedaflor® U 威达种植屋面用底层根阻沥青防水卷材是一种高质量的弹性改性沥青根阻防水材料，它是威达种植屋面系统中理想的底层防水材料。它自粘的搭接边使得安装更为简便。产品的生产过程通过 ISO 9001 认证。

该产品具有根阻性能和高抗裂能力，产品的柔软性能好，其搭接边上表面附有可撕去的隔离膜。

Vedaflo® U 威达种植屋面用底层根阻沥青防水卷材可用于种植屋面中底层防水材料，与 Vedaflor 系列面层根阻防水材料 Vedaflor WS-I 或 Vedatect WF 一起组成双层沥青防水层，可确保防水及根阻质量。

Vedaflor® U 威达种植屋面用底层根阻沥青防水卷材采用喷灯热熔焊接安装，搭接边处自粘安装。长边及短边搭接均应大于 8cm。

（5）VEDATOP® SU-PV（RC）威达屋面自粘防水卷材

VEDATOP® SU-PV（RC）威达屋面自粘防水卷材是一种优质的弹性改性沥青自粘防水卷材，采用抗撕拉聚酯胎基，下表面为改性沥青自粘胶，上表面为 PE 保护膜及搭接边自粘保护膜。产品生产符合 EN ISO 9001。

该产品为简单经济的冷自粘防水卷材，每卷长度为 10m。搭接边自粘保护膜在上表面，使安装简单易行。具有良好的粘结性能，用喷灯安装上部材料时可保护保温层。

VEDATOP® SU-PV（RC）威达屋面自粘防水卷材可用于屋面的底层防水材料，可以与 VEDAG ProfiDach 系统中上层防水材料 VEDATOP® S5 或 VEDATOP® DUO 组成整个防水系统，安装在基层或 EPS-或 PU-屋面保温板上面，对各种屋面的特殊情况适应性强，同时可以用于旧屋面上。

揭去 VEDATOP® SU-PV（RC）威达屋面自粘防水卷材的底层和搭接边的自粘胶保护膜直接与基层粘结。搭接至少需 8cm（长向 10cm，短向 8cm），在末端需切成 45°角。在短向搭接收头处 8cm 范围内最好用冷沥青胶 VEDAGPLAST ®-Elastikkitt 或 VEDATEX ® 涂抹于卷材表面使粘结更加牢固。

（6）VEDATOP® TM 威达自粘底层防水卷材

VEDATOP® TM 威达自粘底层防水卷材是一种高质量的自粘性

SBS 改性沥青底层防水卷材，产品按照 EN ISO 9001 进行生产和质量控制。该产品特点为自粘，施工简便、干净；可用于保护可燃的保温板；产品具有可靠的粘结性能，可防止强风掀起卷材；产品的安装效率高。

VEDATOP® TM 威达自粘底层防水卷材用作包括细部的平屋顶两层防水系统的下层卷材，例如用于 VEDATOP DUO 和 VEDAPLAN MF 2.3 的下层卷材，PU 聚氨酯保温板上（上下表面都是玻纤加强）。特别适合与矿棉板的粘结。

VEDATOP® TM 威达自粘底层防水卷材铺设在保温板上，直接撕去下表面的硅化隔离膜即可，搭接宽度（长边和短边）至少8cm。在沥青防水系统中，用做上层防水卷材的 VEDATOP DUO 满粘在 VEDATOP® TM 上；在高分子系统中使用 VEDAPLAN MF 2.3 和自粘系统中使用 VEDASTAR 作为上层防水卷材，VEDATOP® TM 上表面必须用火焰加热激活，融化上表层，激活改性沥青冷粘胶。

（7）Vedatect® E II（PYE PV200）S3 sand 威达 SBS 改性沥青聚酯胎 3mmII 型防水卷材

Vedatect® E II（PYE PV200）S3 sand 威达 SBS 改性沥青聚酯胎3mm II 型防水卷材是一种高质量的弹性改性沥青防水材料。卷材是通过使用高强度的聚酯胎基浸透优质 SBS 改性沥青涂层，然后在上表面附着石英砂，下表面附以防粘保护膜等一系列严密的工序加工而成。产品的生产过程通过 ISO 9001 认证，并且具有绿色环保材料认证证书。

该产品具有极强的可操作性，即使在极高的施工温度下仍能保持抗变形能力；还具有高抗裂能力和高抗穿刺能力。

Vedatect® E II（PYE PV200）S3 sand 威达 SBS 改性沥青聚酯胎 3mm II 型防水卷材可用于建筑及公用工程项目以及冷库、游泳池、地铁、隧道、污水池等构筑物的防水、防腐。特别适用于温变应力及形变应力较大的场所，如混凝土表面自身的变形，或温度变化、震动荷载或地面沉降较大的场所。

Vedatect® E II（PYE PV200）S3 sand 威达 SBS 改性沥青聚酯胎 3mm II 型防水卷材可采用喷灯或用热沥青安装，满铺或点铺，长边及短边搭接均应大于 8cm，点铺或空铺一般采用 10cm 搭接。

5. 耐根穿刺防水材料

由于植物根系具有向水性及向下发展性，根系会由种植土植被层连续向下发展，由于种植土层植被层相对较浅，植物的根系会很快发展到防水层并产生巨大的压力。普通防水层所采用的防水卷材如高聚物改性沥青防水卷材或高分子防水卷材，对植物根系的抵抗能力是极有限的，植物根系在短时间内就会穿过卷材从而破坏整个防水体系。因此，必须在普通防水层上面设置由耐根穿刺防水材料组成的耐根穿刺防水层。

（1）耐根穿刺防水材料的根阻机理

普通防水卷材主要是沥青基防水卷材和合成高分子防水卷材。沥青基防水卷材是由 SBS 或 APP 改性沥青涂层及胎基（聚酯胎、玻纤胎或复合胎）所构成。沥青中含有一种植物亲和物质——蛋白酶，此类物质对植物来讲是一种营养物质，当植物根系接近这类物质后，根系会穿入沥青中吸收该成分，因而普通的防水卷材其胎基对植物根系的抵抗能力近乎为零，用常规改性沥青卷材组成的防水系统的种植屋面中，植物根系第一年就可穿入其防水系统，接下来在很短的时间内就造成了防水系统的破坏。

由普通高分子防水卷材组成的防水系统中，虽然 PVC 或聚乙烯（PE）以及其他高分子材料做成的防水卷材不含有植物的亲和物——蛋白酶，植物不会主动攻击防水系统，但是所有的植物根系都有同样的生长特性即向水性及向下性，在植物根系生长的巨大压力下，PVC 防水卷材在第一年就可被植物根系所破坏。

由此可见，普通的防水卷材在不具备生物阻拦及机械阻拦的防水系统中，面对植物根系是十分脆弱的。故必须采用具有耐根穿刺的防水材料构成一道根阻防水层。

耐根穿刺防水材料根据其根阻机理的不同，可分为物理根阻材料和化学根阻材料两大类。

物理根阻材料是指利用材料自身的物理特性（如采用不锈钢薄板、铝箔、铜等金属材料作胎基或直接采用铝锡合金卷材等）来阻挡植物根系的一类耐根穿刺材料。这类材料增加了卷材的机械强度和防水抗渗功能，用于种植屋面，主要起抗植物根穿刺的作用，其机理是因为金属材料具有密度高、强度高、水蒸气渗透小等特点，故不能给植物提供水分，使植物无法溯水生长，同时又不会影响植物的正常生长，当植物的根在向下竖向找不到水分时，便会产生横向生长的现象，向周围有水的地方生长，从而有效地阻挡了植物根系竖向的生长，起到防止植物根系破坏防水层和建筑结构的作用。铝箔的两面（或一面）复合的是高分子树脂层，可起到防水作用，同时也具有一定的抗植物根穿刺的作用，卷材的上、下层是高分子织物，其下层可直接复合在普通防水层上，再粘贴在水泥基结构的基层（找平层）上，使材料与结构基层合为一体，这样可更有效地阻挡具有强冲击性植物根的穿刺；其上层可针对不同植物的生长特点及工程的实际情况，复合不同厚度的无纺布、毛毡等组成（蓄）排水层，以保护防水根阻材料，过滤泥沙，防止营养土流失，同时亦可排除多余的水分而储存一定的水分以供植物生长。

化学根阻材料的作用机理通常是在改性沥青涂层（如SBS）中加入可以抑制植物根系生长的生物添加剂。沥青是一类比较柔软的有机材料，十分容易与添加剂融合，当植物根的尖端生长到涂层时，在添加剂的作用下即会产生角质化，故不会继续生长以至于破坏下面的胎基，从而使卷材可继续发挥防水功能。

考虑到许多植物根系均具有极强的穿透能力（如竹子、茅草等植物），故有一些耐根穿刺防水卷材往往是将物理、化学方法相结合，使其具有生物阻挡及机械阻拦的双重特性，使得屋面防水性能更佳。

（2）耐根穿刺防水材料的种类

耐根穿刺防水材料对于种植屋面来讲是至关重要的一类材料。

目前耐根穿刺防水材料主要是采用具有耐根穿刺性能的防水卷材，其主要品种有采用根阻剂或耐根穿刺胎基的改性沥青防水卷材、采用胎基增强方式的合成高分子防水卷材（塑料防水卷材、橡胶防水卷材）以及金属防水卷材等多种。

塑料防水卷材品种最多，包括 PVC、EVA、TPO、HDPE、ECB等，通常都采用胎基增强的方式；橡胶防水卷材品种则较少，主要是三元乙丙防水卷材。带有化学根阻剂的高聚物改性沥青防水卷材是广泛应用的一类根阻材料，在沥青混合过程中直接添加环保型根阻剂，使其均匀地分布在卷材的改性沥青层中，充分利用添加剂与植物根的生化反应，使植物根在生长到沥青层时，在添加剂的作用下角质化，并平行生长，从而达到防止植物根穿破防水层的目的。此类耐根穿刺卷材已广泛应用，为一类成熟、可靠的产品，产品可以和下层普通防水材料直接融合为一体，直接提高整个防水系统的可靠性。铜胎基改性沥青卷材则是高聚物改性沥青耐根穿刺防水卷材的另一重要的类别，包括铜-聚酯复合胎基改性沥青防水卷材和铜膜胎基改性沥青防水卷材等产品。耐根穿刺防水卷材的分类如图 2-43 所示。

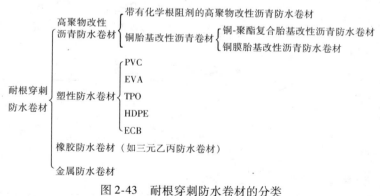

图 2-43 耐根穿刺防水卷材的分类

（3）我国相关标准对耐根穿刺防水材料提出的要求

1）JGJ 155—2013《种植屋面工程技术规程》对耐根穿刺防水材料提出的要求

① 弹性体改性沥青防水卷材的厚度不应小于 4.0mm, 产品包括复合铜胎基、聚酯胎基的卷材, 应含有化学根阻剂, 其主要性能应符合现行国家标准 GB 18242《弹性体改性沥青防水卷材》及表 2-17 的规定。

表 2-17　弹性体改性沥青防水卷材主要性能

项目	耐根穿刺性能试验	可溶物含量 /(g/m²)	拉力 /(N/50mm)	延伸率 /%	耐热性 /℃	低温柔性 /℃
性能要求	通过	≥2900	≥800	≥40	105	−25

② 塑性体改性沥青防水卷材的厚度不应小于 4.0mm, 产品包括复合铜胎基、聚酯胎基的卷材, 应含有化学根阻剂, 其主要性能应符合现行国家标准 GB 18243《塑性体改性沥青防水卷材》及表 2-18 的规定。

表 2-18　塑性体改性沥青防水卷材主要性能

项目	耐根穿刺性能试验	可溶物含量 /(g/m²)	拉力 /(N/50mm)	延伸率 /%	耐热性 /℃	低温柔性 /℃
性能要求	通过	≥2900	≥800	≥40	130	−15

③ 聚氯乙烯防水卷材的厚度不应小于 1.2mm, 其主要性能应符合现行国家标准 GB 12952《聚氯乙烯（PVC）防水卷材》及表 2-19 的规定。

表 2-19　聚氯乙烯防水卷材主要性能

项目	耐根穿刺性能试验	拉伸强度	断裂伸长率 /%	低温弯折性 /℃	热处理尺寸变化率/%
匀质	通过	≥10MPa	≥200	−25	≤2.0
玻纤内增强	通过	≥10MPa	≥200	−25	≤0.1
织物内增强	通过	≥250N/cm	≥15（最大拉力时）	−25	≤0.5

④ 热塑性聚烯烃防水卷材的厚度不应小于 1.2mm, 其主要性能应符合现行国家标准 GB 27789《热塑性聚烯烃（TPO）防水卷材》及表 2-20 的规定。

表 2-20　热塑性聚烯烃防水卷材主要性能

项目	耐根穿刺性能试验	拉伸强度	断裂伸长率 /%	低温弯折性 /℃	热处理尺寸变化率/%
匀质	通过	≥12MPa	≥500	−40	≤2.0
织物内增强	通过	≥250N/cm	≥15（最大拉力时）	−40	≤0.5

⑤ 高密度聚乙烯土工膜的厚度不应小于 1.2mm，其主要性能应符合现行国家标准 CB/T 17643《土工合成材料　聚乙烯土工膜》及表 2-21 的规定。

表 2-21　高密度聚乙烯土工膜

项目	耐根穿刺性能试验	拉伸强度 /MPa	断裂伸长率 /%	低温弯折性 /℃	尺寸变化率 /（%，100℃，15min）
性能要求	通过	≥25	≥500	−30	≤1.5

⑥ 三元乙丙橡胶防水卷材的厚度不应小于 1.2mm，其主要性能应符合现行国家标准 GB 18173.1《高分子防水材料　第 1 部分：片材》中 JL1 及表 2-22 的规定；三元乙丙橡胶防水卷材搭接胶带的主要性能应符合表 2-23 的规定。

表 2-22　三元乙丙橡胶防水卷材主要性能

项目	耐根穿刺性能试验	断裂拉伸强度 /MPa	拉断伸长率 /%	低温弯折性 /℃	加热伸缩量 /mm
性能要求	通过	≥7.5	≥450	−40	≤ +2，−4

表 2-23　三元乙丙橡胶防水卷材搭接胶带主要性能

项目	持粘性 /min	耐热性 （80℃，2h）	低温柔性 （−40℃）	剪切状态下粘合性 （卷材） /（N/mm）	剥离强度 （卷材） /（N/mm）	热处理剥离强度保持率 （卷材，80℃，168h）/%
性能要求	≥20	无流淌、龟裂、变形	无裂纹	≥2.0	≥0.5	≥80

⑦ 聚乙烯丙纶防水卷材和聚合物水泥胶结料复合耐根穿刺防水材料，其中聚乙烯丙纶防水卷材的聚乙烯膜层厚度不应小于

0.6mm，其主要性能应符合表2-24的规定；聚合物水泥胶结料的厚度不应小于1.3mm，其主要性能应符合表2-25的规定。

表2-24　聚乙烯丙纶防水卷材主要性能

项目	耐根穿刺性能试验	断裂拉伸强度/（N/cm）	拉断伸长率/%	低温弯折性/℃	加热伸缩量/mm
性能要求	通过	≥60	≥400	-20	≤ +2，-4

表2-25　聚合物水泥胶结料主要性能

项目	与水泥基层粘结强度/MPa	剪切状态下的粘合性/（N/mm）		抗渗性能/（MPa，7d）	抗压强度/（MPa，7d）
		卷材—基层	卷材—卷材		
性能要求	≥0.4	≥1.8	≥2.0	≥1.0	≥9.0

⑧ 喷涂聚脲防水涂料的厚度不应小于2.0mm，其主要性能应符合现行国家标准GB/T 23446《喷涂聚脲防水涂料》的规定及表2-26的规定。喷涂聚脲防水涂料的配套底涂料、涂层修补材料和层间搭接剂的性能应符合现行行业标准JGJ/T 200《喷涂聚脲防水工程技术规程》的相关规定。

表2-26　喷涂聚脲防水涂料主要性能

项目	耐根穿刺性能试验	拉伸强度/MPa	断裂伸长率/%	低温弯折性/℃	加热伸缩率/%
性能要求	通过	≥16	≥450	-40	+1.0，-1.0

2）JC/T 1075—2008《种植屋面用耐根穿刺防水卷材》对材料提出的要求

建材行业标准JC/T 1075—2008《种植屋面用耐根穿刺防水卷材》对改性沥青类（B）、塑料类（P）和橡胶类（R）种植屋面用耐根穿刺防水卷材提出的技术要求如下：

① 种植屋面用耐根穿刺防水卷材的生产与使用不应对人体、生物与环境造成有害的影响，所涉及与使用有关的安全与环保要求，应符合我国相关国家标准和规范的规定。

② 改性沥青类防水卷材厚度不小于 4.0mm，塑料、橡胶类防水卷材厚度不小于 1.2mm。

③ 种植屋面用耐根穿刺防水卷材基本性能（包括人工气候加速老化），应符合相应国家标准或行业标准中的相关要求。表 2-27 列出了应符合的现行国家标准中的相关要求。

表 2-27　现行国家标准及相关要求

序号	标　准　名　称	要　　求
1	GB 18242 弹性体改性沥青防水卷材	Ⅱ型全部要求
2	GB 18243 塑性体改性沥青防水卷材	Ⅱ型全部要求
3	GB 18967 改性沥青聚乙烯胎防水卷材	Ⅱ型全部要求
4	GB 12952 聚氯乙烯防水卷材	Ⅱ型全部要求
5	GB 18173.1 高分子防水材料第 1 部分：片材	全部要求

④ 尺寸变化率应符合表 2-28 的规定。

表 2-28　耐根穿刺防水卷材的应用性能　JC/T 1075—2008

序号	项　　　目		技术指标
1	耐根穿刺性能		通过
2	耐霉菌腐蚀性	防霉等级	0 级或 1 级
		拉力保持率/% ≥	80
3	尺寸变化率/%	≤	1.0

（4）威达耐根穿刺防水卷材

威达种植屋面系统采用的根阻防水材料的品种主要有：Vedaflor®＿WS-Ⅰ（RC），Vedaplan® MF（RC）2.0mm、Vedatect®＿WF（RC）blue-green 等。

① Vedaflor®＿ WS-Ⅰ（RC）（板岩颗粒面）

Vedaflor®＿ WS-Ⅰ（RC）是一种含有复合铜胎基的 SBS 改性沥青根阻防水材料。该类产品中间一层聚酯复合铜胎基赋予产品独具的植物根阻拦功能（技术研究院——Versuchsanstalt fur Gartenbau，Weihenatephan，12/97），其上表面为蓝绿色板岩颗粒。产品生产流程和工厂控制已通过 EN ISO 9001 认证。产品还具有高耐折力和持久的低温柔度等特点，是一种理想的、种植屋面用根阻防水卷材。其作用于植物根阻拦层的顶层。在绿色屋顶花园系统中，如屋面防水结构至少是两层，它必是其中之一，兼具植物根阻拦功能。它能用于轻型或重型花园屋顶结构中。它的根阻性能已经通过了国际园林景观权威机构 FLL（景观设计与园林建筑研究会）长达 4 年的试验验证。

这种产品的根阻性能主要是通过卷材铜-聚酯复合胎基来实现的。植物根接触到了铜-聚酯复合胎基，受到复合铜胎基中铜离子的作用，转向寻找其他方向继续生长，不会继续破坏防水层。

同时这种含有铜-聚酯复合胎基的 SBS 改性沥青根阻防水材料是在防水材料的基础上发展而来的，它具有良好的防水性能，很强的抗变形能力，理想的耐久性能，体现了防水、根阻的完美结合。该产品与常用屋面防水涂料的性能比较参见表 2-29；与 HDPE 高密度聚乙烯膜的性能比较见表 2-30。

表 2-29　Vedaflor® _ WS- I （RC）与常用屋面防水涂料的性能比较

序号	项目	Vedaflor® _ WS- I （RC）	国内常用屋面防水涂料
1	材料特性	优质的铜-聚酯复合胎基（担负主要根阻功能），两侧附上含有高活性根阻剂的优质 SBS 沥青涂层	水乳型或溶剂型改性沥青防水涂料、聚氨酯涂料
		结论： 　　这种产品的根阻性能是通过在 SBS 改性沥青涂层中加入生物根阻剂，以及经过铜蒸气处理过的聚酯复合胎基来实现的。当植物根接触到涂层中的生物根阻剂就会发生角质化，不会继续生长，即使是植物根接触到了胎基，也会因为复合铜胎基中铜离子的作用，而转向寻找其他方向继续生长，不会继续破坏防水层。通过如上双重保护使这种产品可以在种植屋面系统中发挥强大的根阻性能	结论： 　　沥青防水涂料没有胎基，容易产生断裂，从而导致防水层的强度和抗变形能力差，容易被硌破；防水涂料的材料本身的抗老化性能差。国内常用的防水涂料根本没有考虑在种植屋面上使用的根阻性能

续表

序号	项目	Vedaflor® _ WS- I （RC）	国内常用屋面防水涂料
2	厚度	4.0mm 结论： 专用根阻防水卷材的厚度在生产和施工过程中完全可以得到保证	3.0mm 结论： 普通屋面防水涂料需要多次涂刷，常发生漏涂、少涂现象，厚度差异较大，不能保证防水层的厚度
3	耐高温性	+115℃ 结论： 专用根阻防水卷材在高温下不会变软，不会在高温下硌破，从而造成防水破坏	+80℃ 结论： 普通屋面防水涂料在高温下变软，很容易被硌破
4	含固量	表现为卷材涂层的质量，专用根阻防水卷材涂层的厚度，不受施工过程的影响 结论： 防水层的含固量影响防水层的强度和抗剪能力，专用根阻防水卷材涂层的质量，不受施工过程的影响，可以保证其强度和抗剪能力	仅为45%左右 结论： 普通屋面防水涂料需要多次涂刷，常发生漏涂、少涂现象，不能保证含固量，从而严重影响防水层的强度及抗剪能力
5	胎基	抗拉能力非常强的铜-聚酯复合胎基（铜蒸气处理过的聚酯胎基）250g/m²，抗拉性能约为800N/5cm 结论： 专用根阻防水卷材的胎基决定了它具有根阻性能，首先利用铜离子的特性，植物根遇到铜离子会向其他的方向生长，其次胎基本身的机械性能也可在一定程度上阻止植物根的穿透作用。胎基同时决定了防水层的强度和抗变形能力，优质的聚酯复合胎基使防水层拥有理想的强度和抗变形能力	无胎基，抗拉力差，约为300N/5cm 结论： 普通屋面防水涂料防水层因为没有胎基，根本谈不上利用胎基根阻，抗变形能力差，容易被硌破，强度远远低于有胎基的防水卷材

序号	项目	Vedaflor® _ WS- I （RC）	国内常用屋面防水涂料
6	施工方法、速度及施工保护	优点： 专用根阻防水卷材用喷灯安装，操作简便，施工现场干净、整洁。防水层厚度不受施工过程的影响，绝对保证厚度均匀一致；施工速度快，单层卷材铺设速度可以达到 50 米每小时每人。 种植屋面在进行上层园林施工时只需进行简单保护即可进行	缺点： 沥青防水涂料一般为两布六涂，每次涂刷不易过厚，这种多次涂刷的施工方法容易造成少涂、漏涂、厚度不均匀等情况；施工速度慢，因为前一遍涂刷完成后要等大约一天的干燥时间才可涂刷下一层。 种植屋面在进行上层园林施工时极易造成防水层破坏，必须进行安全保护才可进行下一步施工
7	质量保证、根阻性能检测	专用根阻防水卷材的根阻性能已通过国际园林景观权威机构 FLL（景观设计与园林建筑研究会）长达 4 年的试验验证。有根阻试验报告	根阻性能没有通过任何检测，没有根阻性能实验报告

表 2-30　Vedaflor® _ WS- I （RC） 与 HDPE 高密聚乙烯膜的性能比较

序号	项目	Vedaflor® _ WS- I （RC）	HDPE 高密度聚乙烯膜
1	功能	既有很强的植物阻拦作用，又同时具有优质防水卷材的功能	仅适用于轻型花园层面植物根阻拦，防水效果较好
2	安装	与基层紧密粘结，整体性强。重型花园屋面使用普通型 PE 膜做分离滑动层	一般采用空铺法，接缝处采用焊接，与基层连接差。如既做防水层又参与分离滑动，则自相矛盾
3	对基层的要求	卷材厚度均匀（5.0mm），安装过程中容易控制安装质量，对基层的适应性强	材料厚度较薄（0.5 ~ 1.5mm），对基层要求较高，即使细小的尖刺表面也会造成防水层的破坏
4	胎基	采用铜胎基或复合铜胎基以机械作用防止植物根穿透	无胎基，薄膜类材料无机械植物根阻作用

续表

序号	项目	Vedaflor® _ WS-I（RC）	HDPE 高密度聚乙烯膜
5	涂层	含 Preventol，以化学作用防止植物根穿透	正品含97.5%的聚合物和2.5%的炭黑、抗氧化剂和热稳定物质，有一定的靠化学作用阻拦植物的功能
6	强度	整体强度高，抗变形能力极强	受植物根作用后易变形破坏、失效，进而导致防水层、保温层的破坏
7	耐久性	不含增塑剂，不挥发，耐久性强	不含增塑剂，耐久性好于PVC 材料
8	验证	通过德国 FLL 严格验证，验证期长达 4 年	无任何验证，国内亦无此验证机构。在欧洲 HDPE 并未通过 FLL 验证

Vedaflor® _ WS-I（RC）采用喷灯满粘法安装，使用热风管。与第一层防水材料错开 50cm 平铺，搭接至少 8cm（短边 10cm，长边 8cm），搭接施工必须用热风管。上一层材料的施工必须连续进行。

② Vedaplan® MF（RC）2.0mm 威达 OCB 高分子防水卷材

Vedaplan® MF（RC）2.0mm 是一种以 OCB（Olefin Copolymer Bitumen）为原料生产的优质塑料防水卷材。产品采用抗撕拉玻纤复合胎基，沥青含量约为 30%，上下表面为寿命极长的 OCB 涂层。产品质量大大超过德国标准 DIN 16729，是一种理想的、种植屋面用根阻防水卷材。它的根阻性能已经通过了国际园林景观权威机构 FLL（景观设计与园林建筑研究会）长达 4 年的试验验证。值得一提的是，试验显示这种材料可以抵抗竹子根的穿透作用。

这种材料非常适宜用作种植屋面上防水材料，第一，这种材料通过本身坚硬的机械性能而具有极强的抗植物穿透的性能；第二，材料上下表面的 OCB 涂层不但具有理想的耐高温和耐低温性能，而且具有极强的抗老化和抗腐蚀能力，可以有效地抵抗植物和营养土对材料的腐蚀作用；第三，因为材料本身不含有任何软化剂、增塑剂及其他添加剂，不会对动植物造成任何伤害，环保性能通过了ISO 14000 的严格认证；第四，这种材料采用了抗撕拉能力极强的玻纤复合胎基，具有极强的抗变形能力，可以抵抗屋面结构在温度变化和不均匀沉降等作用下的变形。

这种以 OCB 为原料的塑料根阻卷材同时具有良好的防水性能，在满足防水性能的同时具有良好根阻性能。无需在种植屋面系统中单独设置植物根阻拦层，体现了防水、根阻的完美结合。Vedaplan® MF（RC）2.0mm 可用于工业屋面单层防水机械安装系统或与 Vedatop® TM 一起用在双层热熔安装屋面防水系统中的绿色花园屋面植物根阻拦系统。

产品规格为 1.5m 宽、15m 长的卷材，可机械安装在保温层上而无需附加防火层。

Vedaplan® MF（RC）2.0mm 与 PVC 防水卷材的性能比较参见表 2-31。

表 2-31　Vedaplan® MF 与 PVC 的性能比较

序号	项目		Vedaplan® MF（RC）2.0mm	PVC
1	环保性能	环保试验-鱼试验 试验方法：将试验卷材（试件大小：100mm × 50mm）浸泡在60℃ 的温水内14d，然后将试件拿出，将水冷却并通入空气，最后将鱼置入。24h 内鱼未死亡即为通过试验要求	TPO（OCB）卷材所有试件全部通过	29 个试件均未通过，21 条在 1h 后死亡，6 条在 3h 后死亡

序号	项目		Vedaplan® MF（RC）2.0mm	PVC
1	环保性能	添加剂	Vedaplan® MF（RC）2.0mm 材料本身不含有任何软化剂、增塑剂及其他添加剂，不会对动植物造成任何伤害	产品含有软化剂、增塑剂等大量的添加剂，添加剂中的有害物质势必会产生各种负面影响。例如 PVC 防水材料中的添加剂有害物质挥发到空气中就会直接影响人们的健康，即使是埋在土下的 PVC 防水材料，它的有害物质也会通过水进入土壤进而影响人类健康
		德国的（禁用）法规	由于 TPO（OCB）产品的环保性能卓越，在非常重视环保的德国和其他发达国家这种产品已经成为主要的推荐产品，市场份额绝对占优	随着人们逐步了解 PVC 产品对自然环境及人类的危害作用，德国的大部分联邦州都明确规定，禁止 PVC 产品的使用，特别强调 PVC 产品必须远离儿童
		ISO 14000 环保认证	通过	未通过
2	抗老化性能		Vedaplan® MF（RC）2.0mm 产品的上下表面为寿命极长的 TPO（OCB）涂层，有非常理想的抗老化能力。2005 年德国权威机构 MPA 对在实际屋面工程中已经使用了 37 年的 Vedaplan 防水材料进行了检测，所有技术性能仍然可以达到要求，充分显示出它的卓越的抗老化性能	PVC 产品由于其中的软化剂的挥发性，导致在很短的时间内，材料变脆、变薄。有试验数据显示：一年的时间 PVC 片材的厚度就减少了 0.12mm，那么一个 2mm 厚的 PVC 片材在十年后将变成很脆的只有 0.8mm 的薄片，稍加外力就会不堪一击

序号	项目	Vedaplan® MF（RC）2.0mm	PVC
3	防火性能	Vedaplan® MF（RC）2.0mm 的防火性能根据德国防火标准（DIN 4102）以及欧洲防火标准（ENV 1187）通过了严格测试，而且在燃烧（烧烤）过程中没有黑烟和有害气体挥发出来，不会造成空气污染	PVC 产品的防火性能差，而且在燃烧（烧烤）过程中有黑烟，并发出多种有害气体，严重污染空气
4	耐根穿刺性能	Vedaplan® MF（RC）2.0mm 通过材料本身坚硬的机械性能具有极强的耐植物根穿透的性能。Vedaplan® MF（RC）2.0mm 的根阻性能已通过国际园林景观权威机构 FLL（景观设计与园林建筑研究会）长达 14 年的试验验证。值得一提的是，试验显示这种材料可以抵抗竹子根（根系最发达）的穿透作用。	PVC 产品没有通过根阻性能试验，不具有根阻性能，在种植屋面使用这种材料，植物根会穿透 PVC 防水卷材，造成防水破坏，进而导致结构破坏和连带的重大经济损失
5	在种植屋面系统构造中的作用	Vedaplan® MF（RC）2.0mm 是在满足防水性能的同时具有良好的根阻性能，无需在种植屋面系统中单独设置耐根穿刺层，体现防水、根阻的完美结合，简化可种植屋面系统的构造： 1. 植物； 2. 营养土； 3. 过滤保护毯； 4. PE 隔离膜； 5. Vedaplan® MF； 6. 水泥砂浆或细石混凝土基层	PVC 产品只能作为种植屋面系统中防水材料，需另设耐根穿刺层，使种植屋面系统构造复杂： 1. 植物； 2. 营养土； 3. 过滤保护毯； 4. PE 隔离膜； 5. 耐根穿刺层； 6. 与耐根穿刺材料兼容的防水材料； 7. 找平层； 8. PVC 防水材料； 9. 水泥砂浆或细石混凝土基层

序号	项目	Vedaplan® MF（RC）2.0mm	PVC
6	质量担保	Vedaplan® MF（RC）2.0mm 产品可以出具 30 年的质量担保证书	PVC 产品由于抗老化性能差等原因，最多可以出具 10 年质量担保证书

Vedaplan® MF（RC）2.0mm 的安装可通过专用钉根据操作手册规定，机械式固定在底层材料上（搭接处用热风焊接）或经喷灯热熔底层防水材料 Vedatop® TM 来实现。热风焊接长向和短向搭接至少需 4cm，应用空铺法在矿棉保温材料上安装时须 ≥5cm（在 EPS 上须 ≥8cm）。

③ VEDATECT® _ WF（RC）blue-green（板岩颗粒面）

VEDATECT® _ WF（RC）blue-green 是一种根据德国标准 DIN 52133S 生产的具有根阻功能的弹性体沥青片材，上表面是像瓦一样的板岩颗粒。生产流程和工厂控制通过 EN ISO 9001 认证。

产品具有高耐折力植物根阻拦功能（技术研究院—Versuchsanstalt fur Gartenbau，Weihenstephan，12/97 ），持久的低温柔度和良好的防火性能。

VEDATECT® _ WF（RC）blue-green 根据德国屋面绿化组织（ZVDH）的《平屋顶指南》和德国屋顶联合会（VDD）的《沥青片材 ABC》用作顶层覆盖防水层，保护被覆盖屋面不被植物根穿刺。因此，它既是至少两层防水的覆盖系统的一部分，又是轻型绿化屋面植物根阻拦层。

VEDATECT® _ WF（RC）blue-green 采用喷灯满粘法安装，使用热风管。与第一层防水材料错开 50cm 平铺，搭接至少 8cm（短边 10cm，长边 8cm），搭接施工必须用热风管。上一层材料的施工必须连续进行。

6. 防滑（分离）层材料

分离层的作用是分离滑动，保护防水层不受结冰所产生的应力影响，常采用的材料为聚乙烯膜（PE）。威达种植屋面系统用的分离滑动保护膜为 VEDAFLOR® TGF200（Separation layer PE）。

该产品是一种黑色的、防紫外线的、非常柔软的、坚实的 PE 分离滑动保护膜，材料本身具有很低的相对分子质量。产品具有很强的耐腐蚀性，具有在沥青作用下的高稳定性、抗腐殖酸性能和抗微生物腐蚀性能。VEDAFLOR® TGF200（Separation layer PE）应用于种植屋面系统中，铺设在根阻防水材料上方，作为防水材料与上面排水层材料之间的分离滑动隔离保护膜。

VEDAFLOR® TGF200（Separation layer PE）应满铺于根阻防水材料之上，所有部位的搭接边 10cm。

7. 排（蓄）水层材料

排水是种植屋面的关键技术之一，历来营造种植屋面都十分注意排水处理。目前种植屋面的排水层主要是铺设（蓄）排水板，在边缘铺设卵石、陶粒等。

排水板又称排疏板，是指在塑胶板材的凸台顶面上覆盖土工布滤层，用于渗水、疏水、排水和储水的一类排（蓄）水材料。

排水板主要采用高密度聚乙烯（PE）、聚苯烯（PP）等塑料材质制成的排水板及橡胶排水板，具有抗性压强、抗老化、使用年限长的特性，还具有蓄水功能。排水板根据其形式可分为单面凸台排水板、双面凸台排水板和模块式排水板三种形式。双面凸台排水板不仅可以排水，更能贮水，凸台上的孔可以保持通气。此外，还有一类集过滤、排水、有机物质为一体的营养基蓄排水毯。

排（蓄）水层材料品种较多，为了减轻屋面荷载，种植屋面和地下车库顶板绿化宜选用由轻质材料制成的、留有足够空隙并有一定承载能力专用的塑料、橡胶类凹凸型排（蓄）水板或网状交织排水板，其可将通过过滤层的水迅速地从排水层的空隙中汇集到汇水孔排出去。此类排水板受压强度高，可代替传统的陶粒、卵石排水防水；排水迅速，在屋面上不会形成积水，有利于植被的生长；排水层厚度和质量轻，可减轻屋面的荷载；排水板中设计的凹槽有贮水功能，可以双向调节；具有多向性排水功能；透气性好；兼有抗植物根刺穿功能。排水板的排水量，应根据最大降雨强度时雨水量和需排水量计算确定，按需选用排水板型号。

（1）JGJ 155—2013《种植屋面工程技术规程》对排（蓄）水层材料提出的要求

种植屋面排（蓄）水层应选用抗压强度高、耐久性好的轻质材料，排（蓄）水层可选用下列材料：

① 凹凸型排（蓄）水板，其主要物理性能应符合表 2-32 的要求。

表 2-32　凹凸型排（蓄）水板主要性能

项目	伸长率 10% 时拉力 /（N/100mm）	最大拉力 /（N/10mm）	断裂伸长率/%	撕裂性能/N	压缩性能		低温柔度	纵向通水量（侧压力 150kPa）/（cm³/s）
					压缩率为 20% 时最大强度/kPa	极限压缩现象		
性能要求	≥350	≥600	≥25	≥100	≥150	无破裂	−10℃ 无裂纹	≥10

② 网状交织排水板，其主要物理性能应符合表 2-33 的要求。

表 2-33　网状交织排水板主要物理性能　JGJ 155—2013

项目	抗压强度 /（kN/m²）	表面开孔率 /%	空隙率 /%	通水量 /（cm³/s）	耐酸碱性
性能要求	≥50	≥95	85 ~ 90	≥380	稳定

③ 级配碎石的粒径宜为 10 ~ 25mm，卵石的粒径宜为 25 ~ 40mm，铺设厚度均不宜小于 10mm。

④ 陶粒的粒径宜为 10 ~ 25mm，堆积密度不宜大于 500kg/m³，铺设厚度不宜小于 100mm。

（2）威达排（蓄）层材料

威达种植屋面系统采用的排（蓄）水层材料有很多品种，下面分别介绍。

① VEDAFLOR® Vegetation Mat 30/10 威达种植屋面用蓄排水营养毯

VEDAFLOR® Vegetation Mat 30/10 威达种植屋面用蓄排水营养毯是一种下表面为成型的聚氨酯软泡沫，其上附有用黏土和原始肥料组成的掺合物，在种植屋面中它起到排水、过滤水、储存水及储存养分的作用，并可作为下层培养基。产品储水能力强，具有很好的导水性能和良好的空隙率，密度低，抗老化能力强。产品已通过FLL 根阻检测，可对建筑物起到保护作用。

VEDAFLOR® Vegetation Mat 30/10 威达种植屋面用蓄排水营养毯作为蓄排水材料，用在轻型种植屋面 VEDAFLOR-根阻材料或者VEDAFLAN-防水材料的上面。屋面斜度在 5° 以上的屋顶要做防滑处理。当用在重型种植屋面中时，VEDAFLOR® Vegetation Mat 30/10可以承受厚度 40cm 的土层。其技术性能要求参见表 2-34。

表 2-34　VEDAFLOR® Vegetation Mat 30/10 的技术性能指标

项　　　目		指　　　标
厚度/mm		30（10mm 成型泡沫层）
尺寸/m	宽	1.0
	长	1.0
单位面积质量/（kg/m²）		2.6
最大含水率下的单位面积质量/（kg/m²）		22
总孔隙率/%		90～96（体积）
相对孔隙率（0～1.8 皮法）/%		大约 68（体积）
相对孔隙率（1.8～4.2 皮法）/%		大约 27（体积）
最大储水率（体积）/%		66
每平方米的储水量/（L/m²）		大约 19
透水性/（mm/min）		400
pH 值		6.8
含盐量/（g/L）		0.03

注：上述数值是统计标称数值。威达保留技术修改的权利。使用者要根据有关特性评估产品的适用性，并确保得到的是当前使用的指标卡版本。

产品可铺在根阻防水层的上面，接缝处用大约 10cm 宽的过滤带用 PU 胶条粘结。

② VEDAFLOR® Vegetation Mat 15/5 威达种植屋面用蓄排水营养毯

VEDAFLOR® Vegetation Mat 15/5 威达种植屋面用蓄排水营养毯是一种下表面为成型的聚氨酯软泡沫，其上附有用黏土和原始肥料组成的掺合物，在种植屋面中它起到排水、过滤水、储存水及储存养分的作用，并可作为下层培养基。产品储水能力强，具有很好的导水性能和良好的空隙率，密度低，抗老化能力强，可对建筑物起到保护作用。

VEDAFLOR® Vegetation Mat 15/5 威达种植屋面用蓄排水营养毯作为蓄排水材料，用在轻型种植屋面 VEDAFLOR-根阻材料或者VEDAFLAN-防水材料的上面。屋面斜度在 5° 以上的屋顶要做防滑处理。其技术性能指标见表 2-35。

表 2-35　VEDAFLOR® Vegetation Mat 15/5 的技术性能指标

项　　　目		指　　标
厚度/mm		15（5mm 成型泡沫层）
尺寸/m	宽	1.0
	长	1.0
单位面积质量/（kg/m²）		1.6
最大含水率下的单位面积质量/（kg/m²）		10
总孔隙率/%		90～96（体积）
相对孔隙率（0～1.8 皮法）/%		大约 68（体积）
相对孔隙率（1.8～4.2 皮法）/%		大约 27（体积）
最大储水率（体积）/%		66
每平方米的储水量/（L/m²）		大约 8
透水性/（mm/min）		400
pH 值		6.8
含盐量/（g/L）		0.03

其产品铺在根阻防水层的上面，接缝处可用大约10cm宽的过滤带用PU-胶条粘结。潮湿气候条件，可以在其上铺设2cm左右的土，种上景天属植物。相对干燥气候条件下，须采用相对较厚的同类材料VEDAFLOR® Vegetation Mat 30/10。

③ VEDAG DRAIN 威达种植屋面排水-保护板

VEDAG DRAIN 威达种植屋面排水-保护板是一种凹凸成型的HDPE（高密度聚乙烯）排水板。其主要技术性能指标见表2-36。

表2-36　HDPE排水板的技术性能指标

项目		标准值	误差	依据规范
规格（每卷）	宽度/m	1，1.5，2，2.4，4.8	±0.01	
	长度/m	20	±0.1	
	HDPE厚度/mm	0.55	±0.10	
	成型产品厚度/mm	7.5	±1	
	单位面积质量/（g/m²）	500	±5%	
	每卷面积/m²	20，30，40，48，96	—	
	卷重/kg	10，15，20，24，48	±5%	
力学性能	抗压强度/（kN/m²）	>200	—	UNI 5819
	抗拉强度/（N/50mm） 纵向	>250	—	
	横向	>250	—	
	延伸率/% 纵向	>20	—	
	横向	>25	—	
	孔隙排水量/（L/m²）	5.8	—	
包装（托）	宽度/m	1，1.5，2，2.4，4.8		
	卷数	24，12，12，12，12		
	面积/m²	480，360，480，576，1152		
	总质量（包括托板）/kg	250，190，250，300，586		

④ VEDA GDRAIN GEOP 威达种植屋面排水-保护板

VEDA GDRAIN GEOP 威达种植屋面排水-保护板是由凹凸成型的HDPE排水板和聚酯毡两层组成。其主要技术性能指标见表2-37。

表 2-37　VEDA GDRAIN GEOP 威达种植屋面排水-保护板
的技术性能指标

项　目			标准值	误差	依据规范
HDPE 排水板	规格（每卷）	宽度/mm	2000/2400	±10	UN 15819
		长度/m	20	±0.1	
		HDPE 厚度/mm	0.6	±0.10	
		成型产品厚度/mm	9	±1	
		单位面积质量/（g/m²）	630	±5%	
		每卷面积/m²	40~80	—	
		卷重/kg	25.2/30.2	±5%	
	力学性能	抗压强度/（kN/m²）	>200	—	
		抗拉强度/（kN/50mm） 纵向	>250	—	
		横向	>250	—	
		延伸率/% 纵向	>20	—	
		横向	>25	—	
		孔隙排水量/（L/m²）	5.7	—	
	包装（托）	卷数	6，6		
		面积/m²	240，480		
		总质量（包括托板）/kg	160，310		
聚酯胎		单位面积质量/（g/m²）	120		
		厚度/mm	1		
		抗拉强度/（N/50mm）	170		
		延伸率/%	>40		
		渗水率/［L/（m²·s）］	100		

⑤ VEDAG Maxistud perfored 威达种植屋面排水-保护板

EDAG Maxistud perfored 威达种植屋面排水-保护板是一种带孔的凹凸成型的 HDPE 排水板。其主要技术指标性能指标见表 2-38。

表 2-38　HDPE 排水板（黑色）的技术性能指标

项目		标准值	误差	依据规范
规格（每卷）	宽度/m	1.9	±5‰	—
	长度/m	20	±5‰	
	凹凸成型疙瘩的数量/（个/m²）	400	—	
	HDPE 厚度/mm	1	±10%	
	成型产品厚度/mm	20	±10%	
	单位面积质量/（g/m²）	1000	±5%	
	每卷面积/m²	38	—	
	卷质量/kg	38	±5%	
力学性能	抗压强度/（kN/m²）	>150	—	EN ISO 10319
	抗拉强度/（N/50mm） 纵向	>500	—	
	横向	>500	—	
	延伸率/% 纵向	>20	—	
	横向	>25	—	
	排水性能/[L/（m²·s）]	0.9	—	
	孔隙排水量/（L/m²）	15	—	
包装（托）	高度/m	1.9		—
	卷数	5		
	面积/m²	190		
	总质量（包括托板）/kg	200		

⑥ 聚丙烯多孔网状交织排水板

VEDAFLOR® DSM 1502 威达种植屋面过滤-排水-保护板是由三层组成，中间为排水性能良好的挤压成型的聚丙烯多孔立体网状板，两面附以（超高频焊接）机械加工成型的聚丙烯毡，上下聚丙烯毡分别加长作为搭接边。产品 20mm 厚，上附聚丙烯毡，具有抗寒、耐冲击、耐腐蚀、抗紫外线、抗微生物及酸性腐殖质、抵抗长期的种植屋面荷载等性能。

VEDAFLOR® DSM 1502 可同时作为过滤、排水、保护层，应用在种植屋面防水系统中，与下面 VEDAFLOR® 系列防水层和上面的 VEDAFLOR® 系列种植土共同构成整个种植屋面系统。VEDA-FLOR® DSM 1502 符合 FLL 种植屋面指南中过滤、排水、保护层的相关规定。产品的主要技术性能指标见表 2-39。

表 2-39　威达种植屋面过滤-排水-保护板技术指标

项目			标准值
过滤、保护毯（上、下层）	原材料		聚丙烯
	单位面积质量/（g/m²）		110（±10%）
	宽度/cm		210（±3%）
	最大拉力/（kN/m）	纵向	7（-10%）
		横向	8（-10%）
	最大拉力延伸率/%	纵向	50（±20%）
		横向	60（±20%）
	耐穿刺性能/N		1150（-115）
	针入度/mm		34（+7）
	渗透性（VH50）/（mm/s）		70（-25）
	空隙尺寸/μm		80（±30%）
网状排水排（中层）	原材料		聚丙烯
	宽度/cm		200（-2%）
整体（三层）过滤-排水-保护板	单位面积质量/（g/m²）		930（+10%）
	厚度/mm		20
	过滤毡搭接宽度/cm		10
	整体抗压性能，承压后的厚度/mm	20kPa	11.5
		50kPa	8.6
		100kPa	5.3
		200kPa	3.7

⑨ VEDAFLOR® SSM 500

VEDAFLOR® SSM 500 是一种由聚酯和聚丙烯纤维组成的毛毡，单位面积质量约为 500g/m²。该产品符合 FLL 绿色屋顶花园相关标准要求，具有在沥青作用下的高稳定性和优良的耐细菌性、很强的耐腐蚀性和抗寒性，以及优良的抗机械破坏性。该产品是屋顶绿色花园系统中优良的蓄水材料，其技术性能指标参见表2-40。

表2-40　VEDAFLOR® SSM 500 的技术性能指标

项目		标准值
厚度/mm		大约4.5
尺寸/m	宽	2.30
	长	50.00
单位面积质量/（g/m²）		大约500
组成		聚酯/聚丙烯
耐穿刺性能/N		大约2500
拉伸强度/.(N/10cm)	纵向	大约1200
	横向	大约1800
伸长率/%		大约60
吸水量/（L/m²）		大约3
防火性能		B2

8. 过滤层材料

种植土中小颗粒及养料会随着水分流失，损害排水层，堵塞排水管道，造成植物死亡，严重的将会造成屋面积水，从而引起不可想象的严重后果。故需在排（蓄）水层上面、种植基质层下面铺设过滤层，以防止种植土流失。

历史上的屋顶花园，排水时采用卵石、矿渣，过滤层用煤焦或稻草，时间一长，土壤将煤焦或稻草堵塞，进而将矿渣间隙塞满，使得屋顶花园无法使用。其修复工程往往比新建项目还费工、费时、费钱。

现在的过滤层宜采用聚酯无纺布，其具有较强的渗透性和耐根系穿透性。在种植介质层与排水层之间，应采用性能不低于要求的聚酯纤维土工布做一道隔离过滤层。如用双层土工织物材料，搭接宽度必须达到 15 ~ 20cm。使用机械覆土时应注意不要损坏土工织物。

过滤层宜采用单位面积质量为不小于 200g/m² 的材料。

VEDAFLOR® SSV 300 威达种植屋面保护、过滤毯是一种由聚酯和聚丙烯等人造纤维制成的厚毛毡，单位面积质量 300g/m²。VEDAFLOR® SSV 300 符合种植屋面工程技术规程中相应技术性能的要求。该产品不含金属，具有在沥青作用下的高稳定性，具有很强的耐腐蚀性、抗冻性，其抗微生物腐蚀性和抗腐殖酸性强。

VEDAFLOR® SSV 300 可以作为蓄水防水保护层和过滤层材料。若作为蓄水保护层材料，可铺设在防水层上方，以避免上层施工及其他外界荷载对防水层的破坏作用，起到一定的蓄水作用；若用作过滤层材料，铺设在排水层上方起到过滤水的作用，从而避免种植土进入排水层。其产品的技术性能指标见表2-41。

表2-41　VEDAFLOR® SSV 300 威达种植屋面保护、过滤毯技术性能指标

项目		标准值	依据规范
原材料		聚酯/聚丙烯纤维	—
加工方式		机械针织	
金属含量		不含	
单位面积质量/（g/m²）		约300	DIN 53854
毡厚/mm　　　≤		3	—
冲压强度/N　　≥		1100，达到2级水平	
延伸率/%		约60	DIN 54307
最大拉力/（N/10cm）	纵向	约300	DIN 53857
	横向	约800	
最大拉力时的延伸率/%	纵向	约110	
	横向	约50	
水的渗透性 K_f/（m/s）		2.6×10^{-3}	—
蓄水性（无压状态）/（L/m²）		1.5	
防火性能		B2级	DIN 4102

9. 种植土

种植介质层是指屋面种植的植物赖以生长的土壤层，种植土的选择是屋顶绿化的重点。考虑到屋顶承重的限制，故要求所选用的种植介质应具有自重轻、不板结、保水保肥、适宜植物生长、施工简便和经济环保等性能。屋顶绿化选用的营养基质，其基本要求是绿色环保，适当的 pH 值，无污染，无病虫害源体，具有可回收性，轻型但不过于松散，抗板结但结构具有稳定性，如抗风蚀性、防止水土流失；适当的营养，即要满足特定植物所需的营养基不缺乏但也不宜过剩；具有透气性和保水性。

种植土可分为田园土、改良土以及无机复合种植土。田园土即自然土，取土方便，价廉，单建式地下建筑顶板种植土较厚、用土量较大，故一般选用田园土比较经济；改良土是由田园土掺和珍珠岩、蛭石、草炭等轻质材料混合而成，其密度约为田园土的 1/2，并采取土壤消毒措施，适用于屋面种植；无机复合种植土荷载较轻，适用于做简单式种植屋面。

种植土的厚度一般应依据种植物的种类而定，草本为 15～30cm；花卉小灌木为 30～45cm；大灌木为 45～60cm；浅根乔木为 60～90cm；深根乔木约为 90～150cm。

种植土选用田园土、改良土或无机复合种植土，常用种植土配制应符合表 2-42 的规定。

表 2-42　常用改良土配制

主要配比材料	配制比例	湿密度/（kg/m³）
田园土：轻质骨料	1：1	≤1200
腐叶土：蛭石：沙土	7：2：1	780～1000
田园土：草炭：（蛭石和肥料）	4：3：1	1100～1300
田园土：草炭：松针土：珍珠岩	1：1：1：1	780～1100
田园土：草炭：松针土	3：4：3	780～950
轻沙壤土：腐殖土：珍珠岩：蛭石	2.5：5：2：0.5	≤1100
轻沙壤土：腐殖土：蛭石	5：3：2	1100～1300

常用种植土主要性能应符合表 2-43 的规定；地下建筑顶板种植宜采用田园土为主，土壤质地要求疏松、不板结、土块易打碎，主要性能宜符合表 2-44 的规定。

表 2-43　常用种植土性能

种植土类型	饱和水密度 /（kg/m³）	有机质含量 /%	总孔隙率 /%	有效水分 /%	排水速率 /（mm/h）
田园土	1500 ~ 1800	≥5	45 ~ 50	20 ~ 25	≥42
改良土	750 ~ 1300	20 ~ 30	65 ~ 70	30 ~ 35	≥58
无机种植土	450 ~ 650	≤2	80 ~ 90	40 ~ 45	≥200

表 2-44　田园土主要性能

项目	渗透系数 /（cm/s）	饱和水密度 /（kg/m³）	有机质含量 /%	全盐含量 /%	pH 值
性能要求	≥10⁻⁴	≤1100	≥5	<0.3	6.5 ~ 8.2

10. 植被

植被是种植屋面系统中的可见部分，也是种植屋面展示的部分，因此，植被的选择在种植屋面系统中是非常重要的一个组成部分。

植物的成活与生长的好坏取决于其生长的环境条件。屋顶绿化要考虑屋顶环境恶劣造成植物成活难的问题。由于屋顶的生态环境因子与地面有明显的不同，光照、温度、湿度、风力等随着层高的增加而呈现不同的变化，如屋顶太阳辐射强、升温快、爆冷爆热、昼夜温差大等。由于屋面自然条件的限制，所以屋面种植的植物材料的选择比地面使用植物材料的选择要严格，需要根据不同植物的生长特性，选择适合屋顶生长环境的植物品种。一般而言，宜选择耐寒、耐热、耐旱、耐瘠，以及生命力旺盛的花草树木。种植植物按适应气候环境的不同，可分为北方植物和南方植物，植物的种类可分为乔木、灌木、地被、藤本等类别。屋顶绿化在植物类型上应以草坪、花卉为主，并穿插点缀一些花灌木、小乔木。各类草坪、花卉、树木所占比率应在 70% 以上。一般使用植物类型的数量比率应是草坪、花卉、地被植物 > 灌木 > 藤木 > 乔木。小乔木应选择浅根性的。深根性、钻透性强的植物不宜选用；生长快、长得高大的乔木则应慎用。在北方，要选用节水型植物，并且在配置上尽可能保证四季常绿，三季有花。在具体的植物材料设计中，要综合考虑以下因素：

① 屋顶离地面越高，自然条件越恶劣，植物的选择则更为严格。植株必须具有根系浅、耐寒冷、抗旱、耐瘠薄、喜阳的习性，以适应其特定的环境。

② 考虑到布局设计的需要和功能的发挥，植株宜选择具有较鲜艳的色泽和开花时有较好观赏效果的品种，为便于管理，宜选用适应性强、生长缓慢、病虫害少、浅根性的植物。

③ 需符合防风等安全性的要求。植株要相对低矮，如果植株过高或植株不够坚硬，风大时植株则易倒伏，会影响到绿化的效果。在选择植被时还应考虑到水肥供应条件、侧方墙体材料和受光条件等因素。选择植物时还应考虑到其生长产生的活荷载变化。

种植屋面的植物选配形式，视其使用要求的不同而不同，但无论哪种使用要求和种植形式，都要求种植屋面在植物选配上比地面种植更为精细，只有精选品种，才能保持四季常青、季季有景。

种植屋面通常不种植冠大荫浓的乔木，但作为局部中心景物，赏其树形或姿态，可适当选择较小的乔木，要求这些乔木除树形外，也可观其花、果和叶色等，如油松、桧柏、龙爪槐、海棠、白皮松等。具有美丽芳香花朵或有鲜艳叶色和果实的灌木，如月季、丁香、腊梅、紫薇、茶花等则可广泛应用于屋顶绿化。地被植物是指能被覆地面的低矮植物，有草本植物和蕨类植物，也有矮灌木和藤木，地被植物是屋顶草坪广泛采用的品种。藤木是指有细长茎蔓的木质藤本植物，它们可以攀援或垂挂在各种支架上，有些可以直接吸附于垂直的墙壁上，它们不占或很少占用种植面积，应用形式灵活多变，故在屋顶绿化中亦广泛运用。

种植屋面常用的植物参见表 2-45 ~ 表 2-47。

表 2-45　北方地区选用植物

类别	中名	学名	科目	生物学习性
乔木类	侧柏	Platycladus orientalis	柏科	阳性，耐寒，耐干旱、瘠薄，抗污染
	洒金柏	Platycladus orientalis cv. aurea. nana		阳性，耐寒，耐干旱、瘠薄，抗污染
	铅笔柏	Sabina chinettsis var. pyramidalis		中性，耐寒
	圆柏	Sabina chinensis		中性，耐寒，耐修剪
	龙柏	Sabina chinensis cv. kaizuka		中性，耐寒，耐修剪
	油松	Pinus tabulae formis	松科	强阳性，耐寒，耐干旱、瘠薄和碱土
	白皮松	Pinus bungeana		阳性，适应干冷气候，抗污染
	白杆	Picea meyeri		耐阴，喜湿润冷凉
	柿子树	Diospyros kaki	柿树科	阳性，耐寒，耐干旱
	枣树	Ziziphus jujuba	鼠李科	阳性，耐寒，耐干旱
	龙爪枣	Ziziphus jujuba var. tortuosa		阳性，耐干旱，瘠薄，耐寒
	龙爪槐	Sophora japonica cv. pendula	蝶形花科	阳性，耐寒
	金枝槐	Sophora japonica "Golden Stem"		阳性，浅根性，喜湿润肥沃土壤
	白玉兰	Magnolia denudata	木兰科	阳性，耐寒，稍耐阴
	紫玉兰	Magnolia liliflora		阳性，稍耐寒
	山桃	Prunus davidiana	蔷薇科	喜光，耐寒，耐干旱、瘠薄，怕涝
灌木类	小叶黄杨	Buocus sinica var. paroifolia	黄杨科	阳性，稍耐寒
	大叶黄杨	Buxus megistophylla	卫矛科	中性，耐修剪，抗污染
	凤尾丝兰	Yucca gloriosa	龙舌兰科	阳性，稍耐寒

类别	中 名	学 名	科 目	生物学习性
灌木类	丁香	Syringa oblata	木樨科	喜光，耐半阴，耐寒、耐旱，耐瘠薄
	黄栌	Cotinus coggygria	漆树科	喜光，耐寒，耐干旱、瘠薄
	红枫	Acer palmatum "Atropurpureum"	槭树科	弱阳性，喜湿凉，喜肥沃土壤，不耐寒
	鸡爪槭	Acer palrnatum		弱阳性，喜湿凉，喜肥沃土壤，稍耐寒
	紫薇	Lagerstroemia indica	千屈菜科	耐旱，怕涝，喜温暖湿润，喜光，喜肥
	紫叶李	Prunus cerasifera "Atropurpurea"	蔷薇科	弱阳性，耐寒，耐干旱，瘠薄和盐碱
	紫叶矮樱	Prunus cistena		弱阳性，喜肥沃土壤，不耐寒
	海棠	Malus. spectabilis		阳性，耐寒，喜肥沃土壤
	樱花	Prunus serrulata		喜光，喜温暖湿润，不耐盐碱，忌积水
	榆叶梅	Prunus triloba		弱阳性，耐寒，耐干旱
	碧桃	Prunus. persica "Duplex"		喜光、耐旱、耐高温、较耐寒、畏涝怕碱
	紫荆	Cercis chinensis	豆科	阳性，耐寒，耐干旱、瘠薄
	锦鸡儿	Caragana sinica		中性，耐寒，耐干旱、瘠薄
	沙枣	Elaeagnus angutifolia	胡颓子科	阳性，耐干旱、水湿和盐碱
	木槿	Hiriscus sytiacus	锦葵科	阳性，稍耐寒
	腊梅	Chimonanthus praecox	腊梅科	阳性，耐寒

类别	中　名	学　　名	科　目	生物学习性
灌木类	迎春	Jasminum nudiflorum	木樨科	阳性，不耐寒
	金叶女贞	Ligustrum vicaryi		弱阳性，耐干旱、瘠薄和盐碱
	连翘	Forsythia suspensa		阳性，耐寒，耐干旱
	绣线菊	Spiraea spp.		中性，较耐寒
	珍珠梅	Sorbaria kirilowii		耐阴，耐寒，耐瘠薄
	月季	Rosa chinensis	蔷薇科	阳性，较耐寒
	黄刺玫	Rosa xanthina		阳性，耐寒，耐干旱
	寿星桃	Prunus spp.		阳性，耐寒，耐干旱
	棣棠	Kerria japonica		中性，较耐寒
	郁李	Prunus japonica		阳性，耐寒，耐干旱
	平枝栒子	Cotoneaster horizontalis		阳性，耐寒，耐干旱
	金银木	Lonicera maackii	忍冬科	耐阴，耐寒，耐干旱
	天目琼花	Viburnum sargentii		阳性，耐寒
	锦带花	Weigcla florida		阳性，耐寒，耐干旱
	猬实	Kolkwitzia amabilis		阳性，耐寒，耐干旱、瘠薄
	荚蒾	Viburnum farreri		中性，耐寒，耐干旱
	红瑞木	Comus alba	山茱萸科	中性，耐寒，耐干旱
	石榴	Punica granatum	石榴科	中性，耐寒，耐干旱、瘠薄
	紫叶小檗	Berberis thunberggii "Atroputpurea"	小檗科	中性，耐寒，耐修剪
	花椒	Zanthoxylum bungeanum	芸香科	阳性，耐寒，耐干旱、瘠薄
	枸杞	Pocirus tirfoliata	茄科	阳性，耐寒，耐干旱、瘠薄和盐碱

161

类别	中 名	学 名	科 目	生物学习性
地被	沙地柏	Sabina vulgaris	柏科	阳性，耐寒，耐干旱、瘠薄
	萱草	Hemerocallis fulva	百合科	耐寒，喜湿润，耐旱，喜光，耐半阴
	玉簪	Hosta plantaginea		耐寒冷，性喜阴湿环境，不耐强烈日光照射
	麦冬	Ophiopogon japonicus		耐阴，耐寒
	假龙头	Physostegia virginiana	唇形科	喜肥沃、排水良好的沙壤，夏季干燥生长不良
	鼠尾草	Salvia farinacea		喜日光充足，通风良好
	百里香	Thymus mongolicus		喜光，耐干旱
	薄荷	Mentha haplocalyx		喜湿润环境
	藿香	Wrinkled Gianthyssop		喜温暖湿润气候，稍耐寒
	白三叶	Trifolium repens	豆科	阳性，耐寒
	苜蓿	Medicago sativa		耐干旱，耐冷热
	小冠花	Coronilla varia		喜光，不耐阴，喜温暖湿润气候，耐寒
	高羊茅	Festuca arundinacea	禾本科	耐热，耐践踏
	结缕草	Zoysia japonica		阳性，耐旱
	狼尾草	Pennisetum alopecuroides		耐寒，耐旱，耐砂土贫瘠土壤
	蓝羊茅	Festuca glauca		喜光，耐寒，耐旱，耐贫瘠
	斑叶芒	Miscanthus sinensis Andress		喜光，耐半阴，性强健，抗性强
	落新妇	Astilbe chinensis	虎耳草科	喜半阴，温润环境，性强健，耐寒

续表

类别	中　名	学　名	科　目	生物学习性
地被	八宝景天	Sedum spectabile	景天科	极耐旱，耐寒
	三七景天	sedum spetabiles		极耐旱，耐寒，耐瘠薄
	胭脂红景天	Sedum spurium "Coccineum"		耐旱，稍耐瘠薄，稍耐寒
	反曲景天	Sedum reflexum		耐旱，稍耐瘠薄，稍耐寒
	佛甲草	Sedum lineare		极耐旱，耐瘠薄，稍耐寒
	垂盆草	Sedum sarmentosum		耐旱，耐瘠薄，稍耐寒
	风铃草	Campanula punctata	桔梗科	耐寒，忌酷暑
	桔梗	Platycodon grandi florum		喜阳光，怕积水，抗干旱，耐严寒，怕风害
	蓍草	Achillea sibirca	菊科	耐寒，喜温暖，湿润，耐半阴
	荷兰菊	Aster novi-belgii		喜温暖湿润，喜光、耐寒、耐炎热
	金鸡菊	Coreopsis basalis		耐寒耐旱，喜光，耐半阴
	黑心菊	Rudbeckia hirta		耐寒，耐旱，喜向阳通风的环境
	松果菊	Echinacea purpurea		稍耐寒，喜生于温暖向阳处
	亚菊	Ajania trilobata		阳性，耐干旱、瘠薄
	楼斗菜	Aquilegia vulgaris	毛茛科	炎夏宜半阴，耐寒
	委陵菜	Potentilla aiscolor	蔷薇科	喜光，耐干旱
	芍药	Paeonia lactiflora	芍药科	喜温耐寒，喜光照充足，喜干燥土壤环境
	常夏石竹	Dianthus plumarius	石竹科	阳性，耐半阴，耐寒，喜肥
	婆婆纳	Veronica spicata	玄参科	喜光，耐半阴，耐寒

续表

类别	中　名	学　名	科　目	生物学习性
地被	紫露草	Tradescantia reflexa	鸭跖草科	喜日照充足，耐半阴，紫露草生性强健，耐寒
	马蔺	Iris lactea var. chinensis	鸢尾科	阳性，耐寒，耐干旱，耐重盐碱
	鸢尾	Iris tenctorum		喜阳光充足，耐寒，亦耐半阴
	紫藤	Weateria sinensis	豆科	阳性，耐寒
	葡萄	Vitis vini fera	葡萄科	阳性，耐旱
	爬山虎	Parthenocissus tricuspidata		耐阴，耐寒
	五叶地锦	Parthenocissus quinquefolia		耐阴，耐寒
	蔷薇	Rosa multiflora	蔷薇科	阳性，耐寒
	金银花	Lonicera orbiculatus	忍冬科	喜光，耐阴，耐寒
	苔尔曼忍冬	Lonicerra tellrnanniana		喜光，喜温湿环境，耐半阴
藤本植物	小叶扶芳藤	Euon ymus fortunei var. radicans	卫矛科	喜阴湿环境，较耐寒
	常春藤	Hedera helix	五加科	阴性，不耐旱，常绿
	凌霄	Campsis grandiflora	紫葳科	中性，耐寒

表 2-46　南方地区选用植物

类别	中　名	学　名	科　目	生物学习性
乔木类	云片柏	Chamaecyparis obtusa "Brevi ramea"	柏科	中性
	日本花柏	Charnaecyparis pisifera		中性
	圆柏	Sabina chinensis		中性，耐寒，耐修剪
	龙柏	Sabina chinensis "Kaizuka"		阳性，耐寒，耐干旱、瘠薄
	南洋杉	Araucaria cunninghamii	南洋杉科	阳性，喜暖热气候，不耐寒

类别	中名	学名	科目	生物学习性
乔木类	白皮松	Pinus bungeana	松科	阳性，适应干冷气候，抗污染
	苏铁	Cycas revoluta	苏铁科	中性，喜温湿气候，喜酸性土
	红背桂	Excoecaria bicolor	大戟科	喜光，喜肥沃沙壤
	刺桐	Erythrina variegana	蝶形科	喜光，喜暖热气候，喜酸性土
	枫香	Liquidanbar fromosana	金缕梅科	喜光，耐旱，瘠薄
	罗汉松	Podocarpus macrophyllus	罗汉松科	半阴性，喜温暖湿润
	广玉兰	Magnolia grandiflora	木兰科	喜光，颇耐阴，抗烟尘
	白玉兰	Magnolia denudata		喜光，耐寒，耐旱
	紫玉兰	M. liliflora		喜光，喜湿润肥沃土壤
	含笑	Micheliafigo		喜弱阴，喜酸性土，不耐暴晒和干旱
	雪柳	Fontanesia fortunei	木樨科	稍耐阴，较耐寒
	桂花	Osmanthus fragrans		稍耐阴，喜肥沃沙壤土，抗有毒气体
	芒果	Mangifera persici forrnis	漆树科	阳性，喜暖湿肥沃土壤
	红枫	Acer palmatum "Atropurpureum"	槭树科	弱阳性，喜湿凉、肥沃土壤、耐寒差
	元宝枫	Acer truncatum		弱阳性，喜湿凉、肥沃土壤
	紫薇	Lagerstroernia indica	千屈菜科	稍耐阴，耐寒性差，喜排水良好石灰性土
	沙梨	Pyrus pyrifolia	蔷薇科	喜光，较耐寒，耐干旱
	枇杷	Eriobotrya japonica		稍耐阴，喜温暖湿润，宜微酸、肥沃土壤
	海棠	Malus spectabilis		喜光，较耐寒、耐干旱
	樱花	Prunus serrulata		喜光，较耐寒

165

类别	中 名	学 名	科 目	生物学习性
乔木类	梅	Prunus mume	蔷薇科	喜光，耐寒，喜温暖潮湿环境
	碧桃	Prunus persica "Duplex"		喜光，耐寒，耐旱
	榆叶梅	Prunus triloba		喜光，耐寒，耐旱，耐轻盐碱
	麦李	Prunus glandulosa		喜光，耐寒，耐旱
	紫叶李	Prunus cerasifera "Atropurpurea"		弱阳性，耐寒、干旱、瘠薄和盐碱
	石楠	Photinia serrulata		稍耐阴，较耐寒，耐干旱、瘠薄
	荔枝	Litchi chinensis	无患子科	喜光，喜肥沃深厚、酸性土
	龙眼	Dimocarpus longan		稍耐阴，喜肥沃深厚、酸性土
	金叶刺槐	Robinia pseudoacacia "Aurea"	云实科	耐干旱、瘠薄，生长快
	紫荆	Cercis chinensis		喜光，耐寒，耐修剪
	羊蹄甲	Bauhinia variegata		喜光，喜温暖气候、酸性土
	无忧花	Saraca indica		喜光，喜温暖气候、酸性土
	柚	Citrus grandis	芸香科	喜温暖湿润，宜微酸、肥沃土壤
	柠檬	Citrus limon		喜温暖湿润，宜微酸、肥沃土壤
灌木类	百里香	Thymus mo golicus	唇形科	喜光，耐旱
	变叶木	Codiaeum varie gatum	大戟科	喜光，喜湿润环境
	杜鹃	Rhododendron simsii	杜鹃花科	喜光，耐寒，耐修剪
	番木瓜	Carica papaya	番木科	喜光，喜暖热多雨气候
	海桐	Pittosporum tobira	海桐花科	中性，抗海潮风

类别	中 名	学 名	科 目	生物学习性
灌木类	山梅花	Philadel phus coronarius	虎耳草科	喜光，较耐寒，耐旱
	溲疏	Deutzia scabra		半耐阴，耐寒，耐旱，耐修剪，喜微酸土
	八仙花	Hydrangea rnacrophylla		喜阴，喜温暖气候、酸性土
	黄杨	Buxus sinia	黄杨科	中性，抗污染，耐修剪
	雀舌黄杨	Buzus bodinieri		中性，喜暖湿气候
	夹竹桃	Nerium indicum	夹竹桃科	喜光，耐旱，耐修剪，抗烟尘及有害气体
	红檵木	Loropetalum chinense	金缕梅科	耐半阴，喜酸性土，耐修剪
	木芙蓉	Hibiscus mutabils	锦葵科	喜光，适应酸性肥沃土壤
	木槿	Hiriscus sytiacus		喜光，耐寒，耐旱、瘠薄，耐修剪
	扶桑	Hibiscus rosa – sinensis		喜光，适应酸性肥沃土壤
	米兰	Aglaria odorata	楝科	喜光，半耐阴
	海州常山	Clerodendrum trichoto-mum	马鞭草科	喜光，喜温暖气候，喜酸性土
	紫珠	Callicarpa japonica		喜光；半耐阴
	流苏树	Chionanthus	木樨科	喜光，耐旱，耐寒
	云南黄馨	Jasminum mesnyi		喜光，喜湿润，不耐寒
	迎春	asminum nudiflorum		喜光，耐旱，较耐寒
	金叶女贞	Ligustrum vicaryi		弱阳性，耐干旱、瘠薄和盐碱
	女贞	Ligustrun lucidum		稍耐阴，抗污染，耐修剪
	小蜡	Ligustrun sinense		稍耐阴，耐寒，耐修剪
	小叶女贞	Ligustrun quihoui		稍耐阴，抗污染，耐修剪
	茉莉	Jasminum sambac		稍耐阴，喜肥沃沙壤土

类别	中 名	学 名	科 目	生物学习性
灌木类	栀子	Gardenia jasminoides	茜草科	喜光也耐阴，耐干旱、瘠薄，耐修剪，抗 SO_2
	白鹃梅	Exochorda racernosa	蔷薇科	耐半阴，耐寒，喜肥沃土壤
	月季	Rosa chinensis		喜光，适应酸性肥沃土壤
	棣棠	Kerria japonica		喜半阴，喜略湿土壤
	郁李	Prunus japonica		喜光，耐寒，耐旱
	绣线菊	Spiraea thunbergii		喜光，喜温暖
	悬钩子	Rubus chingii		喜肥沃、湿润土壤
	平枝枸子	Cotoneaster horizontalis		喜光，耐寒，耐干旱、瘠薄
	火棘	Puracantha		喜光不耐寒，要求土壤排水良好
	猬实	Kolkwitzia amabilis	忍冬科	喜光，耐旱、瘠薄，颇耐寒
	海仙花	Weigela coraeensis		稍耐阴，喜湿润、肥沃土壤
	木本绣球	Viburnum macroceph-alum		稍耐阴，喜湿润、肥沃土壤
	珊瑚树	Viburnum awabuki		稍耐阴，喜湿润、肥沃土壤
	天目琼花	Viburnum sargentii		喜光充足，半耐阴
	金银木	Lonicera maackii		喜光充足，半耐阴
	山茶花	Camellia japonica	山茶科	喜半阴，喜温暖湿润环境
	四照花	Dentrobenthamia japonica	山茱萸科	喜光，耐半阴，喜暖热湿润气候
	山茱萸	Comus of ficinalis		喜光，耐旱，耐寒
	石榴	Punica granatum	石榴科	喜光，稍耐寒，土壤需排水良好石灰质土

续表

类别	中　名	学　　名	科　目	生物学习性
灌木类	晚香玉	Polianthes tuberose	石蒜科	喜光，耐旱
	鹅掌柴	Schefflera octophylla	五加科	喜光，喜暖热湿润气候
	八角金盘	Fatsia jiaponica		喜阴，喜暖热湿润气候
	紫叶小檗	Berberis thunberggii "Atroputpurea"	小檗科	中性，耐寒，耐修剪
	佛手	Citrus medica	芸香科	喜光，喜暖热多雨气候
	胡椒木	Zanthoxylum "Odorum"		喜光，喜砂质壤土
	九里香	Murraya paniculata		较耐阴，耐旱
	叶子花	Bougainvillea spectabilis	紫茉莉科	喜光，耐旱、瘠薄，耐修剪
地被	沙地柏	Sabina vulgaris	柏科	阳性，耐寒，耐干旱、瘠薄
	萱草	Hemerocallis fulva		阳性，耐寒
	麦冬	Ophiopogon japonicus	百合科	喜阴湿温暖，常绿，耐阴，耐寒
	火炬花	Kniphofia unavia		半耐阴，较耐寒
	玉簪	Hosta plantaginea		耐阴，耐寒
	紫萼	Hosta ventricosa		耐阴，耐寒
	葡萄风信子	Muscari botryoides		半耐阴
	麦冬	Ophiopogon japonicus		耐阴，耐寒
	金叶过路黄	Lysimachia nummlaria	报春花科	阳性，耐寒
	薰衣草	Lawandula officinalis	唇形科	喜光，耐旱
	白三叶	Trifolium repens	蝶形花科	阳性，耐寒
	结缕草	Zoysia japonica	禾本科	阳性，耐旱
	狼尾草	Pennisetum alopecuroides		耐寒，耐旱，耐砂土贫瘠土壤
	蓝羊茅	Festuca glauca		喜光，耐寒，耐旱，耐贫瘠
	斑叶芒	Miscanthus sinensis "Andress"		喜光，耐半阴，性强健，抗性强

类别	中 名	学 名	科 目	生物学习性
地被	蜀葵	Althaea rosea	锦葵科	阳性，耐寒
	秋葵	Hibiscus palustris		阳性，耐寒
	罂粟葵	Callirhoe involucrata		阳性，较耐寒
	胭脂红景天	Sedum spurium "Cocci-neum"	景天科	耐旱，稍耐瘠薄，稍耐寒
	反曲景天	Sedum reflexum		耐旱，耐瘠薄，稍耐寒
	佛甲草	Sedum lineare		极耐旱，耐瘠薄，稍耐寒
	垂盆草	Sedum sarmentosum		耐旱，瘠薄，稍耐寒
	蓍草	Achillea sibirica	菊科	阳性，半耐阴，耐寒
	荷兰菊	Aster novi-belgii		阳性，喜温暖湿润，较耐寒
	金鸡菊	Coreopsis lanceolata		阳性，耐寒，耐瘠薄
	蛇鞭菊	Liatris specata		阳性，喜温暖湿润，较耐寒
	黑心菊	Rudbeckia hybrida		阳性，喜温暖湿润，较耐寒
	天人菊	Gaillardia aristata		阳性，喜温暖湿润，较耐寒
	亚菊	Ajania pacifica		阳性，喜温暖湿润，较耐寒
	月见草	Oenothera biennis	柳叶莱科	喜光，耐旱
	楼斗莱	Aauilezia vulgaria	毛茛科	半耐阴，耐寒
	美人蕉	Canna indica	美人蕉科	阳性，喜温暖湿润
	翻白草	Potentilla discola	蔷薇科	阳性，耐寒
	蛇莓	Duchesnea indica		阳性，耐寒
	石蒜	Lycoris radiata	石蒜科	阳性，喜温暖湿润
	百莲	Agapanthus africanus		阳性，喜温暖湿润
	葱兰	Zephyranthes candida		阳性，喜温暖湿润

续表

类别	中　名	学　名	科　目	生物学习性
地被	婆婆纳	Veronica spicata	玄参科	阳性，耐寒
	鸭跖草	Setcreasea pallida	鸭跖草科	半耐阴，较耐寒
	鸢尾	Iris tectorum	鸢尾科	半耐阴，耐寒
	蝴蝶花	Iris japonica		半耐阴，耐寒
	有髯鸢尾	Iris Barbata		半耐阴，耐寒
	射干	Belamcanda chinensis		阳性，较耐寒
藤本植物	紫藤	Weateria sinensis	蝶形花科	阳性，耐寒，落叶
	络石	Trachelospermum jasminordes	夹竹桃科	耐阴，不耐寒，常绿
	铁线莲	Clematis florida	毛茛科	中性，不耐寒，半常绿
	猕猴桃	Actinidiaceae chinensis	猕猴桃科	中性，落叶，耐寒弱
	木通	Akebia quinata	木通科	中性
	葡萄	Vitis vinifera	葡萄科	阳性，耐干旱
	爬山虎	Parthenocissus tricuspidata		耐阴，耐寒、干旱
	五叶地锦	P. quinque folia		耐阴，耐寒
	蔷薇	Rosa multiflora	蔷薇科	阳性，较耐寒
	十姊妹	Rosa multifolra "Platyphytla"		阳性，较耐寒
	木香	Rosa banksiana		阳性，较耐寒，半常绿
	金银花	Lonicera orbiculatus	忍冬科	喜光，耐阴，耐寒，半常绿
	扶芳藤	Euonyrnus fortunei	卫矛科	耐阴，不耐寒，常绿
	胶东卫矛	Euonyrnus kiautshovicus		耐阴，稍耐寒，半常绿
	常春藤	Hedera helix	五加科	阳性，不耐寒，常绿
	凌霄	Campsis grandiflora	紫葳科	中性，耐寒
竹类与棕榈类	孝顺竹	Bambusa multiplex	禾本科	喜向阳凉爽，能耐阴
	凤尾竹	Bambusa multiplex		喜温暖湿润，耐寒稍差，不耐强光，怕渍水

续表

类别	中 名	学 名	科 目	生物学习性
竹类与棕榈类	黄金间碧玉竹	Bambusa vulgalis	禾本科	喜温暖湿润，耐寒稍差，怕渍水
	小琴丝竹	Bambusa multiplex		喜光，稍耐阴，喜温暖湿润
	罗汉竹	Phyllostachys aures		喜光，喜温暖湿润，不耐寒
	紫竹	PhylLostachys nigra		喜向阳凉爽的地方，喜温暖湿润，稍耐寒
	箸竹	Indocalamun lati folius		喜光，稍耐阴，不耐寒
	蒲葵	Livistona chinensisi	棕榈科	阳性，喜温暖湿润，不耐阴，较耐旱
	棕竹	Rhapis excelsa		喜温暖湿润，极耐阴，不耐积水
	加纳利海枣	Phoenix canariensis		阳性，喜温暖湿润，不耐阴
	鱼尾葵	Caryota monostachya		阳性，喜温暖湿润，较耐寒，较耐旱
	散尾葵	Chrysalidocarpus lutescens		阳性，喜温暖湿润，不耐寒，较耐阴
	狐尾棕	Wrodyetia bifurcata		阳性，喜温暖湿润，耐寒，耐旱，抗风

表 2-47 北京地区屋顶绿化推荐的部分植物种类 DB11/T 281—2005

	植物名称	特点	植物名称	特点
乔木类	油松	阳性，耐旱、耐寒；观树形	玉兰	阳性，稍耐阴；观花、叶
	华山松 *	耐阴；观树形	垂枝榆	阳性，极耐旱；观树形
	白皮松	阳性，稍耐阴；观树形	紫叶李	阳性，稍耐阴；观花、叶
	西安桧	阳性，稍耐阴；观树形	柿树	阳性，稍耐旱；观果、叶
	龙柏	阳性，不耐盐碱；观树形	七叶树 *	阳性，耐半阴；观树形、叶

续表

植物名称	特点	植物名称	特点
乔木类 桧柏	偏阴性；观树形	鸡爪槭	阳性；喜潮湿；观叶
龙爪槐	阳性，稍耐阴；观树形	樱花 *	喜阳；观花
银杏	阳性，耐旱；观树形、叶	海棠类	阳性，稍耐阴；观花、果
栾树	阳性，稍耐阴；观枝、叶、果	山楂	阳性，稍耐阴；观花
灌木类 珍珠梅	喜阴；观花	碧桃类	阳性；观花
大叶黄杨 *	阳性，耐阴，较耐旱；观叶	迎春	阳性，稍耐阴；观花、叶、枝
小叶黄杨	阳性，稍耐阴；观叶	紫薇 *	阳性；观花、叶
凤尾丝兰	阳性；观花、叶	金银木	耐阴；观花、果
金叶女贞	阳性，稍耐阴；观叶	果石榴	阳性，耐半阴；观花、果、叶
红叶小檗	阳性，稍耐阴；观叶	紫荆 *	阳性，耐阴；观花、枝
矮紫杉 *	阳性；观树形	平枝枸子	阳性，耐半阴；观果、叶、枝
连翘	阳性，耐半阴；观花、叶	海仙花	阳性，耐半阴；观花
榆叶梅	阳性，耐寒、耐旱；观花	黄栌	阳性，耐半阴，耐旱；观花、叶
紫叶矮樱	阳性；观花、叶	锦带花类	阳性；观花
郁李 *	阳性，稍耐阴；观花、果	天目琼花	喜阴；观果
寿星桃	阳性，稍耐阴；观花、叶	流苏	阳性，耐半阴；观花、枝
丁香类	稍耐阴；观花、叶	海州常山	阳性，耐半阴；观花、果
棣棠	喜半阴；观花、叶、枝	木槿	阳性，耐半阴；观花
红瑞木	阳性；观花、果、枝	腊梅 *	阳性，耐半阴；观花
月季类	阳性；观花	黄刺玫	阳性，耐寒、耐旱；观花
大花绣球 *	阳性，耐半阴；观花	猬实	阳性；观花
地被植物类 玉簪类	喜阴，耐寒、耐热；观花、叶	大花秋葵	阳性；观花
马蔺	阳性；观花、叶	小菊类	阳性；观花

植物名称	特点	植物名称	特点
石竹类	阳性，耐寒；观花、叶	芍药*	阳性，耐半阴；观花、叶
随意草	阳性；观花	鸢尾类	阳性，耐半阴；观花、叶
铃兰	阳性，耐半阴；观花、叶	萱草类	阳性，耐半阴；观花、叶
荚果蕨*	耐半阴；观叶	五叶地锦	喜阴湿；观叶；可匍匐栽植
白三叶	阳性，耐半阴；观叶	景天类	阳性，耐半阴，耐旱；观花、叶
小叶扶芳藤	阳性，耐半阴；观叶；可匍匐栽植	京8常春藤*	阳性，耐半阴；观叶；可匍匐栽植
砂地柏	阳性，耐半阴；观叶	苔尔曼忍冬*	阳性，耐半阴；观花、叶；可匍匐栽植

注：加"＊"为在屋顶绿化中，需在一定小气候条件下栽植的植物。

2.4.3 种植屋面的设计

种植屋面的设计，是对屋顶景观营造活动预先进行的计划。屋面种植与地面种植一样，其设计在于用自然的语言来表达人们心中的境界。

2.4.3.1 种植屋面的设计原则和内容

种植屋面的设计包括新建和原有建筑屋面、地下建筑顶板种植工程的设计，种植屋面工程的设计和施工应符合国家有关结构安全、环境保护和建筑节能的规定，种植屋面的设计、施工和质量验收应符合国家现行有关标准的规定。

"适用、经济、美观"是种植屋面设计必须遵循的原则，并应做到三者的辩证统一，在不同情况下，应根据其不同性质、不同类型、不同环境的差异，做到彼此之间有所侧重。

针对种植屋面造园的特点，设计时首先应根据使用者的素质、文化品位和使用要求，结合种植屋面的使用功能、绿化效益、艺术特色、经济性和安全性等多方面的要求，以安全性为前提，以生态性为基础，以艺术性为核心进行设计；其次，应充分把地方文化融入到屋顶的园林景观和园林空间中去，并且结合屋顶对园林植物的影响来选择园林植物，以创造出一个融合于自然环境的园林景观。

种植屋面工程设计应遵循"防、排、蓄、植并重，安全、环保、节能、经济、因地制宜"的原则，并考虑施工环境和工艺的可操作性。种植屋面设计应包括下列内容：计算建筑物面的结构荷载；因地制宜设计屋面的构造系统；选择耐根穿刺防水材料和普通防水材料，设计好排蓄水系统；选择保温隔热材料，确定保温隔热方式；选择种植土类型及植物类型，指定配置方案；设计并绘制细部构造图。

1. 安全性

种植屋面、屋顶绿化，安全第一。这里所指的安全，其内容包括房屋的荷载，屋顶防水结构的安全，以及屋顶周围的防护栏杆，乔灌木在高空风较为强烈、土质疏松环境下的安全稳定性等。

（1）荷载承重安全

种植屋面的结构层宜采用现浇钢筋混凝土。种植屋面的多层次结构无疑给屋顶增加了荷重，屋顶荷载的能力直接关系到建筑物的安全问题。因此，在屋顶花园平面规划及景点布置时，应根据屋顶的承载构件布置，使附加荷载不超过屋顶结构所能承受的范围，以确保屋顶的安全使用。种植屋面中如建造亭、廊、花架、假山、水池和喷泉等园林建筑小品，则必须在满足房屋结构安全的前提下，依据其屋顶的结构体系、主次梁架及承重墙柱的位置，进行科学计算，反复论证后方可布点和建造，也可以将屋顶上原有的电梯间、库房、水箱等建筑改造成为合适的园林建筑形式。

（2）屋面防水排水

保证屋顶不漏水是至关重要的问题。为确保防水工程的质量，应采用具有耐水、耐腐蚀、耐霉变和对基层伸缩或开裂变形适应性强的卷材（如合成高分子防水卷材、聚酯胎高聚物改性沥青防水卷材）做柔性防水层。种植屋面的各种植物的根系大多具有很强的穿刺能力，故一般的防水材料极易被其所穿透，故必须在一般防水层上面再设置一道耐根系穿刺的防水层，才能达到防水的要求。屋顶的排水系统设计除了要与原屋顶排水系统保持一致外，还应设法阻止植物枝叶或植被层泥沙等杂物流入排水管道。大型种植池排水层的排水管道要与屋顶排水互相配合，使种植池内多余的浇灌水顺畅排出。

（3）抗风

在种植屋面的设计中，各种较大的设施如花架等均应进行抗风设计验算。屋顶种植的植物应选择浅根系植物，高层建筑屋面和坡屋面宜种植地被植物；常有六级风以上地区的屋面，不宜种植大型乔木；乔木、大灌木的高度不宜高于2.5m，所种大灌木、乔木距离边墙不宜小于2m。对于大规格的乔木、灌木应进行特殊的加固处理，种植高于2m的植物应采用防风固定技术，常用的方法有三：其一是在树木根部土层下埋塑料网以扩大根系固土作用；其二是在树木根部结合地形环境置石，以压固根系；其三是把树木主干成组组合，绑扎支撑，并尽可能使用拉杆组成三角形结点。

（4）游人的防护安全

种植屋面绿化应设置独立的安全通道，为防止高空物的坠落和保证游人的安全，屋顶周边应设置高度在80cm以上的护栏，或者直接注意女儿墙的有效高度，同时还要注意植物和设施的固定。

2. 生态性

建造种植屋面的目的是为了改善城市的生态环境，为了给人们提供良好的生活和休息场所。在一定程度上衡量种植屋面好与坏的标准，除了满足不同的要求外，必须保证绿化覆盖率在60%甚至80%以上。种植屋面宜将覆土种植与容器种植相结合，生态与景观相结合，简单式种植屋面的绿化面积宜占屋面总面积的80%以上，花园式种植屋面的绿化面积，宜占屋面总面积的60%以上，而倒置式种植屋面则不应做覆土种植。保证一定数量的植物，才能够发挥绿色生态效益、环境效益和经济效益。绿色植物的作用在于改造环境方面，故在种植屋面的营造中，要利用各种手段有效地增加绿色植物的比率，如利用棚架植物、攀援植物、悬垂植物等进行立体绿化，尽可能地增加绿化量。这是种植屋面生态性设计的一个极其重要的方面。

由于屋面面积有限，应充分利用屋顶的竖向和平面空间，并以植物造景为主。考虑到种植屋面场地狭小，且位于强风、缺水和少肥、光照强、光照时间长、温差大等环境中，故宜选择生长缓慢、耐寒、耐旱、喜光、抗逆性强、易移栽和病虫害少且观赏性好的植物，一般以选用浅根性树木为主。

选择适宜种植屋面栽植的生态型植物，精心配制种植土，提高其保水、保温、保肥的能力，并加强植物养护管理，以保证植物的旺盛生长，从而充分发挥绿色植物在调节温度、湿度、净化空气、滞尘、抗污染等改造和保护环境方面的作用。

3. 艺术性

种植屋面多属于私密性或半私密性的园林空间，使用群体相对固定或特定，因此，在考虑种植屋面设计的艺术性方面时，应从使用者的个人或群体素质、文化品位、使用要求营造某一层次的文化内涵和氛围等艺术性方面出发，以适合特定群体的审美情趣和欣赏水平，达到一种园林意境的要求，让使用者能产生情景交融的共鸣。确定一定的设计风格，并使其贯穿始终，以确保某种特定的内涵和品位。其功能设计，应以人为本，亲近自然，即设计中园内宁可功能单一，求精求细，不必求全，注意使用功能的舒适性、合理性、方便性，强调使用者在游憩过程中与自然的亲和性。

种植屋面在造园条件下与地面花园相比存在着较大的差异。针对场地狭窄的具体情况，在设计时，园林小品、游憩设施、植物、园路等尺度宜小，并保持相互之间适度的比例。利用景墙装饰、植物、山石、小品进行遮挡的方法，对种植屋面周边的女儿墙进行淡化处理。利用各种造园手法，达到富于曲折变化、小中见大、意犹未尽的视觉、感官效果。由于屋顶地形变化甚微，可利用台阶、水池、花台、堆土等进行竖向设计，形成地形变化，以丰富造园层次，并注意选择建筑周围、种植屋面以外的景观，用"借景"手法使其融为一体。种植屋面的植物配制宜选用小乔木、灌木、花草，种植后最好能保持"两到三季常绿"，构成层次丰富、四季变化的景观，并应注意所配置植物的季相、色相、香味、造型以及不同植物所构成的竖向轮廓线。

2.4.3.2　种植屋面的荷载设计

在屋顶上进行绿化建造园林景观，其先决条件是建筑物屋顶能否承受由于屋顶绿化的各项构造和园林工程所增加的荷载。荷载是衡量种植屋面单位面积上承受重力的指标，是建筑物安全和屋顶种植成功与否的保证。荷载是屋顶种植的首要条件，也是屋顶绿化和造园与地面绿化和造园最为根本的不同点。屋面的荷载是建筑设计师根据建筑的功能与建筑的材料精心计算设计出来的，理想的屋顶种植是建筑设计师在进行建筑设计时就已把其作为建筑设计的一项内容纳入设计方案，并根据屋顶种植的种类、功能设计出适度的荷载。

1. 建筑物屋面的结构类型及承载能力

种植屋面相对于普通屋面，其静荷载和活荷载都有大幅度的增加，从而直接影响到下部建筑结构、地基基础的安全性以及建筑工程的造价，因此，如何确定活荷载和静荷载是种植屋面结构设计中非常重要的问题。

要了解建筑物的承重能力，就必须对建筑物的承重结构体系有所了解，方可根据建筑的不同结构类型及其承重能力来确定种植屋面的使用性质，确定屋顶种植可采用的材料，可选用的园林工程做法和具体的尺度。

（1）建筑物屋面的结构类型

建筑物的屋顶可依据其坡度分为平屋顶和坡屋顶，凡屋面坡度在10%以下者可称其为平屋面，而屋面排水坡度在10%以上的斜面式各类曲线屋面则均可称其为坡屋面。

　　根据所用材料的性质和施工做法，平屋面主要有木梁板平顶屋面、预制钢筋混凝土梁板结构屋面以及现浇钢筋混凝土肋形楼盖屋面；坡屋面主要有：木屋架坡屋面、钢筋混凝土坡屋面和曲面屋面、波形瓦屋面等。屋面的类型如图 2-44 所示。

图 2-44　屋面的类型

　　在我国园林建筑和上世纪五十年代前建造的小型居住楼房中，有采用木大梁、木龙骨和木望板组成的木梁板平顶屋面建筑，由于其主要承重构件承载能力较低，且屋面易漏水，故此类屋面不宜进行屋顶种植。我国的砖混结构和框架结构体系的建筑物多使用由预制钢筋混凝土大梁和预制预应力圆孔板组成的平屋面承重结构（图 2-45），预制梁板构件可根据不同的使用要求和建筑平面，按其构件特定的模数，选用不同长短、宽窄和不同承载能力的工厂化生产的系列产品，这类体系承载能力、防水、防火性能好，经久耐用，施工方便，是进行屋顶种植理想的平屋面结构体系。现浇钢筋混凝土梁板结构（图 2-46）所采用的大梁和楼板是在施工现场支模板、扎钢筋后再浇注混凝土，并经 28d 养护达到混凝土的设计强度等级后，形成的梁板组合的肋形楼盖屋面，此类结构整体性好、抗震性能好，能适应建筑平面的变化要求，因其屋顶浇注有 70 ~ 100mm 厚的钢筋混凝土板，无疑是一层很好的防水层，故此结构对种植屋面的防水体系是有利的。

　　木屋架坡屋面因其木基层承受能力有限等原因，现已不多见。以混凝土构件代替木构件建造坡屋面，多采用预制钢筋混凝土三角形屋架和擦条承重，屋面板则可以使用木望板或预制钢筋混凝土薄板。在大型公共建筑和工业厂房建筑中，其屋面结构多采用预应力钢筋混凝土屋架和大型屋面板，形成梯形、折线形、弧线等曲形屋面，此外，也有用现浇混凝土建造各种曲线屋面，如壳体屋顶等。在一些园林建筑和临时性建筑物的屋顶中，还常使用轻型波形瓦屋面。

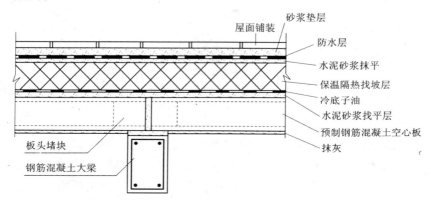

图 2-45　预制钢筋混凝土梁板结构平屋顶

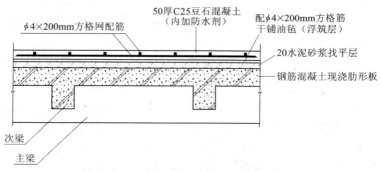

图 2-46　现浇钢筋混凝土肋形楼盖平屋顶

单位：mm

（2）各类屋面的承载能力

无论何种体系和形式的屋面结构，均根据建筑物设计对所选用的屋面使用要求（上人或非上人）以及屋面活荷载取值大小确定承载能力。

平屋面一般可设计上人屋面和非上人屋面两种，坡屋面一般均设计成非上人屋面。非上人屋面均布活荷载，当采用钢筋混凝土梁板结构时，其活荷载为 500Pa，如采用坡屋顶、瓦屋面和波形瓦屋面等轻屋面，则其活荷载为 300Pa，无特殊要求的上人平屋面其均布活荷载为 1500Pa。应注意，这里所指的活荷载，不包括屋面各种构件及构造做法等的自重，仅为施工和检修以及人们在屋顶活动及少量家具物件等的质量。

因屋顶绿化而增加的质量当属屋面活荷载范围。在一般情况下，原建筑物屋顶若按非上人屋面设计，那么屋顶上是不能建造屋顶花园的，必须重新更换屋顶承重构件，并逐项验算房屋有关承重构件的结构强度后，方可营造屋顶花园；若原建筑物屋顶已按上人屋面设计，那么在营造屋顶花园时，仍需严格控制所加荷载不得超出 150kg/m^2 的设计要求。如屋顶的建筑结构已经按照屋顶花园所需附加的各项荷载设计，那么也就不存在屋顶承重能力的问题，只要按照原设计建造即可保证屋顶结构的安全。

1）预制钢筋混凝土梁板构件的承重能力

平屋顶的只要承重构件是屋面大梁和屋面楼板，支撑梁板构件的墙和柱以及其下的基础和地基也是重要的承重结构部分。在多层和高层建筑中，屋顶层的活荷载和静荷载（自重等）仅占总荷载的若干分之一，而在这若干分之一中，活荷载所占的比率就更小，因此，只要屋顶所选用的预制梁板构件能承受屋顶花园所增加的荷载，一般情况下仅需对墙、柱等结构构件作必要的校核。

屋顶楼板构件现多选用预应力短向圆孔板和预应力长向圆孔板。厚度为 130mm，板宽为 900mm 或 1200mm，板长为 1800 ~ 3900mm 的预应力短向圆孔板，采用 300mm 进位模数，可适合各种房间跨度的需要，这类板的允许荷载（不包括板自重在内）为 2.92 ~ 11.75kPa。设计人员在进行建筑设计时，可以根据屋顶的使用要求（确定的活荷载值）和防水保温等构造做法折算成每平方米的荷载来选用板的型号。所谓板型号，包括板长、板宽和荷载等级。如果房间跨度超过 3.9m，则可选用厚度为 180mm、板宽为900mm 或 1200mm，板长为 4500～6000mm 的预应力长向圆孔板，此类板的允许荷载（不包括板自重）为 3.5～12.54kPa。由此可见，同一种厚度、宽度和长度的楼板，由于所选用的荷载型号不同，其两者的承载能力可相差 3～4 倍之多。

屋顶预制钢筋混凝土大梁，现仍有使用非预应力矩形梁或 T 型梁的，梁长度 2700～3900mm 的为开间梁；4500～6600mm 的为进深梁。梁的承载能力是根据它沿梁长的线荷载，即每 kg/m 的数值大小确定，开间梁的允许荷载（包括梁自重）为 11150～45200N/m；进深梁的允许荷载（包括梁自重）为 15450～42000N/m。同样相同宽度和截面的梁，选用的荷载型号不同，其承载能力也可能相差 3～4 倍之多。

有些屋面采用的是加气混凝土屋面板，由于这种板的承载能力很低，只能用于非上人屋面。此类板的允许荷载（不包括板自重）只有两种，1 号板为 1kPa，2 号板为 1.5kPa。凡使用这种构件建造的屋顶，是不允许在其上增建屋顶花园的。

2）现浇钢筋混凝土肋形楼盖屋面的承载能力

屋顶现浇钢筋混凝土楼板和大梁应根据屋顶使用要求所规定的活荷载和屋顶保温、隔热、防水及结构板自重等静荷载，折算成每平方米的总荷载，对连续板和梁进行计算和设计。一般屋顶楼板均采用相同的厚度，又为了便于钢筋的施工，所以整个屋顶是采用一种荷载等级来进行楼板的配筋，而屋顶大梁则需要根据板传来的荷载大小来确定其承载能力。

无论是预制钢筋混凝土大梁板还是现浇钢筋混凝土楼盖，其板承受的多是均布面荷载（即每平方米多少牛），其梁所承受的多是线荷载（即每沿米多少牛），由此，板上一般不允许有较大的集中荷载，而梁则相对可以承受较大的集中荷载。因此，在进行屋顶花园平面规划及景点设置时，应考虑到屋顶的承重构件的布置，并尽可能相互配合，使屋顶花园的附加荷载不超过屋顶结构所能承受的范围，以确保建筑屋顶的使用安全。

3）坡屋顶的承载能力

坡屋顶在设计时如仅考虑了施工检修荷载300～500Pa，属于非上人屋面，因此，这类屋顶仅可以在其屋面表面攀援各类绿化植物；如坡屋顶采用现浇钢筋混凝土斜面板，则可在板面浅槽内放置种植土种植地被植物，但这类绿化屋顶，一般也不能上人，仅起着绿化作用。

2. 种植屋面荷载的取值

种植屋面相对于普通屋面，其静荷载和活荷载都有较大幅度的增加，将直接影响着下部的建筑结构、地基基础的安全性和工程造价，因此，如何确定活荷载和静荷载是种植屋面结构设计非常重要的问题。

（1）活荷载的取值

上人屋面和非上人屋面其构造方法是大不相同的。非上人屋面的活荷载仅有500Pa，因其在设计时仅考虑了施工检修和屋顶存在少量积水的荷载，在雪荷载较大的地区，其屋面荷载也仅达到700～800Pa。上人屋面的活荷载（图2-47）为1500Pa，该数值是指一般的办公居住建筑，其屋顶仅为少量本幢楼内居民休息或晾晒衣物等活动场所。如果在屋顶上建造花园，用来休闲娱乐、小型聚会，此时相对人流的数量和密度将会增加，种植屋面的荷载至少应与公众较多的教堂、食堂相似，故种植屋面的活荷载以选用2～2.5kPa为宜。如果种植屋面处于城市中心主要干道两侧，还可能成为密集人群活动的场所，其活荷载则应参考国家荷载规范，按挑出阳台和可能密集人群的临街公共建筑挑出阳台的活荷载2.5～3.5kPa具体确定。种植屋面的活荷载数值仅是屋顶设计荷载中的一部分，其与屋顶结构自重、防水层、找平层、保温隔热层和屋面铺装等静荷载相加，才是屋顶的全部荷载。

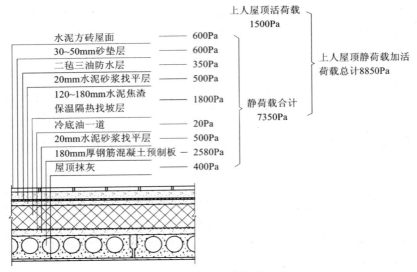

图 2-47　上人屋面结构及荷载

在种植屋面的设计中，种植屋面的活荷载往往不是控制值，而实际上种植屋面中的种植区、水体建筑等园林小品的平均荷载则常常超过屋顶的活荷载。在进行屋顶楼板结构计算设计时，因为无法按曲折的园路和不规则的种植池等分别配筋或选用不同荷载型号的预制楼板，因此，一般均采用较大的平均荷载，也就是说，屋顶活荷载仅是一个基本值，房屋结构梁板构件的计算荷载值要根据屋顶花园上各项园林工程的荷重大小才能最后确定。

（2）静荷载的取值

种植屋面的静荷载较为复杂，其中包括种植区的荷载、盆花和花池的荷载、园林水体的荷载、假山和雕塑的荷载、小品及园林建筑物的荷载。其中后四类荷载可根据实际情况确定，按现行规范取值。种植区荷载的确定，一般地被式绿化的土层厚 6～10cm，荷载 35kg/m²；种植式绿化的土层厚 20～30cm，荷载 4kPa；花园式绿化的土层厚度 25～35cm，荷载 5～10kPa。此外，土层的干湿状况对荷载也有很大的影响，一般可增加 25% 左右，多的可增加到 50%，还应考虑施工时的局部堆土。

3. 屋顶花园荷载的设计内容

新建种植屋面工程的结构承载力设计,必须包括种植荷载,如果是既有建筑屋面改造成种植屋面时,其荷载必须在屋面结构承载力允许的范围内。

用于园林造景的屋顶,应采用整体浇筑或预制装配的钢筋混凝土屋面板作结构层,在一般情况下可以提供 3500Pa 以上的外加荷载能力。

花园式屋面种植的布局应与屋面结构相适应,乔木类植物和亭台、水池、假山等荷载较大的设施,应设在承重墙或柱的位置上。

屋顶荷载的减轻,可借助于屋顶结构的造型,减轻园林构筑物结构自重和解决结构自防水问题;亦可减轻屋顶所需"绿化材料"的自重,如将排水层的碎石改为轻质材料。如果能将上述两方面结合起来考虑,使屋顶建筑的功能与绿化的效果完全一致,既能隔热保温,又能减缓柔性防水材料的老化,则其效果更佳。为此,在建筑物刚开始进行设计时就应统筹考虑屋顶花园的设计,以满足屋顶花园对屋顶承重和减轻构筑物自重的要求。

(1) 园林花木的荷载

园林花木种植区的荷载主要有:种植物、种植土、过滤层和排水层等的荷载,其中,关键是植物和种植土荷载的确定。

1) 植物荷载

植物荷载的设计应按植物在屋面环境下生长 10 年后的荷重计算,初栽植物的荷载应符合表 2-48 的规定。

表 2-48　初栽植物种植荷载

植物类型	小乔木(带土球)	大灌木	小灌木	地被植物
植物高度或面积	2.0~2.5m	1.5~2.0m	1.0~1.5m	1.0m²
植物荷载/(kN/株)	0.8~1.2	0.6~0.8	0.3~0.5	0.15~0.3kN/m²
种植荷载/(kN/m²)	2.5~3.0	1.5~2.5	1.0~1.5	0.5~1.0

注:种植荷载应包括种植区构造层自然状态下的整体荷载。

2）种植土的荷载

屋顶花园的种植土关系到植物的生长及荷载。种植土层的厚薄，直接影响土壤水分容量的大小，较薄的种植土，如果没有雨水或均衡人工浇灌，土壤则极易迅速干燥，这对植物的生长发育是极为不利的。一般屋顶花园（绿化）的种植土层较薄，又处于下面建筑形成的高空，故其受到外界气温以及从下部建筑结构中传来的冷热两方面的温度变化的影响。显而易见，在屋顶绿化中，种植土形成的栽植环境远比观赏树木、花卉生长发育所需的理想条件相差甚远。

为了使花木生长发育旺盛并减轻屋顶上的荷载，种植土宜选用经过人工配制的合成土，使其既含有植物生长的各类元素，又能满足质量轻、持水量大、通风排水性好、营养适当、清洁无毒、材料来源广且价格便宜等诸多要求。目前国内外应用于屋顶花园中的人工种植土种类较多，一般均采用轻质轻骨料（如蛭石、珍珠岩、泥炭等）与腐殖土、发酵木屑等配合而成，其干容重一般为 7 ~ 15kg/m^3，经过雨水或浇灌后的湿容量将增大 20% ~ 50%，选用时应按实际情况而定。

不同植物生长发育所需土层的厚度均不同，植物在屋顶上生长，由于风载较大，从植物的防风要求上讲，也需要土壤具有一定的种植深度。综合以上因素，花园式种植屋面种植区上层的厚度应根据植物种类按表 2-49 选用，种植土的厚度不宜小于 100mm。当屋面种植乔木、大灌木时，宜局部增加种植土的厚度，不同植物种植区土层的荷载值参见表 2-49。

表 2-49　种植土厚度

种植土类型	种植土厚度/mm			
	小乔木（带土球）	大灌木	小灌木	地被植物
田园土	800 ~ 900	500 ~ 600	300 ~ 400	100 ~ 200
改良土	600 ~ 800	300 ~ 400	300 ~ 400	100 ~ 150
无机复合种植土	600 ~ 800	300 ~ 400	300 ~ 400	100 ~ 150

为减轻种植层的质量，屋顶花园可采用人造土、蛭石、珍珠岩、陶粒、泥炭土、草炭土、腐殖土、沙土和泥炭土混合花泥等轻质材料，还可选用屋顶绿化专用无土草坪。在生产无土草坪时，还可根据需要调整基质用量，用于代替屋顶绿化所需的同等厚度的土壤层，从而可大大减轻屋顶的承重。种植层常用的轻基质有：泡沫有机树脂制品（容重 $30kg/m^3$），加入腐殖土，约占总体积的 50%；海绵状开孔泡沫塑料（容重 $23kg/m^3$），加入腐殖土，约占总体积的 70% ~80%；膨胀珍珠岩（容重 $60 ~ 100kg/m^3$，吸水后重 3 ~9 倍），加入腐殖土，约占总体积的 50%；蛭石煤渣、谷壳混合基质（容重 $300kg/m^3$）；空心小塑料颗粒加腐殖土；木屑腐殖土等。

设置草坪、花坛时，其衬土应尽可能薄一些，由于土层不厚，植物层材料应尽量选用一些浅根植物，如灌木、小乔木、小竹子、杜鹃花、月季花、玫瑰等。

种植层还可以采用预制的植物生长板，由泡沫塑料、白泥炭或岩棉材料制成，上面挖有种植孔。

3）过滤层等层次的荷载

过滤排水层通常由卵石、碎砖、粗砂、煤渣等材料组成，其荷载取值如下：卵石为 20 ~25kPa；碎砖为 18kPa；粗砂为 22kPa；煤渣为 10kPa。

种植区内除了种植物、种植土、排水层外，还有过滤层、防水层、找平层等，在计算屋顶花园荷载时，可统一计入种植土的质量，以省略繁杂的小荷载计算工作。

为减轻各层次的荷载，过滤层可采用玻璃纤维布替代粗砂；可替代卵石和砾石排水层的有火山渣排水层（容重 $850kg/m^3$，保水性 8% ~17%，粒径 1. 2 ~5cm）、膨胀黏土排水层（容重 $430kg/m^3$，保水性 40% ~50%，最小厚度 5cm）、空心砖排水层（40cm ×25cm ×5cm 加肋排水砖）、塑料排水板等。

4）盆花和花坛的荷载

在一些地区屋顶绿化因受到季节的限制，常需要摆放并经常更换一些适时的盆花，其平均荷载为 1 ~ 1.5kPa。

砖砌的低矮花坛，可按种植土的质量折算，若是较大的种植乔木的花坛，则应分别计算坛壁质量与种植土质量，再按其面积算出每平方米面积的平均荷载。

（2）园林山水的荷载

假山、置石或雕塑，常应用于屋顶花园。在计算其荷载时，若为假山石，则可以以其山体的体积乘以孔隙系数 0.7 ~ 0.8，再按不同的石质的单位质量（约 2000 ~ 2500kg/m^2），求出山体每平方米的平均荷载；若为置石，则要按集中荷载考虑；若为雕塑，其质量应由其材料和体积而定，质量较轻的雕塑可以不计，较重的雕塑小品，按其体重及台座的面积折算出平均荷载。

屋顶花园中所设的水池、瀑布、喷泉等水景，均具有一定的荷载，应根据其积水深度、面积和池壁材料等来确定其荷载。每平方米水、深10cm 时其荷载为 1kPa，每加深 10cm 的水，其荷载亦将递增 1kPa。池壁若采用金属或塑料制品，其质量也可以与水一起考虑；若采用砖砌或混凝土浇筑，则应根据其壁厚和材料的容重进行计算后，再与水的质量一起折算成平均荷载。

（3）园林建筑和小品的荷载

屋顶花园中亭、桥、廊、花架等园林建筑，在计算其荷载时，应根据其建筑结构形式和传递荷载的方式，分别计算出其均布荷载（Pa）、线荷载（N/m）、集中荷载（N），例如砖砌的花墙其荷载则为线荷载（N/m）。在设置园林花墙时应尽可能与建筑的承重结构相配合，使其线荷载作用于钢筋混凝土大梁上或楼板下的承重墙上。又如屋顶花园上多选用小型的亭廊组合的园林建筑，尤其是传统的仿古建筑，其承重构件是木构架式横梁和木柱子，传到建筑物屋顶上的荷载则是柱子的集中荷载。亭廊建筑的质量取决于它的屋顶形式、所用材料和构造做法，无论哪种做法，亭子的荷载均可平均分配到各根柱子上，同样各式长廊的荷载也是通过木柱传达到屋顶结构的楼板或大梁上。亭廊的平面位置应依据房屋建筑屋顶结构构件的平面布置，尽可

188

能使亭廊的柱子直接支撑在屋顶大梁、房屋的承重墙和柱子上。如果屋顶花园亭廊等园林建筑的柱子不能支撑在下部梁、柱、墙等承重构件上，它的集中荷载就得由楼板来承受，如果此项荷载过大，则应加固楼板以承受亭廊传下来的集中荷载。

桌椅、园灯、游憩设施等园林小品，如其质量较轻可忽略不计，否则必须另行计算。

为了减轻构筑物的质量，可少设园林小品及选用由空心管、塑料管、竹木、铝材、玻璃钢、轻型混凝土等制作的凉亭、棚架、假山石、室外家具及照明设备；在进行大面积的景致铺装时，为了达到设计标高，可以采用架空的结构设计以减轻质量。

2.4.3.3 种植屋面构造层次的设计

1. 种植屋面的构造层次

种植屋面的构造层次一般包括屋面结构层、找坡保温层、找平层、防水层、耐根穿刺防水层、（蓄）排水层、过滤层、种植介质层以及植被层。种植屋面各构造层次的组成参见图 2-48 ~ 图 2-52。此外根据需要还可设置隔汽层、隔离层等层次。

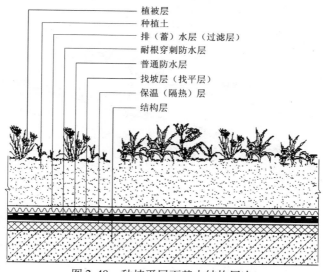

图 2-48 种植平屋面基本结构层次

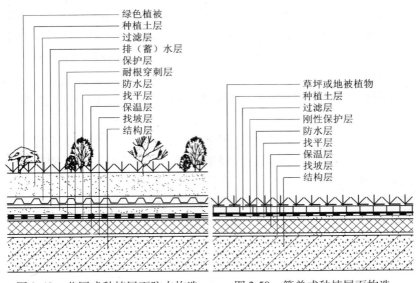

图 2-49　花园式种植屋面防水构造　　　　图 2-50　简单式种植屋面构造

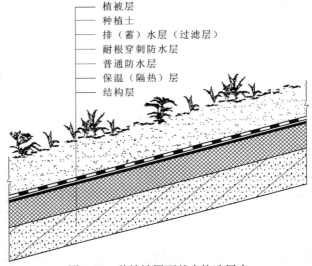

图 2-51　种植坡屋面基本构造层次

　　注：过滤层、排（蓄）水层可取消，因为斜屋面很容易直接通过坡度将水直接排走；也可用蓄水保护毯来取代这两层。

190

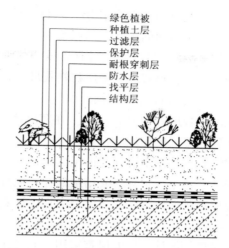

绿色植被
种植土层
过滤层
保护层
耐根穿刺层
防水层
找平层
结构层

图 2-52　地下建筑顶板覆土种植防水构造

注：过滤层、保护层之间可增加排水层，是否设置排水层，要根据具体情况而定，例如：地下水位很低，地下建筑顶板上覆土与自然地坪不接壤时，则可设置排水层。

以上是几个基本结构层次，具体到每一个屋面，应根据屋面结构荷载及种植屋面类型（如简单式种植屋面或花园式种植屋面）的不同，在设计中进行适当的增减，如斜屋面绿化构造除了上述结构层次外，还要在防水层上铺设防滑枕木。

（1）屋面结构层

屋面结构层应根据种植植物的种类和荷载进行设计。新建种植屋面承载能力设计应根据种植屋面构成的荷载设计确定，既有种植屋面必须在屋面结构承载能力的范围内实施。种植屋面其屋面板应强调其整体性能，有利于防水，一般应采用强度等级不低于 C20 和抗渗等级不小于 P16 的现浇钢筋混凝土作屋面的结构层；当采用预制的钢筋混凝土板时，需用强度等级不低于 C20 的细石混凝土将其板缝灌填密实，如板缝宽度大于 40mm 或上窄下宽时，应在板缝中放置构造钢筋后再灌填细石混凝土，以提高结构层的整体刚度，并应在板端缝处嵌填密封材料封闭严密。为有效排除屋面上的雨水，平屋面应保证 2%～3% 坡度。

（2）找坡层、隔汽层（蒸汽阻拦层）及保温层（绝热层）

为了便于排除种植屋面的积水，确保植物的正常生长，屋面优先采用结构找坡层，单坡坡长 >9m 时宜做结构找坡。如不能采用结构找坡层时则需要用材料找坡。采用材料找坡应选择密度低并且有一定抗压强度的轻质材料（如陶粒、加气混凝土、泡沫玻璃等）做找坡层，其找坡层坡度宜为 1% ~ 3%。在寒冷地区还可加厚找坡层，使其同时起到保温层的作用。

为了阻止建筑物内部的水蒸气经由屋面结构板进入保温层内造成保温性能下降，并杜绝因水蒸气凝结水的存在而导致植物根系突破防水层向保温层穿刺的诱因，在保温层下宜设计隔汽层。

保温层设计必须满足国家的建筑节能标准，并应按照建筑节能标准中的相关规定进行设计。保温层宜采用具有一定强度、导热系数小、密度低、吸水率低的材料（如聚苯乙烯泡沫塑料板、喷涂聚氨酯硬质泡沫塑料板等）。

（3）找平层

为了便于柔性防水层的施工（如铺设卷材防水层或涂膜防水层），宜在找坡层或保温层上面铺抹一层水泥砂浆找平层。找平层应密实平整，待找平层收水后，尚应进行二次压光和充分保湿养护。找平层不得有酥松、起砂、起皮和空鼓等现象出现。找平层是铺设柔性防水层的基层，其质量应符合相关规范的规定。

（4）普通防水层

种植屋面一旦发生渗漏现象，整个屋面必须返工重做，不但工程量大，费用也较昂贵，故在设计时，其屋面防水等级应达到Ⅰ级或Ⅱ级，种植屋面防水层的合理使用年限不应少于 15 年，应采用两道或两道以上防水层设防，最上道防水层必须采用耐根穿刺防水材料，防水层的材料应相容。

为确保防水工程的质量，应采用具有耐水、耐腐蚀、耐腐烂和对基层伸缩或开裂变形适应性强的卷材（如聚酯胎高聚物改性沥青防水卷材、合成高分子防水卷材等）或防水涂料（如双组分或单组分聚氨酯防水涂料等）做柔性防水层。如采用卷材防水层，应根据 GB 50345《屋面工程技术规范》、GB 50207《屋面工程质量验收规范》的规定，优先选用空铺法、点粘法或条粘法进行铺设，但卷材的接缝以及卷材防水层的周边应满粘，并组合成为一个接缝粘结牢固、封闭严密的整体防水系统。

种植屋面的四周应砌筑挡墙，柔性防水层应连续铺设至挡墙的上部，挡墙下部留置的泄水孔位置应准确，并应做好防水密封处理，泄水孔应与水落口连通，不得有堵塞现象，以便及时排除种植屋面的积水。

（5）耐根穿刺防水层

各种植物的根系都具有很强的穿刺能力，众多的传统防水材料均极易被植物的根系所穿透，从而导致屋面发生渗漏现象，为此，在种植屋面中，必须在一般的卷材或涂膜防水层之上，空铺或点粘一道具有足够耐根系穿刺功能并起防水作用的材料作为耐根系穿刺的防水层。

对于种植屋面来讲，耐根穿刺防水材料是最为重要的，我国已发布建材行业标准 JC/T 1075—2008《种植屋面用耐根穿刺防水卷材》，其相关试验亦已开展。耐根穿刺的防水材料主要是防水卷材。防水卷材又可分为改性沥青防水卷材、塑料与橡胶防水卷材，其中改性沥青防水卷材主要采用根阻剂和耐穿刺胎基等方式，塑料防水卷材通常多采用胎基增强的方式。

为了避免植物根系穿透材料的接缝部位，要求耐根系防水层的接缝均应采用焊接法施工，并须使接缝焊接牢固、封闭严密。对于热塑性材料采用单缝焊接时，搭接宽度为 80mm，其有效焊接宽度为 10mm×2 + 空腔宽度；金属防水卷材的接缝，则应采用专用的焊条和工具进行焊接。

种植屋面防水工程竣工后，平屋面应进行蓄排水 48h 检验，坡屋面应进行持续 3h 淋水检验，经检验确定无渗漏后，应尽快进行排水层、隔离过滤层、种植介质层的施工，并确保在进行上述各层次施工中不损坏防水层，以免留下渗漏隐患。

（6）蓄排水层

种植屋面除做好防水层的精心设计外，还应做好排水构造系统的处理。排水层是指将过滤的水从空隙中汇集到泄水孔中并排出种植屋面，确保植物根系不腐烂和种植土不被冲掉的系统。在耐根穿刺防水层之上，应设置排水层。排水层应根据种植介质层的厚度和植物种类选择具有不同承载能力的塑料或橡胶排水板（聚乙烯 PE 凹凸排水板、聚丙烯多孔网状交织排水板）、蓄排水营养毯、卵石陶粒等材料。

当在地下车库、地下室或地下管廊的顶板上种植乔木等高大植物时，其种植介质层的厚度一般在 1000mm 以上，同时宜选用粒径为 30~60mm、厚度为 80mm 以上的卵石或专用的橡胶排水板做排水层；当在中、高层建筑的屋面种植草坪或灌木时，种植介质层的厚度为 200~600mm，同时宜选用专用的塑料排水板或橡胶排水板做排水层。

种植屋面的防排水构造如图 2-53 所示。

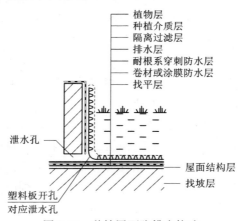

图 2-53　种植屋面防排水构造

种植屋面工程应建立绿化管理和植物保养制度，屋面排水系统应保持畅通，挡墙排水孔、水落口、天沟和檐沟不得堵塞。种植屋面上的排水口不应有遮盖物，要保证排水口的周围没有植物、容易辨认，防止植物根系的扎入，以免造成阻塞而影响排水，排水口周围应设隔离带。

蓄水层是指采用 3～5cm 厚的泡沫塑料铺成的一个构造层次，可蓄存一部分水分，减少向外排出，可供干旱时慢慢供应植物吸收，采用海绵状毡做蓄水层可起到很好的作用。

种植屋面宜设置雨水收集系统，并应根据种植形式的不同，确定水落口数量和落水管直径。

（7）隔离层、过滤层

为了使防水层与排水层材料之间保持隔离滑动功能，防止雨天滞留水结冰所产生的冻胀应力对防水层产生不利的影响，种植屋面需设置隔离层。

过滤层是设置在种植介质层与排水层之间，防止泥浆对排水层渗水性能造成影响而进行滤水作用的一个构造层次。为防止种植土的流失，应在蓄排水层上面铺设单位面积质量不低于 $250g/m^2$ 的聚酯纤维或聚丙烯纤维土工布等材料做过滤层，其目的是将种植介质层中因下雨或浇水后多余的水及时通过过滤层后排除，以防止因积水而导致植物烂根和枯萎，同时可将种植介质材料保留下来，避免发生流失。为了保持水的渗透速度，过滤层的总孔隙率不宜小于 65%。

（8）种植介质层

种植介质层是指屋面种植的植物赖以生长的土壤层，种植土的分类参见表 2-50，所选用的种植介质应具有自重轻、不板结、保水保肥、适宜植物培育生长、施工简便和经济、环保等性能。建筑种植屋面宜选用改良土或无机复合种植土，地下建筑顶板种植宜选用田园土。一般可直接选用为种植屋面专门生产的，其成分及粒度配置合理，保水保肥，能够促进植物根系发育和生长，且堆积密度仅为 $450kg/m^3$ 左右的人工合成无机栽培材料作种植介质。

寒冷地区种植土与女儿墙及其他泛水之间应采取防冻胀措施。

种植屋面用种植土应控制有机物含量，避免屋面承受过大的植物生长增加的荷载。

表 2-50　种植土分类

类别	成　　分	备　　注
田园土	自然土或农耕土	单建式地下室顶板覆土厚度 >600mm 时采用田园土
改良土	在田园土中掺入珍珠岩、蛭石、草炭等轻骨料、肥料混合而成	宜用于楼房屋面绿化
复合种植土	由表面覆盖层、栽植育成层、排水层三部分组成	种植介质荷载轻，价格贵，适用于楼房屋面轻型绿化

（9）植被层

植被层应根据屋面大小、坡度、建筑高度、受光条件、绿化布局、观赏效果、防风安全、水肥供给和后期管理等因素进行选择。

屋顶绿化的植被应满足以下要求：

① 屋面一般宜种植耐干旱、抗虫害、生长快、绿期长的草坪和灌木，植株必须能抗旱，以减少浇水的频率和用量，适应屋顶的特定环境。

② 屋顶通常处于高空，如植株过高或扎根欠坚实，风大时植株易倒伏，因此应选择低矮的植株，高层建筑屋面宜种植地被植物。

③ 种植屋面一般不宜选用根系穿刺性强的植物、速生植物。

④ 屋面种植应根据气候特点、屋面形式、优先选择滞尘和降温能力强，并能适当地种植的植物种类。

⑤ 种植屋面宜选择具有色泽鲜艳、开花期长且色、香、形俱佳，可使屋顶绿化具有较好观赏效果的植物，有条件的屋面最好能使其形成草坪、灌木与乔木相组合的立体园林式的"空中花园"。

⑥ 新移植的植物宜设计遮阳棚、挡风、防寒和防倒伏支撑等设施。

⑦ 种植屋面灌溉设施可采用人工灌溉，也可应用自助喷灌系统或低压滴灌系统。

⑧ 上人种植屋面应有照明设备及安全防护措施。水管、电缆线等设施不得铺设在防水层之下。

（10）隔离带

种植屋面的女儿墙周边及其他泛水部位、坡屋面种植檐口部分、水落口周边部位均应设置隔离带，隔离带的宽度宜大于500mm。隔离带的作用有二：其一，缓解种植土因温度、湿度变化对女儿墙等部位产生的侧向水平推力；其二，通过隔离带能适时剪除窜入的植株根系，既保护泛水部位免受植株根系的穿刺性破坏，也保证种植屋面排水的畅通。

（11）种植屋面相关层次与屋面防水的关系

种植屋面防水层与屋面其他各层次有着密不可分的关系，只有将各相关层次对防水层的作用与关系了解清楚，才能设计出合理的种植屋面防水构造。

1）平屋面结构层与防水的关系

种植屋面的"静荷载"和"活荷载"都会比非种植屋面增加很多，因此结构屋面板必须具有足够的强度和刚度，以防止结构变形过大而破坏防水层；同时，种植屋面楼板混凝土必须设计为抗渗混凝土，这样有利于整体防水效果和保温隔汽。

屋面排水坡度大小对防水也有一定的影响：

① 0～2%的屋面坡度适宜缺雨地区的种植屋面。由于其排水坡度小，防水层可能长期积水或处于潮湿状态，在防水层设计时，应充分考虑到这一点，可采用增加一道防水层或增加防水层厚度的方法相应提高防水等级。

② 2%～20%的屋面坡度则可做常规防水设计。

③ 20%以上的屋面由于斜度较大，在进行防水设计时，要考虑到防水材料在上部荷载作用下向下滑移的倾向。采用满粘法铺贴的卷材或采用涂膜防水时，由于其基层粘结牢固，滑移的可能性较

小；空铺法的树脂类卷材则要采用增加固定点和其他防滑移的措施。改性沥青类卷材、自粘性改性沥青卷材都具有一定的蠕变性，特别是在气温较高的南方地区，在重力和摩擦力的作用下，滑移的可能性要比其他防水卷材都大，因此使用时必须采取防滑措施。坡度过大时则不宜设置种植屋面。

2）植物与屋面防水的关系

植物与屋面防水的关系主要有两个方面：①植物根系对防水层的影响；②植物外力对防水层的影响。植物根系对防水层的影响取决于植物根茎能否到达防水层和根茎对防水层破坏程度的大小。园林植物主要根系分布深度见表2-51。

表2-51　园林植物主要根系分布深度

植被类型	草木花卉	地被植物	小灌木	大灌木	浅根乔木	深根乔木
分布深度/cm	30	35	45	60	90	200

虽然植物根系对防水层没有很强的、像尖锐物一样的穿刺性，但它会"钻"会"撬"，有可能因防水层搭接缝不严密，使根系"钻"入，并在防水层下发展更多的根系而导致防水层的破坏。因此，选择防水材料时，应重视其搭接缝的严密可靠。这一条件对长期处于潮湿土中的防水材料来说尤为重要。

植物较粗大时，为了生长和抗风力的需要，种植土必须具有一定的厚度，但过重的荷载和风吹树摇的晃动力，特别是南方台风季节，会对屋面结构产生很大的变形影响，而屋面结构楼板的变形将会直接对防水层产生拉伸破坏作用。因此，种植品种应选择适应性强、耐旱、耐贫瘠、喜光、抗风不易倒伏的园林植物；高大的乔木则不宜种植。

3）种植土与屋面防水的关系

种植土与屋面防水的关系主要有以下几方面：①土体荷载对防水层的影响；②土体干湿度对防水层的影响；③土体酸碱度对防水层的影响；④土体的保温性能。

种植土堆的荷载越大，对结构屋面板的变形影响也就越大；土体越厚，雨后土体的保水量也就越大，干湿土质量差也越大，对结构变形就越不利。结构过量变形既可使结构板产生开裂，也可能造成防水层的破坏。因此，屋面结构板既要保持足够的刚度，同时也应尽可能减少屋面结构的总质量，这对防水层是有利的。

种植屋面一方面要强调排水，另一方面也要强调蓄水保水，植物没有水是不能生长的。因此，其底部土体就可能永久性地处于潮湿状态，这就意味着种植屋面防水层会长期处于潮湿或浸水状态，因此，防水层的耐水性和耐霉变性、接缝可靠性也就成了选材的重要因素。

在寒冷地区的冬季，土体还会发生冻胀情况。土体冻胀对种植土围护结构产生的推力，有可能造成围护结构立面防水层破坏和围护结构与平面之间防水层的破坏。因此，在有可能发生冻土的地区，种植屋面围护结构设计要有足够的强度和刚度，不得发生推移、冻裂和严重变形等情况。

种植土的 pH 值一般为 6.0~8.5，为弱酸弱碱性，这样的酸碱度不会对防水材料造成很大的破坏作用。某些乔木的根系会分泌出一种有腐蚀性的液体，这种腐蚀性液体对防水材料的影响程度尚不明确，但只要不让根系直接接触防水层，影响也不会太大。

土体具有很好的保温效果，种植土的单位体积的质量一般不高于 $1.3g/cm^3$，导热系数 $\lambda = 0.47W/(m^2 \cdot K)$，修正系数 $\alpha = 1.5$，计算值 $\lambda_c = 0.71W/(m^2 \cdot K)$，可见堆土越厚，保温效果越好。

4）滤水层、排（蓄）水层与防水层的关系

为了防止种植土被水带入排水层而导致流失，在种植土下设置一层隔离过滤层是十分必要的。滤水层一般可采用 50~80mm 厚的中粗砂或 200~400g/m² 的无纺布，既可透水，又可阻止泥土流失。

排（蓄）水层应设置在过滤层之下，其作用是排除土中的积水，但又可储存部分水分供植物生长之用。排水层常采用卵石、陶粒、碎石等材料组成，其粒径不大于 30mm，总厚度约 50~200mm。

塑料排水板是一种新型的排水系统,它比传统的卵石排水更为节约空间,减轻屋面荷载;同时还能有效地防止根系的穿透,对防水层起到保护作用。而铺设卵石或其他骨料排水层时,防水层上必须做保护层,否则很容易破坏防水层。

排(蓄)水层中的蓄水功能是通过提高溢水口的方法实现的。塑料排水板中的双面板是具有蓄水功能的排水板,蓄水可通过提高板厚(即提高凹凸状穴洞高度)来调节排(蓄)水量。

2. 建筑平屋面的种植设计

种植平屋面设计的基本构造层次如图 2-48 所示,可根据当地的气候特点、屋面形式、植物种类等因素,增减屋面的构造层次。

种植平屋面其坡度宜为 1% ~2%。单向坡长小于 9m 的屋面可采用材料找坡,单向坡长大于 9m 的屋面宜采用结构找坡,天沟、檐沟的坡度不应小于 1%。

(1)种植平屋面各构造层次的设计

种植平屋面各构造层次的设计应符合以下要求:

① 保温隔热层其厚度应按所在地区现行建筑节能设计标准计算确定,保温隔热材料的选用应符合相关规范提出的要求,其厚度的换算系数为:模塑型聚苯乙烯泡沫塑料板和硬泡聚氨酯为 1.2,挤塑型聚苯乙烯泡沫塑料板为 1.1。

② 找坡层可采用轻质材料或保温隔热材料找坡,其上可用体积比 1:3 水泥砂浆抹面,找平层厚度宜为 15 ~20mm,应留分格缝,纵、横缝的间距不应大于 6m,缝宽宜为 5mm,兼做排气道时,缝宽应为 20mm。

③ 普通防水层一道防水材料其厚度要求如下:改性沥青防水卷材为 4mm,高分子防水卷材为 1.5mm,自粘聚酯胎改性沥青防水卷材为 3mm,自粘聚合物改性沥青聚酯胎防水卷材为 2mm,高分子防水涂料其涂层为 2mm。

④ 耐根穿刺防水层其耐根穿刺防水材料应符合相关规程的技术要求,耐根穿刺防水层如选用聚乙烯丙纶防水卷材-聚合物水泥

胶结料复合防水材料，应采用双层卷材做法。

⑤ 耐根穿刺防水层若需设置保护层，聚乙烯丙纶复合耐根穿刺防水层宜采用水泥砂浆做保护层，其他耐根穿刺防水层宜采用柔性材料做保护层，种植槽亦应设置耐根穿刺防水层。

⑥ 排蓄水层所采用的材料应符合相关规程提出的技术要求，年降水量小于在蒸发量的地区，宜选用蓄水功能强的排水板，排蓄水层应结合排水沟分区设置。

⑦ 过滤层所使用的材料，应符合相关规程提出的技术要求，过滤层材料的搭接宽度不应小于150mm，过滤层应沿种植土周边向上铺设，应与种植土的高度一致。

⑧ 种植屋面宜根据屋面面积大小和植物种类划分种植区，分区布置可用园路、排水沟、变形缝、绿篱等做隔离带。

（2）种植屋面配套设施的设计

种植屋面配套设施的设计应符合以下要求：

① 水管、电缆等设施，应铺设在防水层之上，屋面周边应有安全防护设施。

② 花园式种植屋面宜有照明设施。

③ 灌溉可采用滴灌、喷灌和渗灌设备，新移植的植物宜采用遮阳、抗风、防寒和防倒伏支撑等设施。

3. 建筑坡屋面的种植设计

种植坡屋面设计的基本构造层次如图 2-51 所示，可根据当地的气候特点、屋面形式、植物种类等因素，增减屋面的构造层次。

坡屋面种植形式设计，当采用满覆土种植且坡度大于 20% 时，其保温隔热层、防水层、排（蓄）水层、种植土层等均应采取防滑措施，其防滑构造如图 2-54 所示；屋面坡度大于 50% 时，不宜做种植屋面；当采用阶梯式种植时，应设置防滑挡板或挡墙，如图 2-55 所示，其防水层的收头应做至墙顶；当采用台阶式种植时，屋面应采用现浇钢筋混凝土结构，如图 2-56 所示。

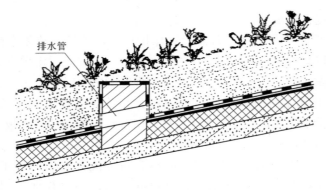

图 2-54　坡屋面防滑做法

图 2-55　阶梯式种植

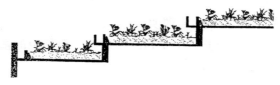

图 2-56　台阶式种植

　　当坡屋面种植土厚度小于 150mm 时，不宜设置排水层。

　　坡屋面种植可采用挡板支撑作为防滑措施，如图 2-57 所示，坡屋面种植应沿山墙和檐沟设置防护栏。

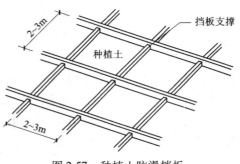

图 2-57　种植土防滑挡板

坡屋面种植设计其檐口构造时，外墙应设种植土挡墙，挡墙应埋设排水管，并铺设防水层，且与檐沟防水层连成一体，如图 2-58 所示。

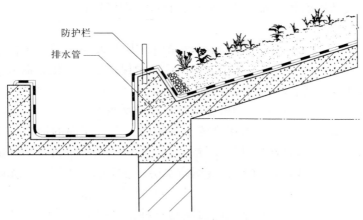

防护栏

排水管

图 2-58　坡屋面种植檐口构造

4. 地下建筑顶板的种植设计

地下建筑顶板设计的基本构造层次如图 2-52 所示。地下建筑顶板的种植设计应符合以下要求：

① 地下建筑顶板种植设计其种植土与周界地面相连接时，可不设置排水层，地下建筑顶板高于周界地面时，应设找坡层和排水层，如做下沉式种植时，应设自流排水系统。

② 地下建筑顶板现浇钢筋混凝土结构层时，宜采用防水混凝土，其厚度不应小于 250mm，可作为一道防水设防，地下建筑顶板种植应设一道耐根穿刺防水层。

③ 地下建筑顶板覆土厚度大于 800mm 时，可不设置保温层。

④ 地下建筑顶板种植土不得使用建筑垃圾土和被污染的土壤。

⑤ 地下建筑顶板种植宜采用乔木、灌木、地被植物复层种植结构，其绿化宜为永久性绿化。

5. 既有建筑屋面的改造种植设计

既有建筑屋面的改造种植设计应符合以下要求：

① 既有建筑屋面改做种植屋面时，必须核算结构承载力，并根据其结构承载力确定种植形式，且应选用轻质种植土，宜种植地被植物。

② 既有建筑屋面采用容器种植时，其上人屋面应为刚性铺装层，且应坚实、平整；非上人屋面应增做保护层。种植容器应设置排水孔及过滤装置，种植容器的总质量大于 150kg 时，容器安放在设承重墙或柱的位置，种植容器严禁置于女儿墙上。

③ 既有建筑屋面采用满覆土种植时，上人屋面的铺装层应坚实、平整，并增做保护层和园路。原有的防水层如仍具有防水能力者，应在其上增加一道耐根穿刺防水层；原有的防水层若已无防水能力者，则应拆除，并按相关规程提出的要求重做防水层。

④ 有檐沟的既有建筑屋面应砌筑种植土挡墙，挡墙应高出种植土 50mm。挡墙距离檐沟边沿不宜小于 300mm，如图 2-59 所示，挡墙下应设排水孔，并不得堵塞。

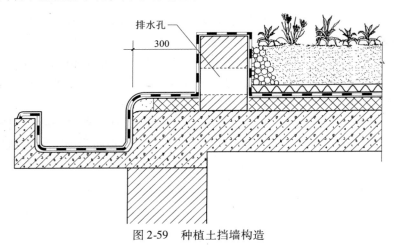

图 2-59　种植土挡墙构造

图中单位：mm

6. 种植屋面的细部构造

种植屋面女儿墙的构造节点如图 2-60 ~ 图 2-62 所示；

种植屋面分隔板的构造节点如图 2-63 所示；

种植屋面穿管处的构造节点如图 2-64 ~ 图 2-65 所示；

种植屋面变形缝的构造节点如图 2-66 ~ 图 2-67 所示；

种植屋面排水沟的构造节点如图 2-68 所示；

种植屋面侧向雨水口的构造节点如图 2-69 所示；

坡形种植屋面的构造节点如图 2-70 ~ 图 2-71 所示。

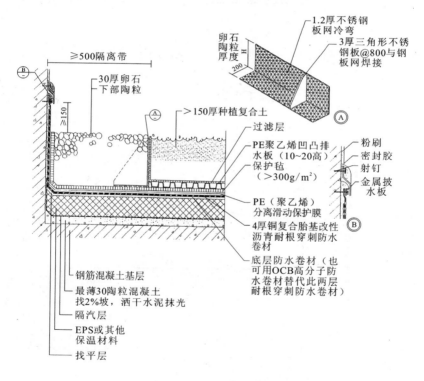

图 2-60　种植屋面女儿墙构造节点（保温）

图中单位：mm

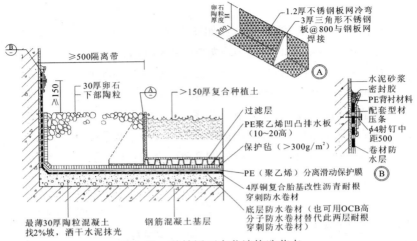

图 2-61 种植屋面女儿墙构造节点

图中单位：mm

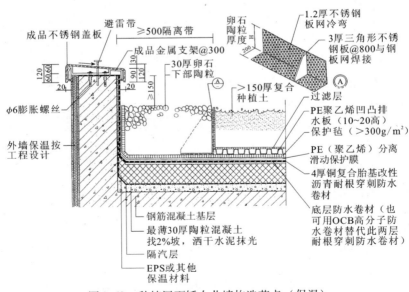

图 2-62 种植屋面矮女儿墙构造节点（保温）

注：人若能靠近矮女儿墙时，须设防护栏杆扶手，距顶面高要求：多层1050高，高层1100高

图中单位：mm

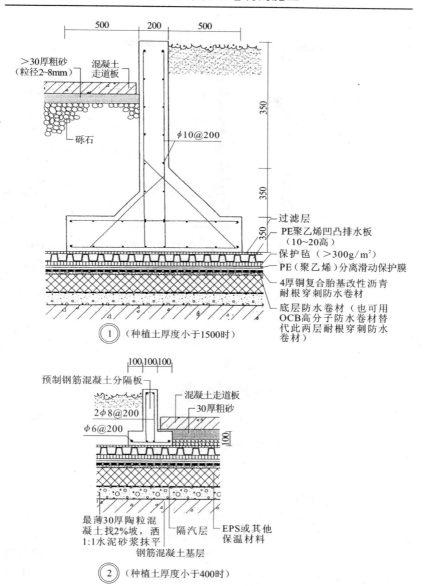

500　200　500

＞30厚粗砂
（粒径2~8mm）

混凝土
走道板

砾石

φ10@200

350

350

350

过滤层

PE聚乙烯凹凸排水板
（10~20高）

保护毡（＞300g/m²）

PE（聚乙烯）分离滑动保护膜

4厚铜复合胎基改性沥青
耐根穿刺防水卷材

底层防水卷材（也可用
OCB高分子防水卷材替
代此两层耐根穿刺防水
卷材）

① （种植土厚度小于1500时）

100 100 100

预制钢筋混凝土分隔板

混凝土走道板

30厚粗砂

2φ8@200

φ6@200

100

最薄30厚陶粒混
凝土找2%坡，洒
1:1水泥砂浆抹平

隔汽层

EPS或其他
保温材料

钢筋混凝土基层

② （种植土厚度小于400时）

图 2-63　种植屋面分隔板构造节点（保温）

图中单位：mm

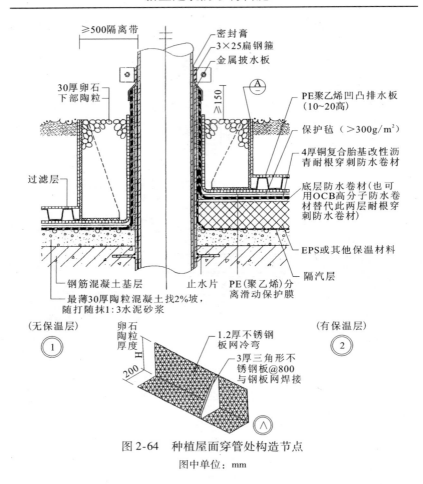

图 2-64　种植屋面穿管处构造节点

图中单位：mm

种植屋面的细部构造其设计应注意以下几点：

① 种植屋面的女儿墙、周边泛水部位和屋面檐口部位，宜设置隔离带，其宽度不应小于500mm，寒冷地区种植屋面女儿墙的泛水部位，应采取在种植土与女儿墙之间铺设卵石，沿女儿墙设置园路或排水沟等防冻胀措施。防水层的泛水至少应高出种植土150mm。

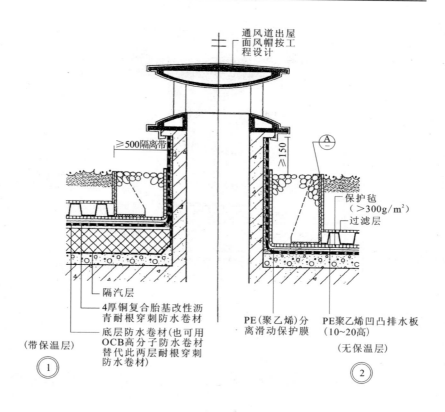

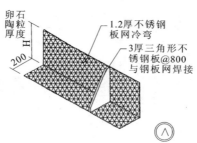

图 2-65　种植屋面通风道出屋面出构造节点

图中单位：mm

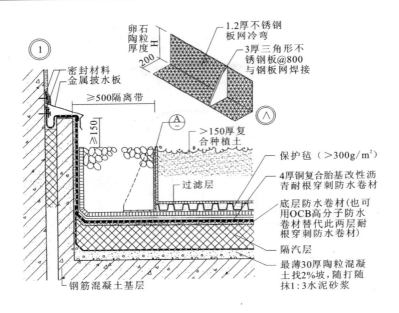

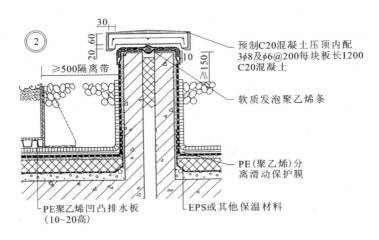

图 2-66　种植屋面变形缝构造节点（保温）

图中单位：mm

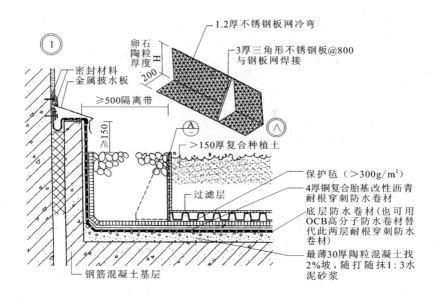

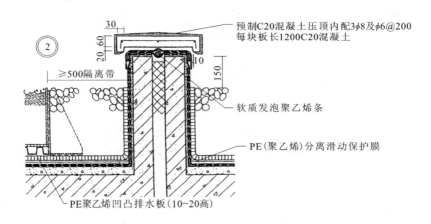

图 2-67　种植屋面变形缝构造节点

图中单位：mm

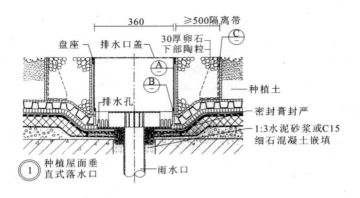

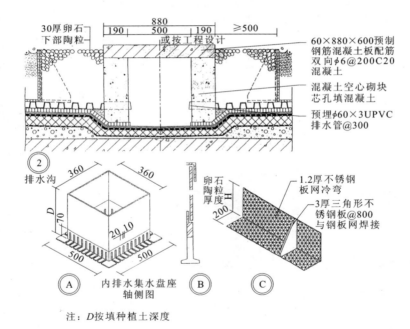

注：D按填种植土深度

图2-68　种植屋面排水沟垂直雨水口构造节点

图中单位：mm

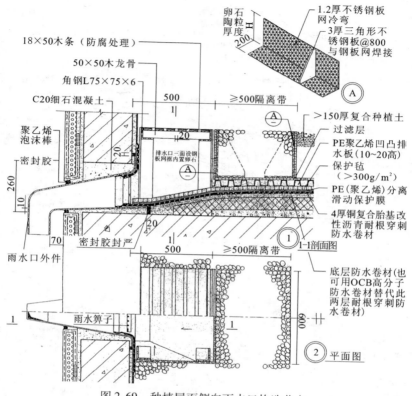

图 2-69　种植屋面侧向雨水口构造节点

图中单位：mm

② 当变形缝作为种植屋面或其分区的过界时，不应跨缝种植。

③ 竖向穿过屋面的管线，应在结构层内预埋套管，套管高出种植土不应小于 150mm。

④ 水落口的设计宜采用外排式，内排式水落口应与屋面明沟、暗沟连通组成排水系统，如图 2-72 所示。水落口上方不得覆土种植，并应在周边加设格栅、格算等设施加以保护。

⑤ 园路设计宜采用下列做法：

a. 园路宜结合排水沟铺设，如图 2-73 所示。

213

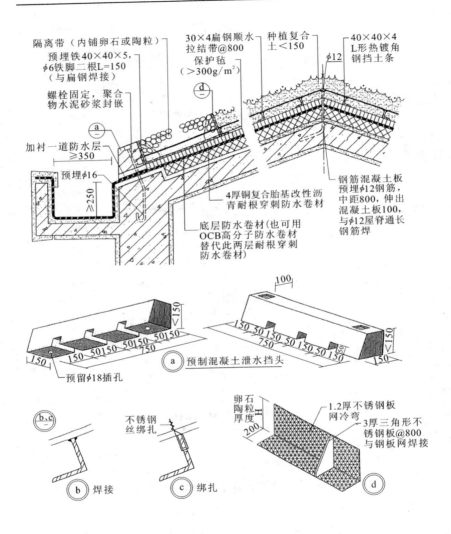

图 2-70 坡形种植屋面构造节点（一）

图中单位：mm

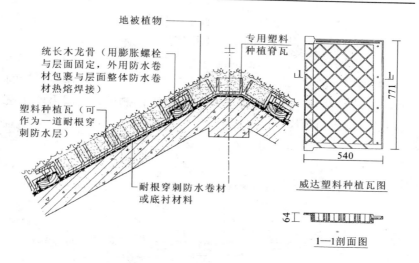

图 2-71 坡形种植屋面构造节点（二）
图中单位：mm

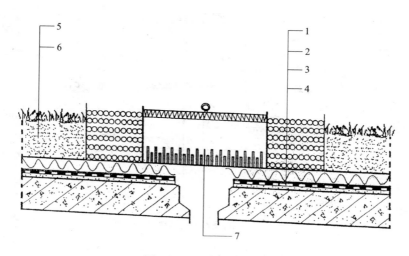

图 2-72 绿地内排水口
1—卵石层；2—排水口翼板；3—排蓄水板（带过滤层）；
4—保湿毯；5—植物层；6—种植土；7—排水口检查箱

b. 园路宜结合变形缝铺设，如图 2-74 所示。

c. 园路铺砌块状材料的路基不得使用三七灰土。

7. 国内外部分种植屋面的构造

种植屋面的基本结构层次虽大同小异，但各国、各厂商设计的种植屋面系统的层次结构仍存在着差别，下面侧重介绍国内外几家公司的种植屋面的构造层次系统。

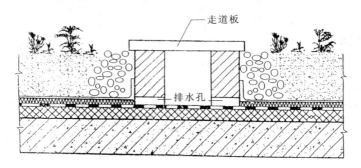

图 2-73 园路结合排水沟铺设

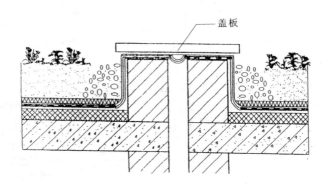

图 2-74 园路结合变形缝铺设

（1）威达种植屋面系统

威达种植屋面系统的构造详见表 2-52 至表 2-60。

表 2-52　重型保温种植屋面（钢筋混凝土现浇屋面板）

构造层序	构造层名称	构造做法（任选其一）	备注	注	构造图
1	覆土植被层	1) 改良土；2) 复合种植土	覆土厚度 >150mm		
2	过滤层	1) 聚酯毡；2) 矿物棉垫	密度 >400g/m³	采用 Vedag DSM 型排水保护毯时可同时代替层 2、3、4 构造层，性能见表 2-41	
3	排水层	1) PE 聚乙烯凹凸排水板（10~20mm 高）；2) 聚丙烯多孔网状交织排水板；3) 陶粒 d<25mm，厚度 80~100mm，堆积密度 1000kg/m³	优先考虑 1)、2)，见表 2-36 至表 2-41		
4	蓄水保护层	保护过滤毯 Vedaflor SSV	密度 >300g/m³，参见表 2-43		
5	隔离层	PE（聚乙烯）分离滑离保护膜	参见本书 2.4.2 节 6		
6	防水层（一）	4mm 厚 Vedaflor WS-I 铜复合胎基改性沥青耐根穿刺防水卷材	参见本书 2.4.2 节 5(4)a	采用 OCB 链烯 Vedapla MP2.0 聚合物高分子耐根穿刺防水卷材时，可同时取代防水层（一）、（二），参见本书 2.4.2 节 5(4)b	
7	防水层（二）	底层防水卷材	参见本书 2.4.2 节 4(1)~(4)		
8	找平层	20mm 厚 1:3 水泥砂浆	—		
9	保温层	1) EPS 聚苯板；2) XPS 挤塑板；3) PU 硬泡聚氨酯；4) 泡沫玻璃	须按相应的保温隔热节能标准进行计算，以确定保温层采用与否，及其最小厚度		

续表

构造层序	构造层名称	构造做法（任选其一）	备注	构造图
10	隔汽层	1）网状特殊金属聚酯复合胎SBS蒸汽阻拦卷材（自粘）Vadiagard SK-PLUS；2）耐碱腐蚀的特殊金属面SBS蒸汽阻拦卷材（自粘）Vedatect SK-D	参见本书2.4.2节3	
11	找坡找平层	1：8水泥陶粒，上洒干水泥抹光（建筑找坡）；1：3水泥砂浆找平（结构找坡）	优先考虑结构找坡 $i \geq 3\%$，单向坡长>9m时，宜结构找坡，找坡层最薄30mm厚	
12	结构层	钢筋混凝土现浇屋面板	—	

表2-53 重型种植屋面（钢筋混凝土现浇屋面板）

构造层序	构造层名称	构造做法（任选其一）	备注	构造图
1	覆土植被层	1）改良土；2）复合种植土	覆土厚度>150mm	
2	过滤层	1）聚酯毡；2）矿物棉垫	参见表2-43	采用 Vedag DSM型排水板护毯时可同时代替2、3、4构造层，性能参见表2-41
3	排水层	1）PE 聚乙烯凹凸排水板（10~20mm高）；2）聚丙烯多孔网状交织排水板，厚度80~100mm，堆积密度1000kg/m³；3）陶粒 $d<25$mm，厚度80~100mm，堆积密度1000kg/m³	优先考虑 1）、2）见表2-36至表2-41	
4	蓄水保护层	保护过滤毯 Vedaflor SSV	密度>300g/m²，参见表2-43	
5	隔离层	PE（聚乙烯）分离滑动保护膜	参见本书2.4.2节6	

续表

构造层序	构造层名称	构造做法（任选其一）	备注	构造图
6	防水层（一）	4mm 厚 Vedaflor WS-I 铜复合胎青耐根穿刺防水卷材	参见本书 2.4.2 节 5（4）a	采用 OCB 链烯烃 Vedaplan MF2.0 聚合物高分子耐根穿刺防水卷材时，可同时取代防水层（一）、（二），参见本书 2.4.2 节 5（4）b
7	防水层（二）	底层防水卷材	参见本书 2.4.2 节 4（1）~（4）	
8	找坡找平层	1:8 水泥陶粒，上洒干水泥抹光（建筑找坡）；1:3 水泥砂浆找平（结构找坡）	优先考虑结构找坡 i≥3%，单向坡>9m 时，宜结构找坡，找坡层最薄 30mm 厚	
9	结构层	钢筋混凝土现浇屋面板	—	

表 2-54　轻型保温种植屋面（钢筋混凝土现浇屋面板）

构造层序	构造层名称	构造做法（任选其一）	备注	构造图
1	覆土植被层	1）改良土；2）复合种植土	覆土厚度≤150mm	
2	蓄水保护层	保护过滤毯 Vedaflor SSV	密度>300g/m³，参见表 2-43	
3	隔离层	PE（聚乙烯）分离滑动保护膜	参见本书 2.4.2 节 6	

续表

构造层序	构造层名称	构造做法（任选其一）	备注	注	构造图
4	防水层（一）	4mm厚Vedaflor WS-Ⅰ铜复合胎基改性沥青耐根穿刺防水卷材	参见本书2.4.2节5(4)a	采用OCB链烯烃Vedaplan MF2.0聚合物高分子耐根穿刺防水卷材时，可同时取代防水层（一）、（二），参见本书2.4.2节5(4)b	
5	防水层（二）	底层防水卷材	参见本书2.4.2节4(1)~(4)		
6	找平层	20mm厚1:3水泥砂浆	—		
7	保温层	1)EPS聚苯板 2)XPS挤塑板 3)PU硬泡聚氨酯 4)泡沫玻璃	须按相应的保温隔热节能标准作计算，以确定保温层采用与否，及其最小厚度		
8	隔汽层	1)网状特殊金属聚酯复合胎SBS蒸汽阻拦卷材（自粘）Vadagard SK-PLUS 2)耐碱腐蚀的特殊金属面SBS蒸汽阻拦卷材（自粘）Vedatect SK-D	参见本书2.4.2节3(1)~(2)		
9	找坡找平层	1:8水泥陶粒，上洒干水泥抹光（建筑找坡） 1:3水泥砂浆找平（结构找坡）	优级先考虑结构找坡 i≥3%，单向坡长>9m时，宜结构找坡，找坡层最薄30mm厚		
10	结构层	钢筋混凝土现浇屋面板	—		

表 2-55　轻型保温种植屋面（压型钢板屋面）

构造层序	构造层名称	构造做法（任选其一）	备 注	构造图
1	覆土植被层	1）改良土　2）复合种植土	覆土厚度≤150mm	
2	蓄水保护层	保护过滤毯 Vedaflor SSV	密度＞300g/m³，参见表 2-43	
3	隔离层	PE（聚乙烯）分离清动保护膜	参见本书 2.4.2 节 6	
4	防水层（一）	4mm 厚 Vedaflor WS-I 铜复合胎改性沥青耐根穿刺耐防水卷材	参见本书 2.4.2 节 5（4）a	采用 OCB 链烯烃 Vedaplan MF2.0 聚合物高分子耐根穿刺防水卷材时，可同时取代防水层（一）、（二），参见本书 2.4.2 节 5（4）b
5	防水层（二）	底层防水卷材	参见本书 2.4.2 节 4（1）～（4）	
6	保温层	1）EPS 聚苯板　2）XPS 挤塑板　3）PU 硬泡聚氨酯　4）泡沫玻璃	须按相应的保温隔热节能标准作计算，以确定保温层采用与否，及其最小厚度	
7	隔汽层	1）网状特殊金属聚酯复合胎 SBS 蒸汽阻拦卷材（自粘）Vadagard SK-PLUS　2）耐碱腐蚀的特殊金属面 SBS 蒸汽阻拦卷材（自粘）Vedatect SK-D	参见本书 2.4.2 节 3（1）～（2）	
8	屋面基层	压型钢板	结构找坡	

表 2-56 轻型种植屋面（钢筋混凝土现浇屋面板）

构造层序	构造层名称	构造做法（任选其一）	备注	构造图
1	覆土植被层	1）改良土；2）复合种植土	覆土厚度＞150mm	
2	过滤保护层	保护过滤毯 Vedaflor SSV	密度＞300g/m³，参见表2-43	
3	隔离层	PE（聚乙烯）分离滑动保护膜	参见本书2.4.2节6	
4	防水层（一）	4mm厚 Vedaflor WS-I 铜复合胎基改性沥青耐根穿刺防水卷材	参见本书2.4.2节5(4)a	
5	防水层（二）	底层防水卷材	参见本书2.4.2节4(1)~(4)	
6	找坡找平层	1:8水泥陶粒，上洒干水泥抹光（建筑找坡）；1:3水泥砂浆找平（结构找坡）	优先考虑结构找坡 i≥3%，单向坡长＞9m 时，宜结构找坡，找坡层最薄30mm厚	
7	结构层	钢筋混凝土现浇屋面板	—	

备注（防水层）：采用 OCB 链烯烃 Veda-planMF2.0 聚合物高分子耐根穿刺防水卷材时，可同时取代防水层（一）、（二），参见本书2.4.2节5(4)b

表 2-57 超轻型保温种植屋面（钢筋混凝土现浇屋面板）

构造层序	构造层名称	构造做法（任选其一）	备注	构造图
1	覆土植被层	1）改良土；2）复合种植土	覆土厚度10~30mm	

续表

构造层序	构造层名称	构造做法（任选其一）	备注	构造图
2	蓄排水层	营养排水毯 Vedag vegetationmat	见表 2-36 表 2-37	
3	隔离层	PE（聚乙烯）分离滑动保护膜	参见本书 2.4.2 节 6	
4	防水层（一）	4mm 厚 Vedaflor WS-I 铜复合胎基改性沥青耐根穿刺防水卷材	参见本书 2.4.2 节 5(4)a	
			采用 OCB 链烯烃 Vedaplan MF2.0 聚合物高分子耐根穿刺防水卷材时，可同时取代防水层（一）、（二），参见本书 2.4.2 节 5(4)b	
5	防水层（二）	底层防水卷材	参见本书 2.4.2 节 4(1)~(4)	
6	找平层	20mm 厚 1:3 水泥砂浆	—	
7	保温层	1）EPS 聚苯板；2）XPS 挤塑板；3）PU 硬泡聚氨酯；4）泡沫玻璃	须按相应的保温隔热节能标准作计算，以确定保温层采用与否及其最小厚度	
8	隔汽层	1）网状特殊金属聚酯复合胎 SBS 蒸汽阻挡卷材（自粘）Vadagard SK-PLUS；2）耐碱腐蚀的特殊金属面 SBS 蒸汽阻挡卷材（自粘）Vedatect SK-D	参见本书 2.4.2 节 3(1)~(2)	
9	找坡找平层	1:8 水泥陶粒，上洒干水泥抹光（建筑找坡）；1:3 水泥砂浆找平（结构找坡）	优级先考虑结构找坡 i≥3%，单向坡长 >9m 时，宜结构找坡，找坡层最薄 30mm 厚	
10	结构层	钢筋混凝土现浇屋面板		

223

表2-58 超轻型保温种植屋面(压型钢板屋面)

构造层序	构造层名称	构造做法(任选其一)	备注	构造图
1	覆土植被层	1)改良土; 2)复合种植土	覆土厚度10~30mm	
2	蓄排水营养层	营养蓄排水毯 Vedag vegetationmat	见表2-36 表2-37	
3	隔离层	PE(聚乙烯)分离滑动保护膜	参见本书2.4.2 节6	
4	防水层(一)	4mm厚 Vedafor WS-I铜复合胎基改性沥青耐根穿刺防水卷材	参见本书2.4.2 节5(4)a	采用OCB链烯烃 Veda-planMF2.0聚合物高分子耐根穿刺防水卷材时,可同时取代防水层(一)、(二),参见本书2.4.2 节5(4)b
5	防水层(二)	底层防水卷材	参见本书2.4.2 节4(1)~(4)	
6	保温层	1)EPS聚苯板; 2)XPS挤塑板; 3)PU硬泡聚氨酯; 4)泡沫玻璃	须按相应的保温层隔热节能标准作计算,以确定保温层采用与否,及其最小厚度2.4.2 节5(4)b	
7	隔汽层	1)网状特殊金属聚酯复合胎SBS蒸汽阻拦卷材(自粘)Vadagard SK-PLUS; 2)耐碱菌蚀的特殊金属屋面SBS蒸汽阻拦卷材(自粘)Vedatect SK-D	参见本书2.4.2 节3(1)~(2)	
8	屋面基层	压型钢板	结构找坡	

表 2-59　超轻型种植屋面（钢筋混凝土现浇屋面面板）

构造层序	构造层名称	构造做法（任选其一）	备　注	构造图
1	覆土植被层	1）改良土；　2）复合种植土	覆土厚度 10～30mm	
2	蓄排营养层	营养蓄排水毯 Vedag vegetation mat	见表 2-36，表 2-37	
3	隔离层	PE（聚乙烯）分离滑动保护膜	参见本书 2.4.2 节 6	
4	防水层（一）	4mm 厚 Vedafor WS- I 铜复合胎基改性沥青耐根穿刺防水卷材	参见本书 2.4.2 节 5（4）a	采用 OCB 链烯烃 Vedaplan MF2.0 聚合物高分子耐根穿刺防水卷材时，可同时取代防水层（一）、（二），参见本书 2.4.2 节 5（4）b
5	防水层（二）	底层防水卷材	参见本书 2.4.2 节 4（1）～（4）	
6	找坡找平层	1∶8 水泥陶粒，上洒干水泥抹光（建筑找坡）；1∶3 水泥砂浆找平（结构找坡）	优级先考虑结构坡 $i \geqslant 3\%$，单向坡长 >9m 时，宜选用结构找坡，找坡最薄 30mm 厚	
7	结构层	钢筋混凝土现浇屋面板	—	

表 2-60　地下建筑顶板覆土种植（现浇钢筋混凝土顶板）

构造层序	构造层名称	构造做法（任选其一）	备　注	构造图
1	覆土植被层	1）田园土；　2）改良土；　3）复合种植土	覆土厚度 >600mm，宜选用田园土（取土方便，价廉，量大）	

续表

构造层序	构造层名称	构造做法（任选其一）	备	注	构造图
2	保护层	40mm厚C20细石混凝土	密度2500g/m³	采用Vedag DSM型排水毯时可同时代替2、3、4构造层，见表2-41	1 2 3 4 5 6 7 8
3	隔离层	PE（聚乙烯）分离滑动保护膜	参见本书2.4.2节5(4)a	参见本书2.4.2节6	
4	防水层（一）	4mm厚Vedaflor WS-I铜复合胎基改性沥青耐根穿刺防水卷材		采用OCB链烯径Vedaplan MF2.0聚合物高分子耐根穿刺防水卷材时，可同时取代防水层（一）、（二），参见本书2.4.2节5(4)b	
5	防水层（二）	威达底层防水卷材	参见本书2.4.2节4(1)~(4)		
6	找平层	20mm厚1:3水泥砂浆			
7	保温层	1）EPS聚苯板；2）XPS挤塑板；3）PU硬泡聚氨酯；4）泡沫玻璃	须按相应的保温隔热节能标准进行计算，以确定保温层采用与否，及其最小厚度		
8	地下室顶板基层	现浇钢筋混凝土顶板	地下室顶板上种植土与周界土相连时不做找坡		

注：地下室顶板覆土植被层和大地土体连接，雨水渗入土壤中，故不必设排水层，即铺设了排水层也无土排水（除非另设排水系统）。

威达种植屋面系统各结构层次的特点和要求如下：

1）屋面结构基层-坡度要求

为了顺利排除屋面上的雨水，屋面在保证 2% 坡度的同时，对于种植斜屋面来讲，屋面坡度大于 15°（27%）就必须进行防滑处理。（备注：27% 就必须进行防滑处理，这是德国标准中体现的，在国内要求更为严格，20% 就必须进行防滑处理。）

防滑枕木的间距根据屋面坡度而设定：屋面坡度 15°~20°时，防滑枕木的间距为 100cm；屋面坡度 20°~30°时，防滑枕木的间距为 50cm；屋面坡度为 30°~40°时，防滑枕木的间距为 33cm；屋面坡度为 40°~60°时，防滑枕木的间距则为 20cm。

2）屋面结构的承载能力

种植屋面结构同时要承受"活荷载"和"静荷载"，静荷载由所有的构造层共同组成，比如说屋面防水层、保温层、保护层、砾石以及排水层、过滤层和植被种植层，要考虑这些构造层所用材料饱和水状态下的密度，另外要考虑植物本身产生的逐渐增加的荷载和灌溉产生的附加荷载。

3）蒸汽阻拦层（隔汽层）

当采用正置式保温种植屋面时，为避免屋面的结构顶板结露、防止水蒸气进入保温材料，导致保温破坏，需在保温层下设置隔汽层。

4）绝热层（保温层）

绝热层的设计必须满足所在地区的情况，符合所在的建筑节能标准，按照所在地区的建筑节能标准中的相关规定进行。

绝热层材料的吸水性能直接影响它的保温隔热性能，吸水率越高它的保温隔热性能就越差，绝热层应选用吸水率小的材料。

种植屋面系统中，绝热层要承受其上各构造层（根阻防水层、防水保护层、排水层、过滤层、种植土、植物等）的静荷载以及可能增加的各种活荷载（植物的增重，种植土中不断变化的水量、交通荷载等），就需要绝热层要有足够的承载能力，否则会造成绝热材料的破坏。

5）种植屋面防水层及根阻防水材料的应用

要解决种植屋面的漏水问题，首先要防止植物根穿透防水层而造成防水功能失效；还要防止植物根穿透结构层而造成更为严重的结构破坏；更要避免由于植物根穿透造成防水层破坏甚至结构破坏而带来的连带损失。在屋面结构层上进行园林建设，由于排水、蓄水、过滤等功能的需要，屋面种植结构层远比普通自然种植的结构复杂。而防水层一般处于最下面一层，如果忽略了根阻防水层的设置，植物根穿透防水层，势必导致结构层大面积渗漏。

① 用于种植屋面的防水卷材不仅要满足不同屋面规定的材料指标，同时还要具有根阻性能。根阻性能试验技术涉及面广（试验植物的选择、试验的条件等等）、试验设备复杂，且试验周期较长。在欧洲，根阻性能要满足欧洲规范 EN 13948 中的规定。德国园林景观权威机构 FLL（景观设计与园林建筑研究会）已于 1984 年开创性地进行了根阻试验。要求用于种植屋面的上层防水材料的根阻性能必须通过权威机构（FBB）的严格认证。

② 不是所有可以根阻的材料都适宜用在种植屋面系统中，需要与整体种植屋面系统相匹配，除根阻性能以外，还需具有下述性能：防水性能、环保性能、自重轻、施工简便、屋面节点及搭接部位易操作等等。

③ 考虑到对种植屋面的防水性能要求高，以及考虑到种植屋面的耐久年限，强调应做两层防水，保证防水性能，根阻防水材料用在上层。

在此推荐使用如下根阻防水材料：其根阻性能已经通过国际园林景观权威机构 FLL（景观设计与园林建筑研究会）长达 2 年或 4 年的试验验证。

a. 有复合铜胎基的 SBS 改性沥青根阻防水卷材

含有复合铜胎基的 SBS 改性沥青根阻防水卷材是一种理想的种植屋面用根阻防水卷材。该产品的根阻性能主要是通过卷材的聚酯铜复合胎基来实现的。当植物根接触到铜复合胎基，在复合铜胎基中铜离子的作用下，植物根转向寻找其他方式继续生长，不会继续破坏防水层。

同时这种含有复合铜胎基的 SBS 改性沥青根阻防水材料是在防水材料的基础上发展而来的，它具有良好的防水性能，很强的抗变形能力，理想的耐久性能，体现了防水、根阻的完美结合。

b. 以 OCB 为原料的高分子根阻防水材料

以 OCB 为原料的高分子防水卷材是一种理想的种植屋面用根阻防水卷材，这种材料非常适宜用作种植屋面上的防水材料，其一，这种材料通过本身坚硬的机械性能而具有极强的抗植物根穿透的性能；第二，材料上下表面的 OCB 涂层不但具有理想的耐高温和耐低温性能，而且具有极强的抗老化和抗腐蚀能力，可以有效地抵抗植物和营养土对材料的腐蚀作用；第三，因为材料本身不含有任何软化剂、增塑剂及其添加剂，不会对动植物造成任何伤害，环保性能通过了 ISO 14000 的严格认证；第四，这种材料采用了抗撕拉能力极强的玻纤复合胎基，具有极强的抗变形能力，可以抵抗屋面结构在温度变化和不均匀沉降等作用下的变形。

值得一提的是，试验显示这种材料可以抵抗竹子根的穿透作用，而且它在满足防水性能的同时具有良好的根阻性能，无需在种植屋面系统中单独设置根阻层。

6）排水层

在种植屋面系统中，雨水要经过防水层的上方横向流到屋面的排水设备中，排水层应该保证雨水能有效地排出，保证植物和种植土不被腐烂掉或冲运掉。

最大流程长度是说明排水层性能的重要指标，选用排水层材料时必须考虑此项指标。在考虑排水层性能的同时，要根据当地水质情况，考虑排水层抗生物性与碳酸盐含量。

当屋面坡度大于 3%，同时种植土层厚度较薄（小于 150mm）时，可不考虑人为设置排水层。如屋面坡度较小，土层厚度较薄

（小于 150mm 时），需选用排水层材料，但必须慎重考虑排水层材料的材质，不宜选用热胀冷缩系数较大和吸热、导热性强的材料。

7）过滤层

过滤层的作用是防止渗入水将细土和基质成分从植被支撑层冲走，形成泥浆，并进入排水层，从而防止泥浆对排水层的渗水性产生不利的影响，因此在蓄排水层上必须设置过滤层。

过滤层的总孔隙率直接影响水的渗透速度，过滤层材料宜选用总孔隙度高的材料。

8）种植土及植被

种植屋面用种植土是有别于普通种植土的，不同类型的种植土需要考虑如下几个重要的技术指标：颗粒粒径 < 0.063mm 的含量、种植土的干容重、最大湿容重、种植土的含水量、种植土中水的渗透性、种植土的 pH 值以及种植土的有机物含量。其中值得一提的是：国外的经验显示，种植屋面用种植土无需"过肥"，注意有机物含量不要过高，避免屋面承受不必要的植物生长增重。

屋顶绿化的植被要满足以下几项要求：

① 抗旱。因为特定的绿化地点，植株必须要抗旱，这样可以相对减少浇水的次数，以适应屋顶的特定环境。

② 抗风。在高层建筑屋面上做种植时，不要选用过高或不够坚硬的植株，否则风大时植株易倒伏。要选用相对比较低矮的植株，不建议选用高大灌木，并在必要时要考虑对植株采取加固措施。

③ 植株要有较鲜艳的色泽或者开花时要有较好的团状外形，使得屋顶绿化取得较好的观赏效果。

9）隔离带的设置

种植屋面上的排水口是不允许遮盖住的，要保障排水口的周围没有植物，容易辨认，不要因为植物的长入而阻塞和影响排水，宜将排水口置于一个直径为 60~100cm 的砾石面内。

（2）骏宁公司种植屋面系统的层次构造

骏宁公司种植屋面系统（采用 PSS 合金防水卷材）的构造层次如图 2-75、图 2-76 所示。

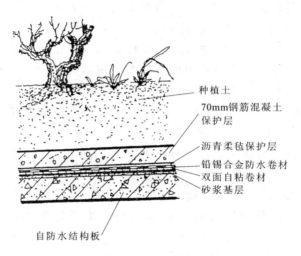

种植土
70mm钢筋混凝土保护层
沥青柔毡保护层
铅锡合金防水卷材
双面自粘卷材
砂浆基层
自防水结构板

图 2-75　种植屋面工程防水构造层次

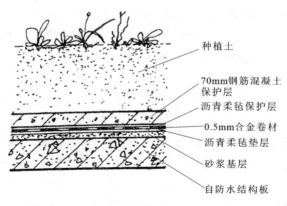

种植土
70mm钢筋混凝土保护层
沥青柔毡保护层
0.5mm合金卷材
沥青柔毡垫层
砂浆基层
自防水结构板

图 2-76　地下车库顶板防水构造层次

PSS 合金防水卷材是骏宁公司研制开发出的以铅、锡、锑等为基料，用于种植屋面防水的一类防水材料，其厚度在 0.5 ~ 1.0mm 之间，施工便捷，焊接容易，防锈蚀能力大大提高，防水效果优于传统的防水材料。该合金卷材用于种植屋面防水，具有较好的综合效益，如单层空铺施工，减少胶粘剂费用；平缝焊接，搭接率仅为 1.7% 左右，节省材料；耐用年限较长，如年久需翻修，废旧合金卷材还可做价回收、重新加工。且该类卷材还具有良好的抗穿孔性和耐植物根穿刺性，拉伸强度（纵向）≥ 20MPa，断裂伸长率（纵向）≥31%，并具有良好的柔韧性，可以适应结构、温度变形带来的影响。环保测试结果还表明，从原材料生产到工程施工，该材料均不会对周围的水系、土壤、人体产生铅污染危害。

（3）金汤公司种植屋面系统的层次构造

金汤公司所设计的种植屋面的层次构造如图 2-77、图 2-78 所示。

1）种植屋面的主要构造层次

① 防水层

对种植屋面防水层的基层没有特殊要求，可按《屋面工程技术规范》要求处理。防水材料的选用上应注意以下几个方面：a. 种植屋面防水层会受到植物根系的作用，故应选择不易受根系破坏的防水材料，重点是防水材料应具有可靠的接缝密封性、长期浸水耐腐蚀性。德国 FLL（景观设计与园林建筑研究会）经试验确定的能抗穿透的防水卷材有：PVC 防水卷材、聚乙烯防水卷材、三元乙丙合成橡胶防水卷材、聚酯胎 SBS 改性沥青防水卷材、胎体改性沥青防水卷材等，对于合成高分子橡胶卷材，其接缝质量必须可靠；对于防水涂料类材料，FLL 仅推荐了聚氨酯防水涂料。b. 种植屋面用防水材料必须具有耐水解、耐霉变、耐腐烂，并且有耐弱碱腐蚀的能力。c. 刚性防水层易开裂，故不宜单独作为一道防水层使用。聚合物砂浆、"水不漏"等可作为卷材或涂料防水层的基层与其结合使用，可起到刚柔并济的作用。d. 为了防止窜水现象，铺设在结构板上的防水层应采用满粘法施工，树脂类热焊接卷材以空铺法为宜，机械固定点、溢水口、穿管部位、卷材收头处等部位要用密封材料进行严格密封处理。防水层在上翻收头处的高度不宜低于种植土面 200mm。e. 普通金属制品在半干湿状态下，其被腐蚀破坏的速度比普通防水材料还快，因此，金属防水板用于种植屋面单层防水时，其耐腐蚀性能必须可靠。

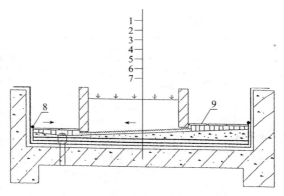

图 2-77 某种植屋面防水保温实例

1—种植土；2—排水板（滤水层）；3—细石混凝土找坡；
4—干铺油毡一道；5—1.5mm 厚铝箔面自沾防水卷材；
6—1.5mm 厚聚氨酯防水涂料；7—屋面结构板；8—密封胶；9—走道

② 防水保护层

屋面防水设置保护层既可防止上部园林施工对防水层的损坏，还能防止植物根系对防水层的破坏，保护层的设置，可采用 20～30mm 厚水泥砂浆，也可选用聚苯板等软质保温材料。塑料排水板有兼作保护层的作用，是一种质量轻、效果好、施工方便的好材料。倒置式保温防水屋面的保护层可以取消。

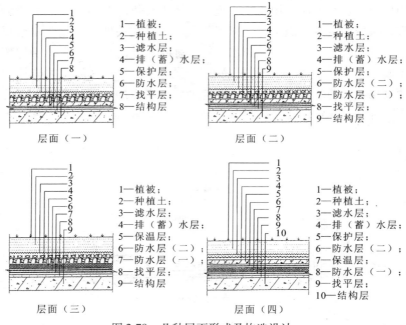

图 2-78　几种屋面形式及构造设计

对于有可能会受根系破坏的防水层，其保护层必须选用塑料排水板之类的耐根系材料；厚质 PVC 防水板或聚乙烯板具有足够的抗穿刺能力时，可不设保护层。

③ 保温层

种植屋面是否需要做保温层，这与种植屋面的总热阻和当地气候条件下节能要求有关，需要通过计算才能确定。下面以浙江省为例做一介绍。

浙江省属夏热冬冷地区，根据国家节能法要求，制定了浙江省《居住建筑节能设计标准》，规定了建筑屋顶传热系数 K 和热惰性指标 D，见表 2-61 所示。

表 2-61 屋顶的传热系数 K 和热惰性指标 D

屋顶	指	标
	$K \leqslant 1.0\text{W}/(\text{m}^2 \cdot \text{K})$ $D \geqslant 3.0$	$K \leqslant 0.8\text{W}/(\text{m}^2 \cdot \text{K})$ $D \geqslant 2.5$

典型非保温种植防水屋面的热工计算见表 2-62，通过对典型非保温种植屋面的热工计算，得出传热系数为 $K = 1.00\text{W}/(\text{m}^2 \cdot \text{K})$，热惰性指标 $D = 7.81 > 3.0$，符合浙江省建筑节能要求的指标。在上述构造上增加 20mm 厚聚苯板时，$K = 0.75\text{W}/(\text{m}^2 \cdot \text{K})$，热惰性指标 $D = 7.98$；增加 30mm 厚聚苯板时，$K = 0.66\text{W}/(\text{m}^2 \cdot \text{K})$，热惰性指标 $D = 8.07$。

严寒地区和寒冷地区需根据当地的节能标准要求，设置保温层的厚度；夏热冬冷和夏热冬暖地区的种植屋面，当种植土与各层次导热系数计算达到标准要求时，可不设置保温层，但要注意上人过道、天沟等无保温部位的节能构造处理。

当保温层设置在防水层之下时，保温层与结构板之间要否设置隔汽层，应根据 GB 50345—2012《屋面工程技术规范》的要求进行。

2）常用种植屋面防水保温层的构造设计及防水材料选用

种植屋面防水构造的设计应从种植屋面的特性出发，将影响防水的各种因素综合起来考虑，结合各种防水材料性能，设计合理的防水体系，确保屋面不渗漏。

由于防水与景观不属同一专业，相互间存在配合和协调的问题，特别在防水层的收头、施工的交叉作业等问题上，矛盾较为突出。有的景观设计很复杂，防水处理显得更加困难。在这种情况下，防水层的设计尽可能用"以不变应万变"的方案来实现其完整性。如图 2-77 所示为某种植屋面防水保温构造图，其防水主要指导思想是，在防水层上设计了一道刚性层，以达到保护防水层和使防水层起整体防水的效果；刚性层上的景观造型设计与施工完全与防水层分开，方便了防水施工，同时也给景观设计与施工创造了方便。

表2-62 典型非保温/保温种植屋面的热工计算

基本构造	厚度 δ/mm	干密度 ρ/(kg/m³)	导热系数 λ/ [W/(m·K)]	修正系数 α	屋面整体		
					热阻 R_0/ (m²·K/W)	传热系数 K/ [W/(m²·K)]	热惰性 指标 D
植被	—	—	—	—	1.00	1.00	7.81
轻质混合种植土	300	1200	0.47	1.5			
聚酯无纺布过滤层（四周上翻 100mm，粘结）	—	—	—	—			
陶粒排（蓄）水层（粒径15～ 20mm）	100	1200	0.26	1.5			
细石混凝土（双向配筋）	40	2500	1.74	1.0			
土工布或塑料膜、油毡	—	—	—	—			
水泥砂浆找平	20	1800	0.93	1.0			
防水层	—	—	—	—			
现浇钢筋混凝土屋面板	20	1800	0.93	1.0			
现浇钢筋混凝土屋面板	120	2500	1.74	1.0			

常用种植屋面防水保温构造及选材说明参见表2-63，表中的四种屋面形式的构造设计如图2-78所示，表中防水层选用材料编号所对应的防水材料参见表2-66。

表2-63　常用种植屋面防水保温构造及防水材料选用

屋面类别	屋面构造	选材说明	
非保温单道防水	图2-78屋面（一）	滤水层	可选：1）200~400g/m² 聚丙烯或聚酯无纺布；2）粗砂
		排（蓄）水层	可选：1）陶粒或蛭石等粒状骨料；2）塑料排水板
		保护层	可选：1）塑料排水板；2）泡沫塑料；3）水泥砂浆；4）细石混凝土（设隔离层）
		防水层 0~36%坡度	（2）、（4）、（6）、（9）、（11）、（13）、（16）
		防水层 ≥36%坡度	同上，不推荐或有条件使用（6）、（9）、（11）
非保温两道防水	图2-78屋面（二）	防水层（一）	（12）、（14） （7）、（10） （3）、（5）、（8）
		防水层（二）	（1）、（3）、（5）、（8）、（16） （1）、（3）、（16） （1）、（16）
保温种植屋面	图2-78屋面（三）（倒置式保温）	1）倒置式保温种植屋面防水层的设置，与非保温屋面相同；2）倒置式保温屋面中的保温材料必须是不吸水的；3）保温层的厚度需根据计算确定。	
	见图2-78屋面（四）	防水层（一）	（3）、（5）、（8）、（12）、（15）
		防水层（二）	（2）、（11）、（16）

注：加"（）"的数字为表2-64中材料名称的序号。

表2-64　种植屋面可选防水材料品类

序号	材料名称	厚度/mm	说　　明
（1）	树脂类高分子防水卷材	≥1.2	搭接缝热焊接，空铺法施工
（2）		≥1.5	

序号	材料名称	厚度/mm	说　　明
（3）	橡胶类高分子防水卷材	≥1.2	搭接缝加强防水处理，满粘法施工
（4）		≥1.5	
（5）	高聚物改性沥青防水卷材	≥3.0	聚酯胎，满粘法施工
（6）		≥4.0	
（7）	自粘型改性沥青卷材	≥2.0	无胎双面自粘
（8）			HDPE 面，复合铝箔面
（9）			铝箔面，纯铝箔面≥50μm
（10）			聚酯胎双面自粘
（11）		≥3.0	聚酯胎
（12）	合成高分子涂料	≥1.2	—
（13）		≥1.5	
（14）	聚合物水泥防水涂料	≥1.5	耐水性能符合标准要求
（15）		≥2.0	
（16）	铝合金防水胶	≥0.5	需证明其耐腐性能

（4）美国格林格屋面花园系统

ABCSUPPLYINC 是全美最大的建材分销商。ABC 公司经过多年的研究，开发推出了一种全新概念的屋顶花园专利技术，称为格林格系统，并将此项技术的经营权授予美国一家著名的环境设计与工程公司——WESTONS OLUTIONS 公司，由该公司负责这一系统的市场开发、设计和施工。

格林格系统是一种与传统绿色屋面系统完全不同的模块式系统，每个模块由不同深度的载体、专门的培养基质以及可由用户选择的植物组成。此外，还配有灌溉系统、边框处理、轻质路面铺设材料、水池以及家具等。整个屋顶系统施工方便、快捷，只要将预先在苗圃培养好的模块运至屋顶施工现场，并按照设计的图案摆放，一个生机盎然的绿色物顶立即呈现在眼前。正是这种全新的概念，使格林格系统较传统的多层铺入系统具有以下优点：

（1）该系统的模块质量很轻，超薄简式模块的湿重只有 48kg/m^2，简式模块的湿重为 73kg/m^2，即使复式模块的湿重也只有 136kg/m^2，而多层铺入式则要比其重得多。

（2）该系统的景观可以有多种多样的选择，而且景观的变换也很简单，例如将草地、花卉变成水池，只要更换不同的模块即可；每个模块都可预先安装灌溉系统，而灌溉系统正是多层铺入系统的一个难点，需根据不同楼盘的屋顶进行专门的设计。

（3）该系统的模块搬动十分方便。在屋顶需要增加附加层的情况下，只要将模块移走，待附加层完工以后再将模块搬回新的屋顶，新的屋顶花园即可完成。显然，多层铺入式与其相比是很难适应这种情况的。

（4）该系统的配件和施工全部由单一渠道提供，省时省心。而多层铺入式的配件和施工往往涉及多个供货商、若干个施工单位，而协调众多的供货商和施工单位并非易事，一旦在某个环节脱节，就可能造成整个施工的延误。

（5）对于现有的屋顶来讲，只要承载能力许可，就可以使用格林格系统，而多层铺入式则经常要求更换新楼板。

（6）格林格系统所用的载体和路径铺设材料都是采用回收材料做成的，有利于环境保护，很好地体现了“循环经济”的思想，而多层铺入式屋面通常会有 PVC 等不可降解的物质。

（7）格林格系统铺设完成后，花园景观马上呈现在眼前，而多层铺入式系统则需要待移植的植物成活后方能形成景观效应。

（8）从经济上看，格林格系统的造价要比铺入式系统便宜很多。

由以上优点可以看出，格林格系统在绿色屋顶的发展潮流中独树一帜，具有广阔的应用前景。

2.4.3.4　花园式种植屋面的布局

布局主要包括：选取、提炼题材，酝酿、确定主景、配景，功能分区，游赏路线的确定，探索所采用的园林的形式。

1. 花园式种植屋面布局的基本原则

屋顶花园应尽可能地发掘地基和周围景观的联系，尽可能做到功能合理、分区明确。构思巧妙的布局可使功能更为完善。较小面积的屋顶花园可以只分为：交通、种植、人的活动区域。

功能分区应结合建筑屋顶的条件合理地进行安排和布置，为特定的要求和内容安排适当的基地位置，使各项内容各得其所、互为呼应，形成一个有机的花园整体。

屋顶花园设计，是利用景观的形式与空间来塑造一个对人类有益的良好环境，这在于设计者所精心营造的景观以怎样的顺序出现在人们面前。大面积的游赏性质的屋顶花园，需要进行与地面园林一样精心的布置，空间的开敞与收束、色彩的明暗、丰富的景观是屋顶花园存在的基础；而景观是构成园林的各成分的内在结构，是屋顶花园存在的方式。屋顶花园中生机勃勃的自然景观很大程度上来源于对植物的选择与栽种的巧妙，再有就是小巧精致的水景的运用。

2. 花园式种植屋面的细部设计

（1）植被、水体

屋顶景观设计中，植被、水体因其自身的特色，为景观提供了富有生机、活力的空间。形式、色彩上的变化可给景观在时间上以空间的转换，不至于单调、无变化。屋顶上的水景一般比较小巧，植物的茂密疏瘦可由种植屋面的设计风格来决定。

（2）铺装

园林中的地面铺装在很大程度上体现了形式的变化。地面上铺装材质的不同则可用于划分空间。

（3）台阶——不同高差的转化

台阶是不同高差地面的一种结合方式。其虽属交通性质的过渡空间，但也能产生巨大的艺术魅力。台阶在园林设计中往往会摆脱其纯功能性，被夸大并与场地结合，营造出多功能极富韵律感的空间。

（4）小品——视线的引导

花坛、灯具、雕塑、花架、座椅等园林小品不仅起着点缀的作用，同时也可对视线产生引导和汇聚作用，形成焦点，标志着此空间与彼空间的区别，暗示其存在。如夸张的花坛，具有非常可爱的花纹和稚拙的造型，则十分适合应用于有儿童活动的花园。

在设计时，应注意园林中各要素并非孤立地存在，通常会相互穿插渗透，显现出作品的整体协调性。

2.4.4　种植屋面的施工

种植屋面工程必须遵照种植屋面总体设计的要求进行施工。施工前应通过图纸会审，明确细部构造和技术要求，并编制施工方案。进场的防水材料和保温隔热材料，应按规定抽样复验，提供检验报告。严禁使用不合格材料。种植屋面施工，应遵守过程控制和质量检验程序，并有完整的检查记录。

2.4.4.1　种植屋面施工的工艺流程

简单式种植屋面的施工工艺流程如图 2-79 所示；花园式种植屋面的施工工艺流程如图 2-80 所示。

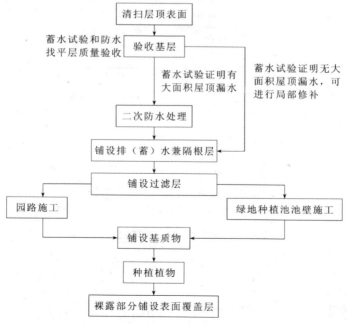

图 2-79　简单式种植屋面的施工工艺流程

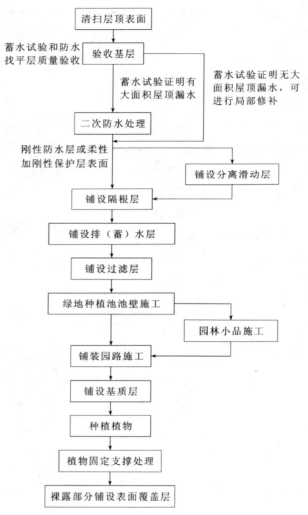

图 2-80 花园式种植屋面的施工工艺流程

2.4.4.2 种植屋面绿化种植区各构造层次的施工

1. 屋面结构层的施工

现以钢筋混凝土屋面板为例，介绍屋面结构层的施工。

钢筋混凝土屋面板既是承重结构，也是防水防渗的最后一道防线。其混凝土的配合比（质量比）为：水泥：水：砂：砾石：UEA =1：0.47：1.57：3.67：0.09。UEA 防水剂可保证抗渗等级为 P8，混凝土强度等级为 C25。为防止板面开裂，在板的跨中、上部应配双向 $\phi 6@200$ 钢筋网，以防止受弯构件的上部钢筋被踩踏变形。

模板在浇筑混凝土前，应进行充分湿润，并正确掌握拆模时间（强度未达到 1.2kPa 时，不应上人或堆载）。浇筑混凝土前，及时检查钢筋的保护层厚度，不宜过大、过小，以保证混凝土的有效截面。

混凝土应一次性浇筑成型。混凝土浇筑从上向下，振捣从下向上进行。混凝土初凝前应进行两次压光，并用抹子拍打，压光后及时在混凝土表面覆盖麻袋，浇水养护。应尽可能避免在早龄期混凝土承受外加荷载，混凝土预留插筋等外露构件应不受撞击影响。严格控制施工荷载不超过设计荷载（即标准活荷载），屋面梁板与支撑应进行计算复核其刚度。

2. 保温隔热层的施工

板状保温隔热层施工时，其基层应平整、干燥和干净；干铺的板状保温隔热材料应紧靠在需保温隔热的基层表面上，并铺平垫稳；分层铺设的板块上下层接缝应相互错开，并用同类材料嵌填密实；粘贴板状保温隔热材料时，胶粘剂应与保温隔热材料相容，并贴严、粘牢。

喷涂硬泡聚氨酯保温隔热层施工时，其基层应平整、干燥和干净；伸出屋面的管道应在施工前安装牢固；喷涂硬泡聚氨酯的配比应准确计算，发泡厚度均匀一致；其施工环境气温宜为 15～30℃，风力不宜大于三级，空气相对湿度宜小于 85%。

坡屋面保温隔热层防滑条应与结构层钉牢。

3. 找坡层（找平层）的施工

找坡层材料配比应符合设计要求，表面应平整。找坡层采用水泥拌合的轻质散状材料时，施工环境温度应在5℃以上，当低于5℃时应采取冬期施工措施。

找平层是铺贴卷材防水层的基层，应给防水卷材提供一个平整、密实、有强度、能粘结的构造基础。找平层应坚实平整，无酥松、起砂、麻面和凹凸现象。

当基层为整体混凝土时，可采用水泥砂浆找平层，其厚度为20mm，水泥与砂浆比为1∶2.5～1∶3（体积比），水泥强度不低于32.5级。找平层应设分格缝，并嵌填密封材料，以避免或减少找平层出现开裂造成渗漏。分格缝的缝宽为20mm，纵向和横向间距应不大于6mm，分格缝的位置应设在屋面板的支端、屋面转角处防水层与突出屋面构件的交接处、防水层与女儿墙交接处等，且应与板端缝对齐，均匀顺直。屋面基层与突出屋面结构的交接处，以及基层的转角处均应做成圆弧。

水泥砂浆找平层施工时，先把屋面清理干净并洒水湿润，铺设砂浆时应按由远到近、由高到低的程序进行，每分格内必须一次连续铺成，并按设计控制好坡度，用长度2m以上的刮杆刮平。待砂浆稍收水后，用抹子压实抹平，12h后用草袋覆盖，浇水养护。对于突出屋面上的结构和管道根部等节点应做成圆弧、圆锥台或方锥台，并用细石混凝土制成，以避免节点部位卷材铺贴折裂，利于粘实粘牢。

水落口周围应做成凹坑，周围直径500mm范围内做成坡度≥5%，且应平滑；女儿墙、出屋面烟道、楼梯层的根部做成圆弧，半径为80mm，用细石混凝土制成；伸出屋面管道根部的周围，用细石混凝土做成方锥台，锥台底面宽度300mm，高60mm，整平抹光。

4. 普通防水层的施工

（1）普通防水层施工的基本要求

普通防水层的卷材与基层可空铺施工，坡度大于10%时，必须满粘施工。采用热熔法满粘或胶粘剂满粘防水卷材防水层的基层应干燥、干净。

当屋面坡度小于 15% 时，卷材应平行屋脊铺贴；大于 15% 时，卷材应垂直屋脊铺贴。上下两层卷材不得互相垂直铺贴。防水卷材搭接接缝口应采用与基材相容的密封材料封严。卷材收头部位宜采用压条钉压固定。

阴阳角、水落口、突出屋面管道根部、泛水、天沟、檐沟、变形缝等细部构造处，在防水层施工前应设防水增强层，其增强层的材料应与大面积防水层材料同质或相容；伸出屋面的管道和预埋件等，应在防水施工前完成安装。后装的设备在其基座下应增加一道防水增强层，施工时不得破坏防水层和保护层。

防水材料的施工环境，合成高分子防水卷材在环境气温低于 5℃ 时不宜施工；高聚物改性沥青防水卷材热熔法施工环境气温不宜低于 - 10℃；反应型合成高分子涂料施工环境气温宜为 5 ~ 35℃；防水材料严禁在雨天、雪天施工，五级风及其以上时，亦不得施工。

（2）高聚物改性沥青防水卷材的热熔法施工

高聚物改性沥青防水卷材热熔法施工，其环境温度不应低于 - 10℃。铺贴卷材时应平整顺直，不得扭曲，长边和短边的搭接宽度均不应小于 100mm；火焰加热应均匀，并以卷材表面沥青熔融至光亮黑色为度，不能欠火或过分加热卷材；卷材表面热熔后应立即滚铺，在滚铺时应立即排除卷材下面的空气，并辊压粘贴牢固；卷材搭接缝应以溢出热熔的改性沥青为度，并均匀顺直；采用条粘法施工时，每幅卷材与基层粘结面不应少于两条，每条宽度不应小于 150mm。

APP、SBS 改性沥青防水卷材热熔法施工要点如下：

① 水泥砂浆找平层必须坚实平整，不能有松动、起鼓、面层凸出或严重粗糙，若基层平整度不好或起砂时，必须进行剔凿处理；基层要求干燥，含水率应在 9% 以内；施工前要清扫干净基层；阴角部位应用水泥砂浆抹成八字形，管根、排水口等易渗水部位应进行增强处理。

② 在干燥的基层上涂刷基层处理剂，要求均匀一致一次涂好。

③ 先把卷材按位置摆正，点燃喷灯（喷灯距卷材 0.3mm 左右），用喷灯加热卷材和基层，加热要均匀，待卷材表面熔化后，随即向前滚铺，细致地把接缝封好，尤其要注意边缘和复杂部位，防止翘边。双层做法施工工艺和单层做法施工工艺基本相同，但在铺贴第二层时应与卷材接缝错开，错开位置不得小于 0.3m。

④ 防水卷材的热熔法施工时要加强安全防护，预防火灾和工伤事故的发生。大风及气温低于 –15℃ 不宜施工。应加强对喷灯、汽油、煤油的管理。

（3）自粘防水卷材的施工

自粘防水卷材铺贴前，基层表面应均匀涂刷基层处理剂，干燥后应及时铺贴卷材；铺贴卷材时应将自粘胶底面的隔离纸撕净；铺贴卷材时应排除自粘卷材下面的空气，并采用辊压工艺粘贴牢固；铺贴的卷材应平整顺直，不能扭曲、皱褶，长边和短边的搭接宽度均不应小于 100mm；低温施工时，立面、大坡面及搭接部位宜采用热风机加热，并粘贴牢固。

采用湿铺法施工自粘类防水卷材应符合相关技术规定。

（4）合成高分子防水卷材的冷粘法施工

合成高分子防水卷材冷粘法施工时环境温度不应低于 5℃。铺贴卷材时应先将基层胶粘剂涂刷在基层及卷材底面，要求涂刷均匀、不露底、不堆积；铺贴卷材应顺直，不得皱褶、扭曲、拉伸卷材；应采用辊压工艺排除卷材下的空气，粘贴牢固；卷材长边和短边的搭接宽度均不应小于 100mm；搭接缝口应用材性相容的密封材料封严。

PVC 防水卷材的施工要点如下：

① 卷材铺贴前要检查找平层质量要求，做到基层坚实、平整、干燥、无杂物，方可进行防水施工。

② 基层表面的涂刷。在干燥的基层上，均匀涂刷一层厚 1mm 左右的胶粘剂，涂刷时切忌在一处来回涂刷，以免形成凝胶而影响

质量。涂刷基层胶粘剂时，尤其要注意阴阳角、平立面转角处、卷材收头处、排水口、伸出屋面管道根部等节点部位。

③ 卷材的铺贴，其铺贴方向一律平行屋脊铺贴，平行屋脊的搭接缝按顺流水方向搭接，卷材的铺贴可采用滚铺粘贴工艺施工。

施工铺贴卷材时，先用墨线在找平层上弹好控制线，由檐口（屋面最低标高处）向屋脊施工，把卷材对准已弹好的粉线，并在铺贴好的卷材上弹出搭接宽度线。铺贴一幅卷材时，先用塑料管将卷材重新成卷，且涂刷胶粘剂的一面向外，成卷后用钢管穿入中心的塑料管，由两人分别持钢管两端，抬起卷材的端头，对准粉线，展开卷材，使卷材铺贴平整。贴第二幅卷材时，对准控制线铺贴，每铺完一幅卷材，立即用干净而松软的长柄压辊从卷材一端顺卷材横向顺序滚压一遍，彻底排除卷材粘结层间的空气，滚压从中间向两边移动，做到排气彻底。卷材铺好压粘后，用胶粘剂封边，封边要粘结牢固，封闭严密，且要均匀、连续、封满。

④ 屋面节点是防水中的重要部位，处理好坏对整个屋面的防水尤为重要，做到细部附加层不外露，搭接缝位置顺当合理。

⑤ 水落口周围直径 500mm 范围内，用防水涂料作附加层，厚度应大于 2mm。铺至水落口的各层卷材和附加层，用剪刀按交叉线剪开，长度与水落口直径相同，再粘贴在杯口上，用雨水罩的底部将其压紧，底盘与卷材间用胶粘剂粘结，底盘周围用密封材料填封。

管道根部找平层应做成圆锥台，管道壁与找平层之间预留 20mm×20mm 的凹槽，用密封材料嵌填密实，再铺设附加层，最后铺贴防水层，卷材接口用胶粘剂封口，金属压条箍紧。

在突出楼梯间墙处、女儿墙等部位，把卷材沿女儿墙、楼梯间墙往上卷，女儿墙做成现浇结构，厚度 120mm，高 1600mm，在 600mm 高度处侧面嵌 25mm×30mm 木条。等混凝土终凝后，取下木条，就形成一条凹槽，从凹槽处向下阴角贴一层附加卷材，主卷材在此收口，嵌性能良好的油膏。在浇筑上面刚性防水层时，注意保护好 PVC 卷材，绝不能损伤、撕裂。

（5）合成高分子防水涂料的施工

合成高分子防水涂料可采用涂刮法或喷涂法施工；当采用涂刮法施工时，两遍涂刮的方向相互垂直；涂覆厚度应均匀，不露底、不堆积；第一遍涂层干燥后，方可进行第二遍涂覆；当屋面坡度大于 15% 时，宜选用反应固化型高分子防水涂料。

5. 耐根穿刺防水层的施工

（1）耐根穿刺防水层施工的基本要求

① 耐根穿刺防水层的高分子防水卷材与普通防水层的高分子防水卷材复合时，采用冷粘法施工。耐根穿刺防水层的沥青防水卷材与普通防水层的沥青基防水卷材复合时，采用热熔法施工。耐根穿刺防水材料与普通防水材料不能复合时，可空铺施工。用于坡屋面时，必须采取防滑措施。

② 种植屋面工程施工时，在耐根穿刺防水层上宜采取保护措施。耐根穿刺防水层的保护措施应符合下列要求：

a. 采用水泥砂浆保护层时，应抹平压实，厚度均匀，并设分格缝，分格缝间距宜为 6m。

b. 采用聚乙烯膜、聚酯无纺布或油毡做保护层时，宜空铺法施工，搭接宽度不应小于 200mm。

c. 采用细石混凝土做保护层时，保护层下面应铺设隔离层。

③ 铅锡锑合金防水卷材施工可空铺；当用于坡屋面时，宜与双面自粘防水卷材复合粘结，双面自粘防水卷材可作为一道普通防水层；铺设铅锡锑合金防水卷材前，应将普通防水层表面清扫干净，并弹线；当搭接缝采用焊条焊接法施工时，搭接宽度不应小于 5mm；焊缝必须均匀，不得过焊或漏焊；铺贴保护层前，防水层表面不得留有砂粒等尖状物。

④ 改性沥青类耐根穿刺防水卷材施工应采用热熔法铺贴，并应符合 2.2.2 节中 3 的相关要求。

⑤ 高密度聚乙烯土工膜宜空铺法施工，其搭接宽度应为

100mm，单焊缝的有效焊接宽度不应小于25mm，双焊缝的有效焊接宽度应为空腔宽度再加上20mm，焊接应严密，不得焊焦、焊穿；焊接卷材应铺平、顺直；变截面部位卷材接缝施工应采用手工或机械焊接，采用机械焊接时，应使用与压焊配套的焊条焊接。

⑥ 聚氯乙烯防水卷材宜采用冷粘法铺贴，施工要求应符合2.2.2节3中的相关要求。大面积采用空铺法施工时，距屋面周边800mm内的卷材应与基层满粘；当搭接缝采用热风焊接施工时，卷材长边和短边的搭接宽度不应小于100mm，单焊缝的有效焊接宽度应为25mm，双焊缝的有效焊接宽度应为空腔宽度再加上20mm。

⑦ 铝胎聚乙烯复合防水卷材宜与普通防水层满粘或空铺，卷材搭接缝采用双焊缝焊接时，搭接宽度不应小于100mm，双焊缝的有效焊接宽度应为空腔宽度再加上20mm。

⑧ 聚乙烯丙纶防水卷材-聚合物水泥胶结料复合防水层施工时，其聚乙烯丙纶防水卷材应采用双层铺设；聚合物水泥胶结料应按要求配制，厚度不应小于1.3mm，宜采用刮涂法施工；卷材长边和短边的搭接宽度均不应小于100mm。保护层应采用1∶3水泥砂浆，厚度应为15~30mm；施工环境温度不应低于5℃。

（2）不同防水构造的做法

1）铜复合胎基改性沥青（SBS）根阻防水卷材的热熔法施工

① 材料要求

a. 耐根穿刺层兼防水层材料

铜复合胎基改性沥青（SBS）根阻防水卷材是以聚酯毡与铜的复合胎基，浸涂和涂盖加入根阻添加剂苯乙烯-丁二烯-苯乙烯（SBS）热塑弹性体改性沥青，两面覆以隔离材料制成。

单层施工时卷材厚度不应小于4mm，双层施工时卷材厚度不应小于4mm（根阻防水卷材）＋3mm（聚酯胎SBS改性沥青防水卷材）。

铜复合胎基改性沥青（SBS）根阻防水卷材按上表面隔离材料

分为细纱（S）、矿物粒料或片状材料（M）两种，卷材胎基为聚酯-铜复合胎基（PY-Cu）。

卷材规格：宽度为 1m，厚度为 4.0mm，4.5mm；每卷面积为 7.5m²。

铜复合胎基改性沥青（SBS）根阻防水卷材物理性能应符合表 2-65 的要求。

表 2-65　铜复合胎基改性沥青（SBS）根阻防水卷材物理性能

DB 11/366—2006

序号	复合胎基		PY-Cu（聚酯-铜）
1	可溶物含量 /（g/m²）≥	4.0mm	2900
		4.5mm	3000
2	不透水性	压力/MPa≥	0.3
		保持时间/min≥	30
3	耐热度/℃ ≥		115
			无滑动、流淌、滴落
4	低温柔度/℃ ≥		−35
			无裂纹
5	拉力/（N/50mm）≥	纵向	800
		横向	800
6	最大拉力时的延伸率/% ≥	纵向	40
		横向	40
7	撕裂强度/N≥	纵向	350
		横向	350
8	人工气候加速老化	外观	I 级
			无滑动、流淌、滴落
		拉力保持率/%　纵向	80
		低温柔度/℃	−25
			无裂纹

注：表中 1～6 项为强制性项目。

b. 配套材料

（a）基层处理剂：以溶剂稀释橡胶改性沥青或沥青制成，外观为黑褐色均匀液体，易涂刷、易干燥，并具有一定的渗透型。

（b）改性沥青密封胶：是以沥青为基料，用适量的合成高分子材料进行改性，并加填充剂和化学助剂配制而成的膏状密封材料。主要用于卷材末端收头的密封。

（c）金属压条、固定件：用于固定卷材末端收头。

（d）螺钉及垫片：用于屋面变形缝金属承压板固定等。

（e）卷材隔离层：油毡、聚乙烯膜（PE）等。

② 施工工艺

a. 工艺流程

铜复合胎基改性沥青（SBS）根阻防水卷材热熔法施工的工艺流程如图 2-81 所示。

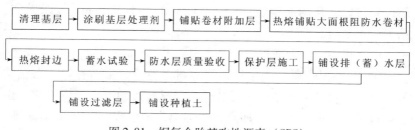

图 2-81　铜复合胎基改性沥青（SBS）
根阻防水卷材热熔法施工工艺流程图

b. 操作要点

（a）主要施工机具

清理基层工具有开刀、钢丝刷、扫帚、吸尘器等；铺贴卷材的工具有剪刀、盒尺、壁纸刀、弹线盒、油漆刷、压辊、滚刷、橡胶刮板、嵌缝枪等；热熔施工机具有汽油喷灯、单头或多头火焰喷枪、单头专用热熔封边机等。

（b）作业条件

铜复合胎基改性沥青（SBS）根阻防水卷材的根阻性能应具备

有效试验报告。在防水施工前应申请点火证，进行卷材热熔施工前，现场不得有其他焊接或明火作业。

防水基层已验收合格，基层应干燥。下雨及雨后基层潮湿不得施工，五级风以上不得进行防水卷材热熔施工。施工环境温度－10℃以上即可进行卷材热熔施工。

（c）清理基层

将基层浮浆、杂物彻底清扫干净。

（d）涂刷基层处理剂

基层处理剂一般采用沥青基防水涂料，将基层处理剂在屋面基层满刷一遍。要求涂刷均匀，不能见白露底。

（e）铺贴卷材附加层

基层处理剂干燥后（约4h），在细部构造部位（如平面与立面的转角处、女儿墙泛水、伸出屋面管道根、水落口、天沟、檐口等部位）铺贴一层附加层卷材，其宽度应不小于300mm，要求贴实、粘牢、无皱褶。

（f）热熔铺贴大面根阻防水卷材

Ⅰ．先在基层弹好基准线，将卷材定位后，重新卷好。点燃喷灯，烘烤卷材底面与基层交界处，使卷材底边的改性沥青熔化。烘烤卷材要沿卷材宽度往返加热，边加热，边沿卷材长边向前滚铺，并排除空气，使卷材与基层粘结牢固。

Ⅱ．在热熔施工时，火焰加热要均匀，施工时要注意调节火焰大小及移动速度。喷枪与卷材地面的距离应控制在0.3～0.5m。卷材接缝处必须溢出熔化的改性沥青胶，溢出的改性沥青胶宽度以2mm左右并均匀顺直不间断为宜。

Ⅲ．耐根阻防水卷材在屋面与立面转角处、女儿墙泛水处及穿墙管等部位要向上铺贴至种植土层面上250mm处才可进行末端收头处理。

Ⅳ．当防水设防要求为两道或两道以上时，铜复合胎基改性沥青（SBS）根阻防水卷材必须作为最上面的一层，下层防水材料宜选用聚酯胎 SBS 改性沥青防水卷材。

（g）热熔封边

将卷材搭接缝处用喷灯烘烤，火焰的方向应与操作人员前进的方向相反。应先封长边，后封短边，最后用改性沥青密封胶将卷材收头处密封严实。

（h）蓄水试验

屋面防水层完工后，应做蓄水或淋水试验。有女儿墙的平屋面做蓄水试验，蓄水 24h 无渗漏为合格。坡屋面可做淋水试验，一般淋水 2h 无渗漏为合格。

（i）保护层施工

铺设一层聚乙烯膜（PE）或油毡保护层。

（j）铺设排（蓄）水层

排（蓄）水层采用专用排（蓄）水板或卵石、陶粒等。

（k）铺设过滤层

铺设一层 $200 \sim 250 \mathrm{g/m^2}$ 的聚酯纤维无纺布过滤层。搭接缝用线绳连接，四周上翻 100mm，端部及收头 50mm 范围内用胶粘剂与基层粘牢。

（l）铺设种植土

根据设计要求铺设不同厚度的种植土。

2）金属铜胎改性沥青防水（JCuB）与聚乙烯胎高聚物改性沥青防水卷材（PPE）的复合施工

① 材料要求

耐根穿刺层兼防水层材料为金属铜胎改性沥青防水（JCuB）与聚乙烯胎高聚物改性沥青防水卷材（PPE）。

a. 金属铜胎改性沥青防水（JCuB）

卷材是以金属铜箔和聚酯无纺布为复合胎基（铜箔厚度为 0.07mm）在两胎基里外层浸涂三层高聚物改性沥青面料，在上下两面覆盖面膜而制成的"双胎、三胶、两膜"防水卷材。由于金属铜箔具有耐根穿刺功能，故用于种植屋面中可集耐根穿刺及防水功能于一体。

卷材按面料分为自粘型（AA）、热熔型（BB），复合型（AB
或BA）三种。

卷材规格：幅宽1m，厚度3mm、4mm、5mm，长度10m，
每卷面积10m²、7.5m²、5m²。卷材物理性能应符合表2-66的
要求。

表2-66 金属铜胎性沥青防水卷材（JCuB）物理性能

DB 11/366—2006

序号	种 类		AA	BB	AB 或 BA
			II	II	II
1	不透水性/MPa		0.3		
			保持时间30min 不透水		
2	耐热度/℃ 2h 无流淌、无滴落	高聚物改性胶	—	100	100
		自粘胶	80	—	80
3	低温柔度/℃ 3s 弯 180°无裂纹	高聚物改性胶	—	-25	-25
		自粘胶	-25	—	
4	拉力/（N/50mm）≥	纵向	600	600	600
		横向			

b. 聚乙烯胎高聚物改性沥青防水卷材（PPE）

聚乙烯胎高聚物改性沥青防水卷材是以高分子聚乙烯材料为胎
基，与高聚物改性沥青面料组成的防水卷材。由于胎基所固有的特
性，使该卷材具有耐根穿刺性、耐碱性及高延伸性，集防水及耐根
穿刺性能于一体。

金属铜胎改性沥青防水卷材（JCuB）与聚乙烯胎高聚物改性
沥青防水卷材（PPE）两者均为耐根穿刺层兼防水层，可互相配
合作为两道防水设防的复合施工，当一道防水设防时也可单独使
用。聚乙烯胎高聚物改性沥青防水卷材物理性能应符合表2-67的
要求。

表 2-67 聚乙烯胎高聚物改性沥青防水卷材

（PPE）物理性能　　DB 11/366—2006

胶　　　质		AA	BB	AB 或 BA
型号		II	II	II
不透水性/MPa		0.3		
		保持时间 30min 不透水		
耐热度/℃ 2h 无流淌、无滴落	PPE 胶	—	110	100
	自粘胶	80	—	80
拉力/（N/50mm）	纵向	500	500	500
	横向	400	400	400
断裂延伸率/% ≥	纵向	300		
	横向			
低温柔度/℃ 3s 弯 180°无裂纹	PPE 胶	—	−25	−25
	自粘胶	−25	—	

c. 配套材料

基层处理剂：丁苯橡胶改性沥青涂料；封边带：橡胶沥青密封胶带，宽 100mm；密封胶。

② 施工工艺

a. 防水构造

防水层为两道设防时：采用金属铜胎改性沥青防水卷材（JCuB）与聚乙烯胎高聚物改性沥青防水卷材（PPE）复合做法。前者为耐根穿刺层，4mm 厚；后者为防水层，3mm 厚。

防水层为一道设防时，耐根穿刺兼防水层可分别采用金属铜胎改性沥青防水卷材（JCuB）单层施工，或聚乙烯胎高聚物改性沥青防水卷材（PPE）单层施工，厚度均不小于 4mm。

b. 工艺流程

采用金属铜胎改性沥青防水卷材（JCuB）与聚乙烯胎高聚物改性沥青防水卷材（PPE）复合施工的工艺流程如图 2-82 所示。

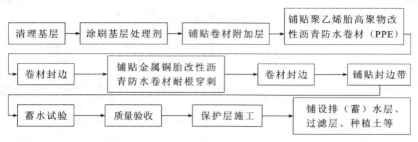

图 2-82　JCuB 与 PPE 复合施工的工艺流程图

c. 操作要点

（a）主要施工机具

清理基层工具有开刀、钢丝刷、扫帚等；铺贴卷材的工具有剪刀、盒尺、弹线盒、滚刷、料桶、刮板、压辊等；热熔施工机具有汽油喷灯、火焰喷枪等。

（b）作业条件

防水卷材进行热熔施工前应申请点火证，经批准后才能施工。现场不得有焊接或其他明火作业。基层应干燥，防水基层已验收合格。

（c）清理基层

将基层杂物、尘土等清扫干净。

（d）涂刷基层处理剂

将基层处理剂均匀地涂刷在基层表面，要求薄厚均匀、不露底。

（e）铺贴附加层卷材

待基层处理剂干燥后，在细部构造部位（如女儿墙、阴阳角、管道根、水落口等部位）粘贴一层附加层卷材，宽度不小于 300mm，粘贴牢固，表面应平整无皱褶。

（f）聚乙烯胎高聚物改性沥青防水卷材（PPE）有自粘型、热熔型之分，自粘型卷材可采用冷自粘法工艺铺贴，热熔型卷材可采用热熔法工艺铺贴。

大面铺贴卷材时，将卷材定位，撕掉卷材底面的隔离膜，将卷材粘贴于基层。粘贴时应排尽卷材底面的空气，并用压辊滚压，粘贴牢固。

（g）卷材封边

卷材搭接缝可用辊子滚压，粘牢压实，当温度较低时可用热风机烘热封边。

（h）铺贴金属铜胎改性沥青防水卷材（JCuB）耐根穿刺层

卷材宜用热熔法铺贴。将金属铜胎改性沥青防水卷材弹线定位，卷材搭接缝与底层冷自粘卷材错开幅宽的 1/3。用汽油喷灯或火焰喷枪加热卷材底部，要往返加热，温度均匀，使卷材与基层满粘牢固。卷材搭接缝处应溢出不间断的改性沥青热熔胶。

（i）封边处理

大面卷材在热熔法施工完毕后，搭接缝处亦需热熔封边，使之粘结牢固，无张口、翘边现象出现。

（j）铺贴封边带

用 100mm 宽的专用封边带将卷材接缝处封盖粘牢。

（k）蓄水试验

防水层及耐根穿刺层施工完成后，应进行蓄水试验，以 24h 无渗漏为合格。

（l）保护层施工

防水层及耐根穿刺层施工完毕、质量验收合格后，按设计要求做好保护层，然后再进行种植绿化各层次的施工。

3）合金防水卷材（PSS）与双面自粘防水卷材的复合施工

① 材料要求

a. 耐根穿刺层材料

（a）合金防水卷材（CPSS）

合金防水卷材（PSS）是以铅、锡、锑等为基础，经加工而成的一类金属防水卷材。此类卷材具有良好的抗穿孔性和耐植物根系穿刺性能，耐腐蚀、抗老化性能强，延展性好，卷材使用寿命长等优点。接缝采用焊接。该卷材集耐根穿刺及防水功能于一体，综合经济效益好。

合金防水卷材（PSS）大面采用与双面自粘橡胶沥青防水卷材粘结，搭接缝采用焊条焊接法施工，搭接宽度不小于5mm。铺贴完的合金防水卷材（PSS）平整、接缝严密，但大面上允许有小皱褶。

复合施工时，合金防水卷材表面应平整，不能有孔洞、开裂等缺陷。其边缘应整齐，端头里进外出不得超过10mm。

卷材厚度≥0.5mm；宽度≥510mm。其物理性能应符合表2-27的要求，且剪切状态下的焊接性（N/mm）≥5.0或焊接外断裂。

（b）焊剂

焊剂应采用饱和的松香酒精溶液。

（c）焊条

所采用的松香焊丝其含锡量应不小于51%。

b. 防水层材料

（a）双面自粘防水卷材

双面自粘橡胶沥青防水卷材是以自粘橡胶沥青为主材，上下表面分别为经硅酮处理的隔离纸组成。

双面自粘橡胶沥青防水卷材作为防水层，同时还兼有过渡粘结的作用。

复合施工时其厚度为1.5mm、2mm；宽度为1.0m；长度为10m、20m。物理性能应符合表2-68的要求。

表2-68　双面自粘橡胶沥青防水卷材物理性能　DB 11/366—2006

序号	项　　目		指　　标
1	不透水性	压力/MPa	0.1
		保持时间/min	30，不透水
2	耐热度，80℃加热2h		无气泡，无滑动
3	断裂延伸率/% ≥		450
4	低温柔度，−20℃，ϕ 20mm，3s，180°		无裂纹

续表

序号	项　目		指　标
5	剪切性能 / （N/mm） ≥	卷材与卷材	2.0，粘合面外断裂
		卷材与铝板	
6	剥离性能/（N/mm） ≥		1.5，粘合面外断裂
7	抗穿孔性		不渗水

（b）辅助材料

专用基层处理剂、双面自粘胶带、专用密封膏和金属压条、钉子等。

② 施工工艺

a. 工艺流程

合金防水卷材（PSS）与双面自粘防水卷材复合施工的工艺流程如图2-83所示。

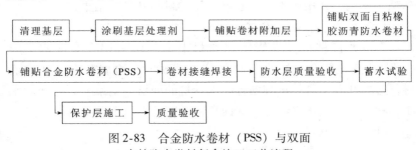

图2-83　合金防水卷材（PSS）与双面
自粘防水卷材复合施工工艺流程

b. 消防准备

防水施工前先申请点火证，施工现场备好灭火器材。

c. 操作要点

（a）主要施工机具

清理基层工具有开刀、钢丝刷、扫帚等；铺贴卷材的工具有弹线盒、盒尺、刮板、压辊、剪刀、料桶、焊枪等。

（b）作业条件

基层要求坚实、平整、压光、干燥、干净。

（c）清理基层

在双面自粘橡胶沥青防水卷材铺贴之前，应彻底清除基层上的灰浆、油污等杂物。

（d）涂刷基层处理剂

将基层处理剂均匀地涂刷在基层表面，要求薄厚均匀、不露底、不堆积。

（e）铺贴附加层卷材

在细部构造部位，如阴阳角、管根、水落口、女儿墙泛水、天沟等处先铺贴一层附加层卷材。附加层卷材应采用双面自粘橡胶沥青防水卷材，粘贴牢固并用压辊压实。

（f）铺贴双面自粘橡胶沥青防水卷材

在基层弹好基准线。将双面自粘橡胶沥青防水卷材展开并定位，然后由低向高处铺贴。铺贴时边撕开底层隔离纸，边展开卷材粘贴于基层，并用压辊压实卷材，使卷材与基层粘结牢固。

（g）铺贴合金防水卷材（PSS）

在双面自粘橡胶沥青防水卷材上面铺贴一层合金防水卷材（PSS）。首先使合金防水卷材就位，铺贴时，边展开合金防水卷材，边撕开双面自粘橡胶沥青防水卷材的面层隔离纸，并用压辊滚压卷材，使合金防水卷材与双面自粘橡胶沥青防水卷材粘结牢固。

（h）卷材接缝焊接

合金防水卷材（PSS）的搭接宽度不应小于5mm，搭接缝采用焊接法。焊接时将卷材焊缝两侧5mm内先清除氧化层，涂上饱和松香酒精焊剂，用橡皮刮板压紧，然后方可进行焊接作业。在焊接过程中两卷材不得脱开，焊缝要求平直、均匀、饱满，不得有凹陷、漏焊等缺陷。

合金防水卷材（PSS）在檐口、泛水等立面收头处应用金属压条固定，然后用粘结密封胶带密封处理。

（i）质量检查

双面自粘橡胶沥青防水卷材及合金防水卷材（PSS）全部铺贴

完毕后，应按照 GB 50207—2002《屋面工程质量验收规范》检查防水层质量。

（j）蓄水试验

种植屋面防水层及耐根穿刺层铺贴完毕后，即可进行蓄水试验，蓄水 24h 无渗漏为合格。

（k）保护层施工

铺设保护层前可先铺一层隔离层。

合金防水卷材（PSS）表面必须做水泥砂浆或细石混凝土刚性保护层。做水泥砂浆保护层时，其厚度应不小于 15mm；做细石混凝土保护层时，厚度应不小于 40mm，且应设分格缝，间距不大于6m，缝宽 20mm，缝内嵌密封胶。

防水保护层施工完毕，需进行湿养护 15d。

4）高聚物改性沥青防水卷材与高密度聚乙烯土工膜（HDPE）的复合施工

① 材料要求

a. 防水层材料

防水层材料采用高聚物改性沥青防水卷材，其技术性能要求应符合国家标准 GB 18242—2000《弹性体改性沥青防水卷材》中聚酯胎（PY）的要求。该卷材作为防水层，采用热熔法施工。

高聚物改性沥青防水卷材单层使用厚度应不小于 4mm，双层使用厚度应不小于 6mm（3mm＋3mm）。

b. 耐根穿刺层材料

耐根穿刺层材料采用高密度聚乙烯土工膜（HDPE）。高密度聚乙烯土工膜又称高密度聚乙烯防水卷材，是由 97.5% 的高密度聚乙烯和 2.5% 的炭黑、抗氧化剂、热稳定剂构成，卷材强度高、硬度高，具有优异的耐植物根系穿刺性能及耐化学腐蚀性能。

高密度聚乙烯土工膜（HDPE）用于耐根穿刺层，厚度应不小于 1.0mm。施工时，大面采用空铺法，搭接缝采用焊接法。

② 施工工艺

261

高聚物改性沥青防水卷材热熔施工工艺见 2.4.4.2 节 5 (2) 1), 这里仅介绍高密度聚乙烯土工膜 (HDPE) 热焊接施工工艺。

高密度聚乙烯土工膜的热焊接方式有两种, 即热合焊接 (用楔焊机) 和热熔焊接。当工程大面积施工时采用 "自行式热合焊机" 施工, 形成带空腔的热合双焊缝, 并用充气做正压检漏试验检查焊缝质量。在异型部位施工, 如管根、水落口、预埋件等细部构造部位则采用 "自控式挤压热熔焊机" 施工, 用同材质焊条焊接, 形成挤压熔焊的单焊缝, 用真空负压检漏试验检查焊缝质量。

a. 工艺流程

高聚物改性沥青防水卷材和高密度聚乙烯土工膜复合施工的工艺流程如图 2-84 所示。

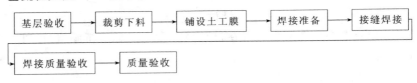

图 2-84 高聚物改性沥青防水卷材与 HDPE
复合施工的工艺流程图

b. 消防准备

粉末灭火器材或砂袋等。

c. 操作要点

(a) 主要施工机具

高聚改性沥青防水卷材热熔施工机具见 4.3.5.2 节 1 (2) 2) a 节;

卷材焊接机具有自行式热合焊机 (楔焊机)、自控式挤压热熔焊机、热风机、打毛机; 现场检验设备有材料及焊件拉伸机、正压检验设备、负压检验设备。

(b) 作业条件

高密度聚乙烯土工膜的作业基层为高聚物改性沥青卷材防水层, 要求在底层防水层施工完毕并已验收合格后方可进行作业。

施工现场不得有其他焊接等明火作业。雨、雪天气不得施工，五级风以上不得进行卷材焊接施工。施工环境温度不受季节限制。

（c）基层验收

基层为高聚物改性沥青卷材防水层，应铺贴完成，质量检验合格，经蓄水试验无渗漏后方可进行施工；为了使高密度聚乙烯土工膜焊接安全、方便，宜在防水层上面空铺一层油毡保护层，以保护已完工的防水层不受损坏。

（d）剪裁下料

根据工程实际情况，按照需铺设卷材尺寸及搭接量进行下料。

（e）铺设土工膜

铺设高密度聚乙烯土工膜时力求焊缝最少。要求土工膜干燥、清洁，应避免皱褶，冬季铺设时应铺平，夏季铺设时应适当放松，并留有收缩余量。

（f）焊接准备

搭接宽度要满足要求，双缝焊（热合焊接）时搭接宽度应不小于 80mm，有效焊接宽度 10mm × 2 + 空腔宽；单缝焊（热熔焊接）时搭接宽度应不小于 60mm，有效焊接宽度不小于 25mm。

焊接前应将接缝处上下土工膜擦拭干净，不得有泥、土、油污和杂物。焊缝处宜进行打毛处理。

在正式焊接前必须根据土工膜的厚度、气温、风速及焊机速度调整设备参数，应取 300mm × 600mm 的小块土工膜做试件进行试焊。试焊后切取试样在拉力机上进行剪切、剥离试验，并应符合下列规定方可视为合格：试件破坏的位置在母材，不在焊缝处；试件剪切强度和剥离强度符合要求；检验合格后，可锁定参数，依此焊接。

（g）接缝焊接

i. 热合焊接工艺（楔焊机双缝焊）

焊接时宜先焊长边，后焊短边。焊接程序如图 2-85 所示。

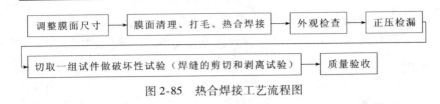

图 2-85　热合焊接工艺流程图

ii. 热熔焊接工艺（挤压焊机单缝焊）

热熔焊接工艺（挤压焊机单缝焊）流程如图 2-86 所示。

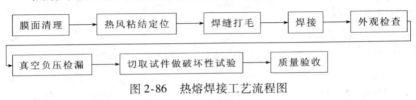

图 2-86　热熔焊接工艺流程图

（h）焊缝质量验收

施工质量检验的重点是接缝的焊接质量。按如下方法检验：

i. 焊缝的非破坏性检验

做充气检验。检验时用特制针头刺入双焊缝空腔，两端密封，用空压机充气，达到 0.2MPa 正压时停泵，维持 5min，不降压为合格；或保持 5min 后，最大压力差不超过停泵压力的 10% 为合格。

ii. 焊缝的破坏性检验

检验焊缝处的剪切强度（拉伸试验）。自检时，要在每 150～250mm 长焊缝切取试件，现场在拉伸机上试验。工程验收时为 3000～4000m² 取一块试件。取样尺寸为：宽 0.2m，长 0.3m，测试小条宽为 10mm。其标准为：焊缝剪切拉伸试验时，断在母材上，而焊缝完好为合格。

iii. 焊缝的修补

对初检不合格的部位，可在取样部位附近重新取样测试，以确定有问题的范围，用补焊或加覆一块等办法修补，直至合格为止。

5）湿铺法双面自粘防水卷材（BAC）与高密度聚乙烯土工膜（HDPE）的复合施工

① 材料要求

a. 防水层材料

防水层采用湿铺法双面自粘防水卷材（BAC）。

双面自粘防水卷材（BAC）厚度为：单层施工应不小于 3mm，双层施工应不小于 4mm（2mm＋2mm）。

b. 耐根穿刺层材料

耐根穿刺层采用高密度聚乙烯土工膜。高密度聚乙烯土工膜（HDPE）作为耐根穿刺层，大面采用湿铺法与双面自粘防水卷材（BAC）空铺，搭接缝采用热焊接法施工，厚度应不小于 1.0mm。其物理性能应符合表 2-25 要求。

c. 辅助材料

附加自粘封口条（120mm 宽）、专用密封胶、普通硅酸盐水泥、硅酸盐水泥、水、砂子等。

② 施工工艺

a. 工艺流程

BAC 与 HDPE 复合施工的工艺流程如图 2-87 所示。

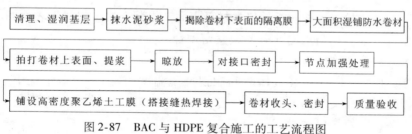

图 2-87　BAC 与 HDPE 复合施工的工艺流程图

b. 操作要点

（a）主要施工机具

清理基层的工具有扫帚、开刀、钢丝刷等；铺抹水泥（砂）浆的工具有水桶、铁锹、刮杠、抹子等；铺贴卷材的工具有盒尺、壁纸刀、剪刀、刮板、压辊等；铺设聚乙烯土工膜的机具有挤压焊机、热熔焊枪等。

（b）作业条件

湿铺法双面自粘防水卷材在施工前其基层验收应合格，要求基层无明水，可潮湿。湿铺法双面自粘防水卷材（BAC）铺贴时，环境温度宜为5℃以上。

（c）清理、湿润基层

基层表面的灰尘、杂物应清除干净，并充分湿润但无积水。

（d）抹水泥（砂）浆

当采用水泥砂浆时，其厚度宜为10～20mm，铺抹时应压实、抹平；当采用水泥浆时，其厚度宜为3～5mm。在阴角处，应用水泥砂浆分层抹成圆弧形。

（e）揭除卷材下表面的隔离膜。

（f）大面湿铺防水卷材

卷材铺贴时采用对接法施工，将卷材平铺在水泥（砂）浆上。卷材与相邻卷材之间为平行对接，对接缝宽度宜控制在0～5mm之间。

（g）拍打卷材上表面、提浆

用木抹子或橡胶板拍打卷材上表面，提浆，排出卷材下表面的空气，使卷材与水泥（砂）浆紧密贴合。

（h）晾放

晾放24～48h（具体时间应视环境温度而定），一般情况下，温度越高所需时间越短。

（i）对接口密封

可采用120mm宽附加自粘封口条密封，对接口密封时，先将卷材搭接部位上表面的隔离膜揭掉，再粘贴附加自粘封口条。

（j）节点加强处理

节点处在大面卷材铺贴完毕后，按规范要求进行加强处理。

（k）铺设高密度聚乙烯土工膜（搭接缝热焊接法施工）

双面自粘防水卷材上表面隔离膜不得揭掉，高密度聚乙烯土工膜施工大面采用空铺法，搭接缝热焊接法。焊接操作要点参见

4.3.5.2 节 4 (2) 相关内容。

(1) 卷材收头、密封

卷材收头部位采用密封胶密封处理。

6) 聚乙烯丙纶防水卷材-聚合物水泥粘结料复合防水的施工

① 材料要求

a. 聚乙烯丙纶防水卷材

聚乙烯丙纶防水卷材是一类中间芯片为低密度聚乙烯片材 (厚度大于 0.5mm),两面为热压一次成型的高强丙纶长丝无纺布 (卷材总厚度大于 0.7mm) 制成的合成高分子防水卷材。聚乙烯丙纶防水卷材生产中使用的聚乙烯材料必须是成品原生原料,严禁使用再生原料;与其复合的无纺布应选用长丝无纺布。聚乙烯丙纶防水卷材应选用一次成型工艺生产的卷材,不得采用二次成型工艺生产的卷材。

聚乙烯丙纶防水卷材主要物理性能应符合表 2-69 的要求。

表 2-69　聚乙烯丙纶防水卷材物理性能指标　DB 11/366—2006

项　　目		指　　标
撕裂拉伸强度/ (N/cm)	常温	60
	60℃	30
断裂伸长率/% ≥	常温	400
	-20℃	10
撕裂强度,N≥		20
不透水性, ≥	0.3MPa, 30min	不透水
低温柔度/℃	-20	无裂纹
加热伸缩量/mm <	延伸	2
	收缩	1
抗穿孔性		不渗水

聚乙烯丙纶防水卷材应无毒无味,不影响花草树木的生长,其环保性能指标应符合表 2-70 的要求。

表 2-70 聚乙烯丙纶防水卷材环保性能指标 DB 11/366—2006

序号	检验项目	标准 GB/T 17219—2000 要求
1	浑浊度/度	增加量≤0.5
2	臭和味	无异臭、异味
3	挥发酚类（以苯酚计）/（mg/L）	≤0.002
4	氟化物/（mg/L）	≤0.1
5	硝酸盐氮（以氮计）/（mg/L）	≤2
6	高锰酸钾消耗量（以 O_2 计）/（mg/L）	增加量≤2
7	四氯化碳/（μg/L）	≤0.3

b. 聚合物水泥防水粘结料

聚合物水泥防水粘结料为双组分，具有防水性能及粘结性能。

聚合物水泥防水粘结料主要性能指标应符合表 2-71 的要求，其是绿色环保产品，环保性能指标应符合表 2-72 的要求。

表 2-71 聚合物水泥防水粘结料的性能指标 DB 11/366—2006

项 目		指 标
拉伸粘结强度（与水泥基层）/MPa≥	常温	0.6
抗渗性能/MPa≥	抗渗压力 7d	1.0
剪切状态下的粘合性/（N/mm）常温≥	卷材与卷材	2.0
	卷材与基底	1.8
浸水 168h 后的剪切状态下的结合性/（N/mm）≥	卷材与基底	1.8

表 2-72 聚合物水泥防水粘结料环保性能指标 DB 11/366—2006

序号	检 验 项 目	环保性能指标
1	游离甲醛/（g/kg）≤	1
2	苯/（g/kg）≤	0.2
3	甲苯＋二甲苯/（g/kg）≤	10
4	总挥发性有机物（W）/（g/L）≤	50

聚乙烯丙纶防水卷材（厚度应不小于 0.7mm）用聚合物水泥

防水粘结料粘结，为冷作业施工，粘结料厚度为 1.3mm，两者复合形成刚柔结合的防水层，总厚度应不小于 2mm，具有防水，耐根穿刺双重功能。

② 施工工艺

a. 防水构造

聚乙烯丙纶防水卷材具有防水、耐根穿刺的双重功能，与聚合物水泥粘结料（具有粘结、防水双重功能）复合组成防水层。

聚乙烯丙纶防水卷材单层使用厚度应不小于 0.9mm；双层使用时每层卷材厚度应不小于 0.7mm（芯材厚度不小于 0.5mm）。聚合物水泥粘结料厚度应不小于 1.3mm；复合后防水层厚度应不小于 2mm。

种植屋面采用二道防水设防时，复合防水层厚度为 4mm（2mm+2mm）。

b. 工艺流程

聚乙烯丙纶防水卷材-聚合物水泥粘结料复合防水施工的工艺流程如图 2-88 所示。

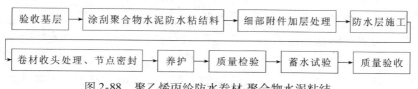

图 2-88　聚乙烯丙纶防水卷材-聚合物水泥粘结料复合防水施工的工艺流程图

c. 操作要点

（a）主要施工工具

应按施工人员和工程需要配备施工机具和劳动安全设施。施工机具包括：清理基层的机具有铁锹、扫帚、锤子、凿子、扁平铲等；配制聚合物水泥防水粘结料的机具有电动搅拌器、计量器具、配料桶等；铺贴卷材的工具有铁抹子、刮板、剪刀、卷尺、线盒等。

（b）作业条件

卷材铺贴前基层应清理干净，水泥砂浆基层可湿润但无明水。施工环境温度宜为5℃以上，当低于5℃时应采取保温措施。

（c）验收基层

水泥砂浆基层应坚实平整，潮湿而无明水，验收应合格。

（d）涂刮聚合物水泥防水粘结料

聚合物水泥防水粘结料的配比为胶：水：水泥 = 1：1.25：5。当冬季气温在 - 5℃以上时，可在聚合物水泥防水粘结料中加入3% ~5%的防冻剂。聚合物水泥防水粘结料内不允许有硬性颗粒和杂质，搅拌应均匀，稠度应一致。

（e）细部附加层处理

阴阳角应做一层卷材附加层；管道根部应做一层附加层，剪口附近应做缝条搭接，待主防水层做完后，剪出围边，围在管根处并用聚合物水泥防水粘结料封边。

（f）防水层施工

铺贴聚乙烯丙纶防水卷材时，将聚合物水泥防水粘结料均匀涂刮在基层上，把防水卷材粘铺在上面，用刮板推压平整，将卷材下面的气泡和多余的粘结料推压出来。

防水层的粘结应满粘，使其平整、均匀、粘结牢固、无翘边。

（h）养护

防水层完工后，夏季气温在25℃以上应及时在卷材表面喷水养护或用湿阻燃草帘覆盖。冬季气温在 - 5℃以上时应在防水层上覆盖阻燃保温被或塑料布。

（i）蓄水试验

防水层完工后应做蓄水试验或雨后检验，蓄水24h观察无渗漏为合格。

7）水泥基渗透结晶型防水涂料辅以耐根穿刺卷材的防水施工

① 材料要求

a. 水泥基渗透结晶型防水材料

水泥基渗透结晶型防水材料分为浓缩剂、增效剂、掺合剂

3 种。

（a）浓缩剂

浓缩剂与水拌和后，可调配成水泥基渗透结晶型防水涂料，刷涂在水泥砂浆或混凝土表面，形成防水涂层。涂层厚度应不小于0.8mm，用料量不少于 $1.2kg/m^2$。

（b）增效剂

增效剂用于浓缩剂涂层表面的涂层，可在浓缩剂涂层上形成坚硬的表层，增强浓缩剂的渗透效果。

水泥基渗透结晶型防水涂料物理性能应符合要求。

（c）掺合剂

掺入水泥砂浆或混凝土中，制成防水砂浆或防水混凝土，提高防水抗渗能力。防水砂浆中掺合剂的掺量为水泥用量的 2% ~ 3%，防水混凝土中掺合剂的掺量为胶结料的 0.8% ~ 1.5%。

b. 耐根穿刺层材料

耐根穿刺层材料宜选用以下几种：

（a）铜复合胎基改性沥青（SBS）根阻防水卷材，厚 4mm（铜复合胎厚 1.2mm），热熔法施工；

（b）聚氯乙烯防水卷材（PVC），厚 1.2 ~ 1.5mm，热焊接法接缝；

（c）热塑性聚烯烃防水卷材（TPO），厚 1.2 ~ 1.5mm，热焊接法接缝；

（d）合金防水卷材（PSS），厚 0.5mm，接缝采用焊条焊接；

（e）高密度聚乙烯土工膜（HDPE），厚 1.0 ~ 1.5mm，热焊接法接缝；

（f）金属铜胎改性沥青防水卷材（JCuB），厚 4mm，热熔法施工；

（g）聚乙烯胎高聚物改性沥青防水卷材（PPE），厚 4mm，热熔法施工；

（h）聚乙烯丙纶防水卷材，厚 0.7 ~ 0.9mm，专用胶粘剂冷粘结施工。

② 施工工艺

a. 防水构造

水泥基渗透结晶型防水涂层厚度应不小于 0.8mm，用料量不少于 1.2kg/m²。耐根穿刺材料用高密度聚乙烯土工膜（HDPE）时厚度应不小于 1.0mm，用聚氯乙烯防水卷材（CPVC）时，厚度应不小于 1.2mm。

b. 工艺流程

水泥基渗透结晶型防水涂料辅以耐根穿刺卷材的施工工艺流程如图 2-89 所示。

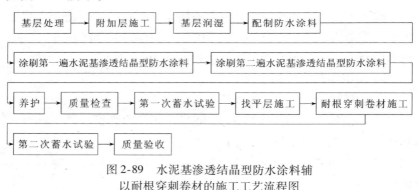

图 2-89 水泥基渗透结晶型防水涂料辅
以耐根穿刺卷材的施工工艺流程图

c. 操作要点

（a）主要施工工具

清理基层的工具有开刀、钢丝刷、尼龙刷、扫帚、喷雾器等；涂刷防水涂料的工具有喷枪、刷子、料桶、搅拌器、台秤、容器等；铺设耐根穿刷卷（材工具应根据工艺要求准备，一般应准备焊机、焊枪、焊条等。

（b）消防准备

当采用热焊接或热熔法工艺时应备有消防器材。

（c）作业条件

混凝土或水泥砂浆基层中的水泥含量应不低于 10%。基层应坚实、平整、干净、粗糙、开放的毛细管系统，利于渗透。基层应用水润湿，但不得有明水。

涂刷水泥基渗透结晶型防水涂料应在 5℃ 以上施工，施工时应避免烈日直接照射，必要时需进行遮护。

（d）基层处理

应将基层表面的油污、杂物等清理干净。对大于 0.4mm 的裂缝，应进行必要的修补，修补时沿裂缝两侧凿出 24mm×15mm（宽×深）的"U"型槽，用水冲净，去除明水，沿槽内涂刷水泥基渗透结晶型防水涂料，然后用浓缩剂半干料团（粉水比例为 6∶1）填满、压实。当基层疏松、有蜂窝麻面时，应先将疏松物清除干净，用水冲净。在涂刷水泥基渗透结晶型防水涂料后，再用水泥基渗透结晶型防水砂浆填补、压实。

打毛混凝土基面，使毛细孔充分暴露出来，并将基层清扫干净。

（e）附加层施工

在平面与立面转角处涂刷水泥基渗透结晶型防水涂料，然后用防水砂浆抹成圆弧。管根、水落口、女儿墙泛水、阴阳角等细部构造部位涂刷 2 遍柔性防水涂料。

（f）配制防水涂料

水泥基渗透结晶型防水涂料配合比（体积比）为粉料∶水 =5∶（2~2.5）。将粉料与水混合，机械搅拌 3~5min，搅拌均匀后使用。

（g）涂刷第一遍水泥基渗透结晶型防水涂料

将配好的涂料均匀地涂刷在基层上，涂层要厚薄均匀，不得漏刷。用料量不少于 0.6kg/m²。

（h）涂刷第二遍水泥基渗透结晶型防水涂料

待第一遍防水涂层终凝后（6~12h），涂层仍潮湿时（涂层太干可喷些雾状水）涂刷第二遍水泥基渗透结晶型防水涂料。用料量不少于 0.6kg/m²。两遍涂刷水泥基渗透结晶型防水涂料总用料量不少于 1.2kg/m²，涂层厚度不小于 0.8mm。

（i）养护

待第二遍防水涂层终凝后，应喷雾状水进行养护。每天喷雾状水 3 ~ 6 次，养护 7d。

（j）质量检查

水泥基渗透结晶型防水涂层完工后，应检查防水层的质量，涂层厚度应不小于 0.8mm，薄厚均匀，用料量不少于 1.2kg/m²。防水层表面无起皮、漏刷等缺陷。

（k）第一次蓄水试验

屋面防水层进行 24h 蓄水试验，应无渗漏。

（i）耐根穿刺卷材施工

水泥基渗透结晶型防水层经质量检查合格，蓄水试验无渗漏后，可抹一层 15 ~ 20mm 厚水泥砂浆找平层，然后再铺设耐根穿刺防水卷材。耐根穿刺层材料按设计要求选材，按相应的施工工艺进行施工。

（m）第二次蓄水试验

耐根穿刺防水层铺设，经质量检查合格后，可进行第二次蓄水试验，24h 无渗漏为合格。

8）地下建筑顶板的耐根穿刺防水层的施工

地下顶板的绿化系统同一般种植屋面一样，也都包括荷载、耐根穿刺防水、排水和种植层等，但是根阻防水更为重要。

目前由于对根阻防水不够重视，一些车库顶层绿化后，地下车库也出现了渗水、漏水、根刺穿现象。地下顶板由于破坏严重而进行翻修处理，相关的经济损失是很大的。因此地下顶板防水施工更要严谨。

地下工程防水的设计与施工应遵循"防、排、截、堵相结合，刚柔相济、因地制宜、综合治理"的原则。地下室应采用"外防外贴"或"外防内贴"法构成全封闭和全外包的防水层。对于地下室的变形缝、施工缝、诱导缝、后浇带、穿墙管（盒）、预埋件、预留通道接头、桩头等细部构造，应采取加强防水构造的措施。

地下顶板防水层可采用卷材防水层或涂膜防水层。

卷材防水层的铺贴要求如下：卷材防水层为 1～2 层，高聚物改性沥青卷材的厚度要求单层使用不应小于 4mm，双层使用每层不应小于 3mm，高分子卷材的厚度要求单层使用不应小于 1.5mm，双层使用总厚度不应小于 2.4mm；平面部位的卷材宜采用空铺法或点粘工艺施工，从底面折向立面的卷材与永久保护墙的接触部位应采用空铺工艺，与混凝土结构外墙接触的部位应满粘，采用满粘工艺；底板卷材防水层上的细石混凝土保护层其厚度不应小于 50mm，侧墙卷材防水层宜采用 6mm 厚的聚乙烯泡沫塑料片材做软保护层。

涂膜防水的铺设要点如下：涂膜防水层应采用"外防外涂"的施工方法。所选用的涂膜防水材料应具有优良的耐久性、耐腐蚀性、耐霉菌性以及耐水性，有机防水涂膜的厚度宜为 1.2～2.0mm。

种植屋面中的耐根穿刺防水层的设置是十分重要的，选择什么样的根阻材料和如何选择以及应用到种植屋面系统中去这些问题都需要进行认真研究和探讨。因为并不是所有可以根阻的材料都适宜用在种植屋面系统中的，除满足根阻性能以外，材料要具有环保、易施工、荷载小等特点，并要做到与系统相匹配。如钢筋混凝土裂缝不可避免、承重过大及变形缝处理困难等；PSS，PVC 不环保；HDPE 热胀冷缩系数大、结点处理困难。这些问题都要考虑到实际应用中去。

（3）威达复合铜胎基改性沥青 SBS 根阻防水卷材施工方案

复合铜胎基改性沥青 SBS 根阻防水卷材施工方法与常规 SBS 卷材在屋面上的施工方法基本相同，但为了保证根阻功能的实现，特别要做好搭接边处理，并适合种植屋面的总体构造设计。

① 材料及机具

a. 复合铜胎基改性沥青 SBS 根阻防水卷材

该卷材是以聚酯毡与铜的复合胎基为胎体，浸涂和涂盖加入根阻生物添加剂的苯乙烯-丁二烯-苯乙烯（SBS）热塑弹性体改性沥青，两面覆以隔离材料制成。卷材上表面隔离材料为板岩颗粒。

卷材规格：幅宽为 1m，厚度为 4.2mm，每卷面积为 7.5m²。

该卷材的各项物理力学性能满足国家相关标准 GB 18242—2008 《弹性体改性沥青防水卷材》中 II 型的要求，其根阻性能满足德国 FLL 的相关规定。

b. 配套材料

改性沥青密封膏：是以沥青为基料，用适量的合成高分子材料 进行改性，并加填充剂和化学助剂配制而成的膏状密封材料。主要 用于卷材末端收头的密封和卷材搭接缝边缘的密封。

金属压条、固定件：用于固定卷材末端收头。

螺钉及垫片：用于屋面变形缝金属承压板固定等。

c. 主要机具

清理基层的工具主要有开刀、钢丝刷、扫帚、吸尘器等；铺贴 卷材的工具主要是剪刀、盒尺、壁纸刀、弹线盒、油漆刷、压辊、 滚刷、橡胶刮板、嵌缝枪等；热熔施工机具建议使用：单头或多头 长杆煤气喷枪。

② 施工要点

a. 基层

根据平面屋顶原则，防水屋面的要求的最低坡度为 2%。这样 才能保证水在屋面上顺利排出，同时保证卷材上没有积水。

Vedaflor WS-I 卷材可采用热熔法满粘铺设在第一层 SBS 上，第 一层防水基面不得有酥松、起砂、起皮现象。基层必须平整、干 净、干燥，平整度 4m 偏差为 1cm，无油污和浮土等杂质，含水率 小于 4%。有一定粗糙度，但小于 1.5mm。

基层与突出结构的连接处，以及基层为转角处，均应做成圆 弧。圆弧半径为 50mm，内部排水的水落口周围应做成略低的凹坑。

b. 涂刷基层处理剂

如卷材铺设在混凝土基面上，则应在铺设前在基层上涂刷一道 冷底油。冷底油的材性应与 SBS 改性沥青类卷材的材性相容，如沥 青冷底油或氯丁胶乳沥青冷底油；可采取喷涂法或涂刷法施工， 喷、涂应均匀一致；待冷底油干燥后，方可铺贴卷材；喷、涂时应先对节点、周边和拐角先行涂刷。

c. 卷材铺设

（a）大面积铺设

卷材采用热熔法满铺在基层上，可平行或垂直脊线铺贴，应先做好节点、附加层和排水比较集中的部位的处理，然后由最低标高向上施工。

铺贴卷材时应平整顺直，搭接尺寸准确，不得扭曲；搭接宽度长边 8cm，短边 10cm，搭接缝应错开。

火焰加热器的喷嘴距卷材面的距离应适中；幅宽内加热应均匀，以卷材表面熔至光亮黑色为度，不得过分加热或烧穿卷材。卷材表面热熔后应立即滚铺卷材，滚铺时应排除卷材下面的空气，使之平展，不得皱褶，辊压粘贴牢固。

搭接缝部位宜以溢出热熔的改性沥青宽度为 2mm 左右并均匀顺直为佳。

（b）细部处理

阴阳角部位，平立面交叉处要按规定做好附加层。

屋面泛水做法，要求防水卷材高出覆土面至少 15cm（图 2-90），卷材收头压入预留凹槽内，用压条固定，最大钉距 900mm，嵌填密封胶，保证长期固定牢靠，防止受到破坏（图 2-91）。卷材收头也可用金属压条钉压，并用密封材料封固（图 2-92）。

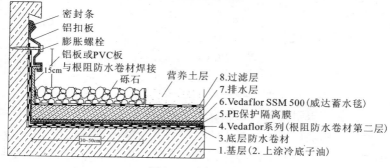

图 2-90 屋面泛水

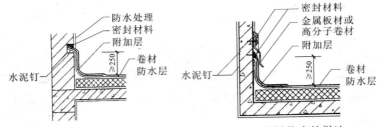

图 2-91　屋面泛水的做法　　　图 2-92　卷材收头的做法

排水沟部位应当先做附加层，再铺大面。

出水口部位也应当先做附加层，再铺大面，收头并嵌缝密实。

伸出屋面管道周围的找平层应做成圆锥台，要注意防水卷材高出覆土面至少 15cm（图 2-93），管道与找平层间应留凹槽，并嵌填密封材料，防水层收头应用金属箍箍紧，并用密封材料填严（图 2-94）。

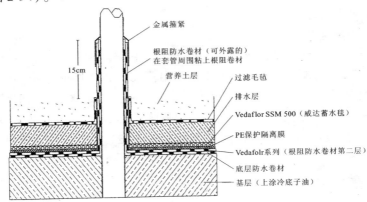

图 2-93　伸出屋面管道的做法

（c）种植区域和非种植区域的连接

要确保非根阻卷材一定铺设在非种植区域内，可以在两个区域之间设置结构隔离带，将两边的卷材翻上至隔离墩顶部焊接，并用钉子固定，金属板覆盖。但要保证两个区域内都有排水槽和出水口连接（图 2-95）。

278

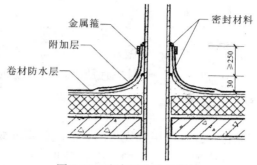

图 2-94　防水层收头的做法

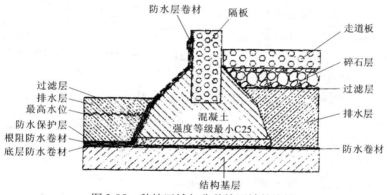

图 2-95　种植区域与非种植区域的连接

d. 卷材保护

卷材铺设完成后应尽快在上部设置保护层。保护层可采用塑料、塑料毛毡或砂浆抹面等。砂浆抹面保护层 5~8m 的距离要布置伸缩缝，并在两者之间设置一个润滑层。

e. 砾石隔离带

通常情况下，用 50cm 宽的 16~32mm 级配砾石将种植区域和非种植区域结构构件、排水槽、出水口分隔开。

在屋面与立面转角处，女儿墙墙根处、伸出屋面的管道根、水落口、天沟、檐口等部位 30~50cm 范围内不能设置种植土，而用砾石代替。

f. 雪天、严寒季节施工

严禁在雨天、雪天施工。五级风以上不得施工，气温低于0℃不宜施工。中途下雨、下雪，应做好已铺卷材周边的防护工作；在低于5℃的严寒季节施工时，卷材应存放在防冻的室内，只有在施工前才能将卷材搬到现场。

g. 卷材的贮存、保管

（a）不同品种、强度等级和规格的产品应分别堆放。

（b）应贮存在阴凉通风的室内，避免雨淋、日晒和受潮，严禁接近火源。沥青防水卷材贮存环境温度不得高于45℃。

（c）沥青防水卷材宜直立堆放，其高度不宜超过两层，并不得倾斜或横压，短途运输平放不宜超过四层。

（d）卷材应避免与化学介质及有机溶剂等有害物质接触。

h. 检查验收

在中国须符合国家标准 GB 50207—2012《屋面工程质量验收规范》的相关要求。

（a）基层平整、干净、干燥、无松动、浮浆、起砂等；

（b）铺贴方向正确；

（c）搭接宽度正确，错缝搭接；

（d）火焰加热均匀，不能过分加热或烧穿卷材；

（e）卷材表面热熔后立即滚铺卷材，排尽空气，辊压牢固，无空鼓；

（f）接缝部位必须溢出热沥青；

（g）卷材应平整顺直，搭接尺寸正确，不得扭曲、皱褶；

（h）卷材收头的端部应裁齐，塞入预留凹槽中，用金属压条钉压固定，并用密封材料嵌填封严；

（i）防水性和根的防护性能检查（采用积水办法等）；

（j）防水层施工完成后，应做保护层对成品进行保护。

6. 分离防滑层的施工

分离防滑层一般采用玻纤布或无纺布等材料，用于防止耐根穿刺层与防水层材料之间可能产生的粘连现象。柔性防水层表面应设置分离防滑层；刚性防水层或有刚性保护层的柔性防水层表面，分离防滑层可省略不铺。分离防滑层铺设在隔根层下，搭接缝的有效宽度应达到 10～20cm，并向建筑侧墙面延伸 15～20cm。

7. 排（蓄）水层的施工

隔离过滤层的下部为排（蓄）水层，一般可采用专用的、留有足够空隙并具有一定承载能力的塑料或橡胶排（蓄）水板，粒径为 20～40mm、厚度为 80mm 以上的陶粒（荷载允许时使用）和排水管（屋顶排水坡度较大时使用）等不同的排（蓄）水形式，其作用是用于改善基质的通气状况，将通过过滤层的多余水分迅速排出，有效缓解瞬时压力，并可蓄存少量水分。排水层必须与排水系统连通，以保证排水畅通。排（蓄）水层应向建筑侧墙面延伸至基质表层下方 5cm 处。铺设方法如图 2-96 所示。

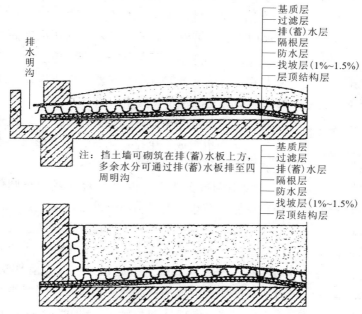

图 2-96　屋顶绿化排（蓄）水板铺设方法示意

施工时，各个花坛、园路的出水孔必须与女儿墙排水口或屋顶天沟连接成一整体，使雨水或灌溉多余的水分能够及时顺利地排走，减轻屋顶的荷重且防止渗漏；还应根据排水口设置排水观察井，并定期检查屋顶排水系统的通畅情况。及时清理枯枝落叶，防止排水口堵塞造成壅水倒流。屋面的排水系统和屋面的防水层一样，是保护屋面不漏水的关键所在，屋顶多采用屋面找坡、设排水沟和排水管的方式解决排水问题，避免积水造成植物根系腐烂。传统的疏排水方式，使用最多的是河砾石或碎石作为滤水层，将水疏排到指定地点，如采用轻质陶粒做排水层时，铺设应平整，厚度应一致。在屋顶绿化中现常采用排（蓄）水板、软式透水管这两种排水方法。

（1）排（蓄）水板排水层

采用排（蓄）水板排水省时、省力并可节省投资，屋顶的承重也可大大减轻，其滤水层的质量仅为 $1.30 kg/m^2$。排（蓄）水板具有渗水、疏水和排水功能。它可以多方向性排水，耐压强度高，有良好的交接咬合，接缝处排水畅通、不渗漏。用于种植屋面，可以有效排出土壤多余水分，保持土壤的自然含水量，促进屋顶草木生长繁茂，满足大面积屋面绿化的疏水、排水要求。

排（蓄）水板与渗水管组成一个有效的疏排水系统，圆柱形的多孔排（蓄）水板与无纺布也组成一个排水系统，从而形成一个具有渗水、贮水和排水功能的系统。

排（蓄）水板主要由两部分组成：圆锥凸台（或中空圆柱形多孔）的塑胶底板和滤层无纺布。前者由高抗冲聚乙烯制成，后者胶接在圆锥凸台顶面上（或圆柱孔顶面上），其作用是防止泥土微粒通过，避免通道阻塞，从而使孔道排水畅通。其铺设方法如下：

排（蓄）水板可按水平方向和竖直方向铺设。应先清理基层，水平方向应先进行结构找坡，沿垂直找坡方向铺设，按设计要求边铺覆土或在浇混凝土时，逐批向前或向后施工。铺设完毕后，应在排水板上铺设施工通道，然后方可覆土或浇混凝土。

　　排水板与排水板长边在竖直方向相接时，应拉开土工布，使上下片底板在圆锥凸台处重叠，再覆盖上土工布。连接部位的高低、形成的坡度，应和水流方向一致。排水板在转角处折弯即可，也可以两块搭。从挡土墙角向上铺设时，边铺边填土，接近上缘时，铺设第二批排水板，依次类推向上铺设。当遇到斜坡面时，竖直方向上的排水板在上，斜坡面的在下面直接搭接后，竖直面上的土工布压在斜坡面土工布上面。

　　模块式排水板铺设时先将排水板按照交接口拼装成片，再大面积铺设土工布，在其上覆盖粗砂，回填种植土并绿化。也可将模块式排水板叠成双层固定，在大面积排水板边沿作为排水管排水。

　　塑料排（蓄）水板宜采用搭接法施工，搭接宽度不应小于100mm，网状交织排（蓄）水板宜采用对接法施工。

　　排水板底板搭接方法为：凸台向下时，小凸台套入大凸台，凸台向上时，大凸台套入小凸台，地板平面采用粘结连接。排水板采用粘结固定时，应用相容性、干固较快的胶水粘结。排水板采用钢钉固定时，用射钉枪将钉把排水板钉在结构面层上，按两排布置。排水板平铺时，采用大凸台套入小凸台固定。

　　（2）软式透水管

　　软式透水管，表面看就是螺旋钢丝圈外包过滤布，柔软可自由弯曲，其构造如图 2-97 所示。这种透水管在土壤改良工程、护坡、护堤工程，特殊用途草坪（如足球场、高尔夫球场）等的排水工程中早有应用，在普通绿地排水工程中现也得到广泛应用。软式透水管用于绿化排水工程，具有耐腐蚀性和抗微生物侵蚀性能，并有较高的抗拉耐压强度，使用寿命长，可全方位

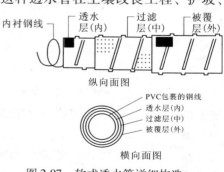

图 2-97　软式透水管详细构造

透水，渗透性好，质量轻，可连续铺设且接头少，衔接方便，可直接埋入土壤中，施工迅速，并可减小覆土厚度。软式透水管的这些特点，决定了它完全适用于"板面绿化"排水。

软式透水管有多种规格，小管径多用于渗水，大管径多用于通水。作为渗水用的排水支管间距同覆土深度、是否设过滤层等因素有关。用于"板面绿化"排水的支管，宜选用较小的管径和较密的布置间距，因为排水管上面的覆土一般只有 30~40cm，土壤的横向渗水性差，每根排水支管所负担的汇水面积小，建议采用 $\phi50mm$ 的管径、1% 的排水坡度和 2.0m 的布置间距。

8. 过滤层的施工

为了防止种植土中小颗粒及养料随水流失，堵塞排水管道，需在植被层与排（蓄）水层之间，采用单位面积质量不低于 $250g/m^2$ 聚酯纤维土工布做道隔离过滤层，用于阻止基质进入排水层，以起到保水和滤水的作用。其目的是将种植介质层中因下雨或浇水后多余的水及时过滤后排出去。

2.5 聚氯乙烯膜片泳池防水装饰工程的施工

泳池是指供人们游泳、娱乐、休闲、健身等水中活动而人工建造的水池，包括游泳池、水上乐园、水景池、嬉水池等。主体结构为混凝土和钢等材料的泳池，其防水和装饰工程常采用聚氯乙烯膜片。

2.5.1 常用材料的性能要求

1. 聚氯乙烯膜片

聚氯乙烯膜片是以聚氯乙烯树脂为主要原料，加入添加剂等制成的用于泳池防水和装饰的一类片材，可分为增强型聚氯乙烯膜片和非增强型聚氯乙烯膜片等两类。增强型聚氯乙烯膜片是指在聚氯乙烯膜片中加有纤维网面提高强度的一类片材；非增强型聚氯乙烯膜片是指在聚氯乙烯膜片中未加纤维网的一类片材。

聚氯乙烯膜片可以铺设在泳池壁上，作为泳池内防水和表面装饰之用，不需要再用其他装饰材料。不同厚度、类型的聚氯乙烯膜片在泳池工程中应用的寿命期是不相同的，增强型聚氯乙烯膜片的合理使用寿命期可达 15 年，非增强型聚氯乙烯膜片的合理使用寿命期可达 5 年，聚氯乙烯膜片的类型、厚度和合理使用年限应符合表 2-73 的要求。增强型聚氯乙烯膜片可用于规模较大、档次较高的泳池，而非增强型聚氯乙烯膜片则一般用于小于 $300m^2$ 的泳池。聚氯乙烯膜片的表面应平整，无皱褶、凸凹，无疤痕、裂纹、粘连和孔洞，边缘应整齐，增强型膜片的纤维网布不得外露，上下膜片层不得脱开。聚氯乙烯膜片的规格尺寸及允许偏差应符合表 2-74 的规定。

表 2-73　聚氯乙烯膜片类型、厚度和合理使用年限

类型	厚度/mm	合理使用年限/年
增强型	1.50	15
非增强型	0.75	5

表 2-74　聚氯乙烯膜片的规格尺寸及允许偏差

项目	类型		允许偏差/%
	增强型	非增强型	
长度/m	10～25	10 以上	+0.30
宽度/m	1.65、2.05	1.65、2.05	+0.10
厚度/mm	1.5	0.75	±10.00

　　增强型聚氯乙烯膜片的物理性能指标应符合表 2-75 的规定；非增强型聚氯乙烯膜片的物理性能指标应符合表 2-76 的规定。

　　专门应用于泳池的聚氯乙烯膜片集防水和装饰功能于一体，与一般的聚氯乙烯片材有所不同，泳池所用的聚氯乙烯膜片的质量远高于一般的聚氯乙烯防水片材，应具有下列专门性能：

　　① 良好的焊接性能；

　　② 不易腐蚀、耐摩擦；

　　③ 具有很高的抗紫外线能力，色泽稳定性好，可长期保持柔

软性;

④ 在生产过程中采用了杀菌剂，能够有效地阻止细菌和海藻的蔓延;

⑤ 可与聚苯乙烯、聚丙烯、硬质聚氯乙烯和聚乙烯相容;

表 2-75　增强型聚氯乙烯膜片物理性能指标

项　目		性能指标	备　注
单位面积质量/（kg/m²）		1.9（±10%）	
密度/（g/cm³）		1.23（±10%）	
拉力/（N/cm）	纵向	≥180	
	横向		
断裂伸长率/%	纵向	≥120	膜断
	横向		膜断
撕裂强度/（kN/m）	纵向	≥75	
	横向		
硬度（邵尔 A）		75～80	
低温柔性		－25℃，无裂纹	
尺寸变化率（80℃，6h）/%	纵向	≤0.2	
	横向		
剪切状态下粘结性/（N/50mm）		≥800 或焊缝外断裂	
色泽稳定性	蓝色	7	
	灰色	4	
不透水性（0.3MPa，3h）		不（渗）透水	
吸水性/%		≤0.50	
耐老化（氙灯照射 5000h）	外观	褪色均匀	
	低温柔性	－25℃，无裂纹	
	拉力变化率/%	±20	
	伸长率变化率/%	±20	
安全检测（金属溶出物/毒性）		0	无毒性

表2-76 非增强型聚氯乙烯膜片物理性能指标

项 目		性能指标	备 注
单位面积质量/(kg/m²)		0.95（±10%）	
密度/(g/cm³)		1.26（±10%）	
拉伸强度/MPa	纵向	≥18	
	横向		
断裂伸长率/%	纵向	≥350	
	横向		
撕裂强度/(kN/m)	纵向	≥70	
	横向		
硬度（邵尔A）		75~80	
低温柔性		-25℃，无裂纹	
尺寸变化率（80℃，6h）/%	纵向	≤2.0	
	横向		
剪切状态下粘结性/(N/50mm)		≥400或焊缝外断裂	
色泽稳定性	蓝色	7	
	灰色	4	
不透水性（0.3MPa，3h）		不透水	
吸水率/%		≤0.50	
耐老化（氙灯照射5000h）	外观	褪色均匀	
	低温柔性	-25℃，无裂纹	
	拉伸强度变化率/%	±20	
	伸长率变化率/%	±20	
安全检测（金属溶出物/毒性）		0	无毒性

⑥ 产品无镉和其他重金属；

⑦ 对泳池水中的微生物、染料、油脂等具有良好的抗粘附性，尤其在游泳池水位线的上、下部位。

2. 配套材料

常用的配套材料包括：聚氯乙烯型钢复合件、工程塑料导轨锁扣、聚氯乙烯密封胶、聚氯乙烯膜片专用法兰、无纺布和杀菌剂等。

① 聚氯乙烯型钢复合件是指由聚氯乙烯膜片与型钢或钢板粘结而成的复合件，为聚氯乙烯膜片的固定件，其所用的聚氯乙烯膜片应与泳池用的聚氯乙烯膜片在材质上相匹配，两者具有良好的焊接性能。聚氯乙烯型钢复合件在施工和使用过程中，膜片与钢板不得分层剥离，聚氯乙烯型钢复合件的厚度不得小于1mm。

② 工程塑料导轨锁扣为由工程塑料材料制成的，以导轨挂扣方式固定在泳池池沿上的一类聚氯乙烯膜片的固定件，应具有耐酸碱、抗老化等性能。

③ 聚氯乙烯膜片密封胶是指用于密封和保护聚氯乙烯膜片搭接缝的一类密封材料。焊接缝所采用的密封胶应与聚氯乙烯膜片相配套，宜采用密封罐包装的产品，其储藏时间不得超过1.5年。罐上应标明包装日期等，储运和使用时应远离烟火。密封胶若未用完应将罐盖好，防止挥发。

④ 聚氯乙烯膜片所用的上、下法兰片之间应衬有耐腐蚀的柔性硅胶密封垫片。

⑤ 在泳池浅端聚酯无纺布应采用机械式固定，聚酯无纺布之间的搭接宜采用低温焊接，聚酯无纺布的单位面积质量不应小于 $250g/m^2$。

⑥ 杀菌剂应采用对真菌、大肠杆菌、藻菌、霉菌等具有杀灭和抑制功能的消毒药品，且必须对人体无害和符合环保要求。

2.5.2 泳池用聚氯乙烯膜片防水装饰层的设计

大型公用泳池池底板直接与地层接触，池四壁直接与回填土接触的泳池为地下泳池，地下泳池应先按地下室做好主体外防水，泳池结构应采用防水混凝土自防水，主体防水建议按二级设防标准设计。鉴于池内壁，包括底板内表面，其最终饰面一般以硬质块材为主，因此在考虑内防水时，必须将块材的粘贴因素一并考虑，具体说，对面层起隔离作用的柔性防水层基本应被排除，宜采用渗透结晶型防水材料、聚合物水泥砂浆。泳池四壁或大部分池壁及底板外表面为室内空间的泳池为地上泳池。地上泳池的内防水与地下泳池相同，池外壁宜不做任何饰面，若出现渗漏，则可准确判断其渗漏位置，以方便维修。

中小型泳池，特别是私家泳池，不论室内、室外，均建议选用戴思乐系统，该系统采用装配式池壁，也用于砖砌或钢筋混凝土池壁，需要的只是一个平整牢固的内表面，其防水则为量身订制的 PVC 无缝防水内衬，兼做装饰面层，防水内衬也可用 TPO 卷材制作。

1. 设计原则

聚氯乙烯膜片泳池防水装饰工程的设计原则如下：

（1）应根据泳池的使用要求、气候及地形地貌等环境条件及泳池的结构，合理选用聚氯乙烯膜片的类型和规格，并根据泳池的不同类型，选择相应的构造做法。

（2）聚氯乙烯膜片宽度和长度的选择应符合下列要求：

① 铺设施工时，应按搭接焊缝最少的原则选择膜片的宽度和长度。

② 依据工程条件，结合泳池的形状、大小、深浅和泳池水处理的布水形式、位置、数量等，选择聚氯乙烯膜片的规格尺寸。

③ 当泳池宽度大于 20m 时，宜采用最大幅宽的聚氯乙烯膜片。

④ 聚氯乙烯膜片泳池的附件应与其相配套。聚氯乙烯膜片的安装方式可分为导轨锁扣式和聚氯乙烯复合型钢（钢板）焊挂式，应根据工程的具体条件，选择聚氯乙烯膜片的安装方式。

⑤ 对于有特殊防滑要求的部位，应铺设具有特殊防滑功能的聚氯乙烯膜片；在泳池池底表面，宜在聚氯乙烯膜片下设置聚酯无纺布。

⑥ 对聚氯乙烯膜片下设置盲沟的工程，宜选用增强型聚氯乙烯膜片，并应在聚氯乙烯膜片下铺设聚酯无纺布。

2. 节点构造

聚氯乙烯膜片泳池防水装饰工程的节点构造要点如下：

① 聚氯乙烯膜片搭接节点的构造应符合图 2-98 要求。

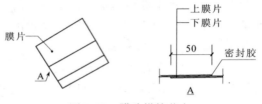

图 2-98　膜片搭接节点

② 聚氯乙烯膜片 L 形型钢复合件节点的构造应符合图 2-99 的要求；U 形型钢复合件节点的构造应符合图 2-100 的要求。

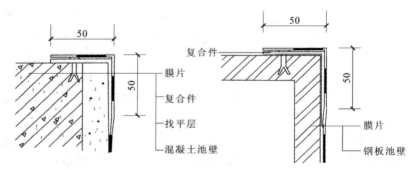

图 2-99　L 形型钢复合件连接节点的构造

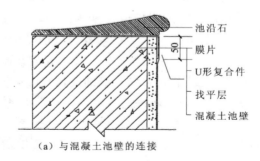

（a）与混凝土池壁的连接

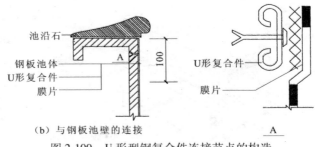

（b）与钢板池壁的连接

A

图 2-100 U 形型钢复合件连接节点的构造

③ 聚氯乙烯膜片平导轨节点的构造应符合图 2-101 的要求；立导轨节点的构造应符合图 2-102 的要求。

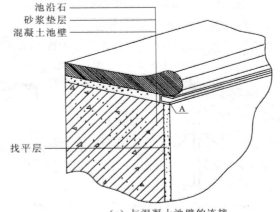

（a）与混凝土池壁的连接

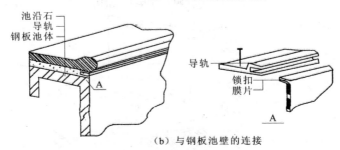

（b）与钢板池壁的连接

图 2-101 膜片平导轨连接节点的构造

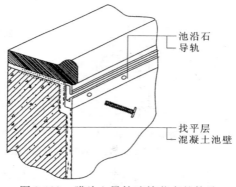

图 2-102　膜片立导轨连接节点的构造

④ 池壁上聚氯乙烯膜片连接节点的构造应符合图 2-103 的要求；平底泳池角部膜片搭接节点的构造应符合图 2-104 的要求；斜底泳池角部膜片搭接节点的构造应符合图 2-105 的要求。

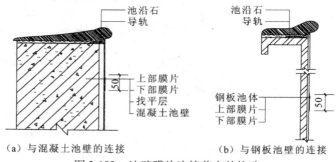

（a）与混凝土池壁的连接　　　　（b）与钢板池壁的连接

图 2-103　池壁膜片连接节点的构造

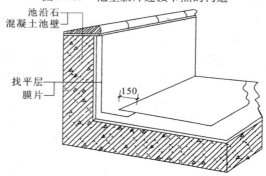

图 2-104　平底泳池角部膜片搭接节点的构造

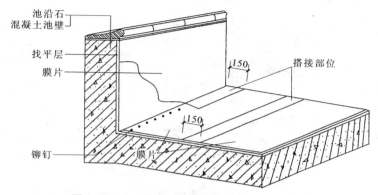

图 2-105　斜底泳池角部膜片连接节点的构造

⑤ 泳池阴角三面交接部位节点的构造应符合图 2-106 的要求；池底膜片与型钢复合件的连接节点的构造应符合图 2-107 的要求。

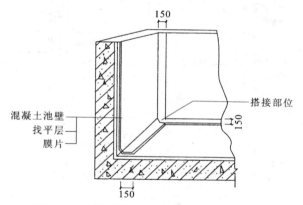

图 2-106　泳池阴角三角交接部位节点的构造

⑥ 泳池给水口节点的构造应符合图 2-108 的要求；泳池排水口节点的构造应符合图 2-109 的要求。

⑦ 泳池扶梯安装节点的构造应符合图 2-110 的要求；泳池观察窗膜片连接点的构造应符合图 2-111 的要求；泳池水下灯饰安装节点的构造应符合图 2-112 的要求。

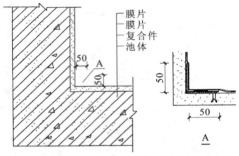

图 2-107 池底膜片与型钢复合
件连接节点的构造

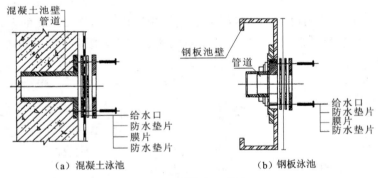

（a）混凝土泳池　　　　　　（b）钢板泳池

图 2-108 给水口节点

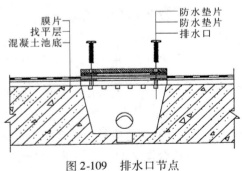

图 2-109 排水口节点

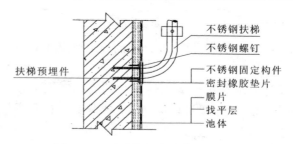

图 2-110　泳池扶梯安装节点的构造

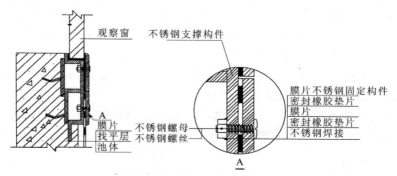

图 2-111　泳池观察窗安装节点的构造

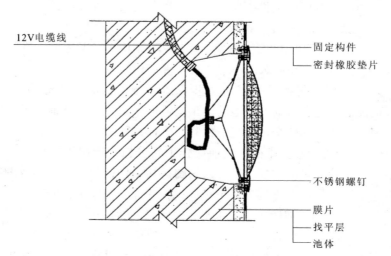

图 2-112　泳池水下灯饰安装节点的构造

2.5.3 泳池用聚氯乙烯膜片防水装饰层的施工

泳池用聚氯乙烯膜片防水装饰层的施工要点如下：

1. 施工准备

① 按设计要求选用聚氯乙烯膜片的类型、规格。聚氯乙烯膜片在进入施工现场后应见证取样复检，委托具有检测资格的机构按标准要求进行检测，经检验合格后方可使用。

② 聚氯乙烯膜片用于不同形状、规模、结构的泳池时，池壁表面应顺直（其顺直度应在 3mm 以内）、平整，池底表面应平整（其平整度应在 3mm 以内）、光滑、干净，不得有砂砾或其他尖锐物件留存，并应通过专项验收。

③ 泳池的排水系统、过滤系统、预埋管件、预留洞口等应按设计要求完成，并应通过专项验收。

④ 聚氯乙烯膜片在施工之前，其主体结构的基层表面应进行杀菌处理；若旧泳池翻新时，池底在铺设聚氯乙烯膜片前，应铺无纺布垫层，并进行杀菌处理。

⑤ 聚氯乙烯膜片应进行下列施工准备工作：弹线、预铺、剪裁、铺设、对正、压膜或点焊定型、擦拭尘土、焊接试验。

2. 聚氯乙烯膜片的铺设

① 聚氯乙烯膜片施工的环境气温宜在 10~36℃ 之间，在雨雪天气以及风力大于 4 级时不得进行室外工程的施工。

② 聚氯乙烯膜片应按下列步骤进行施工：铺设泳池的池壁，铺设泳池的池底，铺设泳池的池角或弧形角边，焊接泳池池壁和池底聚氯乙烯膜片的交接叠缝，检验，修补，复验。

③ 聚氯乙烯膜片在铺设前应作下料分析，绘出铺设顺序和裁剪图；在铺设时应拉紧，不可人为硬折和损伤；膜片之间形成的结点应采用 T 字形，不宜出现十字形；膜片应采用固定件固定，铆钉间距为 200mm；池壁应先沿水平方向铺设，然后自上而下铺设，宽幅的聚氯乙烯膜片必须铺在池壁上端，池壁上端的聚氯乙烯膜片应压在下端的聚氯乙烯膜片上；池底平面铺设宜沿横向进行，多层搭

接缝应留在阴角处；池壁与池底的焊接缝应留在池底距池壁150mm 处。

④ 工程塑料导轨和聚氯乙烯型钢复合件与泳池主体结构的连接应采用机械式或焊接固定，固定点的间隔不得大于 200mm；锁扣与工程塑料导轨间应紧密结合，聚氯乙烯膜片在受压后不得脱落；法兰片应紧固密封，法兰上的螺丝头不得外露。

⑤ 加强型聚氯乙烯膜片应采用热空气焊接技术，热空气焊接应符合下列要求：

a. 主要施工工具是热风焊枪，配有一个 20mm 的焊接喷嘴、一个压力轮、一把钢丝刷和一块划线铁。

b. 焊接时应清除聚氯乙烯膜片表面的灰尘及污物残渣；热风焊枪的工作温度宜为 380～450℃，应根据工作环境温度来调节热风焊枪的温度。

c. 在焊接聚氯乙烯膜片时，应将喷嘴插入两层聚氯乙烯膜片预留的幅宽之间，聚氯乙烯膜片的搭接缝宽度不应小于 50mm，焊接完成后，应对接缝质量进行检查。

⑥ 非加强型聚氯乙烯膜片应按照泳池的实际尺寸，采用高周波焊接机焊接加工后，再运送至泳池现场安装。

⑦ 采用聚氯乙烯膜片密封胶对焊接缝进行密封处理，涂密封胶处应均匀圆滑，密封胶缝的宽度宜为 2～5mm。

⑧ 聚氯乙烯膜片的施工现场不得有火种、电焊等明火以及其他高温施工作业。在危害聚氯乙烯膜片安全的范围内，严禁进行交叉作业。

⑨ 车辆（包括手推车）不得碾压聚氯乙烯膜片，不得穿钉鞋、高跟鞋和硬底鞋在膜片上踩踏，各种建材不得堆放在膜片上。

⑩ 聚氯乙烯膜片的配件（撇沫器、给水口、回水口、主排水口等）应包裹完好，保持清洁。

2.6　玻纤胎沥青瓦屋面工程的设计与施工

玻纤胎沥青瓦简称沥青瓦，是以玻纤胎为胎基，以石油沥青为主要原料，加入矿物填料作浸涂材料，上表面覆以保护材料，采用铺设搭接法施工的一类用于坡屋面的，集防水装饰双重功能于一体的一类柔性瓦状防水片材。玻纤胎沥青瓦产品执行国家标准GB/T 20474—2006《玻纤胎沥青瓦》。

2.6.1 玻纤胎沥青瓦的品种及性能

1. 沥青瓦产品的品种、分类和标记

沥青瓦品种繁多，就其外形而言有直角瓦、圆角瓦、鳞形瓦、蜂巢瓦等多种，如图 2-113 所示。

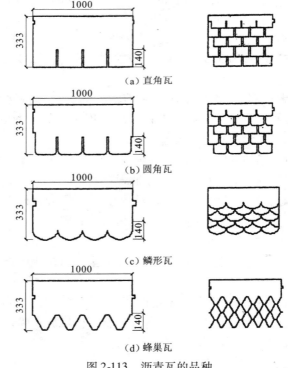

（a）直角瓦

（b）圆角瓦

（c）鳞形瓦

（d）蜂巢瓦

图 2-113　沥青瓦的品种

玻纤胎沥青瓦按其产品形式可分为平面沥青瓦（P）和叠合沥青瓦（L）。平面沥青瓦是以玻纤胎为胎基，采用沥青材料浸渍涂盖之后，表面覆以保护隔离材料，并且外表面平整的沥青瓦，俗称平瓦；叠合沥青瓦是采用玻纤毡为胎基生产的沥青瓦，在其实际使用的外露面的部分区域，用沥青粘合了一层或多层沥青瓦材料形成叠合状的一类沥青瓦，俗称叠瓦。产品按其上表面保护材料的不同，可分为矿物粒片料（M）和金属箔（C）。胎基采用纵向加筋或不加筋的玻纤毡（G）。产品规格长度推荐尺寸为 1000mm，宽度推荐尺寸为 333mm，如图 2-114 所示。

产品按产品名称、上表面材料、产品形式、胎基和标准号顺序进行标记：如矿物粒料、平瓦、玻纤毡、玻纤胎沥青瓦的标记为：沥青瓦 MPG GB/T 20474—2006。

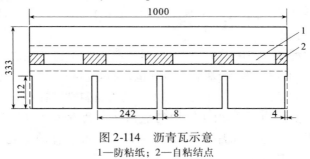

图 2-114　沥青瓦示意
1—防粘纸；2—自粘结点

2. 沥青瓦产品的技术性能要求

（1）原材料

1）在浸渍、涂盖、叠合过程中，使用的石油沥青应满足产品的耐久性要求，不应在使用过程中有轻油成分渗出。

2）所有使用的玻纤毡应是低碱或中碱玻纤，满足 GB/T 18840—2002 中 5.1、5.5.2 的要求，胎基单位面积质量不宜低于 90g/m^2。不得采用带玻纤网格布复合的胎基。

3）上表面保护材料的矿物粒（片）料应符合相关标准的规定，有合适级配和强度，不易变色和掉色；金属箔应有合适的强度。

4）沥青瓦的下表面应覆盖适当的材料，如粉碎的砂、滑石粉、防粘材料等，以防止在包装中相互粘结。

5）沥青瓦表面采用的沥青自粘胶应保证在使用过程中能将沥青瓦相互锁合粘结，不在使用过程中产生流淌，保证产品具有抗风能力。

（2）产品要求

1）单位面积质量、规格尺寸

① 矿物粒（片）料面沥青瓦单位面积质量不低于 3.4kg/m²，厚度不小于 2.6mm；金属箔面沥青瓦单位面积质量不低于 2.2kg/m²，厚度不小于 2.0mm。

② 长度尺寸偏差为 ±3mm，宽度尺寸偏差为 +5mm、−3mm。

③ 切口深度不大于（沥青瓦宽度 −43）/2（单位 mm）。

2）外观

① 沥青瓦在 10~45℃ 时，应易于打开，不得产生脆裂和破坏沥青瓦表面的粘结。胎基应为玻纤毡，胎基应被沥青完全浸透，表面不应有胎基外露，叠瓦的两层须用沥青材料粘结在一起。

② 表面保护层必须连续均匀地粘结在沥青表面以达到紧密覆盖的效果。矿物粒（片）料必须均匀，嵌入沥青的矿物粒（片）料不应对胎基造成损伤。

③ 沥青瓦表面应有沥青自粘胶和保护带。

④ 沥青瓦表面无可见的缺陷，如孔洞、未切齐的边、裂口、裂纹、凹坑和起鼓。

3）物理力学性能

沥青瓦的物理力学性能应符合表 2-77 规定。

表 2-77　沥青瓦的物理力学性能　GB/T 20474—2006

序号	项　　　目		平瓦	叠瓦
1	可溶物含量/（g/m²）　≥		1000	1800
2	拉力/（N/50mm）　≥	纵向	500	
		横向	400	

续表

序号	项目		平瓦	叠瓦
3	耐热度（90℃）		无流淌、滑动、滴落、气泡	
4	柔度[a]（10℃）		无裂纹	
5	撕裂强度/N ≥		9	
6	不透水性（0.1MPa，30min）		不透水	
7	耐钉子拔出性能/N ≥		75	
8	矿物料粘附性[b]/g ≤		1.0	
9	金属箔剥离强度[c]/（N/mm） ≥		0.2	
10	人工气候加速老化	外观	无气泡、渗油、裂纹	
		色差，ΔE ≤	3	
		柔度（10℃）	无裂纹	
11	抗风揭性能		通过	
12	自粘胶耐热度	50℃	发黏	
		75℃	滑动≤2mm	
13	叠层剥离强度/N ≥		—	20

a 供需双方可以根据使用要求商定温度更低的柔度指标。
b 仅适用于矿物粒（片）料沥青瓦。
c 仅适用于金属箔沥青瓦。

2.6.2 玻纤胎沥青瓦屋面防水层的设计

玻纤胎沥青瓦适用于斜坡木屋顶以及水泥基层的坡屋面，可用于可钉的底层，屋顶的坡度最小为10°，最大为55°。

沥青瓦屋面的设计要点如下：

① 平面沥青瓦适用于防水等级Ⅱ级的坡屋面；叠合沥青适用于防水等级Ⅰ级和Ⅱ级的坡屋面。

② 沥青瓦屋面的基层可分为木基层和混凝土基层等两大类。在新建住宅的坡屋面上，可采用木基层或钢筋混凝土基层；对于"平改坡"工程，一般均采用木基层。在"平改坡"屋面中，为了尽可能减少屋面荷载，一般均在原有的平屋面结构上增设轻钢屋架，将铺设的木基层改为新的彩色沥青瓦斜坡屋面，故称之为"平

改坡"，同时，还应在设置轻钢屋架的承重墙上，现浇钢筋混凝土圈梁，并通过构造钢筋与屋面檐口圈梁连成整体，然后再将轻钢屋架与新增设的圈梁连接锚固成一体，其屋面构造如图 2-115 所示。

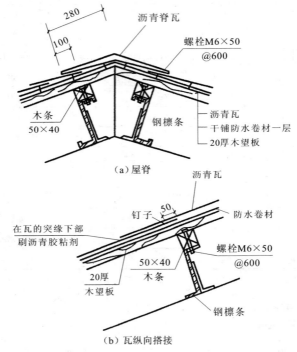

（a）屋脊

（b）瓦纵向搭接

图 2-115　玻纤胎沥青瓦屋面构造（适用于"平改坡"旧屋面）

③ 当玻纤胎沥青瓦屋面的坡度大于 150% 时，则应采取固定的加固措施。

④ 玻纤胎沥青瓦屋面的基层应牢固平整，基层上面应先铺设一层卷材，若卷材铺设在木基层上面时，可采用沥青瓦固定卷材，若卷材铺设在混凝土基层上面时，则可采用水泥钉固定卷材，沥青瓦的铺设应不小于 3 层。

⑤ 屋面与突出屋面的连接处，玻纤胎沥青瓦应铺贴在立面上，其高度应不小于 250mm。

⑥ 沥青瓦屋面的细部构造设计如下：

a. 沥青瓦屋面的檐口应设金属滴水板，如图 2-116、图 2-117 所示。

b. 沥青瓦屋面的泛水板与突出屋面的墙体搭接高度应不小于 250mm，如图 2-118 所示。

c. 除了在檐沟内必须增设附加防水层（空铺）外，在卷材收头部位应有较好的固定密封措施，在檐口的沥青瓦和卷材之间应采取满粘法铺贴，如图 2-119 所示。

d. 沥青瓦屋面的脊瓦在两坡面瓦上的搭盖宽度，每边应不小于 150mm，如图 2-120 所示；沥青瓦屋脊、斜天沟的防水构造如图 2-121 ~ 图 2-123 所示。

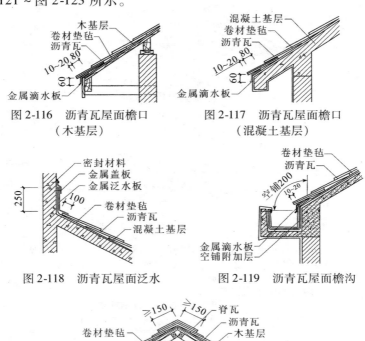

图 2-116　沥青瓦屋面檐口
（木基层）

图 2-117　沥青瓦屋面檐口
（混凝土基层）

图 2-118　沥青瓦屋面泛水

图 2-119　沥青瓦屋面檐沟

图 2-120　沥青瓦屋脊

新型建筑防水材料施工

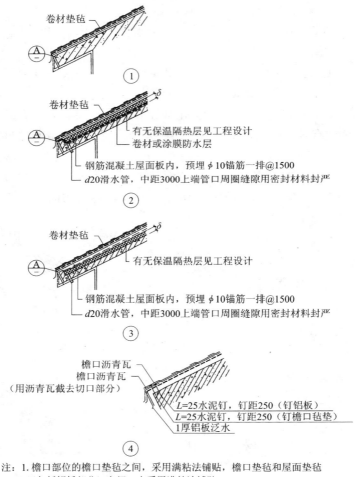

注：1. 檐口部位的檐口垫毡之间，采用满粘法铺贴，檐口垫毡和屋面垫毡
　　（包括铝板部分）之间，也采用满粘法铺贴。
　　2. 屋面板内预埋的 $\phi10$ 锚筋与找平层内的 $\phi6$ 钢筋可采用焊接或绑扎粘
　　牢，锚筋伸出保温隔热层20。
　　3. 本图示意了挑檐的两种檐头形式，施工时详见工程设计。

图 2-121　屋脊、斜天沟防水构造（一）

304

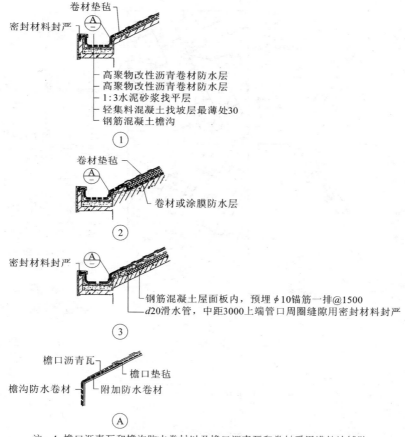

注：1. 檐口沥青瓦和檐沟防水卷材以及檐口沥青瓦和卷材采用满粘法铺贴。
　　2. 屋面板内预埋的 φ10 锚筋与找平层内的 φ6 钢筋可采用焊接或绑扎粘牢，锚筋伸出保温隔热层 20。
　　3. 檐沟纵向坡度不应小于 1%，沟底水落差不得超过 200。

图 2-122　屋脊、斜天沟防水构造（二）

e. 沥青瓦屋面与屋顶窗的交接处，应采用金属排水板，窗框固定铁角、支瓦条、窗框防水卷材等连接，如图 2-124 所示。沥青瓦屋面屋顶窗的防水构造如图 2-125 ~ 图 2-127 所示。

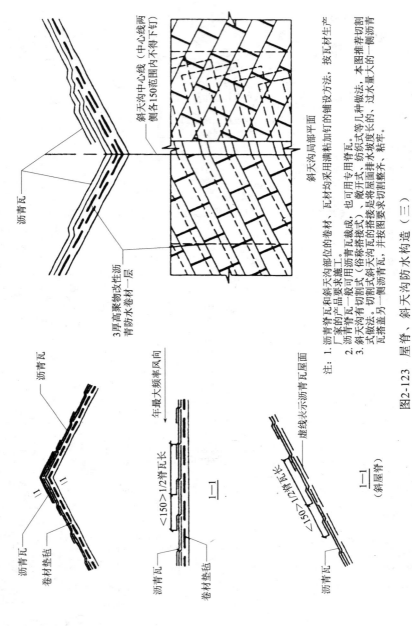

注: 1. 沥青瓦和斜天沟部位的卷材,瓦材均采用满粘加钉的铺设方法,按瓦材生产厂家的产品要求施工。
2. 沥青瓦一般可用沥青瓦裁成,也可用专用脊瓦。
3. 斜天沟有切割式(俗称搭接式)、纺织式等几种做法,本图推荐切割式做法,另一侧盖过沥青瓦。切割式斜天沟的搭接是将屋面排水坡度长的、过水量大的一侧沥青瓦搭盖另一侧沥青瓦,并按图要求切割整齐,粘牢。

图2-123 屋脊、斜天沟防水构造(三)

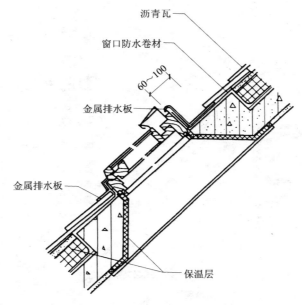

图 2-124　沥青瓦屋面屋顶窗

f. 沥青瓦屋面的变形缝，一般要求选用抗裂与延伸性能好的附加卷材，且在外面覆盖和固定金属板材（如 1mm 厚的铝板），如图 2-128 所示，变形缝的泛水高度不宜过小，一般要求等于或大于 250mm。沥青瓦屋面变形缝的防水构造如图 2-128、图 2-129 所示。

g. 沥青瓦在女儿墙处可沿基层与女儿墙的八字坡铺贴，并采用镀锌薄钢板覆盖，再用钉子钉固于墙内预埋的木砖上，泛水上口与墙间的缝隙应用密封材料封严，如图 2-130 所示。

h. 沥青瓦屋面泛水、山墙的防水构造如图 2-131、图 2-132 所示；沥青瓦屋面管道泛水的防水构造如图 2-133 所示；钢筋混凝土檐沟挑檐的防水构造如图 2-134 所示；木屋面有檐沟挑檐的防水构造如图 2-135 所示。

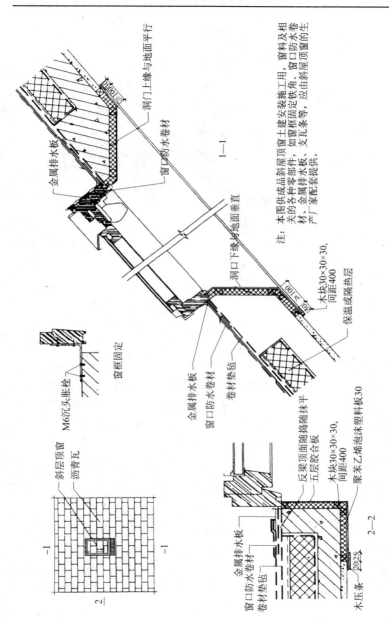

图2-125 沥青瓦屋面屋顶窗的防水构造（一）

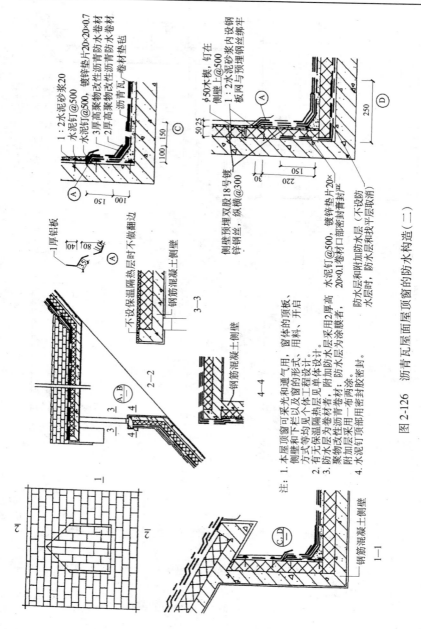

注：1. 本屋顶窗可采光和通气用，窗体和下栏均见以及窗的形式、侧壁等均见个体工程设计。
2. 有无保温隔热层见单体设计。
3. 防水层为卷材者，附加防水层采用2厚高聚物改性沥青卷材；防水层为涂膜者，附加防水层采用一布两涂。
4. 水泥钉顶部用密封胶密封。

图2-126　沥青瓦屋面至顶窗的防水构造（二）

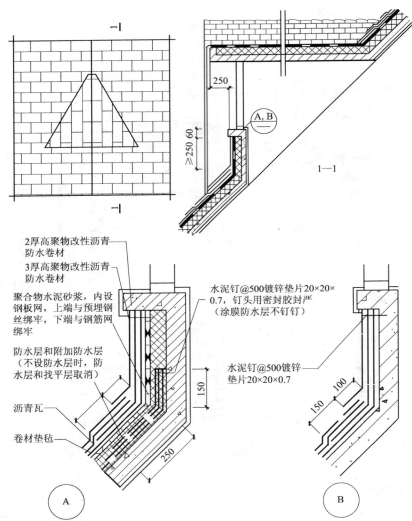

注：1. 本屋顶窗可采光和通气用，窗体的顶板、侧壁和下栏以及窗的形式、用料、开启方式
等均见个体工程设计。
2. 有无保温隔热层见单体设计。
3. 防水层为卷材者，附加防水层采用2厚高聚物改性沥青卷材；防水层为涂膜者，附加
层采用一布两涂。
4. 水泥钉顶部用密封胶密封。

图2-127　沥青瓦屋面屋顶窗的防水构造（三）

310

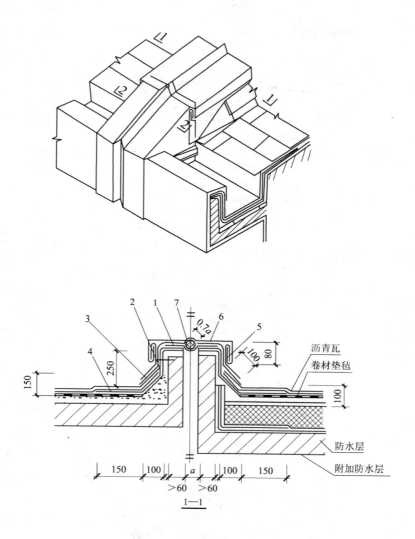

图 2-128　屋面变形缝的防水构造（一）

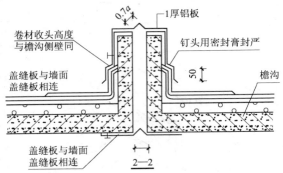

图 2-128　屋面变形缝的防水构造（二）

1—2 厚高聚物改性沥青卷材；2—密封胶封严；

3—3 厚高聚物改性沥青卷材（顶部水平段不粘牢）；

4—2 厚高聚物改性沥青卷材；

5—水泥钉@500；6—1 厚铝板；7—聚乙烯泡沫塑料棒

注：1. 变形缝翻边的高度、厚度及配筋见个体工程设计。

2. 防水层为卷材者，附加防水层采用 2 厚高聚物改性沥青卷材；防水层为涂膜者，附加防水层采用一布两涂。

3. 变形缝处室内无双墙时，缝内嵌填聚苯乙烯泡沫塑料。

4. 有无防水层或有无保温隔热层见工程设计。

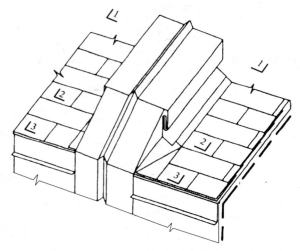

图 2-129　屋面变形缝的防水构造（一）

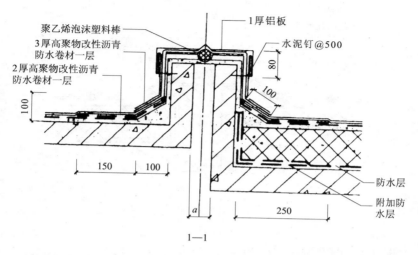

聚乙烯泡沫塑料棒
1厚铝板
3厚高聚物改性沥青防水卷材一层
水泥钉@500
2厚高聚物改性沥青防水卷材一层
80
100
100
150 100
防水层
附加防水层
a
250
1—1

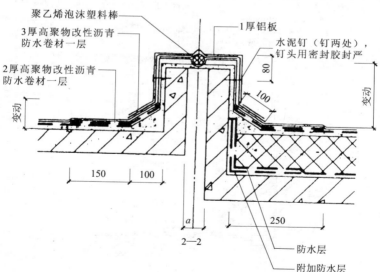

聚乙烯泡沫塑料棒
1厚铝板
3厚高聚物改性沥青防水卷材一层
水泥钉（钉两处），钉头用密封胶封严
2厚高聚物改性沥青防水卷材一层
80
变动
变动
100
变动
150 100
a
250
防水层
附加防水层
2—2

图 2-129 屋面变形缝的防水构造（二）

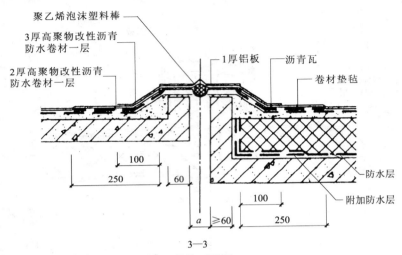

聚乙烯泡沫塑料棒

3厚高聚物改性沥青
防水卷材一层

2厚高聚物改性沥青
防水卷材一层

1厚铝板　　沥青瓦

卷材垫毡

防水层

附加防水层

100

250

60

a　≥60

100

250

3—3

注：1. 变形缝翻边的高度、厚度及配筋见工程设计。
　　2. 防水层为卷材者，附加防水层采用2厚度高聚物改性沥青卷材；防水层为涂膜者，
　　　　附加防水层采用一布两涂。
　　3. 变形缝处室内无双墙时，缝内嵌聚苯乙烯泡沫塑料。
　　4. 有无防水层或有无保温隔热层见工程设计。

图 2-129　屋面变形缝的防水构造（三）

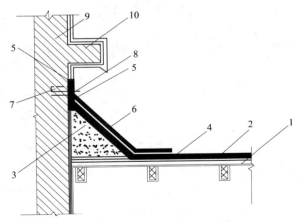

9　　10

5

8

5

7

6

4　　2　　1

3

图 2-130　女儿墙泛水处理示意

1—木基层；2—垫毡；3—八字坡砂浆；4—沥青瓦；

5—密封胶；6—镀锌薄钢板；7—预埋木砖；8—铁钉；9—女儿墙；10—挑砖

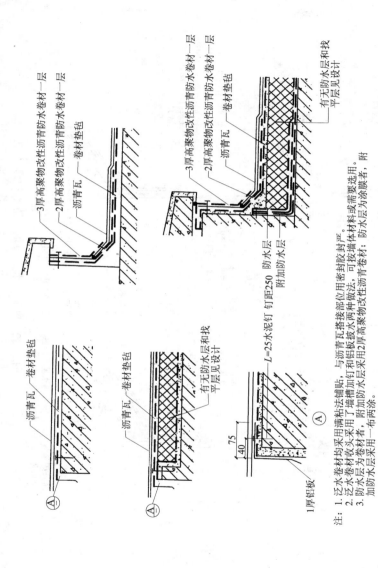

图2-131 屋面泛水、山墙的防水构造（一）

注：1. 泛水卷材均采用满粘法铺贴，与沥青瓦搭接部位用密封胶封严。
2. 泛水卷材收头为卷材，附加防水层采用2厚高聚物改性沥青卷材；防水层为涂膜者，附加防水层采用一布两涂。
3. 防水层收头用丁墙层槽加钉和铝盖板挖水两种做法，可按墙体材料或需要选用。

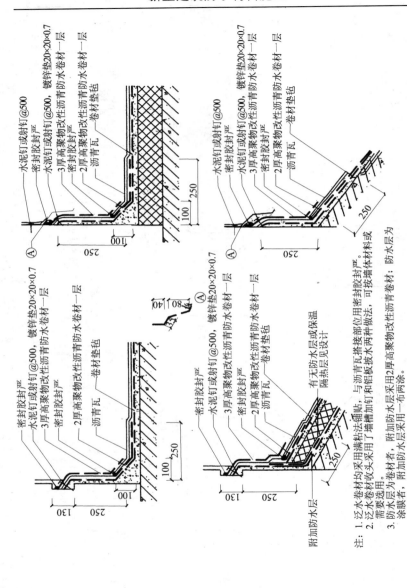

图2-132 屋面泛水、山墙的防水构造（二）

注：1. 泛水卷材均采用满粘法铺贴，与沥青瓦搭接部位用密封胶封严。
2. 泛水卷材收头采用了墙槽加钉和铝板压条两种做法，可按墙体材料或需要选用。
3. 防水层为卷材者，附加防水层采用2厚高聚物改性沥青卷材；防水层为涂膜层者，附加防水层采用一布二涂。

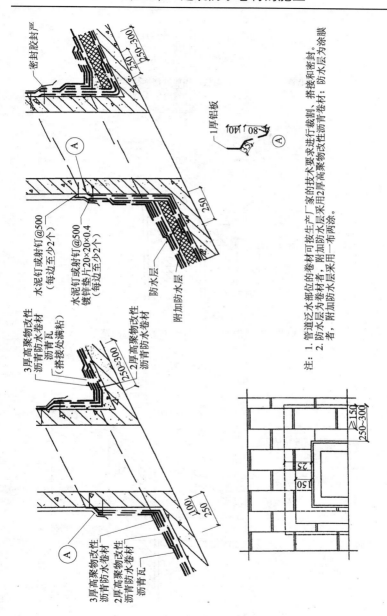

注：1. 管道泛水部位的卷材可按生产厂家的技术要求进行裁割，搭接和密封。
　　2. 防水层为卷材者，附加防水层采用2厚高聚物改性沥青卷材；防水层为涂膜者，附加防水层采用一布两涂。

图2-133　沥青瓦屋面管道泛水的防水构造

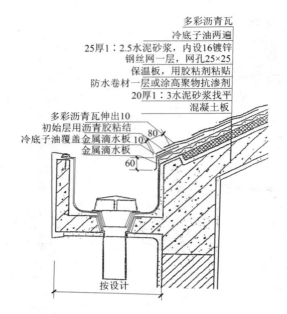

多彩沥青瓦
冷底子油两遍
25厚1∶2.5水泥砂浆，内设16镀锌
钢丝网一层，网孔25×25
保温板，用胶粘剂粘贴
防水卷材一层或涂高聚物抗渗剂
20厚1∶3水泥砂浆找平
混凝土板

多彩沥青瓦伸出10
初始层用沥青胶粘结
冷底子油覆盖金属滴水板10
金属滴水板

80
60

按设计

图 2-134　钢筋混凝土檐沟挑檐的防水构造

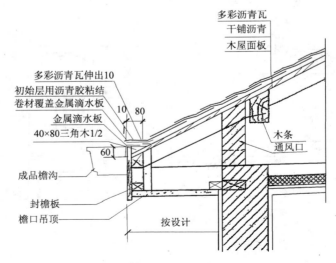

多彩沥青瓦
干铺沥青
木屋面板

多彩沥青瓦伸出10
初始层用沥青胶粘结
卷材覆盖金属滴水板
金属滴水板
40×80三角木1/2

10　80
60

木条
通风口

成品檐沟

封檐板
檐口吊顶

按设计

图 2-135　木屋面有檐沟挑檐的防水构造

318

2.6.3　玻纤胎沥青瓦屋面防水层的施工

沥青瓦防水层的操作施工工艺流程如图 2-136 所示。

当使用复合沥青瓦屋面与卷材或涂膜防水层时，防水层应铺设在找平层上，防水层上再做细石混凝土找平层，然后再铺设卷材垫毡和沥青瓦。当设置保温层时，保温层应铺设在防水层上，保温层上再做粗石混凝土找平层，然后再铺设卷材垫毡和沥青瓦。

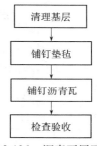

图 2-136　沥青瓦屋面的施工工艺流程

1. 清理基层

沥青瓦屋面的基层可分为木基层、钢筋混凝土基层等多种，无论何种基层都要求平整、坚固、具有足够的强度，以保证沥青瓦在铺贴施工后屋面的平整，达到在阳光照射下获得最佳的装饰效果。屋面坡度应符合设计的要求（沥青瓦屋面的坡度宜为 20%~85%）。屋面基层应清除杂物、灰尘、确保干净，无起砂、起皮等缺陷。

2. 铺钉、垫毡

在铺设沥青瓦时，应在基层上先铺设一层沥青防水卷材作为垫毡，铺设时可从檐口往上用油毡钉进行铺钉，为了防止钉子外露导致锈蚀而影响固定，钉子必须盖在搭接层内，两块垫毡之间的搭接宽度应不小于 50mm，垫毡的铺设方法如图 2-137 所示。

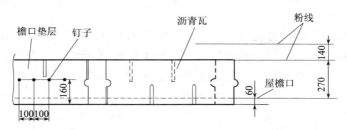

图 2-137　垫毡的铺设方法

3. 铺钉沥青瓦

（1）沥青瓦的固定方法

沥青瓦是一种轻而薄的片状材料，为防止大风将其掀起，必须将沥青瓦紧贴基层，使瓦面平整。当沥青瓦铺设在木基层上时，可采用沥青钉固定；当沥青瓦铺设在混凝土基层上时，可采用射钉固定，也可采用冷玛琋脂或粘结胶粘结固定，如图 2-138 所示。在混凝土基层上铺设沥青瓦时，还应在基层表面抹体积比为 1：3 水泥砂浆找平层。

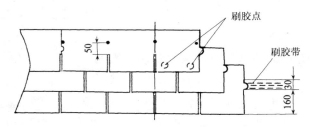

图 2-138 沥青瓦的固定方法

（2）沥青瓦的铺设方法

玻纤胎沥青瓦应自檐口向屋脊铺设，为了防止瓦片错动或因雨水而引起渗漏，应按照层层搭接的方法进行铺钉。第一层沥青瓦应与檐口平行，切槽应向上指向屋脊，第二层沥青瓦应与第一层沥青瓦叠合，但切槽应向下指向檐口，第三层沥青瓦应压在第二层上，并露出切槽 125mm，相邻两层沥青瓦的拼缝及瓦槽应均匀错开，上下层不应重合。

为了保证沥青瓦与基层贴紧，每片沥青瓦应采用不少于 4 个沥青钉固定，沥青钉应垂直钉入，钉帽不得外露于沥青瓦表面。当屋面坡度大于 50% 时，应增加沥青钉的数量或采用沥青胶粘贴，以防下滑。沥青瓦的施工方法参见图 2-139。

（3）脊瓦的铺设

当铺设脊瓦时，应将沥青瓦沿切槽剪开，分成四块作为脊瓦，并采用两个沥青钉固定，脊瓦应顺最大频率风向搭接，并应搭盖住两坡面沥青瓦接缝的 1/3（搭接缝的宽度不宜小于 100mm）；脊瓦与脊瓦的压盖面应不小于脊瓦面积的 1/2，参见图 2-140。

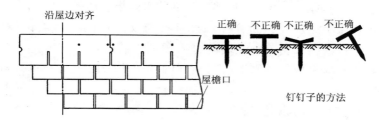

图 2-139　沥青瓦的施工方法

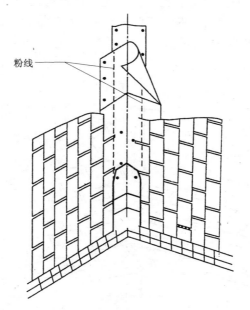

图 2-140　脊瓦的铺设方法

（4）屋面与突出屋面结构连接处的铺贴方法

屋面与突出屋面结构的连接处是防水的关键部位，应有可靠的防水措施。沥青瓦应铺贴在立面上，其高度应不小于 250mm。

在屋面与突出屋面的烟囱、管道、出气孔、出入口等阴阳角的连接处，应先做二毡三油防水层，待铺瓦后再用高聚物改性沥青防水卷材做单层防水，以加强这些部位的防水效果。

在女儿墙泛水处，沥青瓦可沿基层与女儿墙的八字坡铺设，然后用镀锌薄钢板覆盖，在墙内钉入预埋木砖或用射钉固定。沥青瓦和镀锌薄钢板的泛水上口与墙间的缝隙应采用防水密封材料封严。

（5）排水沟的施工方法

排水沟的施工方法有多种，如编织型、暴露型、搭接型等。

编织型屋面排水沟的施工，首先在排水沟处铺设 1～2 层卷材做防水附加层，然后再安装沥青瓦，沥青瓦的铺设方法采用相互覆盖编织，如图 2-141 所示。

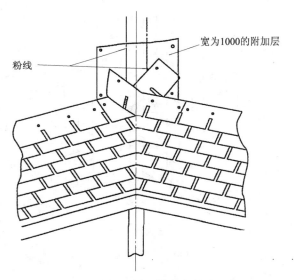

图 2-141　编织型屋面排水沟的施工方法

暴露型屋面排水沟的施工，是沿着屋面排水沟自下向上铺一层宽为 500mm 的防水卷材，在卷材两边相距 25mm 处钉钉子进行固定。在屋檐口处切齐防水卷材。若需要纵向搭接，上下层的搭接宽度应不少于 200mm，并在搭接处涂刷橡胶沥青冷胶粘剂，沥青瓦用钉子固定在卷材上，一层一层地由下向上安装，如图 2-142 所示。

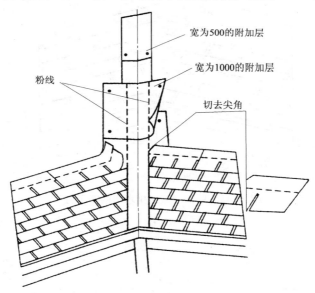

图 2-142　暴露型屋面排水沟的施工方法

搭接型屋面排水沟的施工是将沥青瓦相互衔接，首先铺卷材，随后在排水沟中心线两侧 150mm 处分别弹两条线。铺沥青瓦首先铺主部位，每一层沥青瓦都要铺过屋面排水沟中心线 300mm，钉子钉在线外侧 25mm 处，在完成主屋面后再铺辅部位，如图 2-143 所示。

4. 检查验收

在沥青瓦铺设完工后，整个屋面将淋水 2h，以不渗漏者为合格。

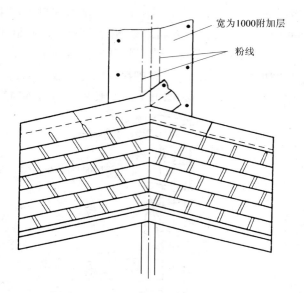

图 2-143　搭接型屋面排水沟的施工方法

第3章　建筑防水涂料的施工

涂料是一种呈现流动状态或可液化之固体粉末状态或厚浆状态的，能均匀涂覆并且能牢固地附着在被涂物体表面，并对被涂物体起到装饰作用、保护作用及特殊作用或几种作用兼而有之的成膜物质。涂料按其用途的不同，可分为建筑涂料、汽车涂料、木器涂料、铁路涂料、轻工涂料、船舶涂料、防腐涂料、其他专用涂料、通用涂料及辅助材料等。

建筑涂料是指涂敷于建筑构件表面，并能与构件表面材料很好地粘结，形成完整保护膜的一种成膜物质。

建筑涂料主要产品类型有墙面涂料、防水涂料、地坪涂料、功能性涂料等，建筑涂料主要产品的类型参见表3-1。

建筑防水涂料是在常温下呈无固定形状的黏稠状液态高分子合成材料，经涂布后，通过溶剂的挥发或水分的蒸发或反应固化后在基层表面可形成坚韧防水膜的材料的总称，是按涂膜的性能进行分类所得出的一个建筑涂料的类别。

建筑防水涂料涂膜防水层是指在自身具有一定防水能力的结构层表面涂刷一定厚度的防水涂料，经常温交联固化后，形成的一层具有一定坚韧性的防水涂膜。根据防水基层的情况和适用部位，可将加固材料和缓冲材料铺设在防水层之内，以达到提高涂膜的防水效果、增强防水涂层强度和耐久性的目的。涂膜防水由于防水效果好，施工简单、方便，特别适合于表面形状复杂的结构防水工程，因而得到了广泛的应用，不仅适用于建筑物的屋面防水、墙面防水、厕浴卫生间的防水，而且还广泛用于地下防水以及其他工程的防水。

表 3-1 建筑涂料主要产品的类型 （GB/T 2705—2003）

主要产品类型		主要成膜物质类型
墙面涂料	合成树脂乳液内墙涂料 合成树脂乳液外墙涂料 溶剂型外墙涂料 其他墙面涂料	丙烯酸酯类及其改性共聚乳液；醋酸乙烯及其改性共聚乳液；聚氨酯、氟碳等树脂；无机粘合剂等
防水涂料	溶剂型树脂防水涂料 聚合物乳液防水涂料 其他防水涂料	EVA、丙烯酸酯乳液；聚氨酯、沥青、PVC 胶泥或油膏、聚丁二烯等树脂
地坪涂料	水泥基等非木质地面用涂料	聚氨酯、环氧等树脂
功能性涂料	防火涂料 防霉（藻）涂料 保温隔热涂料 其他功能性涂料	聚氨酯、环氧、丙烯酸酯类、乙烯类、氟碳等树脂

3.1 建筑防水涂料的分类和施工工艺

3.1.1 建筑防水涂料的分类

目前防水涂料一般按涂料的类型和涂料的成膜物质的主要成分进行分类。

1. 按照涂料的液态类型分类

根据涂料的液态类型，可把防水涂料分为溶剂型、水乳型、反应型三种。

（1）溶剂型防水涂料：在这类涂料中，作为主要成膜物质的高分子材料溶解于有机溶剂中，成为溶液，高分子材料以分子状态存于溶液（涂料）中。

该类涂料具有以下特性：通过溶剂挥发，经过高分子物质分子链接触、搭接等过程而结膜；涂料干燥快，结膜较薄而致密；生产工艺较简易，涂料贮存稳定性较好；易燃、易爆、有毒，生产、贮存及使用时要注意安全；由于溶剂挥发快，施工时对环境有污染。

（2）水乳型防水涂料：这类防水涂料作为主要成膜物质的高分子材料以极微小的颗粒（而不是呈分子状态）稳定悬浮（而不是溶解）在水中，成为乳液状涂料。

该类涂料具有以下特性：通过水分蒸发，经过固体微粒接近、接触、变形等过程而结膜；涂料干燥较慢，一次成膜的致密性较溶剂型涂料低，一般不宜在 5℃以下施工；贮存期一般不超过半年；可在稍微潮湿的基层上施工；无毒，不燃，生产、贮运、使用比较安全；操作简便，不污染环境；生产成本较低。

（3）反应型防水涂料：在这类涂料中，作为主要成膜物质的高分子材料系以预聚物液态形状存在，多以双组分或单组分构成涂料，几乎不含溶剂。

此类涂料具有以下特征：通过液态的高分子预聚物与相应物质发生化学反应，变成固态物（结膜）；可一次性结成较厚的涂膜，无收缩，涂膜致密；双组分涂料需现场准确配料，搅拌均匀，才能确保质量；价格较贵。

2. 按照涂料的组分不同分类

根据组分不同，一般可分为单组分防水涂料和双组分防水涂料两类。

单组分防水涂料按液态不同，一般有溶剂型、水乳型两种。

双组分防水涂料属于反应型。

3. 按照涂料的主要成膜物质不同分类

根据构成涂料的主要成分不同，可分为五大类：合成高分子类（又可再分为合成树脂类和合成橡胶类）、高聚物改性沥青类（亦称橡胶沥青类）、沥青类、水泥类、聚合物水泥类。

防水涂料的分类参见图 3-1。

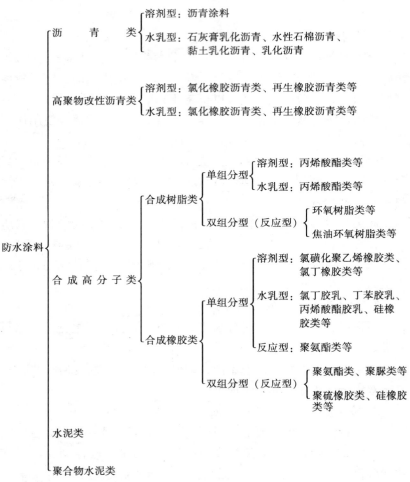

图 3-1　建筑防水涂料的分类

3.1.2 建筑防水涂料的施工工艺

建筑防水涂料的施工工艺包括基层处理和涂刷两部分。基层处理时基本操作工艺有清除、嵌批、打磨等；涂刷工艺则根据防水涂料的摊铺方法不同分为刷涂、刮涂、滚涂、喷涂等。

1. 清除

清除是指对各类基层在涂饰前进行处理的技术，清除的操作技术主要有手工清除、机械清除、化学清除和热清除等。

手工清除主要包括手工铲除和刷除。手工清除的方法见表3-2。

表3-2　基层手工清除的方法

种类	操作方法	适用范围
扁錾铲除	须与手锤配合使用，錾削时要稍有凹坑，不要有凸出。铲除边沿时要从外向里铲或顺着边棱铲，以防损伤工件。錾子的后刀面与工作面要有5°~8°的夹角。錾子前后刀面的夹角叫楔角，铲除材料不同，楔角的大小也各异	铲除金属面上的毛刺、飞边、凸缘等
铲刀清除	一般选用刀刃锋利、两角整齐的约8cm的铲刀。在木面上应顺木纹铲除，铲除水浆涂料应先喷水湿润；铲除水泥、砂浆等硬块时，最好使用斜口铲刀，要满掌紧握手把，用手指顶住刀把顶端使劲铲剔	清除水泥、抹灰、木质、金属面上的旧涂层、硬块及灰尘杂物等
刮刀刮除	有异形刮刀和长柄刮刀两种，异形刮刀一般与脱漆剂或火焰清除设备配合使用。长柄刮刀单独使用时，一手压住刮刀端部，另一手握住把柄用力向下刮除，一般是顺木纹刮除，最好从各个方向交叉刮除，与木纹成垂直方向刮除时用力不要过大，以免损伤木纹刮出凹痕	异形刮刀可刮线脚和细小装饰件上的旧涂层，长柄刮刀用来刮除室外大面积粗糙木质面上的漆膜
金属刷清除	有钢丝刷和铜丝刷两种，铜丝刷不易引起火花，可在极易起火的环境使用。清除时脚要站稳，紧握刷柄，用拇指或食指压在刷背上向前下方用力推进，使刷毛倒向一顺，回来时先将刷毛立起然后向后下方拉回，不然刷子就容易边走边蹦，按不住，除掉的东西也不多，只有几道刷痕。如果刷子较大，在刷背上安一个手柄，双手操作会更省力	消除金属面上的松散、锈蚀、氧化铁皮或旧涂层，也可清除水泥面上的沉积物或旧涂层

2. 嵌、批

嵌、批腻子的目的是将已经过清除处理的基层尚存在的缺陷进行填平。嵌、批腻子的要求是实、平、光。即与基层或后续涂层接触紧密，粘结牢固，表面平整光滑，减少打磨量，为漆面质量打好基础。

（1）嵌（补）腻子

嵌（补）腻子的目的就是将被涂饰基层表面的局部缺陷和较大的洞眼、裂缝、坑洼不平处填平填实，达到平整光滑的要求。熟练地掌握嵌补腻子的技巧和方法，是油漆工的基本功，在嵌补腻子时，手持工具的姿势要正确，手腕要灵活，嵌补时要用力将工具上的腻子压进缺陷内，要填满、填实，不可一次填得太厚，要分层嵌补，分层嵌补时必须待上道腻子充分干燥并经打磨后再进行下道腻子的嵌补，一般以 2 ~ 3 道为宜。为防止腻子塌陷，复嵌的腻子应比物面略高一些，腻子也可稍硬一些。嵌补腻子时应先用嵌刀将腻子填入缺陷处，再用嵌刀顺木纹方向先压后刮，来回刮一至两次。填补范围应尽量局限在缺陷处，并将四周的腻子搜刮干净，以减少沾污，减少刮痕。填刮腻子时不可往返次数太多，否则容易将腻子中的油分挤出表面，造成不干或慢干的现象，还容易发生腻子裂缝。嵌补时，要将整个被涂覆的基层表面的大小缺陷都填到、填严，不得遗漏，边角不明显处要格外仔细，将棱角补齐。对木材面上的翘花及松动部分要随即铲除，要用腻子填平补齐。

嵌补腻子还要掌握腻子中各种材料的性能与涂饰材料之间的关系，掌握各层油漆之间的特点，选用适当性质的腻子嵌补也是重要的一环。工具的选用要根据工程对象，一般用嵌刀、牛角腻板、椴木腻板等。

（2）批（刮）腻子

批（刮）腻子一般是对面积较大、比较平整的被涂饰表面进行处理的一种方法，即所谓满批腻子，其目的与嵌补腻子相同，不同之处是对基层面进行全面刮腻子，基本不能遗漏。批刮腻子要从上至下，从左至右，先平面后棱角，以高处为准，一次刮下，手要用力向下按腻板，倾斜角度为60°~80°，用力要均匀，才可使腻子饱满又结实。如在木基层上批刮腻子并且是清水显木纹时要顺木纹批刮，不必要的腻子要搜刮干净，以免影响纹理清晰。搜刮腻子只准一两个来回，不能多刮，防止腻子起卷。如在抹灰墙上或混凝土面上批刮腻子，选用的腻子应有所不同，批刮的方法和选用工具也有所不同。批头道腻子主要考虑与基层结合，要刮实。二道腻子要刮平，可以略有麻眼，但不能有气泡，气泡处必须铲掉，重新进行修补，最后一道腻子是刮光和填平麻眼，为打磨创造有利条件。

（3）嵌、批腻子的注意事项

在进行嵌、批腻子的操作时，还应注意以下几个方面：

① 嵌、批腻子要在涂刷底漆并干燥后进行，以免腻子中的漆料被基层过多地吸收，影响腻子的附着性，出现脱落。

② 为避免腻子出现开裂和脱落，要尽量降低腻子的收缩率，一次填刮不要过厚，最好不要超过0.5mm。

③ 腻子的稠度和硬度要适当。

④ 批刮动作要快，特别是一些快干腻子，不宜过多地往返批刮，以免出现卷皮脱落或将腻子中的漆料挤出封住表面不易干燥。

⑤ 要根据基层、面漆及各层油料的性能特点选择适宜的腻子和嵌批工具，并注意腻子的配套性，以保持整个涂层的物理和化学性能的一致性。

3. 打磨

无论是基层处理，还是涂饰工艺过程中，打磨都是必不可少的操作环节，在涂饰工程中占有极其重要的位置，它对涂层的平整光滑、附着力及被涂物的棱角、线条、外观和木纹的清晰都有很大的影响。

打磨有手工打磨和机械打磨两种方法，而其中又包括干磨和湿磨。干磨是用木砂纸、铁砂布、浮石等对表面进行研磨；湿磨则是为了卫生防护的需要及为了防止漆膜打磨受热变软漆尘粘附在磨粒间影响打磨效率和质量，而将水砂纸或浮石蘸上水或润滑剂进行打磨的一种打磨工艺。硬质涂料或含铅涂料一般采用湿磨。当基层易吸收水或环境不利于干燥时，则可用松香水和生亚麻油（3：1）的混合物做润滑剂打磨。

（1）手工打磨

将砂纸、砂布的$\frac{1}{2}$或$\frac{1}{4}$张对折或三折，包在垫块上，右手抓住垫块，手心压住垫块上方，手臂和手腕同时均匀用力打磨，如不用垫块，可用大拇指、小拇指和其他三个手指夹住，参见图3-2。不能只用一两个手指压着砂纸打磨，以免影响打磨的平整度。打磨一段时间后应停下来，将砂纸在硬处磕几下，除去堆积在磨料缝隙中的粉尘。打磨完毕后要用除尘布将表面的粉尘擦去，在各道腻子面上打磨时要掌握不能把棱角磨圆，该平则平，该方则方，手感要光滑绵润。

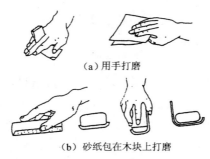

（a）用手打磨

（b）砂纸包在木块上打磨

图3-2　砂纸打磨法

打磨要正确选择砂纸的型号，一般木材表面局部填补的腻子层常用1号或$1\frac{1}{2}$号木砂纸，满刮的腻子和底漆多用0号木砂纸，混凝土墙面水泥腻子的打磨可用砂布；湿磨多用水砂纸；底层腻子可用较粗的砂纸，上层腻子则应用较细的砂纸。要掌握不同的打磨方法及面漆以下各层漆膜的不同性质，做到表面平整，不伤实质，基本上要做到每道涂层之间要打磨一遍，由重到轻，才能保证涂饰表面的质量。

（2）机械打磨

机械打磨主要使用风动打磨器和滚筒打磨器打磨木地板或大面积平面，圆盘式打磨器常用于金属面和抹灰面。风动打磨器和滚筒打磨器的操作方法见表 3-3。

表 3-3　打磨设备的操作工艺

设备名称	操　作　工　艺
风动打磨器	使用风动打磨器时，首先检查砂纸是否已被夹子夹牢，并开动打磨器检查各活动部位是否灵活，运行是否平稳，打磨器工作的风压应在 0.5～0.7MPa。操作时双手向前推动打磨器，不得重压，使用完毕后用压缩空气将各部位积尘吹掉
滚筒打磨器	由电机带动包有砂布的滚筒进行工作，主要用于打磨地板，每次打磨的厚度约为 1.5mm，打磨器工作时会自动前移，下压或上抬手柄即可控制打磨器的打磨速度和打磨深度

打磨工作在整个涂饰过程中，按照对打磨的不同要求和作用，可大致分为三个阶段，即基层打磨，层间打磨，面层打磨。各个不同阶段的打磨要求和注意事项见表 3-4。

表 3-4　不同打磨阶段的要求和注意事项

打磨阶段	打磨方式	要求及注意事项
基层打磨	干磨	用 $1～1\frac{1}{2}$ 号砂纸打磨。纸角处要用对折砂纸的边角砂磨。边缘棱角要打磨光滑，去其锐角以利涂料的粘附，在纸面石膏板上打磨，则应注意不能使纸面起毛
层间打磨	干磨或湿磨	用 0 号砂纸、1 号旧砂纸或 280～320 号水砂纸打磨。木质面上的透明涂层应顺木纹方向直磨，遇到凹凸线角部位可适当运用直磨、横磨交叉进行的方法轻轻打磨
面层打磨	湿磨	用 400 号以上水砂纸蘸清水或肥皂水打磨。打磨至从正面看上去是暗光，但从水平侧面看上去如同镜面。此工序仅适用于硬质涂层，打磨边缘、棱角、曲面时不可使用垫块，要轻磨并随时查看，以免磨透、磨穿

要想得到预期的打磨效果，必须根据不同工序的质量要求，选择适当的打磨方法和工具，打磨时还应注意以下几点：

① 打磨必须在基层或涂膜干实后方可进行，以免磨料粘进基层或涂膜内，达不到打磨的效果。

② 水腻子、不易憎水的基层或水溶性涂料涂层不能采用湿磨。

③ 涂膜坚硬不平或软硬相差较大时，必须选用磨料锋利并且坚硬的磨具打磨，避免越磨越不平。

④ 打磨后应清除表面的浮粉和灰尘，以利于下道工序的进行。

4. 刷涂

刷涂是涂饰工程中应用最早、最普遍的施工方法，它的优点是工具简单，节省涂料，适应性强，不受场地大小、物面形状和尺寸的限制；涂膜的附着力和涂料的渗透性优于其他涂饰方法。缺点是工效低，涂膜的外观质量不是很好，挥发性快的涂料如硝基漆、过氯乙烯漆采用刷涂施工困难就更大些。在下列情况下常采用刷涂：

（1）滚涂或喷涂易产生遗漏的细小不平整部位。

（2）角落、边缘或畸形物面。

（3）细木饰件、线角等细小部位。

（4）采用喷涂施工，但又必须将周围遮挡起来的小面积。

（1）刷涂的基本操作方法

刷涂前先将漆刷蘸上涂料（蘸油），需使涂料浸满全刷毛的二分之一，漆刷在粘附涂料后，应在涂料桶边沿内侧轻拍一下，以便理顺刷毛并去掉粘附过多的涂料。

刷涂通常按涂布、抹平（涂布和抹平亦称为摊油）、修整（理油）三个步骤，参见图3-3。涂布是将漆刷刷毛所含的涂料涂布在漆刷所及范围内的被涂覆物表面，漆刷运行轨迹可根据所用涂料在被涂覆物表面的流平情况，保留一定的间隔；抹平则是将已涂布在被涂覆物表面的涂料展开抹平，将所有保留的间隔面都覆盖上涂料，不得使其露底；修整是按一定方向刷涂均匀，消除刷痕与漆膜厚薄不均的现象。

刷涂快干涂料（如硝基纤维素涂料）时，则不能按照涂布、抹平、修整三个步骤进行，只能采用一步完成的方法，由于快干涂料干燥速度快，不能反复涂刷，必须在将涂料涂布在被覆盖面上的同时，尽可能快地将涂料抹平、修整好漆膜。漆刷运行宜采用平行轨迹，并重叠漆膜三分之一的宽度，参见图 3-4。

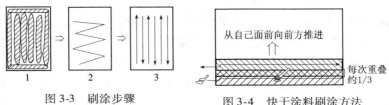

图 3-3　刷涂步骤
1—涂布；2—抹平；3—修整

图 3-4　快干涂料刷涂方法

（2）刷涂的注意事项

① 刷涂时漆刷蘸涂料、涂布、抹平、修整这几个步骤应该是连贯的，不应该有停顿的间隙，熟练的操作者可以将这几个操作步骤融合为连续的一步完成。

② 涂布、抹平、修整三个步骤应纵横交替地刷涂，但被涂物的垂直面，最后一个步骤应沿着垂直方向进行竖刷。刷涂木质被涂物时最后一个步骤应与木纹方向相同。

③ 在进行涂布和抹平操作时，漆刷要求处于垂直状态，并用力将刷毛大部分贴附在被涂物表面，但在修整时，漆刷应向运行的方向倾斜，用刷毛的前端轻轻地刷涂修整，以便达到满意的修整效果。

④ 漆刷每次的涂料粘附量最好基本保持一致，只要漆刷的规格选用得当，漆刷每次粘附的涂料刷涂面积也能基本保持一致。

⑤ 刷涂面积较大的被涂物时，通常应先从左上角开始刷涂，每蘸一次涂料后按照涂布、抹平、修整三个步骤完成一块刷涂面积后，再蘸涂料刷涂下一块刷涂面积。

⑥ 仰面刷涂时，漆刷粘附涂料要少一点，刷涂时用力不要太重，漆刷运行不要太快，以免涂料掉落。

5. 刮涂

刮涂是采用刮刀对黏稠涂料进行厚膜涂装的一种施工方法。刮涂一般用于刮涂腻子、厚质防水涂料等。

（1）腻子的刮涂

① 腻子刮涂的次数

腻子要进行多次刮涂，腻子层才能牢固结实，不能要求一次刮涂的腻子层即达到预定的厚度，因为一次刮涂过厚，腻子层容易开裂脱落，且干燥慢。为保证刮涂质量，一般刮涂不少于三次，即通常所说的头道、二道、末道，对三次涂刮各自的要求是不相同的。

刮涂头道腻子要求腻子层与被涂物表面牢固粘结，刮涂时要使腻子浸润被涂物表面，渗透填实微孔，对个别大的陷坑需先用填坑腻子填实。

刮二道腻子要求腻子层表面平整，将被涂物表面粗糙不平的缺陷完全覆盖，二道腻子的稠度应比头道腻子高，刮涂时应逢高不抬，逢低不沉，尽量使腻子层表面平整，允许稍有针眼，但不应有气孔。

刮末道腻子要求腻子层表面光滑，填实针眼，刮涂时用力要均衡，尽量使腻子层表面光滑，不出现明显的粗糙面，所用腻子稠度应比二道腻子低。

② 腻子稠度的调整

腻子稠度与刮涂效果有密切的关系，稠度适当才能浸润底层又能确保必要的厚度。通常腻子稠度的变化是增高，这是由于稀释剂挥发的结果。在刮涂前如发现腻子的稠度过高，不符合刮涂要求，应用与其配套的稀释剂进行调整。

③ 刮涂腻子的步骤

刮涂操作通常分为抹涂、刮平、修整三个步骤，但要根据刮涂的要求灵活运用，干燥速度慢的腻子与干燥速度快的腻子刮涂时运用三个步骤是有区别的，前者可以明显地分为三个步骤，后者如过氯乙烯树脂腻子干燥速度快，刮涂时不能明显地分为三个步骤、抹涂、刮平、修整应连续一步完成。

（a）抹涂

抹涂是用刮刀将腻子抹涂在被涂物表面，抹涂时先用刮刀从腻子托盘中挖取腻子，然后将刮刀的刃口贴附在被涂物的表面，刮刀运行初期应稍向前倾斜，与被涂物表面呈 80°夹角，随着刮刀运行移动，腻子不断地转移到被涂物表面，同时刮刀上粘附的腻子逐渐减少，因此要求刮刀在移动过程中逐渐加大向前倾斜的程度，迫使腻子粘附在被涂物表面，直至夹角约为 30°时，将刮刀粘附的腻子完全抹涂在被涂物表面。

（b）刮平

刮平是将抹涂在被涂物表面的腻子层刮涂平整，消除明显的抹除痕迹，刮平时应先将刮刀上残留的腻子去掉，然后用力将刮刀尽量向前倾斜贴附于腻子层上，并按照抹涂时刮刀的运行轨迹向前刮，随着刮刀的移动，刮刀上粘附的腻子会逐渐增多，刮刀与被涂物表面的夹角也应逐渐增大，直到夹角呈 90°时把多余的腻子刮下来。

（c）修整

修整是腻子层已基本刮涂平整后，修整个别不平整的缺陷、接缝痕迹、边沿缺损等。修整时刮刀应向前倾斜，或用少许腻子填补，或用刮刀挤刮，用力不宜过大，以防损坏整个腻子层。

④ 打磨腻子

刮涂的腻子层往往表面粗糙，留有刮痕及其他缺陷，需要打磨才能达到平整光滑的要求，打磨腻子是刮涂所必需的后处理工序。

打磨头道腻子层要求去高就低，采用粗砂布或粗砂纸打磨。

打磨二道腻子层要求打磨平整，没有明显的高低不平缺陷，可采用粗砂布或砂纸进行干磨或湿磨，最好用垫板卡住砂布打磨，要求其腻子层都必须打磨，不能遗漏，打磨顺序先平面后棱角，打磨用力要均衡，要纵横交替，反复打磨。

打磨末道腻子层的要求是要将腻子层打磨光滑，采用细砂布或砂纸，如腻子层仍有不平整的缺陷，应先用粗砂布磨平后再进行磨光工序，打磨顺序同打磨第二道腻子。

腻子层的打磨通常采用手工操作，为了提高效率，可采用打磨机打磨。

⑤ 刮涂的注意事项

（a）选用的腻子要与整个涂装体系配套，即与底漆、面漆配套，为调整黏度除可以添加配套的稀释剂外，不能在腻子中间添加任何其他的填料；

（b）被涂物表面应清理干净，如发现原涂底漆漆膜脱落或出现锈蚀时，应重新进行表面处理；

（c）要根据被涂物的表面形状与刮涂要求，正确选用刮刀；

（d）刮涂一个被涂物时，其操作顺序应先上后下，先左后右，先平面后棱角；

（e）每道腻子都不能刮得过厚，要刮得结实，但不能漏刮，不能有气泡，厚度最好控制在 0.3～0.5mm 范围内，二道腻子也不应超过 1mm，腻子层必须干结后，方可进行下一道刮涂或打磨；

（f）刮刀在使用过程中难免会有损伤，要及时进行修整，使刀刃保持垂直；

（g）采用湿磨方法打磨时，为防止钢铁被涂物锈蚀，最好采用防锈打磨，防锈水可参考如下配方：硼纱 1%（质量分数）、三乙醇胺 0.2%，香精 0.003%，水适量。

（2）防水涂料的刮涂

防水涂料的刮涂是将厚质防水涂料均匀地批刮于防水基层上，形成厚度符合设计要求的防水涂膜。

① 刮涂施工工艺

刮涂常用的工具有牛角刀、油灰刀、橡皮刮刀和钢皮刮刀等。刮涂施工的要点如下：

（a）刮涂时应用按刀，使刮刀与被涂面的倾斜角为 50°～60°，按刀要用力均匀。

（b）对涂层厚度的控制采用预先在刮板上固定铁丝（或木条）或在屋面上做好标志的方法。铁丝（或木条）的高度应与每遍涂层厚度要求一致。一般需刮涂二至三遍，总厚度为 4～8mm。

（c）刮涂时只能来回刮 1～2 次，不能往返多次刮涂，否则将会出现"皮干里不干"现象。

（d）遇有圆、棱形基面，可用橡皮刮刀进行刮涂。

（e）为了加快施工进度，可采用分条间隔施工，待先批涂层干燥后，再抹后批空白处。分条宽度一般为 0.8~1.0m，以便于抹压操作，并与胎体增强材料宽度相一致。

（f）待前一遍涂料完全干燥后可进行下一遍涂料施工。一般以脚踩不沾脚、不下陷（或下陷能回弹）时才进行下一道涂层施工，干燥时间不宜少于 12h。

（g）当涂膜出现气泡、皱褶不平、凹陷、刮痕等情况，应立即进行修补。修补好后才能进行下一道涂膜施工。

② 刮涂施工注意事项

（a）防水涂料使用前应特别注意搅拌均匀，因为厚质防水涂料内有较多的填充料，如搅拌不均匀，不仅涂刮困难，而且未搅匀的颗粒杂质残留在涂层中，将成为隐患。

（b）为了增加防水层与基层的结合力，可在基层上先涂刷一遍基层处理剂。若使用某些渗透力强的涂水防料，可不涂刷基层处理剂。

（c）防水涂料的稠度一般应根据施工条件、厚度要求等因素确定。

（d）待前一遍涂料完全干燥，缺陷修补完毕并干燥后，才能进行下一遍涂料施工。后一遍涂料的刮涂方向应与前一遍刮涂方向垂直。

（e）立面部位涂层应在平面涂层施工前进行，视涂料的流平性好坏确定涂刮遍数。流平性好的涂料应按照多遍薄刮的原则进行，以免产生流坠现象，使上部涂层变薄，下部涂层变厚，影响防水质量。

（f）防水涂层施工完毕，应注意养护和成品保护。

③ 刮涂施工质量要求

刮涂施工要求涂膜不卷边、不漏刮，厚薄均匀一致，不露底，无气泡，表面平整，无刮痕，无明显接茬。

6. 滚涂

滚涂是将由羊毛或化纤等吸附性材料制成的滚筒（又称滚刷）在平盘状容器内滚沾上涂料，然后轻微用力滚压在被涂物面上。滚涂适用于大面积涂漆，省时，省力，操作容易，在大面平面上效率比刷涂高 2 倍，在建筑涂装上，它是应用较广的一种涂装方法，砖石面、混凝土面、粗抹灰面、乳雕装饰面等多种室内外平面都适宜滚涂。对金属网、带孔吸声板、波纹瓦面以及管件等效果也很好。但对滚涂窄小的被涂物，以及棱角、圆孔等形态复杂的部位比较困难。

滚涂的操作要点如下：

（1）滚涂前的准备

为有利于滚筒对涂料的吸附和清洗，必须先清除滚筒上影响涂膜质量的浮毛、灰尘、杂物。

滚涂前应用稀料清洗滚筒，或将滚筒浸湿后在废纸上滚去多余的稀料后再蘸取涂料。

（2）涂料的蘸取

蘸取涂料时只需浸入筒径三分之一即可，然后在托盘内的瓦楞斜板或提桶内的铁网上来回滚动几下，使筒套被涂料均匀浸透，如果涂料吸附不够可再蘸一下。

（3）滚涂的施工

① 滚刷涂料时当滚筒压附在被涂物表面初期，压附用力要轻，随后逐渐加大压附用力，使滚筒所粘附的涂料均匀地转移附着到被涂物的表面。

② 滚涂时其滚筒通常应按 W 形轨迹运行如图 3-5（a）所示，滚动轨迹纵横交错，相互重叠，使漆膜厚度均匀。滚涂快干型涂料或被涂物表面涂料浸渗强的场合，滚筒应按直线平行轨迹运行如图 3-5（b）所示。

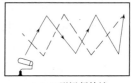 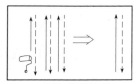

（a）W形运行轨迹　　　　（b）直线形运行轨迹

图 3-5　滚涂时滚筒的运行轨迹

③ 墙面的滚涂：在墙面上最初滚涂时，为使涂层厚薄一致，阻止涂料滴落，滚筒要从下向上，再从上向下或"M"形滚动几下，当滚筒已比较干燥时，再将刚滚涂的表面轻轻理一下，然后就可以水平或垂直地一直滚涂下去。

④ 顶棚及地面的滚涂：顶棚的滚涂方法与墙面的滚涂基本相同，即沿着房间的宽度滚刷，顶棚过高时，可使用加长手柄。用滚筒滚涂地面时，可将地面分成许多 $1m^2$ 左右的小块，将油漆涂料倒在中央，用滚筒将涂料摊开，平稳地慢慢地滚涂，要注意保持各块边缘的湿润，避免衔接痕迹。

⑤ 滚筒经过初步的滚动后，筒套上的绒毛会向一个方向倒伏，顺着倒伏方向进行滚涂，形成的涂膜最为平整，为此滚涂几下后，应查看一下滚筒的端部，确定一下绒毛倒伏的方向，用滚筒理油时也最好顺这一方向滚动。

⑥ 滚筒使用完毕后，应刮除残附的涂料，然后用相应的稀释剂清洗干净，晾干后妥为保存。

7. 喷涂

喷涂是利用压缩空气或其他方式做动力，将涂料从喷枪的喷嘴中喷出，成雾状分散沉积形成均匀涂膜的一种施工工艺。喷涂的施工效率较刷涂高几倍至十几倍，尤其是大面积施工时更能显示其优越性，喷涂对缝隙、小孔及倾斜、曲线、凹凸等各种形状的物面都能适应，并可获得平整、光滑、美观的高质量涂膜。喷涂的种类包括空气喷涂、高压无气喷涂、热喷涂及静电喷涂等，但应用最广泛的还是空气喷涂和高压无气喷涂。

（1）空气喷涂和高压无气喷涂的原理

① 空气喷涂的原理如图 3-6 所示，是用压缩空气从空气帽的中心孔中喷出，在涂料喷嘴前端形成负压区，使涂料容器中的涂料从涂料喷嘴喷出，并迅速进入高速压缩空气流，使液-气相急骤扩散，涂料被微粒化，呈漆雾状飞向并附着在被涂物体的表面，涂料雾粒迅速集聚成连续的漆膜。

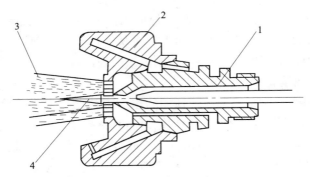

图 3-6 空气喷涂喷枪枪头工作原理

1—涂料喷嘴；2—空气帽；3—空气喷射；4—负压区

② 无气喷涂的原理参见图 3-7，对涂料施加高压（通常为 11～125MPa），使其从涂料喷嘴喷出，当涂料离开涂料喷嘴的瞬间，便以高达 100m/s 的速度与空气发生激烈的高速冲撞，使涂料破碎成微粒，在涂料粒子的速度未衰减前，涂料粒子继续向前与空气不断的多次冲撞，涂料粒子不断地被粉碎，使涂料雾化，并粘附在被涂物体表面。

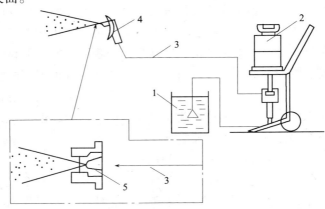

图 3-7 无气喷涂的原理

1—涂料窗口；2—高压泵；3—高压涂料输送管；4—喷枪；5—喷嘴

（2）喷涂的基本工艺

① 喷枪的拿握方法和姿势

手拿握喷枪不要大把满握，无名指和小指轻轻拢住枪柄，食指和中指钩住扳机，枪柄夹在虎口中，上身放松，肩要下沉，以免因时间过长而导致手腕和肩膀疲乏。喷涂时要眼随喷枪走，枪到哪里眼跟到哪里，既要找准喷枪要去的位置，又要注意喷过涂料后其涂膜形成的情况和喷束的落点。喷枪与物面的喷射距离和垂直喷射角度，主要靠身躯来保证，喷枪的移动同样要用身躯来协助膀臂的移动，不可能移动手腕，但手腕要灵活。

② 喷涂方法

喷涂的方法有纵向、横向交替喷涂和双重喷涂两种方法，双重喷涂也叫压枪法，是使用较为普遍的一种喷涂方法。

喷枪喷涂出的喷束是呈锥形射向物面的，喷束中心距物面最近，边缘离物面最远，因而中心比边缘的涂料落点多，形成的涂膜中心厚、边缘薄。压枪法喷涂工艺是将后一枪喷涂的涂层压住前一枪喷涂的涂层的二分之一，以使涂层的厚薄一致，并且喷涂一次即可得到两次喷涂的厚度。采用压枪法喷涂的顺序和方法如图3-8所示。压枪法喷涂的要点如下：

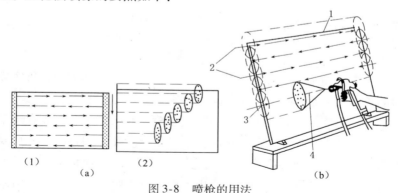

图3-8　喷枪的用法

（a）（1）先喷两端部分，再水平喷涂其余部分；（2）喷路互相重叠一半

（b）1—第一喷路；2—喷路开始处；3—扣动开关处；4—喷枪口对准上面喷路的底部

（a）先将喷涂面两侧边缘纵向喷涂一下，然后再喷涂线路，从喷涂面的左上角横向喷涂。

（b）第一喷涂的喷束中心，必须对准喷涂面上侧的边缘，以后各条喷路间要相互重叠一半。

（c）各喷路未喷涂前，应先将喷枪对准喷涂面侧缘的外部，缓慢移动喷枪，在接近侧缘前便扣动扳机（即要在喷枪移动中扣动扳机）。在到达喷路末端后，不要立即放松扳机，要待喷枪移出喷涂面另一侧的边缘后再放松扳机（即放松扳机要在喷枪停止移动前进行）。

（d）喷枪必须走成直线，不能呈弧形移动，喷嘴与物面要垂直，否则就会形成中间厚、两边薄或一边厚一边薄的涂层，如图3-9所示。

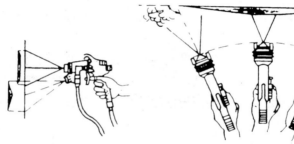

（a）喷枪与墙面的角度应垂直　　　　　（b）喷枪移动时不可走弧线

图3-9　喷枪的角度和移动方法

（e）喷枪移动的速度应稳定不变，每分钟为 10~12m，每次喷涂的长度为 1.5m 左右。

（f）角落的喷涂。为减少漏喷或多喷，对于阳角，可先在端部自上而下地垂直喷涂一下，然后再水平喷涂。喷涂阴角时，不要对着角落直喷，这样会使角落深处两边的涂层过薄，而角落外部的涂层过厚。应先分别从角的两边，由上而下垂直喷一下，然后再沿水平方向喷涂。垂直喷涂时，喷嘴离角的顶部要远一些，以便与喷在角顶部的涂料交融，不致产生流坠。

g. 喷涂粗糙面时应水平喷一遍，垂直喷一遍。若只从一个方向进行喷涂，则会产生微小的遗漏。

③ 喷涂作业的要点

在喷涂作业中，掌握选择喷枪的原则、选择合适的喷嘴口径、空气压力、涂料黏度以及掌握喷枪距离、喷枪运行速度、喷雾图形的搭接要领是提高涂膜质量、减少涂料损失的关键所在。

a. 选择喷枪的原则

无论是选用内混式喷枪还是外混式喷枪，都应从枪体的质量和大小、涂料的供给方式、涂料喷嘴口径、空气使用量等四个要素并结合作业条件进行考虑，选择适当的喷枪，见表3-5。

表 3-5　选择喷枪的四个要素

要　素	意　　义
枪体大小和质量	从减轻操作者的劳动强度考虑，希望选用轻小型喷枪。但是，由于小型喷枪的涂料喷出量与空气量都比较小，喷涂速度低，因而喷涂次数多，效率低，不适宜大批量、连续喷涂作业。另外，如果用大型喷枪喷涂小型被涂物或管状被涂物，涂料损失大，漆雾飞散多，也是不适当的。因此，选用喷枪应在满足喷涂作业条件的前提下，考虑喷枪的大小和质量，大型被涂物和大批量连续喷涂作业，可选用大型喷枪；小型被涂物或凹凸不平比较突出的表面喷涂作业，可选用小型喷枪
涂料供给作业	涂料用量少、涂料的颜色更换比较频繁、小批量的各种涂装作业，可选用涂料罐容量为 1L 以下的重力式喷枪。重力式喷枪不适宜用于仰面喷枪，涂料用量稍大，要求更换涂料颜色，并须进行侧面喷涂的喷涂作业，可选用涂料罐容量为 1L 的吸上式喷枪。 涂料用量大，颜色比较单一的连续喷涂作业，可选用压送式喷枪，涂料供给可选用容量为 10～100L 的涂料增压罐。如增压罐不能满足要求，可采用涂料泵压送以循环管路供给涂料，这种压送循环供给方式，不会因涂料供给而中断喷涂作业。压送式喷枪如果配置快速换色装置，就能适应在连续喷涂作业时满足频繁换色的要求。压送式喷枪由于枪体不带涂料罐，质量较轻，仰喷、俯喷、侧喷都很方便，它的缺点是清洗较重力式和吸上式喷枪困难，涂料压力与空气压力的平衡调节控制比较复杂，但熟悉后也容易掌握

要　素	意　义
涂料喷嘴口径	根据涂料喷嘴选择喷枪，应考虑涂料喷嘴口径要适应所要求的涂料喷出量，喷嘴口径越大，涂料喷出量也越大。黏度高的涂料相对地喷出量少，应选用涂料喷嘴口径较大的喷枪。压送式喷枪的涂料喷出量随压送涂料的压力提高而增加，因此可选用涂料喷嘴口径较小的喷枪。喷涂底涂以及对漆膜外观要求不高或漆膜要求较厚时，可选择涂料喷嘴口径较大的喷枪。喷涂面涂时涂料雾化要求高，可选用涂料喷嘴口径较小的喷枪。喷涂底漆如果黏度较低，也可选择涂料喷嘴口径较小的喷枪。当使用重力式喷枪用高位涂料罐供给涂料时，可选用涂料喷嘴口径较小的喷枪
空气使用（消耗）量	各种喷嘴口径的喷枪空气使用量是不相同的，在压力相同的条件下，喷嘴口径大的空气消耗量大，相应的涂料喷出量也大，喷嘴口径小空气消耗量小，相应的涂料喷出量也小。如果使用大口径喷嘴，进行涂料喷出量小的喷涂作业，尽管通过调节可以达到涂料喷出量小的要求，但从结构来看，空气使用量过大是不可取的，因此，要求涂料喷出量小，就应选用空气使用量小的喷枪。另外，压缩空气供给充足，才能确保喷枪的空气使用量稳定，通常空气使用量为 100L/min 以上时，必须配备功率为 1.5kW 以上的空气压缩机

b. 喷嘴口径、空气压力和涂料黏度的选择

喷嘴口径和空气压力，必须与喷涂面积、涂料的种类和黏度相适宜，小口径喷嘴和较低的空气压力，适宜喷涂小面积和低黏度的涂料，大口径喷嘴和较高的空气压力，则适宜喷涂黏度高的涂料。在不影响施工和涂膜质量的前提下，应尽量选用较低的空气压力、较小的喷嘴口径和黏度高的涂料。涂料喷嘴口径与空气消耗量的关系参见图 3-10。

每一个喷嘴的涂料喷出量和喷雾图形幅宽都有一个固定的范围，如果要改变就必须更换喷嘴，因此喷嘴的型号和规格很多，以适应不同的需要，在实际涂装作业中主要是采用标准型喷嘴。

c. 喷枪的距离

喷枪的距离是指喷枪前端与被涂物之间的距离，在一般情况下，使用大型喷枪喷涂施工时，喷枪的距离应为 20～30cm，使用

小型喷枪进行喷涂施工时，喷枪的距离为 15～25cm。喷涂时，喷枪的距离保持恒定是确保漆膜厚度均匀一致的重要因素之一。

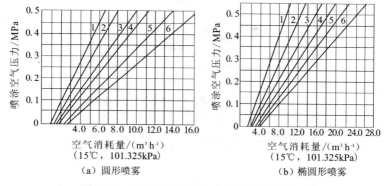

图 3-10　涂料喷嘴口径与空气消耗量的关系

1—喷嘴口径 1.0mm；2—喷嘴口径 1.5mm；3—喷嘴口径 2.0mm；
4—喷嘴口径 2.5mm；5—喷嘴口径 3.0mm；6—喷嘴口径 3.5mm

喷枪距离影响漆膜的厚度与涂装效率，在同等条件下，距离近漆膜厚，距离远则漆膜薄，距离近涂装效率高，如图 3-11 和图3-12 所示。喷枪距离过近，在单位时间内形成的漆膜过厚，易产生流挂，喷枪距离过远，则涂料飞散过多，且由于漆雾粒子在大气中运行的时间长，稀释剂发挥太多，漆膜表面粗糙，涂料损失也大，如图 3-13 所示。

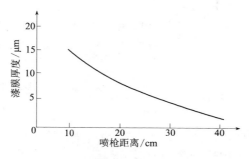

图 3-11　喷枪距离与漆膜厚度的关系

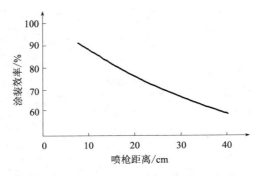

图 3-12　喷枪距离与涂装效率的关系

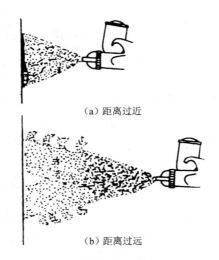

（a）距离过近

（b）距离过远

图 3-13　喷枪距离不当所产生的弊病

　　喷枪距离和涂料的种类、黏度有关，它直接影响涂料的损耗和涂膜的质量，在选择喷枪距离时，应以既不会产生大粒的漆雾，又能覆盖最大的面积为宜。涂料黏度高时，喷枪距离应近些，否则就会发生涂料尚未到达被涂物面时溶剂已挥发，导致涂膜粗糙不平，疏松多孔、没有光泽。涂料黏度低时，喷枪距离可以远些，否则易发生冲撞、流淌现象。

喷涂时喷枪必须与被涂表面垂直，运行时保持平行，才能使喷枪距离恒定，如果喷枪呈圆弧状运行，则喷枪距离在不断变化，所获得的漆膜中部与两端的厚度具有明显的差别，如果喷枪倾斜，则喷雾图形的上下部的漆膜厚度也将产生明显的差别。

喷涂距离与喷雾图形的幅宽也有密切关系，如图 3-14 所示。如果喷枪的运行速度与涂料喷出量保持不变，喷枪距离由近及远逐渐增大，其结果将是喷枪距离近时，喷雾图形幅宽小，漆膜厚；喷枪距离大时，则喷雾图形幅宽大，漆膜薄，如果喷枪距离过大，喷雾图形幅宽也会过大，且造成漆膜不完整漏底等缺陷。

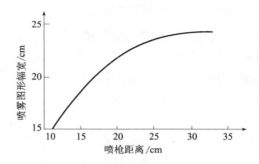

图 3-14　喷枪距离与喷雾图形幅宽的关系

d. 喷枪运行的速度

在进行喷涂施工作业时，喷枪的运行速度要适当，并保持恒定，其运行速度一般应控制在 30～60cm/s 范围内，当运行速度低于 30cm/s 时，形成的漆膜厚且易产生流挂；当运行速度大于 60cm/s 时，形成的漆膜薄且易产生漏底的缺陷。被涂物小且表面凹凸不平时，运行速度可慢一些，被涂物体大且表面较平整时，在增加涂料喷出量的前提下，运行速度可快一点。

喷枪的运行速度与漆膜的厚度有密切关系，如图 3-15 所示。在涂料喷出量恒定时，运行速度 50cm/s 时的漆膜厚度与运行速度 25cm/s 时的漆膜厚度之比为 1：4，所以应按照漆膜设计的厚度要求确定适当的运行速度，并保持恒定，否则漆膜厚度达不到设计要求，导致漆膜厚度不均匀一致。

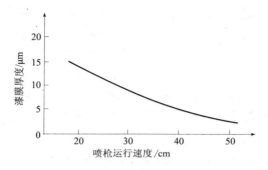

图 3-15   喷枪运行速度与漆膜厚度的关系

确定喷枪运行速度，还应考虑涂料地喷出量，在通常情况下对于 1cm 喷雾图形幅宽的涂料喷出量以 0.2mL/s 为宜，如图 3-16 所示。如果喷雾图形幅宽为 20cm，则涂料喷出量应为 4mL/s。由此可见，如果喷雾图形幅宽不变，而涂料喷出量增加或减少时，则喷枪运行速度应随着加快或者减慢；同样，如果涂料喷出量不变，而喷雾图形幅宽增宽或减小时，喷枪运行速度应随着加快或减慢。可见喷枪的运行速度受涂料喷出量与喷雾图形幅度的制约，见表 3-6。

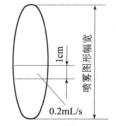

图 3-16   涂料喷出量与
喷雾图形幅宽

表 3-6   影响喷枪运行速度的因素

涂料喷出量	喷雾图形幅宽	喷枪运行速度	涂料喷出量	喷雾图形幅宽	喷枪运行速度
多	大	快	多	小	快
少	大	慢	少	小	慢

e. 喷雾图形的搭接

喷雾图形的搭接是指喷涂中喷雾图形之间的部分重叠。由于喷雾图形中部漆膜较厚，边沿较薄，故喷涂时必须使前后喷雾图形相互搭接,方可使漆膜均匀一致,如图 3-17 所示。控制相互搭接的宽度,对漆膜厚度的均匀性关系密切。搭接的宽度应视喷雾图形的形态不同而各有差异,如图 3-18 所示,椭圆形、橄榄形和圆形三种喷雾图形的平整度是有差别的,在一般情况下,按照表 3-7 所推荐的搭接宽度进行喷涂,可获得平整的漆膜。

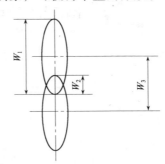

图 3-17　喷雾图形的搭接

W_1—喷雾图形幅宽;W_2—重叠宽度;W_3—搭接间距

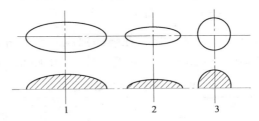

图 3-18　喷雾图形的种类与平整度

1—椭圆形;2—橄榄形;3—圆形

表 3-7　喷雾图形的搭接

喷雾图形形状	重叠密度	搭接间距
椭圆形	1/4	3/4
橄榄形	1/3	2/3
圆形	1/2	1/2

f. 涂料的黏度

涂料的黏度也是喷涂施工作业要注意的问题,其将直接影响涂料地喷出量，若用同一口径的喷嘴去喷涂不同黏度的涂料，由于其阻力不同，黏度高的涂料受阻力大，喷出的量则小；黏度低的涂料所受的阻力小，其喷出的量则相对要多一些。

涂料的黏度对雾化效果有着密切的关系，如在涂料喷出量相同的情况下，黏度为20s和40s的两种涂料，其漆雾粒子直径相差是明显的，如图3-19所示，漆雾粒子直径的差异，势将导致漆膜平整度的差异。

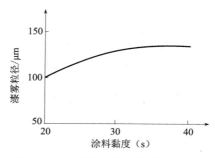

图3-19 涂料黏度对漆雾料径的影响

喷涂时应重视涂料的黏度，在喷涂前应对涂料进行必要的稀释，将黏度调整到合适的程度。常用涂料适宜的喷涂黏度见表3-8。

表3-8 常用涂料适宜的喷涂黏度

涂料种类	涂-4 杯黏度/s	标准黏度/(10^{-3}Pa·s)
硝基树脂漆和热塑性丙烯酸树脂漆	16~18	35~46
氨基醇酸树脂漆和热固性丙烯酸树脂漆	18~25	46~78
自干型醇酸树脂漆	25~30	78~100

温度可使涂料黏度发生变化，而且这种变化会因稀释剂的不同而不同，如图3-20所示，温度过低会使涂料黏度增高，影响涂料雾化效果，且涂膜平整度差；温度过高，会使涂料的黏度急剧降低，导致漆膜厚度下降。涂料喷涂施工时，应将涂料温度控制在20~30℃范围内，同时还应注意作业环境温度对涂料黏度的影响并适时调整喷涂条件。

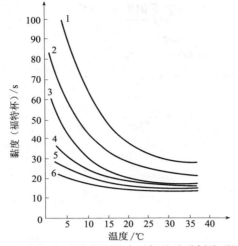

图 3-20　温度对黏度的影响（氨基醇酸树脂磁漆）

1—稀释 10%；2—稀释 15%；3—稀释 20%；4—稀释 25%；

5—稀释 30%；6—稀释 35%

3.2　聚氨酯防水涂料防水层的设计与施工

聚氨酯防水涂料是由异氰酸酯基（–NCO）的聚氨酯预聚体和含有多羟基（–OH）或氨基（–NH$_2$）的固化剂以及其他助剂的混合物按一定比例混合所形成的一种反应型涂膜防水材料。

3.2.1　聚氨酯防水涂料的性能和分类

1. 聚氨酯防水涂料的性能要求

我国已发布了国家标准 GB/T 19250—2013《聚氨酯防水涂料》，产品按其组分分为单组分（S）和多组分（M）等两种，按其拉伸性能分为 I、Ⅱ两类。产品的一般要求是：不应对人体、生物与环境造成有害的影响，所涉及与使用有关的安全与环保要求应符合我国相关国家标准和规范的规定。产品的外观为均匀黏稠状、无凝胶、结块。产品的物理力学性能应符合表 3-9，聚氨酯防水涂料中有害物质含量应符合表 3-10 的规定。

353

表 3-9　聚氨酯防水涂料的物理力学性能　　GB/T 19250—2013

性能类别	序号	项目		技术指标		
				Ⅰ	Ⅱ	Ⅲ
基本性能	1	固体含量/% ≥	单组分	85.0		
			多组分	92.0		
	2	表干时间/h　　　　≤		12		
	3	实干时间/h　　　　≤		24		
	4	流平性ª		20min 时，无明显齿痕		
	5	拉伸强度/MPa　　　≥		2.00	6.00	12.0
	6	断裂伸长率/%　　　≥		500	450	250
	7	撕裂强度/（N/mm）　≥		15	30	40
	8	低温弯折性		-35℃，无裂纹		
	9	不透水性		0.3 MPa，120min，不透水		
	10	加热伸缩率/%		-4.0 ~ +1.0		
	11	粘结强度/MPa　　　≥		1.0		
	12	吸水率/%　　　　　≤		5.0		
	13	定伸时老化≥	加热老化	无裂纹及变形		
			人工气候老化ᵇ	无裂纹及变形		
	14	热处理（80℃，168h）	拉伸强度保持率/%	80 ~ 150		
			断裂伸长率/% ≥	450	400	200
			低温弯折性	-30℃，无裂纹		
	15	碱处理[0.1% NaOH + 饱和 Ca(OH)₂ 溶液，168h]	拉伸强度保持率/%	80 ~ 150		
			断裂伸长率/% ≥	450	400	200
			低温弯折性	-30℃，无裂纹		
	16	酸处理（2% H₂SO₄ 溶液，168h）	拉伸强度保持率/%	80 ~ 150		
			断裂伸长率/% ≥	450	400	200
			低温弯折性	-30℃，无裂纹		
	17	人工气候老化ᵇ（1000h）	拉伸强度保持率/%	80 ~ 150		
			断裂伸长率/% ≥	450	400	200
			低温弯折性	-30℃，无裂纹		

续表

性能类别	序号	项目	技术指标		
			I	II	III
基本性能	18	燃烧性能b	B₂-E（点火 15s，燃烧 20s，Fs≤150mm，无燃烧滴落物引燃滤纸）		
	a 该项性能不适用于单组分和喷涂施工的产品。流平性时间也可根据工程要求和施工环境由供需双方商定并在订货合同与产品包装上明示。 b 仅外露产品要求测定。				

	序号	项目	技术指标	应用的工程条件
可选性能c	1	硬度（邵 AM）　　　　　≥	60	上人屋面、停车场等外露通行部位
	2	耐磨性（750 g，500 r）/mg ≤	50	上人屋面、停车场等外露通行部位
	3	耐冲击性/（kg·m）　　　≥	1.0	上人屋面、停车场等外露通行部位
	4	接缝动态变形能力/10000 次	无裂纹	桥梁、桥面等动态变形部位
	c 聚氨酯防水涂料可选性能应符合表中的规定，根据产品应用的工程或环境条件由供需双方商定选用，并在订货合同与产品包装上明示。			

表 3-10　聚氨酯防水涂料中有害物质限量　　　　GB/T 19250—2013

序号	项目		有害物质限量	
			A 类	B 类
1	挥发性有机化合物（VOC）/（g/L）　　≤		50	200
2	苯/（mg/kg）　　　　　　　　　　　≤		200	
3	甲苯 + 乙苯 + 二甲苯/（g/kg）　　　≤		1.0	5.0
4	苯酚/（mg/kg）　　　　　　　　　　≤		100	100
5	蒽/（mg/kg）　　　　　　　　　　　≤		10	10
6	萘/（mg/kg）　　　　　　　　　　　≤		200	200
7	游离 TDI/（g/kg）　　　　　　　　　≤		3	7
8	可溶性重金属/（mg/kg）a　≤	铅 Pb	90	
		镉 Cd	75	
		铬 Cr	60	
		汞 Hg	60	

a 可选项目，由供需双方商定。

2. 聚氨酯防水涂料的分类

聚氨酯防水涂料根据所用原料和配方的不同，可制成性能各异、用途不同的防水涂料。按所用多元醇的品种不同，可分为聚酯型、聚醚型和蓖麻油型系列品种；按固化方式可分为双组分化学反应固化型、单组分潮湿固化型、单组分空气氧化固化型；按所用溶剂的不同可分为溶剂型、无溶剂型和水乳型；作为工业产品，习惯上将聚氨酯防水涂料以包装形式分为单组分、双组分和多组分三大类别。

单组分聚氨酯防水涂料实为聚氨酯预聚体，是在施工现场涂覆后经过与水或潮气的化学反应，形成高弹性的涂膜。

双组分聚氨酯防水涂料是由 A 组分主剂（预聚体）和 B 组分固化剂组成，A 组分主剂一般是以过量的异氰酸酯化合物与多羟基聚酯多元醇或聚醚按 NCO/OH = 2.1 ~ 2.3 比值制成含 NCO 2% ~ 3% 的聚氨酯预聚体，B 组分固化剂实际上是在醇类或胺类化合物的组分内添加催化剂、填料、助剂等，经充分搅拌后配制而成的混合物。目前我国的聚氨酯防水涂料多以双组分的形式使用为主。

多组分反应型聚氨酯防水涂料也有生产使用，其性能比双组分还要好。

聚氨酯防水涂料的分类如图 3-21 所示。

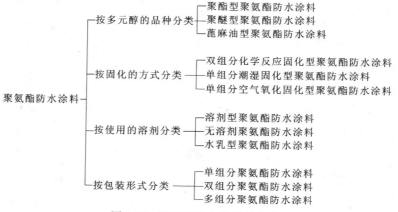

图 3-21　聚氨酯防水涂料的分类

3.2.2　聚氨酯防水涂料防水层的设计

聚氨酯防水涂料防水层的设计要点如下：

1. 双组分聚氨酯防水涂料作为涂膜防水层，适用于现浇或预制钢筋混凝土屋面板（板缝应采用灌浆工艺进行密封处理）构成的平屋面、板屋面、坡屋面、拱形屋面等各种形式的屋面，也适用于墙面、地面、地下室和建筑物个别部位的防水构造和修补。

2. 聚氨酯防水涂料上人屋面涂膜防水层的构造如图 3-22 所示；聚氨酯防水涂料架空隔热屋面涂膜防水层的构造如图 3-23 所示。屋面的具体做法应按具体的使用要求确定，根据屋面是否设置保温层可分为无保温层屋面和有保温层屋面，根据屋面是否可上人分为上人屋面和非上人屋面。上人屋面设置的保护层有水泥砂浆保护层、细石混凝土保护层、地砖保护层、混凝土预制板保护层；非上人屋面设置的保护层有涂料保护层、架空板保护层等。

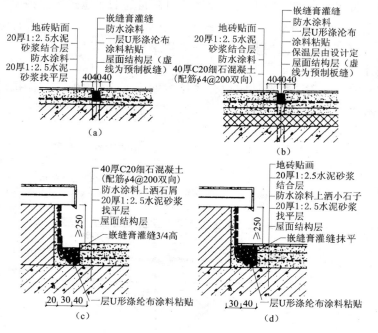

357

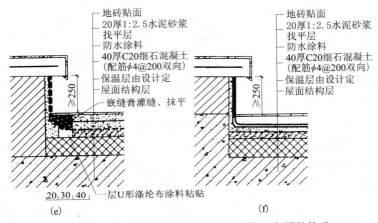

图 3-22　聚氨酯防水涂料上人屋面涂膜防水层的构造

3. 现浇或预制混凝土屋面的浇筑层必须按刚性防水层屋面的常规做法设置分仓缝，选用水泥砂浆、细石混凝土和地砖等保护层的屋面也必须设置分仓缝，分仓缝应上下对齐，一通到底，若有保温层，则直通到保温层基面，缝内灌以嵌缝胶或缝口铺贴约 4mm 厚防水涂膜涤纶布，呈 U 形涤纶布（规格：120 ~ 130mm）宽125mm，并用涂料粘贴定位，搭接宽度应不小于 40mm，保护层的分仓缝内灌嵌缝胶。

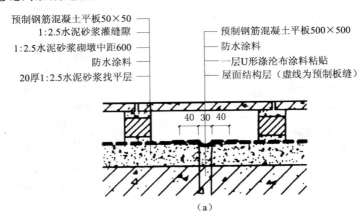

（a）

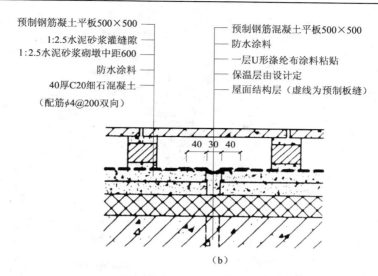

预制钢筋凝土平板500×500

1:2.5水泥砂浆灌缝隙

1:2.5水泥砂浆砌墩中距600

防水涂料

40厚C20细石混凝土

（配筋φ4@200双向）

预制钢筋混凝土平板500×500

防水涂料

一层U形涤纶布涂料粘贴

保温层由设计定

屋面结构层（虚线为预制板缝）

40　30　40

（b）

图3-23　聚氨酯防水涂料架空隔热屋面的涂膜防水层的构造

4. 屋面涂膜防水层的厚度及涂料涂刷次数要求如下。

（1）一般建筑：上人屋面厚度为2mm，涂刷次数为3遍；非上人屋面厚度为1.5mm，涂刷次数为2遍。

（2）高层建筑：上人屋面厚度为2～3mm，涂刷次数为3遍；非上人屋面厚度为2mm，涂刷次数为3遍。

（3）工业建筑：上人屋面厚度为2mm，涂刷次数为2～3遍；非上人屋面厚度为2mm，涂刷次数为3遍。

（4）特殊建筑：上人屋面厚度为3～5mm，涂刷次数为3～4遍；非上人屋面厚度为2～3mm，涂刷次数为3遍。

5. 聚氨酯涂膜防水层细部构造如下。

（1）脊缝的防水构造应符合图3-24的要求；天沟的防水构造应符合图3-25的要求。

（2）挑檐的防水构造应符合图3-26的要求。

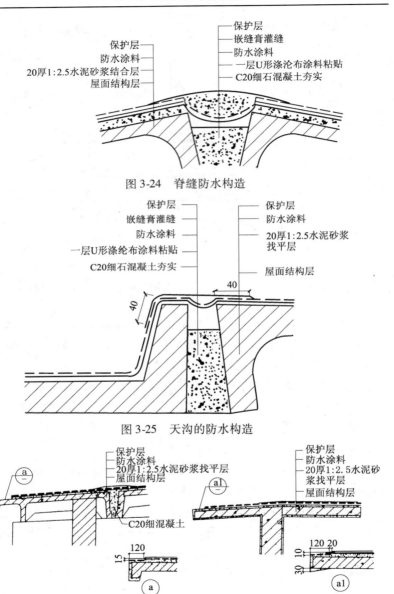

图 3-24　脊缝防水构造

图 3-25　天沟的防水构造

图 3-26　挑檐的防水构造

（3）外檐沟的防水构造应符合图 3-27 的要求；山墙、挑檐无组织排水防水构造应符合图 3-28 的要求；女儿墙有组织排水的防水构造应符合图 3-29 的要求。

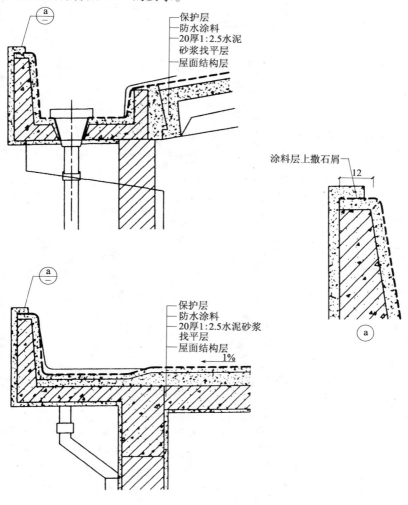

图 3-27　外檐沟的防水构造

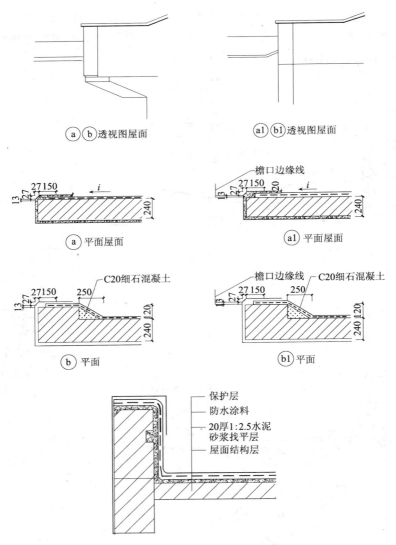

图 3-28　山墙、挑檐无组织排水防水构造

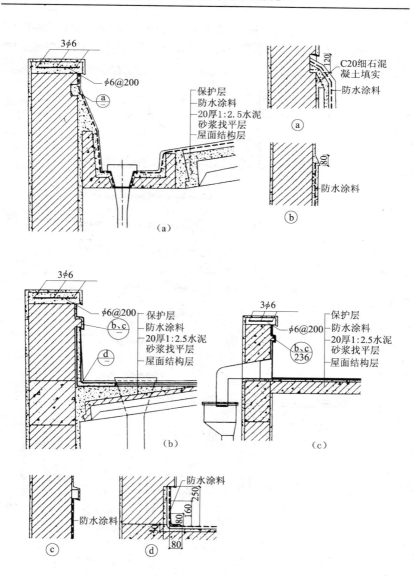

图 3-29　女儿墙有组织排水防水构造

（4）横式水落口的防水构造应符合图 3-30 的要求；天沟、落水管口的防水构造应符合图 3-31 的要求；管道出屋面的防水构造应符合图 3-32 的要求，穿墙管道的防水构造应符合图 3-33 的要求。

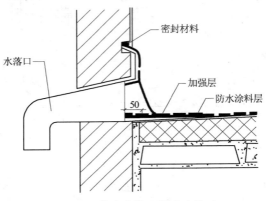

图 3-30　横式水落口的防水构造

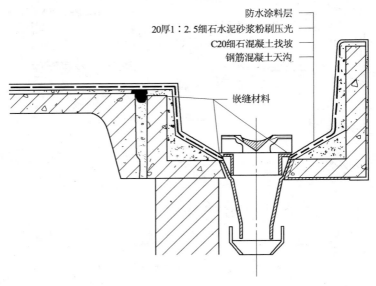

图 3-31　天沟、落水管口的防水构造

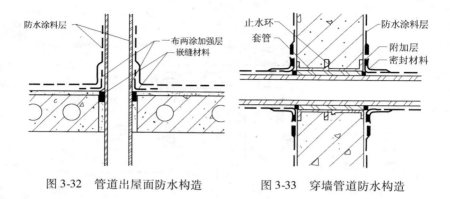

图 3-32　管道出屋面防水构造　　　　图 3-33　穿墙管道防水构造

（5）高低跨变形缝的防水构造应符合图 3-34 的要求；等高变形缝的防水构造应符合图 3-35 的要求。

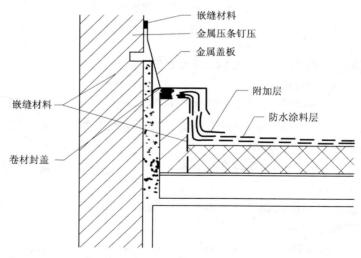

图 3-34　高低跨变形缝防水构造

365

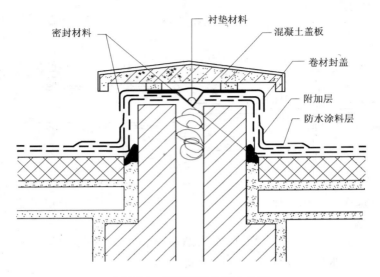

图 3-35　等高变形缝防水构造

3.2.3　聚氨酯防水涂料防水层的施工

聚氨酯防水涂料的施工工艺要点如下：

1. 材料准备

（1）涂料材料　聚氨酯防水涂料的用量及配比应按照产品说明书执行。一般情况下，涂料的用量，聚氨酯底漆为 $0.2kg/m^2$ 左右，聚氨酯防水涂料为 $2.5kg/m^2$ 左右。

（2）辅助材料　聚氨酯稀释剂，107 胶，水泥，玻璃纤维布或化纤无纺布等。

（3）保护层材料　根据设计要求选用。

2. 施工工具

电动搅拌器，拌料桶（圆底），小型油漆桶，塑料刮板，铁皮小刮板，橡胶刮板，油刷，辊刷，小抹子，铲刀，50kg 磅秤，扫帚，电动吹尘器等。

3. 基层要求及处理

（1）基层坡度符合设计要求，如不符合要求，可用 1∶3 水泥砂浆找坡，其表面要抹平压光，不允许有凹凸不平、松动和起砂掉灰等缺陷存在。排水口或地漏部位应低于整个防水层，以便排除积水。有套管的管道路部位应高出基层面 20mm 以上。阴阳角部位应做成小圆角，以便涂料施工。

（2）所有管件、卫生设备、地漏或排水口等必须安装牢固，接缝严密，收头圆滑，不得有任何松动现象。

（3）施工时，基层应基本干燥，含水率不大于 9%。

（4）应用铲刀和扫帚将基层表面突起物、砂浆疙瘩等异物铲除，将尘土、杂物、油污等清除干净。对阴阳角、管道根部、地漏和排水等部位更应认真检查，如有油污、铁锈等，要用钢丝刷、砂纸和有机溶剂等将其清除干净。

4. 特殊部位处理

底涂料固化 4h 后，对伸缩缝，阴阳角、管道根部等处，铺贴一层胎体增强材料。固化后再进行整体防水层施工。

5. 防水层的施工

（1）施工工艺流程　聚氨酯防水涂料的施工工艺流程如图 3-36所示。

图 3-36　聚氨酯防水涂料的施工工艺流程

（2）涂刷底层涂料　涂布底层涂料（底漆）的目的是用以隔绝基层潮气，防止防水涂膜起鼓脱落，加固基层，提高防水涂膜与基层的粘结强度，防止涂层出现针眼、气孔等缺陷。

底层涂料的配制：将聚氨酯涂料的甲组分和专供底层涂料使用的乙组分按 1 : (3～4)（质量比）的配合比混合后用电动搅拌器搅拌均匀；也可以将聚氨酯涂料的甲、乙两组分按规定比例混合均匀，再加入一定量的稀释剂搅拌均匀后使用。应当注意，选用的稀释剂必须是聚氨酯涂料产品说明书指定的配套稀释剂，不得使用其他稀释剂。

一般在基层面上涂刷一遍即可。小面积的涂布可用油漆刷进行。大面积涂布时，先用油漆刷将阴阳角、管道根部等复杂部位均匀地涂刷一遍，然后再用长柄辊刷进行大面积涂刷施工。涂刷时，应以满涂、薄涂为度，涂刷要均匀，不得过厚或过薄，不得露白见底。一般底层涂料用量为 $0.15 \sim 0.20 kg/m^2$。底层涂料涂布后应干燥 24h 以上，才能进行下一道工序施工。

（3）涂料配置　根据施工用量，将涂料按照产品说明书提供的配合比进行配合。先将甲组分涂料倒入搅拌桶中，再将乙组分涂料倒入搅拌桶，用转速为 $100 \sim 500 r/min$ 的电动搅拌器搅拌 5min 左右即可使用。

（4）涂刮第一道涂料　待局部处理部位的涂料干燥固化后，便可进行第一道涂料涂刮施工，将已搅拌均匀的拌和料分散倾倒于涂刷面上，用塑料或橡胶刮板均匀地刮涂一层涂料。刮涂时，要求均匀用力，使涂层均匀一致，不得过厚或过薄，涂刮厚度一般以 1.5mm 左右为宜，涂料的用量为 $1.5 kg/m^2$ 左右。开始刮涂时，应根据施工面积大小、形状和环境，统一考虑涂刮顺序和施工道路。

（5）涂刮第二道涂料　待第一道涂料固化 24h 后，再在其上刮涂第二道防水涂料。涂刮的方法与第一道相同。第二道防水涂料厚度为 1mm，涂料用量约为 $1 kg/m^2$。涂刮的方向应与第一道涂料的方向垂直。

（6）铺贴胎体增强材料　当防水层需要铺贴玻璃纤维或化纤无纺布等胎体增强材料时，则应在涂刮第二道涂料前进行粘贴。铺贴方法可采用湿铺法或干铺法。

（7）稀撒石渣　为了增加防水层与水泥砂浆保护层或其他贴面材料的水泥砂浆层之间的粘结力，在第二道涂料未固化前，在其表面稀撒一层干净的石渣。当采用浅色涂料保护层时，不应稀撒石渣。

（8）保护层施工　待涂膜固化后，便可进行刚性保护层施工或其他保护层施工。

6. 施工注意事项

（1）当涂料黏度过高，不便进行涂刮施工时，可加入少量稀释剂。所用稀释剂必须是产品说明书指定的配套稀释剂或配方，不得使用其他稀释剂。

（2）配料时必须严格按产品说明书中提供的配合比准确称量，充分搅拌均匀，以免影响涂膜固化。

（3）施工温度以 0℃ 以上为宜，不能在雨天、雾天施工。

（4）施工环境应通风良好，施工现场严禁烟火。

（5）刮涂时，应厚薄均匀，不得过厚或过薄，不得露白见底。涂膜不得出现起鼓脱落、开裂翘边和收头密封不严等缺陷。

（6）若刮涂第一层涂料 24h 后仍有发黏现象时，可在第二遍涂料施工前，先涂上一些滑石粉后再上人施工，可以避免粘脚现象。这种做法对防水层质量并无不良影响。

（7）涂层施工完毕，尚未达到完全固化前，不允许踩踏，以免损坏防水层。

（8）刚性保护层与涂膜应粘结牢固，表面平整，不得有空鼓、松动脱落、翘边等缺陷。

（9）该涂料需在现场随配随用，混合料必须在 4h 以内用完，否则会固化而无法使用。

（10）将用过的器皿及用具清洗干净。

（11）涂料易燃、有毒。贮存时应密封，存放于阴凉、干燥、无强阳光直射的场所。

3.3　喷涂聚脲防水涂料防水层的设计与施工

喷涂聚脲防水涂料是以异氰酸酯类化合物为甲组分，胺类化合物为乙组分，采用喷涂施工工艺使甲、乙两组分混合、反应生成的一类弹性体防水涂料。

喷涂聚脲弹性体技术的发展，大体经历了聚氨酯、聚氨酯

（脲）、（纯）聚脲等三个阶段，并形成了既有共性，又各具特色的技术体系。在我国，国家标准 GB/T 23446—2009《喷涂聚脲防水涂料》则包含了喷涂聚氨酯（脲）防水涂料和喷涂（纯）聚脲防水涂料两大技术体系的产品。

3.3.1　喷涂聚脲防水涂料的分类和性能

1. 喷涂聚脲防水涂料的分类

喷涂聚脲防水涂料按其是否使用溶剂可分为无溶剂聚脲防水涂料、溶剂型聚脲防水涂料、水性聚脲防水涂料；按其化学结构的不同，可分为脂肪族喷涂聚脲防水涂料和芳香族喷涂聚脲防水涂料；按其包装形式的不同，可分为单组分聚脲防水涂料和双组分聚脲防水涂料；双组分聚脲防水涂料按其化学成分的不同，又可分为喷涂（纯）聚脲防水涂料（其代号为：JNC）和聚氨酯（脲）防水涂料（其代号为：JNJ）；按其物理力学性能的不同的分为 Ⅰ 型喷涂聚脲防水涂料和 Ⅱ 型喷涂聚脲防水涂料。喷涂聚脲防水涂料的分类如图 3-37 所示。

（1）喷涂（纯）聚脲和聚氨酯（脲）防水涂料

① 喷涂（纯）聚脲防水涂料

喷涂（纯）聚脲防水涂料是指由异氰酸酯组分（简称为甲组分或 A 组分）与胺类化合物（简称为乙组分、B 组分、R 组分、树脂组分）反应生成的一类弹性体物质。其中的甲组分可以是异氰酸酯单体、聚合体、异氰酸酯的衍生物、预聚体或半预聚体，其预聚物和半预聚物是由端氨基化合物或端羟基化合物（通常可采用低聚物二元醇、三元醇或其两者的混合物）与异氰酸酯反应制得的，异氰酸酯既可以是芳香族的，又可以是脂肪族的；其中的乙组分则必须是由端氨基树脂（端氨基聚醚）和端氨基扩链剂等组成的胺类化合物与颜料、填料助剂等组成。在端氨基树脂中，不得含有任何羟基成分和催化剂。

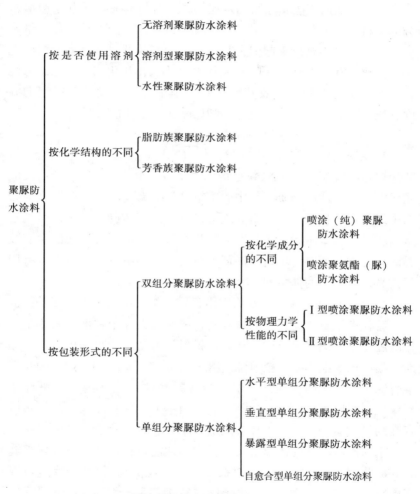

图 3-37　聚脲防水涂料的分类

喷涂（纯）聚脲在乙组分中全部使用了胺类反应成分，由于异氰酸酯与氨基的反应速度极快，使得异氰酸酯与水来不及参与反应产生 CO_2，从而解决了涂膜的发泡问题，若将其应用于几乎吸满水分的基材上，其涂层也不会产生发泡反应，若空气中含有大量水分，其涂层也不会出现起泡，甚至在 $-20℃$ 的低温下，其涂层仍能正常固化，在"（纯）聚脲技术体系"中，由于甲组分和乙组分混合后的反应速度极快，故其涂膜必须采用专用的设备在一定的温度、压力下通过撞击方式混合，利用喷涂工艺才能成形。

② 喷涂聚氨酯（脲）防水涂料

喷涂聚氨酯（脲）又叫杂合体（hybrid），俗称其为半聚脲。喷涂聚氨酯（脲）防水涂料是指由异氰酸酯组分与胺类化合物反应生成的一类弹性体物质。其中的甲组分与喷涂（纯）聚脲防水涂料的甲组分基本相同，而乙组分既可以是端羟基树脂，也可以是端羟基树脂和端氨基树脂二者的混合物与端氨基扩链剂等组成的含有胺类的化合物及颜料、填料和助剂等组成。在乙组分中，可以含有用于提高反应活性的催化剂。

喷涂聚氨酯（脲）防水涂料由于在乙组分中引入了端氨基扩链剂，替代了聚氨酯涂料中的端羟基扩链剂，在一定程度上阻止了异氰酸酯与水、湿气的反应，从而使材料的力学性能得到了改善。相对于喷涂聚氨酯体系，聚氨酯（脲）体系有了更大的应用范围，但混合物中催化剂的存在，使聚氨酯（脲）体系比（纯）聚脲体系对湿气、温度更加敏感，故其不能从根本上解决喷涂聚氨酯体系所存在的异氰酸酯易与施工环境周围的水分、湿气反应，产生二氧化碳，生成泡沫状弹性体，造成材料力学性能不稳定的这一困扰着施工界的重大技术难题。由于对被催化的多元醇/异氰酸酯反应对温度敏感，所以多元醇/异氰酸酯反应行为不同于氨基/异氰酸酯体系，故聚氨酯（脲）这个体系受施工环境影响较大。

有关半聚脲，过去一直存在着很大的分歧，有关专家通过理论计算表明，目前市场上有的"纯聚脲"中脲基含量约为 $80\% \sim$

90%，还包含了 10% ~ 20% 的氨基甲酸酯键，而"半聚脲"的脲基含量为 70% ~ 80%，这也就是说，目前市场上有的"纯聚脲"其实也并不是纯的，而"半聚脲"也不能说其不是聚脲，因此，喷涂（纯）聚脲防水涂料和聚氨酯（脲）防水涂料只是按其化学成分的不同进行分类而得出的两个聚脲产品的类别，二者都是聚脲大家庭中的成员。我们应该停止"纯聚脲"和"半聚脲"的称谓之争，承认聚氨酯（脲）在聚脲大家庭中的合法身份，以便发挥喷涂（纯）聚脲防水涂料和喷涂聚氨酯（脲）防水涂料各自的优势，更好地为不同要求的用户服务。

（2） Ⅰ 型和 Ⅱ 型喷涂聚脲防水涂料

国家标准 GB/T 23446—2009《喷涂聚脲防水涂料》按其产品的物理力学性能将其分为 Ⅰ 型喷涂聚脲防水涂料和 Ⅱ 型喷涂聚脲防水涂料（参见表 3-11 至表 3-13）并包含了喷涂（纯）聚脲防水涂料和喷涂聚氨酯（脲）防水涂料等两个类别。美国防护涂料协会（SSPC）是世界上权威的混凝土防护标准的制定单位之一，该协会有一个关于脂肪族聚脲的技术标准 SSPC—Paint 39《Two—Component Aliphatic Polyurea Topcoat Fast or Moderate Drying, Performance—Based》，此标准也是按产品的技术性能对聚脲进行分类的，并明确规定了该标准的聚脲包含了聚氨酯（脲）。我国在聚脲标准方面已走在了世界的前列，将聚脲产品按物理力学性能进行划分，这是与国际标准一致的。

2. 喷涂聚脲防水涂料的产品性能要求

对喷涂聚脲防水涂料产品的性能要求分为：一般要求和技术要求两部分。

（1）一般要求

防水涂料在施工和使用中所引起的环保与人身安全问题，已越来越受到社会与公众的注意，其最根本的解决办法是从源头抓起，即从生产的原材料着手。虽然喷涂聚脲防水涂料不掺加溶剂，但仍要加入一定量的助剂，为了使用符合环保要求，对人体、生物、环境无害

的原材料，生产出符合环境与安全标准的防水涂料，根据国家标准
GB/T 19250—2003《聚氨酯防水涂料》，参照 ASTM 标准与我国工程
建设规范，国家标准 GB/T 23446—2009《喷涂聚脲防水涂料》对喷
涂聚脲防水涂料的环境与安全要求提出了如下原则性规定：产品不
应对人体、生物与环境造成有害的影响，所涉及与使用有关的安全
与环保要求应符合我国的相关国家标准和规范的规定。

（2）技术要求

国家标准 GB/T 23446—2009《喷涂聚脲防水涂料》对其产品
提出的技术要求可归纳为外观、物理力学性能以及有害物质含量等
三个方面。

① 产品外观要求，其各组分为均匀黏稠体，无凝胶、结块。

② 喷涂聚脲防水涂料的基本性能应符合表 3-11 的规定；其耐
久性能应符合表 3-12 的规定；其特殊性能应符合表 3-13 的规定。
根据产品特殊用途需要或供需双方商定需要时测定特殊性能，指标
也可由供需双方另行商定。

③ 产品中有害物质含量应符合建材行业标准 JC 1066—2008
《建筑防水涂料中有害物质限量》中对反应型防水涂料 A 型的要
求，详见表 3-14。

表 3-11　喷涂聚脲防水涂料的基本性能　GB/T 23446—2009

序　号	项　　目		技术指标	
			Ⅰ型	Ⅱ型
1	固体含量/%	≥	96	98
2	凝胶时间/s	≤	45	
3	表干时间/s	≤	120	
4	拉伸强度/MPa	≥	10.0	16.0
5	断裂伸长率/%	≥	300	450
6	撕裂强度/（N/mm）	≥	40	50
7	低温弯折性/℃	≤	−35	−40
8	不透水性		0.4MPa，2h 不透水	

序　号	项　　目		技术指标	
			Ⅰ型	Ⅱ型
9	加热伸缩率/%	伸长　　≤	1.0	
		收缩　　≤	1.0	
10	粘结强度/MPa　　　≥		2.0	2.5
11	吸水率/%　　　　≤		5.0	

表3-12　喷涂聚脲防水涂料的耐久性能　GB/T 23446—2009

序　号	项　　目		技术指标	
			Ⅰ型	Ⅱ型
1	定伸时老化	加热老化	无裂纹及变形	
		人工气候老化	无裂纹及变形	
2	热处理	拉伸强度保持率/%	80～150	
		断裂伸长率/%　　≥	250	400
		低温弯折性/℃　　≤	−30	−35
3	碱处理	拉伸强度保持率/%	80～150	
		断裂伸长率/%　　≥	250	400
		低温弯折性/℃　　≤	−30	−35
4	酸处理	拉伸强度保持率/%	80～150	
		断裂伸长率/%　　≥	250	400
		低温弯折性/℃　　≤	−30	−35
5	盐处理	拉伸强度保持率/%	80～150	
		断裂伸长率/%　　≥	250	400
		低温弯折性/℃　　≤	−30	−35
6	人工气候老化	拉伸强度保持率/%	80～150	
		断裂伸长率/%　　≥	250	400
		低温弯折性/℃　　≤	−30	−35

表3-13　喷涂聚脲防水涂料的特殊性能　GB/T 23446—2009

序　号	项　　　　目		技术指标	
			Ⅰ型	Ⅱ型
1	硬度（邵A）	≥	70	80
2	耐磨性/［（750g/500r）/mg］	≤	40	30
3	耐冲击性/（kg·m）	≥	0.6	1.0

表3-14　喷涂聚脲防水涂料有害物质限量　JC 1066—2008

序　号	项　　　　目		含量
			A
1	挥发性有机化合物（VOC）/（g/L）	≤	50
2	苯/（mg/kg）	≤	200
3	甲苯＋乙苯＋二甲苯/（g/kg）	≤	1.0
4	苯酚/（mg/kg）	≤	200
5	蒽/（mg/kg）	≤	10
6	萘/（mg/kg）	≤	200
7	游离TDI/（g/kg）	≤	3
8	可溶性重金属[a]/（mg/kg）≤	铅 Pb	90
		镉 Cd	75
		铬 Cr	60
		汞 Hg	60

a 无色、白色、黑色防水涂料不需检测可溶性重金属。

3.3.2　喷涂聚脲涂膜防水层的设计

喷涂聚脲技术是在注射反应成型（RIM）技术的基础上，发展起来的一种无溶剂的快速涂装技术，其优点是固体含量高，快速固化成型，固化后几乎不含挥发性有机物，并可在任意形状的基层表面进行喷涂，施工效率高，涂层物理性能优异、美观实用。近年来，喷涂聚脲技术在建筑工程、基础设施、市政工程等领域的应用不断得到扩展。在建筑防水领域中，许多重点工程都采用了喷涂聚脲涂层作为结构的防水层。

3.3.2.1　喷涂聚脲涂膜防水层的设计要点

喷涂聚脲涂膜可用作一道防水设防，所谓一道防水设防是指其具备防水功能的一道独立的构造层次。喷涂聚脲涂层由于能够在基层表面形成整体连续的涂层，因此，可被视为一道独立的防水构造。喷涂聚脲涂膜防水层的设计要充分兼顾涂膜防水体系的设计、材料的选择、施工的程序、质量的控制等因素。

1. 喷涂聚脲防水工程的设计内容

（1）工程的总体防水设防等级和防水设防要求；

（2）喷涂聚脲防水涂料、底涂料、涂层修补材料以及层间处理剂的技术性能及其应用要求；

（3）细部构造的防水措施；

（4）防水涂层的保护措施。

2. 喷涂聚脲技术应用于屋面防水工程、地下防水工程、室内防水工程、城市桥梁桥面和高速铁路桥梁桥面防水工程时，应满足相关规范的规定，以保证喷涂聚脲防水工程的质量。

3. 喷涂聚脲防水工程的基本构造层次是由基层、底涂层和喷涂聚脲涂层组成，找平（坡）层及保护层的设置应满足实际需要并符合设计要求，混凝土基层表面喷涂聚脲涂层的基本构造如图 3-38 所示；若基层有找坡要求或表面有孔洞、裂缝、起伏较大时，宜设置找平（坡）层，其基本构造如图 3-39 所示。喷涂聚脲防水工程应根据工程使用环境及所喷涂的聚脲防水涂层的耐候性状况，采取合适的保护措施，如对于需长期暴露在阳光下的涂层，必须选用耐候性优良的喷涂聚脲防水涂料或设置保护层，一般而言，芳香族聚脲不宜直接应用于长期暴露在阳光下的环境中。采用芳香族异氰酸酯和氨基扩链剂为主要原料的喷涂聚脲防水涂料，其成膜后，若长期暴露在日光下，就会产生黄变现象，并进而发生表面粉化、开裂、脱落，导致涂膜耐久性发生变化。为了延长涂膜的使用寿命，必须设置保护层。带有保护层的喷涂聚脲防水涂层其基本的构造层次如图 3-40 所示。

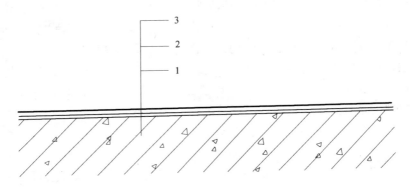

图 3-38　混凝土基层表面喷涂聚脲涂层的基本构造

1—混凝土基层；2—底涂层；3—喷涂聚脲涂层

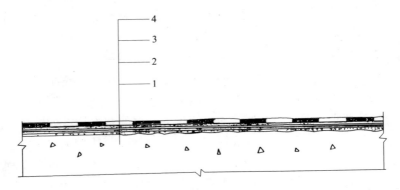

图 3-39　带有找平（坡）层的喷涂聚脲防水涂层的构造

1—混凝土基层；2—找平（坡）层；3—基层处理剂层；4—喷涂聚脲涂层

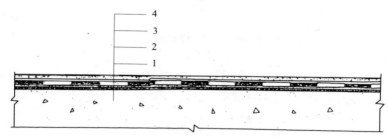

图 3-40　带有保护层的喷涂聚脲防水涂层构造

1—混凝土基层；2—基层处理剂层；3—喷涂聚脲涂层；4—保护层

4. 喷涂聚脲防水涂料屋面防水层做法选用表见表 3-15；喷涂聚脲涂膜防水屋面的构造如图 3-41～图 3-45 所示。

表 3-15　屋面防水层做法选用表　　　单位：mm

部位	防水等级	适用范围	防水做法编号	防水层构造做法
平屋面防水	I 级	重要建筑或高层建筑（二道防水设防）	W I 1	上层：1.5mm 喷涂聚脲防水涂料 下层：3 厚 SBS 改性沥青防水卷材（I 型）
			W I 2	上层：1.5mm 喷涂聚脲防水涂料 下层：0.7 厚聚乙烯丙纶复合防水卷材（通用） 1.3 厚聚合物水泥粘结料满粘
			W I 3	上层：1.5mm 喷涂聚脲防水涂料 下层：2 厚 JS 聚合物水泥防水涂料
			W I 4	上层：1.5mm 喷涂聚脲防水涂料 下层*：d 厚聚氨酯硬泡保温防水（通用）
	II 级	一般工业与民用建筑	W II 1	1.5mm 喷涂聚脲防水涂料

* ：d 为保温层厚度，按工程设计要求。

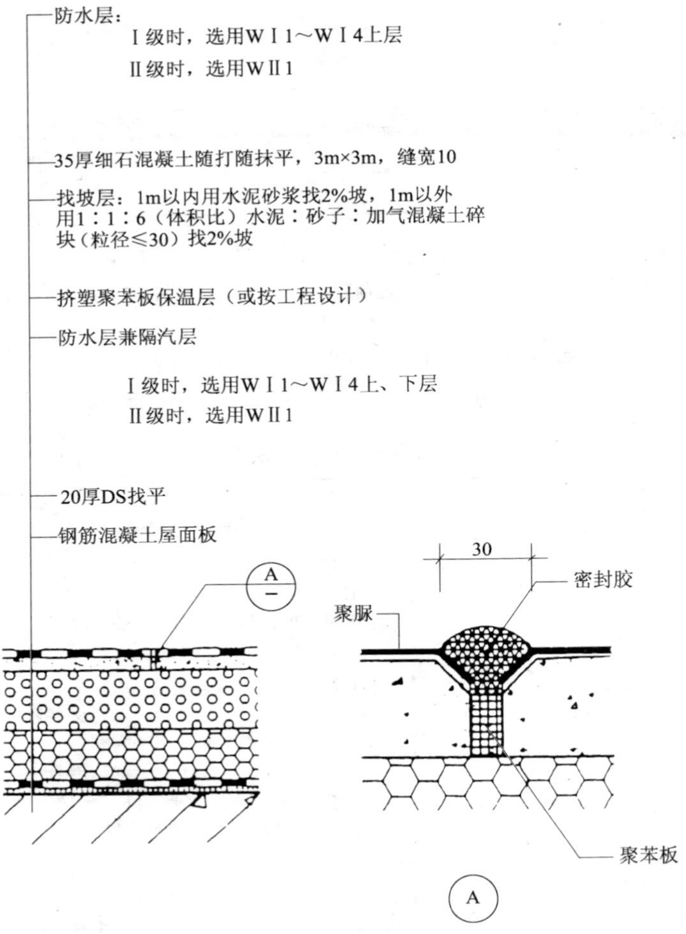

防水层：
    Ⅰ级时，选用WⅠ1～WⅠ4上层
    Ⅱ级时，选用WⅡ1

35厚细石混凝土随打随抹平，3m×3m，缝宽10

找坡层：1m以内用水泥砂浆找2%坡，1m以外
用1∶1∶6（体积比）水泥∶砂子∶加气混凝土碎
块（粒径≤30）找2%坡

挤塑聚苯板保温层（或按工程设计）

防水层兼隔汽层
    Ⅰ级时，选用WⅠ1～WⅠ4上、下层
    Ⅱ级时，选用WⅡ1

20厚DS找平

钢筋混凝土屋面板

30

密封胶

聚脲

聚苯板

A

聚脲涂料防水层缝处理

图 3-41 混合式上人屋面的防水构造（一）

注：1. 保温层厚度需经计算确定。
    2. 除聚脲以外的防水层在空气中外露时，防水层应采用页岩面或铝箔面。

- 1.5mm喷涂聚脲防水涂料
- 20厚聚合物砂浆找平层
- d厚聚氨酯硬泡保温防水层
- 20厚DS砂浆找平层
- 最薄处30轻集料混凝土（陶粒混凝土）找坡层，找2%坡
- 钢筋混凝土屋面板

图 3-42　混合式上人屋面的防水构造（二）

注：1. 保温层厚度需经计算确定。

　　2. 聚氨酯硬泡应采用具有防水保温效果的产品。

　　3. d 为保温层厚度，按工程设计要求。

5. 喷涂聚脲地下室防水层的做法选用参见表3-16。喷涂聚脲防水涂层在通常情况下，宜设置在防水工程结构的迎水面，若在迎水面设防有困难时，则可设置于防水工程结构的背水面。国家标准GB 50108—2008《地下工程防水技术规范》规定的地下工程涂膜防水层可采用"外防外涂"和"外防内涂"两种工艺。地下工程喷涂聚脲涂膜防水工程宜采用"外防外涂"工艺做法，其防水构造如图 3-46 ~ 图 3-48 所示。

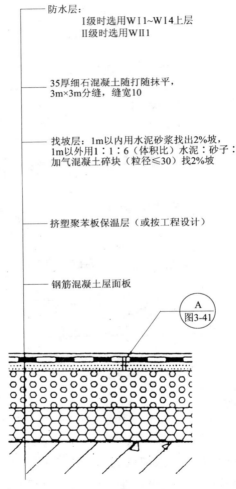

防水层：
    I级时选用WⅠ1~WⅠ4上层
    Ⅱ级时选用WⅡ1

35厚细石混凝土随打随抹平，3m×3m分缝，缝宽10

找坡层：1m以内用水泥砂浆找出2%坡，1m以外用1：1：6（体积比）水泥：砂子：加气混凝土碎块（粒径≤30）找2%坡

挤塑聚苯板保温层（或按工程设计）

钢筋混凝土屋面板

A
图3-41

图 3-43　正置式不上人屋面的防水构造

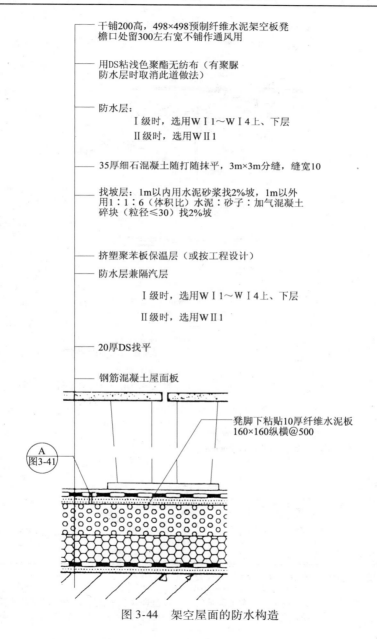

干铺200高，498×498预制纤维水泥架空板凳
檐口处留300左右宽不铺作通风用

用DS粘浅色聚酯无纺布（有聚脲
防水层时取消此道做法）

防水层：
　　Ⅰ级时，选用ＷⅠ1～ＷⅠ4上、下层
　　Ⅱ级时，选用ＷⅡ1

35厚细石混凝土随打随抹平，3m×3m分缝，缝宽10

找坡层：1m以内用水泥砂浆找2%坡，1m以外
用1：1：6（体积比）水泥：砂子：加气混凝土
碎块（粒径≤30）找2%坡

挤塑聚苯板保温层（或按工程设计）

防水层兼隔汽层
　　Ⅰ级时，选用ＷⅠ1～ＷⅠ4上、下层
　　Ⅱ级时，选用ＷⅡ1

20厚DS找平

钢筋混凝土屋面板

凳脚下粘贴10厚纤维水泥板
160×160纵横@500

A
图3-41

图3-44　架空屋面的防水构造

383

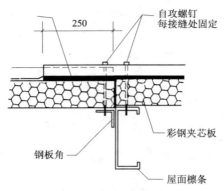

图 3-45　彩钢屋面的防水构造

表 3-16　地下室防水层做法选用表

部位	防水等级	适用范围	防水做法编号	防水层构造做法
地下室防水	一级	人员长期停留场所，极重要的战备工程	DⅠ1	外层：1.5mm 喷涂聚脲防水涂料 里层：2mm 聚合物水泥防水涂料
			DⅠ2	外层：1.5mm 喷涂聚脲防水涂料 里层：1.0 厚水泥基渗透结晶型防水涂料（通用）
			DⅠ3	外层：1.5mm 喷涂聚脲防水涂料 里层：0.7 厚聚乙烯丙纶复合防水卷材（通用） 1.3 厚聚合物水泥粘结料满粘
	二级	人员经常活动场所，重要的战备工程	DⅡ1	2mm 喷涂聚脲防水涂料
	三级	人员临时活动场所，一般的战备工程	DⅢ1	1.5mm 喷涂聚脲防水涂料

注：1. 地下主体结构为自防水钢筋混凝土。
　　2. 防水层外保护层采用 50 厚模塑聚苯板。
　　3. 如果喷涂聚脲防水涂料与其他防水材料复合（除水泥基渗透结晶型防水涂料外）使用时，两种材料中间须有 20 厚聚合物水泥砂浆保护隔离层。

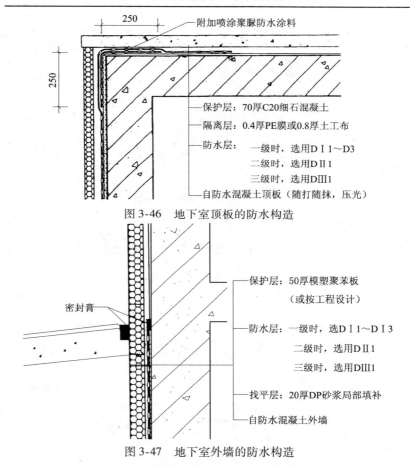

图 3-46　地下室顶板的防水构造

图 3-47　地下室外墙的防水构造

6. 卫生间喷涂聚脲涂膜防水工程的构造如图 3-49 ~ 图 3-51 所示。

7. 水池的防水做法如图 3-52 所示。

8. 体育场馆看台的防水做法如图 3-53 所示。采用喷涂聚脲弹性防护膜代替其他防水材料用作体育场馆、动物表演馆、会议场馆等场馆混凝土看台的防水防护，由于采用了现场喷涂成型，故涂层整体无缝，封闭严实，整个系统不仅具有优异的防水防护功能，而且还可满足行人踩踏，耐磨损，防滑效果好。

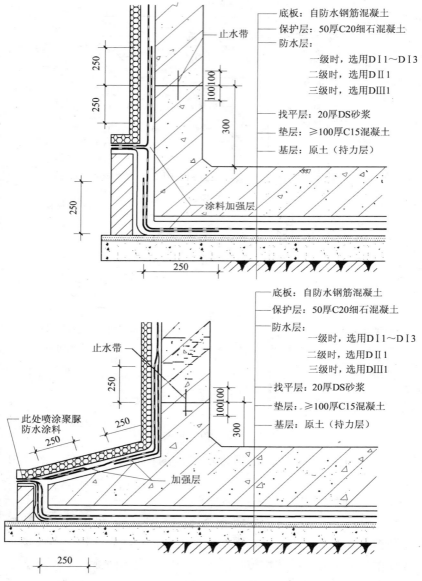

底板：自防水钢筋混凝土
保护层：50厚C20细石混凝土
防水层：
　　一级时，选用DⅠ1～DⅠ3
　　二级时，选用DⅡ1
　　三级时，选用DⅢ1
找平层：20厚DS砂浆
垫层：≥100厚C15混凝土
基层：原土（持力层）

止水带
涂料加强层

底板：自防水钢筋混凝土
保护层：50厚C20细石混凝土
防水层：
　　一级时，选用DⅠ1～DⅠ3
　　二级时，选用DⅡ1
　　三级时，选用DⅢ1
找平层：20厚DS砂浆
垫层：≥100厚C15混凝土
基层：原土（持力层）

止水带
此处喷涂聚脲防水涂料
加强层

图 3-48　地下室底板的防水构造

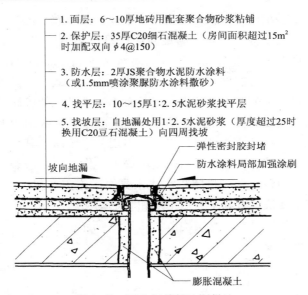

1. 面层：6～10厚地砖用配套聚合物砂浆粘铺

2. 保护层：35厚C20细石混凝土（房间面积超过15m²时加配双向φ4@150）

3. 防水层：2厚JS聚合物水泥防水涂料（或1.5mm喷涂聚脲防水涂料撒砂）

4. 找平层：10～15厚1:2.5水泥砂浆找平层

5. 找坡层：自地漏处用1:2.5水泥砂浆（厚度超过25时换用C20豆石混凝土）向四周找坡

弹性密封胶封堵

防水涂料局部加强涂刷

坡向地漏

膨胀混凝土

图 3-49　卫生间楼板地漏做法

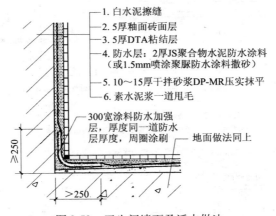

1. 白水泥擦缝

2. 5厚釉面砖面层

3. 5厚DTA粘结层

4. 防水层：2厚JS聚合物水泥防水涂料（或1.5mm喷涂聚脲防水涂料撒砂）

5. 10～15厚干拌砂浆DP-MR压实抹平

6. 素水泥浆一道甩毛

300宽涂料防水加强层，厚度同一道防水层厚度，周圈涂刷

地面做法同上

≥250

>250

图 3-50　卫生间墙面及泛水做法

9. 高速铁路高架桥梁桥面部位主要包括人行道遮板及栏杆、电缆槽、防水系统、排水系统、伸缩系统、综合接地系统等六个组成部分，其中桥梁结构的防水体系是桥梁结构免受外界环境水的侵

蚀，提高桥涵结构耐久性的重要技术手段，防水效果的好坏直接关系到桥梁的使用寿命，为了满足高速铁路桥涵结构的耐久性要求，必须具有良好的防水系统，桥面的防水系统如图 3-54 所示。高速铁路防水工程系统的设计以"系统合理、安全有效、质量可靠"为原则，并符合下列要求：防水层应具有不透水性，能够防止雨水等水体的涌入或浸润桥梁结构；防水层与混凝土构件表面以及混凝土保护层之间的粘结性能良好，以避免出现分层脱落，其化学作用稳定性要佳；保护层在车辆牵引、制动等力学作用下不破裂，从而避免破坏涂层的整体性；整体防水体系要便于施工和保证施工质量，防水层施工要快，有利于缩短工期和满足交叉施工的需要。桥面防护墙之间的喷涂聚脲防水层构造如图 3-55 所示。

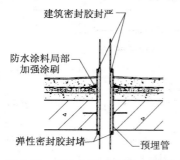

图 3-51 卫生间穿楼板热水管做法

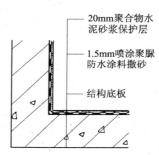

图 3-52 水池的防水做法

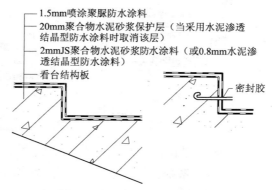

图 3-53 体育场馆看台的防水做法

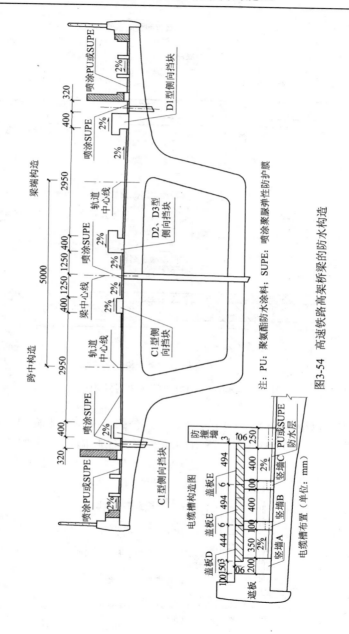

图3-54 高速铁路高架桥梁的防水构造

注：PU：聚氨酯防水涂料；SUPE：喷涂聚脲弹性防护膜

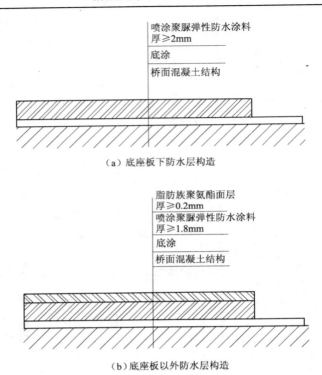

（a）底座板下防水层构造

（b）底座板以外防水层构造

图 3-55　桥面防护墙之间防水层的构造

10. 随着高速铁路、地下交通、高速公路以及水利工程的迅速发展，隧道工程也越来越多，隧道的喷涂聚脲涂膜防水做法如图 3-56 所示。

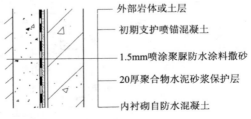

图 3-56　隧道的聚脲防水层做法

11. 喷涂聚脲涂料的喷涂施工中，操作人员的技术对保证喷涂工艺质量至关重要，故喷涂聚脲防水工程应由具有相应资质的专业队伍进行施工；喷涂作业时，其设备会将物料加热并喷出雾化，因此，操作人员在施工过程中必须做好安全防护工作，并应采取必要的环境保护措施。

12. 喷涂聚脲涂膜防水工程在施工前，应通过图纸会审，施工单位应掌握工程主体及细部构造的防水技术要求，并编制施工方案；喷涂聚脲涂膜防水工程是一项专业性强、现场作业、一次成型的工程，在正式喷涂作业前，应根据使用的材料和作业环境条件制订施工参数和预调方案，在作业过程中，应进行过程控制和质量检验，并应做好完整的施工工艺记录。

13. 喷涂聚脲施工作业应在施工环境温度高于5℃，相对湿度低于85%，且基层表面温度高于露点温度3℃的条件下进行，若施工环境温度过低，空气中相对湿度过高，则空气中的水分很容易凝结在基层表面。由于喷涂到基层表面的物料本身的温度较高，加上交联反应放热，很容易将水分汽化，进而在快速成型的聚脲涂层中产生针孔和孔洞等涂膜缺陷，故控制施工环境温度及湿度尤为重要。喷涂聚脲施工作业时，若风速过大，则不易操作，物料四处飞扬，难以形成均匀的涂层。因而在四级风及以上的露天环境条件下，是不宜实施喷涂作业的，严禁在雨雪环境中进行露天喷涂作业。

14. 结构的阴阳角、接缝等细部构造部位应设置加强层。加强层的材料可采用喷涂聚脲防水涂料或其修补材料，其宽度不宜小于100mm，厚度不应小于1.0mm。

15. 喷涂聚脲涂膜防水层的厚度应根据工程的防水等级、设防要求、使用条件、所处环境、耐久性及材料性质等实际情况确定，且不应小于1.5mm。

16. 基层质量是决定喷涂聚脲防水工程质量的关键因素之一，

基层的强度、含水率、密实度等直接影响工程的质量，因此，喷涂聚脲防水工程的混凝土或砂浆基层应充分养护、硬化，使其表面坚固、密实、干燥、无尖锐突出物。考虑到喷涂聚脲防水涂层自身的力学性能优良，为发挥其特有的优势，基层表面正拉粘结强度不宜低于 2.0MPa。喷涂聚脲涂膜防水层在施工前，应将伸出基层的管道、设备、基座、设施或预埋件等安装牢固，并做好细部处理。

17. 喷涂聚脲防水工程所采用的喷涂聚脲防水涂料等材料，均应有产品合格证和产品性能检测报告，材料的品种、规格、性能等应符合相关工程技术规程和设计的要求。材料进入施工现场后，应按规定进行抽样复检，并提出试验报告。抽样数量、检验项目和检验方法均应符合国家标准和相关工程技术规程的规定，抽样复验后合格的材料方可在工程中使用，严禁在工程中使用不合格的材料。

18. 喷涂聚脲涂料与基层、底涂料、修补材料、层间处理剂、密封材料、保护涂层等材料应具有良好的相容性，即要求材料间界面粘结紧密，不出现溶胀、溶解、起皱、起鼓等不良现象。例如聚氨酯密封胶与喷涂聚脲防水涂料涂层的主要组分其化学结构相似，二者的相容性较好，故在喷涂聚脲防水工程中选用密封胶时，宜选用聚氨酯密封胶。对于相容性未知的材料，在进行喷涂施工作业前，必须进行相容性试验，确定其相容性。各生产厂家所生产的喷涂聚脲涂料由于其配方各异，为了保证喷涂聚脲防水涂层的质量，工程中所使用的配套材料宜采用喷涂聚脲涂料生产厂家所推荐的配套材料产品。喷涂聚脲防水涂层与金属、塑料、橡胶、木材、玻璃等材料的粘结强度应不低于 1.5MPa，基材不能破坏，并应做好基层处理及相交部位的防水处理。

19. 结构找平（坡）层应使用强度较高的聚合物砂浆，其性能应符合国家现行标准的有关规定。

20. 喷涂聚脲涂层应根据工程使用的实际情况确定采取涂抹水泥砂浆、细石混凝土或涂布柔性耐老化有机涂层做保护层。水泥砂浆和细石混凝土保护层应符合以下规定：

（1）水泥砂浆保护层的表面应抹平压光并宜留设分格缝，其厚度不宜小于 20mm。

（2）细石混凝土保护层应密实、平整，其厚度不宜小于 50mm，并宜留设分格缝。

21. JETSPRAY 喷涂聚脲防水防腐地坪的设计参见表 3-17。

表 3-17　JETSPRAY 喷涂聚脲防水防腐地坪的设计

施工规格	施工工序	使用场所
一般建筑防水 RF-1	JETSPRAY　JSPU-SR（基材） JETSPRAY　JSP-SP（基面调整底漆） JETSPRAY　JSTC-ST（装饰面漆） JSTC-ST（0.2kg/m²） JSPU-SR（1.2kg/m²） JSP-SP（0.2kg/m²） 平均膜厚 1.5mm	广泛应用于各种建筑物的屋顶、屋顶平台、外墙、露台等防水工程
特殊建筑防水 RF-2	JETSPRAY　JSPU-SR（基材） JETSPRAY　JSP-SP（基面调整底漆） JETSPRAY　JSTC-ST（装饰面漆） JSTC-ST（0.2kg/m²） JSPU-SR（2.5kg/m²） JSP-SP（0.2kg/m²） 平均膜厚 2.5mm	适合于对强度和耐久性有特殊要求的各种建筑物的屋顶、屋顶平台、外墙、露台、屋顶停车场等防水工程

施工规格	施 工 工 序	使用场所
土木防水 UG-1	JETSPRAY　JSPU-RJ（高强度基材） JETSPRAY　JSP-SP（基面调整底漆） 保护层（混凝土或沥青等） JSPU-RJ（2.0kg/m²） JSP-SP（0.2kg/m²） 平均膜厚　2.5mm	适用于各种道路、桥梁、地下防水等土木工程中，对防水层有特殊强度和耐久性要求的工程，一般此类防水层铺装于水泥混凝土或沥青下
土木特殊防水 UG-2	JETSPRAY　JSPU-RJ（高强度基材） JETSPRAY　JSP-SP（基面调整底漆） 保护层（混凝土或沥青等） JSPU-RJ（4.0kg/m²） JSP-RP（0.2kg/m²） 平均膜厚　5.0mm	适用于各种道路、桥梁、地下防水等土木工程中，尤其是适用于使用环境恶劣，对防水层有特殊强度和耐久性要求的工程，一般此类防水层铺装于水泥混凝土或沥青下
池/槽防护内衬 PL-1	JETSPRAY　JSPU-SR（基材） JETSPRAY　JSP-SP（基面调整底漆） JETSPRAY　JSTC-FT（特殊面漆） JETSPRAY　JSTC-PT（保护漆） JSTC-PT（0.2kg/m²） JSTC-FT（0.2kg/m²） JSPU-SR（1.2kg/m²） JSP-SP（0.2kg/m²） 平均膜厚　1.5mm	适用于游泳池、储水池/槽、人工水池、污水处理池等的防护内衬

续表

施工规格	施　工　工　序	使用场所
池/槽特殊防护内衬 PL-2	JETSPRAY　JSPU-SR（基材） JETSPRAY　JSP-SP（基面调整底漆） JETSPRAY　JSTC-FT（特殊面漆） JETSPRAY　JSTC-PT（保护漆） JSTC-PT（0.2kg/m²） JSTC-FT（0.2kg/m²） JSTC-SR（2.4kg/m²） JSP-SP（0.2kg/m²） 平均膜厚　3.0mm	适用于对强度和耐久性有特殊要求的游泳池、储水池/槽、人工水池、污水处理池等的防护内衬施工工程上
普通地坪 FC-1	JETSPRAY　JSPU-RJ（基材） JETSPRAY　JSP-SP（基面调整底漆） JETSPRAY　JSTC-ST（装饰面漆） JSTC-ST（0.2kg/m²） JSPU-RJ（1.2kg/m²） JSP-SP（0.2kg/m²） 平均膜厚　1.5mm	最适合于应用在走廊、过道、楼道及各种普通通行量的地坪上
特殊地坪 FC-2	JETSPRAY　JSPU-RJ（基材） JETSPRAY　JSP-SP（基面调整底漆） JETSPRAY　JSTC-ST（装饰面漆） JSTC-ST（0.2kg/m²） JSPU-RJ（2.4kg/m²） JSP-SP（0.2kg/m²） 平均膜厚　3.0mm	最适合于应用在人流量大的走廊、过道、楼道、体育场馆及看台，各种工厂车间地坪上

施工规格	施 工 工 序	使用场所
普通硬质 耐磨地坪 FCS-1	JETSPRAY　JSPU-FL（基材） JETSPRAY　JSP-SP（基面调整底漆） JETSPRAY　JSTC-ST（装饰面漆） 　　　　JSTC-ST（0.2kg/m²） 　　　　JSPU-FL（1.2kg/m²） 　　　　JSP-SP（0.2kg/m²） 　　　平均膜厚　1.5mm	最适合于应用在对弹性无要求的走廊、过道、楼道及各种放置轻型机械设备的工厂车间地坪上，可作为瓷砖、环氧等地坪材料的替代物
特殊硬质 耐磨地坪 FCS-2	JETSPRAY　JSPU-FL（基材） JETSPRAY　JSP-SP（基面调整底漆） JETSPRAY　JSTC-ST（装饰面漆） 　　　　JSTC-ST（0.2kg/m²） 　　　　JSPU-FL（2.4kg/m²） 　　　　JSP-SP（0.2kg/m²） 　　　平均膜厚　3.0mm	最适合于使用在通行量大，且对弹性无要求的走廊、过道、楼道及各种放置重型机械设备，要求具有高耐磨性的工厂车间地坪上，可作为瓷砖、环氧等地坪材料的替代物
普通车辆 防滑地坪 PK-1	JETSPRAY　JSPU-RJ（基材） JETSPRAY　JSP-SP（基面调整底漆） JETSPRAY　JSTC-ST（装饰面漆） 防滑材料 　　　JSTC-ST（0.2kg/m²）防滑处理 　　　JSPU-RJ（2.0kg/m²） 　　　JSP-SP（0.2kg/m²） 　　平均膜厚　2.5mm	最适合于停车场、需要承受车辆等重型物通行的工厂车间地坪、通道上

续表

施工规格	施 工 工 序	使用场所
特殊车辆 防滑地坪 PK-2	JETSPRAY　JSPU-RJ（基材） JETSPRAY　JSP-SP（基面调整底漆） JETSPRAY　JSTC-ST（装饰面漆） 防滑材料 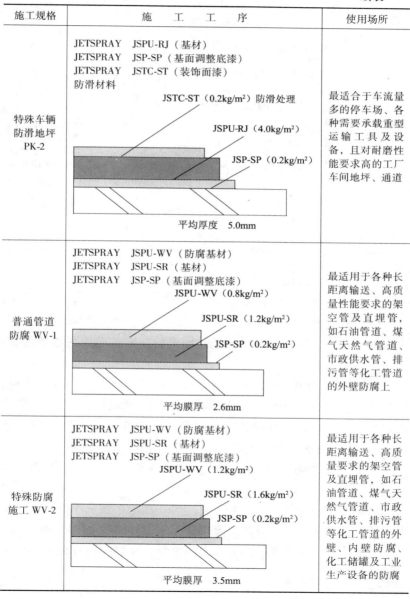	最适合于车流量多的停车场、各种需要承载重型运输工具及设备，且对耐磨性能要求高的工厂车间地坪、通道
普通管道 防腐 WV-1	JETSPRAY　JSPU-WV（防腐基材） JETSPRAY　JSPU-SR（基材） JETSPRAY　JSP-SP（基面调整底漆）	最适用于各种长距离输送、高质量性能要求的架空管及直埋管，如石油管道、煤气天然气管道、市政供水管、排污管等化工管道的外壁防腐上
特殊防腐 施工 WV-2	JETSPRAY　JSPU-WV（防腐基材） JETSPRAY　JSPU-SR（基材） JETSPRAY　JSP-SP（基面调整底漆）	最适用于各种长距离输送、高质量要求的架空管及直埋管，如石油管道、煤气天然气管道、市政供水管、排污管等化工管道的外壁、内壁防腐、化工储罐及工业生产设备的防腐

特殊车辆防滑地坪 PK-2：

JSTC-ST（0.2kg/m²）防滑处理

JSPU-RJ（4.0kg/m²）

JSP-SP（0.2kg/m²）

平均厚度　5.0mm

普通管道防腐 WV-1：

JSPU-WV（0.8kg/m²）

JSPU-SR（1.2kg/m²）

JSP-SP（0.2kg/m²）

平均膜厚　2.6mm

特殊防腐施工 WV-2：

JSPU-WV（1.2kg/m²）

JSPU-SR（1.6kg/m²）

JSP-SP（0.2kg/m²）

平均膜厚　3.5mm

施工规格	施 工 工 序	使用场所
缓冲墙施工 SF-V	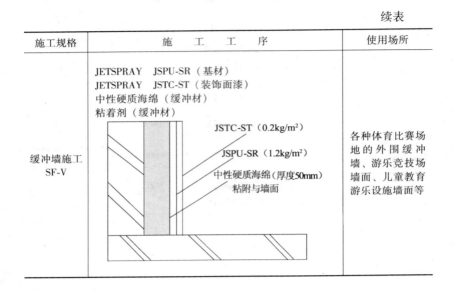 JETSPRAY JSPU-SR（基材） JETSPRAY JSTC-ST（装饰面漆） 中性硬质海绵（缓冲材） 粘着剂（缓冲材） JSTC-ST（0.2kg/m²） JSPU-SR（1.2kg/m²） 中性硬质海绵（厚度50mm） 粘附与墙面	各种体育比赛场地的外围缓冲墙、游乐竞技场墙面、儿童教育游乐设施墙面等

3.3.2.2 喷涂聚脲涂膜防水层的细部构造

防水层的节点部位大多是变形集中的地方，即结构变形、干缩变形和温差变形集中的地方，因而容易开裂，出现渗漏。因此，在细部构造设计上要充分考虑到上述因素的影响，设置附加增强层。其设计要点如下：

1. 结构的阴角、阳角部位宜处理或圆弧状或135°钝角。阴角、阳角等构造部位应设置加强层，加强层所采用的材料可以是喷涂聚脲防水涂料或其修补材料，宽度不宜小于100mm，厚度不应小于1.0mm，如图3-57、图3-58所示。

2. 喷涂聚脲防水涂层的边缘应进行收头处理，并应符合以下规定：

（1）对于不承受流体冲刷、外力冲击的涂层，其涂层边缘宜采取斜边逐步减薄处理，减薄长度不宜小于100mm，如图3-59所示。对于长期承受流体冲刷、外力冲击的涂层，涂层收边宜采取开槽或打磨成斜边并密封处理。

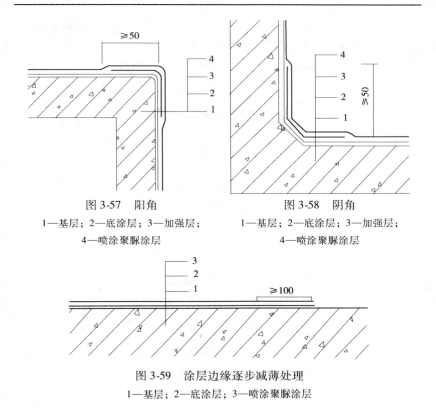

图 3-57　阳角
1—基层；2—底涂层；3—加强层；
4—喷涂聚脲涂层

图 3-58　阴角
1—基层；2—底涂层；3—加强层；
4—喷涂聚脲涂层

图 3-59　涂层边缘逐步减薄处理
1—基层；2—底涂层；3—喷涂聚脲涂层

（2）开槽应采用切割方式，开槽的深度宜为 10～20mm，开槽深度不能大于混凝土中钢筋保护层的厚度，开槽的宽度宜为深度的 1.0～1.2 倍，槽中应多遍喷涂聚脲防水涂料并嵌填密封材料，涂层边缘的开槽密封处理如图 3-60 所示。

（3）斜坡应采用切割并打磨的方式，斜坡的最深处宜为 3～5mm，其中应多遍喷涂聚脲防水涂料，涂层边缘斜坡的密封处理如图 3-61 所示。

（4）采用斜边减薄或开槽封边处理工艺是聚脲防水涂层常用的收头处理方式。前者最为通用；开槽封边处理工艺适用于涂层边缘长期承受高速流体冲击的场合，如输水隧洞、坡等处。

3. 檐沟的防水构造如图 3-62 所示，天沟、檐沟和屋面的交接部位的喷涂聚脲防水涂层应设置加强层。

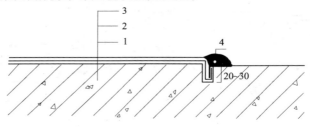

图 3-60　涂层边缘开槽密封处理

1—基层；2—底涂层；3—喷涂聚脲涂层；4—密封材料

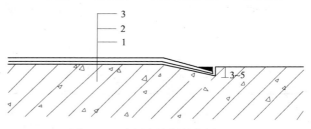

图 3-61　涂层边缘斜坡密封处理

1—基层；2—底涂层；3—喷涂聚脲涂层

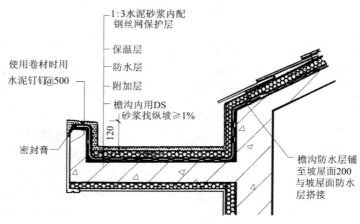

图 3-62　檐沟的防水构造

4. 女儿墙为现浇混凝土结构时，宜在女儿墙内侧及顶面全部设置喷涂聚脲防水涂层，并做好涂层的收头处理，如图 3-63 所示。女儿墙为砌体结构时，其砌体结构表面应用强度较高的聚合物砂浆找平，宜将涂层喷涂至压顶的下部，并做好收头及女儿墙压顶的防水处理，压顶面向屋顶一侧的排水坡度不应小于 3%，且压顶下沿处应做成鹰嘴状，如图 3-64 所示。

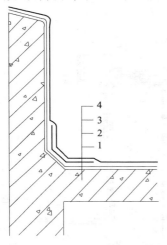

图 3-63　现浇混凝土结构女儿墙

1—基层；2—底涂层；3—加强层；

4—喷涂聚脲涂层

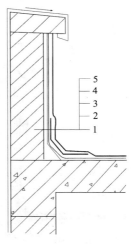

图 3-64　砌体结构女儿墙

1—基层；2—底涂层；3—加强层；

4—喷涂聚脲涂层

5. 屋面变形缝的处理应符合国家标准 GB 50345—2012《屋面工程技术规范》的规定，符合"多道设防、符合增强"的设计理念，屋面变形缝两侧应用喷涂聚脲防水涂料喷涂至挡墙顶部，缝内应填充泡沫塑料，其上应填放衬垫材料，并应用聚氯乙烯（PVC）防水卷材、改性三元乙丙防水卷材、热塑性聚烯烃（TPO）防水卷材等可外露使用的合成高分子防水卷材进行封盖。合成高分子防水卷材和喷涂聚脲涂层之间应采用自粘丁基胶带满粘牢固，搭接宽度不应小于 100mm，变形缝的顶部应加扣混凝土盖板或金属盖板，屋面变形缝的处理如图 3-65 所示；高跨墙的变形缝内应填充衬垫材料，并应将喷涂聚脲防水涂层施工至较低一侧现浇混凝土挡墙的顶部，应采用可外露使用的合成高分子防水卷材进行盖缝，并设置金属泛水板，高跨墙变形缝的处理如图3-66所示；一端临墙的阴角变形缝的处理可按图3-67进行。

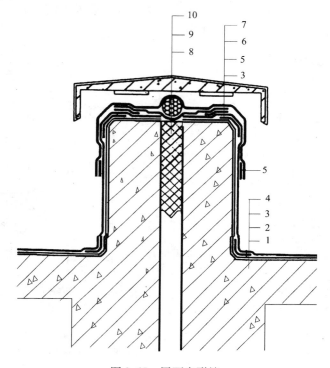

图 3-65　屋面变形缝

1—基层；2—底涂层；3—加强层；4—喷涂聚脲涂层；5—丁基胶带；

6、7—高分子防水卷材；8—泡沫板；9—衬垫材料；10—盖板

6. 安装屋面水落口时，应做好水落口边缘的密封处理，并在接缝处设置加强层，喷涂聚脲涂层应覆盖水落口内部50mm以上，如图3-68、图3-69所示。

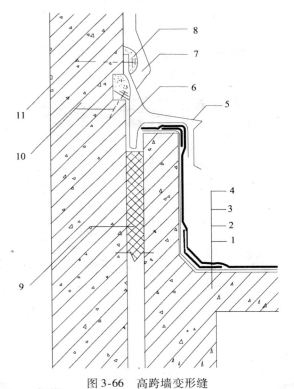

图 3-66　高跨墙变形缝

1—基层；2—底涂层；3—加强层；4—喷涂聚脲涂层；5—金属泛水板；6—高分子
防水卷材；7—水泥砂浆层；8—密封材料；9—衬垫材料；10、11—水泥钉

7. 伸出基层管道的防水构造如图 3-70 所示。伸出基层的管道根部应开槽嵌填密封材料，并应设置加强层，喷涂聚脲涂层其覆盖管道的长度不应小于 100mm；伸出基层的管道其材质若为金属，其外壁应除锈并涂刷相应的底涂料，伸出基层的管道其材质若为塑料，其外壁应采用细砂纸轻微打磨并涂刷相应的底涂料；管道一侧的喷涂聚脲涂层其边缘处理应符合 3.3.2.2 节 2（1）的规定，并应根据涂层与基层粘结强度的大小和工程使用情况确定是否采用金属箍在聚脲防水涂层的边缘部位进行收头处理，若采用金属箍进行收头处理，金属箍周围亦应用密封材料进行密封处理。

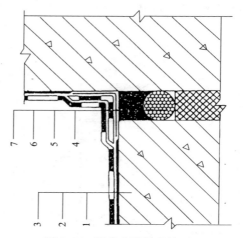

图 3-67 阴角变形缝的处理

1—基层；2—基层处理剂层；3—喷涂聚脲层；4—背衬材料；

5—密封材料；6—隔离胶带；7—附加层

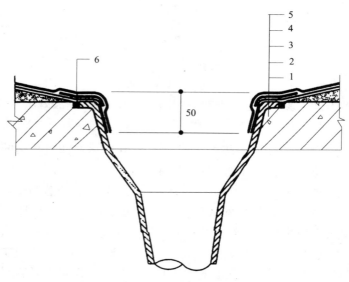

图 3-68 直式水落口

1—基层；2—水落管；3—底涂层；4—加强层；5—喷涂聚脲涂层；6—密封材料

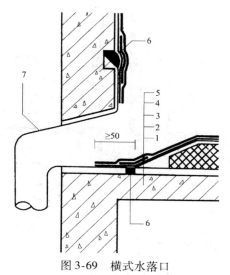

图 3-69　横式水落口

1—基层；2—水泥砂浆找平层；3—底涂层；4—加强层；5—喷涂聚脲涂层；
6—密封材料；7—水落管

8. 地下工程混凝土结构施工缝的防水构造如图 3-71 所示，其施工缝处应进行加强处理，加强层的宽度不应小于 400mm；地下工程混凝土结构侧墙上的变形缝其防水构造如图 3-72 所示，地下工程侧墙变形缝两侧应采用隔离材料设置空铺层，其目的是为了增加可形变量，以提高变形缝处理的可靠性，空铺层的宽度应大于缝宽 280mm 以上，并应设置加强层，加强层的宽度应大于空铺层 300mm 以上；地下工程混凝土结构后浇带接缝处的防水构造如图 3-73 所示，其后浇带接缝处的喷涂聚脲防水涂层应设置加强层，其加强层两边均应超出接缝 200mm 以上。

9. 地下工程混凝土结构底板桩头预留钢筋其根部应嵌填遇水膨胀止水腻子条（胶），桩面及桩身的四周还应涂布水泥基渗透结晶型防水涂料，桩头的构造如图 3-74、图 3-75 所示。若采用图 3-74 所示构造时，聚合物水泥防水砂浆层和喷涂聚脲防水涂料涂层在桩体上的上翻高度不宜大于 50mm。

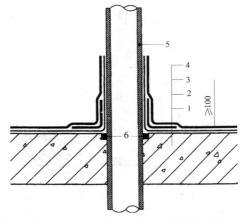

图 3-70　伸出基层管道的防水构造

1—基层；2—底涂层；3—加强层；4—喷涂聚脲涂层；

5—管道；6—密封材料

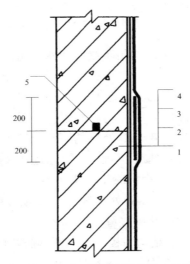

图 3-71　地下工程施工缝的防水构造

1—基层；2—底涂层；3—加强层；4—喷涂聚脲涂层；

5—遇水膨胀止水条

第3章　建筑防水涂料的施工

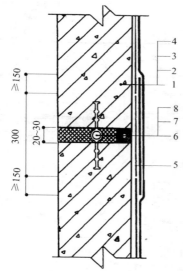

图 3-72　侧墙上的变形缝

1—基层；2—底涂层；3—加强层；4—喷涂
脲涂层；5—隔离材料；6—中埋式止水带；
7—填缝材料；8—密封材料

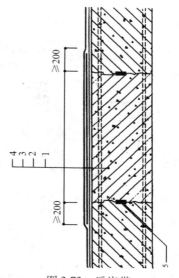

图 3-73　后浇带

1—基层；2—底涂层；3—加强层；
4—喷涂聚脲涂层；5—遇水膨胀止水条

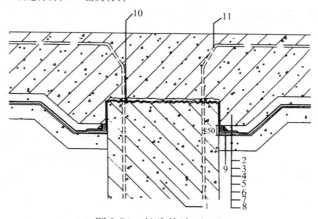

图 3-74　桩头构造（一）

1—混凝土桩；2—混凝土底板；3—细石混凝土保护层；4—喷涂聚脲涂层；5—底涂层；
6—聚合物水泥防水砂浆；7—水泥基渗透结晶型防水涂料；8—混凝土垫层；
9—密封材料；10—遇水膨胀止水条（胶）；11—桩基受力筋

407

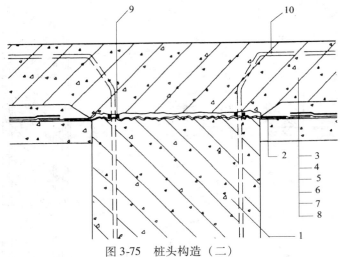

图 3-75　桩头构造（二）

1—混凝土桩；2—水泥基渗透结晶型防水涂料；3—混凝土底板；
4—细石混凝土保护层；5—喷涂聚脲涂层；6—底涂层；7—聚合物水泥防水砂浆；
8—混凝土垫层；9—遇水膨胀止水条（胶）；10—桩基受力筋

3.3.3　常用的喷涂设备

聚脲涂料的综合性能十分突出，故对其喷涂设备的要求甚高，必须对聚脲涂料甲、乙二组分之间的快速化学反应进行有效的控制。喷涂聚脲防水涂料所采用的喷涂设备是喷涂聚脲防水技术的关键。

涂料喷涂工艺是指利用压缩空气或其他方式做动力，将涂料制品从喷枪的喷嘴中喷出，使其成雾状分散沉积形成均匀涂膜的一种涂料涂装方法。喷涂的施工效率较刷涂等其他涂装方法要高几倍至十几倍，尤其是在大面积涂装施工时，更显示出其优越性，喷涂对缝隙、小孔及倾斜、曲线、凹凸等各种形状的基面都能适应，并可获得美观、平整、光滑的涂膜。

聚脲涂料的施工技术非常先进，自聚脲涂料开发出来后，历经20余年，与之相匹配的喷涂设备亦应运而生，其设备水平也在不断地得到提高，为聚脲涂料的发展和应用提供了有力的保证。如果没有聚脲涂料喷涂设备的研制、开发和提高，那么聚脲涂料产品则无法实现目前的在各个领域的广泛应用。

3.3.3.1　喷涂设备的基本组成

喷涂聚脲防水涂料是由两种化学活性极高的组分（甲组分和乙组分）所组成的，二组分若混合后，其快速的反应可导致黏度迅速地增高，因此，若没有由适当的供料系统、加压加热计量控制系统（主机）、输送系统、雾化系统以及物料清洗系统所组成的专业喷涂设备，那么这一反应将是无法控制的。

1. 聚脲喷涂设备的标准配置

聚脲喷涂设备的标准配置如图 3-76 所示。

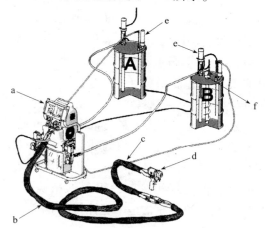

图 3-76　聚脲喷涂设备的标准配置

a—反应器；b—加热软管；c—加热快接软管；d—喷枪；e—供料泵；f—搅拌器

（1）供料系统

由于原料大部分采用 200L 标准圆桶（图 3-76 中的 A 桶和 B 桶）贮存，且甲组分的异氰酸酯（A 桶）若长时间接触空气，则会与空气中的水分发生反应而产生结晶，因此需要用专门的供料泵（图 3-76e）用 2MPa 以下的压力将其从原料桶 A 中输送到主机（图 3-76a）中，供料泵必须满足双向送料及输出量能满足主机需求量等工作特点，对于双组分的聚脲体系而言，其黏度通常比一般的双组分涂料体系要高，操作时，可根据聚脲涂料的具体黏度情况选用供料泵，一般采用 2：1 气动供料泵，在喷枪（图 3-76d）停止喷涂时可利用空气驱动的原理自动停止，待喷枪再次开启时，可自动恢复工作，以适当的压力向主机平稳供料。供料泵分别插入 200L 的 A 桶（甲组分）和 B 桶（乙组分）中，用螺纹连接并用密封圈进行密封。料桶应配有空气干燥器、气管等，以便向料桶内供给带压干燥空气。料桶 B 还配有气动或电动搅拌器（图 3-76f），使乙组分中的颜料、填料得以混合均匀。搅拌器应可无级调速，转速不宜过高，以免将空气及湿气混入乙组分料中。为避免因严寒季节而导致原料黏度过高并影响供料，料桶上还可装盘式、毯式等加热器，给原料加温，其最低供料温度为 20℃，若温度过低，则会增加上料泵和比例泵的负载，并可在泵内形成空穴。

（2）加压加热计量控制系统（主机）

加压加热计量控制系统是整套喷涂设备中最为关键的部分。聚脲涂料需要在一定的温度和压力下进行混合，方可进行充分的化学反应而生成良好的涂膜，因此，主机的功能是提供稳定的压力和温度，不论是在静态下还是在动态（喷涂）下都要求保证压力和温度的基本恒定，并且要保证甲组分、乙组分的精确配比（误差小于 0.3%），甲、乙两组分的泵通常是一起控制的。

① 比例泵

传统比例泵的驱动方式有液压及气动两种形式，由于液压系统具有不依赖气源、压力稳定、使用可靠等优点，故大多数设备都采用液压驱动。近年来还出现了电力驱动的比例泵，具有质量轻、结构简单、运行稳定的特点。

液压驱动系统一般采用通用型的，打开液压马达开关，很快就可产生液压，该液压由液压油传递至液压缸中，该缸再通过活塞轴把液压传递给 A、B 两个比例泵，使其获得高压。液压泵的布置方式有直立式和水平式两种，水平式最为常用。水平式的液压泵在运行时两个比例泵、液压缸三点在同一条直线上，并且两个比例泵以液压缸为中心，左右对称。在液压缸的驱动下，同步运动，使两个比例泵获得相同的压力，消除了压力不平衡或不对称等易导致混合不匀的问题。直立式的液压泵较为节省空间，质量也稍小，但其上下两部分的压力不对称，这将使得两个组分的压力不平衡的可能性增加，导致物料在管道中压力时大时小，使得物料混合不好或涂层厚度不一致。

气压泵通常是气驱活塞型的，利用机械式气体分配阀使气压泵连续运转，气压泵输出气体的压力取决于活塞面积比、驱动气体的压力及气体输入口的预增压气体的压力。与液压泵相比，气压泵具有体积小、成本低的特点，采用气体驱动气压泵，可以安全用于有易燃、易爆液体或气体的环境。但由于气体具有可压缩性，使得采用气体驱动工作方式的比例泵在输送物料量较大时，会产生输送物料不稳定的问题，故通常应用于对气体消耗流量不大的主机上。

电动泵则摒弃了之前大多数喷涂设备所采用的液压、气压驱动，采用了全新概念的电机驱动方式，通过对电机和控制元器件的有机组合，实现对开关枪操作的瞬间压力及动力控制，与传统的液压泵相比，大大减少了设备的体积和质量，极大地方便了运输和现场施工。

② 主加热器

物料在经过比例泵精确计量后变成高压高速液流，流经主加热器。为了确保高速运动的高黏度物料充分地混合均匀，主加热器必须满足迅速平稳升温并且能完成自动化控制等要求，把室温或经预加热器预热后抽入的物料瞬间加热到设定的温度。主加热器一般都要经过特殊设计，方可有效避免液流因局部升温过高而产生灼烧的现象。

目前先进的聚脲喷涂设备均具有自我诊断和控制功能，若温度、压力和物料混合比例超出其设定的范围，则将会自动报警停机，并且在设备上显示故障情况，便于操作人员查找故障的部位，以免在施工中出现失误。

（3）输送系统

为了方便施工，通常在主加热器与接枪管之间配备有加热软管（图 3-76b）及加热快接软管（图 3-76c）输送系统。由于聚脲涂料对温度的要求很高，因此其输送的管道也和其他设备有很大的不同，主要是管道本身具有加热保温功能，对流经管道的物料进行加热并对温度进行自动控制，其温度传感器靠近喷枪，以保证到达喷枪的物料达到设定的温度。长管的加热系统一般采用安全可靠的低压电源，以确保人身安全，设备的标准软管长 60 英尺（18.3m），并可根据用户要求进行加长。

（4）雾化系统

物料的混合与雾化设备是喷涂技术的关键设备之一，在聚脲涂料领域中，应用较为广泛的是撞击混合型的喷枪，此类喷枪主要有两种类型：活动阀杆式机械自清洁喷枪和活动混合室的空气自清洁喷枪。聚脲技术对喷枪的要求就是尽快地使物料在混合室内混合、喷出。无论何种类型的喷枪，物料在枪内的流动是受到绝对控制的，是不允许自由流动的，只有这样方可保证压力、配合的稳定和喷枪的有效清洁。

由于聚脲涂料是一类双组分快速固化的材料，其固化速度一般以秒计，因此这类涂料不能预先混合，故雾化系统，即喷枪有着非常特殊的结构和原理。

聚脲涂料在进行喷涂施工时，扣动喷枪扳机，气缸拉动开停阀杆退出混合室，来自主机的 A、B 两股高压高温物流（甲组分和乙组分）从混合室周边的小孔中冲入容积很小（0.0125cm³）的混合室，从而产生撞击高速湍流，瞬间实现均匀混合，且从混合室到喷嘴之间的距离极短，甲、乙两组分的混合物料在喷枪内的反应时间极短，几乎同时就被喷涂到底材上，这种结构对于凝胶时间以秒计的聚脲涂料的喷涂是极为适宜的。停止喷涂时，松开扳机，阀杆立即复位，进入混合室，将甲、乙两组分物料完全隔绝并终止混合，同时阀杆把混合室内残留的物料全部推出，完成自清洁，不再需要采用溶剂进行清洗。喷枪所起到的混合雾化效果对于聚脲涂料的应用是极为重要的，因为混合雾化实际上就是聚脲涂料甲、乙两组分在喷枪中完成了一次化学反应的过程，并且以喷涂的方式输出，使其在所喷涂到的材质的表面形成良好的，均匀的涂层，以达到我们所希望的效果。

在喷枪的出口处配置有不同模式的控制盘（喷嘴），可以通过改变混合室和喷嘴的型号，实现扇形喷涂、圆形喷涂以及改变输出量，以获得最佳的混合和喷涂效果。聚脲涂料喷涂的雾化主要是通过主机所产生的高压来实现的，并同时在甲、乙组分混合料喷出模式控制盘时，开启气帽辅助雾化，以获得均匀的涂层。

（5）物料清洗系统

在停止喷涂时，整个喷涂设备系统是全封闭的，A、B 两股物料（甲、乙两组分）是各自独立的，只有在扣动喷枪扳机后，才能在喷枪的混合室内相互接触，因此在喷涂结束后，抽料泵、主机、输送系统一般都不需要清洗，仅需清洗雾化系统即可。

对喷涂设备雾化系统的清洗，一般采用专门的便携式不锈钢清洗罐或清洗壶，清洗系统带有压力调节和快速接头适配器，可使清洗剂（溶剂）在压力的作用之下，对喷枪或混合室的原料孔进行清洗，清除掉残余的原料。由于自清洗枪设计上的特点，不必像传统的喷枪那样，在暂停喷涂时必须用有机溶剂或高压空气来清洗枪头，仅需在较长时间停用喷枪时（如过夜、周末等），才需用上述设备和少量的溶剂进行清洗，必要对可拆卸枪体进行彻底的清洗，这就大大减少了维护和保养的工作量，且这类喷枪拆卸、安装都比较简单。

2. 聚脲涂料甲、乙组分的混合形式

聚脲涂料甲、乙二组分的混合形式有两种即宏观混合和微观混合。

（1）宏观混合

聚脲涂料其甲、乙两组分原料在混合室内高速撞击过程中所产生的剧烈的湍流、剪切和拉伸运动，可使每组分的液流变成很薄的液层，约为 $100\mu m$ 数量级。若每一组分的液层越薄，两组分的混合效率就越高。

宏观混合发生在喷枪的混合室内，宏观混合时间是混合室长度和液流速度的函数，混合室长度越短，宏观混合时间越短，一般在 $0.2 \sim 0.3ms$ 级。混合室内的湍流运动在撞击点后 $2 \sim 3$ 倍混合室直径的距离即衰减成层流，因反应开始黏度急剧增加，湍流衰减为层流后宏观混合即告结束。甲、乙组分原料在混合室内是高压混合，较低压喷出，其喷涂形式则是柔和而无反弹。

宏观混合和工艺参数的关系可用雷诺数表示，雷诺数是流量和黏度的函数，流量越大，黏度越低，则雷诺数越大，雷诺数大于 $300 \sim 500$ 之后形成剧烈的湍流，则可实现充分的混合。工艺压力越高则通过混合室的流量亦越大，工艺温度越高则原料的黏度越低，故高的工艺压力和高的工艺温度会使雷诺数增大，这有利于实现良好的宏观混合。

（2）微观混合

聚脲涂料甲、乙组分薄层间的界面作用和扩散，达到分子间的接触，实现均匀的微观混合，最终完成固化反应。微观混合虽然在混合室内与宏观混合是同时发生的，但原料在混合室内的停留时间不足 $1ms$，故微观混合主要发生在混合室之外，基本完成微观混合所需的时间在分钟的数量级，而完全完成微观混合则约需数天时间。微观混合的效果取决于宏观混合的效果，即后混合温度（喷涂时以及喷涂后的环境温度）。

3.3.3.2　常见的喷涂设备及类型

聚脲防水涂料施工所使用的喷涂机品种繁多，按其喷涂的工艺方法不同，可分为高压加热喷涂机和低压静态喷涂机；按其主机驱动形式的不同，可分为气压喷涂机、液压喷涂机和电动喷涂机；按其体积大小的不同，可分为大型喷涂机和小型喷涂机。

1. 美国固瑞克公司的喷涂设备

自 20 世纪 80 年代聚脲材料诞生以来，其喷涂设备的水平也在不断提高，为聚脲材料的发展和应用提供了有力的保证。自 20 世纪 90 年代至本世纪初，在世界范围内引领聚脲设备行业开发生产的厂家主要有卡士马（Gusmer）公司、格拉斯（Glas—craft）公司和固瑞克（Graco）公司。

卡士马公司在 20 世纪 80 年代中期，为配合开发聚脲技术，对其原有的聚氨酯 RIM 设备进行了相应的设计改进，在继承其计量、混合原理的基础上，推出了第一代喷涂聚脲施工设备的组合，即 H-2000 主机和 GX7-100 喷枪，并在此基础上进行了逐步地完善，于 20 世纪 90 年代中期推出了第二代喷涂聚脲施工设备的组合，即 H-3500 主机和 GX7-400 喷枪；2000 年又推出了性能更加卓越的 H-20/35 主枪和 GX7-DI 喷枪；2004 年又推出了改进型的 H-20/35Pro 主机。

格拉斯公司生产的 MX 型、MH 型主机均适用于聚脲涂料的喷涂施工，该公司于 2002 年推出了专门用于聚脲涂料施工的设备组合 MXⅡ主机和 LS 喷枪。

固瑞克公司是一家在流体输送方面有着悠久历史的公司，在 2003 年推出了极具竞争力的 Reactor E-XP2 主机和 FUSION 喷枪组合，FUSION 喷枪有 2 种，即 AP 枪（空气自清洁枪）和 MP 枪（机械自清洁枪）。出于公司实力和战略的考虑，固瑞克公司于 2005 年和 2008 年先后全资收购了卡士马公司和格拉斯公司，将三家合而为一，从而成为行业中的领导者；2007 年至 2008 年，为了满足聚脲涂料快速发展的需要，推出了新一代聚脲喷涂设备 Reactor H-XP3 主机以及 CS 喷射自清洁喷枪。

固瑞克公司在整合各家技术的基础上，推出的最新技术的聚脲涂料喷涂设备，其品牌为 REACTOR，形成了 2 大系列多个型号的产品，其主机分别为电力驱动（E 系列）和液压驱动（H 系列），可以覆盖目前的所有聚脲涂料产品的喷涂施工设备。固瑞克公司的聚脲涂料喷涂主机及喷枪的特征参见表 3-18、表 3-19。

表3-18 固瑞克公司 REACTOR® 系列主机的特性

特性	型号				
	REACTOR® E-10	REACTOR® E-XP1	REACTOR® H-XP2	REACTOR® E-XP2	REACTOR® H-XP3
最大流量	12 磅/分钟 (5.4kg/min)	1.0 加仑/分钟 (3.8L/min)	1.5 加仑/分钟 (5.7L/min)	2.0 加仑/分钟 (7.6L/min)	2.5 加仑/分钟 (9.5L/min)
最高加热温度	160°F(71℃)	190°F(88℃)	190°F(88℃)	190°F(88℃)	190°F(88℃)
最大输出工作压力	2000psi (13.8MPa)	2500psi (17.2MPa)	3500psi (24.0MPa)	3500psi (24.0MPa)	3500psi (24.0MPa)
可接最长加热软管	105 英尺(32m)	210 英尺(64m)	310 英尺(94m)	310 英尺(94m)	410 英尺(125m)
电源及加热器参数	电源230V; 16A-230V,1-ph,可选加热或不加热	10.2kW 加热器: 69A-230V,1-ph 43A-230V,3-ph 24A-380V,3-ph	15.3kW 加热器: 100A-230V,1-ph 62A-230V,3-ph 35A-380V,3-ph	15.3kW 加热器: 100A-230V,1-ph 62A-230V,3-ph 35A-380V,3-ph	20.4kW 加热器: 90A-230V,3-ph 52A-380V,3-ph
主机驱动形式	电力驱动	电力驱动	液压驱动	电力驱动	液压驱动
应用	小型工业项目,混凝土接缝充填和地坪应用,小型罐槽维护,工业维护,实验室	混凝土,生活用水,卡车垫层内衬,船舶和造船,废水处理,辅助防护层,防水材料			

表 3-19　固瑞克公司喷枪的特性

特　性	FUSION® CS	FUSION® AP™	GAPPRO	FUSION® MP	GX-7™	GX-7DI	GX-8
最大输出流量	25 磅/分钟 (11.3kg/min)	40 磅/分钟 (18kg/min)	40 磅/分钟 (18kg/min)	45 磅/分钟 (20.4kg/min)	40 磅/分钟 (18kg/min)	22 磅/分钟 (10kg/min)	1.5 磅/分钟 (0.7kg/min)
最小输出流量	<1 磅/分钟 (<0.45kg/min)	2 磅/分钟 (0.9kg/min)	3 磅/分钟 (1.4kg/min)	2 磅/分钟 (0.9kg/min)	3.5 磅/分钟 (1.6kg/min)	4 磅/分钟 (1.8kg/min)	<1 磅/分钟 (0.45kg/min)
最大流体工作压力	3500psi (24.0MPa)	3500psi (24.0MPa)	3000psi (20.7MPa)	3500psi (24.0MPa)	3500psi (24.0MPa)	3500psi (24.0MPa)	3500psi (24.0MPa)
清洗方式	喷射自清洁	空气清洁	空气清洁	机械式清洗	机械式清洗	机械式清洗	机械式清洗
应用	住宅泡沫绝缘层、屋顶、混凝土、防水材料及其他聚氨酯泡沫和弹性材料涂层						低流量,快速定型聚脲聚氨酯和杂合体涂料

（1）主机

固瑞克公司的 Rractor 主机为品牌产品，是一种性能优越，在双组分计量喷涂过程中温度和压力控制精确，可获得最佳表面涂装效果的高效喷涂设备，适用于聚脲涂料、发泡材料及其他双组分原料的喷涂施工。

1）Reactor E-XP2 型电动喷涂机

Reactor E-XP2 型电动喷涂机是一种性能优越、控制精度高的双组分计量喷涂系统，其主机的技术参数参见表 3-18，每周的近似泵出量（A＋B）为 0.042 加仑（0.16L）；液压比为：279∶1。适用于聚脲等材料的喷涂施工。

该系列主机采用了最先进的电机驱动方式，从而改变了之前物料计量系统所采用的气动驱动、液压驱动的设计理念，通过对电机和控制元器件的有机组合，实现对开、关枪操作的瞬间控制，与传统采用的液压泵相比较，不再需要上百公斤的液压油，大大减轻了设备的体积和质量，整机质量为 180kg，仅为 H-20/35 主机的一半，极大地方便了野外喷涂施工和设备的运输。该主机采用立式泵设计，正弦曲线的曲柄传动方式能提供更稳定的操作，并能消除传统卧式机泵所需的快速换向操作过程。该主机配备有数字式加热和压力控制系统，提高了应用的控制精度，能够对在喷涂过程中 A 料（甲组分）、B 料（乙组分）和管道的温度、压力进行实时监控和记录。当压力发生波动时，能够方便、及时地进行观察，以便施工操作人员采取相应的措施，有利于施工结束后的数据分析和查找事故原因。Reactor 主机还设计有较为方便的回流系统，当甲、乙两组分压力不平衡时，即能自行停机，以避免将不符合甲、乙两组分配合比的涂料喷涂到基面上，从而保证了施工质量。操作时，施工人员旋转相应的阀门，即可使压力快速平衡，不必像之前的主机那样必须经过拆卸喷枪后方可调整压力，从而大大方便了施工人员的现场操作。该主机的控制板面还可以根据施工的需要，加装其长度可达 91m 的延长线，实现施工人员对设备参数的零距离控制，从而减少了以往施工设备在远距离操作时的联络不畅和控制失灵，极大地改善了现场的监控能力，提高了工程的质量。

Reactor E^{TM} – XP2 型电动喷涂机如图 3-77 所示。

图 3-77　Reactor ^{TM} E – XP2 型电动喷涂主机

2）Reactor H – XP3 型液压驱动聚脲喷涂机

Reactor H – XP3 型液压驱动聚脲喷涂机是一种性能优越、控制精度高的、混合式加热器设计可将材料快速加热并保持在设定温度的，适用于大流量喷涂应用场合的双组分计量喷涂设备。其主机系列可使用不同的电压，包括：不同电压包括三相 230V 和 380V。其主机的技术参数参见表 3-18，每周的近似泵出量（A + B）为 0. 042加仑（0. 16L）；液压比为 2. 79∶1；最高环境温度为 120° F（49℃）；软管最大长度为 410ft（125m）。适用于聚脲等材料的喷涂施工。

该设备的特点是配置有性能卓越的对置式计量泵系统，采用

419

Softstart 技术，启动电流消耗可减少 1/3；轻便、耐用可靠的液压计量系统；提供连续的喷涂效果，系统设有自诊断，数据报告及应用控制功能等。

Reactor H™ – XP3 型液压驱动聚脲喷涂机如图 3-78 所示。

图 3-78　Reactor™ H – XP3 型液压驱动聚脲喷涂机

（2）喷枪

1）FUSION CS 喷射自清洁喷枪

固瑞克公司新型的 FUSION CS 喷枪采用了全新的喷射自清洁（Clearshot/cs）技术，适用于聚氨酯发泡材料、聚脲涂料等。如图 3-79 所示。

FUSION CS 喷射自清洁喷枪的技术参数参见表 3-19，最高进气工作压力为 130Pis（0.9MPa）；最高流体温度为 200°F（93℃）；重量 2.6 磅（1.2kg）；喷枪尺寸 6.25 × 8.0 × 3.3 英寸（15.9cm × 20.3cm × 8.4cm）。

FUSION CS 喷枪具有如下的特点：

① 采用 Clearshot 技术的 FUSION CS 喷枪与其他喷枪全然不同，其奥秘源于蓝色的、无毒的、专用的在线清洁液（CSL）。一次性的安装的 CSL 清洁液能快捷方便地安装在喷枪的符合人机工程设计的手柄中，FUSION CS 喷枪气缸内置的专用计量泵计量精确地喷射 CSL 清洁液，当 CSL 清洁液穿过混合室时，可溶解堆积的已发生化学反应的泡沫或涂层，以确保混合室保持清洁状态，使雾化喷幅及混合比例稳定，完全避免了在喷涂作业时进行停枪清洁混合室的操作，从而增加了喷涂时间，减少了维护所需的停工时间。每支 CSL 清洁液可注射 1500 次。

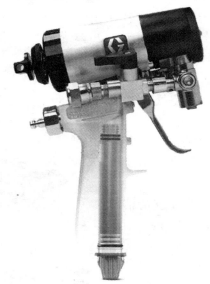

图 3-79　Fusion™CS 喷射自清洁喷枪

② 枪头组件为业界首个可快速调换的组件设计，可在数秒钟内采用手动旋转方式更换枪头组件；采用不粘聚合物材料制造的枪头罩，清洁十分便捷；"气刀"式的气帽设计可降低混合后的材料出现堆积现象。

③ 设有流量调节旋钮，设置十档不同的流量，无需更换不同流量喷枪或调换不同主机，大小喷涂流量即可在数秒时间内进行快速切换。

④ 喷枪的侧密封部件和混合室采用镀铬（chromex）涂层，可提高抗腐蚀和抗磨损性能，节省综合更换部件的时间和采购成本。

⑤ 喷枪的侧密封部件采用拧入式侧密封设计，使综合维护工作更加快捷，程序更加简化；"O"型圈更少，具有良好的窜料保护功能；保持计量/混合比例，达到最佳的喷涂效果。

⑥ 采用新型的料管和喷枪歧管，便捷的开/关阀，歧管断开时，单向阀可关闭原料，滤网的更换十分快捷。

⑦ 自清洁效果佳，清洁空气可减少75%；喷枪可大大减少喷涂反弹现象；喷枪拥有更好的灵活性和机动性，可适应狭小空间的喷涂作业。

2）FUSION AP 空气自清洁喷枪

Fusion AP 空气自清洁喷枪如图 3-80 所示。其主要技术参数见表 3-19。

Fusion AP 空气自清洁喷枪具有如下特点：

① 采用气爆式喷嘴清洁技术，减少了材料堆积和喷嘴阻塞的现象。

② 采用耐用材料制成的不锈钢混合室和滑动密封，其耐磨损性能佳，在取得更长久的使用寿命的同时，还减少了维护工作量。

图 3-80　Fusion™ AP 空气自清洁喷枪

③ 拆卸简单，零配件少，维护方便。手动紧固前罩，不需要使用任何工具即可将枪头打开，清理和维护混合室和密封件。短时

间停机则不需要洗枪，加注专用的油脂即可。

④ 采用耐溶剂的部件，不会产生任何膨胀或损坏现象。

⑤ 独特的金属混合室流体动力学设计，可优化聚脲材料的混合、雾化效果。甲、乙组分材料在混合室内高压撞击混合后喷出，其撞击角度采用了非直接对撞，即两个组分的进料孔错开一定的角度，从而使物料在进入混合室后形成涡流，达到较好的混合效果。

⑥ 革新的扇形喷嘴可使阻塞现象显著减少，喷涂产生的涂层更趋平滑，不出现"指状"或"拖尾"等缺陷现象。

3）FUSION MP 机械自清洁喷枪

FUSION MP 机械自清洁喷枪如图 3-81 所示，其主要技术参数见表 3-19。

FUSION MP 机械自清洁喷枪除了具有 FUSION AP 空气自清洁喷枪的优点外，还具有如下特点：

① 混合室采用聚碳酸酯材料，比采用尼龙材料的混合室更加耐磨，从而提高了喷枪的使用寿命。

② 采用 CeramTip^{TM} 喷嘴，使用寿命延长了 4 倍。

图 3-81　Fusion^{TM} MP 机械自清洁喷枪

③ 采用一体式阀杆，具有更长的使用寿命。喷枪阀杆的调整，消除了复杂的阀杆调节工作，使喷枪在施工时更加便捷和方便，一步设定阀杆即可随时开始喷涂。

④ 可调前密封件。

⑤ 一体式空气阀，仅需要使用三枚"O"型圈。更少量的零部件意味着更少的维护需求和喷枪型号的简化，使用成本更低。

2. GAMA（卡马）机械公司的喷涂设备

GAMA（卡马）机械公司是美国 PMC Global lnc 集团旗下的生产双组分喷涂和灌注设备的专业公司，所生产的双组分高压喷涂机适用于喷涂聚氨酯泡沫、聚脲涂层以及部分环氧等双组分体系的原料，在建筑保温及防水、钢结构及混凝土的防护、泡沫及弹性体制品的生产等行业广为应用。GAMA 由 GAMA – USA、GAMA – Europe 和 GAMA – China 三个公司组成，分别为美洲、欧洲和亚洲的客户提供服务，在中国，卡马机械（南京）有限公司（GAMA China）拥有完善的销售服务网络和具有丰富专业知识的销售及服务工程师，有充足的库存，能够及时为客户提供高质量的服务，帮助客户解决实际应用中所遇到的各种问题。

（1）Evolution G – 250H 液压驱动高压喷涂机

Evolution G – 250H 是一种能对各种双组分体系的原料比例进行精确控制，达到最佳混合效果的，能满足聚氨酯泡沫和聚脲弹性体等施工的液压驱动高压喷涂机。该喷涂机开放式的结构使设备操作简单且易于维护，如图 3-82 所示。

图 3-82　Evolution G – 250H 液压驱动高压喷涂机

此喷涂机的产品技术特点如下：

① 主加热系统采用了双路独立主加热器，每个独立加热器包含六个 1.25kW（可选 1.5kW）的加热单元，单边加热总功率为 7.5kW（可选 9kW），温度单独可调。主加热器采用了精确的独立数字温度控制，配合完善的过热、过压和过流保护，温升迅速准确，独立的智能控制系列能有效抑制动态使用时的温度波动。

② 软管加热系统的最大功率可达 5kW，支持长达 94m（310 英尺）的低电压加热软管，控制单元采用数字温控（可选配双路数字温控），加热电流自适应控制，从而获得最佳的加热效果和温度均匀性，与之相配的低电压加热软管采用均布加热元件加热，传热效率高，温升迅速。

③ 电气控制箱的面板为触摸式开关，通过软件控制各功能单元并通过数字显示方式显示设备状态，操作方便。为获得现场应用的高度可靠性，系统控制部分采用经多年验证的继电器控制单元，有很强的抗干扰能力。

④ 完善的报警电路，提供了包括电源错相报警在内的多重保护，封闭的抗电磁辐射电气控制箱配合完善的保护电路，杜绝了电压波动造成的设备损坏。

⑤ 水平对置的双向工作定排量比例泵采用同轴式设计，可完全消除因重力引起负载不均匀所导致的压力差，换向时的输出压力波动极小，同时大大延长了密封件的使用寿命，是达到高质量喷涂效果的有力保证。比例泵有多种不同的尺寸和容量可供选择，以满足 1:3 到 3:1 的不同原料的需求。此外，每个泵都配备有过压安全开关，可通过控制电路使比例泵在超过设定压力极限时停止工作。

⑥ 双向工作的液压泵通过自触发回动系统驱动水平对置的比例泵，获得平稳而有力的驱动。液压动力是由电机驱动的液压泵所产生的，通过调节液压泵上的可调补偿器可获得不同的液压力。从而调节喷涂时的原料混合压力。液压操作保证了良好的瞬态响应和

喷面质量。

⑦ 带有 Data Logger 数据库存储器的 G – 250H 型液压驱动聚脲喷涂机，其存储器通过插入设备控制面板上 USB 口中的专用 U 盘实时记录主加热器和软管加热器的原料温度、输出压力、总输出量等信息，通过电脑软件处理后以曲线方式显示，能有效记录和分析设备在使用过程中的各项参数，从而帮助用户改进和优化施工工艺，提高喷涂质量。Data Logger 数据库存储器还记录了设备出现的所有报警信息，以帮助用户分析和查找故障原因。为了配合高速铁路聚脲防水层喷涂施工的需要，特别在标准型 G – 250H 型设备的基础上增加了数据存储和下载功能，能够全程记录设备在喷涂施工过程中两个组分原料温度、压力等数据，从而为保证工程质量提供了一种有效的手段。

G – 250H 型液压驱动高压喷涂机的主要技术参数如下：

最大输出量：14/9 kg/min（31/20 1b/min）；

最大工作压力：14/24 MPa（2000/3400psi）；

主加热器功率：15kW（可选 18kW）；

软管加热功率：4kW；

电源（400V）：41@3×400V 50/60Hz；

质量：270kg（595 lb）；

外形尺寸：高 120cm，宽 90cm，深 70cm。

（2）Evolution VR 闭环控制全自动连续无级变比高压喷涂灌注机

Evolution VR 闭环控制全自动连续无级变比高压喷涂/灌注机是为满足有不同比例要求的聚氨酯泡沫和聚脲弹性体原料的喷涂和灌注施工而设计的，该设备采用双独立液压系统、变频电机驱动、流量计闭环控制，能精确控制 A、B 料的输出量，从而获得从 1∶5 到 5∶1 的原料连续可变的 A、B 料混合比例，参见图 3-83。

此喷涂机的产品技术特点如下：

① 主加热器采用双路独立的加热器，加热总功率为 18kW，满负荷输出条件下的温升率可达 50℃/min；

图 3-83　Evolution VR 闭环控制全自动连续无级变比高压喷涂/灌注机

② 软管加热系统采用两路独立的 4kW 软管加热变压器、数字温度控制。软管采用了新型的网状加热元件，其温度控制比传统结构的软管更准确；

③ 采用定排量双向工作柱塞式比例泵，A、B 组分原料侧各配置有一个独立的双向工作的柱塞式比例泵，并分别由两套独立的液压泵系统驱动，有多种不同规格的泵体可供选择，可以获得不同的输出压力和更大的变比范围；

④ 原料循环系统允许在不开机的情况下自动加热原料，从而减少了开始喷涂施工前的准备时间；

⑤ 通过微电脑软件系统集中控制所有输入的设定参数，通过变频电机驱动液压系统和比例泵工作，其参数在工作期间可作后台修改，并可在喷涂完成后下载并以曲线方式显示；

⑥ 该设备具有流量计闭环反馈功能，其输出端配有两个流量计，能精确测量每侧原料的流量并反馈给控制单元。

Evolution VR 型喷涂机的主要技术参数如下：

输出量：1 ~ 15kg/min（2.2 ~ 33 1b /min）；

变比范围：1：5 ~ 5：1 连续无级变比；

最大工作压力：300MPa（4300 psi）；

主加热器功能：18kW；

软管加热功率：8kW；

电源（400V）：70@3 × 400V 50/60 Hz；

质量：500kg（1100 lb）；

外形尺寸：1250mm × 1110mm × 1200mm。

（3）MASTER 空气自清洁喷枪

MASTER 空气自清洁喷枪是聚氨酯泡沫和聚脲弹性体涂层施工专用喷枪。此喷枪采用全新设计的人机工程手柄，配合重新调整的喷枪重心设置，为操作人员提供了平衡而稳定的手感，从而减少了疲劳，提高了施工效率，如图 3-84 所示。其技术特点如下：

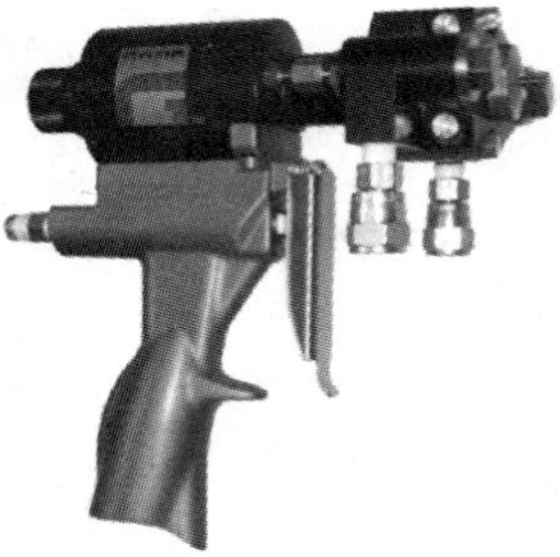

图 3-84　MASTER 空气
自清洁喷枪

① 空气自清洁，对原料的适应性广泛；

② 两种边密封可选，可适应不同的原料，压力和使用寿命的要求而不必更换喷枪；

③ 高压对冲混合，多种混合室可供选择，以满足从喷涂到灌注，从圆喷到扇喷的各种应用要求；

④ 外部润滑系统，可减少日常的维护工作量。

该喷枪的技术参数如下：

最大工作压力：21MPa（3000 psi）；

供气压力：0.6 ~ 0.8MPa（85 ~ 114 psi）；

比例为 1：1 时的最大输出量：18kg/min（40 1b/min）；

比例为 1：1 时的最小输出最：1.5kg/min（3.3 1b/min）；

气压 0. 6MPa 时的开枪拉力：90kg（200 1b）；

气压 0. 6MPa 时的关枪推力：93kg（205 1b）；

气压 0. 6MPa 时的空气消耗量：约 307 L/min。

3. 北京金科聚氨酯技术有限责任公司的喷涂设备

北京金科聚氨酯技术有限责任公司专业从事聚氨酯发泡设备的设计、制造和销售。其制造的聚脲喷涂设备有多功能喷涂王 A － 30、H － 80 液压驱动高压聚脲/聚氨酯喷涂设备以及 JKQ-207 型聚脲高压喷涂枪等。

（1）多功能喷涂王 A － 30

多功能喷涂王 A － 30 集多种功能于一体，适用于聚脲弹性体、聚氨酯弹性体，聚氨酯发泡材料及聚脲、聚氨酯粘合剂等多种双组分材料的防水、防腐、保温隔热工程的施工；既能进行喷涂施工，也能进行浇注施工，能圆喷也能平喷，能使用硬质泡沫原料，也能使用半硬质泡沫原料，如图 3-85 所示。

图 3-85　多功能喷涂王 A － 30

多功能喷涂王 A－30 采用微电子技术程序控温，能自动跟踪加热、控温准确；新型贮热螺旋式四级加热器，加热均匀且速度快，确保使用工艺温度；能自动计量，使用原料的数量精确。

多功能喷涂王 A－30 喷涂设备的主要技术参数如下：

最大工作压力：20MPa；

最大输出流量：3～8kg/min；

加热功率：6000W×2；

加热方式：A、B、C 路分别独立加热；

控温范围：20～100℃；

标准保温料管长度 15m（可加长至 90m）；

发泡枪操作软管：1.5m；

保温原料混合比（A∶B）1∶1；

使用气压：0.6～0.8MPa；

使用电源要求：三相四线 380V/50Hz/27A；

使用空气压缩机额定气压：1MPa；

排气量≥1.5～1.6m³/min。

（2）H－80 液压驱动高压聚脲/聚氨酯喷涂设备

H－80 液压驱动高压聚脲/聚氨酯喷涂设备适用于聚脲弹性体、聚氨酯弹性体、聚氨酯发泡材料及聚脲/聚氨酯黏合剂/密封胶条等的喷涂施工。其主要特点是：压力强劲稳定，能确保甲、乙组分获得足够的混合压力，使两组分材料混合均匀；有自动降温装置，若液压油温达到 40℃时，则可自动启动降温，若液压油温达到 60℃时，则可自动断电停机，以确保设备的安全使用；微电子技术加热系统，具有可靠的控制料液所需的工艺温度；设备使用简单方便，如图 3-86 所示。

该设备的主要技术参数如下：

最大工作压力：20MPa；

最大输出流量：2～7kg/min；

电机功率：5500W/8.3A；

图 3-86 H－80 液压驱动高压聚脲/聚氨酯喷涂设备

加热功率：6000W ×2；

加热器加热范围：20 ~ 100℃；

加热方式：A、B、C 三路分别独立加热；

保温料管长度：15m（可加长至 90m）；

发泡枪操作软管：1.5m；

标准原料混合比：（A∶B）1∶1；

工作使用气压：0.6 ~ 0.8MPa；

外部尺寸：700mm ×900mm ×1218mm；

质量：280kg；

设备使用电源要求：三相四线 380V/50Hz/18000W/35A；

设备使用空气压缩机额定气压：1MPa；

排气量≥0.5m³/min。

4. 北京京华派克聚合机械设备有限公司的喷涂设备

北京京华派克聚合机械设备有限公司是一家集开发、生产、制造、销售聚氨酯硬泡原料以及聚氨酯高压无气喷涂（灌注）机、双组分聚脲高压高温喷涂机等高性能喷涂设备的专业性公司。该公司生产的聚脲喷涂设备有 JHPK – SG15 型聚脲喷涂机以及与之配套的喷枪。该公司可与任何一种喷涂设备配用的喷枪有 JHPK – GZ Ⅰ 型和 Ⅱ 型等。

JHPK – SG15 型聚脲喷涂专用设备是该公司全新推出的双组分、高性能计量喷涂系统 JHPK – SG15 系统，适用于各种施工环境，应用于聚脲弹性体、聚氨酯弹性体、聚氨酯发泡材料以及聚脲/聚氨酯粘合剂/密封胶等的喷涂施工，如图 3-87 所示。

图 3-87　JHPK – SG15 型聚脲喷涂专用设备

该设备移动方便，提供了最大限度的多功能。专用的 JS 喷枪，操作简单，雾化效果佳。设备的标准配置为：气压驱动主机 1 台、喷枪 1 把、加热保温管路 15m、喷枪连接管 1.5m、供料泵 2 只。其技术参数如下：

电源：三相四线 380V 50Hz 14A × 3 + 16A；

原料加热器功率：6000W × 2；

管路加热功率：3500W；

气源：0.6 ~ 0.8MPa，1m^3/min；

原料输出量：2~7.8kg/min；

混合压力：20MPa；

质量：170kg；

体积：800×700×1500mm。

5. 北京东盛富田聚氨酯设备制造有限公司的喷涂设备

北京东盛富田聚氨酯设备制造有限公司是一家集聚氨酯（聚脲）设备生产及聚氨酯（聚脲）施工为一体的综合公司，生产有多种聚脲喷涂设备。

（1）DF-20/35Rro（卧式）喷涂机

DF-20/35Rro（卧式）喷涂机应用于聚脲弹性体防腐、防水工程的喷涂施工，其标准配置为：液压驱动主机 1 台，喷枪 1 把，供料泵 2 只，15m 加热保温管道 1 套。此设备性能稳定，技术先进，为该公司的最新产品，如图 3-88 所示。

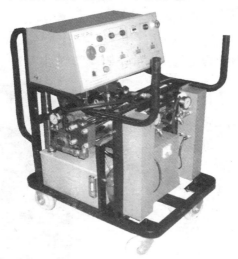

图 3-88　DF-20/35Rro（卧式）喷涂机

DF-20/35Rro（卧式）喷涂机的主要技术参数如下：

最大输出量：8~11kg/min；

最大流体温度：90℃；

混合压力：20MPa；

软管最大长度：90m；

电源参数：40A—380V 三相；

驱动方式：液压驱动；

体积：850mm×880mm×1100mm。

（2）DF－20/35 液压型液动高压无气弹性体喷涂机

DF－20/35 液压型液动高压无气弹性体喷涂机是该公司根据多年设备制造经验，结合现场施工情况研制生产出的聚脲弹性体喷涂/浇注两用机，该设备具有质量轻、移动方便、工作性能稳定、性价比高的优点，可以在各种环境条件下进行聚脲材料的喷涂作业，适用于聚脲弹性体防滑、防水工程的施工。该设备在性能上已经完全达到进口同类型设备的技术水平，为国内聚脲涂料的广泛应用提

供了条件。该设备的标准配置为：液压驱动主机 1 台，喷枪 1 把，供料泵 2 只，15m 加热保温管道 1 套，如图 3-89 所示。

DF－20/35 液压型液动高压无气弹性体喷涂机的主要技术参数如下：

最大输出量：8kg/min；

最大流体温度：90℃；

混合压力：20MPa；

加热功率：11～15kW；

软管最大长度：90m；

电源参数：40A—380V 三相；

驱动方式：液压驱动；

体积：700×900×1250（mm）。

6. 河田防水科技（上海）有限公司的喷涂设备

图 3-89　DF－20/35 液压型液动高压无气弹性体喷涂机

河田防水科技（上海）有限公司是一家专营 JETSPRAY 新型防水、防腐、地坪材料和专用喷涂设备及喷涂工艺的日资企业，公司的总部河田化学株式会社是日本一家知名的经营建筑、土木、桥梁、管道等领域的防水、防腐、地坪材料、研究开发相关喷涂设备并进行各种防水、防腐及地坪施工的企业。

该公司经过多年的研究和实践，开发出了瞬干、聚氨酯聚脲弹性体喷涂工艺（JETSPRAY 喷涂工艺）。JETSPRAY 喷涂工艺是一种全新的喷涂施工工艺，与目前普遍采用的高温高压撞击混合喷涂技术相比，具有设备结构简单、操作灵活方便、不易受施工环境和条件影响、涂膜的物理性能在某些方面更优异等特点。JETSPRAY 喷涂工艺的应用范围有防水工程、防腐工程、地坪及防护工程、缓冲保护工程等。就防水工程而言，适用于各种结构、材质的建筑物屋顶、屋顶停车场、工业厂房、冷库等需要进行防水保温隔热的场所，还可以用做防水内衬，用于水库、污水处理池、游泳馆、水族馆等场所；针对一些如桥梁、隧道、地下工程、码头、支撑架、公路护坡等建筑物结构，可进行永久性加固，以消除其结构开裂、腐蚀变形等各种安全隐患。JETSPRAY 喷涂工艺须使用专用的喷涂设备，将双组分的喷涂材料搅拌均匀并混合后，再由压力空气喷涂至施工基面，并在施工基面瞬间硬化而形成涂膜。

JETSPRAY 喷涂工艺所使用的专用喷涂设备有便携式喷枪、小型喷涂机和车载系统等，其特点是多种设备对应不同的工程需求。便携式喷枪主要应用于各种小型的修补；专用的喷涂机小巧、方便、结构简单，可对应各种复杂的施工环境，完成单机 500 ~ 700m^2 的施工量；而车载系统则可针对超大面积地面施工发挥威力，日施工面积可超过 1200m^2。

（1）小型喷涂机（JETSPRAY Dynamic Machine）

此喷涂机由机身、输料管、喷枪三部分组成，辅助设备有 2.2kW 以上空压机、输气管、发电机（在无电源情况下）等，如图 3-90 所示。

■ 喷枪

小型喷涂机

图 3-90　小型喷涂机（JETSPRAY Dynamic Machine）

该机的工作原理是将 A、B 两组分材料经输料系统分别输入喷枪，在搅拌管内得到快速充分搅拌混合，在喷嘴处与压缩空气汇合，被高压空气调速喷出，快速形成 JETSPRAY 涂膜。

该机的特点如下：

① 机身小巧、轻便、结构简洁、性能优越、机身质量仅 50kg、移动灵活方便，可对应各种复杂的施工环境，不受施工场地大小及所处位置的限制；

② 以 3L/min 的喷涂量，使用 2.2kW 以上的空压机即可保证正常作业，喷出美观均一的涂膜，单机每日可完成 $500 \sim 700m^2$ 的施工量；

③ 可根据现场施工状况使用不同容量的材料盛装罐，降低废料的发生率；

④ 喷枪前端的特殊配件/附件有平喷及圆喷两种类型，另外，还有一种用于进行防滑处理的特殊配件，喷涂施工时可根据实际用

途选择使用;

⑤ 在喷涂中喷出的材料微粒还能填充基面上的裂纹裂缝，不留任何痕迹。

该机的主要技术参数如下：

使用电力：100V 50A；

喷涂量：3L/min；

使用压力范围：0～12MPa；

混合比率：A 液：B 液 =1∶1（体积比）；

设定温度：厂家指定温定；

机身尺寸：宽 450mm × 高 550mm × 长 550mm；

机身质量：50kg。

（2）便携式喷枪（JETSPRAY Top Gun）

便携式喷枪由更换式涂料套装及喷枪枪体两部分组成。喷枪由枪身、搅拌管、套筒等组成，辅助设备有空压机（1.9kW 以上）、输气管、发电机（在无电源情况下）等，如图 3-91 所示。

便携式喷枪　　　　　　涂料套装　　　　　　专用工具袋

图 3-91　便携式喷枪（JETSPRAY TOP GUN）

该喷枪的工作原理是由喷枪助推器将 A、B 两组分材料推入搅拌管，并在搅拌管内得到快速充分搅拌混合，在喷嘴处与压缩空气汇合，被高压空气高速喷出，快速形成 JETSPRAY 涂膜。

该喷枪装卸简单，使用方便，在设计上极大程度地简化了复杂的操作，适合于进行屋顶、外墙、地板、走廊、楼梯、阳台等小范围的修补。

喷枪使用方法如下：

① 涂料套装应在保持期内使用,使用温度不超过 40℃,使用时不能接近火源及高温物体,使用时必须佩戴防护设施(如专用口罩、眼镜、手套等);

② 卸下涂料套装的螺母,拔出中栓,将搅拌管插在涂料套装的出料口上,套上螺母调节喷枪推进器速度,将涂料套装装入枪体内并用螺母固定,安装外筒,调节空气压力,扣动扳机,进行喷涂;

③ 每次开始进行喷涂时,一定要挤掉最初的 10mL 喷涂剂,以免出现因搅拌不良而导致不能硬化的情况;

④ 若喷出时阻力过大(特别是在温度较低时),只要把涂料套装桶加温,阻力就会变小,但温度绝对不要超过 40℃;

⑤ 套装桶里不能残留余料。

(3) 车载系统 (JETSPRAY System Car)

该系统由发电机、空压机、储料罐、操作箱、吸料泵、保温桶、加热器、供给泵、混合泵等组成。其工作原理是将两组分材料经输料系统分别输入到喷枪,在搅拌管内得到快速充分搅拌混合,在喷嘴处与压缩空气汇合,被高压空气高速喷出,快速形成 JETSPRAY 涂膜。此系统施工能力强,特别适合于大面积和大范围的喷涂施工,如桥梁、高速公路、大型体育场等,如图 3-92 所示。

System Car

喷涂机×2台　　50m喷管×2条　　最长喷管100m×2条　　可以边补充材料边施工

图 3-92　车载系统 (JETSPRAY System Car)

该车载系统采用了全自动电脑控制,配备大型罐装喷涂材料,车载容器容积罐的容积为 1200L,两个喷罐可同时作业,达到 200m²/h 的喷涂施工速度,车载系统具有边移动边施工的优点。

车载系统的主要技术参数参见表 3-20。

表3-20 JETSPRAY喷涂设备——车载系统

（JETSPRAY System Car）主要技术参数

发电机	50Hz：功率20kW 三相200V 单机100V	柴油发动机
	60Hz：功率25kW 三相200V 单相100V	
空压机	空气量：1.4m³/min	柴油发动机
	额定压力：0.69MPa	
空气干燥机	50Hz：处理空气量1.6m³/min	
	60Hz：处理空气量1.8m³/min	
操作箱	可以控制发电机、空压机、空气干燥机以外的机器	
	胶体：自动-手动-洗净	
储料罐容量	主剂：600L	
	硬化剂：600L	
吸料泵	操作箱控制式	
	DF泵	
加热器	操作箱控制式	
	温度设定：手动转盘设定式	
保温桶容量	主剂：65L	
	硬化剂：65L	
	保温桶内液体温度：30℃±5℃	
供给泵	操作箱控制式	
	空气马达泵	
混合泵	1:1	
	空气马达泵压送式	
喷涂量	3L/min×2台	

3.3.3.3 喷涂施工常见的辅助设备

聚脲涂料进行喷涂施工时，除了喷涂机和喷枪外，常见辅助设备有空压机、冷干机、全自动平面往复机、喷涂施工车等。

1. 空压机

气源是为供料泵、气动比例泵、喷枪等提供动力。空压机有活塞式和螺杆式等两种类型，前者虽噪声较大，但其质量和体积较小，适用于施工车内使用，若施工条件允许，可配备功率和体积较大的空压机，并配备储气罐，这样可在充气后，关闭空压机以减少噪声，若其作业场地已具备气源，则可用作动力源，省掉空压机。

2. 冷冻式空气干燥净化器

气动设备的动力来源于压缩空气,但空气压缩机所提供的压缩空气中,往往含有水分、油分和微小的杂质,这类未经干燥净化的压缩空气会使气动设备中的零件锈蚀和磨损,并可造成聚脲涂层产生缩孔、鼓泡和针眼等缺陷,导致涂膜出现质量问题,因此需加装冷冻过滤式空气干燥净化装置(冷干机),即通过冷媒对压缩空气中含有的水分、油分进行有效的分离,以达到净化空气的目的,从而提高涂膜的质量。此类装置一般采用处理能力在 $0.8m^3/min$ 以上的冷干机。

3. 全自动平面往复机

全自动平面往复机是一类用于聚脲涂料喷涂施工时,具有固定往复宽度和可变往复宽度的设备。北京格莱克斯科技有限公司根据京沪高速铁路施工的特点,结合京津高速铁路聚脲防水涂料的施工经验,以先进的理念开发出了两款符合高速铁路喷涂聚脲防水涂料施工的全自动平面往复机。

此设备性能稳定高效、操作简便、功能强大、转向灵活、运输方便,其主要特点如下:

① 操作方便,通过遥控装置,只需一人便可根据施工现场的需要,随时调整往复机的行走方向和开关喷枪的作业。

② 设备具有强大的爬坡能力,可翻越 90mm 的台阶,不打滑、不失速。快速的喷枪连接装置,可适用于各种喷枪,无需再购买昂贵的自动喷枪,以减少聚脲喷涂设备的购置成本,往复机所设置的管道悬吊装置,可减少管道反复摆动时的应力,延长管道的使用寿命。

③ 该设备设置有全自动厚度控制和边缘厚度控制装置,当输入喷涂厚度等参数后,往复机的全自动厚度控制系统便可自动确定喷涂车的往复速度与小车的前进速度,以保证涂层厚度的高平整度,并能够达到无重叠纹的完美效果;边缘厚度控制系统可变往返宽度型具有边缘厚度控制功能,可随时开启其中一侧或两侧的边缘厚度控制,使该侧折返点涂层厚度变薄,留出搭接区,以避免两次搭接时的厚度过大。

④ 该设备的往复宽度有二：其一为固定往复宽度，其往复宽度为 3.3m，可用于 3.1m 轨道板的喷涂；其二为可变往复宽度，其往复宽度为 0 ~ 3.2m，可调节，既可适用于 3.1m 轨道板的喷涂，又可通过设定喷涂往复宽度，用于 1.9m 隔离带的喷涂。模块化的设计，可方便更换固定往复宽度与可变往复宽度的往复箱。

⑤ 可拆卸往复箱。可将往复机与聚脲喷涂机装在同一辆箱式货车中，包装运输方便。

4. 喷涂施工车

喷涂施工车的主要作用是可将成套的施工设备整体运送到施工现场。聚脲涂料进行喷涂施工所需的设备较多，如供料泵、主机、喷枪及加热软管、冷冻过滤式空气干燥净化装置（冷干机）、加温设备以及盘管架、电源开关等配套设备，有了喷涂施工车，则可将这些设备整体安排在车内，到达施工现场后，就不必对这众多的设备进行装卸和现场连接，只需接通电源即可马上工作。施工车有简易型施工车、大型拖车式施工车、车载集装箱式施工车等多种类型。

简易型施工车一般没有加热和保温功能，只能在 19℃ 以上环境温度下施工，由于车内的空间狭窄，原料的储存量较少，施工时供料泵需放在车外，其优点是小巧灵活，适用于各种施工场地，车行速度快，成本亦较低。

大型拖车式施工车载重量较大，有足够的内部空间，具有加热保温功能，可以减少对外界条件的依赖，车内可安装 1 至 2 套施工设备，以及发电机等其他设备，原料的贮存量较多，还可安排出一个休息房间，其缺点是由于车子的体积大，若在狭窄的施工场地作业，移动受到限制，需要配备足够长度的加热软管。

车载集装箱式施工车内部的空间相对较大，可装一定数量的原料，有加热和保温的功能，集装箱可拆卸，若设备不用时，还可以将集装箱卸下，用作一般的运输货车用。

3.3.3.4　喷涂设备的操作方法

高压加热喷涂设备类型众多，其操作方法各有不同，现以 Reactor H-XP2、H-XP3 为例，介绍其具体的使用方法。

1. 部件及性能

H-XP2、H-XP3 聚脲喷涂设备部件的组成如图 3-93 所示，其技术数据参见表 3-21，涂层喷涂性能如图 3-94 所示；加热器性能如图 3-95 所示。

BA 甲组分泄压出口
BB 乙组分泄压出口
EC 中热管电气连接器
EM 电动机、风扇和传动带
　　（在护罩后面）
FA 甲组分流体歧管入口
　　（在歧管管体左侧）
FB 乙组分流体歧管入口
FH 流体加热器
　　（在护罩后面）
FM Reactor流体歧管
FP 进料入口压力表
FS 进料入口过滤器
FT 进料入口温度表
FV 流体入口阀
　　（所示为B侧）
GA 甲组分出口压力表
GB 乙组分出口压力表
HA 甲组分软管连接
HB 乙组分软管连接
HC 液压控制器
HP 液压表
LR ISO润滑油储液器
MC 电动机控制显示窗
MP 主电源开关
OP 过压安全膜组件
　　（在A泵和B泵的后面）
PA 甲组分泵
PB 乙组分泵
RS 红色停止按键
SA 甲组分泄压/喷涂阀
SB 乙组分泄压/喷涂阀
SC 流体温度传感器电缆
SN 系列号标牌
　　（一个在机柜内，一
　　个在机柜的右侧）
SR 电线应力消除器
TA 甲组分压力传感器
　　（在GA压力表后面）
TB 乙组分压力传感器
　　（在GB压力表后面）
TC 温度控制显示窗

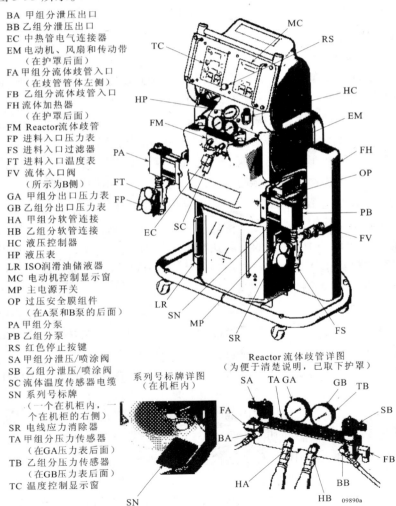

图 3-93　H-XP2、H-XP3 聚脲喷涂设备其部件的组成

表 3-21　技术数据

类　　别	数　　　　据
最大流体工作压力	H－25 型和 H－40 型：2000psi（13.8MPa，138bar） H－XP2 型和 H－XP3 型：3500psi（24.1MPa，241bar）
流体：油压比	H－25 型和 H－40 型：1.91∶1 H－XP2 型和 H－XP3 型：2.79∶1
流体入口	甲组分（ISO）：1/2 npt（内螺纹），最大 250psi（1.75 MPa，17.5 bar） 乙组分（树脂）：3/4 npt（内螺纹），最大 250psi（1.75 MPa，17.5 bar）
流体出口	甲组分（ISO）：8 号 J10（3/4－16 unf），带 6 号 J10 转换接头 乙组分（树脂）：10 号 J10（7/8－14 unf），带 5 号 J10 转换接头
流体循环口	1/4 nosm（外螺纹），带塑料管，最大 250 psi（1.75 MPa，17.5bar）
最高流体温度	190°F（88℃）
最大输出（环境温度下 10 号油）	H－25 型：22 磅/分钟（10kg/min×60Hz） H－XP2 型：1.5 加仑/分钟（5.7L/min×60Hz） H－40 型：48 磅/分钟（20kg/min×60Hz） H－XP3 型：2.8 加仑/分钟（10.6L/min×60Hz）
每周的泵出量	H－25 型和 H－40 型：0.053 加仑（0.23L） H－XP2 型和 H－XP3 型：0.042 加仑（0.15L）
线路电压要求	230V 单相和 230V 三相设备：195～264 V 交流，50/60 Hz 400V 三相设备：338～457 V 交流，50/60 Hz
电流要求	型号不同，电流要求有所不同，具体参见说明书
加热器功率	型号不同，加热器功率有所不同，具体参见说明书
液压储液器容量	3.5 加仑（13.6L）
推荐的液压流体	citgo A/W 液压油，ISO 46 级
噪声功率，按照 ISO 9614－2 规定	90.2dB（A）
噪声压力，离设备 1m	82.6dB（A）

续表

类　别	数　　据
质量	带 8.0 kW 加热器的设备：535 磅（243 kg） 带 12.0 kW 加热器的设备：597 磅（271 kg） 带 15.3 kW 加热器的设备：（B－25/H－XP2 型）：552 磅（255 kg） 带 15.3 kW 加热器的设备（B－40/H－XP3 型）：597 磅（271 kg） 带 20.4 kW 加热器的设备：597 磅（271 kg）
流体部件	铝质、不锈钢、镀锌碳钢、黄铜、硬质合金、镀铬材料、氟橡胶、PTFE、超高分子量聚乙烯、耐化学 O 形圆

所有其他品牌的名称或标志均属其各自所有者的商标，在此仅用于辨认。

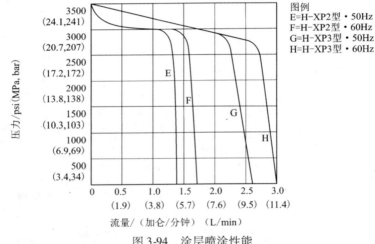

图例
E=H－XP2型·50Hz
F=H－XP2型·60Hz
G=H－XP3型·50Hz
H=H－XP3型·60Hz

图 3-94　涂层喷涂性能

2. 电器控制系统

（1）主电源开关

主电源开关位于设备的右侧，如图 3-93 所示中 MP，用于接通和切断 Reactor 的电源，不会接通加热器各区或泵。

（2）红色停止按键

红色停止按键位于温度控制面板和电动机控制面板之间，见图

3-93 中 RS。按下红色停止按键只判断电动机和加热器各区的电源。
要关断设备的所有电源，请使用主电源开关。

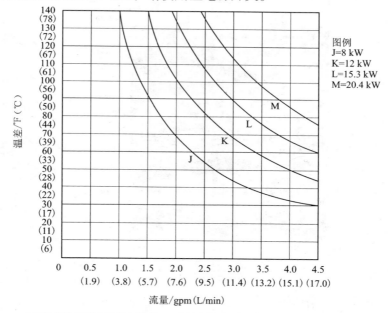

★加热器性能数据是基于采用10wt 液压油和230V加热器电源电压所进
行的测试

图 3-95　加热器性能

（3）温度控制及指示灯

温度控制及指示灯如图 3-96 所示。

按下实际温度键，LED 指示灯显示实际温度，按下并按住实际
温度键，LED 指示灯显示电流。

按下目标温度键，LED 指示灯显示目标温度，按下并按住目标
温度键，LED 指示灯显示加热器控制电路板温度。

按下温标键，LED 指示灯显示改变温标℉或℃。

按下加热器区的接通/关断键，LED 指示灯亮或暗，显示接通
和关断加热器各区，同时也清除加热器区的诊断代码，见本节后文

9（表3-24）。加热器各区接通时，LED指示灯会闪烁。每次闪烁的持续时间表示其加热器接通的程度。

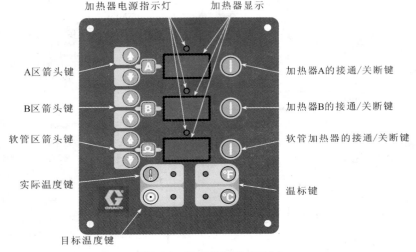

图3-96　温度控制及指示灯

按下温度箭头键，向上或向下调节温度设定值。

根据所选择的模式显示加热器各区的实际温度或目标温度。启动时的默认显示为实际温度。A区控制甲组分的加热，B区控制乙组分的加热，A和B区的显示范围为0~88℃（32~190°F），软管的显示范围为0~82℃（32~180°F）。

（4）电动机控制及指示灯

电动机控制及指示灯参见图3-97。

按下电动机接通/关断键，LED指示灯显示接通和关断电动机。同时也清除某些电动机控制诊断代码，见本节后文9（表3-24）。

在一天的工作结束时，按下停机键，使甲组分泵循环到原始位置，将活塞柱浸没。扣动喷枪扳机，直至泵停止运转。停机后，电动机会自动关闭。

按下PSI/BAR键，改变压力标度。

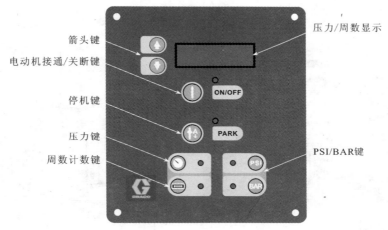

箭头键
电动机接通/关断键
停机键
压力键
周数计数键

压力/周数显示
ON/OFF
PARK
PSI/BAR键

图 3-97 电动机控制及指示灯

按下压力键，LED 指示灯显示流体压力。如果两个压力不平衡，则显示较高的一个压力值。

按下周数计数键，LED 指示灯显示运行周数。要清除计数器上的计数，可按下周数计数键，并按住 3s。

使用电动机控制箭头键可进行压力不平衡调节设置以及待机设置调整。

液压控制旋钮用于调节提供给液压驱动系统的液压压力。

3. 设备的安装

设备的典型安装可分为带循环安装和不带循环安装，如图 3-98、图 3-99 所示。

（1）放置 Reactor

将 Reactor 放置在水平的表面上。有关间隙和安装孔的尺寸如图 3-100 所示。不要让 Reactor 暴露在雨水中。在举升前，要用螺栓将 Reactor 固定到原始装运托盘上。用脚轮将 Reactor 移到需固定的位置，或用螺栓将其固定在装运托盘上，用铲车搬动。要想安装在推车的车板或拖车上，可去掉脚轮并用螺栓将其直接固定到推车或拖车的车板上。

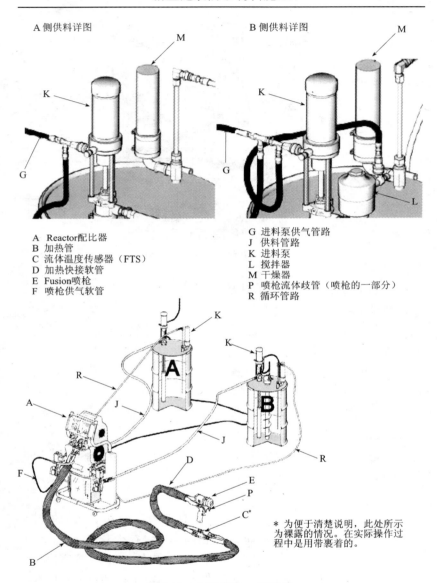

A 侧供料详图

M

K

G

B 侧供料详图

M

K

G

L

A　Reactor配比器
B　加热管
C　流体温度传感器（FTS）
D　加热快接软管
E　Fusion喷枪
F　喷枪供气软管

G　进料泵供气管路
J　供料管路
K　进料泵
L　搅拌器
M　干燥器
P　喷枪流体歧管（喷枪的一部分）
R　循环管路

K

K

R

A

J

J

R

A

F

B

D

E

P

C*

* 为便于清楚说明，此处所示
为裸露的情况。在实际操作过
程中是用带裹着的。

图 3-98　典型安装　带循环

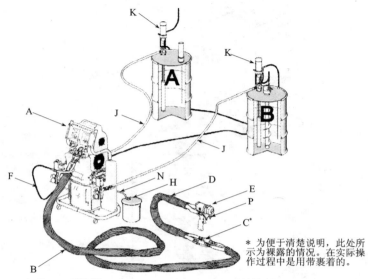

A　Reactor配比器
B　加热管
C　流体温度传感器（FTS）
D　加热快接软管
E　Fusion喷枪
F　喷枪供气软管
G　进料泵供气管路

H　废料桶
J　供料管路
K　进料泵
L　搅拌器
M　干燥器
N　放气管路
P　喷枪流体歧管（喷枪的一部分）

* 为便于清楚说明，此处所示为裸露的情况。在实际操作过程中是用带裹着的。

A 侧供料详图

B 侧供料详图

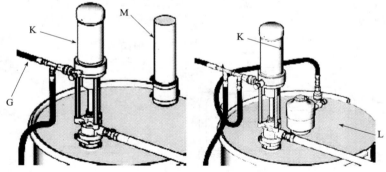

图 3-99　典型安装　不带循环

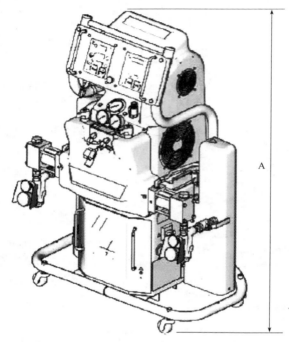

尺寸	英寸（mm）	尺寸	英寸（mm）
A（高度）	55.0（1397）	F（侧安装孔）	16.25（413）
B（宽度）	39.6（1006）	G（安装柱内径）	0.44（11）
C（深度）	18.5（470）	H（前安装柱高度）	2.0（51）
D（前安装孔）	29.34（745）	J（后安装柱高度）	3.6（92）
E（后安装孔）	33.6（853）		

俯视图 　　　　　　　　　　　　　　　　　　侧视图

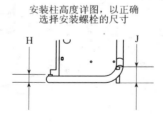

安装柱高度详图，以正确
选择安装螺栓的尺寸

图 3-100　尺寸图

（2）电器要求

电器要求参见表 3-22。

表 3-22　电气要求（kW/满载电流）

部件	型号	电压（相数）	满载峰电流 *	系统功率 **
253403	H – XP3	230V（1）	100	23，100
253404	H – XP3	230V（3）	90	31，700
253405	H – XP3	400V（3）	52	31，700
255403	H – XP2	230V（1）	100	23，260
255404	H – XP2	230V（3）	59	23，260
255405	H – XP2	400V（3）	35	23，260

　* 所有装置均运行在最大能力时的满载电流。在不同的流量和混合室尺寸下对保险丝的要求可能会低一些。

　** 系统总功率，根据每个设备的最大软管长度计算。

（3）连接电线

连接电线（不包括电源）参见表 3-23。

表 3-23　电源线的要求

部　件	型　号	线缆的规格 AWG（mm²）
253404	H-XP3	4（21.2），3 线 + 接地
253405	H-XP3	6（13.3），4 线 + 接地
255403	H-XP2	4（21.2），2 线 + 接地
255404	H-XP2	6（13.3），3 线 + 接地
255405	H-XP2	8（8.4），4 线 + 接地

（4）连接进料泵

将进料泵（K）装入甲组分和乙组分的供料桶 A、B 内。如图 3-98、图 3-99 所示。两个进料入口压力表要求有 50psi（0.35MPa，3.5bar）的最小进料压力。最大进料压力是 250psi（1.75MPa，17.5bar）。A 和 B 供料桶的进料压力差要保持在 10% 以内。

密封甲组分供料桶 A 并在通气口内放置干燥器。

如果有必要，可将搅拌器装入乙组分供料桶 B 内。

确保甲组分和乙组分供料桶的入口阀关闭。

将乙组分的供料软管与其入口阀上的3/4npt（内螺纹）旋转接头连接并拧紧。将甲组分的供料软管与其入口阀上的1/2npt（内螺纹）旋转接头连接并拧紧。从进料泵接出的供料软管内径应为3/4英寸（19mm）。

（5）连接泄压管路

不要在泄压/喷涂阀出口的下游安装截止阀。当被置于喷涂位置时，这些阀作为过压释放阀使用。必须保持管路的通畅，使机器在运行时能自动释放压力。如果需要让流体循环回到供料桶，应使用额定能承受设备的最大工作压力的高压软管。

建议将高压软管连接到两个泄压/喷涂阀的泄压接头上，然后将软管接回到甲、乙组分供料桶上，如图3-98所示。或者将所提供的放气管牢固插入接地的密闭废液桶内，如图3-99所示。

（6）安装流体温度传感器（FTS）

提供流体温度传感器（FTS）。流体温度传感器要安装在主软管和快接软管之间。

（7）连接加热管

流体温度传感器和快接软管必须与加热管一起使用。软管的长度，包括快接软管在内，必须最短60英尺（18.3m）。

关断主电源。组装加热管、FTS及快接软管。将A软管和B软管分别连接到Reactor流体歧管的甲组分出口和乙组分出口上。软管采用颜色标识：红色用于甲组分，蓝色用于乙组分。两个接头的大小不同，以避免出现连接错误。歧管的软管转换接头（N，P）可连接内径为1/4英寸和3/8英寸的流体软管。要连接内径为1/2英寸（13mm）的流体软管，可从流体歧管上卸下转换接头并按需要连接快接软管。

连接电缆。连接电气连接器。要确保在软管弯曲时电缆仍有一定的松弛量。用绝缘胶带将电缆及电气连接处缠上。

关闭喷枪的流体歧管阀。将快接软管连接到喷枪的流体歧管上。不要将歧管连接到喷枪上。对软管进行加压检查，确定是否有渗漏。如果没有渗漏，则将软管和电气连接处缠上，以避免损坏。

（8）系统接地

Reactor 通过电源线接地。将快接软管的接地导线连接到 FTS 上，不要断开接地导线或没有连接快接软管就进行喷涂。

供料桶：按照当地的规范进行。被喷物体：按照当地的规范进行。冲洗时所用的溶剂桶：按照当地的规范进行。只使用放置在已接地表面上的导电金属桶。不要将桶放在诸如纸或纸板等非导电的表面上，这样的表面会影响接地的连续性。

为了在冲洗或释放压力时维持接地的连续性，将喷枪的金属部分紧紧靠在接地金属桶的侧边，然后扣动喷枪扳机。

（9）检查液压流体的液位

液压储液器出厂时已注满。首次工作之前要检查液位，此后每周检查一次。

（10）润滑系统的设置

甲组分泵：用 Graco 喉管密封液（部件号为 206995，随供）注满润滑油储液器。将润滑油储液器从托架中升起，并从帽上卸下该容器。注满新鲜的润滑油。将储液器拧在帽组件上，并将其放入托架（RB）中。

将较大直径的供液管推入储液器内约 1/3 行程的距离。将较小直径的回液管推入储液器，直至底部，确保异氰酸酯沉在底部，不被虹吸入供液管及返回到泵。

润滑系统准备好进行工作，不需要填料。

4. 开机步骤

在所有盖子和护罩被装回原处之前，不要运行 Reactor。

穿好防护服、戴好防护眼镜、防护手套等防护用品。

（1）用进料泵注流体

产品出厂前用油对 Reactor 进行过测试，进行喷涂之前要用适当的溶剂将油冲出。

检查确认所有设置步骤均已完成。每天启动前，要检查入口滤网是否清洁，每天检查润滑油情况和液位。

接通乙组分的搅拌器（若使用）。

将两个泄压/喷涂阀都旋到喷涂位置。

启动进料泵。

打开流体入口阀，检查是否有渗漏。

用进料泵加载系统，将喷枪的液体歧管固定在两个接地的废液桶上方；打开流体阀，直至从阀内流出清洁、无空气的流体；关闭阀门。

注意：在启动期间不要混合甲组分和乙组分，要始终提供两个接地的废液桶，以分开甲组分和乙组分的流体。

（2）设定温度

本设备配用加热流体，设备表面会变得非常热。为了避免严重烧伤，不要接触热的流体或设备；要待设备完全冷却之后再触摸；如果流体温度超过 110 °F（43℃），要戴上手套。

接通主电源。分别设置 A 桶、B 桶、软管的加热温度，接通加热区，预热软管（15~60min）。当流体达到目标温度时，指示灯会非常慢地闪烁，显示窗显示出软管内 FTS 附近的实际流体温度。

注意：软管内没有流体时不要接通软管加热器。热膨胀可造成压力过高，导致设备破裂或严重损伤，包括流体注射。在预热软管时不要给系统加压。

检查各区的电流以及加热器控制电路板温度。

当处于手动电流控制模式时，要用温度计监测软管的温度。温度计的计数不得超过 160 °F（17℃）。当处于手动电流控制模式时，切勿将机器置于无人看管的状态。如果 FTS 被断开或者显示窗显示诊断代码 E04，则先关断主电源开关，然后再接通以清除诊断代码并进入手动电流控制模式。

显示窗将显示流向软管的电流。电流不受目标温度的限制。为避免过热，将软管温度计安装在靠近喷枪一端可被操作员看到的位

454

置。将温度计穿过甲组分软管的泡沫罩插入，使温度计的芯杆紧靠内管。温度计的读数会比实际流体温度低大约 20 ℉。如果温度计的读数超过 160 ℉（71℃），应降低电流。

（3）设定压力

启动电动机和泵，显示系统压力。调节液压控制器，直至显示窗显示出所期望的流体压力。

如果显示压力超过所需压力，降低液压并扣动喷枪扳机以降低压力。

用甲组分压力表和乙组分压力表检查每个配比泵的压力是否正确。两压力应近似相等，且必须保持固定。

改变压力不平衡设置可选可不选。压力不平衡功能可检测出哪些可能会造成喷涂比率失当的条件，如供料失压/缺料、泵密封损坏、流体入口过滤器堵塞或流体泄漏等。代码 24（压力不平衡）被默认设定为发出警报。

出厂时将压力不平衡的默认值设定为 500psi（3.5MPa，35bar）。要进行较严格的比率错误检测，可选择较低值；要进行较宽松的检测或避免令人讨厌的警报，可选择较高值。

5. 喷涂

锁上喷枪的活塞保险栓；关闭喷枪的流体歧管阀；装上喷枪的流体歧管；连接喷枪的气路，打开气路阀；将泄压/喷涂阀置于喷涂位置；检查确认加热区已接通，而且温度已达到目标温度；按下电动机的启动键启动电动机和泵；检查流体压力的显示，并根据需要进行调节。

检查流体压力表，以确保压力正确平衡。如果不平衡，稍微朝泄压/循环位置转动压力较高组分的泄压/喷涂阀，降低该组分的压力，直至压力表显示压力已平衡。

打开喷枪的流体歧管阀。对于撞击式喷枪，如果压力不平衡，切勿打开流体歧管阀或扣动喷枪扳机。

放开活塞保险栓。在纸板上检验喷涂效果。调节温度和压力，以获得所期望的效果。

设备已准备就绪，可以开始喷涂。如果在一段时间里停止喷涂，设备将进入待机状态（若启用）。

6. 待机和关机

（1）待机

如果在一段时间里停止喷涂，设备将进入待机状态，关闭电动机和液压泵。这样可减少设备的磨损，最大限度地减少热量积聚。当处于待机状态时，电动机控制面板上的 LED 接通/关断指示灯和压力/循环显示窗将闪烁。

在待机时，A、B 加热区将不关闭。

要重新启动，先在远离喷涂目标的地方喷涂 2s。系统将检测到压降，电动机会在几秒钟内急剧达到满速。

此功能在出厂时预设为禁用。调节电动机控制板上的 DIP 开关 3 可启用或禁止待机状态。

可按以下方法设置进入待机状态前的空闲时间：关断主电源开关，按下并按住电动机控制器上的周数计数键，接通主电源开关，然后用上下键选择所需的定时器设置，5~20min，以 5min 为增量。它设定设备在进入待机状态前不活动时间。最后关断主电源开关，以保存这些变化。

（2）停止工作

关闭 A、B 加热区，泵停机，关断主电源，关闭两个流体供料阀（FV）。释放压力（参见 7 泄压步骤），根据需要关断进料泵。

7. 泄压步骤

释放喷枪内的压力并进行喷枪停机。关闭喷枪的流体歧管阀。关闭进料泵和搅拌器（若使用）。将泄压/喷涂阀旋至泄压/循环位置。将流体引到废液桶或供料桶内。确认压力表读数已降到 0。

锁上喷枪的活塞保险栓。断开喷枪的气路连接并卸下喷枪的流体歧管。

8. 流体循环

（1）通过 Reactor 循环

未向材料供应商查询有关材料的温度范围前，不要循环含有发泡剂的流体。用进料泵注流体。不要在泄压/喷涂阀出口的下游安装截止阀。当被置于喷涂位置时，这些阀作为过压释放阀使用。必须保持管路的通畅，使机器在运行时能自动释放压力。

参见图 3-98 的典型安装，带循环。将循环管路引回到各自的甲组分、乙组分供料桶。应使用额定能承受设备的最大工作压力的软管（参见表 3-21 的技术数据）。

将泄压/喷涂阀置于泄压/循环位置。接通主电源。设定目标温度（参见本节 4 开机步骤 b）。接通 A 和 B 加热区。除非软管内已注满流体，否则不要接通软管加热区。显示实际温度。

启动电动机前，将液压降至循环流体所需最小值，直到 A 和 B 温度达到目标温度。

启动电动机和泵。在尽可能低的压力下循环流体，直到温度达到目标温度。

接通软管加热区，将泄压/喷涂阀置于喷涂位置。

（2）通过喷枪的歧管循环

未向材料供应商查询有关材料的温度范围前，不要循环含有发泡剂的流体。

通过喷枪的歧管循环流体，可使软管快速预热。

将喷枪的流体歧管安装在循环附件上。将高压循环管路连接到循环歧管上。将循环管路引回到各自的甲、乙组分供料桶。应使用额定能承受设备的最大工作压力的软管，如图 3-99 所示。

用进料泵注流体进行。接通主电源。设定目标温度参见本节 4 开机步骤（2）。接通 A、B 和软管加热区。显示实际温度。启动电动机前，将液压降至循环流体所需最小值。启动电动机和泵。在尽可能低的压力下循环流体，直到温度达到目标温度。

9. 诊断代码

部分诊断代码参见表 3-24。

表 3-24　部分诊断代码

代码	代码名称	报警区	代码编号	代码名称	警报或警告
01	流体温度过高	单独	21	没有传感器（A 组分）	警报
02	电流过大	单独	22	没有传感器（B 组分）	警报
03	无电流	单独	23	压力过高	警报
04	FTS 未连接	单独	24	压力不平衡	可选择，参见修理手册
05	电路板的温度过高	单独	27	电动机温度过高	警报
06	没有区间通讯	单独	30	瞬间没有通讯	警报
		全部	31	泵管路开关故障/高循环速率	警报
		全部	99	没有通讯	警报

（1）温度控制诊断代码

温度控制诊断代码显示在温度显示窗上。这些警报会关闭加热。E99 在恢复通讯后自动清除。代码 E03 至 E06 可通过按下予以清除。对于其他代码，先关断主电源然后再接通主电源即可清除。

（2）电动机控制诊断代码

电动机控制诊断代码 E21 至 E27 显示在压力显示窗上。有两类电动机控制代码：警报和警告。警报比警告优先。

警报会关闭 Reactor。先关断主电源然后再接通主电源，即可清除。

除代码 23 之外，其他警报也可通过按下电动机接通/关闭键进行清除。

发生警告时 Reactor 会继续运行。按下压力键即可清除。在预定的时间内（不同警报的时间不同）或在主电源被关断然后再接通之前，警告不会重复发出。

10. 维护及冲洗

（1）维护

每天检查液压管路和流体管路有无泄漏。清除所有液压漏出物，确定并排除泄漏的原因。

每天检查流体入口过滤器的滤网。

每周用 Fusion 润滑脂润滑循环阀。

每天检查 ISO 泵的润滑油情况和液位，根据需要重新注满或更换。

每周检查液压流体的液位，检查油尺上液压流体的液位。流体液位必须位于油尺的凹刻标记之间。根据需要重新注入认可的液压流体。如果流体的颜色很深，则更换流体和过滤器。

在运行头 250h 后或在 3 个月内，应更换新设备内的磨合油。有关推荐的换油频率，参见表 3-25。

表 3-25　换油频率

环 境 温 度	建 议 频 率
0 – 90 ℉（－17～32℃）	12 个月或每使用 1000h（取最先时间）
90 ℉及以上（32℃及以上）	6 个月或每使用 500h（取最先时间）

要防止将甲组分暴露在大气的水分中，以避免发生结晶。定期清洗喷枪混合室各口。定期清洗喷枪止回阀滤网。用压缩空气来防止灰尘在控制板、风扇、电动机（护罩下面）及液压油冷却器上聚积。保持电柜底部的通风孔通畅。

（2）流体入口过滤器滤网

入口过滤器将可能堵塞泵入口止回阀的颗粒物滤掉。作为启动程序的一部分，每天要检查滤网，并根据需要进行清洗。

使用洁净的化学品并遵循正确的存放、运输和操作步骤，以最大限度地减少 A 侧滤网的污染。在日常启动过程中仅清洗 A 侧滤网。这样可在开始分配操作时立即冲洗掉任何残留的异氰酸酯，将湿气污染减至最低程度。

关闭泵入口的流体入口阀，并使相应的进料泵停机。这样可以防止在清洗滤网时发生泵送涂料的情况。在过滤器歧管下面放一个承接流体的容器。取下过滤器的插塞。从过滤器歧管取下滤网。用适当的溶剂彻底清洗滤网，将其甩干，检查滤网。如果多于 25% 的网眼被堵塞，则需更换滤网。检查垫圈，根据需要进行更换。确保管塞拧入过滤器的插塞内。将过滤器插塞与滤网和垫圈安装到位并拧紧。不要拧得太紧。让垫圈起到密封的作用。打开流体入口阀，确保没有泄漏，将设备擦干净。

（3）泵润滑系统

每天检查 ISO 泵润滑油的情况。如果变成凝胶状、颜色变深或被异氰酸酯稀释，则更换润滑油。

凝胶的形成是由于泵润滑油吸收了湿气所致。多长时间进行更换取决于设备工作的环境。泵润滑系统可使暴露在湿气中的可能性减至最小，但仍有可能受到一些污染。

润滑油变色是由于在运行时有少量异氰酸酯通过泵密封件不断渗出。如果密封件工作正常，因变色而更换润滑油不必过于频繁，每 3 或 4 周更换一次即可。

更换泵润滑油：①释放压力；将润滑油储液器从托架中升起，并从帽上卸下储液器；②将帽放在适当的容器内，卸下止回阀，排出润滑油。将止回阀重新装到入口软管上；③排空储液器，用干净的润滑油进行清洗；④当储液器清洗干净时，注入新鲜的润滑油；⑤将储液器拧在帽组件上，并将其放入托架中；⑥将较大直径的供液管推入储液器内约 1/3 行程的距离；⑦将较小直径的回液管推入储液器直至底部；⑧润滑系统已准备好进行工作。不需要填料。

如前所述，回液管必须到达储液器的底部，确保异氰酸酯晶体沉在底部，不被虹吸入供液管及返回到泵。

（4）冲洗

仅在通风良好的地方冲洗设备。不要喷涂易燃的流体。用易燃的溶剂进行冲洗时，不要接通加热器电源。

在通入新的流体之前，用新的流体冲出旧的流体，或者用适当的溶剂冲出旧的流体。冲洗时应使用尽可能低的压力。所有的流体部件均可用常用的溶剂。只能使用不含水分的溶剂。

要想将进料软管、泵及加热器与加热管分开冲洗，可将泄压/

喷涂阀置于泄压/循环位置通过放气管路进行冲洗。

要冲洗整个系统，通过喷枪的流体歧管进行循环（将歧管从喷枪上取下）。为了防止异氰酸酯受潮，要始终保持系统干燥或注入不含水分的增塑剂或油。不要用水。

11. 注意事项

使用人员要详细阅读使用规范，并对设备的各个部件熟知牢记；建议在喷涂前做好安全防护工作。

喷涂过程中对设备的工作压力和温度数据进行详细记录，设备的运行压力和温度不宜过高，建议使用推荐压力和温度。设备内部是高压空间，不经过相关负责人允许，严禁自行打开设备进行维护和检修。

注意用电安全，电源要良好接地。

喷涂过程中避免立体交叉作业，以免误喷到人。喷涂中设备在暂停使用时喷枪要放在停止状态，关好喷枪保险，打开喷枪侧面气量调节阀，喷口不要对着人或人行走的路线。

对设备的液压油和泵润滑液要定期检查，必要时要进行填充和更换。每次工作完成后要对设备的入口处过滤网进行仔细清洗，避免杂质堵塞。

移动设备时要小心，推动部位不能是悬挂式部件，要推设备的钢制框架部位。

设备现场要注意防水和防晒。原料桶原料未用完，在下次使用间隔 30min 以上时，尽量将原料桶的桶盖盖好，避免杂质和水分进入到原料桶内，造成不必要的原料浪费；原料未用完要进行重新密封时，也必须要将原料桶盖周围的残液擦拭干净后方可密封。

在进行喷涂、组装以及拆卸的过程中严禁吸烟和明火。

3.3.4 喷涂聚脲涂膜防水层的施工

3.3.4.1 喷涂聚脲施工的基本规定

喷涂聚脲涂膜防水工程施工的基本规定如下：

（1）每一批聚脲防水涂料在喷涂作业进行前 7d，应采用喷涂设备现场制样，并按相关规定检测喷涂聚脲防水涂料的拉伸强度和断裂伸长率，提交涂料现场施工质量检测报告；

（2）在喷涂作业前进行的基层处理可能会产生大量的灰尘，而在喷涂作业进行中大量的雾化物料很容易四处飞散，造成环境污染，尤其是聚脲涂层的粘结强度很高，大量的雾化物料玷污物是很难清除的，故在施工前应对作业面以外易受施工飞散物料污染的部位采取必要的遮挡措施；

（3）喷涂施工作业现场若在室内或为封闭空间，应保持空气的流通；在进行喷涂作业之前，应确认基层、聚脲防水涂料、喷涂设备、现场环境条件、操作人员等均应符合相关工程技术规程的规定和设计要求后，方可进行喷涂施工作业。喷涂作业前的检查通常应包括对基层及细部构造的处理、材料的质量、设备运行状况、环境条件、人员培训等方面的检查，这对于保证施工质量是至关重要的；

（4）每一种底涂料都具有各自特定的陈化时间，在陈化时间内，其能与后续涂层通过化学键力实现良好的粘结；反之，超出其陈化时间，底涂层的表面反应活性则降低，故在底涂层验收合格后，应在喷涂聚脲防水涂料生产厂家规定的间隔时间内进行喷涂作业，若超出了规定的间隔时间，则应重新涂刷底涂层；

（5）聚脲防水涂层若存在漏涂、针孔、鼓泡、剥落及损伤等病态缺陷时，应及时进行修补。喷涂作业完工后，不能直接在涂层上凿孔打洞或重物撞击。严禁直接在聚脲涂层表面进行明火烘烤、热熔沥青材料等的施工，以免破坏涂层的防水效果；

（6）喷涂聚脲防水工程的施工包括基层表面处理和聚脲涂料的喷涂作业两个基本工序，在现场施工时必须按工序、层次进行检查验收，不能待全部完工后才进行一次性的检查验收。施工现场应在操作人员自检的基础上，进行工序间的交接检查和专职质量人员的检查，检查结果应有完整的记录。若发现上道工序质量不合格，必须进行返工或修补，直至合格方可进行下道工序的施工，并应采取成品保护措施。

3.3.4.2 材料要求

喷涂聚脲防水涂层采用的材料有喷涂聚脲防水涂料、底涂料、涂层修补材料、层间处理剂、隔离材料以及密封胶、堵缝料、面漆、防滑材料（石英砂、橡胶粒子等）、防污胶带、加强层材料（如卷材、涂料、玻璃纤维布、化纤无纺布、聚酯无纺布）等。材料进场检验是杜绝在施工中使用不合格材料的重要手段。喷涂聚脲防水涂层用到的主要材料有喷涂聚脲防水涂料、底涂料、涂层修补材料和层间处理剂等。

1. 喷涂聚脲防水涂料

喷涂聚脲防水涂料应符合现行国家标准 GB/T 23446—2009《喷涂聚脲防水涂料》所提出的技术要求。

喷涂聚脲防水涂料的进场检验项目和性能应符合表 3-26 的规定。

表 3-26　喷涂聚脲防水涂料的性能

项　目	性能要求		试验方法
	Ⅰ型	Ⅱ型	
固含量/%	≥96	≥98	GB/T 23446
表干时间/s	≤120		
拉伸强度/MPa	≥10	≥16	
断裂伸长率/%	≥300	≥450	
粘结强度/MPa	≥2.5		
撕裂强度/（N/mm）	≥40	≥50	
低温弯折性/℃	≤−35，无破坏	≤−40，无破坏	
硬度（邵A）	≥70	≥80	
不透水性（0.4MPa×2h）	不透水	不透水	

目测喷涂聚脲防水涂料的外观状态应为均匀的无凝胶、无杂质的可流动的液体，如果发现涂料产品有结块、凝胶或黏度增大现象，应严禁使用。由于乙组分有颜料以及助剂，静置时间过长后易出现沉淀，因此在喷涂施工前，应对乙组分进行充分搅拌，直到颜色均匀一致、无浮色、无发花、无沉淀为止。

2. 底涂料

现场浇筑的混凝土表面即使经过物理方法处理，仍可能存在着微细的裂纹、孔洞等缺陷和水分，为了保证聚脲涂层与基层之间的粘结强度，同时起到封闭基层、阻隔潮气的目的，在进行聚脲防水涂料喷涂前，应先在基层表面涂布底涂料（基层处理剂）。

底涂料的进场检验项目和性能应符合表 3-27 的规定。

表 3-27　底涂料的性能

项　　　目	性能要求	试验方法
表干时间/h	≤6	GB/T23446
粘结强度 */MPa	≥2.5	

   *：此处粘结强度是指将底涂料涂刷的基层表面、干燥并喷涂聚脲防水涂料后，测得的涂层粘结强度。

由于此类底涂料目前尚无标准可参考，故表 3-27 从工程应用角度出发，提出了表干时间和粘结强度两项技术要求。

3. 涂层修补材料

涂层修补材料是指用于手工修补聚脲防水涂层质量缺陷或在细部构造处设置附加层的一类辅助材料。涂层修补材料与混凝土基层及聚脲防水涂层应有良好的相容性，其物理力学性能应接近于喷涂聚脲防水涂料。

涂层修补材料的进场检验项目和性能应符合表 3-28 的要求。

表 3-28　涂层修补材料的性能

项　　　目	性能要求	试验方法
表干时间/h	≤2	
拉伸强度/MPa	≥10	GB/T 16777
断裂伸长率/%	≥300	
粘结强度/MPa	≥2.0	

4. 层间处理剂

层间处理剂是指涂覆在已固化的聚脲涂层表面，用于增加两次喷涂聚脲涂层之间粘结强度的一类材料。层间处理剂的进场检验项目和性能应符合表 3-29 的要求。

表 3-29　层间处理剂的性能

项　　目	性能要求	试验方法
表干时间/h	≤2	GB/T 16777
粘结强度 */MPa	≥2.5 且涂层无分层	

*： 此处粘结强度指将已喷涂聚脲涂层的样块在现行国家标准 GB/T 23446《喷涂聚脲防水涂料》规定的条件下养护 7d 后，再在涂层表面涂刷层间处理剂并干燥后，立即再次喷涂聚脲防水涂料，并按规定条件养护后测得的涂层的粘结强度。

5. 材料进场抽验和复验的规定

喷涂聚脲防水涂料、底涂料、涂层修补材料及层间处理剂的进场抽检和复验应符合下列规定：

（1）同一类型的喷涂聚脲防水涂料每 15t 为一批，不足 15t 的按一批计；同一规格、品种的底涂料、涂层修补材料及层间处理剂，每 1t 为一批，不足 1t 者按一批进行抽样；

（2）每一批产品的抽样应符合现行国家标准 GB/T 3186《色漆、清漆和色漆与清漆用原材料——取样》的规定。喷涂聚脲防水涂料按配比总共抽取 40kg 样品，底涂料、涂层修补材料及层间处理剂等配套材料按配比总共取 2kg 样品。应将抽取的样品分为二组，并放入不与材料发生反应的干燥密闭容器中，密封贮存；

（3）材料的物理性能检验结果全部达到本规程第 4.0.2 条的规定为合格。若其中有一项指标达不到要求，允许在受检样品中加倍取样进行复检。复检结果合格判定该批产品合格，否则，则判定该批产品为不合格；

（4）喷涂聚脲防水涂料、底涂料、涂层修补材料及层间处理剂的标志、包装、运输和贮存应符合下列规定：

① 包装容器必须密封，容器表面应标明材料名称、生产厂名、质量、生产日期和产品有效期，并分类存放。

② 产品运输和存放温度宜为 10 ~ 40℃，存放环境应干燥、通风，避免日晒，并远离火源。

3.3.4.3 喷涂设备的要求

喷涂设备包括专用的主机与喷枪，以及空压机等其他工具。喷涂聚脲防水涂料喷涂作业宜采用具有双组分枪头喷射系统的喷涂设备，喷涂设备应具备物料输送、计量、混合、喷射和清洁功能。当前喷涂聚脲常用的喷涂作业设备主要是采用双组分、高温高压、无气撞击内混合、机械自清洗的喷涂设备。喷涂设备的工作流程如图3-101所示。

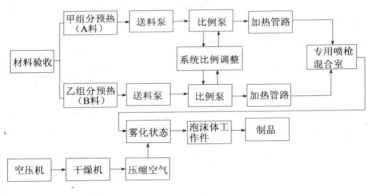

图 3-101　喷涂设备工作流程

喷涂设备的配套装置如料桶加热器、搅拌器、空气干燥机等对保证喷涂作业顺利进行尤为重要。给喷涂设备主机供料的温度不应低于15℃，否则，物料的黏度较高，送料泵的工作会受到影响，可能导致计量不准确，影响涂层的质量。若环境温度较低，则应配置料桶加热器；乙组分料桶（B料桶）应配置搅拌器，由于乙组分除了含有端氨基和其他组分外，还含有填料等密度较高的物质，长期静置后极易出现物料分层，尤其是密度较高的物料易沉淀至料桶底部，若乙组分不加以搅拌，很容易导致物料计量出现偏差；水分极易和甲组分物料中的异氰酸酯类物质发生化学反应，导致物料黏度增高，反应活性降低，为减少和阻止这一副反应的发生，应配置可向甲组分料桶（A料桶）和喷枪提供干燥空气的空气干燥机。

喷涂施工现场的温度、湿度、风速等条件会随时发生变化，故要求喷涂设备应由专业技术人员进行管理和操作，在进行喷涂作业时，应根据聚脲涂料的特性及施工方案和现场条件及时调整喷涂设备的工艺参数，以确保涂层的质量。聚脲喷涂设备的主要工艺参数是工艺压力（设备的动压力）和工艺温度。聚脲类防水涂料的工艺压力为 2000psi（14.0MPa）～2800psi（19.5MPa），工艺温度为 65～75℃，可实现充分的混合和雾化，获得优质的涂层。

施工时可将主机所配置的两支送料泵分别插入甲组分和乙组分原料桶中，借助主机产生的高压将物料推入喷枪混合室内进行混合，雾化后喷出，在到达基层的同时，涂料几乎已接近凝胶，10～30s 后涂层完全固化，若要达到要求的厚度则只需反复喷涂即可。对专用设备的基本要求是具有平稳的物料输送系统、精确的物料计量系统、均匀的物料混合系统、良好的物料雾化系统以及方便的设备清洗系统。

3.3.4.4　喷涂施工

喷涂聚脲防水涂料的施工可概括为基层的处理和聚脲涂料的喷涂两个方面。

1. 基层处理

（1）基层表面处理的基本内容

基层表面处理的基本内容大体可包括基层的打磨、除尘和修补、基层的干燥、基层的防污、嵌缝料和密封胶及增强层的施工、基层处理剂的涂刷等。

① 基层的打磨、除尘和修补

基层的表面不得有浮浆、孔洞、裂缝、灰尘和油污，否则则应采用打磨、除尘和修补等方法进行基层处理。

清洗和打磨基层表面的目的是彻底去除基层表面的浮浆、起皮、疏松、杂质等结合薄弱的物质，并将孔洞、裂缝等基层所存在的缺陷彻底地暴露出来，并使基层获得合适的粗糙度以增强喷涂聚脲涂层与基层的粘结强度。常见的表面处理工艺有机械打磨、抛丸、喷砂等。创造涂膜所需要的表面粗糙度，可使涂膜有着良好的附着基础。喷涂聚脲防水涂层附着在物体表面主要是依靠涂料中的极性分子与基层表面分子之间相互的作用力，例如金属基层在经过喷砂工艺处理后，表面粗糙，随着粗糙度的增大，表面积也显著地增加，单位面积上的涂层与金属基材表面的引力也就会成倍地增大，同时还为涂层的附着提供了极其合适的表面形状，增加了齿合的作用，这对于涂层而言，是十分有利的。对于不能采用喷砂工艺处理的部位，可采用手工打磨工艺进行打磨。由于当前基层粗糙度的现场检测方法其应用范围有限（立面和曲面检测困难），故在实际工程中可对照国际混凝土修补协会推荐的标准板（CSP 板）定性确定处理后的基层粗糙度，一般打磨后的基层粗糙度要求在 SP_3 ~ SP_5 之间较为适宜（参见图 3-105）。细部构造部位的基层处理则应按设计要求进行。

经表面处理后的基层，若暴露出来凹陷孔洞和裂缝等缺陷，则应选用强度较高的聚合物水泥砂浆（通常采用环氧树脂砂浆）等嵌缝材料进行填平修复，待嵌缝材料固化后，再进行打磨平整，直至合格。

② 基层的干燥

基层含水率越低，干燥程度越高，对于喷涂聚脲防水涂料而言，则越有利于减少涂层的缺陷，提高防水涂层与基层的粘结强度。

混凝土含水率现场快速定量检测的技术手段尚有待改进。美国防腐工程师协会（NACE）发布的《混凝土表面处理规范》（NACE NO. 6）中规定，按 ASTM E1907 所示的电导率检测方法对混凝土含水率进行检测，结果小于 5% 为合格。我国行业标准 JGJ/T ××××《喷涂聚脲防水技术规程》（报批稿）参照国家现行标准 GB 50207—2002《屋面工程质量验收规范》第 4.3.4 条所示的干燥程度的简易检验方法来检测基层的干燥度，即将面积 $1m^2$ 的塑料薄膜铺在待测基层的表面，四周采用胶带密封，待 3~4h 后再掀开薄膜，观察薄膜及待测基层的表面，若有水珠或基层颜色加深，则含水率较高；反之，则含水率较低并视为合格。据称，该方法检测合格时对应基层含水率一般小于 9%。但即使按照上述方法检测合格，是否已符合喷涂聚脲涂料产品的具体施工要求，需视现场情况并结合涂料产品的特性及施工环境状况而定，在一般情况下，可结合便携式基层含水率检测仪的检测结果，综合进行判定。

基层干燥度检测合格后，方可涂刷底涂料，在实际工程中，技术主管应根据现场环境温度及基层干燥程度等条件，结合工程实际经验，选择涂布相应的底涂料，这对于提高涂层的质量，增强粘结强度尤为重要。

③ 基层的防污染

在底涂料涂布完毕并干燥之后，在正式进行喷涂作业前，应采取相应的措施，防止灰尘、溶剂、杂物等对基层的污染。

④ 嵌缝料、密封胶和增强层的施工

嵌缝材料用于基层表面孔洞嵌填，嵌填孔洞必须将其堵实，否则喷涂聚脲防水涂层在固化过程中所释放的热量会使孔洞中的空气出现膨胀，造成涂层鼓泡。

密封胶的施工应按施工图纸的要求进行密封施工，在对根、孔、座、角等细部构造部位进行密封处理时，密封胶的剖面应是一个直角边为 5mm 的直角三角形。其他部位进行密封处理时，则可按图纸要求进行即可。

应按图纸要求进行增强层的施工，在需要进行增强层施工的基层表面，应用增强层专用涂料粘贴增强卷材，其边缘应向外扩展 50～60mm，厚度大约为 1mm。

⑤ 涂敷底涂料

底涂料的作用是保证喷涂聚脲防水涂膜和基层的附着力并封闭混凝土中的水分和空气。底涂料与喷涂聚脲防水涂料之间应具有相容性。底涂料搅拌均匀后必须在 3h 以内用完。底涂料的涂敷可采用刷涂、滚涂等工艺，涂刷应均匀，涂刷不能过厚，并确保没有漏涂区，最好控制在 20μm 以下，否则会影响基层与喷涂聚脲涂层之间的附着力。

底涂料在完全干燥后，方可喷涂聚脲防水涂料涂层，若间隔超过48h或底涂料表面被水伤或灰尘污染时，则需先除去污染物，再重新涂刷一层底涂料。

底涂料的干燥时间参见表3-30。

表3-30　底涂料的干燥时间参考表

温度/℃	5～20	20～30
干燥时间/h	4～8	3～6

（2）混凝土基层的处理

混凝土基层、砂浆基层应待水分充分挥发后才能进行施工，否则，这些水分在受热后会挥发，导致聚脲防水涂层出现鼓泡。

混凝土基层和砂浆基层应进行打磨、除尘及修补，经处理后的基层表面不得有孔洞、裂缝、灰尘杂质并保持干燥，严禁在有明水存在的基层表面进行基层处理施工。收头部位应按图纸的设计要求进行处理。

清洗和打磨混凝土基层和砂浆基层表面常见的方法如下：

① 基层表面的尘土和杂物用清洁、干燥无油的压缩空气或真空除尘工艺进行清除；

② 基层表面的油污、沥青等杂物可采用溶剂、洗涤剂或酸去除，然后用清水冲洗干净，使其干燥；

③ 可用角磨机、喷砂、高压水枪或抛丸来清除基层表面的浮浆、起皮及酥松。采用高压水清除时，应待水分完全挥发后方可进行施工；

④ 应打磨去掉基层表面的酥松及被腐蚀介质侵蚀的部分，再用细石混凝土或聚合物水泥砂浆抹平，养护硬化后方可施工。

基层表面的凹陷、洞穴和裂缝可采用嵌缝材料（通常为环氧树脂腻子）填平，待嵌缝材料固化后，再进行打磨平整。满足喷涂聚脲防水工程需要的混凝土（砂浆）基层的含水率不应大于7%。当现场检测含水率小于7%时，基层表面应涂刷应用于干燥基层的基层处理剂；若基层含水率大于7%，在确保基层没有渗漏明水的前提下，涂刷适用于潮湿基层的基层处理剂，否则，应首先采取措施治理渗漏明水，在确定基层不再发生渗漏时，方可涂刷基层处理剂。

在喷涂聚脲防水涂层施工前，还应将管道、设备、基座、预埋件等安装牢固并做好密封处理。

（3）金属基材的处理

金属基材以钢基材为例，其处理包括除污、除锈、清洁除尘、涂刷金属底漆（可选）等内容。

① 除去钢质基材表面存在的油污，以增强聚脲涂层的附着力；

② 使用喷砂、抛丸或者手动工具进行除锈，达到 Sa2.5，钢基层表面应无可见的油脂和污垢、氧化皮、铁锈以及涂层等附着物。任何残留的痕迹仅是点状或条纹状的轻微色斑。钢基层表面应具有一定的粗糙度，基层表面的焊缝、凿坑伤疤等应采取打磨和填充的方法，使整个基层平滑过渡，锐边锐角打磨 $R \geqslant 5mm$ 的圆弧；

③ 使用清洁空气或抹布清洁基层表面，避免灰尘存在于表面而影响附着力；

④ 金属底漆（基层处理剂）要涂刷均匀，无漏涂、无堆积。金属基层一般不需要采用底漆，如果喷涂聚脲防水涂料用作衬里，则需要涂刷底漆。底漆的主要作用是提高喷漆聚脲防水涂层和基材的附着力，并具有一定的封闭作用。底漆应按喷涂聚脲防水涂料生产厂家推荐的产品，采用喷涂、刷涂或辊涂工艺进行涂敷，金属基层的底漆亦可选用环氧底漆，并在涂刷金属底漆后方可进行聚脲防水涂料的喷涂施工。

（4）橡胶塑料、玻璃、木材的基层处理

橡胶、塑料、玻璃、木材基层表面应无油污，为了增强喷涂聚脲涂层与橡胶、塑料、玻璃及木材等基层的粘结力，应根据基层的特性选择对应的基层处理剂。基层处理剂要涂刷均匀、无漏涂、无堆积，在涂刷基层处理剂后方可进行喷涂施工。

2. 聚脲防水涂料的喷涂施工

聚脲涂料防水涂层施工的工艺流程如图 3-102 所示。

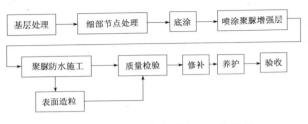

图 3-102　聚脲防水涂层施工工艺流程

（1）施工前的准备

在喷涂施工前应检查经处理后的基层状况，在确认达到施工要求后方可进行施工。

聚脲防水层的喷涂施工由于受天气条件影响较大，若操作不慎则会引起材料飞散，导致环境污染，且聚脲涂层的粘结强度很高，飞散出去的玷污物很难清除，故在喷涂施工时应对作业面之外易受飞散物污染的部位采取遮挡的措施。

聚脲防水层宜在基层处理剂涂布完毕并表干后立即实施喷涂作业，基层处理剂表干与开始喷涂作业的时间之间的间隔若超过生产厂商的规定时间，则应重新涂刷基层处理剂。

设置有增强层的部位，宜在增强层施工 12h 内进行聚脲防水层的喷涂施工；若超过 12h，则应打磨增强层，刷涂或喷涂一层层间处理剂，20min 后再进行聚脲防水层的喷涂施工。

喷涂施工不宜在风速过大时进行。风速过大不易操作，物料四处飞扬则难以形成均匀的涂膜。现场施工操作人员应作好劳动安全防护。

（2）聚脲涂层的施工

聚脲防水涂层的施工要点如下：

① 喷涂前应先将喷涂机的管道加热器打开，待达到设定的温度后，设定其他各项参数，开始进行喷涂施工。

应注意，严禁混清甲（A 料桶）、乙（B 料桶）组分的进料系统，否则将会导致喷涂设备管道阻塞且难以修复，一般设备都采用两种不同颜色进行明显标识，现场喷涂作业前应仔细查看。

② 在喷涂施工前应检查甲组分和乙组分物料是否正常，乙组分（B 料桶）中一般均含有颜填料，密度较高，长期静置容易出现分层，因此在喷涂作业前应用专用的搅拌器充分搅拌 20min 以上。

③ 严禁在施工现场随意向甲、乙组分物料中添加任何物质，以图调整物料黏度等，否则有可能造成材料配比不准，导致涂层质量的劣化。

④ 考虑到喷涂聚脲作业受现场条件和操作人员等诸多因素的影响很大，为确保工程质量，每个工作日在正式喷涂作业前，应在施工现场先喷涂一块 500mm×500mm，厚度不小于 1.5mm 的样片，且由施工技术管理人员进行外观质量评价并留样备查。当涂层外观质量达到要求之后，固定工艺参数，方可进行正式喷涂作业。

⑤ 施工现场应保持良好的通风环境，以利于涂层完全干燥，防止不良气体聚集。

⑥ 喷涂作业须选用熟练的枪手，经技术培训，考试合格后持证上岗。

⑦ 喷涂作业时，施工人员应手持喷枪进行喷涂施工，喷枪宜垂直于待喷的基层，距离宜适中，移动喷枪时的速度要均匀。

⑧ 喷涂施工时其顺序为先难后易（先细部后整体）、先上后下、先边后中（先边角后中间）。喷涂施工宜连续作业，一次多遍，纵横交叉，直至达到设计要求的厚度，两次喷涂作业面之间的接槎宽度不应小于 150mm。喷涂施工时，要随时检查工作压力、温度等参数以及涂层状况，若出现异常情况，应立即停止作业，经检查并排除故障后方可继续作业。

⑨ 应按设计要求先做好工程细部构造处理后，方可进行大面积的喷涂。如对于边角等细部部位，应预先喷涂增强层，其涂层厚度约 0.5mm，宽度约 300mm，然后进行大面积喷涂。

⑩ 喷涂要保证厚度大致均匀，施工时下一道涂层要覆盖上一道涂层的 50%，俗称其为"压枪"。多遍喷涂时，两遍之间要左右、上下交叉喷涂，这样方可保证涂层均匀，在施工过程中应随时

检查涂层的厚度。

⑪ 在平面施工时，应注意喷枪的喷涂方向和"压枪"，及时清除掉在喷涂过程中附着在基层表面的飞溅残渣。在每一道涂层喷涂施工结束时，应及时进行质量检查，找出所存在的缺陷并及时处理。如涂层中存在针孔和大的缺陷，则应采取涂层修补材料进行修补；如涂层表面应存在杂质而造成凸起，应采用刀片割除后再进行修补（打磨待修补表面并向外扩展150mm，并用涂层修补材料进行修补，要求修补部分能平滑过渡到周围的涂层）。垂直面和顶板面的施工除了应符合上述平面施工的要求外，还应注意每道涂层不宜太厚，此可通过喷枪、混合室、喷嘴的不同组合或通过喷枪的移动速度来达到。在喷涂侧墙时，在水平施工缝左右100mm处，其涂层厚度宜作增加，以确保水平施工缝处的防水效果。对于顶板变形缝的处理；可先将缝内填料部分凿除，形成20mm×10mm的缝隙，清除缝隙内杂物，涂刷底涂料，然后再喷涂聚脲弹性体，使其深入变形缝内10mm以上，待聚脲弹性体固化之后，在缝底粘贴聚乙烯薄膜，用聚氨酯密封胶施工，密封胶应与侧墙外贴式止水带粘结良好，形成环向封闭，待密封胶固化后，骑缝粘贴50mm宽聚乙烯薄膜，将变形缝两侧各250mm宽的聚脲涂层打毛，再喷涂1.2mm厚、500mm宽的聚脲增强层。

⑫ 两次喷涂时间的间隔若超出规定的复涂时间时，在再次进行喷涂作业前，应在前一次涂层的表面涂刷一层层间处理剂。

⑬ 在进行喷涂时可通过合理调节喷枪的喷射角度、枪与基层表面的距离，则可得到涂层不同的表面状况，如以提高涂层表面美观性为目的的涂层表面十分光滑的"镜面"，或以起到防滑、增加附着力和消光效果为目的的涂层表面具有均匀颗粒的，称之为"人为造粒"的"麻面"。采用"人为造粒"工艺，其造粒时要注意风向和压力，施工者在上风口，风力以3级以下为宜。

⑭ 防滑要求较高之处，可在未干的涂层表面造粒，表面造粒的方法除了"人为造粒"外，还可采用手工铺撒防滑粒子。对于高

速公路桥面，在聚脲喷涂时，可同时撒细砂，以增加聚脲层和沥青混凝土路面的剪切强度和粘结强度。

⑮ 每个作业班次应做好现场施工工艺记录，其内容包括：

a. 工程项目名称、施工时间和地点；

b. 甲、乙组分包装打开时的状态；

c. 环境温度、湿度、露点；

d. 喷涂作业时甲组分（A 桶）、乙组分（B 桶）的主加热器和软管加热器的温度，甲、乙两组分料的静压力和动压力，空气压缩机的压力；

e. 材料及施工的异常状况；

f. 施工完成的面积；

g. 各种材料的用量。

⑯ 涂敷作业结束后，若桶内尚有余料，且下次涂敷时间超过24h 时，应向料桶内充入氮气或干燥空气并密封，对其进行保护。

⑰ 喷涂作业完毕后，应按使用说明书的要求检查和清理机械设备。

a. 喷涂设备连续操作中的短暂停顿（1h 以内）不需要清洗喷枪；较长时间的停顿（如每日下班等），则需要用清洗罐或喷壶等洗枪，必要时应将混合室、喷嘴、枪滤网等拆下，进行彻底清洗；

b. 喷涂设备短时间停用，只需将喷枪彻底清洗，将设备和管道带压密封即可；设备停用 1 个月以上者，或环境特别潮湿之处停用半个月以上时，应采用 DOP 和喷枪清洗剂对设备进行彻底清洗，然后灌入 DOP 进行密封。

⑱ 喷涂施工结束并经检验合格后，对需耐紫外线老化的场合，应按设计要求施做防紫外线面漆保护层，面漆施工应在涂层喷涂后12h 内进行；若超过 12h，则应打毛涂层，刷涂或喷涂一道层间处理剂，30min 后方可再施工面漆。

（3）涂层的修补

对涂层出现的漏涂、鼓泡、针孔、损伤等缺陷应进行修补。涂层修补前，应先彻底清除损伤及粘结不牢的涂层，并将缺陷部位边缘 100mm 范围内的基层及涂层用砂轮、砂布等打毛并清理干净，然后分别涂刷底涂料（基层处理剂）和层间处理剂，再使用涂层修补材料或喷涂聚脲防水涂料进行修补。修补面积若小于 $250cm^2$（$16cm \times 16cm$），可采用涂层修补材料进行手工修补；修补面积若大于 $250cm^2$，宜采用与原涂层相同的喷涂聚脲防水涂料进行二次喷涂工艺进行修补。针孔应逐个用涂层修补材料进行修补。经检测厚度不足设计要求的涂层应进行二次喷涂，二次喷涂应采用与原涂层相同的喷涂聚脲防水涂料，并在规定的复涂时间内完成。

经修补处的涂层厚度亦不应小于已有涂层的厚度，且表面质量应符合设计要求和相关施工技术规范的规定。

涂层重新喷涂的时间间隔若超过厂家规定的复涂时间，为防止重新喷涂的涂层与原聚脲涂层粘结不牢而在界面上产生分层现象，应在已有的喷涂聚脲防水涂层表面涂刷层间处理剂。

3. 施工安全和环境保护

基层表面处理作业应符合 GB 7692—2012《涂装作业安全规程 涂装前处理工艺安全及其通风净化》的要求；在基层处理和喷涂作业中，各种设备产生的噪声应符合 GB/J 50087—2013《工业企业噪声控制设计规范》的有关规定；基层处理和喷涂作业中，空气中的粉尘含量及有害物质浓度应符合 GB 6514—2008《涂装作业安全规程 涂漆工艺安全及其通风净化》的规定。

基层处理和喷涂作业区的电器设备应符合国家有关爆炸危险场所电器设备的安全规定，电器设备应整体防爆，操作部分应设触电保护器；基层处理和喷涂作业中，所有机械设备的运转部位均应有防护罩等保护设施；施工现场应配备干粉或液体二氧化碳灭火器；在室内或封闭空间作业时，应保持空气流通。

喷涂作业的施工人员应配备工作服、防护面具、护目镜、乳胶手套、安全鞋、急救箱等劳动保护用品。原料若溅入眼中，应立即用清水清洗，并送医院检查。

现场施工所形成的固体废弃物、剩余溶剂等应按规定回收处理，严禁在现场随意丢弃、倾倒、排放固体废弃物和环境有害物质。

3.3.5　客运专线铁路桥梁混凝土桥面喷涂聚脲防水层的施工

水渗入桥梁混凝土内部是导致混凝土桥梁出现混凝土表层剥落、钢筋锈蚀等常见病害的重要原因之一，因此，在混凝土桥面设置防水层已成为必然。

对于可在防水层上设置混凝土保护层的铁路桥梁桥面而言，有多种防水材料可供选用，但在一些客运专线铁路桥梁工程上，由于新方案轨道底座板与桥梁顶面需要相对滑动，防水层上不设置混凝土保护层，而且防水层是在预制梁场内架梁之前进行的，即使防水层在已架好的梁上进行施工，底座板及轨道等的安装也要在防水层上进行，因此，所选用的防水层材料不但要具有很好的防水性能，而且应能承受很高的应力，对混凝土的粘结性能强，不会起泡或分层，耐高低温、耐疲劳、耐老化、耐穿刺和耐滑动等性能佳，而且要满足运梁车及设备安装所必需的抗冲击、耐磨损等性能要求。这些都给防水层所选用的材料提出了新的要求。为了确保选材正确、合理可靠，现今客运专线铁路桥梁混凝土桥面多选用喷涂聚脲防水涂料做防水层，因其经受住了承受运梁车通行时碾压的能力、抗凿冲击性和与基层的附着性的检验。

客运专线铁路桥梁混凝土桥面喷涂聚脲防水层是由底涂、喷涂聚脲弹性防水涂料、脂肪族聚氨酯面层所组成。底涂是指涂装在混凝土表面，起到封闭针孔，排除气体，增加聚脲与基层附着力的一种涂层材料；喷涂聚脲防水涂料包括喷涂（纯）聚脲防水涂料和喷涂聚氨酯（脲）防水涂料两大类型；面层涂料是指涂装在聚脲防水涂料涂层表面的，起到耐磨、装饰、防变色、防紫外线老化、防粉化、防止聚脲防水层发生老化，且便于重涂的一种涂层材料。

根据运行速度为 $250 \sim 350 \text{km/h}$ 的客运专线对桥梁结构耐久性的要求，桥上铺设无砟轨道的桥面构造特点以及喷涂聚脲防水层在京津城际铁路的应用经验，针对混凝土桥面防水层的质量要求、施工工艺，并依据相关防水材料最新颁布的国家标准和该领域内的最新科研成果，现已制定了《客运专线铁路桥梁混凝土桥面喷涂聚脲防水层暂行技术条件》。

3.3.5.1 铁路混凝土桥面防水层的一般规定

（纯）聚脲材料对环境的适应性很强，可适用于相对复杂的气候和环境条件下的施工；喷涂聚氨酯（脲）防水涂料仅适合于干燥、温暖环境中的施工，施工时温度宜在 10 ~ 35℃，相对湿度宜在 75% 以下，若环境条件超出上述范围时，应在施工现场试验并测试后确定。

3.3.5.2 铁路混凝土桥面防水层的材料要求及介绍

1. 喷涂聚脲防水涂料

喷涂聚脲防水涂料的物理化学性能要求见表 3-31。

表 3-31 喷涂聚脲弹性防水涂料性能指标及试验方法

序号	项　　目		技术指标	试验方法
			聚脲弹性防水膜	
1	拉伸强度/MPa		≥16.0	
2	拉伸强度保持率	加热处理/%	80 ~ 150	GB/T 16777
3		碱处理/%		
4		酸处理/%		
5		盐处理/%		
6		机油处理/%		
7		荧光紫外老化/%　1500h		GB/T 18244
8	断裂伸长率	无处理/%	（纯）聚脲≥400　聚氨酯（脲）≥450	GB/T 16777
9		加热处理/%	保持率90%以上	
10		碱处理/%		
11		酸处理/%		
12		盐处理/%		
13		机油处理/%		
14		荧光紫外老化/%　1500h		GB/T 18244

续表

序号	项 目		技术指标	试验方法
			聚脲弹性防水膜	
15	低温弯折性	无处理	≤ -40℃，无裂纹	GB/T 16777
16		加热处理		
17		碱处理		
18		酸处理		
19		盐处理		
20		机油处理		
21	荧光紫外老化，1500h			GB/T 18244
22	耐碱性，饱和 Ca（OH）₂ 溶液，500h		无开裂、无起泡、元剥落	GB/T 9265
23	凝胶时间/s		≤45	见注（1）
24	表干时间/s		≤120	
25	不透水性，0.4MPa，2h		不透水	
26	加热伸缩率/%		≥ -1.0，≤1.0	GB/T 16777
27	固体含量/%		≥98	
28	与基层粘结强度 /MPa	干燥基层	≥2.5	
29		潮湿基层	≥6.0	
30	与基层剥离强度/（N/mm）		≥60.0	GB/T 2790
31	直角撕裂强度/（N/mm）		≥90	GB/T 529
32	硬度（邵 A）		无裂纹、皱纹及剥落现象	GB/T 531
33	耐冲击性，落锤高度100cm		≤0.50	GB/T 1732
34	耐磨性（阿克隆）cm³/1.61km		≤5.0	GB/T 1689
35	吸水率/%		24 小时可承受接地比压 0.6 MPa	GB/T 1462
36	可行驶重载车辆时间			实测

注：（1）在标准条件下，按生产厂家提供的配比称取试样，快速混合均匀，记录从混合到试样不流动的时间；

（2）涂膜厚度采用（1.8±0.2）mm；

（3）盐处理采用30g/L 化学纯 NaCl 溶液；机油处理采用铁路内燃机车用机油；

（4）荧光紫外老化按 GB/T 18244-2000 中第 8 章人工气候加速老化（荧光紫外-冷凝）规定。

喷涂聚脲防水涂料应选取除黑色外的其他颜色，宜使用国标色卡 GSB 05-1426-2001-71-B01 深灰色，施工前应对其双组分进行识别、检测或产地证明审核，确认其符合设计要求。

2. 基层处理底涂

底涂是用于粘结混凝土基层与聚脲防水涂层的，故要求其应有良好的渗透力并能够封闭混凝土基层的水分、气孔以及修正基层表面微小缺陷，同时能够与混凝土基层及聚脲涂层有很好的粘结作用，如需增加找平腻子，其与基层的粘结强度不应小于 3.0MPa。底涂应具备与基层及聚脲涂层的粘结力强、对混凝土基层的渗透力高、封闭性能好、固化时间短、可在 0℃~50℃ 范围内正常固化的性能。

底涂可采用环氧及聚氨酯等材料，一般可分为低温（0~15℃）、常温（15~35℃）以及高温（>35℃）等三种类型，选型时则应根据桥梁防水施工所处地域环境的气候条件确定，并且能够适用于潮湿基层，其性能指标应符合表 3-32 提出的要求。

每平方米底涂的用量不宜低于 0.4kg。

3. 脂肪族聚氨酯面层

聚脲产品（芳香族聚脲和聚氨酯脲）若长期暴露在空气中会发生变色（如变黄）和粉化现象，白色、浅灰色等浅色聚脲产品的变色十分明显，并可影响使用效果，因此芳香族聚脲涂料仅使用在轨道底座板以下等有遮盖的区域，在轨道底座板以外等暴露区域的桥面防水层，不单独使用芳香族聚脲涂料，而应在芳香族聚脲涂膜防水层表面设置（喷涂或辊涂）弹性脂肪族保护面层，如脂肪族聚氨酯面层等。

脂肪族面层宜为亚光、溶剂型涂料，其应与芳香族聚脲防水涂层有良好的附着力，且便于今后重涂和维护；防滑、耐磨、耐黄变、耐老化和耐化学腐蚀性能较佳，且长时间紫外线照射后不粉化、不变色，具有良好的弹性和拉伸性能，其具体的技术性能应符合表 3-33 提出的要求。脂肪族聚氨酯面层应选用除黑色外的其他颜色，宜使用国标色卡 GSB 05-1426-2001-72-B02 中灰色，每道干膜的厚度应不小

50μm，且应涂刷两遍以上，总厚度应大于200μm。

4. 搭接专用粘结剂

防水层进行搭接施工时，若两次施工时间间隔超过6h，则应采用增加聚脲层间粘结力的一种溶剂型聚氨酯类粘合剂，其性能指标应符合表3-34提出的要求。

表3-32　基层处理底涂性能指标及试验方法

序号	项　目		技术指标	试验方法
1	外观质量		均匀粘稠体，无凝胶、结块	目测
2	表干时间/h		≤4	
3	实干时间/h		≤24	GB/T 16777
4	粘结强度/MPa	干燥基层	≥2.5	
		潮湿基层		

注：底涂粘结强度包括底涂与混凝土基层以及底涂与后续施工聚脲涂层两项同时检测。

表3-33　脂肪族聚氨酯面层性能指标及试验方法

序号	项　目		技术指标	试验方法
1	涂层颜色及外观		中灰色，半光，表面色调均匀一致	目测
2	不挥发物含量/%		≥60	GB/T 1725
3	细度/μm		≤50	GB/T 6753.1
4	干燥时间/h	表干	≤4	GB/T 1728
		实干	≤24	BG/T 1728
5	弯曲性能，φ10mm弯折		≤−30℃，无开裂、无剥离	GB/T 6742
6	耐冲击性，落锤高度100cm		漆膜无裂纹、皱纹及剥落等现象	GB/T 1732
7	附着力（拉开法）/MPa		≥4.0	GB/T 5210
8	耐碱性，NaOH50g/L，240h			
9	耐酸性，$H_2SO_4$50g/L，240h		240h，涂层无起泡、起皱、变色、脱落等现象	GB/T 9274
10	耐盐性，NaCl30g/L，240h			
11	耐油性，机油240h			
12	耐水性，　　48h		涂层无起泡、起皱、明显变色、脱落	GB/T 1733

续表

序号	项　目	技术指标	试验方法
13	耐人工气候加速试验	经过1500h，涂层无明显变色和粉化，无起泡、无裂纹	GB/T 14522
14	拉伸强度/MPa	≥4.0	GB/T 16777
15	断裂伸长率/%	≥200	
16	耐磨性（750g/500r）/mg	≤40	GB/T 1768

注：（1）要求所提供的脂肪族聚氨酯面层除了具备以上技术指标外，还要具有良好的施工和复涂性能，与聚脲层以及投入使用后的脂肪族聚氨酯面层表面均具有良好的结合力。

（2）面层试验采用聚脲涂膜为基材，涂膜厚度：（1.8±0.2）mm，面层厚度：200μm。

表3-34　搭接专用粘结剂性能指标及试验方法

序号	项目	技术指标	试验方法
1	外观质量	均匀黏稠体，无凝胶、结块	目测
2	表干时间/h	≤4	BG/T 16777
3	间隔25天聚脲涂层间粘结剥离强度/（N/mm）	≥6.0或涂层破坏	GB/T 2790

5. 部分防水层材料介绍

（1）JT-3混凝土专用腻子

JT-3混凝土专用腻子由长兴嘉通新材料发展工程有限公司研制生产，可用于混凝土基层的处理，干燥速度快、容易刮涂、施工性能好，可在5~50℃自干，固体含量高，涂膜干燥后无体积收缩，与混凝土基层具有良好的粘结性，对基层表面的缺陷具有优良的填补性。

产品外观质量为均匀胶状流体；表干时间为≤4h；粘结强度≥3.0MPa。该产品在使用时，首先把基料搅拌均匀，之后把固化剂在连续搅拌的条件下缓慢地加至基料中，基料与固化剂按5：1进行配料，采用手用电动搅拌机进行搅拌，搅拌均匀后即可施工。

腻子施工可采用刮涂工艺，在孔隙较多之处，腻子在同一方向来回施工一遍后，再在垂直方向施工一遍，可以达到填补孔隙的效果，0.5cm 以上的大缺陷，建议预先用腻子进行修补后，再进行整体刮涂。

（2）JT502 混凝土封闭底漆

JT502 混凝土封闭底漆为环氧改性聚氨酯底漆，由长兴嘉通新材料发展工程有限公司研制生产。该产品体系中的环氧基团和 - OH 基保证了底漆对基层具有优异的封闭性和附着力，体系中的氨酯键能在高聚物分子之间形成氢键，除了能进一步提高与基材的附着力外，最主要的是能使涂膜具有很好的韧性和延展性，从而提高底漆与聚脲涂层的匹配性；产品具有良好的渗透性能，能够封闭基层的水分、气孔以及修正基层表面的微小缺陷；产品施工流动性好，固化速度快，受施工环境温度和湿度的影响小，可以满足野外施工的要求。

产品外观质量为均匀黏稠体，无凝胶和结块；表干时间为 ≤ 4h；粘结强度：潮湿基层为 ≥ 2.5MPa，干燥基层为 ≥ 3.0MPa。

本产品的配制其基料与固化剂配合比为 3∶2（质量比），使用时首先把基料搅拌到光滑均匀后，再把固化剂在连续搅拌的条件下缓慢地加入至基料中，搅拌均匀后，放置 5～10min 即可进行施工。

产品施工可采用辊涂或喷涂工艺，底漆宜施工二道，即在第一道底漆表干后再施工一道底漆，每道底漆施工厚度以来回涂覆一遍为宜（用量为 0.2kg/m^2，干膜厚度控制在约 60μm）。

3.3.5.3　喷涂设备的基本性能

应用于高速铁路聚脲防水层施工的喷涂设备必须具备以下基本性能：

（1）物料输送系统应平稳，供料泵是最常用的物料输送系统，其作用是为主机供应充足的原料。供料泵应具有双向送料功能，且所输出量应能满足主机需求等特点，聚脲双组分涂料一般采用 2∶1 的供料泵；

（2）物料计量系统是喷涂设备的主机，喷涂聚脲防水涂料多采用往复卧式高压喷涂机，其主要由液压或气压驱动系统，甲、乙两个组分的比例泵、控温系统等组成，甲、乙两组分物料经供料泵抽出后进入主机进行计量、控温和加压，物料的计量系统必须精确；

（3）物料混合系统应选用性能优越的物料输送及混合系统，对冲撞击混合设备是聚脲涂料喷涂工艺的核心部分，宜采用最大供给压力达到24kPa，最大温度达到70℃的混合系统；

（4）喷枪宜采用对冲撞击混合型喷枪，可使物料尽快在混合腔内混合、喷出；

（5）为减少每次开关枪时造成的喷嘴内聚脲涂料的堆积和堵枪，宜选用机械自清洁或喷枪，不宜选用空气自清洁式喷枪；

（6）喷涂施工应以机械喷涂为主，人工喷涂为辅，以避免在大面积连续施工作业时，因人工疲劳等干扰因素而造成的防水层厚薄不均匀、施工进度慢等缺点。

3.3.5.4　铁路混凝土桥面的喷涂施工

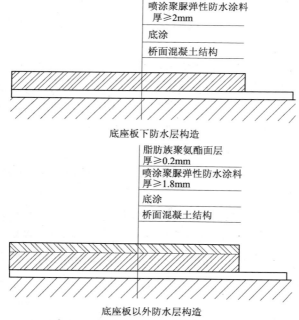

图 3-103　桥面防护墙之间喷涂防水层的构造

客运专线铁路桥梁混凝土桥面防护墙之间的喷涂防水层构造如图 3-103 所示。

喷涂聚脲防水涂料用作客运专线铁路桥面的防水层，其施工工艺主要有基层处理、底涂施工、喷涂聚脲防水层施工、脂肪族聚氨酯面层施工以及各层次的验收，修补等。其工艺流程如图 3-104 所示。

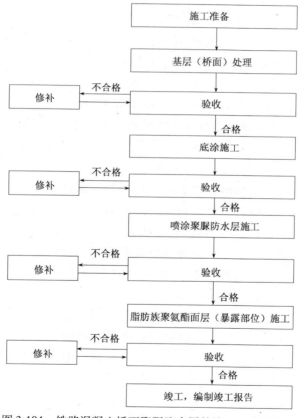

图 3-104　铁路混凝土桥面聚脲防水层的施工工艺流程

1. 桥面混凝土基层的处理

混凝土基层的处理是指对混凝土表面的浮浆、粉尘、油污、杂物等的清洁，基面的平整以及裂纹等缺陷部位的修补。混凝土底材质量和表面处理的程度会直接影响涂层的寿命，当基层表面的浮浆、粉尘、油污、杂物等没有清理干净时，则会导致涂层与基材表面粘结不牢，严重时甚至会导致大面积脱落，基材表面出现的缝隙、空洞等缺陷也会对喷涂聚脲防水涂层造成致命的伤害。当基材表面出现裂缝、空洞等缺陷时，一般可采用灌注砂浆或修补腻子等材料进行修补，若在缺陷存在的情况下进行施工，裂纹、空洞会在应力集中的情况下扩大，导致防水涂膜的扩张，严重时还会将防水涂膜拉断，导致涂膜防水层失去防水的作用。

（1）桥面混凝土基层处理的基本要求

客运专线铁路桥梁混凝土桥面基层处理的基本要求如下：

① 混凝土桥面板的质量应满足《客运专线铁路桥涵工程施工质量验收暂行标准》或设计要求。

② 桥面（包括防护墙根部）应平整、清洁、干燥（含水率不大于7%），不得有空鼓、松动、蜂窝麻面、浮渣、浮土、脱模剂和油污，表面强度应达到规定的要求。

③ 桥面基层平整度应符合设计要求，其粗糙度应符合 CSP 对照版中的 SP3～SP4 的规定，如图 3-105 所示。

④ 基层处理设备应采用具备同步清除浮浆及吸尘功能的设备，例如带有驱动行走系统的自循环回收的抛丸设备来进行桥面混凝土基层处理。桥面、防护墙根部局部混凝土找平处理时，可使用角磨机，不得出现明显凹凸，后期修补时应采用聚合物砂浆进行处理。

（2）基层处理的内容

聚脲材料虽然具有包括高粘结强度在内的许多优异的物理力学性能，但在进行喷涂施工之前，仍应做好基层处理工作，基层处理的内容大体有下列几个方面。

SP3轻度抛丸

SP4中度抛丸

SP5 轻度铣刨

SP6重度抛丸

SP7中度铣刨

图 3-105　粗糙度 CSP 对照板（SP3 ~ SP7）

① 新建的混凝土桥面板必须按照相关规定的要求进行养护；

② 桥面基层在具备基本技术要求的基础上，应采用打磨机、抛丸机进行打磨处理，使基层表面既平整但又有一定的粗糙度。在实际的梁体预制过程中，桥面并非都是很平整的，为了符合设计要求，必须进行机械打磨，《客运专线铁路桥梁混凝土桥面喷涂聚脲防水层暂行技术条件》（送审稿）建议采用抛丸设备进行打磨。

③ 桥面基层表面应无明水，基层的含水率应不大于 50%，基面应彻底清除油脂、灰尘、污物、脱模剂、浮浆和松散的表层，确保基层平整、牢固、无空鼓、无浮尘、无裂纹。桥面基层的清洁处理可采用溶剂去清除油污，采用压缩空气吹扫或采用吸尘器吸取，

必要时采用清水冲洗驱除基层细小的浮灰。

④ 基层的洞眼、凹坑等缺陷必须完全封填或修补，可以使用下列方法和材料进行修补。

a. 采用聚合物改性水泥基材料（如 PM—R—60）

在使用聚合物改性水泥基材料前，混凝土基面需用水润湿到饱和面干状态（即混凝土集料内部饱水而表面干燥时的湿润状态），施工底涂前应用钢丝刷清除掉表层的浮浆。

b. 采用环氧灌注料或环氧砂浆（如 EB—R—71、EB—R—72）

使用时，用细沙混合等量的环氧，涂刮于待修补的基层表面，为提高附着力，在修补完的环氧表面上应撒一薄层细砂，以形成粗糙的表面。

在使用上述任何一种修补工艺时，其混凝土表面必须彻底清除浮浆皮。

（3）抛丸设备及抛丸工艺

不同的基层表面粗糙程度对喷涂聚脲防水的效果影响是很大的，如果表面粗糙程度太小则聚脲防水涂膜与基层的粘结力减弱，反之如果基层表面粗糙程度太大则聚脲防水涂膜表面平整度不好，厚度不均，影响整体抗剪切性能，因此应采用功率在 20kW 以上，处理能力在 $100m^2/h$ 以上（或功效超过聚脲喷涂设备者），可同步进行工业级吸尘处理能力的、带有驱动行走系统的自循环回收式抛丸处理设备来进行桥面混凝土基层处理。与抛丸相比，研磨、刨铣、钢刷等基层处理工艺均存在着不同程度的缺陷，因此《客运专线铁路桥梁混凝土桥面喷涂聚脲防水层暂行技术条件》（送审稿）不建议使用后者。

当单一进行桥面混凝土找平处理，也可以考虑使用金刚石研磨设备，但不建议使用水磨石机等加水施工设备，其原因是水磨石研磨机效率太低；研磨时会造成二次污染，不利于底涂的施工；基层表面的浮尘、污渍会增加清理工序；使用高压水清洗时，费时费工，又可能产生二次污染施工环境。

抛丸是指通过机械的方法把丸料（钢丸或钢砂）以很高的速度和一定的角度抛射到工作面上，让丸料冲击工作面表面，然后在机器内部通过配套的吸尘器的气流清洗作用下，将丸料和清理下来的杂质分别回收，并且使丸料可以再次利用的一类基层处理工艺，抛丸机配有除尘器，提供内部负压以及分离气流，并做到无尘、无污染施工。

使用抛丸处理的混凝土表面具有：表面粗糙均匀，不会破坏原基面结构和平整度；可完全去除浮浆和起砂，形成100%"创面"；露骨但同时不会造成骨料的松动和微裂纹；提前暴露混凝土的缺陷；同时可达到宏观纹理和微观纹理的要求，适合各种防水涂装、铺装工艺；可增强防水材料在基层表面的附着力，并提供一定的渗透效果；一次性施工，不需要清理，没有环境污染。

抛丸施工首先检查基层，清理基层上大的表面遗留物，如螺栓、石块等；然后进行试抛，以确认抛丸工艺数据，如最佳丸料规格（建议 S330 或 S390）、丸料流量即最佳电机负载，抛丸设备的行走速度。在上述工艺参数设定后，按照图 3-106 所示的顺序清理基层，清理完成后应注意保洁，抛丸吸尘器中所收集的杂质和灰尘需集中处理，不得随意倾倒。抛丸清理不到的区域，应使用角度机清理，所应注意的是不得产生打磨沟痕。

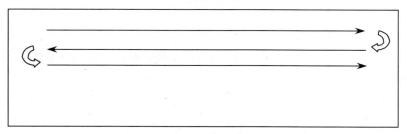

图 3-106　抛丸清理基层的顺序

2. 底涂（基层处理剂）的施工

客运专线铁路桥梁分布范围广，所处环境相差较大，故底涂的类型应根据桥梁结构所处环境的气候条件和混凝土基层的特点进行选择，一般可选用低温（0～15℃），常温（15～35℃）或高温（>35℃）等三种配套底涂之一，并且能够适用于潮湿基层；底涂料根据其基料的不同，可分为环氧和聚氨酯等两种类型，若从粘结强度的角度来考虑，环氧类底涂比较适合工程的应用，一般不宜使用水性类的各种底涂。

每平方米底涂的用量不宜低于 0.4kg，仅为参考用量，在实际施工时应根据基层的具体情况和底涂的类型而确定用量。底涂料应现配现用，并应严格按照产品的使用说明书要求准确称量。

在底涂施工前应先对混凝土基层表面进行处理，使混凝土基层表面保持清洁、干燥，平整度和粗糙度达到设计要求。作为防水、防腐和抗磨的保护性涂层，其工程质量主要取决于两个方面，其一是涂料自身是否能正常反应成膜；其二是涂层与基层的粘结力，在大多数情况下，影响工程质量的主要因素是涂料与基层的粘结力差，如局部鼓泡、发黏、分层或大面积脱落等，因此选用合适的配套底涂尤为重要。底涂料是连接混凝土基层与喷涂聚脲防水层的桥梁，其能够封闭混凝土基层的气泡、针眼、微裂纹等不良缺陷，同时能够渗透到混凝土基层中去，起到很好地与喷涂聚脲防水层的连接作用。底涂料若选用不恰当，则可能导致气泡等缺陷，如在潮湿界面下，一般底涂是十分容易鼓泡的，甚至发生不固化现象。

底涂料的施工一般采用辊涂工艺，基层的边角沟槽等处则辅以刷涂工艺施工。底涂的涂布应均匀，无漏涂、堆积。底涂在固化过程中必要时（冬季）应放置遮盖物，以使表面不受污染。

3. 喷涂聚脲防水层的施工

依据《客运专线铁路桥梁混凝土桥面喷涂聚脲防水层暂行技术条件》（送审稿），客运专线铁路桥梁混凝土桥面中间部位的防水层构造如图 3-107 所示。

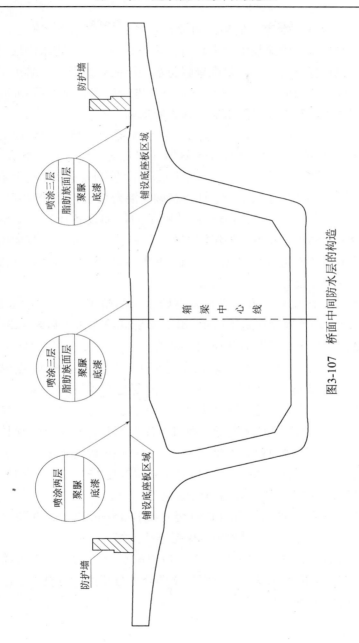

图3-107　桥面中间防水层的构造

喷涂聚脲防水涂层的施工对喷涂设备、施工组织、施工工艺、施工经验、人工喷涂技术要求较高，若控制不好，其防水涂层是很难达到设计要求的。为了保证聚脲防水涂层的施工质量，必须采用专业的施工人员和专用的聚脲喷涂设备进行施工，喷涂后 2min 即可达到表干。喷涂聚脲防水层的施工要点如下：

① 应根据设计要求、现场的气候与环境选择与之相适应的喷涂（纯）聚脲防水涂料或喷涂聚氨酯（脲）防水涂料的种类。

② 为了有效地控制喷涂聚脲防水体系的形成过程，喷涂施工设备必须具备物料输送平稳、计量精确、混合均匀、雾化良好等基本性能。除了喷涂主机和喷枪外，施工的辅助设备还包括：空压机、冷冻式油水分离器、保温施工车、B 料（乙组分）三节加长搅拌器、A 料（甲组分）红色二口桶、B 料（乙组分）蓝色三口桶、硅胶空气干燥过滤器、发电机等。

③ 底涂固化后，方可进行聚脲防水层的施工，一般在 2h 后，24h 之前（环氧底涂在施工后 4~8h；聚脲底涂在施工后 8~28h），若在低温环境下施工其时间应相应延长。

④ 喷涂聚脲防水涂层施工前应保证基层温度高于露点温度 3℃。在一定环境湿度状态下，在某一温度会产生结露现象，该温度即为露点温度。无论在哪一个基层施工，任何涂层都应该在基层温度高于露点温度 3℃时进行，而且在涂层固化过程中，应保持这一条件。露点温度对照表参见表 3-35。例：环境温度为 21℃，相对湿度为 65%，其露点温度则为 14℃。基层温度若在 17℃（14℃ + 3℃ =17℃）以下，则不可进行喷涂施工。

⑤ 施工前先将乙组分（B 料桶）搅拌 15min 以上，并使之均匀，方可施工，在施工过程中应保持连续搅拌。

⑥ 喷涂聚脲防水涂料的施工，应以机械喷涂为主，人工喷涂为辅。先使用机械化设备对桥面平整部分进行喷涂，对机械喷涂不能达到的特殊部位进行人工喷涂。

表 3-35　露点温度对照表

相对湿度 \ 环境温度 (露点温度)	-7℃	-1℃	4℃	10℃	16℃	21℃	27℃	32℃	38℃	43℃	49℃
90%	-8℃	-2℃	3℃	8℃	14℃	19℃	25℃	31℃	36℃	42℃	47℃
85%	-8℃	-3℃	2℃	7℃	13℃	18℃	24℃	29℃	35℃	40℃	45℃
80%	-9℃	-4℃	1℃	7℃	12℃	17℃	23℃	28℃	34℃	39℃	43℃
75%	-9℃	-4℃	1℃	6℃	11℃	17℃	22℃	27℃	33℃	38℃	42℃
70%	-11℃	-8℃	-1℃	4℃	10℃	16℃	20℃	26℃	31℃	36℃	41℃
65%	-11℃	-7℃	-2℃	3℃	8℃	14℃	19℃	24℃	29℃	34℃	39℃
60%	-12℃	-7℃	-3℃	2℃	7℃	13℃	18℃	23℃	26℃	33℃	38℃
55%	-13℃	-8℃	-4℃	1℃	6℃	12℃	16℃	21℃	27℃	32℃	37℃
50%	-14℃	-9℃	-5℃	-1℃	4℃	10℃	15℃	19℃	25℃	30℃	34℃
45%	-16℃	-11℃	-6℃	-2℃	3℃	8℃	13℃	18℃	23℃	28℃	33℃
40%	-17℃	-12℃	-8℃	-3℃	2℃	6℃	11℃	16℃	21℃	28℃	31℃
35%	-19℃	-13℃	-9℃	-5℃	-1℃	4℃	9℃	14℃	18℃	23℃	28℃
30%	-20℃	-16℃	-11℃	-7℃	-2℃	2℃	7℃	11℃	16℃	21℃	25℃

⑦ 合理的施工组织是聚脲防水涂层施工的必要条件，客运专线铁路桥梁聚脲防水施工可分为梁场喷涂施工和架梁后喷涂施工方案。

a. 聚脲防水涂层的梁场喷涂施工

聚脲防水涂层的梁场喷涂施工可分为在梁场一次整体喷涂和二次喷涂施工。梁场一次整体喷涂工艺是指在梁场按照设计的喷涂宽度，在梁面施工范围内进行一次连续性全范围的整体施工，包括底涂、喷涂聚脲防水涂层、脂肪族聚氨酯面层。梁场二次喷涂工艺施工是指在梁场先进行底座板下滑动层范围以及底座板与防护墙之间的防水层施工，待无砟轨道施工完成后再进行底座板中间部位的底涂、喷涂聚脲防水涂层、脂肪族聚氨酯面层等施工。

梁场一次整体喷涂工艺施工集中、快捷、简便、经济，但在运架梁施工过程中的运梁车辆、龙门吊车、运轨车等施工机械对涂层的碾压，会造成聚脲防水涂层的反复伸张，在应力集中的部位易造成剥离、脱落等现象的发生，从而使防水层失效。其后在轨道板、底座板、充填层以及钢轨的铺设过程中，无保护措施下的杂物堆放，其尖锐物也会对聚脲防水层产生破坏，同时焊接施工产生的高温和火花也会灼伤聚脲防水层。因此，若采用梁场一次整体喷涂工艺施工，必须采取措施，以防聚脲防水层在轨道系统后续施工中受到破坏。

采用梁场二次喷涂工艺施工则可避免在轨道系统后续施工中对防水层可能造成的破坏。采用此工艺进行施工时，应采取措施，保护运架梁时底座板范围的防水层不受破坏，同时要进行合理的施工组织和确保原材料的供应，并要保证搭接部位的施工质量。

b. 聚脲防水涂层的架梁后喷涂施工

聚脲防水涂层的架梁后喷涂施工可分为一次整体喷涂施工工艺和二次喷涂施工工艺。架梁后一次整体喷涂施工工艺是指桥梁架梁后，无砟轨道施工前按照设计的喷涂宽度，在梁面施工范围内进行一次连续性全范围整体施工的一种施工工艺，包括底涂、喷涂聚脲防水涂层、脂肪族聚氨酯面层。架梁后二次喷涂施工工艺是指架梁后，无砟轨道施工前先进行底座板下滑动层范围以及底座板与防护墙之间的防水层施工，待无砟轨道施工完成后再进行底座板中间部位防水层施工的一种施工工艺。

架梁后一次整体喷涂施工工艺施工快捷、经济，可避免运架梁施工中因运梁车、龙门吊车、运轨车等施工机械的碾压而造成的防水层出现剥离、脱落等现象，但在其后的轨道系统施工过程中，杂物的堆放混乱，尖锐物易造成防水层被破坏，且焊接施工产生的高温和火花也会灼伤防水层，因此，若采用此种施工工艺进行施工，应采取措施，防止在后续工程施工过程中对防水层的破坏。

第 3 章　建筑防水涂料的施工

架梁后二次喷涂施工工艺既可避免运架梁施工中因运梁车、龙门吊车、运轨车等施工机械的碾压而导致聚脲防水层出现剥离、脱落等现象的发生，又可避免轨道系统施工对防水层可能造成的破坏，也可避免焊接施工产生的高温和火花灼伤防水层。但喷涂施工周期短，原材料供应相对集中，因此采用此种施工工艺施工时，要进行合理的施工组织和确保原材料的供应，保证搭接部位的施工质量。

⑧ 如果桥面喷涂聚脲防水层两次施工间隔在 6h 以上，需要搭接连成一体的部位在第一次施工时应预留出 15～20cm 的操作面，以便同后续防水层进行可靠的搭接。施工后续防水层之前，应对已施工的防水层边缘 20cm 宽度内涂层表面进进清洁处理，以保证原有防水层表面的清洁、干燥、无油污及其他污染物。然后采用专用的粘结处理剂对原有的防水层表面 15cm 范围内做打磨处理，在 4～24h 之内进行后续防水层的喷涂，后续防水层与原有的聚脲防水层其搭接宽度至少要 10cm。用于喷涂聚脲防水层两次施工，需要进行搭接连成一体部位的专用搭接粘结剂的物理力学性能指标应符合相关标准的各项要求（即外观质量、表干时间、粘结剥离强度等）。

⑨ 对于桥面防护墙、侧向挡块、泄水孔及裂缝等特殊部位应做相应的特殊处理。

a. 防护墙的侧面应先使用角磨砂轮机打磨混凝土表面，进行平整度处理，清除浮浆和毛边。喷涂防水层之后，应保证根部封边的质量，必要时应辅以手工涂刷。在通用图设计中，防护墙内侧根部设置 30mm×30mm 的倒角是为了方便后期铺设防水层，但多数现场在现浇防护墙时并没有设置该倒角。鉴于喷涂防水层特点以及后部倒角质量的控制，铺设喷涂防水层时该倒角可以不再后补，但应保证根部的平整度能满足喷涂防水层铺设的要求，不得出现明显的凹凸，喷涂防水层之后应采用手工涂刷的方法保证根部封边的质量。

b. 泄水管内应先涂刷底涂约10cm深，然后手工向孔内壁喷涂聚脲防水涂料。

c. 桥面若有明显的裂缝或其他残缺，则应先进行修补，然后进行底涂、增强层聚脲防水层的施工，其细部构造参见图3-108。

d. 在桥面混凝土喷涂聚脲防水层时应连续施工，在梁端处应施作收边处理，使用角磨机将聚脲喷涂层的边缘修平。

⑩ 聚脲防水层铺设24h后，可承受轮胎接地比压小于0.6MPa的施工车辆等施工荷载，但同时需注意保护防水层，避免剧烈转向，碾压等动作损坏防水层。并应注意梁面的清洁及运输车辆轮胎的清洗，避免尖锐物品损坏防水层。在后续工程施工时，应采取措施避免模板钢筋施工及电焊施工等工序对防水层的损坏。

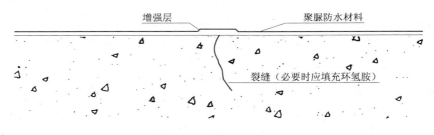

图 3-108　裂缝处理

4. 脂肪族聚氨酯面层的施工

第一道脂肪族聚氨酯面层宜在聚脲防水层施工结束后6h内完成，以确保两者之间具有良好的粘结。脂肪族聚氨酯面层在施工前，应对相应区域的聚脲防水层表面进行清洁处理，保证其表面干燥、无灰尘、油污和其他污染物。若脂肪族聚氨酯面层与聚脲防水层施工间隔时间超过规定。应采用专用的搭接粘结剂做预处理或现场做粘结拉拔试验后确定。脂肪族聚氨酯面层的施工可采用辊涂或喷涂工艺，边角沟槽等处则辅以刷涂工艺。

5. 聚脲防水涂层的修补

若检验时发现聚脲防水涂层有鼓泡、遗漏等缺陷，则需要进行修补。若缺陷部位的喷涂时间较短（≤6h），则可对缺陷层表面进行打磨、清理后直接进行二次喷涂聚脲防水层；若缺陷部位的喷涂时间较长（＞6h），则应在缺陷涂层的表面并向外扩展 5～10cm，打磨清理后，涂刷专用粘结剂，然后采用专用修补设备喷涂聚脲防水涂料，修补、刮平，使整个涂层连续、致密、均匀。修补后的聚脲防水涂层其性能检测应符合设计要求。

3.4 单组分聚脲防水涂料防水层的设计与施工

前面 3.3 节所述的喷涂聚脲防水涂料，即为通常所说的双组分喷涂聚脲防水涂料，简称聚脲，然而聚脲产品的类型是多种多样的，不仅有双组分喷涂聚脲防水涂料，还包括单组分聚脲防水涂料等多种类型。本节以北京森聚柯高分子材料有限公司的 SJK 产品为例，介绍单组分喷涂聚脲防水涂料的性能和应用。

3.4.1 单组分聚脲防水涂料的分类和性能

单组分聚脲防水涂料是指含有多个 –NCO 的预聚体和含有二个或两个以上被化学封闭的 –NH$_2$ 或 –NH – 的预聚体的均匀混合物，涂布到基层上后，在空气中水分子作用下，形成以脲键相连接的涂膜的一类高分子防水涂料。

3.4.1.1 单组分聚脲防水涂料的分类

单组分聚脲防水涂料根据其应用的处所和特点可分为水平型单组分聚脲防水涂料、垂直型单组分聚脲防水涂料、暴露型单组分聚脲防水涂料、自愈合型单组分聚脲防水涂料等多个类型。水平型单组分聚脲防水涂料是指在平面或坡度小于15%的坡面上，具有自动流平性能的一类单组分聚脲防水涂料；垂直型单组分聚脲防水涂料是指在垂直面或坡度大于15%的坡面上，涂料涂布厚度小于1mm时，不流淌、不堆积的一类单组分聚脲防水涂料；暴露型单组分聚脲防水涂料是指涂料在成膜后，直接暴露在自然条件下使用，无需覆盖保护层的一类单组分聚脲防水涂料；自愈合型单组分聚脲防水涂料是指涂膜在未完全固化之前若被异物刺穿时，自动愈合细小孔洞或和异物愈合为一体的一类单组分聚脲防水涂料。

单组分聚脲防水涂料按其涂膜的拉伸强度可分为 A、B、C、D、E 五个型号，每个型号分若干个商品名，每个商品名内包括水平型和垂直型，产品型号对应的商品名参见表 3-36；各型号产品的主要用途应符合表 3-37 的要求。

表 3-36　单组分聚脲防水涂料产品型号和商品名的对应关系

产品型号	A	B	C			D	E		
商品名	SJK 570	SJK 460	SJK 480	SJK 580	SJK 1208	SJK 580C	SJK 590	SJK 590C	SJK 1208H

表 3-37　单组分聚脲防水涂料各型号产品的主要用途

型号	商品名	性能特点	适宜工程部位
A	SJK570	自愈合型	钉眼自愈合、基础变形较大的工程部位、地下、室内
B	SJK460	非暴露型	SBS、APP 改性沥青防水卷材（粘结面无 PE 膜），PVC、CPE 防水片材搭接缝粘结以及冷粘结施工
C	SJK480	非暴露型	屋面、室内、地下、外墙、水池
	SJK580	暴露型	卷材防水层细部节点（泛水、管根、水落口等）加强处理及外墙
	SJK1208	暴露型	门窗洞口及外墙
D	SJK580C	暴露型	非上人屋面、地下、室内、外墙、高速路、隧道、桥梁、水池
E	SJK590	暴露型	上人屋面、外墙、地下、隧道、停车场、地坪、水池
	SJK590C	暴露型	水电大坝、地下、隧道、停车场、地坪、外墙
	SJK1208H	暴露型	渗水窗台、窗洞及外墙

3.4.1.2　单组分聚脲防水涂料的性能和技术要求

单组分聚脲防水涂料是在环境湿度作用下发生反应而固化成膜的，对绝大部分基材料具有良好的粘结性、气密性、防水性、抗老化性以及耐候性，涂膜在固化之后可直接暴露在空气中长期使用。单组分聚脲防水涂料在大多数情况下无需使用底涂料，操作简单方便，可广泛应用于要求暴露的防水密封工程，无须设置保护层。

单组分聚脲防水涂料的优点主要表现在下面几个方面：

① 柔性好（ –40～100℃），具有很大的抗拉能力，300%～600% 的延伸率；

② 具有 2～10MPa 的强度，与各种基材都有优异的粘结性、附着力；

③ 耐老化性能佳，具有很好的耐酸、耐碱、耐盐性能，是一种很好的防腐材料；

④ 具有良好的耐候性、抗紫外线性能，长期暴露在阳光下，具有十年以上的使用年限，且无需保护层；

⑤ 长期耐水浸泡、不起空鼓；

⑥ 具有很强的自愈性和弹性复原力；

⑦ 耐磨性能好；固含量在 90% 以上；

⑧ 无任何溶剂挥发，属环保产品；

⑨ 在不能用明火施工的场所，可代替冷底子油或代替冷胶料进行冷施工；

⑩ 涂膜厚度不受任何限制，无气泡，且无单组分聚氨酯涂料所存在的气泡多、干燥时间长且有空鼓的毛病；

⑪ 可解决女儿墙、落水口的渗漏问题，尤其适用于屋面女儿墙、地沟、落水管、排水沟、通风口等异形面的建筑防水；

⑫ 在进行旧楼维修时，原有的 SBS、APP 卷材、油毡纸等在屋顶无须铲除、只要基层坚固，即可在其上直接进行涂布，若有疏松部位，也只需划开后，用其直接粘贴；

⑬ 产品有多种颜色可供选用。

单组分聚脲防水涂料各型号产品的主要技术性能要求参见表 3-38。

表 3-38　各型号产品的主要性能指标

型号	商品名	拉伸强度/MPa	断裂伸长率/%	不透水性(30min,0.3MPa)	固体含量/%	低温弯折性(℃)	潮湿基面粘结强度/MPa	表干时间/h	实干时间/h
A	SJK570	≤1.5	>700	无渗漏	≥80	-40	≥0.50	≤24	≤24
B	SJK460	≥1.5	>350	无渗漏	≥80	-30	≥0.50	≤6	≤24
C	SJK480	≥3.0	>400	无渗漏	≥80	-30	≥0.50	≤6	≤24
	SJK580	≥3.0	>400	无渗漏	≥80	-30	≥0.50	≤6	≤24
	SJK1208	≥3.0	>400	无渗漏	≥80	-30	≥0.50	≤6	≤24
D	SJK580C	≥4.5	>500	无渗漏	≥80	-30	≥0.50	≤6	≤24
E	SJK590	≥9.0	>350	无渗漏	≥80	-30	≥0.50	≤6	≤24
	SJK590C	≥9.0	>350	无渗漏	≥80	-30	≥0.50	≤6	≤24
	SJK1208H	≥9.0	>350	无渗漏	≥80	-30	≥0.50	≤6	≤24

　　单组分聚脲防水涂膜的配套材料有基层处理剂、胎基增强材料、聚氨酯建筑密封胶、聚氨酯建筑密封胶基层处理剂等。

　　与单组分聚脲防水涂料配套的基层处理剂有底涂剂 H、底涂剂 HF、底涂剂 E、底涂剂 EW、底涂剂 B 五种，应根据基层的种类和含水率选用基层处理剂。基层处理剂的基本特性及选用应符合表 3-39 的要求。

表 3-39　基层处理剂的基本特性及选用表

项　　目	底涂剂 H（单组分）	底涂剂 HF（双组分）	底涂剂 E（双组分）	底涂剂 EW（双组分）	底涂剂 B（单组分）
干燥时间/h (23℃，50%湿度)	12～24	2～4	12～24	12～24	12～24
用量/（kg/m²）	0.1～0.2	0.1～0.2	0.2～0.3	0.3	0.1～0.2
施工温度/℃	5～35	5～35	5～35	5～35	5～35
施工方法	刷、滚涂	刷、滚涂	刷、滚涂	刷、滚涂	刷、滚涂

续表

项 目		底涂剂 H（单组分）	底涂剂 HF（双组分）	底涂剂 E（双组分）	底涂剂 EW（双组分）	底涂剂 B（单组分）
基层种类	混凝土基层含水率低于5%	√	√	√	√	√
	混凝土基层含水率（5~9）%	√	√	√	√	√
	混凝土基层含水率（9~15）%	√	√	×	√	√
	混凝土基层含水率 >15%	×	√	×	√	√
	钢板等金属基层	√	√	√	√	×
	SBS、APP等改性沥青基层及PVC、CPE基层	×	×	×	×	√
备 注		"√"表示可选用，"×"表示不可选用。				

胎体增强材料的质量要求参见表3-40。

表3-40 胎体增强材料的质量要求

项 目		质 量 要 求
外观		均匀，无团状，平整无皱褶
单位面积质量/（g/m²）		≥50
拉力/（N/50mm）	纵向	≥150
	横向	≥100
延伸率/%	纵向	≥10
	横向	≥20

聚氨酯建筑密封胶的性能应符合 JC/T 482—2003《聚氨酯建筑密封胶》提出的要求。

在不同种类基层上使用聚氨酯建筑密封胶时，需先涂刷基层处理剂。基层处理剂的选用应符合表3-41的规定。

表 3-41　聚氨酯建筑密封胶基层处理剂

基层种类	处理剂选用
混凝土，含水率 5% ~ 9%，无油污	不使用基层处理剂
混凝土，含水率 5% ~ 9%，有油污	丁酮、丙酮清洗油污
混凝土，含水率 ≥ 9%	底涂剂 E、底涂剂 EW
PVC	底涂剂 H
铸铁	底涂剂 E

3.4.1.3　单组分聚脲防水涂料的应用范围

单组分聚脲防水涂料的主要应用范围有以下几个方面：

① 新、旧屋面（包括金属屋面）、屋顶花园、屋顶游泳池、女儿墙、管道根部、地漏等；

② 地下防水工程、地下室等处的防水；

③ 建筑门窗的防水和防渗、防漏处理，已经发生渗漏的窗户洞口和窗台的补漏，消除霉斑，对于因墙体、地板、屋顶开裂的防渗防漏，已开裂的墙体、地板、屋顶造成的渗漏之处进行维修补漏，建筑物中需要防止开裂和裂缝的防渗漏部位、墙面开裂的防渗防漏工程；

④ 厂房、仓库、冷库、卫生间、地铁、公路桥梁、隧道等处的防水；

⑤ 体育场看台和台阶、火车站接站台、广场、阳台和门廊、甲板、海上钻井平台；制药厂、酒厂、饮料厂车间及仓库内墙及地面、人行和车行道、运动场地坪等处的防水；

⑥ 各种暴露型防水工程；

⑦ 游泳池、水族馆、废污水池等防污衬里；

⑧ 用作冷粘卷材；

⑨ 直接用来保护钢铁、混凝土、砖石结构、玻璃纤维等制品免受酸、碱、盐等的侵蚀；

⑩ 石油、天然气、输水、化工管道内外壁的防腐，热力管道的外壁防腐。

3.4.2　单组分聚脲防水涂料涂膜防水层的设计

应根据建筑物使用功能、重要程度、防水层的合理耐用年限以及建筑物所在地区的年降雨量，选用相应型号的单组分聚脲防水涂料进行防水设计。

若单组分聚脲防水涂料与其他防水材料配合使用，相互之间应具备相容性，并符合下列规定：

① 在单组分聚脲防水涂层的上部，不得使用需采用明火施工的热熔型防水卷材；

② 防水卷材与单组分聚脲防水涂料进行复合使用时，暴露型聚脲防水涂料宜放在防水卷材的上面；非暴露型聚脲防水涂料则宜放在防水卷材的下面。

③ 单组分聚脲防水涂料可作为 SBS、APP 改性沥青防水卷材（粘结面无 PE 膜）、PVC 和 CPE 防水片材冷施工的粘合剂。

1. 屋面单组分聚脲防水层的设计

屋面防水工程的设计要点如下：

① 单组分聚脲防水涂料适用于合理使用年限为 10 年以上的屋面防水工程。应用于屋面防水工程的单组分聚脲防水涂料的型号应符合表 3-38 的要求；涂膜的厚度应符合表 3-42 的要求。

表 3-42　涂膜厚度选用表

产品型号	涂膜厚度/mm	产品型号	涂膜厚度/mm
SJK570	1.5	SJK580C	1.5 ~ 2.0
SJK460	—	SJK590	1.0 ~ 2.0
SJK480	1.5	SJK590C	1.0 ~ 2.0
SJK580	1.5 ~ 2.0		

② 基层应符合 GB 50345—2012《屋面工程技术规范》中的相关规定。

③ 基层的阴阳角、管根、泛水等细部构造均应做成圆弧，并涂布胎体增强附加层。非上人屋面或单组分聚脲防水涂层上有刚性

保护层时，在基层的拐点、变形缝、分格缝等基层易变形部位，均应空铺胎体增强附加层，空铺宽度宜为100mm；上人屋面且防水涂层上若无刚性保护层时，基层易变形部位应满粘。

④ 铺设屋面隔气层或涂布涂料前，其基层必须干净、干燥，保温层若潮湿时，应设置排气管，排气管可固定在结构层上，穿越保温层及排气道的排气管必须打孔，并在基层上分别涂刷与单组分聚脲防水涂料、聚氨酯建筑密封胶相配套的基层处理剂。基层处理剂的选用应符合表3-39、表3-41提出的技术要求。屋面排气口的构造如图3-109所示。

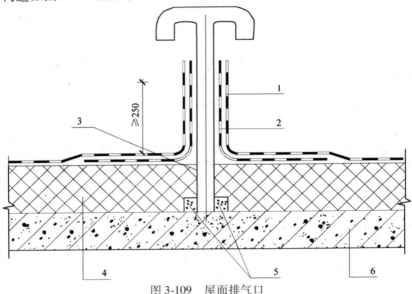

图3-109　屋面排气口

1—聚脲涂膜防水层；2—胎体增强附加层；3—排气管（四周均匀分布排气孔）；
4—保温层；5—细石混凝土固定排气管；6—结构层

⑤ 非上人屋面或防水层上有保护层时，其找平层分格缝缝底应铺设隔离层，并用聚氨酯建筑密封胶嵌缝，分格缝上应骑缝空铺胎体增强附加层，附加层宽度宜为300mm，空铺宽度宜为100mm，上人屋面、屋面停车场、屋面停机坪等的找平层分格缝上应满粘胎

体增强附加层，屋面分格缝的构造如图 3-110 所示。

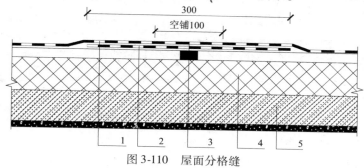

图 3-110　屋面分格缝

1—聚脲涂膜防水层；2—胎体增强附加层；3—聚氨酯建筑密封胶；
4—保温屋；5—结构层

⑥ 天沟、檐沟与屋面交接处等易变形的部位，应空铺胎体增强附加层，空铺宽度应大于 250mm。屋面天沟的构造参见图 3-111。

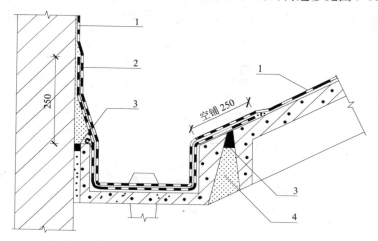

图 3-111　屋面天沟

1—聚脲涂膜防水层；2—胎体增强附加层；3—聚氨酯建筑密封胶；4—填缝材料

⑦ 涂料应涂布至无组织排水檐口的边沿，聚脲防水涂层的收头应采用单组分聚脲防水涂料多遍涂布或用密封材料密封，檐口下

端应做滴水处理。无组织排水檐口收头的构造参见图 3-112。

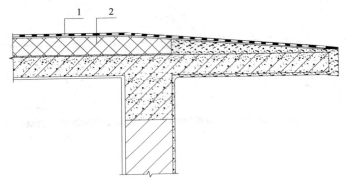

图 3-112　无组织排水檐口收头

1—聚脲涂膜防水层；2—保温层

⑧ 泛水处的防水层应直接涂布至女儿墙的压顶上，如涂布到压顶下，收头处应用聚脲防水涂料多遍涂刷密封，压顶应做防水处理，屋面泛水的构造如图 3-113 所示。

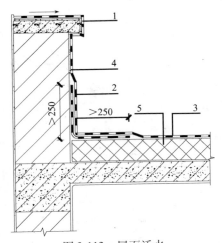

图 3-113　屋面泛水

1—暴露型聚脲涂膜防水层；2—胎体增强附加层；3—找平层；

4—聚脲涂膜防水层；5—屋面保温层

⑨ 变形缝内应填充泡沫塑料，缝内放置隔离材料，胎体增强附加层应做成"U"型，封盖材料应采用大于 3mm 厚的暴露型聚脲涂膜防水层，平面应放置隔离材料空铺，立面满粘，如图 3-114 所示；高低跨变形缝内的做法如图 3-115 所示，胎体增强附加层上下两端均应满粘 200mm，其余部分放置隔离材料空铺，变形缝两侧在同一水平面时可参照图 3-116。

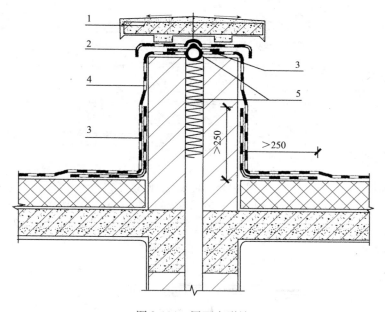

图 3-114　屋面变形缝

1—混凝土盖板；2—暴露型聚脲涂膜防水层；3—胎体增强附加层；

4—聚脲涂膜防水层；5—泡沫塑料

⑩ 水落口周围直径 500mm 范围内的排水坡度不应小于 5%，水落口与基层的接触处应预留 20mm × 20mm 的凹槽，槽内嵌填密封材料。水落口周围 300mm 范围内涂布附加层，其附加层的厚度不应小于 2mm，并且与水落口的搭接宽度不得小于 50mm。屋面水落口的构造参照图 3-117、图 3-118。

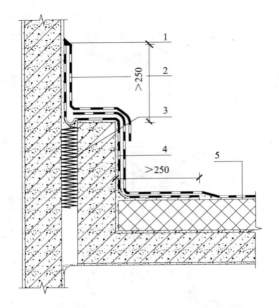

图 3-115　高低跨变形缝

1—聚脲涂膜防水层收头；2—胎体增强附加层；3—泡沫塑料；

4—胎体增强附加层；5—聚脲涂膜防水层

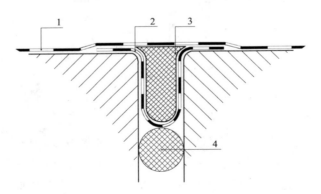

图 3-116　变形缝

1—聚脲涂膜防水层；2—胎体增强附加层；

3—聚氨酯建筑密封胶；4—PE 泡沫棒

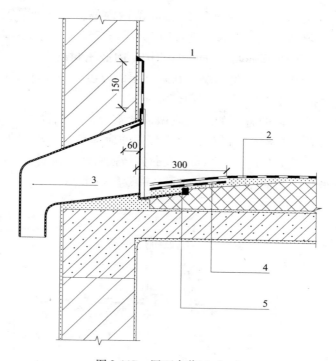

图 3-117 屋面水落口 (一)

1—聚氨酯建筑密封胶；2—聚脲涂膜防水层；3—水落口；

4—胎体增强附加层；5—聚氨酯建筑密封胶

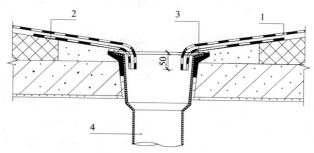

图 3-118 屋面水落口 (二)

1—聚脲涂膜防水层；2—胎体增强附加层；3—聚氨酯建筑密封胶；4—水落口

⑪ 反梁过水孔周围直径 500mm 范围内的排水坡度不应小于 5%，过水孔内应预埋管道，其管径应不小于 75mm，管道两端与混凝土接触处预留 15mm×20mm 的凹槽，内嵌密封材料，过水孔周围 300mm 范围内涂布附加层，其附加层的厚度应不小于 2mm，并且和过水孔的搭接宽度不应小于 50mm。

⑫ 伸出屋面的管道的周围应做成圆锥台，圆锥台和管道之间应预留凹槽，内嵌密封材料，圆锥台表面应涂布胎体增强附加层，其附加层的厚度不应小于 2mm；在胎体增强附加层凝固后，再涂布聚脲防水涂料。伸出屋面管道的防水构造参照图 3-119。

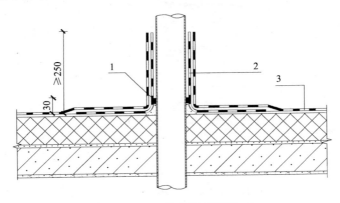

图 3-119　伸出屋面管道

1—聚氨酯建筑密封胶；2—胎体增强附加层；3—聚脲涂膜防水层

⑬ 屋面垂直出入口其聚脲防水涂膜的收头，应留在人孔盖的下面，出入口及其周围 1000mm 范围之内的涂膜防水层上必须覆盖刚性保护层，参见图 3-120。屋面水平出入口防水涂膜的收头，必须留在混凝土踏步下，防水层的泛水应设保护墙，参照图 3-121。

⑭ 采用机械固定法工艺施工的卷材防水屋面的收头，坡屋面等有钉刺穿的部位，宜选用自愈合型单组分聚脲防水涂料产品来愈合钉眼，参照图 3-122。

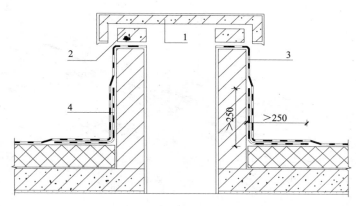

图 3-120 屋面垂直出入口

1—人孔盖板；2—混凝土压顶圈；3—聚脲涂膜防水层；
4—胎体增强附加层

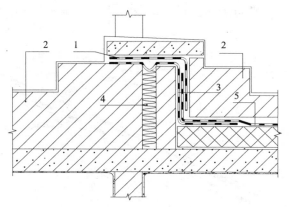

图 3-121 屋面水平出入口

1—胎体增强附加层；2—砖砌台阶；3—胎体增强附加层；
4—PE 泡沫棒；5—聚脲涂膜防水层

⑮ 采用单组分聚脲防水涂料的瓦屋面涂膜防水的构造参照图 3-123。

⑯ 采用添加有化学根阻剂的单组分聚脲防水涂料的种植屋面的耐根穿刺防水构造参照图 3-124。

511

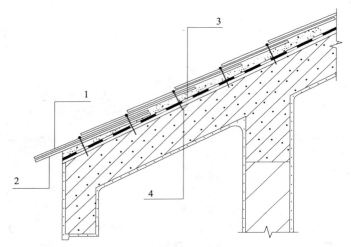

图 3-122　沥青瓦屋面檐口

1—沥青瓦；2—檐口垫层；3—聚脲涂膜防水层；4—镀锌钢钉

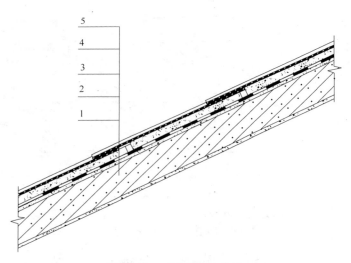

图 3-123　瓦屋面防水构造

1—结构层；2—找平层；3—聚脲涂膜防水层；

4—混合砂浆坐铺层；5—屋面瓦

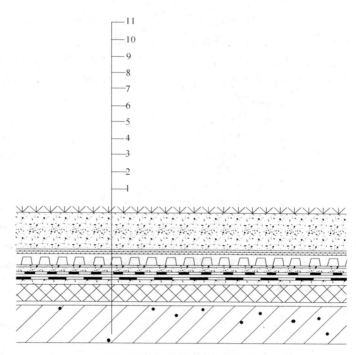

图 3-124　种植屋面防水构造

1—结构层；2—找坡层；3—保温层；4—找平层；5—防水层；6—耐根穿刺层；

7—保护层；8—排（蓄）水层；9—过滤层；10—种植土层；11—绿色植被层

⑰ 卷材防水层其细部节点加强处理应选用 SJK580 聚脲防水涂料，参照图 3-125 ~ 图 3-127。

2. 地下防水工程单组分聚脲防水层的设计

地下防水工程单组分聚脲防水层的设计要点如下：

① 单组分聚脲防水涂料适用于要求结构表面无湿渍或有少量湿渍的地下防水工程。应用于地下防水工程的单组分聚脲防水涂料的型号应符合表 3-37 的要求；涂膜的厚度应符合表 3-42 的要求。

② 基层表面的气孔、凹凸不平、蜂窝、缝隙、起砂等应修补处理，基层必须干净、无浮浆、无水珠、不渗水。阴阳角应做成弧

形，阴角直径宜大于 50mm，阳角直径宜大于 10mm。

③ 单组分聚脲防水涂料应采用外防外涂工艺，参照图 3-128。

④ 后浇带应涂布胎体增强附加层，其防水做法参照图 3-129；穿墙管周围亦应涂布胎体增强附加层，其防水做法参照图 3-130、图 3-131。

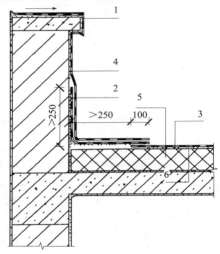

图 3-125　屋面泛水

1—暴露型聚脲涂膜防水层；2—胎体增强附加层；3—找平层；
4—聚脲涂膜防水层；5—屋面保温层；6—卷材防水层

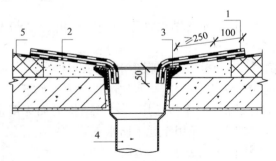

图 3-126　屋面水落口

1—聚脲涂膜防水层；2—胎体增强附加层；3—聚氨酯建筑密封胶；
4—水落口；5—卷材防水层

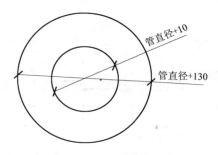

图 3-127　（1）管道周围圆形及长条形
胎体增强材料下料图

图 3-127　（2）管道周围胎体增强材料下料图

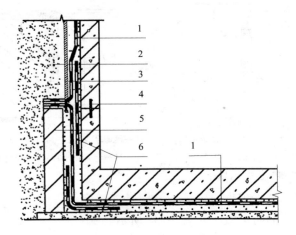

图 3-128　外防外涂做法

1—聚脲涂膜防水层；2—3:7 灰土回填；3—聚苯泡沫板；

4—钢板止水带；5—永久保护墙；6—胎体增强附加层

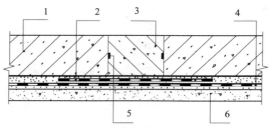

图 3-129　后浇带防水做法

1—抗渗混凝土；2—胎体增强附加层；3—后浇带；4—聚脲涂膜防水层；

5—遇水膨胀止水条；6—混凝土垫层

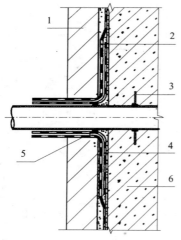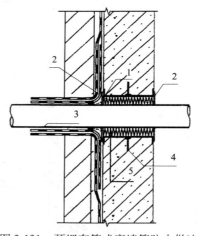

图 3-130　固定式穿墙管防水做法

1—永久保护墙；2—聚脲涂膜防水层；

3—止水环；4—胎体增强附加层；

5—聚氨酯建筑密封胶；

6—混凝土结构墙

图 3-131　预埋套管式穿墙管防水做法

1—预埋套管；2—封口板；3—穿墙管；

4—套管止水环；5—填缝材料

⑤ 桩头的防水做法如图 3-132 所示。

⑥ 底板下沉坑、池的防水做法应在单组分聚脲防水涂层外撒布沙粒做过渡层，并直接粉刷防水砂浆，参照图 3-133。

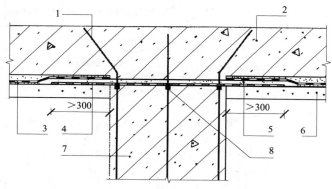

图 3-132　桩头防水做法

1—桩基钢筋；2—结构底板；3—聚脲涂膜防水层；4—水泥基渗透结晶型

防水涂料；5—聚合物水泥防水砂浆；6—底板垫层；

7—桩基混凝土；8—遇水膨胀止水条

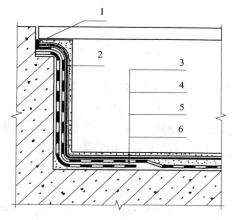

图 3-133　底板下沉坑、池防水做法

1—聚脲涂膜收头；2，3—防水砂浆；4—沙粒过渡层；

5—聚脲涂膜防水层；6—胎体增强附加层

　　⑦ 在贴壁式衬砌结构的地下防水工程中，可把单组分聚脲防水涂料涂布到初期支护上，其涂层的表面撒布砂粒，涂层凝固后，

浇筑混凝土主体结构，混凝土主体结构兼做单组分聚脲涂膜防水层的支持基层，参照图3-134。

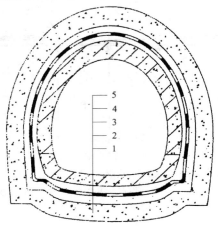

图 3-134　隧道防水工程剖面

1—喷射混凝土基层；2—找平层；3—聚脲涂膜防水层；
4—水泥砂浆保护层；5—主体钢筋混凝土结构

3. 室内防水工程单组分聚脲防水层的设计

室内防水工程单组分聚脲防水层的设计要点如下：

① 单组分聚脲防水涂料适用于厕浴间、厨房、泳池、水池、公共浴池等室内防水工程。应用于室内防水工程的单组分聚脲防水涂料的型号应符合表3-37的要求；涂膜的厚度应符合表3-42的要求。

② 基层应平整、坚固、密实，地面向地漏的排水坡度为1%，地漏周边50mm范围内向地漏的排水坡度为5%；大面积厕浴间、公共浴池，分区排水，每区设一地漏，最大分区坡线长度不大于3m。

③ 厨房、厕浴间、泳池、水池、公共浴池地平面均应做防水设防，立墙防水设防的高度应高于水能溅到的位置250mm；若长期有蒸汽和上层为屋面的房间，顶棚应做防水设防。

④ 防水层上需钉钉的施工部位应选用SJK570型聚脲防水涂料产品，参照图3-135。

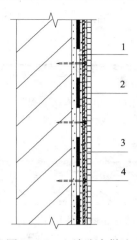

图 3-135　立墙防水做法

1—聚脲防水涂层；2—钢网；3—装饰面层；4—镀锌钢钉

⑤ 室内防水工程的平面、立面、顶棚等处应选用 SJK480 型聚脲防水涂料产品，并铺设无机保护层。立面、顶棚若有外挂钢网粉刷层时，其钉眼应用 SJK570 聚脲防水涂料作密封处理，平面涂层上应铺设面砖饰面保护层，参照图 3-136。

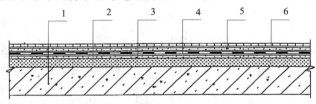

图 3-136　室内平面防水构造

1—混凝土结构；2—找坡层；3—找平层；4—聚脲防水涂层；

5—饰面粘结层；6—饰面层

⑥ 防水耐磨一体化工程应选用 SJK590 型、SJK590C 型聚脲防水涂料产品，游泳池、公共浴池的地坪宜直接在基层上涂布单组分暴露型聚脲防水涂料，涂层上可不覆盖饰面层，参照图 3-137；室内防水工程进行维修时，可在饰面层上直接涂布 SJK590 型、

SJK590C 型聚脲防水涂料产品，参照图 3-138。

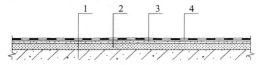

图 3-137　防水耐磨一体化工程防水构造（一）

1—混凝土结构；2—找坡层；3—找平层；4—聚脲防水涂层

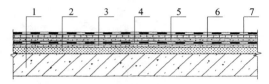

图 3-138　防水耐磨一体化工程防水构造（二）

1—混凝土结构；2—找坡层；3—找平层；4—原防水层；
5—原饰面粘结层；6—原饰面层；7—聚脲防水涂层

　　⑦ 热水管道或震动较大的管道应加装套管，其构造如图 3-139
所示。

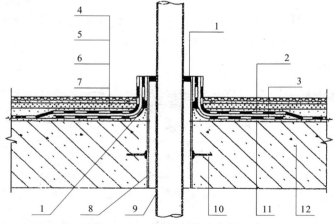

图 3-139　厕浴间套管防水做法

1—聚氨酯建筑密封胶；2—聚脲涂膜防水层；3—胎体增强附加层；
4—饰面层；5—饰面粘结层；6—找坡层；7—保护层；8—套管；
9—水（汽）管；10—套管止水环；11—找平层；12—混凝土结构板

⑧ 地漏和周围基层之间应预留凹槽并用密封材料进行密封，地漏周围应做胎体增强附加层，其构造参见图 3-140。

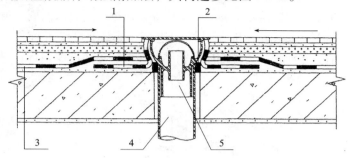

图 3-140　地漏防水构造

1—胎体增强附加层；2—聚氨酯建筑密封胶；3—聚脲涂膜防水层；4—下水管；5—地漏

⑨ 为防止池内水渗出池体，池壁应做内防水；为防止池外地下水渗入池体，应按要求做外防水；常温水池、耐酸、耐碱、耐盐水池可在混凝土池壁内表面做找平层后，直接涂布单组分暴露型聚脲防水涂料；高温（大于 60℃）水池应在常温水池的设计基础上，在单组分聚脲防水涂层外设计混凝土保护层。

4. 外墙防水工程单组分聚脲防水层的设计

外墙防水工程单组分聚脲防水层的设计要点如下：

① 单组分聚脲防水涂料的垂直型产品适用于建筑物的外墙防水工程。应用于外墙防水的单组分聚脲防水涂料的型号应符合表 3-37 的要求；涂膜的厚度应大于 1.5mm。

② 基层要求坚固、平整、干净、无残留的灰渣。

③ 单组分聚脲防水涂料可直接在外墙外保温所用的聚苯板、水泥砂浆基层上涂布，聚脲涂膜防水层外的装饰层宜采用外墙涂料、幕墙、无机外墙砖等。

④ 若无机外墙砖饰面的外墙发生渗漏，宜采用无色透明的单组分聚脲防水涂料在饰面砖上直接涂布。

⑤ 在窗框和窗洞之间，可采用单组分聚氨酯泡沫填缝剂或其他密封材料填充，去除凸出窗框的单组分聚氨酯泡沫填缝剂，整平，用暴露型单组分聚脲防水涂料 SJK1208 涂刷窗框和窗口的四周，窗框上搭接 5mm，窗口上应涂布至外墙的边沿。若需要粘结外饰层，在涂料固化前撒布沙粒，为外饰层的粘结过渡层，参照图 3-141。

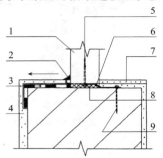

图 3-141　窗口防水节点图

1—窗框；2—中性硅酮耐候密封胶；3—聚脲防水涂层；4—外饰面层；5—自攻钉；
6—固定铁；7—内饰面层；8—单组分聚氨酯泡沫填缝剂；9—膨胀螺栓

⑥ 发生渗漏的窗台，可在坚固的外饰面层上直接涂布暴露型单组分聚脲防水涂料，其型号为 SJK1208H，参照图 3-142。

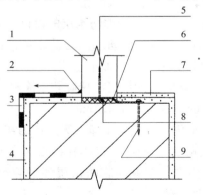

图 3-142　窗口防水节点图

1—窗框；2—中性硅酮耐候密封胶；3—聚脲防水涂层；4—外饰面层；5—自攻钉；
6—固定铁；7—内饰面层；8—单组分聚氨酯泡沫填缝剂；9—膨胀螺栓

5. 路桥防水工程单组分聚脲防水层的设计

道路、桥梁防水工程单组分聚脲防水层的设计要点如下：

① 单组分聚脲防水涂料适用于道路、桥梁防水工程。应用于道路、桥梁防水工程的单组分聚脲防水涂料的型号应符合表 3-37 的要求，涂膜的厚度应大于 2.0mm。

② 道路、桥面、桥墩基层应坚固、平整、干净、干燥，排水坡度应符合设计要求。

③ 水落口的设计应符合有关规范提出的要求。

④ 道路、桥面可一遍涂布至规定的涂膜厚度，涂膜凝固后，直接热浇筑沥青混凝土。桥墩可选用垂直型产品分次涂布，每次涂布的厚度应不大于 1.0mm，参照图 3-143。

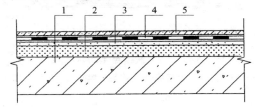

图 3-143　路桥防水构造

1—桥梁结构层（混凝土路基）；2—素混凝土找坡层；3—找平层；

4—聚脲涂膜防水层；5—尼龙网加筋沥青混凝土

⑤ 单组分聚脲防水涂料适用于停车场（库）、小型停机坪的铺设，水平或低坡度的停车场可直接在基层上涂布 SJK590、SJK590C 型单组分聚脲防水涂料。坡度大于 15% 的基层，应在涂料内拌和细砂作为面层，参照图 3-144。

⑥ 单组分聚脲防水涂料可应用于高速铁路路基和桥梁防水工程，其构造参照图 3-145。

6. 防水耐磨一体化防水工程单组分聚脲防水层的设计

防水耐磨一体化防水工程单组分聚脲防水层的设计要点：

① 单组分聚脲防水涂料适用于体育场看台、商场地坪、无尘车间等防水耐磨一体化防水工程。应用于防水耐磨一体化防水工程

的单组分聚脲防水涂料的型号应符合表 3-37 的要求，涂膜的厚度应大于 2.0mm。

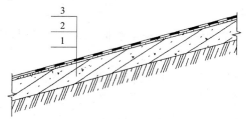

图 3-144 耐磨防滑汽车坡道

1—结构层；2—找平层；3—聚脲防水耐磨涂层

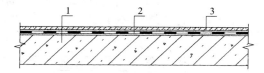

图 3-145 高速铁路路基防水节点图

1—调整铁路混凝土路基；2—聚脲涂膜防水层；3—保护层

② 基层应坚固、平整、干净，排水坡度应符合设计要求。

③ 按照要求在完成细部节点处理后，在基层上直接大面积涂布单组分聚脲防水涂料。

3.4.3 单组分聚脲防水涂料涂膜防水层的施工

单组分聚脲防水工程的施工应选择具有施工资质的企业承担，所有施工人员均应接受过上岗培训。

应根据建筑物的具体情况，通过图纸会审熟悉防水构造设计意图后，编制施工方案（对节点部位应绘有详图）后方可进行施工。

1. 材料准备

单组分聚脲防水工程采用的材料主要有：

单组分聚脲防水涂料；

基层处理剂（包括单组分聚脲防水涂料用基层处理剂和聚氨酯建筑密封胶所用的基层处理剂）；

聚氨酯建筑密封胶；

胎体增强材料。

所有进场的材料必须进行抽样复验，严禁使用不合格的材料。

2. 施工工具

基层处理工具：铲刀、扫帚、铁锹、榔头、钢凿、抹子、灰斗、螺丝刀等。

涂料涂布工具：漆刷、辊筒（又称滚刷）、刮板、消泡辊筒、喷枪等。

2. 施工工艺

单组分聚脲防水工程施工的工艺流程如图3-146所示。

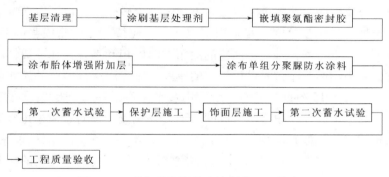

图3-146 单组分聚脲防水涂料施工工艺流程

单组分聚脲防水工程的施工要点如下：

① 防水工程施工前，基层上的水落口、上人孔、穿越防水层的管道、预埋件、排气管等设施均应安装完毕；基层作业条件应符合设计要求，基层必须清理坚实、干净，不得有凹凸、杂物、浮灰、明水等。

② 根据基层种类、含水率和油污程度，按照表3-39的要求，选择相适应的基层处理剂。基层处理剂必须由专人配制，单组分基层处理剂可以直接进行涂布，双组分基层处理剂则应按照说明书规定的比例倒入混料桶内，用手提电动搅拌设备进行混合均匀方可进

行涂布，基层处理剂的涂布首先可用毛刷涂刷节点部位，然后再用滚筒滚涂大面积基层。涂布时要求均匀、无漏点，配制好的基层处理剂应在 1h 之内使用完毕。

③ 待基层处理剂干燥后，应根据节点构造的设计要求，在伸缩缝、变形缝、水落口、穿越防水层的管道、穿墙管、预埋件、套管和主管之间等部位，嵌填聚氨酯建筑密封胶。

④ 待聚氨酯建筑密封胶嵌填结束后，根据节点构造设计，及时涂布胎体增强附加层，基层拐点、伸缩缝、变形缝等易变形的部位宜空铺。

⑤ 将单组分聚脲防水涂料从容器中倒出，直接涂布到基层上。单组分聚脲防水涂料可一遍涂布至规定的涂膜厚度，也可以多遍涂布至规定的涂膜厚度。若采用多遍涂布，应待上一遍涂膜凝固后，方可涂布下一遍，且上下两遍的涂布方向应相互垂直，在一般情况下，宜采用两遍涂布时设计规定的厚度；应先用垂直型产品涂布基层坡度大于 15% 的施工面。然后用水平型产品涂布基层坡度小于 15% 的施工面，当涂布基层坡度大于 15% 的施工面时，应采用多遍涂布的工艺；涂布应均匀，厚度应一致，不得有流淌、堆积现象。单组分聚脲防水涂料应一次性涂布完整，相邻两次涂布之间的接茬宽度宜为 30～50mm。

⑥ 若需铺设胎体增强材料，胎体增强材料的长边搭接宽度不得小于 50mm，短边搭接宽度不得小于 70mm；采用多层胎体增强材料时，上下两层之间不能垂直铺设，搭接缝应错开，其间距不应小于幅宽的三分之一；施工时应边涂布单组分聚脲防水涂料，边铺设胎体增强材料，胎体增强材料应铺贴平展，无褶皱，无气泡，与涂层粘结牢固；胎体上涂布的单组分聚脲防水涂料应完全覆盖、浸透胎体，不能有胎体外露现象。胎体上的防水涂层厚度不应小于 0.5mm，胎体下的防水涂层厚度不应小于 1.0mm。

⑦ 最后一道涂料实干并经验收合格后，若需铺设保护层，则应按照设计要求及时铺设保护层。

⑧ 单组分聚脲防水涂膜工程严禁在雨雪天气条件下施工，不能在五级以上大风条件下施工，其施工环境温度宜为 5 ~ 35℃。

⑨ 施工现场应注意安全防护，保持通风，严禁烟火，杜绝火灾事故。

3. 成品保护

在防水层尚未干燥时，禁止人员在工作面上踩踏；单独使用非暴露型单组分聚脲防水涂料时，应覆盖无机保护层，暴露型单组分聚脲防水涂料则可直接暴露使用，但在暴露型单组分聚脲防水涂料形成的涂膜上进行其他作业时，必须采取保护措施，避免损坏防水层。

3.5　橡化沥青非固化防水涂料防水层的施工

橡化沥青非固化防水涂料是以胶粉、改性沥青等材料通过添加专用改性剂、特种添加剂制成的一类弹性胶状体，与空气长期接触不固化的单组分蠕变性防水涂料。

北京蓝翎环科技术有限公司引进韩国先进技术研发的橡化沥青非固化防水涂料产品可分为涂抹型（BST-C）、喷涂型（BST-S）、注浆修补型（BST-U）、密封胶（BST-F）等多种，其中 BST-S、BST-C 主要应用于地铁、隧道、涵洞，建筑物和构筑物的地下及非外露防水工程，BST-U 主要应用于地铁、隧道、地下室等的堵漏工程，也可用于非外露屋面的防水维修工程。

橡化沥青非固化防水涂料的性能特点如下：

① 产品粘结性能好，可与木材、水泥、金属、玻璃等材料粘结，既可做涂层防水，又可作为防水卷材胶粘剂粘贴防水卷材，形成结构复合防水层。橡化沥青非固化防水涂料与三元乙丙防水卷材、聚乙烯丙纶防水卷材、聚氯乙烯防水卷材等众多防水卷材均有极好的粘结效果。

② 材料自身具有优越的延伸性、粘结性，能较好地适应结构变形，且不会因结构变形而导致防水层的破损，尤其是与卷材一起

形成复合防水层时，由于橡化沥青非固化防水涂料层吸收了全部的变形应力，卷材层不受到任何力的作用，从而确保了整个复合防水层能长期保持完整性。

③ 产品具有较好的柔性和自愈性，适合于基层的变形，与基层粘接形成皮肤式防水层，不剥离且能有效地防止窜水，施工时材料不会分离，可形成稳定、整体无缝的防水层，且易于维护管理，施工时若出现防水层破损也能自行修复，维持完整无缝的防水层。

④ 产品固含量达99%以上，几乎无任何挥发物，施工后始终保持胶状的原有状态，永不固化。产品具有优越的耐久性、耐疲劳性、耐高低温性。

⑤ 橡化沥青非固化防水涂料为环保型产品，没有游离的甲醛、苯、苯＋二甲苯，极少量的挥发性有机物，含量大大低于GB 18583《室内装饰装修材料 胶粘剂中有害物质限量》规定的各项有害物质限量指标，无毒、无味、无污染且不燃烧。

⑥ 橡化沥青非固化防水涂料对基层的潮湿度要求低，雨后将基层明水清扫后即可进行施工，为缩短地下室防水施工的工期创造了极好的条件。施工时可刮涂、也可喷涂，且不论冬季或雨季均可照常进行施工作业，喷涂施工的最低施工温度没有限定，可在任意低温条件下进行。

⑦ 产品可长期保存，不影响使用性能。

3.5.1 橡化沥青非固化防水涂料涂膜防水层的材料要求

橡化沥青非固化防水涂料是一种全新理念的动态型防水材料，固含量高达99%以上，施工后呈非固化膏状体，对基层变形及开裂的适应性强，防水层受外力作用破损后会自动愈合而不会出现窜水现象。该产品应用于各类型的建筑变形缝及注浆堵漏工程中，与防水卷材复合使用，构成自愈性复合防水层，使防水效果得到强化提高。

① 橡化沥青非固化防水涂料的主要物理性能应符合表3-43提

出的要求；环保性能指标参见表 3-44 提出的要求。

表 3-43　物理力学性能

序号	项　目		技术指标
1	闪点/℃	≥	180
2	固含量/%	≥	98
3	粘结性能	干燥基面	100% 内聚破坏
		潮湿基面	
4	延伸性/mm	≥	15
5	低温柔性		−20℃，无断裂
6	耐热性/℃		65
			无滑动、流淌、滴落
7	热老化 70℃，168h	延伸性/mm ≥	15
		低温柔性	−15℃，无断裂
8	耐酸性 （2% H₂SO₄ 溶液）	外观	无变化
		延伸性/mm	15
		质量变化/%	±2.0
9	耐碱性［0.1% NaOH + 饱和 Ca（OH）₂ 溶液］	外观	无变化
		延伸性/mm ≥	15
		质量变化/%	±2.0
10	耐盐性（3% NaCl 溶液）	外观	无变化
		延伸性/mm ≥	15
		质量变化/%	±2.0
11	自愈性		无渗水
12	渗油性/张	≤	2
13	应力松弛/% ≤	无处理	35
		热老化（70℃，168h）	
14	抗窜水性/0.6MPa		无窜水

表 3-44　橡化沥青非固化防水涂料环保要求

序号	项　　目	指　　标
1	游离甲醛/（g/kg）	≤0.5
2	苯/（g/kg）	≤5
3	甲苯＋二甲苯/（g/kg）	≤200
4	总挥发性有机物/（g/L）	≤700

② 高聚物改性沥青防水卷材、聚乙烯丙纶防水卷材、三元乙丙防水卷材等均应符合相关的标准提出的要求。

③ 隔离层采用 350 号纸胎油毡，厚度为 0.5mm 左右的 PE 片材等。

3.5.2　橡化沥青非固化防水涂料涂膜防水层的设计

橡化沥青非固化防水涂料膜防水层的设计要点如下：

① 橡化沥青非固化防水涂料适用于市政工程、地铁隧道、堤坝、水池、道路、桥梁以及地下室、厕浴间、屋面等部位的防水，其形式包括涂膜防水层、注浆堵漏。橡化沥青非固化防水涂料特别适用于变形大的防水部位和防水等级要求高的工程。

② 橡化沥青非固化防水涂料既可以单独用作一道防水层，又能与卷材共同组成复合防水层。若做一道防水层，其表面应附加隔离层，隔离层可以采用纸胎油毡，PE 片材等材料，其防水构造参照图 3-147；若用作复合防水层，其中的卷材防水层可选用厚度不小于 3mm 的高聚物改性沥青防水卷材或厚度不小于 0.7mm 的聚乙烯丙纶防水卷材等，其防水构造参照图 3-148。橡化沥青非固化防水涂料单独作为一道防水层时，适用于厕浴间防水以及屋面Ⅲ级防水工程，橡化沥青非固化防水涂料与防水卷材组成复合防水层时，适用于屋面、地下、水池及隧道等处的防水工程。

图 3-147　单层防水构造

图 3-148　复合防水层构造

③ 橡化沥青非固化防水涂料应用于一道防水层时，其涂料的厚度不应小于 2mm；应用于隧道防水层工程中，其涂料的厚度不应小于 2.5mm；应用于附加层中，其涂料的厚度不应小于 1mm。橡化沥青非固化防水涂料刮涂或喷涂 1mm 厚用料量理论值为 1kg/m²。

④ 橡化沥青非固化防水涂料也可作为注浆材料应用于注浆堵漏，在注浆堵漏维修工程中，橡化沥青非固化防水涂料与传统的消极的维修办法不同，能主动找到有裂缝的地方，修复破坏的防水层，重建防水结构的完整性，使原受损防水层的防水功能得到恢复。

⑤ Ⅰ、Ⅱ级屋面防水宜采用复合防水层构造，Ⅲ级屋面防水可采用单层防水层构造；复合防水层的表面应作保护层，保护层宜采用水泥砂浆、细石混凝土、块体材料等；屋面坡度若大于 25%，应采取固定措施，固定点应密封严密；在平面与立面转角处、女儿墙、水落口、出屋顶管根、天沟等细部构造部位均应作加强处理；屋面的排水坡度应符合设计的要求和现行国家标准及其他相关标准的规定。

⑥ 厕浴间的防水可选用单层防水层，其隔离层可选用纸胎油毡、PE 片材等。地面与墙面连接处、淋浴间防水层应往墙面上返 1800mm 以上或到顶部，其他部位的防水层往上返 250mm 以上。转角处、阴阳角等部位均应抹成小圆角，并刮涂橡化沥青非固化防水涂料附加层做加强处理，然后再做四周立墙防水层。管根孔洞在立管定位后，楼板四周的缝隙应用砂浆堵严，在管根与砂浆之间应留凹槽，槽深为 10mm，槽宽为 20mm，槽内嵌填防水密封胶或橡化

沥青非固化防水涂料。管根平面与周围立面转角处等部位采用橡化沥青非固化防水涂料刮抹做成附加层。

⑦ 地下防水工程应采用复合防水层构造体系，橡化沥青非固化防水涂料复合防水层应设置在结构主体的迎水面，转角处、阴阳角等特殊部位及立墙接茬部位均应做附加层，侧墙、底板、顶板复合防水层上均应设置保护层。

⑧ 隧道防水工程应采用复合防水层构造体系，如初期支护表面凸凹不平时，则需先用水泥砂浆找平，在拱顶（顶板）部位的复合防水层应用压条固定，固定点应做密封处理。

⑨ 橡化沥青非固化防水涂料适用于地上、地下工程的注浆堵漏维修。进行注浆堵漏维修工程防水设计时，首先要了解工程的原防水设计、材料选用、施工等情况，然后根据渗漏水情况制定具体的治理方案。根据渗漏水量以及渗漏面积，设定注浆孔距，一般孔距的范围为 50～1000mm，注浆钻孔时应设深度标尺，不宜打穿原有防水层，注浆压力范围为 0.1～0.5MPa。

⑩ 屋面的细部防水构造要求如下：

a. 无组织排水檐口 800mm 范围内的复合防水层的收头应固定密封，其构造参见图 3-149；檐口下端应做滴水处理；天沟、檐沟应增设附加层，与屋面交接处的附加层宜空铺，空铺的宽度不应小于 200mm，收头应固定密封，其构造参照图 3-150。

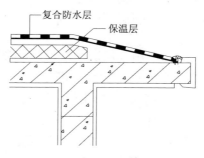

图 3-149　屋面檐口

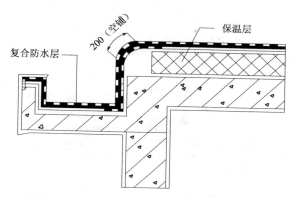

图 3-150　屋面檐沟

　　b. 女儿墙为砖墙且低于 600mm 时，复合防水层收头可直接铺至女儿墙压顶下，用压条钉压固定，并用密封材料封闭严密，其构造参照图 3-151（a），压顶应作防水处理；若女儿墙高于 600mm，防水层的收头可压入砖墙凹槽内固定密封，凹槽距屋面找平层的高度不应小于 250mm，凹槽上部的墙体应作防水处理，其构造参照图 3-151（b）。

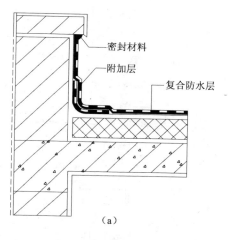

（a）

图 3-151　屋面女儿墙的构造（一）

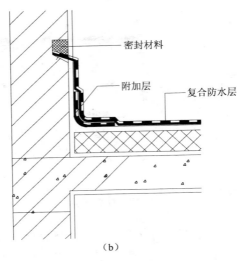

（b）

图 3-151　屋面女儿墙的构造（二）

c. 水落口 500mm 范围内的坡度不应小于 5%，并应用橡化沥青非固化防水涂料涂封，其厚度不应小于 2mm。水落口与基层接触处，应留宽 20mm、深 20mm 凹槽、填充密封材料或涂料。横式水落口的构造参照图 3-152（a），直式水落口的构造参照图 3-152（b）。

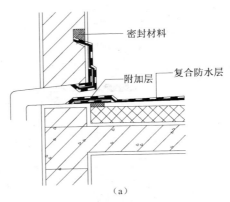

（a）

图 3-152　屋面落水口的构造（一）

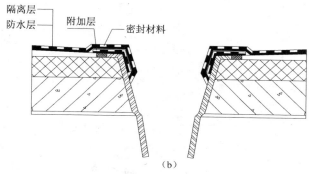

图 3-152　屋面落水口的构造（二）

d. 屋面变形缝内应填充泡沫塑料，其上部填放衬垫材料，并用卷材封盖，顶部加混凝土盖板或金属盖板，其构造参照图 3-153。

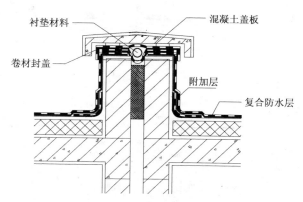

图 3-153　屋面变形缝防水构造

⑪ 根据厕浴间的防水设计等级，采用单层防水层构造体系，厕浴间防水构造层次参照图 3-154，厕浴间转角墙下水管防水构造参照图 3-155，厕浴间地漏的防水构造参见图 3-156。

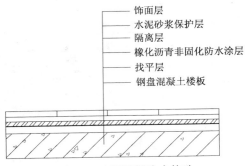

饰面层
水泥砂浆保护层
隔离层
橡化沥青非固化防水涂层
找平层
钢盘混凝土楼板

图 3-154　厕浴间防水构造

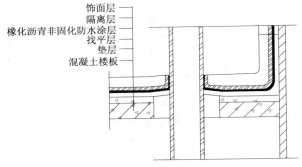

饰面层
隔离层
橡化沥青非固化防水涂层
找平层
垫层
混凝土楼板

图 3-155　转角墙下水管防水构造

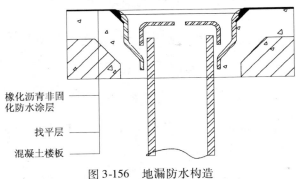

橡化沥青非固化防水涂层

找平层

混凝土楼板

图 3-156　地漏防水构造

⑫ 地下室细部防水构造的要求如下：

a. 地下室立墙的复合防水层接茬部位应做加强处理，可增设一层复合防水层，以封盖接缝，其构造参照图 3-157。

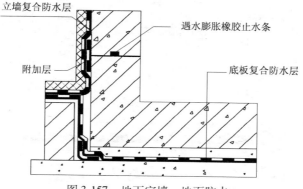

图 3-157　地下室墙、地面防水

b. 施工缝处防水可以采用外贴式防水；在施工缝处增设一道复合防水层，其宽度不应小于 200mm，其构造参照图 3-158。

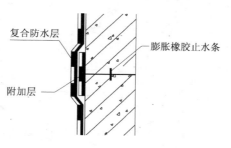

图 3-158　地下室施工缝

c. 变形缝外防水可采用复合防水构造形式，采用中埋式（外贴式止水带），在变形缝处增设一道复合防水层，其构造参照图 3-159。

d. 地下室立墙至顶板转角处防水应增设一道复合防水层作为加强处理，参照图 3-160。

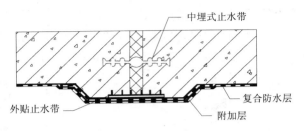

图 3-159 地下室变形缝

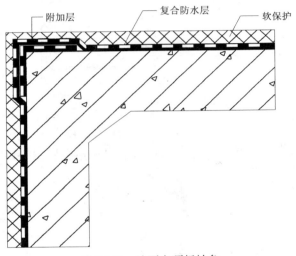

图 3-160 地下室顶板转角

e. 地下室穿墙管应在浇筑混凝土前预埋，管壁套遇水膨胀橡胶圈两道。穿墙管与墙体交接处预留凹槽，槽内用密封材料或涂料嵌严，其构造参照图 3-161。

⑬ 隧道防水工程采用复合防水层时，橡化沥青非固化防水涂料其厚度应不小于 2.5mm，高聚物改性沥青防水卷材的厚度应不小于 3mm，卷材接缝部位应当设在隧道底部两侧。隧道防水工程的构造参照图 3-162；隧道底板变形缝防水构造参照图 3-163；隧道顶板变形缝防水构造参照图 3-164。

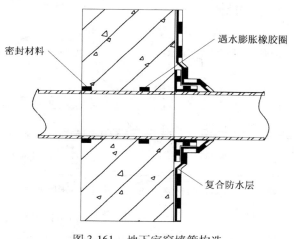

图 3-161　地下室穿墙管构造

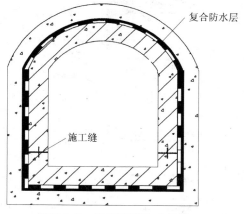

图 3-162　暗挖隧道防水构造

⑭ 注浆堵漏防水构造的要点如下：

a. 地下钢筋混凝土结构墙体、底板若大面积渗漏，可采取整体注浆，即在墙体、底板上面钻注浆孔，将结构层打透，经注浆后，在结构层处形成一层注浆料防水层。整体注浆防水构造参见图 3-165。

b. 地下混凝土底板、墙面出现裂缝造成渗漏水时，可采用裂缝注浆，形成局部防水层，底板注浆的构造参见图 3-166；墙面注浆的构造参见图 3-167。

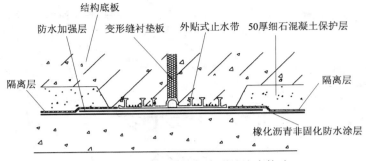

图 3-163　明挖隧道底板变形缝防水构造

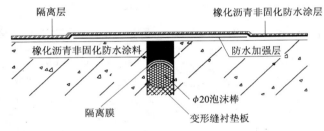

图 3-164　明挖隧道顶板变形缝防水构造

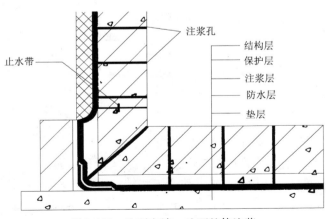

图 3-165　地下室墙、地面整体注浆

c. 当地下室顶板出现裂缝造成渗漏水时，可采用裂缝注浆堵漏，形成局部防水层，其防水构造参见图3-168。

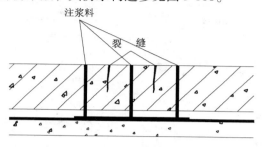

图 3-166 混凝土底板裂缝注浆

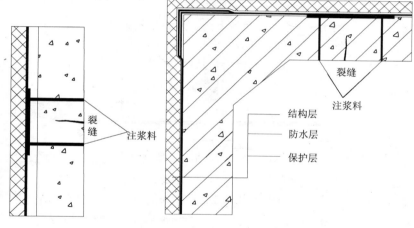

图 3-167 墙面裂缝注浆   图 3-168 地下室顶板裂缝注浆

d. 地下混凝土结构变形缝处发生渗漏水时，可采用在变形缝两侧钻孔进行变形缝注浆堵漏止水，钻孔时不宜打穿止水带，注浆钻孔位置尺寸参见图3-169；注浆构造见图3-170。

e. 在进行注浆堵漏时，先钻孔注浆，待止水后，可采用无纺布或遇水膨胀止水条封堵注浆孔，然后再外抹防水砂浆。注浆孔的构造参见图3-171。

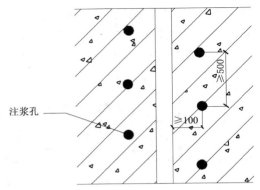

图 3-169　混凝土变形缝注浆孔位置

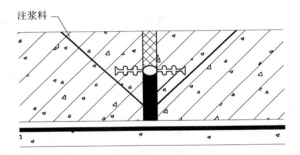

图 3-170　混凝土变形缝注浆剖面图

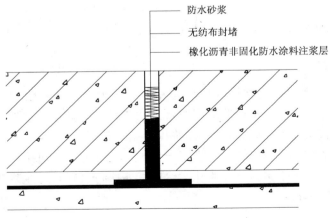

图 3-171　混凝土注浆孔构造

3.5.3　橡化沥青非固化防水涂料涂膜防水层的施工

橡化沥青非固化防水涂料涂膜防水层应由具有资质的防水专业队伍进行施工，其操作人员应经过专业的培训，方可持证上岗作业。若采用橡化沥青非固化防水涂料作注浆材料，进行注浆堵漏施工，其操作施工人员则应通过注浆专业培训后，方可上岗作业。

应用于橡化沥青非固化防水涂料涂膜防水层的各种防水材料均应有出厂合格证（防水卷材还应有生产许可证）和技术指标、性能检测报告。材料的各项检测数据均应符合国家相关标准及企业标准的规定。进入施工现场的防水材料应进行见证取样现场抽样复试，经复试合格的防水材料方可使用。涂料应复试固体含量，耐热度、低温柔度、不透水性等项目；高聚物改性沥青防水卷材应复试可溶物含量、拉力、延伸率、耐热度、低温柔度、不透水性等项目。

橡化沥青非固化防水涂料的施工工艺可分为刮涂法施工和预加热喷涂法施工，防水卷材直接铺在涂料表面，卷材的搭接部位采用冷粘法，在搭接缝处抹 2mm 厚橡化沥青非固化防水涂料后直接将另一半卷材搭接上并用压辊滚压即可。橡化沥青非固化防水涂料若用作注浆堵漏材料，可根据工程的渗漏情况，制定注浆堵漏方案，在进行注浆堵漏施工时，注浆孔也可穿透结构主体，使注浆料在结构主体外表面形成一道新的防水层。

橡化沥青非固化防水涂料涂膜防水层的施工方法如下：

1. 施工准备

（1）在防水施工前，应对图纸进行会审，掌握其细部构造及关键技术要求，编制相应做法的防水施工方案，经审批后方可实施。在实施前应向操作人员进行安全、技术交底。

（2）橡化沥青非固化防水涂料的施工机具如下：

① 扫帚、吹风机等清理基层用工具；

② 施工用专用设备（如喷涂设备、刮涂用挤压泵等）、输料管、喷枪、开刀、刮板、遮挡布、胶带等施工机具；

③ 裁料刀、压辊、开刀等铺贴卷材用工具；

④ 注浆堵漏用机具。注浆泵应能满足不间断连续加料，能满足结构孔深2m，注浆压力0.1MPa以上；钻头直径10～18mm，钻杆长300～1500mm。

（3）施工作业条件要求如下：

① 接设备所需耗电由现场专业电工完成专用设备连接通电，并应确认无误方可施工；

② 在施工前应检查专用设备各部件连接处并进行调试。

（4）防水施工时，环境温度为－10～35℃。雨雪天、5级风以上不宜进行防水施工。

（5）进行喷涂作业时，施工人员在进入现场时应配备相应的防护服、防护眼镜、过滤口罩；注浆堵漏作业时，施工人员应做好安全防护。

（6）基层表面明显的凹凸不平处，宜先用水泥砂浆抹平，穿过防水层的管道、预埋件、设备基础等均应在防水层施工前埋设和安装完毕。管道与结构之间的缝隙应用细石混凝土或聚合物水泥防水砂浆堵严。阴阳角、平面与立面的转角处应抹成圆弧，圆弧半径宜为50mm。

（7）待进行防水施工的基层通过基层验收后方可进行防水施工。验收的基层应平整、坚实，排水坡度符合设计要求，基层可潮湿但不能有明水。

2. 屋面防水工程的施工

屋面采用橡化沥青非固化防水涂料涂膜防水层的施工工艺流程参见图3-172。其施工工艺操作要点如下：

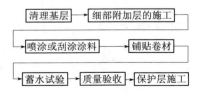

图3-172 屋面涂膜防水层的施工工艺流程

（1）屋面基层应平整、坚实、干净、无明水，若屋面基层有明显的凹凸不平处，应先采用水泥砂浆抹平，基层灰浆及建筑垃圾可采用扫帚或吹风机将其清理干净。

（2）屋面的雨水口、出屋面管根、女儿墙的阴阳角、天沟等处细部附加层的施工，应先刮涂 1mm 厚的橡化沥青非固化防水涂料层作加强处理。

（3）涂膜防水层的施工方法可分刮涂法施工与喷涂法施工，可根据施工现场情况及要求加以选择。

① 刮涂法施工主要适用于地下底板、立墙、屋面等便于刮涂的部位及节点部位、小面积的防水工程。施工时先开启挤压泵将橡化沥青非固化防水涂料挤出至基层，然后用齿状刮板将涂料刮涂均匀，满刮不露底，刮涂厚度应根据设计要求而定。

② 喷涂法施工主要适用于暗挖隧道拱顶等不便于涂抹施工的部位及大面积防水施工。喷涂作业应分区段施工，并预先做好遮挡工作，每一作业幅宽应大于卷材宽度300mm，调整好喷嘴与基面距离、角度及喷涂设备压力以求达到喷涂后材料表面平整，不露底且厚薄均匀。施工时应根据设计确定的涂膜防水层厚度进行多遍喷涂，每遍喷涂时应交替改变喷涂方向，同层涂膜的先后搭压宽度宜为 30～50mm。

（4）待涂膜防水层施工结束后，随即将防水卷材铺贴于已施工完成的防水涂料涂膜防水层表面，要求铺贴顺直、平整、无皱褶。

（5）卷材的搭接宽度为 100mm，搭接部位可采用冷粘形式，先将橡化沥青非固化防水涂料刮涂或喷涂于卷材搭接宽度范围内，无需表干时间，可直接施工搭接部位卷材，并采用压辊滚压。

（6）涂膜防水层完工后，层面应按规定进行蓄水试验，蓄水24h 或淋水 2h，以无渗漏为合格。

（7）在屋面防水层质量验收合格后，即可进行保护层的施工。按设计要求作相应的混凝土、块体材料或水泥砂浆保护层。

3. 厕浴间防水工程的施工

厕浴间的特点是管根等细部构造较多，宜采用刮涂法施工，施工工艺流程参见图 3-173。其施工工艺操作要点如下：

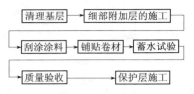

图 3-173　厕浴间涂膜防水层的施工工艺流程

（1）用扫帚或吹风机将基层灰浆及建筑垃圾清理干净。

（2）厕浴间的管根、地漏、阴阳角等处应先用橡化沥青非固化防水涂料刮涂 1mm，作加强处理。

（3）采用刮涂法工艺进行防水层施工，开动挤压泵，将橡化沥青非固化防水涂料挤至基层表面，用齿状刮板将防水涂料刮涂均匀，其厚度为 2mm，满刮不露底，并附上隔离层。

（4）防水层施工结束后，按规定进行蓄水试验，蓄水 24h 无渗漏水即为合格。

（5）在质量验收合格后，即可进行保护层的施工。

4. 地下防水工程的施工

地下防水工程防水层的设置，可采用混凝土主体结构外防外贴法及外防内贴法工艺，施工工艺流程参见图 3-174。其施工工艺操作要点如下：

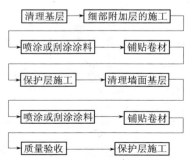

图 3-174　地下工程涂膜防水层的施工工艺流程

（1）用扫帚或吹风机将基层灰浆及建筑垃圾清理干净。

（2）对地下的管根、预埋件、阴阳角等细部构造之处应先刮涂 1mm 厚的橡化沥青非固化防水涂料作加强处理。

（3）涂膜防水层的施工方法可分刮涂法施工与喷涂法施工，可根据施工现场情况及要求加以选择，其施工步骤同本节 2（3）。

（4）随即将防水卷材铺贴于已施工完成的防水涂料表面，要求铺贴顺直、平整、无皱褶。卷材的搭接缝采用涂料以冷粘形式粘结。

（5）底板防水层施工完毕，经质量检查合格后，应及时按设计要求做保护层，底板防水层上的细石混凝土保护层厚度不应小于 50mm。

（6）采用扫帚或吹风机将地下墙面基层的灰浆清除干净，对墙面的凹凸不平处、孔洞及裂缝应预先修补平整。

（7）墙面涂膜防水层的施工方法同本节 2（3）。

（8）随即将防水卷材铺贴于已施工完成的防水涂料表面，卷材宜垂直铺贴，铺贴时应顺直、平整、无皱褶。在立墙与平面转角处，防水卷材的接缝应留在平面，距立墙应不小于 600mm。

（9）立墙卷材防水层在质量验收合格后，应按设计要求及时铺设保护层。

5. 地铁隧道防水工程的施工

复合防水层施工时可直接施工于初期支护上，无需其他衬垫材料（如土工布等），施工工艺流程参见图 3-175。其施工工艺操作要点如下：

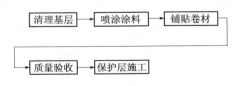

图 3-175　地铁隧道防水工程的施工工艺流程

（1）底板与墙面的操作方法同本节4。

（2）拱顶的操作要点如下：

① 用扫帚或吹风机将拱顶表面的灰浆清理干净，明显的凹凸不平处先找平，避免防水涂料用量过多。

② 无需等找平层完全干燥，当无明水时，潮湿基面状态下即可施工。因拱顶不便于涂抹施工，因此可采用喷涂施工。喷涂作业应分区域施工并做好遮挡工作。每一作业幅宽应大于卷材宽度300mm，调整好喷嘴角度及喷涂设备压力以求达到喷涂后的材料表面平整，不露底且厚薄均匀。施工对应根据设计厚度多遍喷涂，每遍喷涂时应交替改变喷涂方向，同层涂膜的先后搭压宽度宜为30～50mm。

③ 随即将卷材铺贴于已施工完成的防水涂料表面，要求铺贴顺直、平整、无皱褶，铺贴卷材时可适当用压条固定，以防卷材脱落，压条固定的部位用涂料密封处理。

④ 防水层质量验收合格后，应按设计要求及时铺设保护层。

6. 注浆堵漏工程的施工

注浆堵漏工程的施工工艺流程参见图3-176。其施工操作要点如下：

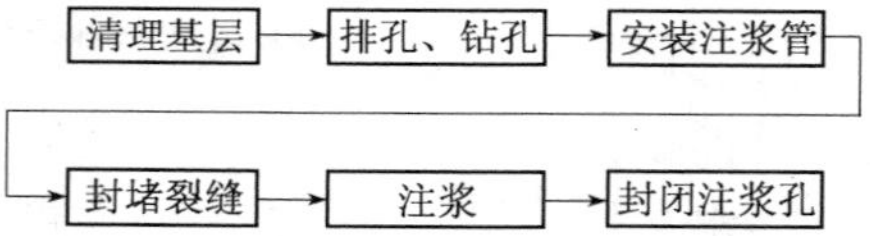

图3-176　注浆堵漏工程的工艺流程

（1）将基层面及裂缝内的浮浆、杂物、水垢及麻面清理干净，清理到坚实的混凝土基层处。

（2）注浆孔距应根据工程的具体情况而确定，按施工方案确定孔距，进行排孔，一般孔距范围为500～1000mm。大面积渗漏时，布孔宜密；裂缝渗漏时，布孔宜疏，钻孔宜深。注浆钻孔前应划出钢筋位置，钻孔时避开结构主筋，设定好孔深，进行钻孔。在注浆钻孔时应设置深度标尺，以控制注浆孔的深度。钻孔后应将孔内清洗干净，有流水的孔待水流变清即可，无流水的孔可用压力水将孔中的灰浆清洗干净。

（3）在已清理干净的注浆孔内安装专用的注浆管。

（4）用速凝止水材料将裂缝封严，以避免注浆液从裂缝中流出。

（5）将注浆管连接注浆泵，将注浆料徐徐注入注浆孔内，开始时应使注浆料循环一次，等注浆料变稀之后再进行注浆。当注浆料从相邻的注浆孔中流出时，注浆即可停止。卸下连接管，随即将准备好的封堵材料（如遇水膨胀橡胶止水条或专用无纺布等）用工具压入孔内，堵住浆液。注浆顺序自下而上，宜按先底板、后立墙、再顶（拱）板的顺序依次进行。注浆时应记录每孔注入浆料的数量，做到心中有数，若发现单孔的注浆料突然加大或减少时，应及时分析原因并进行处理。

（6）待注浆堵漏全部完成并观察 12h 无变化时，方可用防水砂浆将注浆孔逐个填塞、抹压平整。

3.6　聚合物改性沥青防水涂料路桥工程涂膜防水层的设计与施工

聚合物改性沥青防水涂料是一类以沥青为基料，采用合成高分子聚合物对其进行改性，配制而成的溶剂型或水乳型的，适用于建筑、道路桥梁等防水工程的涂膜型防水材料。

3.6.1　聚合物改性沥青防水涂料的品种及其性能

聚合物改性沥青防水涂料的主要成膜物质是沥青和橡胶（如天然橡胶、合成橡胶、再生橡胶等）以及树脂，是以橡胶和树脂对沥青进行改性而得到不同性能的涂料制品。如采用氯丁橡胶、丁基橡胶对沥青进行改性，则能得到可改善沥青气密性、耐化学腐蚀性、耐燃、耐光、耐气候性等性能的制品；如采用 SBS 橡胶对沥青进行改性，则能得到可改善沥青弹塑性能、延伸性能、耐老化性能、耐高低温性能的制品。

1. 聚合物改性沥青防水涂料的分类及主要品种

聚合物改性沥青防水涂料按其成分可分为水乳型高分子聚合物改性沥青防水涂料和溶剂型高分子聚合物改性沥青防水涂料两大类型；如按其改性剂可分为氯丁橡胶改性沥青防水涂料、丁苯橡胶改性沥青防水涂料、天然橡胶改性沥青防水涂料等。聚合物改性沥青防水涂料的分类参见图 3-177。

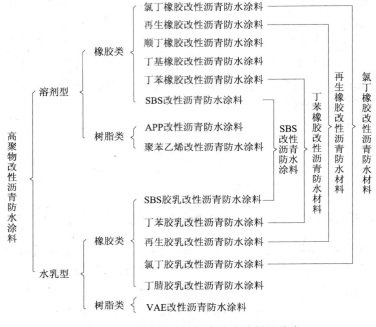

图 3-177　高聚物改性沥青防水涂料的分类

（1）溶剂型聚合物改性沥青防水涂料

溶剂型聚合物改性沥青防水涂料是以橡胶树脂改性沥青为基料，经溶剂溶解配制而成的黑色黏稠状、细腻而均匀的胶状液体的一种防水涂料。产品具有良好的粘结性、抗裂性、韧性和耐高低温性能。

溶剂型聚合物改性沥青防水涂料根据其改性剂的类别可分为：溶剂型橡胶改性沥青防水涂料和溶剂型树脂改性沥青防水涂料等两类。其具体品种主要有氯丁橡胶改性沥青防水涂料、丁苯橡胶改性沥青防水涂料、丁基橡胶改性沥青防水涂料、APP 改性沥青防水涂料等。

（2）水乳型聚合物改性沥青防水涂料

水乳型聚合物改性沥青防水涂料是以沥青乳液（如乳化沥青）

为基料，以合成胶乳（如氯丁胶乳、丁苯胶乳）为改性剂复合配制而成的一类防水涂料。

这类产品的主要成膜物质是沥青乳液和合成胶乳，与溶剂型聚合物改性沥青防水涂料相比较，由于以水代替了汽油等溶剂，因而具备了水性涂料的一系列优点。

我国生产的水乳型聚合物改性沥青防水涂料的品种有：氯丁橡胶改性沥青防水涂料、丁苯橡胶改性沥青防水涂料等品种。

2. 路桥用聚合物改性沥青防水涂料的性能和技术要求

对沥青进行改性，可使其性质得到进一步改善。沥青在建筑和路桥等工程中的应用，重要的一点是考虑其所具有的防水、防腐性能，在橡胶工业科技不断发展的情况下，高分子聚合物改性沥青防水涂料得到了迅速的发展和推广应用，已成为主要的防水涂料产品，此类防水涂料产品与其他防水材料产品相比，具有以下优点：

（1）防水性能优良，沥青的防水性能在各类防水材料中比较好，而且可运用于各种复杂的基层，其施工简单、柔韧性较好；

（2）耐久性好，包括耐气候老化性和耐化学腐蚀诸方面，与纯橡胶、塑料相比较，聚合物改性沥青防水涂料在长期的阳光紫外线和臭氧作用下老化很慢，在酸雨、含硫气体、土壤盐分、海水的作用下可以长期保持稳定；

（3）可在潮湿基面上施工，与基层的粘结性能好，尤其是水乳型聚合物改性沥青防水涂料，施工工艺简单方便，成膜过程中无有机溶剂逸出，不污染环境，不会引起燃烧，施工安全，价格适中，已成为聚合物改性沥青防水涂料的发展方向；

（4）材料来源广泛，成本相对低。

由国家发展和改革委员会发布的建材行业标准 JC/T 975—2005《道桥用防水涂料》对道桥用聚合物改性沥青防水涂料提出的技术要求见表3-45。

由交通部发布的行业标准 JT/T 535—2004《路桥用水性沥青基防水涂料》对以乳化沥青为基料的路桥用水性沥青防水涂料提出的

技术要求见表3-46。

表3-45　道桥用聚合物改性沥青防水涂料技术要求　　JC/T 975—2005

项　目				指标	
				I	II
涂料通用性能	1		固体含量[a]/% ≥	45	50
	2		表干时间[c]/h ≤	4	
	3		实干时间[a]/h ≤	8	
	4		耐热度/℃，无流淌、滑动、滴落	140	160
	5		不透水性（0.3MPa，30min）	不透水	
	6		低温柔度/℃，无裂纹	−15	−25
	7		拉伸强度/MPa ≥	0.50	1.00
	8		断裂延伸率/% ≥	800	
	9	盐处理	拉伸强度保持/% ≥	80	
			断裂延伸率/% ≥	800	
			低温柔度/℃，无裂纹	−10	−20
			质量增加/% ≤	2.0	
	10	热老化	拉伸强度保持率/% ≥	80	
			断裂延伸率/% ≥	600	
			低温柔度/℃，无裂纹	−10	−20
			加热伸缩率/% ≤	1.0	
			质量损失/% ≤	1.0	
	11		涂料与水泥混凝土粘结强度/MPa ≥	0.40	0.60
涂料应用性能	1		50℃剪切强度[b]/MPa ≥	0.15	0.20
	2		50℃粘结强度[b]/MPa ≥	0.050	
	3		热碾压后抗渗性	0.1MPa，30min 不透水	
	4		接缝变形能力	10000 次循环无破坏	
外观				L型道桥用聚合物改性沥青防水涂料应为棕褐色或黑褐色液体，经搅拌后无凝胶、结块，呈均匀状态；R型道桥用聚合物改性沥青防水涂料应为黑色块状物，无杂质	

　a. 不适用于 R 型道桥用聚合物改性沥青防水涂料。
　b. 供需双方根据需要可以采用其他温度。
　c. 道桥用聚合物改性沥青防水涂料按使用方式分为水性冷施工（L 型）、热熔施工（R 型）两种。
　d. 道桥用聚合物改性沥青防水涂料按性能分为 I 、II 两类。

表 3-46　水性沥青基防水涂料性能指标　　JT/T 535—2004

项　　　目		类　　　型	
		I	II
外　　　观		搅拌后为黑色或蓝褐色均质液体， 搅拌棒上不粘附任何明显颗粒	
固体含量/%		≥43	
延伸性/mm	无处理	≥5.5	≥6.0
	处理后	≥3.5	≥4.5
柔韧性/℃		−15±2	−20±2
		无裂纹、断裂	
耐热性/℃		140±2	160±2
		无流淌和滑动	
粘结性/MPa		≥0.4	
不透水性		0.3MPa，30min 不渗水	
抗冻性，−20℃		20 次不开裂	
耐腐蚀性	耐碱（20℃）	Ca（OH）$_2$ 中浸泡 15d 无异常	
	耐盐水（20℃）	3% 盐水浸泡 15d 无异常	
干燥性，25℃	表干	≤4h	
	实干	≤12h	
高温抗剪（60℃）/MPa		0.16	
抗硌破及渗水		暴露轮碾试验（0.7MPa，100 次）后， 0.3MPa 水压下不渗水	
人工气候 加速老化	外观	无滑动、流淌、滴落	
	纵向拉力保 持率/%	≥80	
	低温柔度/℃	−3	−10
		无裂纹	

注：试件参考涂布量与施工用量相同：1.5~2.5kg/m^2。

3.6.2 聚合物改性沥青防水涂料路桥工程涂膜防水层的设计

路桥用聚合物改性乳化沥青防水涂料在路桥工程中起防水和增强粘结的作用，该产品为单组分，冷施工，对基面的含水率要求不高，可在潮湿基面上施工，产品成膜时间短、施工成本低、保证施工快速安全。产品能适应基面变形，涂膜平均厚度在 1.5~2.0mm 时，能适应桥荷载抗拉、抗压的特点，当混凝土面板开裂小于或等于 2mm 时，防水涂膜变形而不被拉裂。该产品连续涂刷整体性好，对于拉毛桥面有相随性，并可在各层防水涂料间放置玻璃纤维布或其他合成纤维土工布，用以构成增强型涂膜防水层，可根据设计要求，做成一布三涂或二布多涂。路桥用聚合物改性沥青防水涂料适用于公路、城市道路桥面梁防水层、尤其适用于沥青混凝土铺装层桥面防水，例如钢筋混凝土、主梁结构为预应力工型组合梁、预应力 T 型组合梁、预应力空心板及其他简支梁（板）的现浇混凝土面板或现浇混凝土结构层上的钢筋混凝土框构桥等。

为满足路桥防水工程的各种技术要求，涂膜防水层的设计和施工是十分重要的。

路桥涂膜防水层设在沥青混凝土路面上面层与中面层之间，参见图 3-178；在桥面防水工程中，路桥涂膜防水层则设在桥梁水泥混凝土桥面铺装层和沥青混凝土铺装层之间，具体位置参见图 3-179。

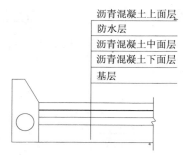

图 3-178　路面涂膜防水层位置示意图

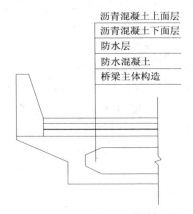

图 3-179 桥面涂膜防水层位置示意图

防水层的构造类型可分为涂膜型和涂膜增强型两类。涂膜型防水层是指在涂膜间不含任何增强布（胎基），通常选用两遍涂料，其改性沥青涂膜的厚度为：0.5～0.7mm；增强型防水层是指在涂膜之间满铺中碱性玻璃纤维布，桥面防水工程的设计构造层次，按桥梁等级及设防要求可分别选用以下相应的做法：①两布六涂，适用于大中桥或特大桥，涂膜厚度为 1.2～1.8mm；②一布三涂，适用于小桥面涵或通道顶面，涂膜厚度为 1.2～1.8mm。

路桥涂膜防水层的设计要点如下：

① 应选用易在潮湿基面作业的湿气挥发固化型涂料，如乳化沥青、丁苯胶乳改性沥青和阳离子氯丁胶乳改性沥青防水涂料等亲水性涂料；

② 选用断裂延伸率大的防水涂料，以适应桥梁的振动和变形；

③ 选用防水层与路桥板和顶层粘结性可靠的防水涂料；

④ 为增强防水效果，涂料应与玻纤布、无纺布等复合使用，以提高防水层的强度；

⑤ 施工基层应干净、平整、无浮浆，混凝土强度达到 70% 以上。

⑥ 钢筋混凝土路桥板与铺装层之间应设置有效的防水和防溶解盐的不透水层，以避免发生水侵害锈蚀钢筋；

⑦ 路桥板防水层顶，可采用水泥混凝土或沥青混凝土路桥铺装层；

⑧ 选用的路桥防水涂料应坚固、耐久、弹韧性强，能适应高温90℃，低温 −15 ~ 30℃和沥青混凝土摊铺温度150℃的热碾压施工要求；

⑨ 桥梁防水层设计厚度：采用水泥混凝土铺装层时，防水层厚度为1.5mm，采用沥青混凝土铺装层时，厚度为2mm，当桥梁纵向坡度大于1.8%时，防水层厚度可适当减薄；

⑩. 防水涂料施工后，为防止被绑扎混凝土铺装层的钢筋扎破，或碾压沥青混凝土铺装时破损，应在防水层顶设置保护层，保护层应在防水层施工后24h内完成。

3.6.3 聚合物改性沥青防水涂料路桥工程涂膜防水层的施工

路桥用聚合物改性乳化沥青防水涂料的施工内容包括桥面基层验收、桥面清理、防水层施工等内容。

路桥用聚合物改性乳化沥青防水涂料的施工工艺流程参见图 3-180；其施工质量保证体系参见图 3-181。

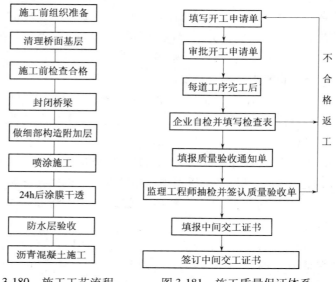

图 3-180 施工工艺流程　　　图 3-181 施工质量保证体系

1. 施工组织方案

路桥用聚合物改性乳化沥青防水涂料的施工作业人员的组成参见图 3-182。

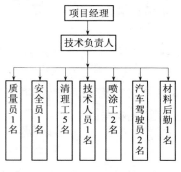

图 3-182　施工人员组织机构图

根据路桥工程施工单位的要求及路面沥青摊铺进度，安排施工队伍进场，施工队根据前后施工工序分成若干小组，分别配备车辆、设备，进行作业。其作业内容如下：

① 处理由于施工工艺需要而设置的预埋件、工艺孔等，清理路桥面，将垃圾及废弃物搬至指定地方，用强力吹风机吹扫路桥面。

② 处理路桥面被油污染或不结实的基层表面，用路面基层清理机（250 清渣机）地毯式检查清除基层表面浮浆，对于附着比较结实的浮浆，需人工采用钢丝刷、铲子、钢凿等工具进行清除，并进行验收，每 $300m^2$ 检查一处。

③ 经验收合格后封闭路桥面，然后进行路桥面防水层施工，必须待防水涂膜完全干燥后，方可解除交通封闭。

2. 施工机具

路桥面防水涂料施工方便，可采用刷涂工艺或喷涂工艺施工。为了提高施工效率和施工质量，目前多采用机械化喷涂的施工方法，其施工常用机具如下：

防水涂料喷涂车或 300 喷涂机；

路面基层清理机；

强力吹风机；

铲子、钢丝刷、钢凿、榔头、油灰刀等。

3. 基层验收

桥梁铺装层（找平层）施工完毕进入桥面防水粘结层施工之前，须重点注意以下几点：

① 注意对于桥梁施工工艺需要而设置的特殊装置，包括孔洞、预埋件、管道等，进行妥善处理；

② 注意对桥梁主体施工过程造成的桥面污染物进行认真处理，包括油污、覆盖物等；

③ 特别注意：标高、横坡、纵坡应符合设计要求；

④ 桥面洒水检验，不应有严重的底洼聚水现象。

4. 桥面清理

桥面基层经验收合格后方可进入清理阶段、本阶段是防水粘结层施工最关键的环节，清理不好，再好的材料其作用也发挥不出来。清理工作严格按以下规程进行操作：

① 拆除工作面上的设备及设施，并处理由于施工工艺需要而设置的预埋件、工艺孔等问题；

② 清扫垃圾及其他杂物、废弃物；

③ 用强力吹风机等吹扫桥面细微颗粒及粉尘；

④ 根据桥面验收结果，处理局部被油污染或不结实的基层表面等问题；

⑤ 用人工或清理机对基层表面浮浆进行地毯式检查和清除；

⑥ 用桥面清渣机或人工（钢刷）地毯式地清理桥面附着比较结实的浮尘，要求顺着基层纹理方向清理，直至再清理不出粉尘，并且在混凝土表面上能清晰地看到密集的细砂为止，经验收（每 300m^2 检查一处）合格，可进行下道工序；

⑦ 再用强力吹风机等吹扫清理出来的粉尘。经验收合格后封

桥，禁止车辆通行。

5. 桥面防水层的施工

（1）施工步骤

桥面清理经验收合格后，方可进入桥面防水粘结层施工。在进行涂料施工时，先进行细部节点构造的附加层施工。对于活动量较大的主梁纵向缝、横向缝应嵌填背衬材料和密封材料，再进行胎体增强材料和涂料的施工。施工宽度应超过缝宽每侧 50 ~ 100mm，最好先空铺一层油毡条，以使防水层有足够的变形量；对于阴阳角、水平面与立面交界处、泄水孔等处，先用小刷做一布三涂附加层处理，对阳角部位应加强涂刷防水涂料三遍，伸缩缝，施工缝用涂料浸透，保证涂料渗入混凝土表面毛细孔，使其有足够的粘结力。

对细部节点处附加层施工完后，方可进行大面积施工。大面积满刷第一遍涂料，速度不宜过快，应使涂料渗进混凝土中，不得出现气泡。在第一遍涂料实干之后，方可涂刷第二遍涂料。在进行大面积施工时，胎体增强材料的铺设可在第二遍涂料表干后进行，涂刷第三遍涂料和满铺第一层胎体增强材料，边铺边刷涂料，表干后再涂刷第四遍涂料。胎体增强材料的铺设方向不作规定，其搭接宽度不应小于 100mm。如胎体增强材料其间出现空鼓、皱褶，应将其剪开，排出气泡后，再铺贴平整并补刷涂料，用涂料压实布面并粘牢。各层涂料在表干后，即可涂刷下一遍涂料和铺布。当铺贴最后一层胎体增强材料后，其表面宜再涂刷两遍涂料。涂料的涂刷力求均匀、厚薄一致，基本要求是薄、透、匀、牢。涂刷涂料不准有漏涂现象，并应保证防水层的厚度，使路桥面形成一个整体无缝的防水层。

对涂膜防水层所用的中碱性玻璃纤维布胎体增强材料的技术要求如下：

抗拉强度（经向）		450N/25mm
	（纬向）	250N/25mm
厚度		0.12 ~ 0.13mm

纤维系数（经向）　　　12 根/cm

　　　　（纬向）　　　10 ~ 11 根/cm

防水层施工时，对基层应进行拉毛处理，拉毛的方向是顺桥面横向进行，拉毛深度 1 ~ 3mm，拉毛的主要作用是加强防水层与基层的粘接，防止两者之间的滑动，造成防水层的破裂而失去防水作用。

涂膜防水层可采用刷涂、喷涂等工艺进行施工。涂膜防水层施工完毕后，在尚未达到设计强度要求前，不允许上人行走踩踏，加压任何荷载，防止损坏防水层。

在涂膜防水层施工时，涂料应在路桥范围以外堆放整齐，以免泄漏，并按当天的施工用量取用，防止涂料污染梁体和其他部位。

（2）施工规程

路桥涂膜防水层的施工，必须严格遵守以下技术规程：

① 基层清理经验收合格并表干之后即可涂刷防水层；

② 第一层机械喷洒或人工涂刷，确保涂层均匀（既有一定量利于渗透，又不在低洼处汇聚沉积）。

③ 第二遍涂刷须等第一遍涂刷约 24h 干透之后才可进行（根据涂料实际干透情况，由现场施工负责人掌握），喷涂 2 ~ 3 遍，总厚度控制在 0.6 ~ 0.8mm；

④ 涂刷过程避免人员和车辆通行；

⑤ 每一层涂料喷涂后，均须检查；

⑥ 进行下道工序作业时，尽量避免损坏防水层。如有损坏，应及时补刷。

（3）施工注意事项

① 伸缩缝、施工缝用涂料浸缝。干燥后将冷底子油搅拌均匀，然后喷涂或用橡胶刮板刮涂一层，以保证涂料渗入混凝土表面毛细孔，使其有较强的粘结力。待冷底子油干后将防水涂料（用前搅拌均匀）喷涂或用橡胶刮板刮涂 4 ~ 6 遍，涂膜厚度 1.0 ~ 1.2mm，每次刮涂应等前道涂刮的涂料完全干后再进行，以防起鼓。每两遍间隔时间为 6 ~ 18h。涂刷必须均匀，不堆料也不漏刷。

② 施工温度以 5～35℃ 为宜，若夏天基层表面温度超过 35℃，可用冷藏车水冲洗，拖干后施工。

③ 雨、雪天不能施工，施工后涂层未干前不能淋雨水。五级风以上不得施工。

④ 路桥防水涂料在施工中，应在现场对防水涂料进行抽样检测，以保证产品质量符合标准要求。

⑤ 施工过程中，严防乱踩未干的防水层。防水层做完后在未铺沥青混凝土铺装层前须严防尖锐物、汽车开行等人为损坏防水层。

⑥ 防水涂料施工后，为防止被绑扎混凝土地铺装层的钢筋扎破，或碾压沥青混凝土铺装时破损，应在防水层顶设置保护层。

6. 养护

① 桥面施工结束后，防水膜在 24h 内（未干时）严禁车辆、行人通行。

② 沥青混凝土摊铺时车辆严禁急刹车、调头。

7. 安全保证措施

① 施工进场应封闭交通并设置施工安全警示交通标志。

② 对施工人员在进场前进行安全教育，司机做到安全行驶，各机械设备由专人负责，做好维护保养工作，使机械设备保持良好的运行状态。

③ 施工人员进入工作现场时做好劳动保护。

④ 做好安全用电及防火工作。

⑤ 每日清理的垃圾倒到指定地点；喷涂施工时在防撞墙两侧贴胶带纸并覆薄膜；确保发电机所用柴油不滴漏，以防污染桥面。以上各项通过自检后再由现场监理工程师检查认可。

8. 防水层的质量检验与验收评定

（1）涂膜防水层所用的各类防水材料都必须有产品合格证及现场抽样检验合格的测试报告，检验取样标准，每 10～50t 送检一次，每次取样 2kg。

（2）路桥面防水层的质量应符合以下要求：

①. 防水层表面应平整、无裂缝、无漏涂、无机械损伤；

② 防水层与基层以及泄水口等细部构造节点牢固密封，无空鼓、起层、翘边等缺陷；

③ 胎体增强材料的纵、横搭接宽度及上下层错缝间距不得小于有关规定；

④ 防水涂膜的厚度应符合设计规定，其厚度的检查可采用针测法，随机抽样。检测频率：大桥检测 20 点，中桥及小桥检测 10 点。

（3）防水层不得有渗漏现象，必要时可进行渗漏检验。

（4）防水层施工完毕后，经自检合格，报请建设单位或监理等有关部门检查验收，进行质量评定，签署验收意见并填写质量检验表。

3.7　聚甲基丙烯酸甲酯防水涂料的施工

聚甲基丙烯酸甲酯防水涂料（简称 PMMA 防水涂料）是指由甲基丙烯酸甲酯类单体及其预聚物为主要组分组成的一类反应型多组分耐候性优良的防水防腐材料。聚甲基丙烯酸甲酯防水涂料根据其组成材料的不同可分为暴露型和非暴露型；根据其适用的温度范围可分为常温型和低温型。

根据施工的需要，调节产品的固化时间，产品可进行无气喷涂、辊涂和刷涂。喷涂时 A、B 组分可按 1∶1 的体积比混合使用。

该产品具有优良的物理机械性能和耐老化能力，对混凝土结构和钢结构均具有较高的粘结强度，可长期暴露于大气环境中使用，且不含任何挥发性有机溶剂，属于环保型绿色产品，可为水平底材提供一道高强度、延伸性好、附着力高的防水、防腐蚀、抗冲击、抗穿刺的保护层，可广泛应用于高速铁路混凝土桥面防水、钢结构桥面板防水、高速公路或市政高架桥桥面防水、桥墩防水、民用建筑的屋面防水、隧道、地铁等工程的防水抗渗。在成功开发出高铁用聚甲基丙烯甲酯防水涂料后，现正朝着系列化的方向发展，相继开发出了 PMMA 彩色防滑路面系统、高速公路快速修复系统、PM-MA 地坪涂料等。

3.7.1　聚甲基丙烯酸甲酯防水涂料的性能要求

聚甲基丙烯酸甲酯防水涂料按其产品的物理力学性能可分为 Ⅰ型、Ⅱ型。

对产品的一般要求是：产品不应对人体、生物与环境造成有害的影响，所涉及与使用有关的安全与环保要求，应符合我国的相关国家标准和规范的规定。

产品的外观：液体组分经搅拌后为均匀体，无凝胶、无结块；固体组分为均匀体，无结块。

产品的物理力学性能：基本性能应符合表 3-47 提出的要求；耐久性能应符合表 3-48 提出的要求；特殊性能应符合表 3-49 提出的要求，特殊性能当根据产品的特殊用途需要时或供需双方商定时测定，其指标也可由供需双方另行商定。

表 3-47　聚甲基丙烯酸甲酯（PMMA）防水涂料的基本性能

序　号	项　　目		技术指标	
			Ⅰ型	Ⅱ型
1	固体含量/%	≥	92	95
2	凝胶时间/min	≥	5	
3	表干时间/min	≤	45	
4	拉伸强度/MPa	≥	8.0	12.0
5	断裂伸长率/%	≥	150	100
6	撕裂强度/（N/mm）	≥	50	60
7	低温弯折性/℃	≤	−25	−20
8	不透水性		0.4MPa，2h 不透水	
9	加热伸缩率/%	伸长　≤	1.0	
		收缩　≤	1.0	
10	粘结强度/MPa	≥	2.0	2.5
11	剥离强度/（N/mm）		3.0	3.5
12	吸水率/%	≤	5.0	

表 3-48　聚甲基丙烯酸甲酯（PMMA）防水涂料的耐久性能

序号	项目			技术指标	
				Ⅰ型	Ⅱ型
1	热处理	拉伸强度保持率/%	≥	95	
		断裂伸长率保持率/%	≥	95	
		低温弯折性/℃	≤	−25	−20
2	酸处理	拉伸强度保持率/%	≥	90	
		断裂伸长率保持率/%	≥	90	
		低温弯折性/℃	≤	−25	−20
3	盐处理	拉伸强度保持率/%	≥	90	
		断裂伸长率保持率/%	≥	90	
		低温弯折性/℃	≤	−25	−20
4	碱处理	拉伸强度保持率/%	≥	90	
		断裂伸长率保持率/%	≥	90	
		低温弯折性/℃	≤	−25	−20
5	人工气候老化	拉伸强度保持率/%	≥	90	
		断裂伸长率保持率/%	≥	90	
		低温弯折性/℃	≤	−25	−20

表 3-49　聚甲基丙烯酸甲酯（PMMA）防水涂料的特殊性能

序号	项目		技术指标	
			Ⅰ型	Ⅱ型
1	硬度（邵A）	≥	70	80
2	耐磨性/［（750g/500r）/mg］	≤	40	30
3	耐冲击性/（kg·m）	≥	0.6	1.0

产品中的有害物质含量应符合建材行业标准 JC 1066—2008
《建筑防水涂料中有害物质限量》中反应型防水涂料 A 型要求，见
表 3-50。

表 3-50　反应型建筑防水涂料中有害物质限量　JC 1066—2008

序　号	项　　　目		含量
			A 型
1	挥发性有机化合物（VOC）/（g/L）≤		50
2	苯/（mg/kg）　　　　　　≤		200
3	甲苯 + 乙苯 + 二甲苯/（g/kg）　≤		1.0
4	苯酚/（mg/kg）　　　　　≤		200
5	蒽/（mg/kg）　　　　　　≤		10
6	萘/（mg/kg）　　　　　　≤		200
7	游离 TDI[a]/（g/kg）　　　≤		3
8	可溶性重金属[b]/（mg/kg）≤	铅 Pb	90
		镉 Cd	75
		铬 Cr	60
		汞 Hg	60

a 仅适用于聚氨酯类防水涂料。
b 无色、白色、黑色防水涂料不需测定可溶性重金属。

3.7.2　聚甲基丙烯酸甲酯防水涂料防水层的施工

聚甲基丙烯酸甲酯防水涂料可以采用喷涂、刮涂、辊涂等工艺进行施工。就喷涂而言，可选的喷涂设备有重庆长江喷涂机、美国固端克喷涂机（如固端克 Hydra-cat68：1 机械式双组分混合设备）等。喷涂设备通常由：高压力输送转移泵、完全气动防爆设计、双组分比例固定互锁设计、带快速清洗的预混器、静态混合装置和熟化管、具有反冲洗功能的单组分高性能喷枪等组成。

下面以铁路混凝土桥面防水层为例，介绍聚甲基丙烯酸甲酯防水涂料的喷涂施工技术和施工要求。

聚甲基丙烯酸甲酯树脂防水层源自英国铁路，具有独特的性能，不需要混凝土保护层且能适用于各种不规则的基面，耐磨、耐久性能好、流淌性固化性好、施工方便、周期较短，便于检查和修补，是一种理想的防水材料。

铁路混凝土桥面的防水层是提高铁路混凝土桥梁耐久性的重要技术手段，既有桥梁由于桥面防水层失效而导致桥面板渗水、钢筋锈蚀的状况很多，直接影响梁部结构的使用寿命。如今快速轨道交通桥梁工程的特点是桥面结构措施简单，恒活载相对较小，结构轻型化，取消了桥面防水层的混凝土保护层以减轻桥面二期恒载，无砟轨道采用框架板式，其底座则通过预埋钢筋与桥梁结构面现浇成一体，从而形成凹凸不平的外表面，针对这种情况，采用喷涂工艺喷涂防水涂料形成涂膜防水层较为适合。

聚甲基丙烯酸甲酯防水涂料防水层的施工要点如下：

（1）聚甲基丙烯酸甲酯防水涂料防水层适用于有砟桥面和无砟桥面的防水防腐，凡采用外露型聚甲基丙烯酸甲酯防水涂料作涂膜防水层者，其防水层上面不需要再设置保护层。防水层的构造应符合设计图纸提出的要求。

（2）在聚甲基丙烯甲酯涂膜防水层施工之前，应在已处理好的混凝土表面做一道低黏度聚甲基丙烯酸甲酯树脂基层处理剂，以封闭混凝土并提高涂膜防水层与基层之间的粘结强度。聚甲基丙烯酸甲酯涂膜防水层应能根据实际需要调整厚度，最低厚度为1mm时其物理力学性能指标应仍能达到技术要求。

（3）聚甲基丙烯酸甲酯防水涂料涂膜防水层在施工前，须对基层进行表面处理。以混凝土基层为例，所有欲涂涂膜防水层（厚度范围在1~3mm之间）的混凝土面板必须使用机械工具进行处理（如真空喷砂清理等），使其表面平整并使其粗糙度达到CSP3~CSP5，为涂布基层处理剂做好预备工作。混凝土基层表面处理要求及相关标准如下：

① 引用ICRI技术指南《对表面密封层、涂层和聚合物覆盖层所需要的混凝土表面处理的选择和规范要求》国际混凝土修复协会（ICRI）1997年1月编制，指南编号：NO：03732中有关混凝土粗糙度的要求及标准：

　　ICRI 对于每一个粗糙度都有一个相对应的混凝土粗糙度编号，从 CSP1（几乎是平面）到 CSP9（非常粗糙），可以提供明确的视觉标准，以方便产品的操作和认证。表 3-51 所示的各种方法混凝土表面粗糙度的要求，每一个编号的混凝土表面粗糙度都具有典型的式样及纹理，每一个表面粗糙都有着代表性的粗糙面高度，这一粗糙高度与用相同的混凝土表面粗糙度编号鉴定的所有方法相互适应。

表 3-51　施工方法选择对照表

使用的涂料	混凝土表面粗糙度								
	CSP1	CSP2	CSP3	CSP4	CSP5	CSP6	CSP7	CSP8	CSP9
密封层（0～75μm）	▬	▬	▬						
薄膜（100～250μm）	▬	▬	▬						
高成膜性涂料（100～250μm）			▬	▬	▬				
聚合物涂料（1250μm～3mm）				▬	▬	▬			
预制方法	CSP1	CSP2	CSP3	CSP4	CSP5	CSP6	CSP7	CSP8	CSP9
清洁剂刷洗法	▬								
低压水清洗法	▬								
酸蚀法		▬	▬						
打磨法		▬	▬						
喷砂法			▬	▬	▬				
钢丸喷砂法				▬	▬	▬	▬	▬	
挖松法					▬	▬	▬	▬	▬
针式剥落法						▬	▬	▬	▬
高压/超高压喷水法						▬	▬	▬	▬
粗琢法							▬	▬	▬
焰喷法								▬	▬
研磨/转磨法									▬

② 根据 NACE NO.6/SSPC-SP13 联合表面处理标准，混凝土涂装前应测量含水率。针对 MMA 防水涂料而言，混凝土含水率应该不超过 10%，混凝土表面应该干燥。

③ 对混凝土表面平整的要求，还有所有新的混凝土基面必须被养护至少 7d 并且修饰到 U4 标准。混凝土表面 U4 标准的定义来源于英国交通部高速公路工作处，在香港地区也得以实施。这个表面能被防水系统所接受是已经证实的。U4 表面除具备表 3-52 所列特征外，还必须干燥、没有油污、浮浆、养护剂、附着不良物、苔藓、水藻和其他杂物，混凝土突出部位和不规则的接缝位置以及锋利的内角和外角应该被填充或处理平整，圆顺是非常必要的。当混凝土完全硬化后，通过对其表面的处理如打磨或是其他满足材料厂商并得到工程师的同意的方法将能够防止浮浆的出现，最后得到的表面是粗糙的。表 3-52 是对 U4 表面的描述。

表 3-52　施工混凝土 U4 等级的纹理特征

混凝土等级	处理方法	纹理特征		特别要求
		不规则纵面的容许度	不规则的横面的容许度	
U4	通过手动或者机械方法处理	刷痕（纵面凸起或凹陷）<3mm	在 2m 范围内横向坡度 <10mm	粗糙纹理

（4）在涂布聚甲基丙烯酸甲酯防水涂料之前，应先在已处理好的混凝土基层表面涂布一道低黏度的聚甲基丙烯酸甲酯树脂基层处理剂，其涂布率为 0.2kg/m²。基层处理剂涂布完之后，禁止车辆经过，以免造成不必要的污染。检查基层处理层质量，应无粘着或接触时不感柔软，否则应放置更长时间让基层处理剂彻底干固。检查时可用指甲轻刮表面，检查是否完全固化，完全固化时其表面应不留痕迹。一般情况下基层处理剂涂布后 1h 即可进行下一步施工。当基层处理剂完全固化后，必须通过报检及通过拉力测试合格后，方可进行聚甲基丙烯酸甲酯涂料防水涂膜层的施工。附着力测试铆钉可

采用原聚甲基丙烯酸甲酯防水胶粘结，附着力测试结果要作记录。

（5）聚甲基丙烯酸甲酯防水涂料防水层的施工方法如下：

① 施工温度范围为 5~40℃，4 级以上强风天气不宜进行桥面防水层施工，施工周围的环境相对湿度不高于 95%，施工时基面温度应该在露点 3℃ 以上，在施工时不做防水层的部位应先作临时保护。

② 防水涂膜的施工应连续进行，若因天气等因素造成防水涂膜喷涂施工中断，则应预留出搭接位置约 50mm 宽；第一层施工后半个小时即可施工下一层。当下一层施工搭接该位置时，如因搁置时间已超过 24h，则其搭接位置应用丙酮擦拭涂层表面，基层处理层只要用砂纸轻轻打磨便可。

③ 防水涂料 A、B 组分的比例是 1:1，应在喷涂机内度量和搅拌混合，未连接到喷器之前，不能在其他容器内混合 A、B 组分。

④ 聚甲基丙烯酸甲酯防水涂膜的最小厚度要求：无砟轨道结构 CA 砂浆覆盖下的区域不小于 1mm，其余区域不小于 1.5mm，有砟轨道不小于 2mm。

如果防水涂膜的厚度 ≥2mm，为满足施工要求，应分两层施工。为避免漏喷，应采用不同颜色。

⑤ 聚甲基丙烯酸甲酯防水涂料的用量：1mm 干膜厚度用量为 1.3~1.5kg/m^2；2mm 干膜厚度用量 2.6~3.0kg/m^2；3mm 干膜厚度用量 3.6~4.5kg/m^2。

⑥ 上述喷涂施工聚甲基丙烯酸甲酯防水涂膜期间最少每 50m^2 量度一次（"量度一次"是指按⑤要求量度一次涂料的使用量以及厚度等）。

3.8 聚合物水泥防水涂料防水层的设计与施工

聚合物水泥类防水材料的应用十分广泛，其产品有聚合物水泥防水砂浆、聚合物水泥防水涂料、聚合物水泥防水浆料等多种。

在传统的防水技术中，水泥应用于刚性防水，合成高分子材料则应用于柔性防水，两者往往是泾渭分明的。刚性类防水材料耐久性能好，与基面完全相容，但其不适应变形；柔性类防水材料品种众多，适应变形，但与基层相容性差，且还存在着老化的问题，耐久性亦稍有不足。聚合物与水泥的结合，在国外二战后就出现了，主要的品种是聚合物水泥砂浆，虽有一定的韧性，能克服水泥水化产生的裂缝，但仍不足以抵抗变形。随着聚合物生产技术的成熟，聚合物使用的比例逐渐加大，聚合物水泥类材料得到了迅速的发展，聚合物水泥类防水材料技术性能优良，符合环保要求，显示出了强大的优势。

聚合物水泥防水涂料（简称 JS 防水涂料），是建筑防水涂料中近十年来发展起来的一大类别。是以丙烯酸酯、乙烯-乙酸乙烯酯等聚合物乳液和水泥为主要原料，加入填料及其他助剂配制而成的一类双组分水性防水涂料。经水分挥发和水泥水化反应固化成膜，适用于房屋建筑及土木工程涂膜防水，其性质属有机与无机复合型防水涂料。此类涂料兼有聚合物涂膜的延伸性、防水性以及水硬性材料强度高、易与潮湿基层粘结的优点，并可根据不同工程或不同工程部位设计要求调节柔韧性和强度等性能，施工防水方法灵活方便，尤其是以水为分散剂，消除了焦油类、沥青类、溶剂类涂料易污染环境的弊病，有利于环境的保护，问世以来得到了迅速的发展和广泛的应用。此类涂料产品已发布了国家标准 GB/T 23445—2009《聚合物水泥防水涂料》。

3.8.1 聚合物水泥防水涂料的分类和性能

3.8.1.1 聚合物水泥防水涂料的分类

聚合物水泥防水涂料产品根据其物理力学性能的不同可分为 I 型（断裂伸长率≥200%）、II 型（断裂伸长率≥80%）和 III 型（断裂伸长率≥30%）。 I 型产品适用于活动量较大的基层， II 型和 III 型适用于活动量较小的基层。

聚合物水泥防水涂料产品根据聚合物乳液和水泥的不同比例，可分为高伸长率和高聚灰比产品、低伸长率和低聚灰比产品等两大类型， I 型产品属于高伸长率和高聚灰比产品，适用于比较干燥、基层位移量较大的部位，Ⅱ型和Ⅲ型产品属于低伸长率和低聚灰比产品，适用于长期接触水或潮气、基层位移量较小的部位。

1. 高伸长率和高聚灰比产品

高伸长率和高聚灰比产品（即国家标准 GB/T 23445—2009《聚合物水泥防水涂料》中的Ⅰ型产品）是以聚合物为主的防水涂料，主要适用于非长期浸水环境下的建筑防水工程，聚合物与水泥的质量比（聚灰比）一般为：聚合物：水泥＝1∶1 或聚合物：水泥＝1∶0.7。

此类产品的多数性能与单组分丙烯酸酯聚合物乳液防水涂料较为相似，成膜后其强度更高些，断裂伸长率则略低一些，但由于粉料中含有水泥，因此其乳液的耐碱稳定性相对比较好些，对基层的适应范围则更广，无论其基面干燥或潮湿，即使有泛碱现象，一般也都能应用。由于国内防水界对高伸长率产品比较乐于接受，加之绝大部分施工部位均可使用，故此类产品应用范围极为广泛。

此产品与聚合物乳液防水涂料的性能对比见表 3-53。

表 3-53 聚合物水泥防水涂料与聚合物乳液建筑防水涂料的性能比较

品 种 性能要求 项 目	聚合物水泥防水涂料	聚合物乳液建筑防水涂料	
	Ⅰ 型	Ⅱ 型	Ⅲ 型
固体含量/% ≥	70	65	
拉伸强度（无处理）/MPa ≥	1.2	1.0	1.5
断裂伸长率（无处理）/% ≥	200	300	
低温柔性	−10℃无裂纹	−10℃无裂纹	−20℃无裂纹
粘结强度（无处理）/MPa ≥	0.5		
不透水性	不透水	不透水	

由表 3-53 的比较可以看出，聚合物水泥防水涂料总体上与其他防水涂料的应用差别并不太大，主要表现为对基面有更好的适应能力，聚合物水泥防水涂料在施工时，对其基面的干燥程度并无特殊要求，无明水即可。而其他高分子防水涂料一般均要求基面干

燥，这一点在施工应用中是极其重要的，因为在通常情况下，施工现场的基本状况是很难达到施工的理想状态，施工的基面一般为混凝土或砂浆，新的基面一般含水率较高，碱度也很高，故这些情况对涂料的实际成膜有很大的影响。为了达到施工的理想效果，施工时或者增加基面处理的成本，或者需等待新的基面含水率降低后再进行施工，这势必耽误工期，最终还是影响施工成本。聚合物水泥防水涂料则因自身含有水泥，故基面即使具有很高的碱度，也不影响其成膜，当施工现场的基面潮湿时，聚合物水泥防水涂料还是可以利用水泥与水的化反应来消除基面含水率较高的不利影响。同时，由于将水引入了防水涂料的组成成分，故而使聚合物水泥防水涂料有了很好的温差变形性能，即温度变化时，涂膜的变形量亦很小，这样就避免了由于防水层自身收缩变形所带来的应力破坏。

目前这类高伸长率的产品是聚合物水泥防水涂料的主流产品，各地设计施工大都采用此类产品。一方面聚合物的含量较高，弹性好，符合多年来的施工习惯，另一方面高聚合物含量也是不透水性能的保证，良好的聚合物连续相足以保证材料致密而不透水。

在应用方面，这类高伸长率产品尤其适用于卫生间的防水。卫生间与其他施工部位不同，其环境湿度高，通风不畅，基面不易干燥，异形节点较多，综合所有因素，聚合物水泥防水涂料是目前卫生间防水最为理想的材料，因为它可以在潮湿基面施工，干燥速度快，异形部位操作简便，较低的挥发分，施工过程较为安全。而在这些方面，其他的防水材料则有所不足。屋面防水工程，传统的做法一般均采用防水卷材，但由于屋面设计的变化，近年来不但坡屋面增多，而且对坡屋面同时有了造型的要求，变化多姿的屋面造型，增加了屋面的异形部位，也势必使传统的防水卷材在施工方面处于较为不利的局面，这使卷材屋面防水工程的施工工艺变得更为复杂，无形中增加了防水工程的造价。而聚合物水泥防水涂料粘结强度高，因其含有大量的极性基团，故而使涂膜与基面、涂膜与饰面层均能粘结牢固，形成整体无缝、致密稳定的弹性防水层，涂布在垂直面、斜面及各种复杂的基面上均能取得良好的效果。这些特点决定了其完全适用于屋面防水工程。此外屋面保温层大都采用水硬性保温砂浆，亦存在基面干燥的问题，因此此材料已成为层面防水工程的重要材料。

聚合物水泥防水涂料从施工技术的角度来看，由于水泥所具有的特殊性，故应注意以下事项：

① 聚合物水泥防水涂料的可用时间为 2 ~ 3h，夏季则还要短些，这与单组分的丙烯酸酯防水涂料是明显不同的，故要求在施工现场配料时，要注意用量，每次配料量能满足一次涂布量即可，宁少勿多；

② 当基面为非多孔的或非渗透性基面时，可以不做底涂；

③ 聚合物水泥防水涂料的粘结性能高于其他合成高分子防水涂料，但其伸长率则略低，相对而言，较易受基面剧烈变形的影响，因此在变形部位应当做增强处理；

④ 聚合物水泥防水涂料为双组分包装，故可以通过调整粉料与液料的配比，调制成膏状物，作为一般的密封材料，可对一些普通的小裂缝进行密封处理，施工时无需准备多种材料，现场操作更加方便。当然对于一些比较复杂的结构裂缝最好还是采用高分子防水密封胶。

2. 低伸长率和低聚灰比产品

低伸长率和低聚灰比产品（即国家标准 GB/T 23445—2009《聚合物水泥防水涂料》中的 II 型和 III 型产品）是以水泥为主的防水涂料，适用于长期浸水环境下的建筑防水工程，其聚合物与水泥的质量比（聚灰比）为聚合物：水泥 =1：2 或 2 以上。这一类产品由于聚合物的含量相对较低，其材性相对而言则偏于硬质材料，故从定义上来讲，也不大好把握，目前有的将其称之为涂料，有的则将其称之为柔性砂浆。一般的防水涂料在习惯上应当有聚氨酯那样的橡胶特性，故将其称之为柔性涂料似乎不合乎习惯，若将其称之为砂浆，则对这类产品并不要求提供高的抗压、抗折强度，而且砂浆一般也没有弯折性能。厂家认为其产品是刚柔并济，而用户则觉得既不刚也不柔。然而，这类产品在各国得到了很大的发展，这说明了其还是具有合理之处，因此在 GB/T 23445—2009 标准中还是把这类产品列了进去。

低伸长率产品与高伸长率产品不同，这类产品有两个连续相，即聚合物与水泥。由于粉料的比例增加，如果继续使用较细的粉体材料，粉料的比表面积则太大，因此，粉料中的细骨料应当有一定的级配。由于粉料比例的增大，此类涂料产品在成膜后的性能也就有所不同，主要表面在以下几个方面：

① 由于水泥在总配比中的比例加大，故涂膜的干燥时间缩短，即使环境比较潮湿，也能够成膜；

② 由于水泥含量较高，其涂膜的刚性也随之增加，尽管有一定的柔性，一般不能通过通常的低温柔性实验；

③ 总体上与Ⅰ型产品相比较，Ⅱ型产品由于聚合物的含量降低，材料的伸长率则随之大幅度降低；

④ 由于材料的刚性增加，粘结强度提高，背水面防水的效果则更好，尤其在水压较高时；

⑤ 由于材料的刚性增加，涂料成膜后，则有很好的抗穿刺、耐磨性能，所以作为地下外防水时，回填土不会对其造成破坏。

聚合物水泥防水涂料在建材行业标准 JC/T 894—2001 编制、发布、应用的同时，我国广东、福建、四川等地区的企业还开发出了一种被称之为："弹性水泥"、"弹性水泥防水材料"或"弹性水泥防水涂膜"的聚合物水泥防水产品，这类产品的共同特点是聚灰比较低，断裂伸长率则比行业标准 JC/T 894—2001 中的Ⅱ型指标还要低（JC/T 894—2001 行业标准中的Ⅱ型指标为 80%），仅为20%~50%，这类聚合物水泥防水产品产量不少，且在房屋建筑防水工程中已有较多应用，若从材料组成比较，其与 JC/T 894—2001规定的产品相同，若从产品性能上比较，则不能将其归类于"聚合物水泥砂浆"，由于行业标准 JC/T 894—2001 中未包括这类产品，有些厂商制定了企业标准。福建省建设厅则在其制定的 DBJ—13—

39—2001 福建省工程建设地方标准《建筑防水材料应用技术规程》中，提出了聚合物水泥复合防水涂料 I 类产品的断裂伸长率为 ≥ 39% 的技术要求。此类产品与日本建筑学会标准《聚合物水泥系涂膜防水工程施工指南（草案）》（2006）中 B 类产品（断裂伸长率指标为 30%，参见表 3-54）十分接近，故在编制国家标准 GB/T 23445—2009《聚合物水泥防水涂料》时，在保留原 JC/T 894—2001 标准中 I 型和 II 型的基础上，将这类与日本"指南"中的 B 类十分接近的产品单独列为 III 型，以与一般的 II 型产品相区别。

表 3-54　日本聚合物水泥防水涂料的品质要求

项　目			A 型	B 型
拉伸强度/MPa			≥0.6	≥1.0
断裂伸长率/%			≥100	≥30
抗裂延伸性 /mm	标准状态		≥2.0	≥1.0
	劣化处理后	加热处理	≥1.5	——
		碱处理	≥1.5	≥1.0
粘结强度 /MPa	标准状态		≥0.5	≥1.0
	潮湿基层		≥0.5	≥0.7
	劣化处理后	加热处理	≥0.5	——
		碱处理	≥0.5	0.7
		浸水处理	≥0.5	≥0.7
透水性（透水量 0.5g 以下）			不漏水	不漏水

由于低伸长率产品的伸长率较低，施工时更需注意基面的处理，除了基面平整等一系列要求外，基面的裂缝处理更为重要，一些显而易见的裂缝应先用密封胶进行密封处理，一些可能有变形的部位最好加布处理；由于水泥的比例大，双组分混合后的黏度很高，在进行配比时，一定要参照说明书加水，不宜任意地添加，否则砂粒可能沉淀，影响施工质量；低伸长率产品配制后可用时间比高伸长率产品可用时间会更短，一次配料更不可太多。

3.8.1.2 聚合物水泥防水涂料的性能特点

1. 聚合物水泥防水涂料的成膜机理

根据主要成膜物质的性质，聚合物水泥防水涂料为有机无机复合涂料，当涂料被涂覆在被涂物上，由液态或粉末状变成固态薄膜的过程，称之为涂料的成膜过程或涂料的固化，一般亦称之为涂料的干燥。

聚合物水泥防水涂料是一种兼具挥发固化和反应固化双重特点的涂料，其成膜机理是在液料和粉料配合搅拌均匀后，聚合物乳液即把水泥颗粒包裹起来，涂在基层上以后，一方面是乳液中的一部分水分挥发，使高分子微粒脱水而粘连在一起，从而形成连续的弹塑性薄膜，另一方面是水泥吸收乳液中的其余水分，发生水化反应固化，并与有机高分子聚合物链共同组成互穿网络的防水涂膜结构，从而加快了涂膜固化成膜的速度。

聚合物与水泥的结合，主要是通过离子键而实现化学相互作用的：

$$nP - Coo^- \quad + \quad Me^{n+} \quad =\!=\!= \quad (P - Coo)_n Me$$
（聚合物乳液）（水泥水化物）　　（聚合物水泥涂膜）

产生的 $(P - Coo)_n Me$ 聚合物水泥新体系，是一种高强度弹性的致密复合材料。聚合物与水泥的水化产物之间的化学相互作用是聚合物水泥防水涂料研制的主要课题之一，调节聚合物与水泥填料间的配比，则可得到一系列材料，如柔性防水涂料、刚性防水层、粘结剂、密封材料等。聚合物水泥防水涂料因原料选材和配方设计机理的独特，形成了该涂料独有的性能特点。

聚合物水泥防水涂料所选用的成膜物质是有机聚合物乳液和水泥与石英砂，通过这两大类材料巧妙的结合，在最终形成的防水涂膜中，聚合物相与水泥固相相互贯穿，交联固化，所形成的互穿网络结构，既具有有机高分子材料的柔性网络，又具有无机胶凝网络结构，在保持了无机硅酸盐材料抗老化能力强、强度高、硬度高、粘结力强等特点的基础上，又引进了有机高分子材料变形性好、结构封闭性强、产品易涂刷的优点，从而使刚柔防水相结合的思想在化学建材的研究中得到了圆满的体现。

关于聚合物水泥防水涂料的成膜机理，以下两点十分重要，在研制 JS 防水涂料时应充分注意。

① 水泥与不同级配得石英粉或碳酸钙在加入聚合物胶乳中后，经固化，水泥砂浆则由完全刚性变成具有一定的柔性，其机理在于材料的分子组成发生了变化，即当聚合物微粒加量足够大时，水泥、石英粉、碳酸钙及其间隙完全被聚合物微粒包裹与填充。随着水分的挥发，聚合物微粒逐渐靠拢，水泥与水泥之间，水泥与石英粉和碳酸钙之间形成弹性层。有关实验表明，当温度在（23 ± 1）℃，湿度在 40% ~ 70% 时，用丙烯酸酯乳液制成的聚合物水泥防水涂料在固化过程中，固化初期 30h 内 90% 的水分挥发掉，而只有 5% 的水分与水泥结合，所以有效的水灰比小于 0.04，水泥的水化程度略高于 15%，因此大量水泥在聚合物水泥防水涂料中主要起着填充料的作用。

② 聚合物水泥防水涂料在固化成膜时，水泥等填充料与高分子聚合物之间不是简单的包裹与被包裹的关系，水泥水化而形成的铝盐或与高分子聚合物有相互作用。当水泥含量固定时，这种作用主要取决于聚合物乳液的特性。专家们研究发现，如果聚合物乳液中没有活性基团，则柔性水泥固化成膜的速度非常慢，而且成型后的 JS 防水涂膜的拉伸强度并不理想；如果聚合物乳液中的活性基团太多，则固化成型较快，柔性较差，甚至没有柔性而成为刚性，所以聚合物乳液与水泥、石英粉、碳酸钙混合成型时，这种相互作用力的大小很重要，不能太大也不能太小。

聚合物乳液与水泥不仅是一种包裹与被包裹的作用，而且是高分子聚合物的活性基团与水泥的作用，但水泥要通过水化形成金属盐的水化产物，特别是高价金属盐（铝盐）才能与高分子活性基团起作用。在聚合物水泥防水涂料成膜过程中，只有约 15% 水泥发生水化反应，其余大部分都充当了填充料。这个数据是在标准实验条件（温度：23℃ ± 2℃，相对湿度：45% ~ 70%）下得出的结论，所以在施工现场聚合物水泥防水涂料的成膜过程中水泥的水化与实验室得出的数据是有差异的。

如果施工现场温度高，湿度低，则水分挥发得快，相对来讲水泥水化就会少，同高分子聚合物的作用就弱，这种条件下，成形的防水涂膜相对来说，手感较软，涂膜的断裂伸长率会大，而断裂强度则低。相反，温度低，湿度又高，水分挥发慢，则水泥的水化就多，同高分子聚合物的作用就强，成型的防水涂膜相对来说，手感较硬，涂膜断裂伸长率降低，而拉伸强度则增高。当然这仅是一种变化趋势，并非绝对的，因为 JS 防水涂料其成固过程比较复杂，加上液料与粉料拌合好坏的影响以及在成型过程中聚合物包裹水泥填充料的因素等原因，其涂膜性能的变化并非像上述那样简单。比如气温太低（10℃以下），湿度又相当高（相对湿度在 90% 以上），当液料与粉料混合物黏度较低时（低于3Pa·S），防水涂料成膜时，则容易造成局部分层现象（有较大部分粉料没有被聚合物包裹好）。总之成膜与环境温湿度关系较大，无论用何种乳液作为主体液料都会有此现象。

实验结果可以证明，温度和湿度对 JS 防水涂料的成膜是有较大影响的。专家们在研究中发现：粉料用得越多，这种影响就越大，究其原因，粉料量越大，水泥越多，在温度和湿度变化条件下，其水化情况差别就越大，而且聚合物包裹粉料的好坏就越容易体现出来，从而涂膜性能的变化就比较明显；相反，在粉料比例较少的情况下，水泥对性能变化的作用就不会那么明显，而且聚合物乳液包裹填料的形式不会产生质的变化，即很少会出现分层现象。

2. 聚合物水泥防水涂料的防水原理

就目前已有的防水涂料而言，其防水机理可分为两大类型：一类是通过形成完整的涂膜阻挡水的透过或水分子的渗透，另一类则是通过涂膜本身的憎水作用来防止水分透过。聚合物水泥防水涂料则是通过涂膜来阻挡水的透过或水分子的渗透。许多高分子材料在干燥后能形成完整连续的膜，固体高分子的分子与分子之间总有一些间隙，其间隙的宽度约为几纳米，按理说单个的水分子是完全可以从这些间隙中通过的，但自然界的水通常是处在缔合状态，几十个水分子之间由于氢键的作用而形成一个较大的水分子团，这样的水分子实际上就很难通过高分子之间的间隙，这就是防水涂料涂膜具有防水功能的主要原因。

3. 聚合物水泥防水涂料的技术特点

综上所述，聚合物水泥防水涂料其主要技术特点可归纳如下：

① 产品系水性涂料，无毒、无害、无污染，属于环保型产品，使用安全，对环境和人员无任何危害；

② 产品能在潮湿（无明水）或干燥的多种材质基面上直接进行施工；

③ 涂层坚韧高强，耐水性、耐候性、耐久性优异，能耐 140℃ 高温，尤其适用于道路、桥梁防水，并可加颜料以形成彩色涂层；

④ 产品能在立面、斜面和顶面上直接施工，不流淌，施工简便，便于操作，工期短，在常温条件下涂料可以自行干燥，采用本产品的涂膜防水层便于维修；

⑤ 产品能与基面及水泥砂浆等各种基层材料牢固粘结，是理想的修补粘接材料，对各种各样的建筑材料具有很好的附着性，能形成整体无缝致密稳定的弹性防水层。

Ⅰ型产品和Ⅱ型产品目前在国内外均有生产，总之，与其他类型的防水涂料一样，作为一种无定形的材料，其性能施工的基础，而如何正确地进行施工，使之最大限度地实现其基本性能才是材料施工的根本。聚合物水泥防水涂料与其他涂料产品一样，不可能是一种万能的材料，它既有其自身的优点，也有其缺点，需要在施工操作中认真正确地对待和处理。

4. 聚合物水泥防水涂料的性能要求

聚合物水泥防水涂料由于是由有机和无机两类材料复合而成的，故其涂膜兼有这两类材料的优点，弥补了这两类材料的弱点，即既具有有机材料弹性高、延伸率大的优点，又具有无机材料耐久性、耐水性好的特点。

5. 我国标准对 JS 涂料提出的性能要求

国家标准 GB/T 23445—2009《聚合物水泥防水涂料》对聚合物水泥防水涂料提出的主要技术性能要求如下：

（1）外观

产品的两组分经分别搅拌后，其液体组分应为无杂质，无凝胶的均匀乳液；固体组分应为无杂质、无结块的粉末。

（2）物理力学性能

产品的物理力学性能要求应符合表 3-55 提出的要求。

表 3-55　物理力学性能　　　　GB/T 23445—2009

序　　号	实　验　项　目		技　术　指　标		
			Ⅰ 型	Ⅱ 型	Ⅲ 型
1	固体含量/% ≥		70	70	70
2	拉伸强度	无处理/MPa ≥	1.2	1.8	1.8
		加热处理后保持率/% ≥	80	80	80
		碱处理后保持率/% ≥	60	70	70
		浸水处理后保持率/% ≥	60	70	70
		紫外线处理后保持率/% ≥	80	—	—
3	断裂伸长率	无处理/% ≥	200	80	30
		加热处理后保持率/% ≥	150	65	20
		碱处理后保持率/% ≥	150	65	20
		浸水处理后保持率/% ≥	150	65	20
		紫外线处理后保持率/% ≥	150	—	—
4	低温柔性（ϕ10mm 棒）		-10℃ 无裂纹	—	—
5	粘结强度	无处理/MPa ≥	0.5	0.7	1.0
		潮湿基层/MPa≥	0.5	0.7	1.0
		碱处理/MPa≥	0.5	0.7	1.0
		浸水处理/MPa≥	0.5	0.7	1.0
6	不透水性（0.3MPa，30min）		不透水	不透水	不透水
7	抗渗性（砂浆背水面）/MPa ≥			0.6	0.8

（3）自闭性

产品的自闭性为可选项目，指标由供需双方商定。

（4）聚合物水泥防水涂料的环保要求

为了保护环境，国家现已发布了国家标准 GB 18582—2008《室内装饰装修材料　内墙涂料中有害物质限量》，国家环境保护标准 HJ 457—2009《环境标志产品技术要求　防水涂料》，建材行业标准 JC 1066—2008《建筑防水涂料中有害物质限量》等一系列国家和行业标准。其中 JH 457—2009，JC 1066—2008 标准中均直接对聚合物水泥防水涂料提出了技术要求。

① HJ 457—2009 标准对 JS 防水涂料提出的要求

国家环境保护标准 HJ 457—2009《环境标志产品技术要求　防水涂料》对聚合物水泥防水涂料提出的技术要求如下：

a. 聚合物水泥防水涂料应符合其产品质量标准的要求；

b. 产品生产企业污染物排放应符合国家或地方规定的污染物排放标准的要求。

c. 产品中不得人为添加表 3-56 所列出的物质。

d. 产品中有害物质限值应满足表 3-57 的要求。

c. 企业应建立符合 GB 16483 要求的原料安全数据单（MSDS），并可向使用方提供。

表 3-56　产品中不得人为添加物质　　HJ457—2009

类　别	物　质
乙二醇酸及其酯类	乙二醇甲醚、乙二醇甲醚醋酸酯、乙二醇乙醚、乙二醇乙醚醋酸酯、二乙二醇丁醚醋酸酯
邻苯二甲酸酯类	邻苯二甲酸二辛酯（DOP）、邻苯二甲酸二正丁酯（DBP）
二元胺	乙二胺、丙二胺、丁二胺、己二胺
表面活性剂	烷基酚聚氧乙烯醚（APEO）、支链十二烷基苯磺酸钠（ABS）
酮类	3，5，5-三甲基-2-环己烯基-1-酮（异佛尔酯）
有机溶剂	二氯甲烷、二氯乙烷、三氯甲烷、三氯乙烷、四氯化碳、正己烷

表 3-57 双组分聚合物水泥防水涂料中有害物限值

HJ 457—2009

项　　　目		液　料	粉　料
VOC/（g/L）	≤	10	—
内照射指数	≤	—	0.6
外照射指数	≤		0.6
可溶性铅（Pb）/（mg/kg）	≤	90	
可溶性镉（Cd）/（mg/kg）	≤	75	
可溶性铬（Cr）/（mg/kg）	≤	60	
可溶性汞（Hg）/（mg/kg）	≤	60	
甲醛/（mg/kg）	≤	100	—

② JC 1066—2008 标准对 JS 防水涂料提出的要求

建材行业标准 JC 1066—2008《建筑防水涂料中有害物质限量》将建筑防水涂料按性质分为水性、反应性和溶剂型，将聚合物水泥防水涂料划归为水性建筑防水涂料，将反应型聚合物水泥防水涂料划归为反应型建筑防水涂料。水性和反应型防水涂料中有害物质含量参见表 3-58 和表 3-59，JS 防水涂料中有害物质含量应符合 A 级要求。

表 3-58 水性建筑防水涂料中有害物质含量

序号	项　　　目		含　　量	
			A	B
1	挥发性有机化合物（VOC）/（g/L）	≤	80	120
2	游离甲醛/（mg/kg）	≤	100	200
3	苯、甲苯、乙苯和二甲苯总和/（mg/kg）	≤	300	
4	氨/（mg/kg）	≤	500	1000
5	可溶性重金属[a]/（mg/kg）≤	铅 Pb	90	
		镉 Cd	75	
		铬 Cr	60	
		汞 Hg	60	

a 无色、白色、黑色防水涂料不需测定可溶性重金属。

表3-59 反应型建筑防水涂料中有害物质含量

序号	项 目		含 量	
			A	B
1	挥发性有机化合物（VOC）/（g/L）		50	200
2	苯/（mg/kg）	≤	200	
3	甲苯＋乙苯＋二甲苯/（g/kg）	≤	1.0	5.0
4	苯酚/（mg/kg）	≤	200	500
5	蒽/（mg/kg）	≤	10	100
6	萘/（mg/kg）	≤	200	500
7	游离TDI[a]/（g/kg）	≤	3	7
8	可溶性重金属[b]/（mg/kg）≤	铅 Pb	90	
		镉 Cd	75	
		铬 Cr	60	
		汞 Hg	60	

a 仅适用于聚氨酯类防水涂料。
b 无色、白色、黑色防水涂料不需测定可溶性重金属。

6. 聚合物水泥防水涂料的应用

聚合物水泥防水涂料可在潮湿或干燥的砖石、砂浆、混凝土、金属、木材、各种保温层、各种防水层（例如沥青、橡胶、SBS、APP、聚氨酯等）上直接施工，对于各种新旧建筑物及构筑物（例房屋、地下工程、隧道、桥梁、水池、水库等）均可使用。如将液料和粉料按照1:（1.5~2）的比例调制成腻子状，还可用作粘接和密封材料。由于聚合物水泥防水涂料具有上述诸多优点，故其应用范围十分广泛。

（1）厕浴间、厨房间防水

厕浴间、厨房间如果不做防水层，一旦发生渗漏水，则对高档装饰（如水泥漆面、木地板等）的损坏将是十分严重的。厕浴间、厨房间的特点是节点多、管道多，且潮湿，如采用卷材防水层显然是不科学的，而采用涂膜防水层是十分适宜的。一些传统的防水涂料施工时要求基层干燥，而且其涂层易剥落或污染。针对厕浴间、厨房间的特点，选择聚合物水泥防水涂料做涂膜防水层，是一种很理想的防水材料。依据福建省工程建设地方标准 DBJ 13—39—2001《建筑防水材料应用技术规程》的规定，厕浴间、厨房间墙面涂层厚1.0mm 就足够满足Ⅱ级防水设防要求，厚1.2mm 即可达Ⅰ级防水设防要求；地面涂层厚1.2mm 就足够满足Ⅱ级防水设防要求，到厚1.5mm则可以达到Ⅰ级防水设防要求。

（2）坡瓦屋面的防水

目前建筑屋面常以坡瓦面作为檐口、顶部的装饰，即在现浇混凝土面上贴波形瓦或瓷砖作为饰面，如果不做防水设防，一旦渗漏往往很难处理。由于聚合物水泥防水涂料可适应复杂不平整基层，粘结力强，耐候性好，不会发生下滑现象，非常适合斜坡屋面的防水。对于平屋面防水也是很适用的，一般建筑物屋面防水涂层厚度2mm 即可。

（3）屋面天沟、女儿墙、压顶的防水

刚性细石混凝土防水和卷材防水屋面的天沟、女儿墙、压顶常易发生刚性防水层开裂，加之卷材防水搭接口多、可靠性差，所以采用聚合物水泥防水涂料很适用于这些部位的防水。往涂层中掺入一定的颜料刷成彩色防水层，可美化屋面环境。

（4）外墙防水

近年来，建筑物外墙渗漏水已成为建筑物严重的质量通病，尤其在条型面砖外墙面，渗漏水已严重影响人们的日常生活和工作，墙面及室内空气的潮湿使霉菌大量繁殖，从而导致室内物体发生霉变，恶化居住环境，影响人体健康。目前完全合适外墙面防水的涂料产品不多，而防水砂浆又经不住高大墙面干缩和温差变形的拉力。聚合物水泥防水涂料在外墙防水方面具有较大的优势，该材料既有较大的韧性（延伸性），又有很高的粘结性，涂层并不太薄，当墙体材料为空心砖、轻质墙体、多孔材料时，当地基本风压≥0.6kPa 时，依据福建省工程建设地方标准 DBJ 13—39—2001《建筑防水材料应用技术规程》要求，重要的工业与民用建筑外墙面上涂刷1.5mm 厚的涂膜即可符合外墙防水要求；一般的工业与民用建筑在外墙面上涂刷1.2mm 厚的涂膜即可符合外墙防水要求。

如调整液料和粉料的配比，聚合物水泥防水涂料还可以做成面砖粘结层，其防水效果更佳。用此材料修补条型面砖勾缝渗漏水可获得良好的防水效果。

刚性防水的裂缝导致渗漏水常常很难进行修补，聚合物水泥防水涂料对 0.3mm 宽以下的运动（经常变化的）裂缝可直接涂刷 2mm 厚涂膜，其效果也很好；如运动裂缝超过 0.3mm 宽，则应先用聚合物水泥防水涂料掺水泥调或腻子，先将裂缝修补平实，然后再涂刷高延伸率的聚合物水泥防水涂料（Ⅰ型产品），其外墙防水效果亦很好。

（5）地下工程和储液池工程防水

地下建筑工程和储液池工程均应以结构本体混凝土防水为主并作辅助防水，其辅助防水宜用柔性材料做迎水面设防。结构混凝土刚性好，受温差变形小，但毛细孔和混凝土干缩均会产生裂缝，发生渗漏。聚合物水泥防水涂料的延伸性和防渗性、耐水性完全可以满足其技术要求。同时，地下工程和储液池混凝土拆模或找平层硬结后，即可立即进行涂敷施工，从而大大加快了施工速度。由于该产品无毒无臭，不污染环境，适用于水池内防水，对地下工程背水面防渗效果也很好。一般涂层刷涂 2 ~ 2.5mm 即可满足使用要求。

7. 聚合物水泥防水涂料的新品种开发

聚合物改性水泥材料，按其不同的组成可分为：聚合物水泥砂浆，聚合物水泥浆料和聚合物水泥防水涂料。聚合物水泥防水涂料是一种由液料（丙烯酸酯乳液、乙烯-乙酸乙烯乳液或两者改性的乳液与添加剂等）、粉料（水泥无机填料以及助剂等）组成的双组分水性防水涂料，是国家重点推荐的防水材料之一，为绿色环保型产品。它以其具有一定的强度和延伸率，与基层粘结力强，抗冻融、耐高温、耐腐蚀、无毒无污染、冷施工操作、工艺简单等特点而得到了迅速的发展，已成为近几年来防水涂料发展的热点之一。下面介绍聚合物水泥防水涂料近几年来开发的几类新品种。

（1）自闭型聚合物水泥防水涂料

　　自闭型聚合物水泥防水涂料是以高模数乙烯-醋酸乙烯共聚乳液（VAE）和高铝水泥为主要成分，当混凝土基层以及防水涂膜出现裂纹时，涂膜在水的作用下，通过物理和化学反应能使裂缝自行封闭。自封闭过程是逐渐发生的，首先，渗入的水被涂膜吸收，裂缝附近的防水涂膜即会产生体积膨胀，从而使进水通道变窄，抑制了水的入侵；紧接着，涂膜在树脂中活性胶凝剂的作用下形成对碳酸钙的吸附、固化和堆积，堵塞进水通道，从而使裂缝自行封闭，达到防水的效果。自闭型聚合物水泥防水涂料的代表产品即日本大关化学有限公司发明的 PARATEX，通常在埋深不超过 50m（迎水面）的情况下，涂层裂缝宽度 1mm 以内，一般 3～24h 内可自行封闭。该产品的性能调节范围很宽，若改变两组分的配比，即可得到适应不同类型防水工程及不同使用部位的产品。自闭型聚合物水泥防水涂料在我国应用于地下防水工程已有十余年，用户反映良好。

　　（2）反应型聚合物水泥防水涂料

　　反应型聚合物水泥防水涂料是以含有活性基团的高分子聚合物为液料，以含有轻质填料及助剂的硅酸盐类为粉料组成的一类双组分聚合物水泥防水涂料。其特点是固化速度快，粘结强度高，低温柔性好，在温度较低或通风不畅的环境下能够照常固化成膜，此类产品广泛应用于屋面、外墙、地面、厨房、卫生间、水塔等防水工程。

　　此类产品在使用时，可将甲、乙组分按规定配合比混合后，加入混合料质量 20% 的清水搅匀，水即诱发甲组分中的活性基团发生交联聚合反应，使液料固化，同时粉料中的硅酸盐成分遇水后发生水化反应，生成水化硅酸钙等产物，形成多点键合、相互交联的立体网络交织结构。基于这一物理化学特性，此类涂料产品固化成膜后，既具有硅酸盐类无机材料的高强度和优良的耐候性，又具有有机高分子材料的高弹性和防水性能。

3.8.2　聚合物水泥防水涂料涂膜防水层的设计

　　聚合物水泥防水涂料涂膜防水层防水工程的设计，是直接影响聚合物水泥防水涂膜防水工程质量的关键所在。

液态防水涂料要在施工基层上经一定时间转化为固体之后方可起到防水作用，因此，涂膜防水与卷材防水在技术上有很大的不同，在确立涂膜防水设计的原则和方法时，必须充分考虑到其特殊性。

3.8.2.1　JS 涂膜防水层设计的原则和要求

1. JS 涂膜防水层设计的原则

（1）正确认识，合理使用

在进行涂膜防水工程设计时，首先要对防水涂料及其应用技术有一个正确、全面的认识。

① 防水涂料和防水卷材同为当今国内外广泛应用的新型防水材料，但其形态不同。防水涂料是一种液态材料，特别适合于形态复杂的施工基层，且能形成连续的防水层，不像卷材那样存在很多搭接缝，这是其优点所在。

但涂膜防水层不能像防水卷材那样在工厂加工成型，而是在施工现场由液态材料转变为固态涂膜材料而成。虽然有些种类的涂膜可以获得较高的延伸率，但其拉伸强度、耐摩擦、耐穿刺等技术指标都较同类防水卷材低，因此防水涂料必须加保护层，不能沿用卷材"空铺""点铺"等施工方法；在防水层厚度方面，防水涂膜也不能像卷材那样能由工厂生产时准确控制，受工地施工人员人为因素的影响较大，这些均是其不足。

② 防水涂料在形成防水层的过程中，既是防水主体，又是胶粘剂，能充分地使防水层与基层紧密相连，不再存在防水层下"窜水"之虞，且日后漏点易找，维修方便。

③ 不仅不同品种的防水涂料，而且同一类型不同厂家或甚至同一牌号不同批号的产品，也略有差别，使用时必须特别小心，在设计时必须详细了解掌握它们各自的特性。

④ JS 防水涂料不是万能材料，在防水工程中需要与其他材料配合使用，在设计中做到刚柔结合、多道设防，是尤为重要的问题。

（2）保证涂膜防水工程的质量

防水工程是建筑工程中要求比较严格的一个分项目工程，只有防水工程质量达到百分之百的可靠，才能保证建筑物在规定期限内不发生渗漏，因此在防水工程中应以保证工程质量为目标，而防水工程质量则应以材料为基础，设计为前提，施工为关键，并应加强维护和管理。防水工程的质量目标就是在规定的年限内不出现渗漏，为了确保这个质量目标，就要确定与质量要求相符合的设计方案和施工措施，要选择可靠、可行的设计方案，做到选材合理，节点设防完善，并采取有效措施，消除其他层次的不利和影响，还要提出相应的施工要求、成品保护措施及维护管理措施。只有这样，才能确保防水工程在规定的耐用年限内不发生渗漏。

（3）按级设防

根据建筑物的性质、重要程度、使用功能要求和渗漏后造成危害的程度等，确定该建筑物的防水等级，进行不同的设防，确定设防构造的层次和防水材料的选用，按级设防，既保证防水工程的可靠性，又要经济合理。《屋面工程技术规范》（GB 50345—2004）将屋面的防水等级划分为四级；《地下工程防水技术规范》（GB 50108—2008）将地下工程的防水等级划分为四级；厨浴间、外墙等的防水等级亦有相应的规定。

（4）防排结合

疏导积水，防排结合，是各种类型防水设计的最基本原则之一。对于涂膜防水设计来说，此原则具有更深的含意，因为涂膜一般都较薄，如长期浸泡在水中，则会发生粘结力下降等现象，因此，应根据实际需要，合理设计屋面及天沟的排水坡度、排水路线、排水管径和排水量；地下建筑物和构筑物的防水难度较高，在有条件的情况下，应首先考虑水的导排，以减轻对防水层的压力，确保防水效果；至于卫生间的地面排水坡度则以3%～5%为佳，以便能迅速排水，保证地面不积水，方便使用。

（5）多道设防，复合防水

从防水功能要求出发，设计对应考虑防水材料，设计本身和施工中受到多种因素影响而产生的实际偏差和偏差对各方面的影响，采取多道设防，即使第一道防水层存在某些质量问题，余下几道设防仍可将其弥补完善，使之形成一个完整的、可靠的防水体系。复合防水就是将不同材性的防水材料所构成的能独立承担防水能力的防水层次组合成一个防水整体，以达到综合防水之目的。涂膜防水层与其他类型的防水层一起构成多层次、多道设防的复合防水层，其防水效果则更佳。

（6）节点部位的密封

防水工程节点部位是最容易造成渗漏的部位，保证防水节点的工程质量是防水工程的关键之一。造成节点部位渗漏的原因有构造设计不合理、设计不够详尽、用材不合理、施工难度大、难易保证质量、温度变形等。由此可见，除了要求节点设计切实可行和构造详尽外，还应根据节点的特点，采取相应的构造措施，保证节点密封严密、设防完整，并应考虑长期使用时结构及其他变形对节点的影响和材料逐渐老化对节点造成的损坏。由于节点部位的变形较大，因此要选择弹性好、抗拉强度高、延伸率大、对复杂表面适应性好和密封性好的材料进行处理。与密封、嵌缝材料复合使用，是涂膜防水应用的基本原则，如变形缝、预制构件接缝、穿透防水层的管道或其他构件的根部等处，单靠涂膜防水是不行的。

（7）局部增强

为了保证防水效果，在防水工程的各个薄弱环节均应加强设防，这也是防水设计必须遵循的原则。考虑到防水涂膜厚度难以绝对均匀等情况，设计涂膜防水时则更要重视，一般作法是：在这些部位增加一定面积、一定厚度的加筋增强涂膜，必要时，可配合密封、嵌缝材料达到局部增强之目的。

（8）保证涂膜厚度

为了确保防水工程质量，不同的工程和不同的涂料对涂膜的厚度有不同的要求。由于涂膜的厚度有很大的可变性，而且很难均匀，因而设计中只能确定一个平均厚度。涂膜厚度对涂膜防水工程的防水质量有着直接的影响，也是施工中最易出现偷工减料的环节。

确定涂膜厚度的三要素为：涂料固体物含量（质量分数）、涂料密度（g/cm^3）和涂料单位面积使用量（理论）（kg/m^2）。涂膜厚度的均匀程度，则取决于施工基层的平整性和操作人员的技术水平。因此，设计人员应根据选用的涂料资料，在标明涂膜厚度要求的同时，要标明该涂料的固体含量、密度和单位面积用量（理论）要求，并以设计的平均厚度作为工程验收标准。单位面积用量（理论）可由各种防水涂料的有关标准和规程中查得；也可根据选用涂料的固体含量、密度和设计厚度计算而得。施工时可在理论用量的基础上再加适量的合理损耗。

过去有些涂膜防水设计沿用沥青卷材防水的"两毡三油"等概念，不规定涂料单位面积用量，只规定"×布×涂"，这种设计是不完善的。因为玻纤或化纤网格等仅是加筋增强材料，而形成防水的主体厚度仍是涂料。涂抹的厚度与涂、刮的遍数并无严格的关系，全由涂料的黏度和操作人员的人为因素决定。因此，为了保证涂膜厚度，应规定所选用涂料的单位面积用量（还要规定其固体含量和密度）。

（9）加强保护措施

由于涂膜防水材料绝大部分为有机材料，对大气中的臭氧、紫外线、辐射热比较敏感，抵抗外力损伤的能力也较差，加作保护层可以使其免受紫外线照射、大气臭氧侵蚀、风雨直接冲刷和外力刺伤，还可以降低防水层温度、减弱地下水动水压力等，大大延长防水层的使用年限。因此，增加保护层是十分必要的。

（10）要考虑涂料的成膜因素。由液体状态的涂料转变为固体状态的涂膜，是涂膜防水施工的一个重要过程。这个成膜过程决定了防水涂膜的质量，即该防水工程的质量。因此，在设计时必须充分考虑施工中可能影响本工程涂料成膜的各种因素。

影响防水涂料成膜的因素很多，包括涂料的质量、施工的方法、施工环境以及施工人员的操作等。例如，反应型涂料大多数是由两个或更多的组分通过化学反应而固化成膜的，组分的配合比必须按规定准确称量、充分混合，才能反应完全，变成复合要求的固体涂膜。任何组分的超量或不足、搅拌不均匀等，都会导致涂膜质量下降，严重时甚至根本不能固化成膜。溶剂型涂料固体含量较低，成膜过程伴随大量有毒、可燃溶剂的挥发，不宜用于施工环境空气流动性差的工程（如洞库建筑等）。对于水乳型涂料，其施工及成膜对温度有较严格的要求，低于5℃便不能使用。水乳型涂料通过水分蒸发，使固体微粒聚集，如温度过高，涂膜将会起泡。因此，设计人员必须熟悉各种涂料的成膜因素，根据工程的具体情况选择涂料，并对施工条件作出相应的规定。

（11）涂膜粘附条件的保证和涂膜保护层的设置

要使涂膜与基层粘附牢固，并在规定单位面积用量的情况下获得比较均匀的涂膜厚度，必须有一个比较平滑、结实的基层表面。当采用反应型及溶剂型涂料时，基层还需具备一定的干燥程度；当涂料与其他材料复合使用或在多道设防中与其他材料粘连时，设计人员必须事先了解这些材料之间的相容性，以保证防水材料之间粘附良好，从而保证防水工程的整体质量。

为了保证涂膜的长久防水效果，大多数防水涂膜都不宜直接外露使用，设计中应在涂膜上面设计相应的保护层。

2. JS 涂膜防水层设计的基本要求

中国工程建设标准化协会标准 CECS 195：2006《聚合物水泥、渗透结晶型防水材料应用技术规程》对聚合物水泥涂膜防水层设计提出的基本要求为：

① 聚合物水泥防水涂料可用于建筑物和构筑物的防水工程。

② 聚合物水泥涂膜防水工程应根据其使用功能、结构形式、环境条件、施工方法和工程特点进行防水构造设计，重要部位应有详图。防水设计应包括下列内容：

a. 屋面和地下工程的防水等级和设防要求；

b. 聚合物水泥防水涂料的品种、规格和技术指标；

c. 工程细部构造的防水措施、选用的材料及其技术指标。

③ 采用聚合物水泥防水涂料进行防水设防的建（构）筑物的主体结构应具有较好的强度和刚度。

④ 聚合物水泥涂膜防水工程其基层表面应平整、坚固、不起皮、不起砂、不疏松。基层转角处应做成圆弧形。

⑤ 聚合物水泥防水涂料用于屋面工程或建筑外墙等非长期浸水工程部位时，宜选用Ⅰ型防水涂料；用于地下工程、建筑室内工程或混凝土构筑物等长期浸水工程部位时，宜选用Ⅱ型防水涂料。

⑥ 用于聚合物水泥涂膜防水层的胎体增强材料宜选用聚酯网格布或耐碱纤维网格布。

⑦ 聚合物水泥防水涂料宜用于结构迎水面。

⑧ 聚合物水泥防水涂料的涂膜厚度选用应符合下列规定：

a. 屋面工程：防水等级为Ⅰ、Ⅱ级，二道或二道以上设防时，厚度不应小于1.5mm；防水等级为Ⅲ、Ⅳ级，一道防水设防时，厚度不应小于2mm。

b. 地下防水工程：防水等级为Ⅰ、Ⅱ级时，厚度不小于2mm；防水等级为Ⅲ、Ⅳ级时，厚度不应小于1.5mm。

c. 建筑室内防水工程、建筑外墙防水工程，构筑物防水工程：重要工程，厚度不应小于1.5mm；一般工程，厚度不应小于1.2mm。

⑨ 多道设防时，聚合物水泥防水涂料应与其他材料复合使用。

⑩ 细部构造应有详细设计，除采用密封材料涂封严密外，应增加防水涂料的涂刷遍数，并宜增设胎体增强材料。

3.8.2.2 JS涂膜防水层的设计要求

1. 防水层次的选择

人们根据建筑物的性质、重要程度、使用功能要求、渗漏造成危害的程度以及防水层合理使用年限，按不同等级进行设防，体现出重要工程与一般工程的区别。不同防水等级要求的建筑物，其设防的层次、采用的材料、防水层的厚度是有一定区别的。

（1）屋面防水等级和设防层次

屋面防水等级和设防要求参见表 3-60。涂膜防水层适用于防水等级为Ⅰ～Ⅱ级的屋面防水工程。

表 3-60　屋面防水等级和设防要求

防水等级	建筑类别	设防要求
Ⅰ级	重要建筑和高层建筑	两道防水设防
Ⅱ级	一般建筑	一道防水设防

Ⅰ级屋面防水应有三道或三道以上的防水设防（一种防水材料能够独立成为防水层称之为一道，如采用三毡四油多层沥青防水卷材的防水层称为一道），其涂膜防水层应采用合成高分子防水涂料。包括 JS 防水涂料在内的合成高分子防水涂料虽然属于高档防水涂料，采用它可以形成无接缝的防水层，并能适应各种基层的形状，但涂膜防水层其施工的保证率较差，尤其是对涂膜厚度的准确度控制较困难，因此规定屋面防水工程只能设置一道不应小于 1.5mm 的合成高分子防水涂膜。

Ⅱ级屋面防水应有二道防水设防，涂膜防水可以作为其中的一道防水，可采用不小于 1.5mm 厚的合成高分子防水涂膜（包括 JS 防水涂膜）或不小于 3mm 的高分子聚合物改性沥青防水涂膜。

Ⅲ级屋面防水一般采用一道防水设防，若采用合成高分子防水涂膜（包括 JS 防水涂膜），其涂膜厚度则不小于 2mm，也可以采用不应小于 3mm 的高分子聚合物改性沥青防水涂膜。

Ⅳ级屋面防水采用一道防水设防，一般采用高分子聚合物改性沥青防水涂料，其涂膜厚度不应小于 2mm。

屋面工程涂膜防水层涂膜的厚度要求参见表 3-61。

表 3-61　每道涂膜防水层最小厚度　　　　单位：mm

防水等级	合成高分子防水涂膜	聚合物水泥防水涂膜	高聚物改性沥青防水涂膜
Ⅰ级	1.5	1.5	2.0
Ⅱ级	2.0	2.0	3.0

（2）地下工程防水等级和设防层次

地下工程防水等级标准及不同等级的使用范围参见表3-62、表3-63，设防要求参见表3-64、表3-65，地下工程涂膜防水层适用于混凝土结构或砌体结构迎水面或背水面的涂刷，一般采用外防外涂和外防内涂两种施工工艺，其涂膜的厚度要求参见表3-66。

表3-62　地下工程防水标准　GB 50108—2008

防水等级	防　水　标　准
一级	不允许渗水，结构表面无湿渍
二级	不允许漏水，结构表面可有少量湿渍； 工业与民用建筑：总湿渍面积不应大于总防水面积（包括顶板、墙面、地面）的1/1000；任意100m² 防水面积上的湿渍不超过2处，单个湿渍的最大面积不大于0.1m²； 其他地下工程：总湿渍面积不应大于总防水面积的2/1000；任意100m² 防水面积上的湿渍不超过3处，单个湿渍的最大面积不大于0.2m²；其中，隧道工程还要求平均渗水量不大于0.05L/(m²·d)，任意100m² 防水面积上的渗水量不大于0.15L/(m²·d)
三级	有少量漏水点，不得有线流和漏泥沙； 任意100m² 防水面积上的漏水或湿渍点数不超过7处，单个漏水点的最大漏水量不大于2.5L/d，单个湿渍的最大面积不大于0.3m²
四级	有漏水点，不得有线流和漏泥沙； 整个工程平均漏水量不大于2L/(m²·d)；任意100m² 防水面积上的平均漏水量不大于4L/(m²·d)

表3-63　不同防水等级的适用范围　GB 50108—2008

防水等级	适　用　范　围
一级	人员长期停留的场所；因有少量湿渍会使物品变质、失效的贮物场所及严重影响设备正常运转和危及工程安全运营的部位；极重要的战备工程、地铁车站
二级	人员经常活动的场所；在有少量湿渍的情况下不会使物品变质、失效的贮物场所及基本不影响设备正常运转和工程安全运营的部位；重要的战备工程
三级	人员临时活动的场所；一般战备工程
四级	对渗漏水无严格要求的工程

第 3 章 建筑防水涂料的施工

表 3-64　明挖法地下工程防水设防要求　GB 50108—2008

工程部位		主体结构							施工缝							后浇带					变形缝（诱导缝）					
防水措施		防水混凝土	防水卷材	防水涂料	塑料防水板	膨润土防水材料	防水砂浆	金属防水板	遇水膨胀止水条（胶）	外贴式止水带	中埋式止水带	外抹防水砂浆	外涂防水涂料	水泥基渗透结晶型防水涂料	预埋注浆管	补偿收缩混凝土	外贴式止水带	预埋注浆管	遇水膨胀止水条（胶）	防水密封材料	中埋式止水带	外贴式止水带	可卸式止水带	防水密封材料	外贴防水卷材	外涂防水涂料
防水等级	一级	应选	应选一至二种						应选二种							应选	应选二种				应选	应选一至二种				
	二级	应选	应选一种						应选一至二种							应选	应选一至二种				应选	应选一至二种				
	三级	应选	宜选一种						宜选一至二种							应选	宜选一至二种				应选	宜选一至二种				
	四级	宜选							宜选一种							应选	宜选一种				宜选一种					

表 3-65　暗挖法地下工程防水设防要求　GB 50108—2008

工程部位		衬砌结构						内衬砌施工缝						内衬砌变形缝（诱导缝）				
防水措施		防水混凝土	塑料防水板	防水砂浆	防水涂料	防水卷材	金属防水层	外贴式止水带	预埋注浆管	遇水膨胀止水条（胶）	防水密封材料	中埋式止水带	水泥基渗透结晶型防水涂料	中埋式止水带	外贴式止水带	可卸式止水带	防水密封材料	遇水膨胀止水条（胶）
防水等级	一级	必选	应选一至二种					应选一至二种					应选	应选一至两种				应选
	二级	应选	应选一种					应选一种					应选	应选一种				应选

工程部位		衬砌结构						内衬砌施工缝						内衬砌变形缝（诱导缝）				
防水措施		防水混凝土	塑料防水板	防水砂浆	防水涂料	防水卷材	金属防水层	外贴式止水带	预埋注浆管	遇水膨胀止水条（胶）	防水密封材料	中埋式止水带	水泥基渗透结晶型防水涂料	中埋式止水带	外贴式止水带	可卸式止水带	防水密封材料	遇水膨胀止水条（胶）
防水等级	三级	宜选	宜选一种					宜选一种					应选	应选	宜选一种			
	四级	宜选	宜选一种					宜选一种					应选	应选	宜选一种			

表 3-66　地下工程涂膜防水层涂膜厚度选用表 单位：mm
GB 50208—2002

防水等级	设防道数	有机涂料			无机涂料	
		反应型	水乳型	聚合物水泥	水泥基	水泥基渗透结晶型
1 级	三道或三道以上设防	1.2~2.0	1.2~1.5	1.5~2.0	1.5~2.0	≥0.8
2 级	二道设防	1.2~2.0	1.2~1.5	1.5~2.0	1.5~2.0	≥0.8
3 级	一道设防	—	—	≥2.0	≥2.0	—
	复合设防	—	—	≥1.5	≥1.5	—

（3）墙地面和室内工程防水等级和设防层次

福建省工程建设地方标准 DBJ 13-39-2001《建筑防水材料应用技术规程》就墙地面工程防水等级和设防层次作了如下要求：

楼层的厕、浴、厨房间（包括盥洗间）的防水设计应根据建筑物类别、使用要求等因素按表 3-67 的要求分别选择地面和墙面的防水做法，并选定材料品种。

表 3-67　厕、浴、厨房间的防水设防标准

项目		I	II	III
		设　防　标　准		
建筑物类别	重要的工业建筑与民用建筑高层建筑		一般的工业与民用建筑	非永久性建筑
地面防水选材要求	聚合物水泥复合防水涂料厚 1.5mm，或硅橡胶防水涂料厚 1.0mm		聚合物水泥复合防水涂料厚 1.5mm，或硅橡胶防水涂料 0.8mm 或成树脂乳液防水涂料 1.5mm 或喷涂一道混凝土封闭剂或聚合物水泥砂浆 10mm 或无机刚性防水涂料 1～3mm	密实性细石混凝土厚 40mm 或防水砂浆厚 20mm
墙面防水选材要求	聚合物水泥复合防水涂料厚 1.2mm 或硅橡胶防水涂料厚 0.8mm		聚合物水泥复合防水涂料厚 1.0mm 或硅橡胶防水涂料厚 0.6mm 或成树脂乳液防水涂料厚 1.2mm 或聚合物水泥砂浆厚 5mm 或无机刚性防水涂料 1～2mm	防水砂浆厚 20mm

摘自 DBJ 13-39-2001

注：住宅厨房内墙面可不设防水层，公共厨房则应按表中做法一直做到墙顶。

外墙面的防水设防应根据建筑物类别、当地基本风压、采用的墙体材料等因素，按表3-68选择设防类型，并选定材料品种。

表3-68　外墙面设防标准

项　目	设　防　标　准	
	I	II
类　别	墙体材料为空心砖、轻质墙体，多孔材料；当地基本风压大于0.6kPa；重要的工业与民用建筑	墙体材料为空心砖、轻质墙体，多孔材料，当地基本风压大于或等于0.6kPa，一般的工业与民用建筑
选材厚度要求	聚合物水泥复合防水涂料厚1.5mm或合成树脂乳液防水涂料厚1.5mm或无机刚性防水涂料厚1～3mm或聚合物水泥砂浆厚6～8mm	聚合物水泥复合防水涂料厚1.2mm或合成树脂乳液防水涂料厚1.2mm或防水砂浆厚2.0mm或聚合物水泥砂浆厚5mm或无机刚性防水涂料厚1～2mm或防水砂浆厚20mm

注：各种干挂幕墙后面的墙面表面应做20mm厚水泥浆抹灰层，如有特殊要求应做防水涂料。

摘自 DBJ13-39-2001

中国工程建设标准化协会标准 CECS 196：2006《建筑室内防水工程技术规程》就建筑室内防水工程的做法、选材及防水层厚度作了如下的要求：

室内防水工程做法和材料选用应根据不同部位和使用功能，宜按表3-69、表3-70的要求设计，室内防水工程防水层的最小厚度应符合表3-71的要求。

表3-69　室内防水做法选材（楼地面、顶面）　CECS 196：2006

序号	部　位	保护层、饰面层	楼地面（池底）	顶　面
1	厕浴间、厨房间	防水层面直接贴瓷砖或抹灰	刚性防水材料、聚乙烯丙纶卷材	
		混凝土保护层	刚性防水材料、合成高分子涂料、改性沥青涂料、渗透结晶型防水涂料、自粘卷材、弹（塑）性体改性沥青卷材、合成高分子卷材	

续表

序号	部　位	保护层、饰面层	楼地面（池底）	顶　面
2	蒸汽浴室、高温水池	防水层面直接贴瓷砖或抹灰	刚性防水材料	聚合物水泥防水砂浆、刚性无机防水材料
		混凝土保护层	刚性防水材料、合成高分子涂料、聚合物水泥防水砂浆、弹（塑）性体改性沥青卷材、合成高分子卷材	
3	游泳池、水池（常温）	无饰面层	刚性防水材料	
		防水层面直接贴瓷砖或抹灰	刚性防水材料、聚乙烯丙纶卷材	
		混凝土保护层	刚性防水材料、合成高分子涂料、改性沥青涂料、渗透结晶型防水涂料、自粘橡胶沥青卷材、弹（塑）性体改性沥青卷材、合成高分子卷材	

表 3-70　室内防水做法选材（立面）　　CECS 196：2006

序号	部位	保护层、饰面层	立面（池壁）
1	厕浴间、厨房间	防水层面直接贴瓷砖或抹灰	刚性防水材料、聚乙烯丙纶卷材
		防水层面经处理或钢丝网抹灰	刚性防水材料、合成高分子防水涂料、合成高分子卷材
2	蒸汽浴室	防水层面直接贴瓷砖或抹灰	刚性防水材料、聚乙烯丙纶材料
		防水层面经处理或钢丝网抹灰、脱离式饰面层	刚性防水材料、合成高分子防水涂料、合成高分子卷材
3	游泳池、水池（常温）	无保护层和饰面层	刚性防水材料
		防水层面直接贴瓷砖或抹灰	刚性防水材料、聚乙烯丙纶卷材
		混凝土保护层	刚性防水材料、合成高分子防水涂料、改性沥青防水涂料、渗透结晶型防水涂料、自粘橡胶沥青卷材、弹（塑）性体改性沥青卷材、合成高分子卷材

序号	部位	保护层、饰面层	立面（池壁）
4	高温水池	防水层面直接贴瓷砖或抹灰	刚性防水材料
		混凝土保护层	刚性防水材料、合成高分子防水涂料、渗透结晶型防水涂料、合成高分子卷材

注：1 防水层外钉挂钢丝网的钉孔应进行密封处理，脱离式饰面层与墙体间的拉结件在穿过防水层的部位也应进行密封处理。钢丝网及钉子宜采用不锈钢质或进行防锈处理后使用。挂网粉刷可用钢丝网也可用树脂网格布。

2 长期潮湿环境下使用的防水涂料必须具有较好的耐水性能。

3 刚性防水材料主要指：外加剂防水砂浆、聚合物水泥防水砂浆、刚性无机防水材料。

4 合成高分子防水材料中聚乙烯丙纶防水卷材的规格不应小于 $250g/m^2$，其应用按相应标准要求。

表 3-71　室内防水工程防水层最小厚度　CECS 196：2006　单位：mm

序号	防水层材料类型		厕所、卫生间、厨房	浴室、游泳池、水池	两道设防或复合防水
1	聚合物水泥、合成高分子涂料		1.2	1.5	1.0
2	改性沥青涂料		2.0	—	1.2
3	合成高分子卷材		1.0	1.2	1.0
4	弹（塑）性体改性沥青防水卷材		3.0	3.0	2.0
5	自粘橡胶沥青防水卷材		1.2	1.5	1.2
6	自粘聚酯改性沥青防水卷材		2.0	3.0	2.0
7	刚性防水材料	掺外加剂、掺合料防水砂浆	20	25	20
		聚合物水泥防水砂浆Ⅰ类	10	20	10
		聚合物水泥防水砂浆Ⅱ类、刚性无机防水材料	3.0	5.0	3.0

2. JS 防水涂料的选择

涂膜防水工程所采用的建筑防水涂料品种是多种多样的，不同品种和不同规格的防水涂料具有各自不同的性能特点和使用性。

确定涂料的类别时，应当根据当地历年最高温度、最低温度、屋面坡度和使用条件，选择具有相应耐热度、低温柔韧性的防水涂料；根据地基变形程度、结构形式、当地年温差、日温差和震动等因素，选择具有相应延伸率的防水涂料；根据防水涂膜的暴露程度，选择具有相应耐紫外线、热老化保持率的涂料。

在确定涂料类别之后，还应该注意：相同材性的防水涂料，往往因该产品所选用的原材料、配方、生产工艺等诸多方面的原因，有可能导致其技术性能指标、内在品质上有高低之分，应用范围也有差异。此外，不同部位使用同一种材质的材料时，其要求也不完全相同。表 3-72、表 3-73 即为工程质量验收规范对 JS 防水涂料在屋面防水工程、地下防水工程中应用时所提出的要求。通过对比不难看出：屋面工程、地下防水工程对 JS 防水涂料的要求并不一致。因此正确选用聚合物水泥防水涂料，并且采取相应的技术措施，扬长避短，是保证防水工程质量的关键所在。

表 3-72　聚合物水泥防水涂料主要性能指标

项　　目		指　　标
固体含量/%		≥70
拉伸强度/MPa		≥1.2
断裂延伸率/%		≥200
低温柔性/℃（2h）		−10，无裂纹
不透水性	压力/MPa	≥0.3
	保持时间/min	≥30

表 3-73   地下防水工程对聚合物水泥防水涂料的要求   GB 50108—2008

项　　　目		物　理　性　能　要　求
可操作时间/min		≥30
潮湿基面粘结强度/MPa		≥1.0
抗渗性/MPa	涂膜（120min）	≥0.3
	砂浆迎水面	≥0.8
	砂浆背水面	≥0.6
浸水 168h 后拉伸强度/MPa		≥1.5
浸水 168h 后断裂伸长率/%		≥80
耐水性/%		≥80
表干时间/h		≥4
实干时间/h		≥12

注：1. 浸水 168h 后的拉伸强度和断裂伸长率是在浸水取出后只经擦干即进行试验所得的值；
　　2. 耐水性指标是指材料浸水 165h 后取出擦干即进行试验，其粘结强度及抗渗性的保持率。

　　不同的防水部位，采用的防水材料也不尽相同，以厕浴间、厨房间为例，如采用 JS 防水涂料则远优于采用卷材防水。

　　厕浴间、厨房间防水是建筑防水的重要组成部分，但厕浴、厨房间的渗漏率较高，究其原因，除了设计和施工方面的原因，所用材料的质量及其适用性也是一个非常重要的因素。厕浴间，厨房间期面积小、管道多、结构复杂、用水量大且频繁集中，空间虽小，但阴阳角多，管道周围缝隙多，工种复杂，交叉施工，容易互相干扰，施工难度较高，同时，厕浴间相对封闭，通风条件差，其面通常潮湿，不宜采用卷材防水层，而 JS 防水涂料则可以有效解决上述问题，且 JS 防水涂料具有优异的耐水性、耐候性、耐久性和耐低温性以及防腐蚀、防霉变性等功能，可充分满足厕浴间、厨房间的防水要求。

　　多道防水和复合防水选择材料时，还要注意材性的配合和结合问题，原则上应将高性能耐老化、耐刺穿性好的材料放在上部，对基层变形适应性好的材料放在下部，充分发挥各种材料性能的特点。例如当采用 JS 涂膜防水和卷材防水相配合时，则应将卷材放在上层，JS 防水涂膜放在下层，因为防水涂膜对复杂基层的适应性好，与基层的粘结力强，并能形成无接缝的防水层，JS 涂膜在这里既是防水涂层，又是粘结层；卷材的耐老化、耐穿刺性较好，厚度的保证率又高，这些特点可弥补涂膜的不足之处。

当不同材性的防水涂料复合使用时，还要注意相互间的相容性、粘结性，并保证不相互腐蚀。

3. 防水涂膜的厚度及单位面积涂料用量

防水涂料单位面积使用量可通过查阅各种涂膜的有关规程获得，也可以通过计算得出，计算公式如下：

$$A = \frac{b \times d}{c} \times 100$$

式中　A——涂膜单位面积理论用量，kg/m^2；

　　　b——涂膜设计厚度，mm；

　　　d——涂料密度，g/cm^3；

　　　c——涂料中固体的质量分数，%。

4. 局部加强处理

屋面防水工程中的天沟、檐口、泛水、阴阳角等部位均应加铺有胎体增强材料的涂膜附加层。涂膜防水层的收头部位应用同品种涂膜并贴胎体增强材料进行处理，必要时应用密封材料封严，水落口周围与屋面交接处应填密封材料，并铺两层有胎体增强材料的涂膜附加层，涂膜伸入水落口的深度不得小于 50mm，其他类似的部位亦可参照之。变形缝、构件接缝等部位，要根据具体情况确定合理的构造形式，应采用柔性材料密封，采取防排结合、材料防水与构造防水相结合及多道设防的措施。

当防水施工基层的设施基座与结构层相连时，防水层宜包裹覆盖设施的基座，并在地脚螺栓及基底周围做密封处理。

对涂膜防水层中加铺的胎体增强材料的质量要求见表 3-74。

表 3-74　涂膜防水层用胎体增强材料的质量要求　GB 50345—2012

项　　目		质　量　要　求	
		聚酯无纺布	化纤无纺布
外　观		均匀，无团状，平整无皱褶	
拉力 / （N/50mm）	纵向	≥150	≥45
	横向	≥100	≥35
延伸率/%	纵向	≥10	≥20
	横向	≥20	≥25

在屋面涂膜防水工程中，需铺设胎体增强材料时，屋面坡度小于15%时，可平行屋脊铺设，屋面坡度大于15%时则应垂直于屋脊铺设，胎体长边搭接宽度不应小于50mm，短边搭接宽度不应小于70mm。采用二层胎体增强材料时，上下层不得相互垂直铺设，其搭接缝应错开，其间距不应小于幅度的三分之一。

在地下涂膜防水工程中，如需铺贴胎体增强材料，同层相邻的搭接宽度应大于100mm，上下接缝应错开三分之一幅宽。

3.8.2.3　JS 涂膜防水层的构造设计

防水层构造系指为满足屋面、墙面、地面、卫生间、地下建筑物及储水池等地防水功能要求所设置的防水构造层次安排。

屋面工程有结构层、找平面层、隔汽层、保湿层、隔离层、保护层、架空隔热层及使用屋面的面层等。一般情况下，结构层在最下面，架空隔热层或使用屋面的面层在最上面，保温层与防水层的位置可根据需要相互交换。屋面防水层位于保温层之上叫正铺法，它可以分为暴露式和埋压式。埋压式根据其埋压材料的不同分为松散材料埋压、刚性块体或整浇埋压、柔性材料埋压和架空隔热板覆盖。倒置法是将防水层作在保温层下面，此时则要求保温层是憎水性的，上部常需再作一层刚性保护层。

地下建筑防水构造分内防水、外防水和内外双面防水。防水涂料施涂于结构的内侧称为内防水；施涂于建筑物外侧称为外防水；内外两面均施涂防水涂料则为内外双面防水。一般情况下，当室外有动水压力或水位较高且土质渗透性好时，才采用内防水。而且涂防水层外还应增设一层保护层。

卫生间采用涂膜防水时，一般应将防水层布置在结构层与地面面层之间，以便使防水层受到保护。

建筑物常见的 JS 涂膜防水层构造参见表 3-75。对于易开裂、渗水部位，应留凹槽嵌填密封材料，并增设一层或一层以上带有胎体增强材料的附加层。

表 3-75　JS 涂膜防水层常见的构造　　　单位：mm

构造种类	序号	构　造　简　图
上人屋面防水构造	1	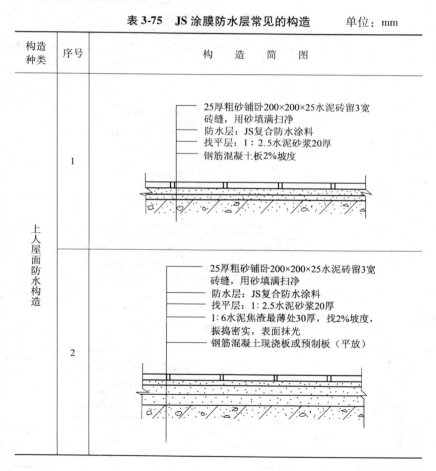25厚粗砂铺卧200×200×25水泥砖留3宽砖缝，用砂填满扫净 防水层：JS复合防水涂料 找平层：1：2.5水泥砂浆20厚 钢筋混凝土板2%坡度
	2	25厚粗砂铺卧200×200×25水泥砖留3宽砖缝，用砂填满扫净 防水层：JS复合防水涂料 找平层：1：2.5水泥砂浆20厚 1:6水泥焦渣最薄处30厚，找2%坡度，振捣密实，表面抹光 钢筋混凝土现浇板或预制板（平放）

构造种类	序号	构 造 简 图

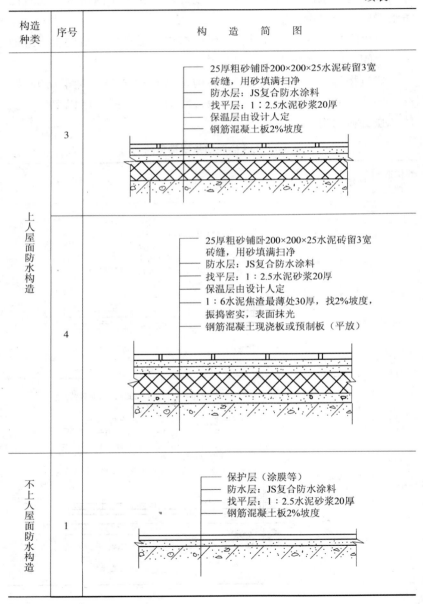

序号 3（上人屋面防水构造）

- 25厚粗砂铺卧200×200×25水泥砖留3宽砖缝，用砂填满扫净
- 防水层：JS复合防水涂料
- 找平层：1∶2.5水泥砂浆20厚
- 保温层由设计人定
- 钢筋混凝土板2%坡度

序号 4（上人屋面防水构造）

- 25厚粗砂铺卧200×200×25水泥砖留3宽砖缝，用砂填满扫净
- 防水层：JS复合防水涂料
- 找平层：1∶2.5水泥砂浆20厚
- 保温层由设计人定
- 1∶6水泥焦渣最薄处30厚，找2%坡度，振捣密实，表面抹光
- 钢筋混凝土现浇板或预制板（平放）

序号 1（不上人屋面防水构造）

- 保护层（涂膜等）
- 防水层：JS复合防水涂料
- 找平层：1∶2.5水泥砂浆20厚
- 钢筋混凝土板2%坡度

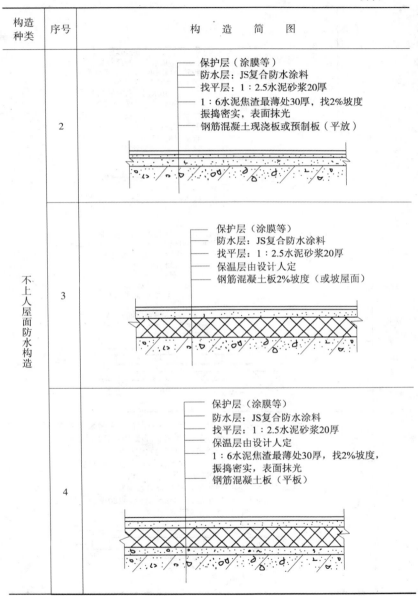

构造种类	序号	构　造　简　图
不上人屋面防水构造	2	保护层（涂膜等） 防水层：JS复合防水涂料 找平层：1：2.5水泥砂浆20厚 1：6水泥焦渣最薄处30厚，找2%坡度 振捣密实，表面抹光 钢筋混凝土现浇板或预制板（平放）
	3	保护层（涂膜等） 防水层：JS复合防水涂料 找平层：1：2.5水泥砂浆20厚 保温层由设计人定 钢筋混凝土板2%坡度（或坡屋面）
	4	保护层（涂膜等） 防水层：JS复合防水涂料 找平层：1：2.5水泥砂浆20厚 保温层由设计人定 1：6水泥焦渣最薄处30厚，找2%坡度， 振捣密实，表面抹光 钢筋混凝土板（平板）

构造种类	序号	构 造 简 图

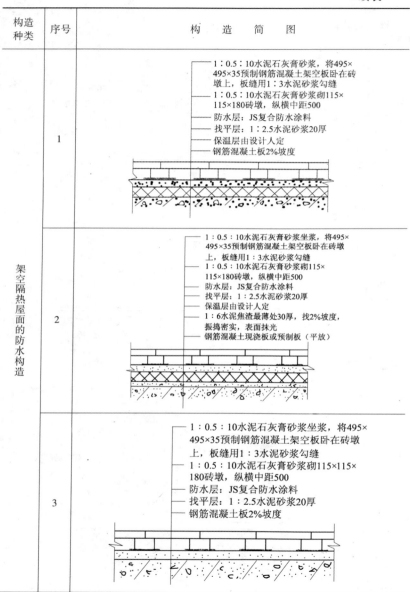

行 1:

- 1:0.5:10水泥石灰膏砂浆,将495×495×35预制钢筋混凝土架空板卧在砖墩上,板缝用1:3水泥砂浆勾缝
- 1:0.5:10水泥石灰膏砂浆砌115×115×180砖墩,纵横中距500
- 防水层:JS复合防水涂料
- 找平层:1:2.5水泥砂浆20厚
- 保温层由设计人定
- 钢筋混凝土板2%坡度

行 2:

- 1:0.5:10水泥石灰膏砂浆坐浆,将495×495×35预制钢筋混凝土架空板卧在砖墩上,板缝用1:3水泥砂浆勾缝
- 1:0.5:10水泥石灰膏砂浆砌115×115×180砖墩,纵横中距500
- 防水层:JS复合防水涂料
- 找平层:1:2.5水泥砂浆20厚
- 保温层由设计人定
- 1:6水泥焦渣最薄处30厚,找2%坡度,振捣密实,表面抹光
- 钢筋混凝土现浇板或预制板(平放)

行 3:

- 1:0.5:10水泥石灰膏砂浆坐浆,将495×495×35预制钢筋混凝土架空板卧在砖墩上,板缝用1:3水泥砂浆勾缝
- 1:0.5:10水泥石灰膏砂浆砌115×115×180砖墩,纵横中距500
- 防水层:JS复合防水涂料
- 找平层:1:2.5水泥砂浆20厚
- 钢筋混凝土板2%坡度

构造种类(左侧竖排):架空隔热屋面的防水构造

构造种类	序号	构 造 简 图
架空隔热屋面的防水构造	4	1：0.5：10水泥石灰膏砂浆坐浆，将495×495×35预制钢筋混凝土架空板卧在砖墩上，板缝用1：3水泥砂浆勾缝 1：0.5：10水泥石灰膏砂浆砌115×115×180砖墩，纵横中距500 防水层：JS复合防水涂料 找平层：1：2.5水泥砂浆20厚 1：6水泥焦渣最薄处30厚，找2%坡度，振捣密实，表面抹光 钢筋混凝土现浇板或预制板（平放）
	5	1：0.5：10水泥石灰膏砂浆，将495×495×35预制钢筋混凝土架空板卧在砖墩上，板缝用1：3水泥砂浆勾缝 1：0.5：10水泥石灰膏砂浆砌115×115×180砖墩，纵横中距500 防水层：JS复合防水涂料 找平层：1：2.5水泥砂浆20厚 保温层由设计人定 隔气层（或根据工程需要） 20厚1：3水泥砂浆找平层 1：6水泥焦渣最薄处30厚，找2%坡度，振捣密实，表面抹光 钢筋混凝土现浇板或预制板（平放或破屋面）

构造种类	序号	构 造 简 图

水泥砖保护层屋面防水构造

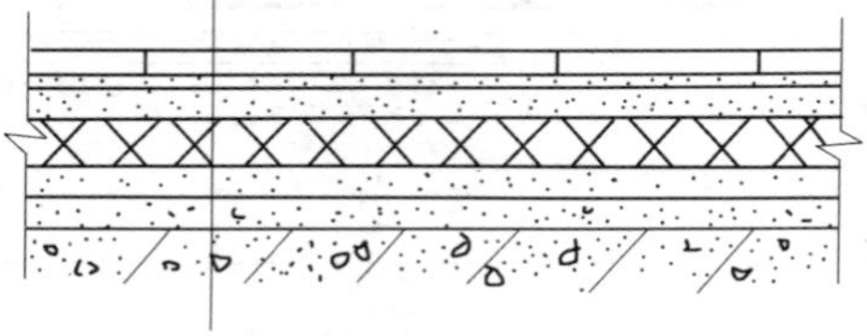

— 20厚粗砂或干硬性1：3水泥砂浆铺卧
  200×200×25水泥砖留下3宽砖缝，用砂浆
  填满扫净
— 防水层：JS复合防水涂料
— 找平层：1：2.5水泥砂浆20厚
— 保温层由设计人定
— 隔气层（或根据工程需要）
— 20厚1：3水泥砂浆找平层
— 1：6水泥焦渣最薄处30厚，找2%坡度，
  振捣密实，表面抹光
— 钢筋混凝土现浇板或预制板（平放）

有隔热层倒置式上人屋面的防水构造

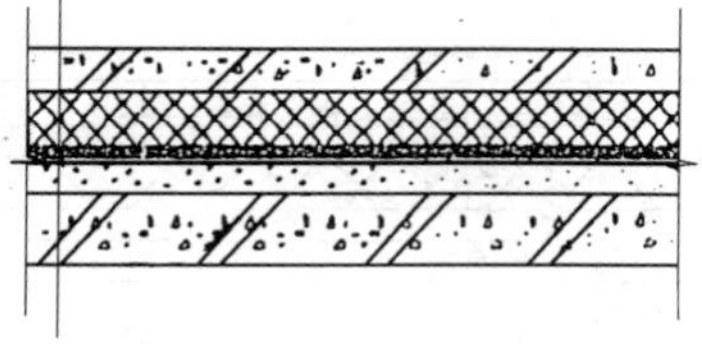

— 面层：40厚钢筋混凝土刚性层（钢筋$\Phi6@150$纵横）
— 隔离层：3厚纸巾灰或厚质塑料薄膜
— 隔热层：40厚聚苯乙烯泡沫板
— 防水层：JS复合防水涂料（一布五涂）
— 找平层：1：2.5水泥砂浆20厚
— 表层：现浇钢筋混凝土板

注：刚性层必须设分格缝，分格缝嵌密封膏作防水处理

构造种类	序号	构　造　简　图
钢筋混凝土女儿墙（非上人屋面）防水构造	1	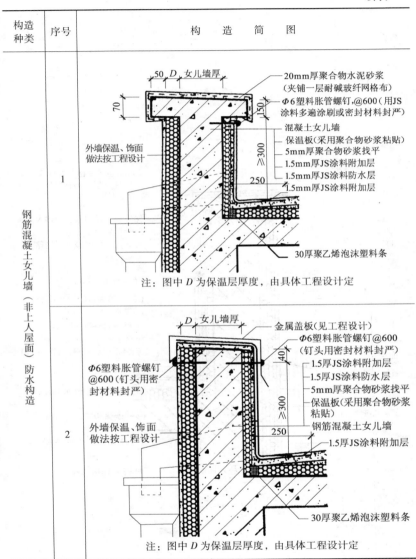
	2	

构造种类	序号	构 造 简 图
钢筋混凝土女儿墙（上人屋面）防水构造		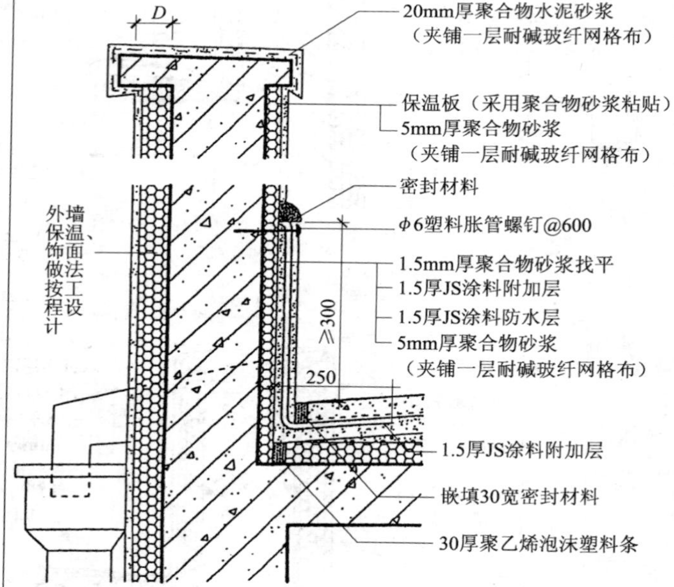

20mm厚聚合物水泥砂浆
（夹铺一层耐碱玻纤网格布）

保温板（采用聚合物砂浆粘贴）

5mm厚聚合物砂浆
（夹铺一层耐碱玻纤网格布）

密封材料

φ6塑料胀管螺钉@600

1.5mm厚聚合物砂浆找平

1.5厚JS涂料附加层

1.5厚JS涂料防水层

5mm厚聚合物砂浆
（夹铺一层耐碱玻纤网格布）

墙温、外保温面法工设饰做程计按

≥300

250

1.5厚JS涂料附加层

嵌填30宽密封材料

30厚聚乙烯泡沫塑料条

注：图中 D 为保温层厚度，由具体工程设计定

续表

构造种类	序号	构　造　简　图

混凝土空心砌块女儿墙(非上人屋面)的防水构造

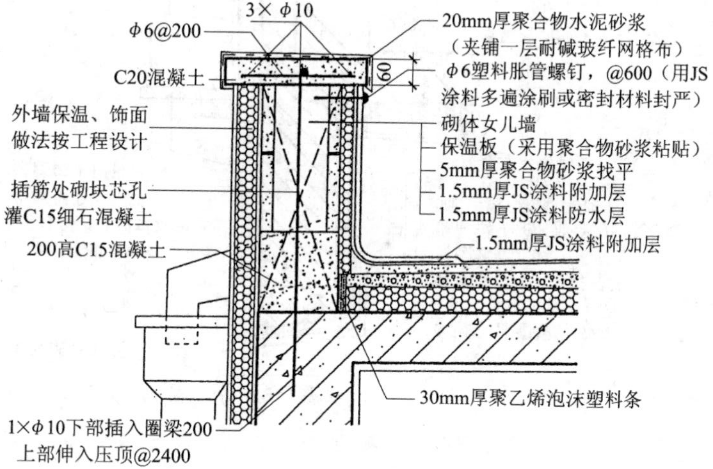

20mm厚聚合物水泥砂浆
(夹铺一层耐碱玻纤网格布)
φ6塑料胀管螺钉,@600(用JS涂料多遍涂刷或密封材料封严)
砌体女儿墙
保温板(采用聚合物砂浆粘贴)
5mm厚聚合物砂浆找平
1.5mm厚JS涂料附加层
1.5mm厚JS涂料防水
1.5mm厚JS涂料附加层
30mm厚聚乙烯泡沫塑料条

3×φ10
09
φ6@200
C20混凝土

外墙保温、饰面
做法按工程设计
插筋处砌块芯孔
灌C15细石混凝土
200高C15混凝土

1×φ10下部插入圈梁200
上部伸入压顶@2400

613

续表

构造种类	序号	构 造 简 图
砖砌体女儿墙（非上人屋面）的防水构造		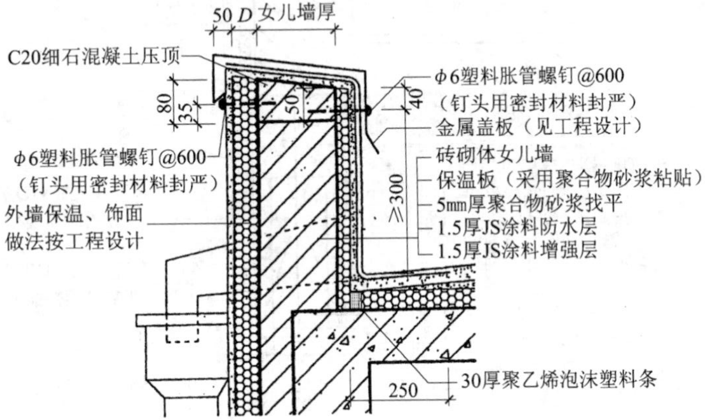 C20细石混凝土压顶 φ6塑料胀管螺钉@600 （钉头用密封材料封严） 外墙保温、饰面 做法按工程设计 50 D 女儿墙厚 35 80 55 40 300 φ6塑料胀管螺钉@600 （钉头用密封材料封严） 金属盖板（见工程设计） 砖砌体女儿墙 保温板（采用聚合物砂浆粘贴） 5mm厚聚合物砂浆找平 1.5厚JS涂料防水层 1.5厚JS涂料增强层 250 30厚聚乙烯泡沫塑料条 注：图中 D 为保温层厚度，由具体工程设计定

续表

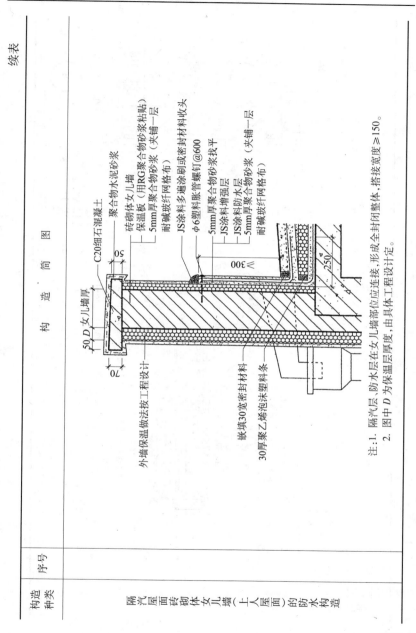

构造种类	序号	构 造 简 图
隔汽屋面砖砌体女儿墙（上人屋面）的防水构造		

注：1. 隔汽层、防水层在女儿墙部位应连接，形成全封闭整体，搭接宽度≥150。
2. 图中 D 为保温层厚度，由具体工程设计定。

C20细石混凝土

聚合物水泥砂浆

砖砌体女儿墙

保温板（用RG聚合物砂浆粘贴）

5mm厚聚合物砂浆（夹铺一层耐碱玻纤网格布）

JS涂料多遍涂刷或密封材料收头

Φ6塑料胀管螺钉@600

5mm厚聚合物砂浆找平

JS涂料增强层

JS涂料防水层

5mm厚聚合物砂浆（夹铺一层耐碱玻纤网格布）

外墙保温做法按工程设计

嵌填30宽密封材料

30厚聚乙烯泡沫塑料条

50 D 女儿墙厚

50

70

300

250

615

续表

构造 种类	序号	构 造 简 图
保温挑檐装配式屋面防水构造		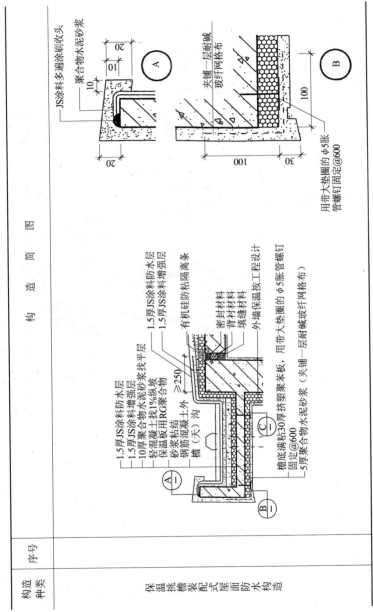

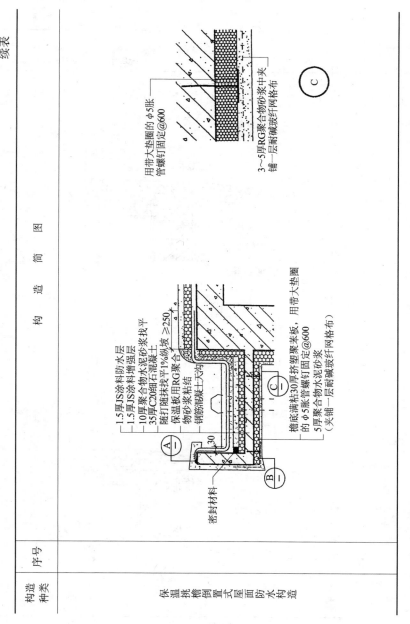

构造种类	序号	构 造 简 图
预制平板挑檐防水构造		
现浇平板挑檐防水构造		

构造种类	序号	构　造　简　图
现浇檐沟防水构造		
女儿墙带现浇外檐沟防水构造	1	

构造种类	序号	构 造 简 图
女儿墙带现浇外檐沟防水构造	2	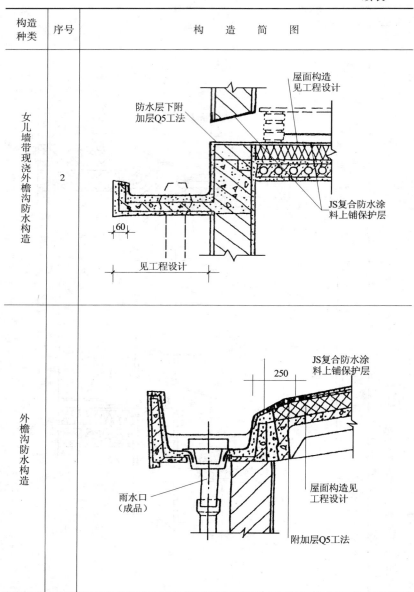
外檐沟防水构造		

构造种类	序号	构　造　简　图
内檐沟防水构造		
女儿墙（外排水口）防水构造		

构造种类	序号	构 造 简 图
内排水女儿墙下水口防水构造		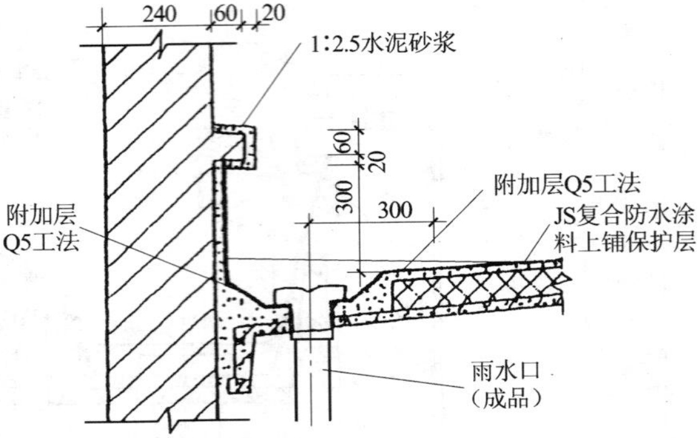
女儿墙水落口防水构造		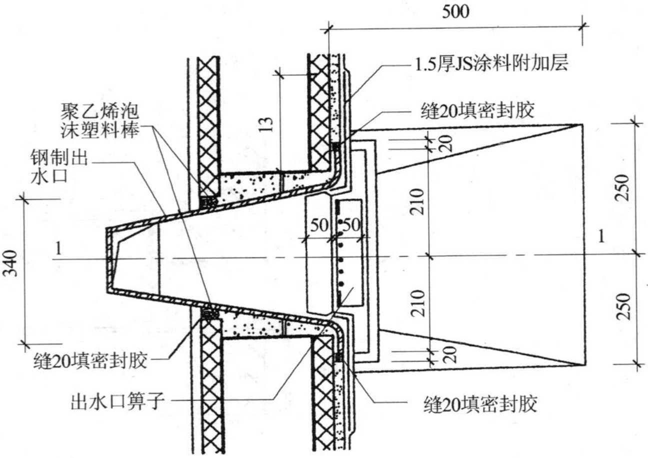

内排水女儿墙下水口防水构造图中标注：240 60 20，1:2.5水泥砂浆，附加层Q5工法，附加层Q5工法，300 60 20，300，JS复合防水涂料上铺保护层，雨水口（成品）

女儿墙水落口防水构造图中标注：500，1.5厚JS涂料附加层，聚乙烯泡沫塑料棒，缝20填密封胶，钢制出水口，13，250，210，20，50 50，340，1，210，1，250，缝20填密封胶，出水口箅子，缝20填密封胶，20

续表

构造种类	序号	构造简图
女儿墙水落口防水构造		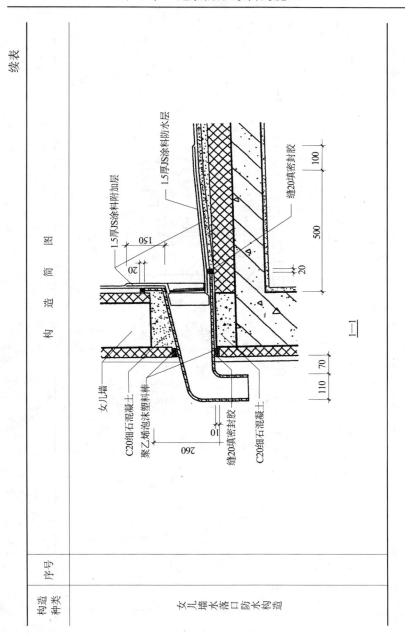

1—1

623

构造种类	序号	构 造 简 图
非上人屋面变形缝的防水构造		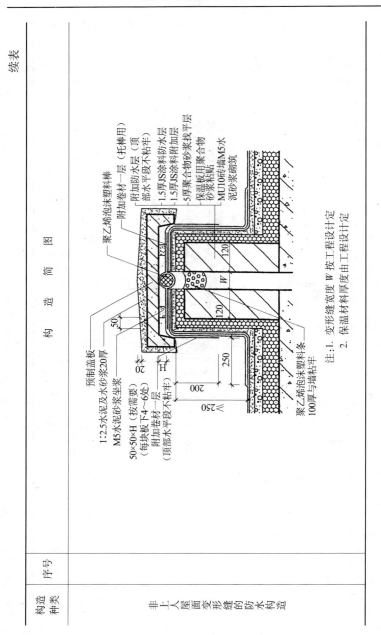

预制盖板

1:2.5水泥及水砂浆20厚

M5水泥砂浆坐浆

50×50×H（按需要）
（每块板下4～6处）
附加卷材一层
（顶部水平段不粘牢）

聚乙烯泡沫塑料棒

附加卷材一层（托棒用）

附加防水层（顶部水平段不粘牢）

1.5厚JS涂料防水层

1.5厚JS涂料附加层

5厚聚合物砂浆找平层

保温板用聚合物砂浆粘贴

1.5厚JS涂料防水层

MU10砖墙M5水泥砂浆砌筑

聚乙烯泡沫塑料条
100厚与墙粘牢

注:1. 变形缝宽度 W 按工程设计定
2. 保温材料厚度由工程设计定

624

构造种类	序号	构　造　简　图
高低跨变形缝的防水构造		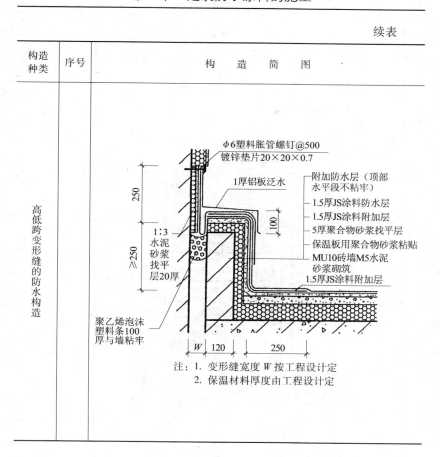

续表

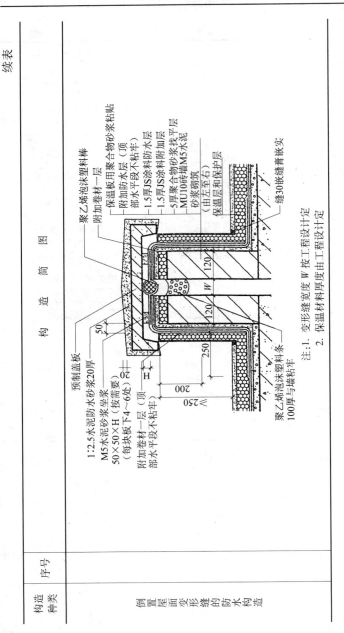

构造种类	序号	构造简图
倒置屋面变形缝的防水构造		

注:1. 变形缝宽度 W 按工程设计设定
   2. 保温材料厚度由工程设计设定

续表

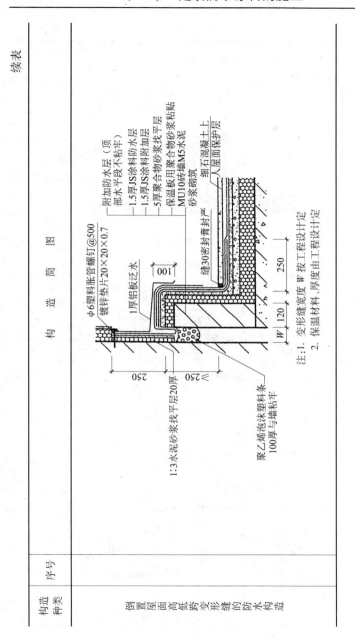

构造 种类	序号	构　造　简　图
倒置屋面高低跨变形缝的防水构造		

注：1. 变形缝宽度 W 按工程设计定
2. 保温材料、厚度由工程设计定

φ6塑料胀管螺钉@500
镀锌垫片20×20×0.7
1厚铝板泛水

附加防水层（顶部水平段不粘牢）
1.5厚JS涂料防水层
1.5厚JS涂料附加层
5厚聚合物砂浆找平层
保温板用聚合物砂浆粘贴
MU10砖墙M5水泥砂浆砌筑
细石混凝土面保护层
入屋面保护层

缝30密封膏封严

1:3水泥砂浆找平层20厚
聚乙烯泡沫塑料条
100厚与墙粘牢

001
W≥250
250
W 120
250
250

构造种类	序号	构造简图
屋面变形缝防水构造	1	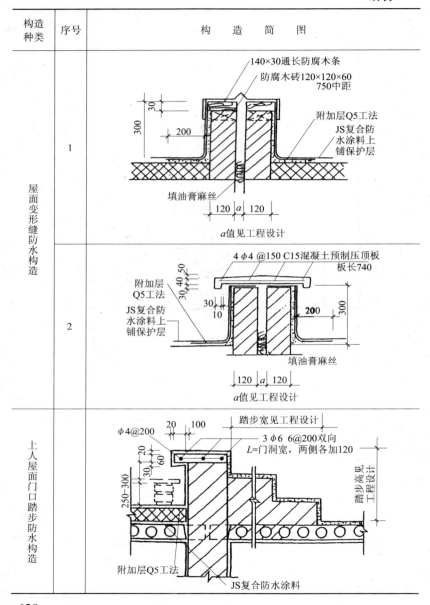
	2	
上人屋面门口踏步防水构造		

构造种类	序号	构　造　简　图
屋面水平出入口防水构造	1	
	2	

续表

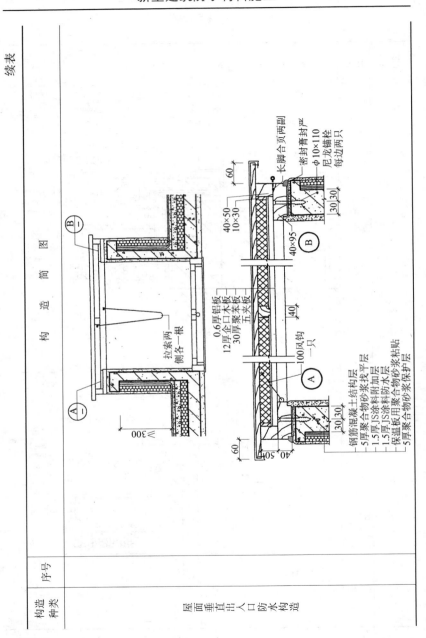

序号	构造简图

构造种类：屋面垂直出入口防水构造

630

续表

构造种类	序号	构　造　简　图
屋面门口防水构造		
砖烟囱出屋面泛水防水构造		

构造种类	序号	构 造 简 图
铁烟囱出屋面防水构造		
烟囱通风管出屋面防水构造		

续表

构造种类	序号	构　造　简　图
排气管的防水构造		密封材料 管箍 D 1.5厚JS涂料防水层 1.5厚JS涂料附加层 圆锥形管壁 排汽道纵横交叉处 密封材料 圆锥形空腔
上人屋面排气管的防水构造		30 20 A 密封材料表面粘干砂 φ6@200双向塑料排水板 密封材料 1.5厚JS涂料附加层 1.5厚JS涂料防水层 200 排汽槽 A 爪片（四个）

构造种类	序号	构 造 简 图
透气管出屋面防水构造		 D_1 D_6 80 D_2 采用JS材料调制密封胶 按工程设计 80 60 250 采用JS材料调制密封胶 250 C7.5炉渣混凝土拍实 JS复合防水涂上铺保护层
天窗侧壁防水构造	1	 采用JS材料调制密封胶 450 滴水板500×500×25 用C15细石混凝土 预制，粗砂垫牢 JS复合防水涂料 附加层Q5工法

构造种类	序号	构 造 简 图
天窗侧壁防水构造	2	采用JS材料调制密封胶 450 滴水板500×500×25用C15细石混凝土预制，粗砂垫牢 JS复合防水涂料 附加层Q5工法
	3	采用J5材料调制密封胶 450 滴水板500×500×25用C15细石混凝土预制，粗砂垫牢 JS复合防水涂料 附加层Q5工法

635

构造种类	序号	构 造 简 图
天窗端壁防水构造	1	
	2	

续表

构造种类	序号	构　造　简　图
出顶管勒脚防水构造	1	JS复合防水涂料上铺保护层　金属箍　采用JS涂料调制密封胶　>300　>250　30　附加层Q5工法
	2	150　40　10　70　附加层Q5工法　200　300　20～40　250～1000　20～40　JS复合防水涂料上铺保护层　采用JS涂料调制密封胶

构造种类	序号	构　造　简　图
平天窗防水构造		JS复合防水涂料上铺保护层 300 250 50 附加层Q5工法
瓦屋面泛水的防水构造		外墙保温见工程设计 1.5厚JS涂料防水层 1.5厚JS涂料附加层 150 250

构造种类	序号	构 造 简 图
涂膜屋面泛水的防水构造		1.5厚JS涂料防水层 1.5厚JS涂料附加层 10厚聚合物水泥砂浆找平层 保温层按工程设计 钢筋混凝土屋面板 250
地下工程砖墙体外防水构造	1	墙与地下室顶板见工程设计 采用JS材料调制密封胶 地下室砖墙 找平层：20厚1：2.5水泥砂浆 防水层：JS砂浆 复合防水涂料 保护层：20厚1：3水泥砂浆 保护墙120厚M5砂浆砌砖 虚线范围内2：8灰土或素黏土回填分层夯实 ＜2000 设计地下水位 500 60 120 60 砌砖或贴50厚聚苯板

构造种类	序号	构　造　简　图
地下工程砖墙体外防水构造	2	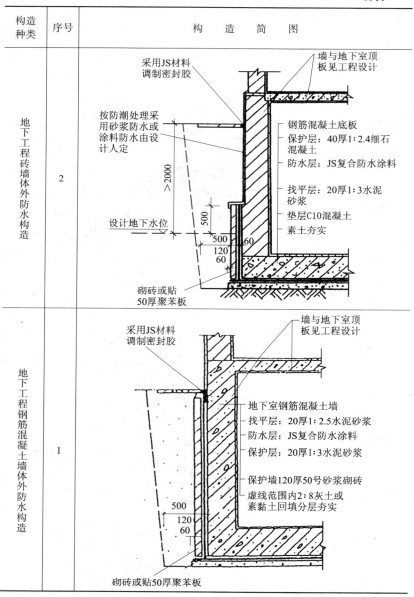
地下工程钢筋混凝土墙体外防水构造	1	

地下工程砖墙体外防水构造图中标注：

采用JS材料调制密封胶

墙与地下室顶板见工程设计

按防潮处理采用砂浆防水或涂料防水由设计人定

＞2000

设计地下水位

500

500

60

120

60

钢筋混凝土底板

保护层：40厚1:2.4细石混凝土

防水层：JS复合防水涂料

找平层：20厚1:3水泥砂浆

垫层C10混凝土

素土夯实

砌砖或贴50厚聚苯板

地下工程钢筋混凝土墙体外防水构造图中标注：

采用JS材料调制密封胶

墙与地下室顶板见工程设计

地下室钢筋混凝土墙

找平层：20厚1:2.5水泥砂浆

防水层：JS复合防水涂料

保护层：20厚1:3水泥砂浆

保护墙120厚50号砂浆砌砖

虚线范围内2:8灰土或素黏土回填分层夯实

500

120

60

砌砖或贴50厚聚苯板

续表

构造种类	序号	构　造　简　图
地下工程钢筋混凝土墙体外防水构造	2	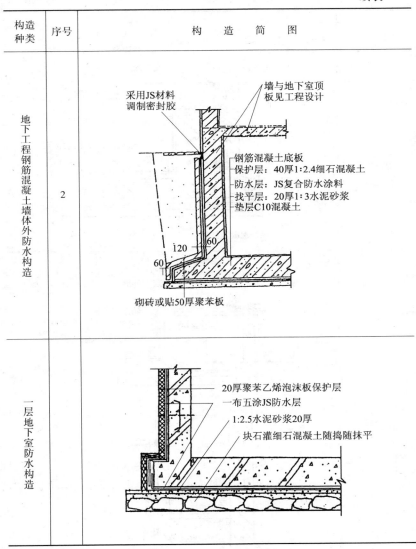
一层地下室防水构造		

采用JS材料调制密封胶

墙与地下室顶板见工程设计

钢筋混凝土底板
保护层：40厚1:2.4细石混凝土
防水层：JS复合防水涂料
找平层：20厚1:3水泥砂浆
垫层C10混凝土

120　60
60

砌砖或贴50厚聚苯板

20厚聚苯乙烯泡沫板保护层
一布五涂JS防水层
1:2.5水泥砂浆20厚
块石灌细石混凝土随捣随抹平

续表

构造种类	序号	构 造 简 图
二层或三层地下室防水构造		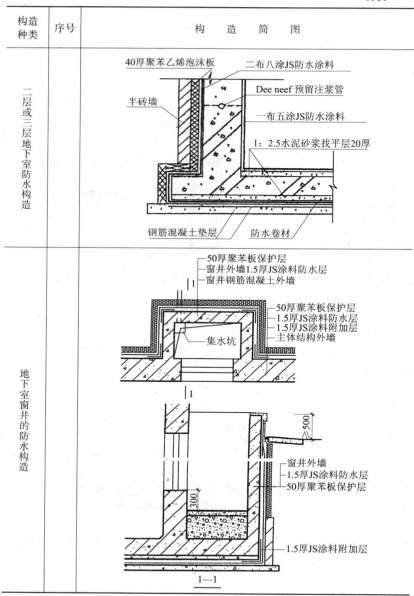
地下室窗井的防水构造		

构造种类	序号	构　造　简　图

地下室预留通道的防水构造

50厚聚苯板保护层
1.5厚JS涂料防水层
1.5厚JS涂料附加层
20厚1:2.5水泥砂浆找平层
钢筋混凝土外墙
变形缝详见地下室外墙变形缝

1.5厚JS涂料附加层
1.5厚JS涂料防水层
保护隔离层

250

250

Ⓐ 阴角

2——2

Ⓐ 阴角

≥70厚≥C20钢筋混凝土面层
10mm聚合物水泥砂浆隔离层
1.5厚JS涂料防水层
1.5厚JS涂料附加层
20厚1:2.5水泥砂浆找平层
钢筋混凝土顶板

250

变形缝详见地下室底板变形缝（1）
虚线为300厚非黏土烧结跨临时保护墙

500　30　500

30

变形缝详见地下室底板变形缝

Ⓑ 阳角

250

1.5厚JS涂料附加层
1.5厚JS涂料防水层
保护隔离层

Ⓑ 阳角

2——2

构造种类	序号	构 造 简 图
地下室底板变形缝防水构造		
地下室顶板变形缝防水构造		
地下室墙体变形缝防水构造		

续表

构造 种类	序号	构　造　简　图
地下室外墙后浇带的防水构造	1	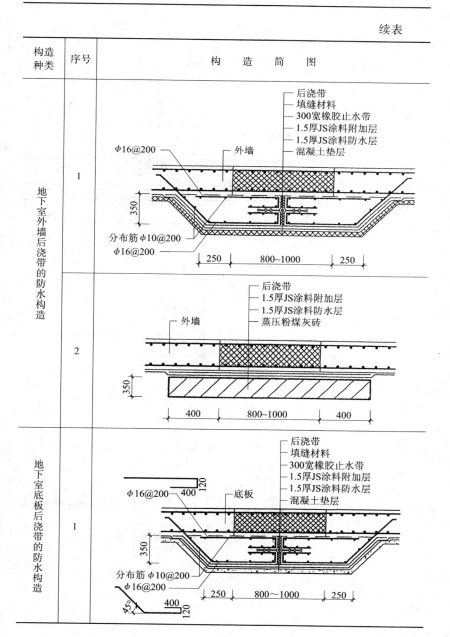
	2	
地下室底板后浇带的防水构造	1	

后浇带
填缝材料
300宽橡胶止水带
1.5厚JS涂料附加层
1.5厚JS涂料防水层
混凝土垫层
外墙
$\phi16@200$
350
分布筋 $\phi10@200$
$\phi16@200$
250　800~1000　250

后浇带
1.5厚JS涂料附加层
1.5厚JS涂料防水层
蒸压粉煤灰砖
外墙
350
400　800~1000　400

后浇带
填缝材料
300宽橡胶止水带
1.5厚JS涂料附加层
1.5厚JS涂料防水层
混凝土垫层
底板
$\phi16@200$　400　120
350
分布筋 $\phi10@200$
$\phi16@200$
$45°$　400　120
250　800~1000　250

构造种类	序号	构 造 简 图
地下室底板后浇带的防水构造	2	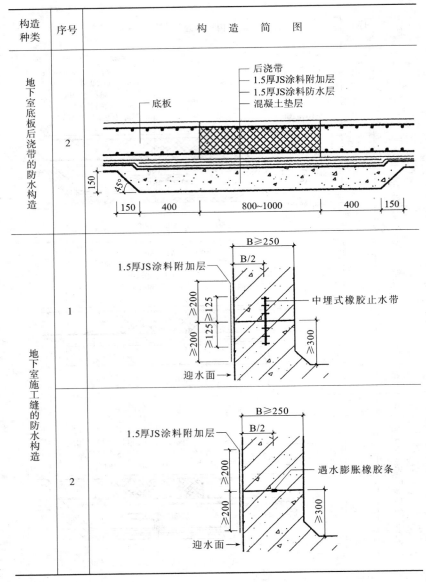
地下室施工缝的防水构造	1	
	2	

构造种类	序号	构 造 简 图
地下室施工缝的防水构造	3	
混凝土桩顶防水构造	1	
	2	

647

构造种类	序号	构 造 简 图

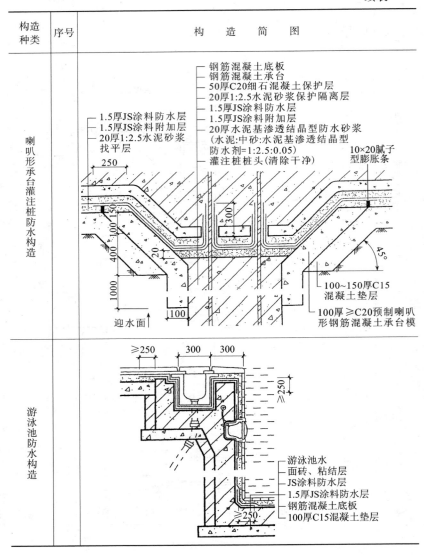

喇叭形承台灌注桩防水构造

1.5厚JS涂料防水层
1.5厚JS涂料附加层
20厚1:2.5水泥砂浆找平层
250

钢筋混凝土底板
钢筋混凝土承台
50厚C20细石混凝土保护层
20厚1:2.5水泥砂浆保护隔离层
1.5厚JS涂料防水层
1.5厚JS涂料附加层
20厚水泥基渗透结晶型防水砂浆
（水泥:中砂:水泥基渗透结晶型防水剂=1:2.5:0.05）
灌注桩桩头(清除干净)

10×20腻子型膨胀条

300
45°
150
100
400
20
1000
100
迎水面
100~150厚C15混凝土垫层
100厚≥C20预制喇叭形钢筋混凝土承台模

游泳池防水构造

≥250   300   300
≥250

游泳池水
面砖、粘结层
JS涂料防水层
1.5厚JS涂料防水层
钢筋混凝土底板
100厚C15混凝土垫层
≥250

构造种类	序号	构　造　简　图
室外水池防水构造		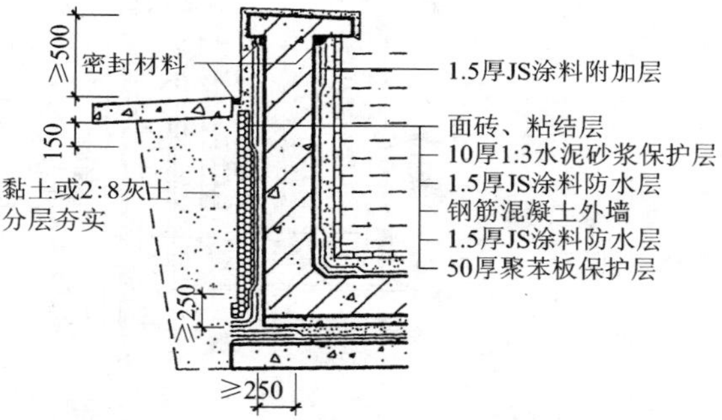
浴池防水构造		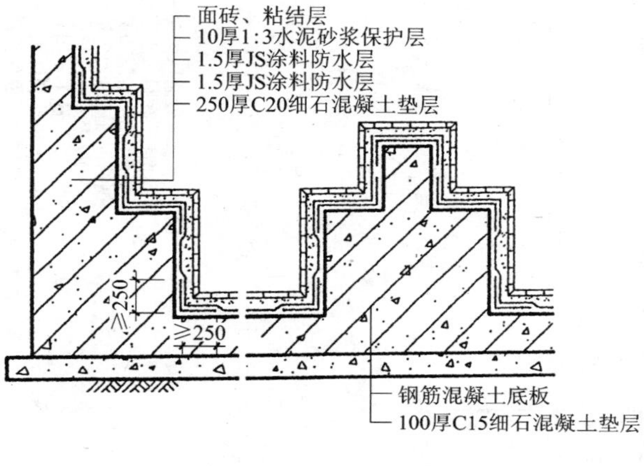

室外水池防水构造图注:
- ≥500
- 密封材料
- 150
- 黏土或2:8灰土分层夯实
- ≥250
- ≥250
- 1.5厚JS涂料附加层
- 面砖、粘结层
- 10厚1:3水泥砂浆保护层
- 1.5厚JS涂料防水层
- 钢筋混凝土外墙
- 1.5厚JS涂料防水层
- 50厚聚苯板保护层

浴池防水构造图注:
- 面砖、粘结层
- 10厚1:3水泥砂浆保护层
- 1.5厚JS涂料防水层
- 1.5厚JS涂料防水层
- 250厚C20细石混凝土垫层
- ≥250
- ≥250
- 钢筋混凝土底板
- 100厚C15细石混凝土垫层

续表

构造种类	序号	构造简图
地下水池防水构造		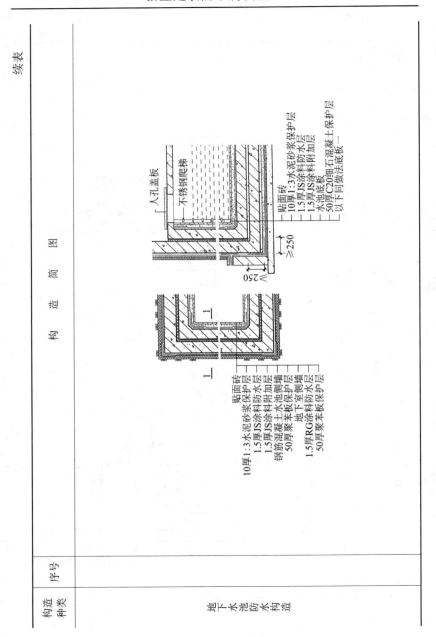

续表

构造种类	序号	构　造　简　图
厨房、卫生间楼地面的防水构造		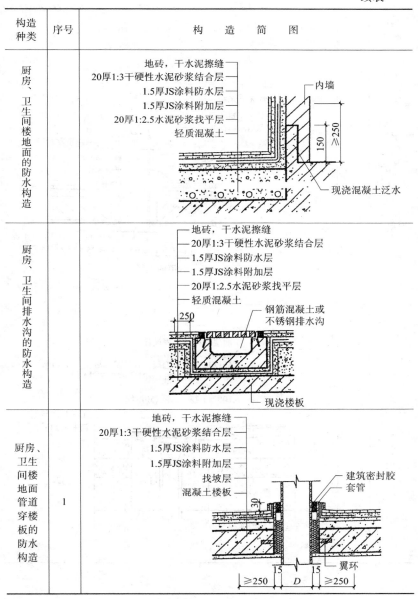
厨房、卫生间排水沟的防水构造		
厨房、卫生间楼地面管道穿楼板的防水构造	1	

构造种类	序号	构 造 简 图
厨房、卫生间楼地面管道穿楼板的防水构造	2	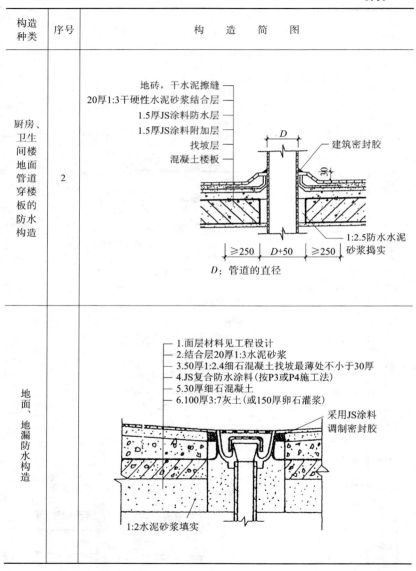
地面、地漏防水构造		

构造种类	序号	构　造　简　图
楼面地漏防水构造		1.面层材料见工程设计 2.结合层20厚1：3水泥砂浆 3.50厚1：2.4细石混凝土找坡最薄处不小于30厚 4.JS复合防水涂料(按P3或P4施工法) 5.20厚1：3细石混凝土 6.现浇或预制钢筋混凝土楼板 D 采用JS涂料调制密封胶 $D+120$
坐便器防水构造		盖形螺母 弹簧垫圈 胶垫 采用JS产品调制密封胶 结构基层按工程设计 膨胀螺栓 1:2水泥砂浆
蹲便器防水构造		台阶面层同楼板 1:6水泥炉渣垫层 采用JS产品调制密封胶 1:2水泥砂浆

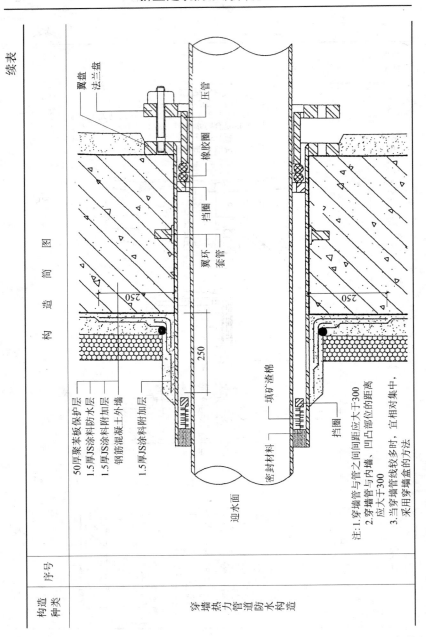

构造种类	序号	构 造 简 图
穿墙热力管道防水构造		

50厚聚苯板保护层
1.5厚JS涂料防水层
1.5厚JS涂料附加层
钢筋混凝土外墙
1.5厚JS涂料附加层

翼盘
法兰盘
压管
橡胶圈
挡圈
翼环
套管

密封材料
填矿渣棉
挡圈

迎水面

250
250
250

注:1.穿墙管与管之间距应大于300
　2.穿墙管与内墙、凹凸部位的距离应大于300
　3.当穿墙管线较多时,宜相对集中,采用穿墙盒的方法

654

续表

构造种类	序号	构　造　简　图
管道穿墙防水构造		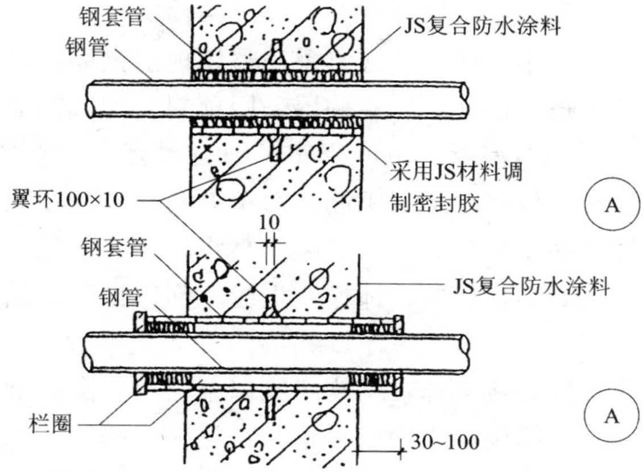
外墙面防水构造		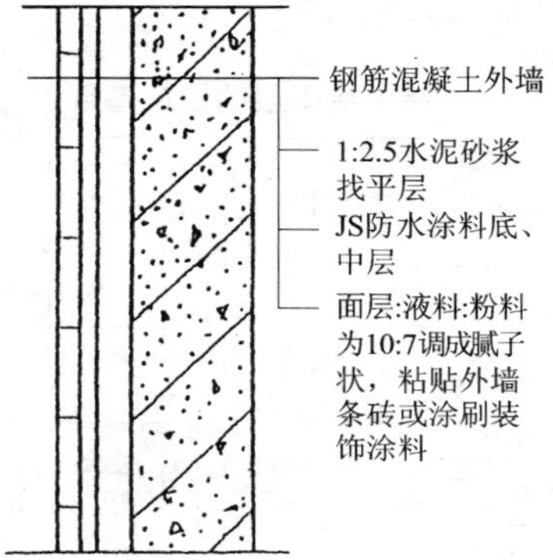

3.8.2.4　JS 涂膜防水屋面其他构造层次的设计

1. 防水层基层设计

防水层的基层，一般是指结构层和找平层，结构层是防水层和整个屋面层的载体，找平层则是防水层直接依附的一个层次。

结构层的质量极其重要，要求结构层平整，有较大刚度，整体性好，变形小。结构层最宜采用整体现浇钢筋混凝土板，以防水钢筋混凝土板为最佳。当结构层采用预制装配式钢筋混凝土板，板缝应用 C20 细石混凝土填嵌密实，细石混凝土中宜掺少量微膨胀剂，有的还要在板缝中配置钢筋。对于大开间、跨度大的结构，应在板面增设 40mm 厚 C20 细石混凝土整浇层，并配置 $\phi4@200$ 双向钢筋网，以提高结构层的整体性。板缝上部应预留凹槽，并用密封材料嵌填严实。

找平层直接铺抹在结构层或保温层上。直接铺抹在结构层上的找平层，当结构层表面较平整时，找平层厚度可以设计薄一些，否则应适当增加找平层厚度。如果铺抹于轻质找坡层或保温层上时，找平层应适当加厚，并要提高强度。找平层一般有水泥砂浆找平层、细石混凝土或配筋细石混凝土以及沥青砂浆找平层等。找平层所适应的基层种类及厚度要求见表 3-76。

表 3-76　找平层的适应基层种类及厚度要求

找平层类型	技术要求	适应基层种类	厚度/mm	备注
水泥砂浆找平层	水泥：砂 = 1：2.5 ~ 1：3（体积比）水泥砂浆，水泥强度不低于 32.5 级，砂为中粗砂	整浇钢筋混凝土	15 ~ 20	
		整浇或板状材料保温层	20 ~ 25	
		装配式钢筋混凝土板，松散材料保温层	20 ~ 20	
细石混凝土或配筋细石混凝土	细石混凝土强度等级不低于 C20，钢筋为 $\phi4@200$ 双向钢筋网	松散材料保温层	30 ~ 35	

找平层类型	技术要求	适应基层种类	厚度/mm	备注
沥青砂浆找平层	乳化沥青：砂 = 1：8（质量比）	整浇钢筋混凝土板	15 ~ 20	
		装配式钢筋混凝土板，整浇或块状材料保温层	20 ~ 25	

涂膜防水层的基层不但要求强度高、表面光滑平整，而且要避免产生裂缝，一旦基层开裂，很容易将涂膜拉裂。因此，水泥砂浆的配合比宜采用 1：2.5 ~ 1：3（水泥：中粗砂），稠度控制在 70mm 以内，并适量掺加减水剂、抗裂外加剂，使之强度提高，表面平整、光滑，不起皮、不起砂。

为了避免或减少找平层拉裂，屋面找平层应留设分格缝，分格缝应设在板端、屋面转折处、防水层与突出屋面结构交接处。其纵横分格缝的最大间距：水泥砂浆找平层、细石混凝土及配筋细石混凝土找平层不宜大于 6m；沥青砂浆找平层不宜大于 4m；缝宽宜为 20mm。分格缝内应填嵌密封材料或沿分格缝增设带胎体增强材料的空铺附加层，其宽度宜为 200 ~ 300mm，目的是将结构变形和找平层干缩变形、温度变形集中于分格缝予以柔性处理。

找平层的转角处应抹成圆弧，其半径不宜小于 50mm。

地下工程涂膜防水层的基层应用 1：2 ~ 1：2.5 水泥砂浆分层铺抹，压实抹光。

2. 保温层设计

保温层设计主要依据建筑物的保温功能要求，按照室内外温差和选用的保温材料导热系数计算确定其厚度。

3. 找坡层设计

为了排水流畅，平屋面需要有一定的坡度。找坡方法有结构找坡和材料找坡两种。当采用材料找坡方法时，应采用轻质材料或将保温材料垫高形成坡度。目前采用较多的材料有：焦渣混凝土、乳化沥青珍珠岩、微孔硅酸钙等等。一般情况下，结构找坡不宜小于3%；材料找坡不宜小于2%；天沟纵向坡度不宜小于1%；卫生间地面排水坡度为3%～5%；水落口及地漏周围的排水坡度不宜小于5%。找坡层最薄处厚度应大于20～30mm。

4. 隔离层、隔汽层和架空隔热层设计

（1）隔离层

为减少保护层与涂膜防水层之间的粘结力、摩擦力，使两者变形互不影响，一般情况下，采用砂浆保护层、块体保护层、细石混凝土或配筋细石混凝土保护层，此时，应在涂膜层与保护层之间增设一层隔离层。隔离层一般采用空铺油毡、油布、塑料薄膜、无纺布或玻璃纤维布等。

（2）隔汽层

在我国纬度40°以北地区且室内空气湿度＞75%，或其他地区室内空气湿度＞80%时，保温屋面和有恒温恒湿要求的建筑，都应在结构层与保温层之间设置隔气层，阻隔室内湿气通过结构层滞留在保温层结露为冷凝水，造成保温效果降低和涂膜层起鼓等。对于涂膜防水屋面，可以刷涂一层气密性较好的防水涂膜作为隔气层。其涂料品种一般与防水层涂料相同，但薄质防水涂料由于其气密性较差，不宜采用。

（3）架空隔热层

由于架空隔热层具有阻止热量向室内传导和良好的通风散热作用，在南方地区广泛采用。架空隔热层由架空隔热板和支墩组成。架空隔热板有薄黏土砖、钢筋混凝土预制薄板和预应力钢筋混凝土薄板等。钢筋混凝土预制薄板的基本尺寸为490mm×490mm×30mm。支墩一般用半砖砌成，高度100～300mm，砌筑砂浆为M2.5混合砂浆，支墩与预制板连接处应座灰。对于非上人屋面，一般用1:2水泥砂浆将板缝灌实即可，对于上人屋面，应在其表面再铺抹一层1:2～1:2.5水泥砂浆，其厚度为25～30mm。

5. 保护层的设置

保护层是保护防水层免受破坏的层次，涂膜防水层完工并经验收合格后，应立即做好成品保护层。

层面防水涂膜上可铺设水泥砂浆、块体或细石混凝土等保护层。保护层与涂膜间应设隔离层。

水泥砂浆保护层的厚度不宜小于 20mm，表面应抹平压光，并设表面分格缝，其分格面积宜为 $1m^2$；块体材料保护层亦应留设分格缝，分格缝宽度不宜小于 20mm，分格面积不宜大于 $100m^2$；细石混凝土保护层其混凝土应密实，表面抹平压光，并留设分格缝，其分格面积不大于 $36m^2$。刚性保护层与女儿墙、山墙之间应预留宽度为 30mm 的缝隙，并用密封材料嵌填严实。

游泳池、厕浴、厨房间等防水工程可在涂膜防水层表面尚未完全固化前撒石粒等材料粘牢，以便用水泥砂浆或其他粘结材料粘贴瓷砖、面砖。如在涂膜防水层上放置设施，其设施下部的防水层须做附加增强层，必要时应在其上浇筑厚 50mm 以上的细石混凝土。屋面天线等需经常维护的设施周围和出入口至设施之间的人行道，应铺设刚性保护层。

防水涂膜保护层除上述几类保护层外，还可采取如下措施：①趁防水涂膜尚未干燥时，撒粘细砂、云母或蛭石，构成保护层。撒铺应均匀，不得露底，不得有粉料。多余的云母、蛭石等撒布料应清除；②在防水层上面涂刷浅色的同类涂料或与其相容的、粘合力较强的其他浅色涂料，其涂料应厚薄均匀，不得漏涂。

地下防水涂膜的保护层主要有细石混凝土保护层、聚苯乙烯泡沫塑料保护层、砌砖保护墙、水泥砂浆保护层等几类。

顶板的细石混凝土保护层与防水层之间宜设置隔离层，底板的细石混凝土保护层其厚度应大于 50mm，侧墙宜采用聚苯乙烯泡沫塑料保护层，或砌砖墙保护层（边砌边填实）和铺抹 30mm 厚水泥砂浆保护层。

涂膜防水屋面保护层的特点和用途参见表 3-77。

表3-77 涂膜防水屋面保护层种类、特点和用途

序号	保护层名称	构成与施工方法	特点	用途
1	浅色、彩色涂料保护层	在涂膜防水层上直接涂刷浅色或彩色涂料 保护层涂料应与防水层涂料具有相容性，以免腐蚀防水层或粘结不良	阻止紫外线、臭氧的作用，反射阳光，降低防水层表面温度，美化环境，施工方便，价格便宜，自重轻，但使用寿命不长，仅3～6年，抗穿刺能力和抵抗外力的破坏能力较差	非上人屋面、大跨度结构屋面
2	反射膜保护层	将铝膜直接粘贴于防水涂膜的表面，反射涂膜则采用掺银粉的涂料直接涂刷于防水层的表面	反射阳光，降低防水层表面温度，阻止紫外线和臭氧的作用，施工方便，自重轻，但寿命仅4～7年	非上人屋面、大跨度结构屋面
3	细砂保护层	在最后一层涂料刷涂后，立即用0.5～3mm细砂铺撒均匀并滚压	防止防水涂膜直接曝晒和雨水对防水涂膜的冲刷，但粘结不牢，易脱落	非上人屋面（厚质防水涂膜）
4	蛭石、云母粉保护层	在最后一层涂料涂刷后，立即铺撒蛭石或云母粉，并用胶辊滚压，使之粘牢	阻止阳光紫外线直接照射，有一定隔热作用，但蛭石和云母粉强度低，易被风雨冲刷	非上人屋面（薄质防水涂膜或厚质防水涂膜）
5	纤维纺织毯保护层	在防水层上直接铺设一层玻纤、化纤、聚酯纺织毯，铺放时只要四周与女儿墙粘结或钉压固定即可	免受阳光直射、雨水直接冲刷，防止涂膜磨损，施工简便	上人、使用屋面
6	块体保护层	一般在防水涂膜上设置一层隔离层，然后在隔离层上铺设预制混凝土或砂浆块、缸砖、黏土薄砖、黏土砖或泡沫塑料等	阻止紫外线照射，避免风雨冲刷，避免外力穿刺和人为损害，但自重大	上人屋面，不宜在大跨度屋面上使用

续表

序号	保护层名称	构成与施工方法	特点	用途
7	水泥砂浆保护层	1∶2 水泥砂浆，厚度为 20～25mm，大面积应分格，砂浆保护层与防水层之间应增设隔离层	与块体保护层相同	不上人屋面
8	细石混凝土或配筋细石混凝土保护层	40mm 厚 C20 细石混凝土或配筋细石混凝土，钢筋为 $\phi4$ @200 双向钢筋网，大面积应分格，保护层与防水层之间增设隔离层	与块体保护层相同	上人屋面，不宜在大跨度屋面上使用

3.8.3 聚合物水泥防水涂料涂膜防水层的施工

JS 防水涂料施工操作十分简便，施工人员极易掌握，JS 防水涂料可以直接在潮湿或干燥的砖石、砂浆、混凝土和各种类型防水层（如沥青、橡胶、弹性体改性沥青防水卷材、塑性体改性沥青防水卷材、聚氨酯防水涂膜）等基层表面进行施工，对于金属、木质等基层及各种保温层可先通过适当的表面处理后，即可进行 JS 防水涂层的施工，例如对于木质基层，可先在其表面涂施适当的溶剂型封闭材料；对于保温层，应先在其表面进行适当的界面增强处理。

3.8.3.1 常用工法

根据聚合物水泥防水涂料的不同产品型号及特点，生产厂商编写了不同的施工方法，部分聚合物水泥防水涂料的施工工法参见表 3-78。

表3-78 聚合物水泥防水涂料工法

工法	P3(三层)工法	P4(四层)工法	Q5(增强层)工法
适用范围	一般用于厕浴间,内外墙等防水工程。	一般用于地下、水池、隧道等防水工程。	一般用于屋面防水工程以及异形部位(例如管根、墙根、雨水口、阴阳角等)的增强。
涂层结构筑图			
施工工序	打底层→下层→面层	打底层→下层→中层→面层	打底层→下层(下涂+增强层+上涂)→面层
涂料用量	打底层:0.3kg/m² 下层:0.9kg/m² 面层:0.9kg/m² 总用料量:2.1kg/m² 厚度(d):0.9~1mm 配料比例:液料:粉料:水=10:7:14	打底层:0.3kg/m² 下层:0.9kg/m² 中层:0.9kg/m² 面层:0.9kg/m² 总用料量:3.0kg/m² 厚度(d):1.3~1.4mm 配料比例:液料:粉料:水=10:7:(0~2)	打底层:0.3kg/m² 下层:1.4kg/m²+一层无纺布或网格布 面层:0.9kg/m² 总用料量:2.6kg/m² 厚度(d):1.4~1.5mm 配料比例:液料:粉料:水=10:7:(0~2)

注:① 增强层可选50~100g的聚酯长纤维无纺布或优质玻纤网格布;
② 下涂、增强层、上涂三层工序须连续作业。

3.8.3.2　JS防水涂料的施工要点

聚合物水泥防水涂料的施工工艺流程参见图3-183。

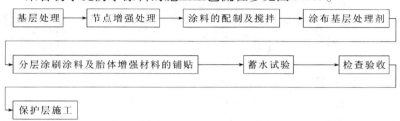

图3-183　JS防水涂料施工工艺流程

聚合物水泥防水涂料的施工工艺要点如下：

1. 施工前的准备

（1）人员准备

聚合物水泥涂膜防水工程的施工，应由经资质审查合格的防水专业队伍进行施工，施工人员应持有当地建设主管部门颁发的上岗证，施工单位应有专人负责施工管理与施工质量控制。

（2）材料准备

聚合物水泥防水涂料应有产品合格证书和性能检测报告，材料的品种、规格、性能等应符合国家现行有关标准和设计要求。

材料进场后，应按国家现行有关标准和规程的规定抽样复验，并提出试验报告，不合格的材料不得应用到防水工程中去。进入施工现场的聚合物水泥防水涂料以每10t为一批，不足10t按一批抽样进行外观质量检验。在外观质量检验合格的涂料中，任取两组分共5kg样品做物理力学性能试验，Ⅰ型聚合物水泥防水涂料应检验固体含量、干燥时间、无处理拉伸强度、无处理断裂延伸率、低温柔性和不透水性等项目；Ⅱ型聚合物水泥防水涂料应检验固体含量、干燥时间、无处理拉伸强度、无处理断裂延伸率、潮湿基面粘结强度和抗渗性等项目。

聚合物水泥防水涂料应贮存在干燥、通风、阴凉的场所，贮存时间不得超过6个月，其液体组分贮存温度不宜低于5℃。

（3）设备和工具准备

认真检查电源的安全可靠性，检查高空作业的安全可靠性。

准备好钢丝刷、吹风机等基层清理工具，搅拌桶、手提电动搅拌枪以及案秤等配料和材料搅拌工具，辊筒、刮板、刷帚等涂敷工具。

2. 施工环境

聚合物水泥防水涂料宜在 5～35℃ 的环境气温条件下进行施工，露天施工不得在雨天、雪天和五级风以上的环境条件下作业，不宜在特别潮湿又不通风的环境中施工，否则会影响其成膜。若在潮湿环境中施工，应加强通风排湿。

3. 基层处理

聚合物水泥防水涂料在施工前，应对基层进行质量检验，不可在不合格的基层上进行防水施工。

涂料施工前，应清除基层表面的浮浆、浮灰、黄沙、石子等杂质，保持施工面清洁、无灰尘、无油污、无霉斑，基层表面不得有积水。

基层表面应平整、光滑、牢固、并达到一定的强度、整体性和适应变形能力，基层严重不平处须先找平，不得有起砂、蜂窝、麻面、气孔、凹凸不平、裂缝、起壳等缺陷。如基层起砂可先涂一遍 JS 稀涂料，基层有裂缝可先在裂缝处涂一层抗裂胶，渗漏处须先采用"速凝型水不漏"进行堵漏处理，重要建筑物基面裂缝处理后，在沿裂缝两侧宽 10mm 范围内涂以嵌缝密封材料。

局部维修的基面应将原损坏的涂层清除掉（沿裂缝两侧不小于50mm 的宽度），然后将裂缝剔凿扩宽清理干净，再按基面裂缝处理。

4. 节点增强处理

JS 防水涂料施工前应先对细部构造进行密封或增强处理。

① 阴阳角应做成圆弧角，如基面与伸出基面的结构（女儿墙、山墙、变形缝、天窗、烟囱、管道等）的连接处，转角处均应用混

凝土做成 $R > 50mm$ 的圆弧。

② 在阴阳角、天沟、泛水、水落口、管道根部等部位先涂刷一遍涂料，然后加铺无纺布作涂料的附加增强层，附加增强层的宽度应不少于 300mm，预留孔洞，其涂膜伸入孔洞深度应不小于 50mm，粘贴附加增强层时，应用漆刷摊压平整，与下层涂料贴合紧密。胎体材料可选择聚酯无纺布或化纤无纺布，搭接宽度不小于 100mm，表面再涂刷一至二遍防水涂料，使其达到设计厚度要求。

③ 水落口、穿墙管、管根周边、裂缝、分格缝、变形缝及其他接缝部位应先用密封胶作嵌缝处理。

5. 涂料的配制和搅拌

涂料的配制和搅拌应符合下列规定：

① 涂料配制前，应先将液料组分搅拌均匀；

② 计量应按照产品说明书的要求进行，不得任意改变配合比；

③ 配料应采用机械搅拌，配制好的涂料应达到色泽均匀，无粉团、沉淀的要求。

聚合物水泥防水涂料两组分的具体配制搅拌方法如下：按要求注明的配合比准确计量，先将液料组分倒入搅拌桶内，用搅拌器进行搅拌。在搅拌状态下，慢慢加入粉料组分混合搅拌，直至搅拌均匀，料中不含粉团，无沉淀。搅拌一般使用机械搅拌，不宜采用手工搅拌，搅拌时间 5 ~ 10min，配料中可根据具体情况加入适量的水，以方便施工为准，加水量应在规定的配比范围内，在斜面、顶面或立面上施工，为了能保持足够的料，应不加或少加些水为好，平面施工时，为了涂膜平整，可适量多加一些水，加水量控制在液料组分的 5% 以内。

配制 JS 涂料的工作应在施工现场进行，配制好的涂料应在产品介绍中所规定的时间内用完，应做到随配随用，在一般条件下涂料可用时间在 45min 至 3h 不等，涂层干固时间约 4 ~ 6h，现场环境温度低、湿度高、通风不好时，干固时间长些；反之则会短些。

6. 涂料颜色

JS 防水涂料一般均为白色，如客户需选择其他颜色，宜用中性、无机颜料（宜选用氧化铁系列颜料）。其他颜料须先试验确认无异常现象后，方可使用。颜色一般均由制造商根据客户要求配好，如采用粉末状颜料一般将其配在粉料部分中，如采用水性色浆，则可直接放入液料部分中，施工时只需将液料和粉料按配比要求称量拌合即可。

如在施工现场临时调制颜色，在按配比要求进行称量后，涂料所用颜料为粉末状固体者，则应将粉末状固体颜料先放入液料中混合、溶解，然后方可与粉料搅拌均匀。彩色层涂料的加入量为液料质量的 10% 以下。

7. 涂布基层处理剂

JS 防水涂料在涂布施工前，应先涂刷基层处理剂。

8. 涂刷

应待细部构造节点附加层施工完毕，干燥成膜并经验收合格后方可进行聚合物水泥防水涂料的大面积涂刷施工。其涂刷要点如下：

① 施工时应按照聚合物水泥防水涂料制造商所提供的施工工法，根据工程的特点和要求，选择一种或两种组合工法，并严格按照工法所规定的要求进行施工。

② 每层涂覆必须按照工法规定的用量要求施工，切不能过多或过少。涂料若有沉淀，尤其是打底料时，应随时搅拌均匀。

③ 涂覆可采用刮涂、滚涂或刷涂等工艺，第一遍涂覆最好采用刮板进行刮涂，以使涂料能与基面紧密结合，不留气泡。施工时，每遍涂刷应交替改变其涂刷方向，即应与前一遍相互垂直，交叉进行。同一涂层涂刷时先后接茬宽度宜为 30～50mm。涂覆较稀的料和大面积平面施工时，可采用滚涂和刮涂工艺，对于较稠的料及小面积局部施工，宜采用刷涂工艺。

④ 按照选定的工法，涂膜应多遍完成，每遍涂层的用量不宜

大于 0.6kg/m², 各层之间涂覆的间隔时间以前一层涂膜干燥成膜不粘为准, 在温度为 20℃的露天作业条件下, 不上人施工约需 3h, 上人施工约需 5h, 若施工现场温度较低、湿度较高、通风条件差, 其干固时间则应长些, 反之则短些。待第一遍涂层表干后, 即可进行第二遍涂覆, 以此类推, 直至涂层厚度达到设计的要求。

⑤ 每遍涂覆的厚度与气候条件、平立面状态均有关系, 一般涂刷 3 ~ 5 遍即可达到规定的厚度, 第一遍涂覆时应薄一些, 可在配料时掺少量的水, 把涂料略配稀些以满足薄涂的要求。

⑥ 涂覆时要均匀, 不能有局部沉积, 并要多次涂刮使涂料层次之间密实, 不留气孔, 粘结严实。

⑦ 涂膜防水层的甩茬应注意保护, 接茬宽度不应小于 100mm, 接涂前应将甩茬表面清洗干净。

⑧ 在泛水、伸缩缝、檐沟等节点处需作增强防水处理时, 其涂层收头处应反复进行多遍涂刷, 以确保粘结强度和周边的密封。末端收头处理, 涂膜防水层的收头应按规定或设计要求用密封材料封严, 密封宽度不应小于 10mm, 涂料不宜过厚或过薄, 否则势将影响涂层的厚度。若最后涂层厚度不够, 尤其是立面施工, 可加涂一层或数层, 以达到标准。

9. 胎体增强材料的铺贴

为了增强涂层的抗拉强度, 防止涂层下坠, 在涂层中增加胎体增强材料。胎体增强材料铺贴位置一般由防水涂层设计确定, 可在头遍涂料涂刷后, 第二遍涂料涂刷时, 或第三遍涂料涂刷前铺贴第一层胎体增强材料。胎体增强材料的铺贴方法有两种, 即干铺法和湿铺法。

（1）湿铺法

湿铺法就是边倒料、边涂刷、边铺贴的操作方法。施工时, 先在已干燥的涂层上, 用刷子或刮板将刚倒的涂料刷涂均匀或刮平, 然后将成卷的胎体增强材料平放于涂层面上, 逐渐推滚铺贴于刚涂刷的涂层面上, 用滚刷滚压一遍, 或用刮板刮压一遍, 亦可用抹子抹压一遍，务必使胎体材料的网眼（或毡面上）充满涂料，使上下两层涂料结合良好。待干燥后继续进行下一遍涂料施工。湿铺法的操作工序少，但技术要求较高。

（2）干铺法

干铺法就是在上道涂层干燥后，用稀释涂料将胎体增强材料先粘贴于前一遍涂层面上，再在上面满刮一遍涂料，使涂料渗透网眼与上一层涂层结合。也可边干铺胎体增强材料，边在已展平的胎体材料面上用橡皮刮板满刮一遍涂料，待干燥后继续进行下一遍涂料施工。

（3）施工注意事项

① 由于胎体增强材料质地柔软，容易变形，铺贴时不易展开，经常出现皱褶、翘边或空鼓现象，影响质量。若在无大风的天气，宜采用干铺法施工。

② 采用干铺法施工时，要求涂料从胎体材料的网眼渗透至下一涂层上而形成整体，因此当渗透性较差的防水涂料与较密实的胎体材料配套使用时，不宜采用干铺法施工。

③ 胎体增强材料可以选用单一品种，也可将玻璃纤维布与聚酯毡混合使用。混用时，上层应采用玻璃纤维布，下层使用聚酯毡。

④ 铺贴施工时应注意铺贴方向，屋面坡度小于15%时，可平行屋脊铺贴；若屋面坡度大于15%，则应垂直于屋脊铺贴，并由屋面最低处向上施工。

⑤ 第一层胎体增强材料应越过屋脊400mm，第二层应越过200mm，搭接缝应压平，以免进水。

⑥ 胎体增强材料的长边搭接不应少于50mm，短边搭接不得少于70mm，搭接缝应顺流水方向或主导风向，接缝应压平，密封严密，以免漏水。

⑦ 采用两层胎体增强材料时，上下层不得相互垂直铺贴，接缝应错开，其错缝间距不应小于幅宽的1/3。

⑧ 铺贴胎体增强材料时，应将布幅两边每隔 1.5 ~ 2.0m 间距各剪 15mm 的小口，以利铺贴平整。

⑨ 铺贴好的胎体增强材料如发现皱褶、翘边和空鼓时，应用剪刀将其剪破，进行局部修补，使之完整，成为可靠的防水层。

⑩ 如发现露白，说明涂料用量不足，应再蘸料涂刷，使之均匀一致。

⑪ 铺贴后，一般应用滚刷滚压一遍，使胎体增强材料更加密实、紧贴于下层涂膜上。

10. 蓄水试验

对屋面、厕浴间、厨房间等处的 JS 涂膜防水层应进行蓄水试验和修整，蓄水试验要等涂层完全干固之后方可进行，一般情况下需在 48h 以后进行，在特别潮湿且又不通风的环境中则需要更长的时间。厕浴间、厨房间防水层做完后，蓄水 24h 不渗漏为合格，屋面防水层做完后，排水系统应畅通，不渗漏为合格（可在雨后或持续淋水之后检验）。

11. 防水层的保护层施工

室外及易碰触、踩踏部位的防水层应做保护层，保护层（或装饰层）的施工，须在防水层完工并验收合格后及时进行。

① 聚合物水泥防水涂料本身就含有水泥成分，易与水泥砂浆粘结，如做水泥砂浆保护层，可在其面层上直接抹刮粘结。抹砂浆时，为了方便施工，可在防水层最后一遍涂覆后，立即撒上干净的中粗砂，待涂层干燥后，即可直接抹刮水泥砂浆保护层。

② 在防水层上还可粘贴块体材料保护层，主要采用的块体材料有瓷砖、马赛克、大理石等，粘贴块体材料的粘结剂可用 JS 防水涂料调成腻子状来充当，JS 涂料粘结剂可按液料∶粉料 = 10∶（15 ~ 20）调成腻子状即可。

③ 保护层施工时，应对涂膜防水层成品采取保护措施。

12. 保温隔热层屋面的防水层施工

在维修有保温隔热层的屋面时，要尽可能晒干其内部水分后再做防水层。

13. 防水层的保护

涂膜防水层施工时，其施工人员不得穿带钉的鞋作业；

涂膜未固化前严禁在上面行走，并应切实采取措施保护防水层不受人为破坏。

14. 地下 JS 涂膜防水工程的施工

JS 防水涂料适合于地下室防水，但必须注意以下事项：

① 地下室墙面往往有垂直细裂缝，必须仔细检查，凡有裂缝的地方应先刷抗裂胶（宽为 100mm）。如裂缝宽超过 1mm，可凿成 V 型缝嵌填聚合物砂浆后再刷抗裂胶。

② 防水涂层完工后，不可马上浸水，须待防水层凝固并有一定强度后方可浸水。一般在通风良好情况下，一个星期后方可浸水。

③ 在有桩支承的地下室，其桩顶防水处理是关键，必须合理设计，用料正确。

④ 防水层的保护层可采用聚苯乙烯泡沫板。

15. 工具情况

在防水施工结束后，必须尽快用水将粘有涂料的工具和机具清洁干净，以便于下次继续使用。

3.8.3.3　JS 涂膜防水层的质量检查验收

JS 涂膜防水层施工完毕后，应认真检查整个工程的各个环节和各个部分，尤其是一些薄弱的环节，若发现问题，应立即查明原因，及时修复。

（1）聚合物水泥防水涂料防水层的施工单位应建立各道工序的自检、交接检验和专职人员检验的"三检"制度，并应有完整的检查记录，未经监理人员或业主代表检查验收，不得进行下一道工序的施工。

（2）聚合物水泥防水涂料和胎体增强材料的品种、规格和质量应符合设计和国家现行有关标准的要求，涂料的配合比应符合产品说明书的要求。

（3）屋面工程、建筑室内防水工程、建筑外墙防水工程和构筑物防水工程不得有渗漏现象，地下防水工程应符合相应防水等级标准的要求，细部构造做法应符合设计要求。

（4）涂膜防水层的平均厚度不得小于设计规定的厚度，最小厚度不得小于设计厚度的80%。防水工程在完工七天后，应对涂层厚度进行检查，施工面积每100m² 抽查不应少于1处，整个工程不应少于3处。聚合物水泥防水涂料的涂膜厚度的检查方法可采用针刺法或割取 20mm×20mm 的实样用卡尺测量或测量仪测量，割取过的防水层应及时修补。

（5）涂膜防水层与基层应粘结牢固，表面平整，涂刷均匀，无鼓泡起壳、细微裂缝、翘边分层、流淌、皱褶、胎体外露等缺陷，如发生上述现象，应采用刀片局部割破涂层，检查基面情况，修复基面后重新用涂料涂覆修复如常。

（6）涂膜防水层的保护层做法应符合设计要求。

第4章 防水密封材料的施工

凡是采用一种装置或一种材料来填充缝隙，密封接触部位，防止其内部气体或液体的泄漏、外部灰尘、水气的侵入以及防止机械振动冲击损伤或达到隔声、隔热作用称之为密封。凡具备防水这一特定功能（防止液体、气体、固体的侵入，起到水密、气密作用）的密封材料称之为防水密封材料。防水密封材料的应用范围十分广泛，最典型的应用是：① 建筑工程中的幕墙安装；建筑物的玻璃安装、门窗密封及嵌缝；混凝土和砖墙墙体伸缩缝及桥梁、道路、机场跑道伸缩接缝嵌缝；污水及其他给排水管道的对接密封；② 电器设备制造安装中的绝缘和密封；仪器仪表电子元件的封装，线圈电路的绝缘防潮；③ 航空航天技术中的各类防水密封；交通运输器具的防水密封及玻璃与金属窗户框之间的密封；机械设备连接面之间的密封等。本章所叙述的防水密封材料是指应用于建筑工程领域中的建筑防水密封材料。

4.1 建筑防水密封材料的分类和性能

我国国家标准 GB/T 14682—2006《建筑密封材料术语》明确规定建筑密封材料是"能承受接缝位移以达到气密、水密目的而嵌入建筑接缝中的材料"。

4.1.1 防水密封材料的分类

1. 建筑防水密封材料的类型

建筑防水密封材料品种繁多，组成复杂，性状各异，有多种不同的分类方法。

建筑防水密封材料按其形态可分为预制密封材料和密封胶（密

封膏）两大类。预制密封材料是指预先成型的具有一定形状和尺寸的密封材料；密封胶是指以非成形状态嵌入接缝中，通过与接缝表面粘结而密封接缝的溶剂型、乳液型、化学反应型的黏稠状的一类密封材料，包括弹性的和非弹性的密封胶、密封腻子和液体状的密封垫料等品种。广义上的密封胶还包括嵌缝材料，所谓的嵌缝材料是指采用填充挤压等方法将缝隙密封并具有不透水性的一类材料。

建筑防水密封材料按其基料不同，可分为硅酮密封胶、聚硫密封胶、聚氨酯密封胶、丙烯酸酯密封胶、丁基橡胶密封胶、氯丁橡胶密封胶、丁苯橡胶密封胶、氯磺化聚乙烯密封胶、聚氯乙烯接缝材料、沥青嵌缝油膏、蓖麻油油膏、油灰等。

建筑防水密封材料按其产品的用途可分为混凝土建筑接缝用密封胶、幕墙玻璃接缝用密封胶、石材用建筑密封胶、彩色涂层钢板用建筑密封胶、建筑用防霉密封胶、中空玻璃用弹性密封胶、建筑窗用弹性密封剂、建筑门窗用油灰等。

建筑防水密封材料按其所用材料的不同可分为沥青及高聚物改性沥青基建筑防水密封材料和合成高分子建筑防水密封材料。

建筑防水密封材料按其材性可分为弹性和塑性两大类。弹性密封材料是嵌入接缝后，呈现明显弹性，当接缝位移时，在密封材料中引起的残余应力几乎与应变量成正比的密封材料；塑性密封材料是嵌入接缝后，呈现明显的塑性，当接缝位移时，在密封材料中引起的残余应力迅速消失的密封材料。

建筑防水密封材料按其固化机理可分为溶剂型密封材料、乳液型密封材料、化学反应型密封材料等类别。溶剂型密封材料是通过溶剂挥发而固化的密封材料，乳液型密封材料是以水为介质，通过水蒸发而固化的密封材料，化学反应型密封材料是通过化学反应而固化的密封材料。

建筑防水密封材料按其结构粘结作用可分为结构型密封材料和非结构型密封材料。结构型密封材料是在受力（包括静态或动态负荷）构件接缝中起结构粘结作用的密封材料，非结构型密封材料是

在非受力构件接缝中不起结构粘结作用的密封材料

建筑防水密封材料还可按其流动性分为自流平型密封材料和非下垂型密封材料；按其施工期可分为全年用、夏季用以及冬季用等三类；按其组分及包装形式、使用方法可分为单组分密封材料、多组分密封材料以及加热型密封材料（热熔性密封材料）。

2. 建筑密封胶的分级和要求

国家标准 GB/T 22083—2008《建筑密封胶分级和要求》对建筑用密封胶根据其性能及应用进行了分类和分级，并给出了不同级别的要求和相应的试验方法。

（1）建筑密封胶的分级

建筑密封胶的分级如图 4-1 所示。

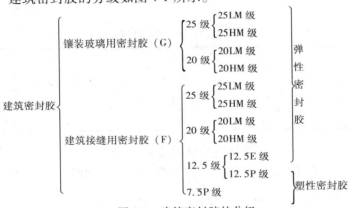

图 4-1　建筑密封胶的分级

① 按照密封胶的用途可分为：镶装玻璃接缝用密封胶（G 类）、镶装玻璃以外的建筑接缝用密封胶（F 类）两类。

② 对密封胶按其满足接缝密封功能的位移能力进行分级，参见表 4-1；对高位移能力的弹性密封胶根据其在接缝中的位移能力进行分级，其推荐级别参见表 4-2。

③ 25 级和 20 级密封胶按其拉伸模量可进一步划分次级别为：低模量（代号 LM）、高模量（代号 HM）两类。如果拉伸模量测试值超过下述一个或两个试验温度下的规定值，该密封胶应分级为

"高模量"。其规定值为（见表4-3和表4-4第二项）：在23℃时0.4MPa；在－20℃时0.6MPa。拉伸模量应取三个测试值的平均值并修约至1位小数。

表4-1　密封胶级别　　　　GB/T 22083—2008

级别[a]	试验拉压幅度/%	位移能力[b]/%
25	±25	25.0
20	±20	20.0
12.5	±12.5	12.5
7.5	±7.5	7.5

[a] 25级和20级适用于G类和F类密封胶，12.5级和7.5P级仅适用于F类密封胶。
[b] 在设计接缝时，为了正确解释和应用密封胶的位移能力，应当考虑相关标准与有关文件。

表4-2　高位移能力弹性密封胶级别

级别	试验拉压幅度/%	位移能力/%
100/50	+100/－50	100/50
50	±50	50
35	±35	35

④ 12.5级密封胶按其弹性恢复率可分级为：弹性恢复率等于或大于40%，代号E（弹性）；弹性恢复率小于40%，代号P（塑性）两类。

⑤ 25级、20级和12.5E级密封胶称为弹性密封胶；12.5P级和7.5P级密封胶称为塑性密封胶。

（2）不同级别密封胶的要求

G类和F类密封胶的要求参见表4-3和表4-4，其试验条件参见表4-5。

高位移能力弹性密封胶其G类和F类产品的要求参见表4-6，其试验条件参见表4-7。

表 4-3　镶装玻璃用密封胶（G 类）要求　GB/T 22083—2008

性　能	指　　标				试验方法
	25LM	25HM	20LM	20HM	
弹性恢复率/%	≥60	≥60	≥60	≥60	GB/T 13477.17
拉伸粘结性，拉伸模量/MPa23℃ 下 −20℃ 下	≤0.4 和 ≤0.6	>0.4 或 >0.6	≤0.4 和 ≤0.6	>0.4 或 >0.6	GB/T 13477.8
定伸粘结性	无破坏	无破坏	无破坏	无破坏	GB/T 13477.10
冷拉-热压后粘结性	无破坏	无破坏	无破坏	无破坏	GB/T 13477.13
经过热、透过玻璃的人工光源和水曝露后粘结性[a]	无破坏	无破坏	无破坏	无破坏	GB/T 13477.15—2002
浸水后定伸粘结性	无破坏	无破坏	无破坏	无破坏	GB/T 13477.11
压缩特性	报告	报告	报告	报告	GB/T 13477.16
体积损失/%	≤10	≤10	≤10	≤10	GB/T 13477.19
流动性[b]/mm	≤3	≤3	≤3	≤3	GB/T 13477.6

"无破坏" 按 GB/T 22083—2008 第 7 章确定。

a 所用标准曝露条件见 GB/T 13477.15—2002 的 9.2.1 或 9.2.2。

b 采用 U 型阳极氧化铝槽，宽 20mm、深 10mm，试验温度（50 ± 2）℃ 和（5 ± 2）℃，按步骤 A 和步骤 B 试验。如果流动值超过 3mm，试验可重复一次。

表 4-5　F 类和 G 类密封胶试验条件　GB/T 22083—2008

项目	试验方法	级别						
		25LM	25HM	20LM	20HM	12.5E	12.5P	7.5P
伸长率[a]	GB/T 13477.8 GB/T 13477.10 GB/T 13477.11 GB/T 13477.15—2002 GB/T 13477.17	100%	100%	60%	60%	60%	60%	25%
幅度	GB/T 13477.12 GB/T 13477.13	±25%	±25%	±20%	±20%	±12.5%	±12.5%	±7.5%
压缩率	GB/T 13477.16	25%	25%	20%	20%	—	—	—

a 伸长率（%）为相对原始宽度的比例：伸长率 = 〔（最终宽度 − 原始宽度）/原始宽度〕× 100

表 4-4　建筑接缝用密封胶（F 类）要求

GB/T 22083—2008

性　能		25LM	25HM	20LM	20HM	12.5E	12.5P	7.5P	试验方法
弹性恢复率/%		≥70	≥70	≥60	≥60	≥40	<40	<40	GB/T 13477.17
拉伸粘结性	a) 拉伸模量/MPa 23℃下 −20℃下	≤0.4 和 ≤0.6	>0.4 或 >0.6	≤0.4 和 ≤0.6	>0.4 或 >0.6	—	—	—	GB/T 13477.8
	b) 断裂伸长率/% 23℃	—	—	—	—	≥100	≥100	≥25	
定伸粘结性		—	无破坏	无破坏	—	无破坏	—	—	GB/T 13477.10
冷拉-热压后粘结性		无破坏	无破坏	无破坏	无破坏	无破坏	—	无破坏	GB/T 13477.13
同一温度下位伸-压缩循环后粘结性		—	—	—	—	—	无破坏	—	GB/T 13477.12
浸水后定伸粘结性		无破坏	无破坏	无破坏	无破坏	无破坏	—	—	GB/T 13477.11
浸水后拉伸粘结性、断裂伸长率（23℃下）/%		—	—	—	—	—	≥100	≥25	GB/T 13477.9
体积损失/%		≤10ᵃ	≤10ᵃ	≤10ᵃ	≤10ᵃ	≤25	≤25	≤25	GB/T 13477.19
流动性ᵇ/mm		≤3	≤3	≤3	≤3	≤3	≤3	≤3	GB/T 13477.6

"无破坏" 按 GB/T 22083—2008 第 7 章确定。

a 对水乳型密封胶，最大值 25%。

b 采用 U 型阳级氧化铝槽，宽 20mm，深 10mm，试验温度（50 ± 2）℃和（5 ± 2）℃。按步骤 A 和步骤 B 试验，如果流动值超过 3mm，试验可重复一次。

表 4-6　高位移能力弹性密封胶要求　GB/T 22083—2008

性能	指　标			试验方法
	100/50	50	35	
弹性恢复率/%	≥70	≥70	≥70	GB/T 13477.17
定伸粘结性	无破坏	无破坏	无破坏	GB/T 13477.10
冷拉-热压后粘结性	无破坏	无破坏	无破坏	GB/T 13477.13
经过热、透过玻璃的人工光源和水暴露后粘结性[a]	无破坏	无破坏	无破坏	GB/T 13477.15—2002
浸水后定伸粘结性	无破坏	无破坏	无破坏	GB/T 13477.11
体积损失/%	≤10	≤10	≤10	GB/T 13477.19
流动性[b]/mm	≤3	≤3	≤3	GB/T 13477.6

a 仅 G 类产品测试此项性能，所用标准曝露条件见 GB/T 13477.15—2002 的 9.2.1 或 9.2.2

b 采用 U 型阳极氧化铝槽，宽 20mm、深 10mm，试验温度（50±2）℃和（5±2）℃，按 GB/T 13477.6—2002 的 6.1.2 试验，如果流动值超过 3mm，试验可重复一次。

表 4-7　高位移能力弹性密封胶的试验条件　GB/T 22083—2008

性能	试验方法	级　别		
		100/50	50	35
伸长率[a]	GB/T 13477.10 GB/T 13477.11 GB/T 13477.15—2002 GB/T 13477.17	100%	100%	100%
幅度	GB/T 13477.13	+100/-50	±50%	±35%

a 伸长率（%）为相对原始宽度的比例：伸长率 = ［（最终宽度 - 原始宽度）/原始宽度］×100%。

4.1.2　防水密封材料的性能

防水密封材料应具有能与缝隙、接头等凹凸不平的表面通过受压变型或流动润湿而紧密接触或粘结并能占据一定空间而不下垂，达到水密、气密的性能。为了确保接头和缝隙的水密、气密性能，防水密封材料必须具备下列性能要求：

1. 防水密封材料的材料性能

配制防水密封材料的原材料必须是非渗透性的材料，即不透水、不透气的材料。

传统的防水嵌缝密封材料常使用油灰和玛琋脂，随着高分子合成材料工业的发展，许多高分子合成材料已被用作嵌缝密封材料，除橡胶尤其是合成橡胶外，常用来配制密封材料的还有聚氯乙烯、聚乙烯、环氧、聚异丁烯等树脂。这些材料是柔软、耐水和耐候性好、粘合力强的非渗透性材料。

采用橡胶和树脂等合成高分子掺合物来配制密封材料是一个有前途且发展迅速的应用方向。

2. 防水密封材料的物理性能

（1）良好的耐活动性

能随接缝运动和接缝处出现的运动速率变形，并经循环反复变形后能充分恢复其原有性能和形状，不断裂、不剥落，使构件与构件形成完整的防水体系。即材料必须具有抗下垂性、伸缩性、粘结性。

① 密封胶的流变性

常用的密封胶通常有自流平型和非下垂型之分，前者在施用后表面可自然流平，后者有时类似膏状，不能流平，填嵌于垂直面接缝等部位，不产生下垂、塌落，并能保持一定的形状。真正的液态密封胶其黏度不超过 500Pa·s，超过这个黏度值，胶液将类似油灰状或糨糊状。

② 机械性能

密封胶的重要机械性能主要有：强度、伸长率、压缩性、弹性模数、撕裂和耐疲劳性等。

根据使用情况的不同，有的密封胶强度要求不高，有的则反之，要求具有像某些结构胶那样大的剪切拉伸和剥离强度。用于接缝的密封胶，其接缝的体积膨胀与压缩变形对密封胶影响很大，当接缝体积变小时，密封胶受到挤压，当接缝体积增大时，密封胶则被拉伸，如图 4-2 所示。密封胶的机械性能受到接缝的宽度、深度、缩胀程度以及环境温度的影响，在密封胶众多的机械性能中，定伸应力是一个极为重要的物理机械性能指标。在密封胶使用中，尤其是在接缝密封及需要阻尼防震的部位密封中，一般要求较低的定伸应力。例如中空玻璃构件的粘接及密封所使用的内层丁基密封胶和外层硫化型密封胶（如聚硫、硅橡胶、聚氨酯等密封胶）都具有较低的定伸应力，以便吸收由于各种原因在中空玻璃上所产生的应力，避免因应力集中使玻璃破碎。表 4-8 列出了密封胶的定伸应力。

（a）正常接缝　　　　　（b）接缝体积变大　　　　（c）接缝体积变小

图 4-2　接缝体积变化对密封胶的影响

表 4-8　拉伸试验所测得密封胶定伸应力

密封胶类型	密封胶定伸应力/MPa	
	50% 伸长，开始后 30s	50% 伸长，开始后 5min
硅橡胶	1.26 ~ 5.01	0.63 ~ 1.26
双组分聚硫橡胶	0.79	0.13 ~ 0.20
单组分聚硫橡胶	0.63	0.13
非坍塌双组分聚氨酯	1.0	0.63
丙烯酸	0.13	0.013
氯磺化聚乙烯	0.025	0.0032

磨损和机械磨耗对密封胶有明显影响，柔性密封胶，尤其是聚氨酯、氯丁橡胶都具有良好的耐磨性。

③ 粘结性

在密封胶的特性中，粘结性能是一个十分重要的性能。影响粘结性的主要因素包括密封胶与被粘表面之间的相互作用，被粘表面形状、平滑度以及所使用的底胶。粘结性还受接缝设计、材料以及与密封胶相关的环境因素的影响。

通常，密封胶经受不起外部的强应力作用，密封胶的定伸应力随湿度而变化。湿气的变化所形成的应力正像外部应力那样大。当密封胶用于一个动密封接缝时，在接缝的底部应加上防粘结保护层，以防止粘结并避免应力过大。

④ 动态环境

快速应力变化会使经常受震动的密封胶产生疲劳破坏。在动态负荷情况下，一般应首先选择柔软性的密封胶。

（2）良好的耐候性

在室外，长期经受日光、雨雪等恶劣环境因素的影响，应仍能确保原有性能并起到防水密封的功能，即材料具有耐候性、耐热性、耐寒性、耐水性、耐化学药品性以及保持外观色泽的稳定性。

① 耐候性

在室外工作条件下，根据其使用场所的不同，密封胶应具有不同程度的耐水、热、冷、紫外线和阳光照射等性能。在工业领域，密封材料必须耐酸雾；在海洋方面，又必须耐盐雾。紫外线对某些密封胶具有较强的破坏作用，通过加速寿命试验可测出紫外线的作用。聚硫密封胶对热敏感，聚氨酯对水敏感，硅橡胶则既耐水又耐热。

② 使用温度和压力范围

密封胶应具有较宽的使用温度和压力范围。抗压性主要取决于密封胶的强度和接缝设计。

耐温度性能应考虑两个因素：可能达到的温度极限和温度升降的范围及周期频率。热量以不同的方式对不同的密封胶产生影响。某些密封胶会失去强度但仍保持柔软性，另一些会发脆，还有的密封胶会在高温下完全分解。还应考虑的一些其他因素是热收缩、伸长、模数的变化及弯曲疲劳。

硅橡胶可制成最好的耐高温密封胶，可长时间在205℃下使用，短时间的使用温度可达 260℃，氟硅橡胶可在 260℃ 下连续使用。用重铬酸盐或二氧化锰硫化的聚硫密封胶可经受 107℃ 高温；三元共聚丙烯酸可耐 175℃；丙烯酸胶乳类则只能耐 73℃。

耐热试验可参照 ASTM D573 进行。

③ 相容性和渗透性

可以配制出能耐任何化学试剂腐蚀的密封胶。由于其他条件对密封胶的影响，因而一种密封胶的配制应兼顾各个方面。化学药品能引起密封胶分解、收缩、膨胀、变脆，或使其变成渗透性的。例如，某些密封胶可吸收少量湿气，从而引起密封胶耐老化性能及耐化学腐蚀性能发生变化；然而另一些单组分密封胶则要求吸收湿气才能发生交联硫化反应。如果一个密封胶透气性差，在接缝中就会残留所隔绝的气体。一个密封胶的湿气透过率数值大小取决于配方中聚合物、填充剂、增塑剂的选择。密封胶的耐油、耐水和耐化学药品试验方法可按 ASTM D471 进行。测定湿-蒸气透过性可按 ASTM E-96 进行。

④ 外观色泽稳定性

如果对密封胶的颜色有一定要求，应选择硫化反应后呈理想颜色或能调色的材料。加速老化可测定使用期间颜色的保持性。如果要在密封胶表面涂刷油漆，那么密封胶的颜色应与涂层颜色相适应。

⑤ 耐火焰和毒性

在防火场合要求使用具有阻燃性能的密封胶；与食品接触的密封胶则应符合食品卫生和药品卫生的有关规定。

3. 防水密封材料的施工性能

密封胶的施工性能相当重要，主要有以下几种特性：硫化特性、操作特性、施工方法、表面处理和维修性能。

（1）密封胶的硫化特性

密封胶硫化特性包括硫化时间、温湿度控制。对于非硬化型密封胶，这些因素不是关键问题。大多数硫化型弹性密封胶的硫化时间较长，但大多数密封胶在几分钟到 24h 内就能失黏而凝固。密封胶若硫化时间长，则生产效率降低，尤其在电子工业等流水线操作时，硫化时间过长，将严重影响流水线的进度；但硫化时间过短会缩短密封胶的贮存期，同时给生产过程带来问题。

非硫化型密封胶在使用前后保持相同黏度而不发生化学变化，为便于使用，有时也采用一些溶剂，其固化周期取决于溶剂挥发速度，其间，黏度发生变化但密封胶不变硬。

热塑性树脂密封胶可溶解于溶剂中，也可制成水剂乳液，还可用增塑剂改性，有时还要加入填料及补强剂。它们全都是热软化型，在硬化期间不发生化学变化。

硬化型密封胶有单、双组分两种。单组分密封胶有些以水（湿）气作催化剂（如聚硫、聚氨酯），在湿气存在下通过化学变化而交联；有些密封胶需加热，以加速硫化。一般密封胶在相对湿度仅20%的空气中就可以硫化。在一定的范围内，提高湿度可缩短硫化时间。双组分密封胶一经与硫化剂及促进剂混合，在室温下就发生硫化。某些双组分配合还须加热。

溶剂挥发型密封胶（如丁基密封胶、丙烯酸密封胶）含有大量溶剂，在固化时溶剂首先挥发，但不发生化学反应。在设计接缝时应考虑到溶剂挥发及因溶剂挥发引起的密封胶收缩等问题。

水乳型密封胶（乳液丙烯酸）无论是室温还是高温，只有当水分挥发后才开始凝固。

（2）密封胶的操作特性

密封胶的操作特性包括密封胶的形式、黏度、必要的预加工等。

双组分密封胶要求混合简便，并可用手工或自动化设备施工。密封胶一般都有一个使用期限，通过调整配方，可以使密封胶的活性期符合操作要求。某些双组分密封胶与硫化剂混合后，应贮存在低温冷冻条件下，以延长其贮存期。

密封胶的黏度对使用工艺有明显影响，黏度高的密封胶难以施工，因而会影响施工进度和施工质量，可通过调整配方（如加入溶剂或稀释剂）调整其黏度，但在施工现场不能作如此处理。稀释的密封胶可提高使用性，但会引起另外的问题（如流淌）。在垂直表面上施工的密封胶不能坍塌，则要求黏度稍高，且有触变性。触变性密封胶可用于垂直表面。通常油灰或糊状密封胶也可能具有液态的稠度，但不坍塌。

非触变性密封胶是自流平的，施工后可以流动到一定的水平。

（3）密封胶的施工方法

密封胶大多呈液态，以糊膏或油灰状供应，其施工方法有：涂刷或滚涂，用油灰刀或刮板等进行刮涂以及用嵌缝的挤压枪。刷、刮、挤这三种方法都要求操作者具有一定的操作技术水平，特别是在关键部位使用时，嵌缝技术能直接影响密封接缝的质量。

（4）被密封基材的表面处理

许多密封胶都要求对其密封基材的表面进行处理，一般基材表面处理只要求除尘、去油污和湿气即可；关键部位，尤其是那些既要求密封又要求粘结的地方，对基材表面处理要求较高。某些密封胶还要求使用底涂胶。

（5）密封胶的维修性能

在密封胶正常使用期间，要求有一种能修补密封胶的材料。有些密封胶，尤其是非硬化型密封胶容易拆除并可重复使用。但有的密封胶，尤其是某些塑料或弹性体基材，一经破坏就很难修复，但大多数弹性密封胶其自身可相互粘结而不失去应有的强度。

4.2 防水密封胶的施工工艺

密封防水指对建筑物或构筑物的接缝、节点等部位运用"加封"或"密封"材料进行水密和气密处理，起到密封、防水、防尘和隔声等功能，同时还可与卷材防水、涂料防水和刚性防水等工程配套使用，因而是防水工程中的重要组成部分。

建筑工程常用的嵌缝防水密封材料主要是改性沥青防水密封材料和合成高分子防水密封材料两大类。它们的性能差异较大，施工方法亦应根据具体材料而定。常用的施工方法有冷嵌法和热灌法两种。

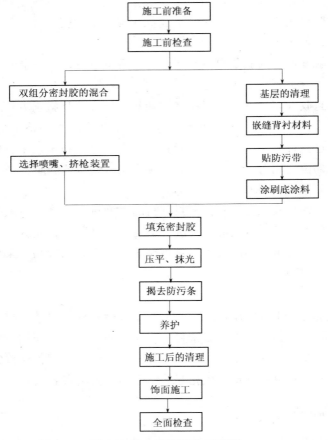

图 4-3 防水密封胶施工顺序

防水密封材料的施工一般都是在工程临近竣工之前进行，此时工期要求紧，各种误差集中，施工条件特殊，如不精心施工，就会降低密封材料的性能，提高漏水的几率。为了满足接缝的水密、气密要求，在正确的接缝设计和施工环境下完成任务，就需要充分作好施工准备，各道工序认真施工，并加强施工管理，才能达到要求。

　　防水密封胶的施工顺序如图 4-3 所示。

4.2.1　施工机具

　　嵌填防水密封材料常用的施工机具参见表 4-9，施工时根据施工方法选用。

表 4-9　密封材料施工机具及用途

品　名	用　途	备　注
皮卷尺 钢卷尺	用于度量尺寸	规格（m）：5、10、15、20、30、50 规格（m）：1、2、3
平铲（腻子刀） 钢丝刷 锉刀 砂皮	清除表面浮灰、砂浆、混凝土和金属表面的浮锈等	刀刃宽度（mm）：25、35、45、50、65、75、90、100 刀刃厚度（mm）：0.6（硬性）
扫帚 小毛帚 拖把 皮老虎（皮风箱） 空气压缩机	用于清除基层灰尘、清扫垃圾和清除接缝内的灰尘	最大宽度（mm）：200、250、300、350 型号：2V-0.6/7B、2V-0.3/7
溶剂用的容器 溶剂用的刷子	用于基层表面清洗	漆刷宽度（mm）：13、19、25、38、50、63、75、88、100、125、150
底涂料用的容器 底涂料用的刷子	用于基层表面处理	漆刷宽度（mm）：13、19、25、38、50、63、75、88、100、125、150
铁锅、铁桶或塑化炉	加热塑化密封材料	
磅秤 杆秤	用于计量多组分密封材料	规格最大称重（kg）：50
搅拌筒 电动搅拌器	用于搅拌多组分密封胶	
切割刀 刀子 锯弓、锯条	切割密封衬垫材料以及切割密封胶包装筒顶部	

品　　名	用　　途	备　　注
手动挤压枪 电动挤压枪 填充用气枪	嵌填筒装密封胶	
自制嵌填工具	用于嵌填衬垫材料	木或竹制、按接缝深度自制
刮刀 平铲（腻子刀）	嵌填、刮平密封胶	刃口宽度（mm）：25、35、45、50、65、75、90、100 刃口厚度（mm）：0.4（软性）
鸭嘴壶 灌缝车	嵌填密封胶	
螺丝刀 钳子 扳手	安装简易吊篮式脚手架用	
安全保护用具 劳动保护用具		

4.2.2　施工的环境条件

防水密封工程的施工，大部分是露天作业，因此气候的影响极大。防水密封最理想的气候条件是温度20℃左右的无风天气，但客观上气温是经常变化的，有时下雨下雪，有时刮风，施工期的雨、雪、露、雾、霜以及高温、低温、大风等天气情况，对防水密封的质量都会造成不同程度的影响。因此，在施工期间，必须掌握好天气情况和气象预报，下雨下雪时应停止施工，雨季在计划安排上应考虑降雨时中止施工的时间，以保证施工顺利进行和施工的质量。气候条件对接缝的影响，主要是指气温和水分的影响，其中水分对施工的影响至关重要。

1. 天气

施工期的天气主要是指雨、雪、霜、露、雾和大气湿度等天气情况。

第4章　防水密封材料的施工

雨雪天气或预计在施工期中有雨雪时，不应进行施工，以免雨雪破坏已施工好的工作面，使嵌缝密封材料失去防水效果。如果有降雨降雪预报时，应及时停止施工。如果在施工中途遇到雨雪，则立即停止施工并作好保护工作，在重新开始作业时，应确认粘结面的干燥程度不会降低密封材料性能时，再进行密封作业。

霜、雾天气或大气湿度过高时，会使基层的含水率增大，须待霜、雾退去，基层晒干后方可施工，否则可能发生粘结不良或起鼓等现象。

2. 气温

由于防水密封材料性能各异，工艺不同，对气温的要求略有不同，但一般讲宜在 5 ~ 35℃ 的气温下施工，这时工程质量易保证，操作人员施工也方便。

在高温、低温、高湿度环境下施工，密封材料会出现不正常的固化，影响粘结性。在炎热的天气中，当气温超过35℃时，所有的密封材料均不宜施工。在高温天气时，可选在夜间施工，但应注意，如果下半夜露水较大时，也不得施工。气温低于 -4℃ 时，为防止结露，也不宜施工。

3. 大风

在五级以上的大风天气中，防水密封工程不得施工，因为大风天气易将尘土及砂粒等刮起，粘附在基层上，影响密封材料与基层的粘结，此外，大风对运输和操作都不安全。大风后应对基层进行清扫，清除基层上的尘土和砂粒，以保证施工质量。

施工环境条件的注意事项见表 4-10。

表 4-10　降雨降雪强风时注意事项及能否作业条件

自然条件	中止作业条件	重新开始工作条件
降雨降雪	有降雨降雪预报时，如时间充裕，应迅速停止施工 如已开始降雨降雪，要立即停止作业，并对辅助材料妥善保管，需要保护的地方要采取适当措施加以保护	确认粘结面的干燥程度不会降低密封胶性能时，再进行作业

自然条件	中止作业条件	重新开始工作条件
风	施工设备（临时脚手架，有围栏的吊篮脚手架或没有围栏的简易吊篮脚手架）和建筑规模不同时，其条件也各不相同。风速 10m/s 以上时，为了安全和防止底涂料等飞散，应避免作业。 可考虑先施工安全的地方，风影响大的墙面可等风弱时再施工	

4.2.3 施工前的准备

1. 施工前的技术准备

（1）了解施工条件和要求

施工条件的完备是保证施工质量的首要条件，是保证质量的第一道关，没有充分、完备的施工条件，势必影响施工的正常进行，也就不能从根本上保证施工质量。

施工技术管理人员首先应做好技术准备，通过对设计图纸的学习和了解，领会设计意图，熟悉房屋构造、细部节点构造、设防层次及采用的材料、规定的施工工艺和技术要求。在此基础上组织图纸会审，认真解决设计图和在施工中可能会出现的问题，使防水密封设计更加完善、更加切实可行。

（2）编制施工方案，制定技术措施

针对施工单位制定的施工方案，真实地、细致地考虑整个施工过程中的每一个环节，使设计意图得到落实。防水工程施工方案应明确施工段的划分、施工顺序、施工方法、施工进度、施工工艺，提出操作要点、主要节点构造施工做法、保证质量的技术措施、质量标准、成品保护及安全注意事项等内容。

（3）人员培训

防水工程施工人员必须经过系统的培训，经过考核合格后方可持证上岗。参见防水密封工程的施工。

根据工程防水施工方案的内容要求，对防水工程施工人员进行新材料、新工艺、新技术的培训，绝不可使用非专业防水人员任意施工。必要时还应对施工人员进行适当的调整。

（4）建立质量检验和质量保证体系

防水工程施工前，必须明确检验程序，定出哪几道工序完成后必须检验合格才能继续施工，并提出相应的检验内容、方法和工具。

防水工程的施工必须强调中间检验和工序检验，只有在施工过程中及早发现质量缺陷并立即补救，才能消除隐患，保证整个防水层的质量。

（5）做好施工记录

防水工程施工过程中应详细记录施工全过程，以作为今后维修的依据和总结经验的参考。记录应包括下列内容：

① 工程的基本情况：包括工程项目、地点、性质、结构、层次、建筑面积、防水密封面积、部位、防水层的构造层次、用材及单价、设计单位等；

② 施工状况：包括施工单位、负责人、施工日期、气候环境条件、基层及相关层次质量、材料名称、生产厂家及日期批号、材料质量、检验情况、用量、节点处理方法等；

③ 工程验收情况：包括中间验收、完工后的试水检验、质量等级评定、施工过程中出现的质量问题和解决方法等；

④ 经验教训、改进意见等。

（6）技术交底

防水密封工程在施工前，施工负责人应向班组进行技术交底，其内容应包括：施工部位、顺序、工艺、构造层次、节点设防方法、增强部位及做法、工程质量标准、保证质量的技术措施、成品保护措施和安全注意事项。

2. 施工前的物质准备

施工前的物质准备包括防水密封材料及配套材料的准备、进场和抽验，施工机具的进场和试运转等内容。

（1）材料的准备

① 底涂料

底涂料是在填嵌密封胶之前涂覆于基材表面，以改进密封胶与基材粘结性能的涂料。

为了提高粘结性能，原则上都应采用底涂料，但粘结体种类繁多，有的密封胶和被粘结体之间，并不一定需要使用底涂料，在这种情况下，必须遵照厂商的规定选用底涂料，这是因为底涂料的性能与所用的密封胶有着密切的关系。此外，由于被粘结体的种类不同，往往需要改变底涂料的种类，一般情况下各厂商都备有几种底涂料，可根据被粘结体的种类确定。但是即使是同类粘结体，有时也有细微的差别，如涂装的种类虽然相同，但由于烘烤或干燥条件不同，对粘结性有很大的影响。因而在选择底涂料时，对厂商指定的底涂料，还应按实际使用的粘结体，复核其粘结性。

一般来说，混凝土、砂浆、石料、木材以及多数涂漆金属板，如不使用适当的底涂料，密封材料的粘结性能就不一定好；玻璃以及不上漆的金属板，最好也涂上底涂料，以利于提高耐久性。

根据密封胶的种类和被粘结体的搭配，使用底涂料和不使用底涂料，其初期粘结性几乎没有差异，但其长期粘结性有时会有明显的差异。

a. 使用底涂料的目的：

（a）被粘结体和密封胶虽然粘结性较好，但为减轻由伸缩、热、紫外线和水引起的粘结疲劳以及为提高长期的粘结性而使用底涂料（用在砂浆、混凝土预制板、石棉板、胶合板等）；

（b）由于被粘结体与密封胶的粘结性差，为提高相互之间的粘结效果，作为粘结介质而使用（用在铁、铝、玻璃等无吸水性的平滑面、涂漆面、合成树脂面等）；

（c）表面脆弱的基层，为去掉粉尘、增强面层而使用（如加气混凝土板、轻质硅钙板等）。

b. 底涂料的种类有：

硅烷系——玻璃质、金属（处理）类、涂漆类

氨基甲酸酯系——水泥类等多孔质基层、金属涂漆类

合成橡胶系——水泥类等多孔质基层、金属涂漆类

合成树脂类——水泥类等多孔质基层

环氧系——水泥类等多孔质基层

底涂料一般都是具有极性基（官能基）的硅烷系或硅酮树脂等材料，溶解在乙醇、丙酮、甲苯、甲乙酮等溶剂中，刷涂或喷涂，而且多半在 20～30min 内即可干燥。底涂料的涂层厚度一般较薄，但对于木材、砂浆、混凝土等多孔质的被粘结体，涂膜厚度一般则较厚，以防止砂浆、混凝土等的碱性成分的渗出和木材树脂成分的渗出。

② 背衬材料和隔离保证限制密封胶深度和确定密封胶背面形状的材料。在某些情况下也可作为隔离材料。

用作密封背衬材料的主要是合成树脂或合成橡胶等闭孔泡沫体，这些材料具有适当的柔软性，选择的背衬材料必须具有圆形或方形等形状而且应稍许大于接缝宽度。

密封胶在接缝中与接缝底面和两个侧面相粘结，称为三面粘结，嵌填后的密封胶由于受力复杂，其耐久性下降。因此，在密封背衬材料中以与密封胶粘结性不大的为好。

如接缝深度较浅而不能使用密封背衬材料时，则应使用隔离材料，以免密封胶粘到接缝的底部。

防止建筑结构中在指定接触面上粘结的材料称为隔离材料。隔离材料一般放在接缝的底板，使密封胶只与侧面基材形成二面粘结。

通常使用的背衬材料一般采用聚乙烯、聚氨酯、聚苯乙烯、聚氯乙烯闭孔泡沫塑料及氯丁橡胶、丁基橡胶海绵等。

通常使用的隔离材料有聚乙烯胶条、聚乙烯涂敷纸条等。

背衬材料和隔离材料材质的选择标准：

（a）为避免在接缝伸缩时在被粘结构件上产生应力，应使用具有自身能伸缩的材料；

（b）不含油分、水分和沥青质；

（c）与密封材料不产生粘结作用；

（d）不侵蚀密封材料；

（e）不析出水溶性着色成分；

（f）耐老化性能好，不吸潮，不透水；

（g）形状要适合接缝状态，受热变形不大；

（h）密封背衬粘结材料的粘结力，必须限制在最小限度内。

③ 防污带（条）

防污带（条）是防止接缝边缘被密封材料污染，保证接缝规整而粘贴的压敏胶带。

防污带的使用目的主要是：在涂刷底涂料和填充密封胶时，用来防止被粘结面受到污染；在填充密封材料时，保持封口两边的两条线要笔直。

防污带材质的选择标准：

必须根据施工面的具体情况，选择使用最合适的材质与尺寸。对防污带的基本性质要求如下：防污带应不受溶剂的侵蚀或不吸收溶剂；防污带的粘结剂不应过多地脱离防污带而粘附在被粘结面上，使被粘结面污染或有斑迹，或在剥去防污带时，不应把被粘结面的涂料也一起剥离掉；防污带厚度要合适，以便在形状复杂的部位使用时，易于折叠。

（2）防水密封材料的抽验和进场

① 粘结性能的试验

根据设计要求和厂方提供的资料，在实际施工前，应采用简单的方法或根据所用材料的标准要求进行粘结试验，以检查密封材料及底涂料是否能满足要求。

根据国家具体产品标准和试验方法标准进行粘结试验。

简易粘结试验可按下述程序进行：

（a）以实际构件或饰面试件作粘结体；

（b）在其表面贴塑料膜条；

（c）涂上实际使用的底涂料；

（d）然后在塑料膜条和涂层上粘实际使用的条状密封材料如图 4-4（a）所示；

（e）将试件置于现场固化；

（f）按图 4-4（b）所示方法，用手将密封条向 180°方向揭起牵拉；

（g）当密封条拉伸直到破坏时，粘结面仍留有破坏的密封材料（粘结破坏），则可认为密封胶和底涂料粘结性能合格。

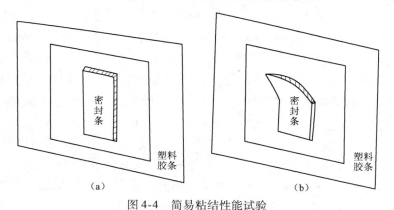

（a）　　　　　　　　　　　　　　（b）

图 4-4　简易粘结性能试验

② 防水密封材料的贮存与运输

在施工期间对防水密封材料及其辅助材料的贮存与运输问题也是不能忽视的。在一般情况下，防水密封材料是根据需要预先在工厂配制好的，然后再提供施工时用，有的则是从市场上采购而来的，有些防水密封材料和辅助材料是属易燃或有毒的，对人体皮肤有刺激性作用，因此在贮存与运输过程中应注意安全。有些防水密封材料对水很敏感，怕雨淋日晒，这些材料则应妥善贮存在密封容器中，放在室内避热阴凉处，并保持干燥。

4.2.3.2 施工前的检查（基层检查）

密封材料施工前，要对下列各项进行必要的确认：

（1）接缝尺寸是否与设计图纸相符。根据密封胶的性能确认接缝形状尺寸是否合适，以及施工是否可能等，嵌填密封胶的缝隙（如分格缝、板缝等）尺寸应严格按设计要求留设，尺寸太大导致嵌填过多的密封材料造成的浪费，尺寸太小则施工时不易嵌填密实密封材料，甚至承受不了变形。新规范总结了国内外大量技术标准、资料和国内密封防水处理工程实践经验，提出了接缝宽度不应大于 40mm，且不应小于 10mm，接缝深度可取接缝宽度的 0.5 ～ 0.7 倍的规定。接缝尺寸如与图纸明显不同时，要记入检查报告中。

（2）粘结体是否与设计图纸相符，涂装面的种类和养护干燥时间是否适宜。基层应干净、干燥，对粘结体上玷污的灰尘、砂浆、油污等均应清扫、擦拭干净，如果粘结体基层不干净、不干燥，会降低密封胶与粘结体的粘结强度，尤其是溶剂型、反应固化型密封材料，粘结体基层必须干燥，一般水泥砂浆找平层应施工完毕后 10d 接缝方可嵌填密封胶，并且在施工前应晾晒干燥。

（3）密封胶有无衬托，连接构件的焊接、固定螺丝等是否牢固。

（4）混凝土、ALC 板、PC 板等基层有无缺陷、裂缝以及其他妨碍密封胶粘结的现象。分格缝两侧面高度应等高，缝隙混凝土或砂浆必须具有足够强度。分格缝表面及侧面必须平整光滑，不得有蜂窝、孔洞、起皮、起砂及松动的缺陷，如发现这些情况，应采用适合基层的修补材料进行修补，以使密封胶与分格缝表面粘结牢固，适应其变形，保证防水质量。如在砖墙处嵌填密封胶，砖墙宜用水泥砂浆抹平压光，否则会降低密封胶的粘结能力，成为渗水的通道。

（5）混凝土、水泥砂浆、涂装等，施工后是否经过充分养护，混凝土基层的含水率原则上要求 8% 以下，含水率的高低，因混凝土配比、表面装修、养护时间等的不同而不同，干燥时间、基层条件差势将影响粘结。

（6）建筑用的构件是多种多样的，如处理方法有误则达不到密封效果。根据构件的材质及表面处理剂和处理方法等情况的不同，对粘结体表面的清扫方法、清扫用溶剂以及基层涂料等的使用方法也各不相同，因此事先还必须充分研究下面的情况：了解混凝土预制板在生产时所采用的脱模剂种类；使用大理石时，还应检查有无污染性；涂漆的材质和种类；铝和铁的表面处理方法等。

4.2.3.3 密封胶的施工要点

1. 接缝的表面处理和清理

需要填充密封胶的施工部位，必须清理干净有碍于密封胶粘结性能的水分、油、涂料、锈迹、杂物和灰尘等，并对基层作必要的表面处理，这些工作是保证密封材料粘结性的重要作业。

基层材料的表面处理方法一般可分为机械物理方法和化学方法两大类型。常用的砂纸打磨、喷砂、机械加工等属于机械物理方法；而酸碱腐蚀、溶剂、洗涤剂等处理属于化学方法。这些方法可以单独使用，但许多情况下联合使用能达到更好的效果。

在选用处理方法时应考虑如下因素：

① 表面污物的种类，如动物油、植物油、矿物油、润滑油、胶土、流体、无机盐、水分、指纹等。

② 污物的物理特性，如污物层的厚度、紧密或松散程度等。

③ 需要清洁的程度。

④ 清洁剂的去污能力和设备情况。

⑤ 危险性和价格。

⑥ 被污基层的种类。如钢部件不怕碱溶液，而处理黄铜、铝材等金属时，则应考虑选用对金属腐蚀性较小的温和溶液；金属面附着油垢和其他污染物时，应用砂纸或甲苯和正己烷等有机溶剂清除干净，如在密封表面附近有有机罩面材料时，要选择适当的有机溶剂，以免影响罩面材料；基层为加气混凝土板、石棉板或石料时，应用碎布擦去污染物，并加以清洗，如用砂纸打磨，表面纤维会被搓开或起粉末，从而不适于密封；涂装面要选择不侵蚀涂膜的清洗剂进行清洗，一般选用己烷或粗汽油作清洗剂；混凝土、水泥

697

砂浆表面附着的浮灰、油分、脱模剂等要用砂纸等清除；对于不同类型粘结体构成的接缝，则要选择对两者都无不利影响的清洗剂。

了解了这些因素，有利于合理地选择处理方法。目前最为常用，也较有效的基层表面处理方法有三种：溶剂、碱液和超声波脱脂法，化学腐蚀法和机械加工、打磨、喷砂法。其中最后一种特别适用于建筑工程的接缝表面的处理和清理。如果需要除去锈斑、油腻和皂类，有时还得采用化学腐蚀法或溶剂处理方法才能奏效。

基层表面的预处理十分重要，一般对其表面要求干燥，而且不得有锈斑、灰尘、油腻等，否则将直接影响嵌缝的质量。

2. 背衬材料的嵌填

要使接缝深度与接缝宽度比例适当，可用竹制或木制的专用工具，保证背衬材料嵌填到设计规定的深度。

采用圆形背衬材料时，其直径应大于接缝宽度 1～2mm，如图 4-5（a）所示，并应注意在设置时不得扭曲，应插入适当的接缝深度。

采用方形背衬材料时，背衬材料应与接缝宽度相同或略小于接缝宽度 1～2mm，如图 4-5（b）所示，并应注意不要让所用的粘结剂粘附在密封胶的被粘结面上。

如接缝深度较浅而不能使用密封背衬材料，可用扁平的隔离材料隔离，如图 4-5（e）所示。材料的尺寸应比接缝尺寸稍小些，在接缝底部上粘贴时，要求平整，不得扭歪，隔离材料所用的粘结剂也不得粘附在密封胶的被粘结面上。

在接缝内需填满密封胶的场合，缝底也应设置防粘隔离层，该隔离层可用有机硅质薄膜，隔离膜的宽度应略小于缝的宽度。

对有移动的三角形接缝，填充密封胶时，在拐角处要粘贴密封隔离材料如图 4-5（f）所示。

对于预制混凝土、加气混凝土、柔性板等水泥与石棉制品，其制作尺寸、组装尺寸的误差较大，密封接缝的误差因而也较大，因此在选用密封背衬材料时，其尺寸必须大于接缝实际尺寸2mm。

　　由于接缝口施工时难免有一些误差，不可能完全与要求的形状相一致，因此，在适用背衬材料时，要备有多种规格的背衬材料，以供施工时选用。

　　在地面以下以及经常受到水压的地方进行密封时，由于接缝伸缩量不太大，可使用氯丁橡胶、丁基橡胶等肖氏硬度在 40 以上的带形、棒形或其他定形背衬材料，如图 4-5（d）所示。也可使用具有不连通气泡的硬质软木和纤维板。

　　对于错动影响较大的接缝，如把密封背衬材料设置在底部，由于金属的膨胀，接缝变窄，就会使密封层表面起鼓，因此应尽量避免采用这种做法如图 4-5（g）所示。构件在受拉时就会使密封层表面凹陷，如图 4-5（c）所示。

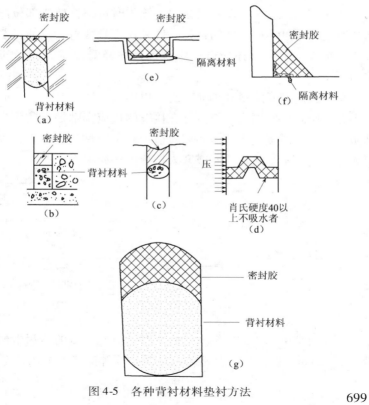

图 4-5　各种背衬材料垫衬方法

为了防止损伤底涂料涂布面，应明确底涂料的涂刷范围，并在涂刷底涂料前将密封背衬材料和隔离材料设置好。

油性嵌缝材料，其密封背衬材料必须与粘结面和嵌缝材料均粘结牢固。聚乙烯泡沫体由于粘结性差，因此不宜使用。另外油性嵌缝材料由于随动性差，其软质泡沫材料也不宜使用。油性嵌缝材料适用的背衬材料有泡沫氯乙烯、泡沫苯乙烯、氯丁橡胶等，在具体使用上，可根据搭配要求，分别选用。

3. 防污带（条）的粘贴

防污带有两种：一种是施工中用来防止污染施工面周边和使施工面美观整齐的遮挡胶条，另一种是在施工后用来防止密封胶被损伤和被污染的防护胶条。

防污带有纸胶条、塑料胶条等，施工时可根据使用部位的需要选择宽度和厚度不同的防污带，一般来说不宜太宽，以便在复杂接缝处可折叠。防污带还应有一定强度，在经受撕拉时不至于中途拉断。

在接缝涂刷底涂料和填充密封胶以前，为防止被污染，同时也为了保持密封层两侧边线挺直，在接缝两边应全部贴上防污带。粘贴防污带时，离接缝边缘的距离应适中，不应贴到缝中去，也不能距离缝过远，不得随意截断或塞入接缝内，如图4-6所示。

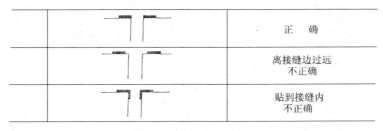

	正 确
	离接缝边过远 不正确
	贴到接缝内 不正确

图4-6　防污条的铺设

在表面交叉部位的接缝进行施工时，应把一侧的防污带的位置错开 1~2mm。在涂装面上贴防污带时，要等涂膜充分干燥后方可进行，否则揭掉防污带时涂膜也将会被剥落。施工前应作贴带试验，看是否容易揭掉。在铺人造石工程等作业时，为防止污染饰面，或在嵌入密封胶以后再进行喷涂时，都必须用防污带进行防护。

如贴好防污带后，不立即嵌入密封胶，而长时间地放置，防污带上的胶会向被粘结面转移，导致弄脏基层。当气温较高时，防污带铺贴时间更不宜过长，否则防污带上的胶向粘结面更快地扩散导致污染基层。被防污带污染的基层清理也较困难。根据上述情况，所以原则上应在当天计划施工范围内贴防污条，不宜多贴，如已贴好防污带而密封胶未能当天嵌填完工，则不能等到第二天再去揭掉防污带。

贴好防污带后，须迅速嵌填密封胶，压平抹光后，要立即揭掉防污带。揭掉防污带的方法为将防污带沿接缝侧牵拉卷在圆棒上。揭掉防污带后，要立即清理工作场所。

4. 涂刷底涂料

为了提高密封胶与粘结体之间的粘结性能，可涂刷底涂料，此外对表面脆弱的粘结体，可除去灰尘，提高面层强度，并可防止混凝土、水泥砂浆中的碱性成分渗出。

涂刷底涂料时应注意以下几点：

① 基层粘结体用底涂料有单组分和双组分之分，双组分的配合比，按产品说明书中的规定执行。当配制双组分底涂料时，要考虑有效使用时间内的使用量，不得多配，以免浪费；单组分底涂料要摇匀后方可使用。底涂料干燥后应立即嵌填密封材料，干燥时间一般为 20~60min。寒冷季节干燥时间要更长些，要按生产厂家的规定。如贮存容器中的底涂料已产生沉淀离析现象，则必须很好地搅拌。底涂料应在有效使用时间内使用，不能使用贮存期已过或已成凝胶状的底涂料。

② 基层粘结体如是不同材料时，则要分别使用适应于不同表面的底涂料，遇到这种情况，必须先确定该涂刷何种底涂料。有些

接缝间隔窄小，难于分别涂刷时，则应选用各个被粘结体通用的底涂料。

③ 底涂料贮存的容器除在使用时，其余时间应盖好盖子，以防溶剂挥发和异物混入。

④ 底涂料的使用量应根据接缝的尺寸、底涂料的黏度以及被粘结体是否为多孔性材料而定，其大致用量参见表4-11。

表4-11　底涂料的用量（仅供参考）

被粘结体	填充接缝的深度/mm	底涂料的涂刷量/（m/kg）
多孔性材料	10	50～60
	15	30～40
非多孔性材料	10	175～200
	15	100～150

⑤ 涂刷底涂料时，要用适合接缝大小的刷子刷涂或喷涂，要涂刷均匀不留刷痕，而且不能超出接缝范围以外。刷子等用后要用溶剂清洗干净。

⑥ 涂刷有露白处或涂刷后间隔时间超过 24h，应重新涂刷一次。

⑦ 涂刷后如果附着灰土尘埃，要除掉异物后再涂。如果填充作业延至第二天进行时，也要重涂一道。

⑧ 在进行涂刷底涂料作业时，必须注意通风换气，不得用火。

⑨ 密封胶的混合

（1）计量

根据施工量，接缝尺寸和施工能力，准备材料。

使用单组分型密封材料（包括油性嵌缝材料在内）前，在打开罐盖以后，应观察材料情况，如有一层皮膜，应予去除。

双组分型密封材料的主剂和固化剂的搭配以及配比均应以厂商的规定为准，按有效使用时间内可以用来施工的用量进行计量，并充分加以搅拌。

装在管筒内的密封材料，必须检查管筒内的材料是否已固化或有离析等异常现象。

（2）混合

当采用双组分密封材料时，必须把 A、B 组分（主剂和固化剂）按生产厂商规定的配合比准确配料并充分搅拌均匀后方可使用。

双组分密封胶其中主剂（A 组分）在加固化剂（B 组分）前是可熔的低聚物，它们系由长的线型分子链所组成，当加入固化剂后，二者发生交联反应，生成三维的网状结构，分子在任何方向的运动都受到交联排列的限制。如果计量严格，配合比正确，反应生成物能发挥预定的性能，而计量不准确时则会发生两种情形：固化剂不足和固化剂过量。如果固化剂未加足，那么生成物的交联反应将不可能充分进行，所生成的不是一个完整的三维网状结构，而是许多小型体型结构的串联，它实际上具有热塑和热固双重性质，此时交联物表现出以下特点：使用期比预定的长得多，产物硬度低，有弹塑性，表面始终有黏稠感；如果固化剂加得过量，那么由于交联度大大超过正常的需要，分子在空间任何位置都受到约束，多重网状结构彼此交叉在一起，分子结构呈无规则排列，致使产物失去了应有的柔韧性，此时交联物表现出使用期比预定的短得多，产物硬而脆、没有弹性、耐候性极差、色泽改变等状况。

密封胶料的混合方法有两种：人工混合和机械混合，不同的密封胶，其要求混合的方法也略有不同。密封胶的混合要点：一是使主剂和固化剂得到充分的混合，二是混入的气泡要较少。掌握了这两点，就可得到良好的混合。

1）人工混合

通常把主剂和膏状固化剂按比例经精确计量后倒在清洁的玻璃板或光滑的金属板上，用铲刀反复翻拌约 5～10min，拌合时防止气泡混入，直到拌合均匀一致为止。进行人工混合时注意事项如下：

① 混合 A、B 组分时其比例对密封材料的施工非常重要。

② 不是同一批号的主剂和固化剂不能进行混合。

③ 混合时一次最大混合量为3kg以内。混合量不宜太多，以免搅拌混合困难。

④ 混合时，应避免阳光直晒，并应防止灰尘以及水等混入，为此，须在室内或阴暗地方进行混合。

⑤ 随气温不同黏度变化大的密封胶，温度低时易造成混合不良，所以当外部温度在10℃以下时，则需采取保温措施。其保温方法是在常温的室内保管，或用保温箱保管。

⑥ 判断是否已混合好，可将白纸或旧布铺在平面上，用刮刀在上面薄薄地抹一层混合物，如未发现不同颜色的斑点、条纹且色泽均匀一致者则为混合均匀。

2）机械混合

机械混合方法由于密封胶的生产厂家、材质、混合机械、容器等的不同而异，应按适合各自情况的方法进行混合。

常用的搅拌机有如下几种：

使用手提电钻充当搅拌机的混合方式：在主剂罐内倒入规定的固化剂，然后放进带叶片的钻头，使其回转。为防止空气混入和升温，其回转速度、回转力和叶片的回转等应认真掌握。

滚筒回转式混合用拌合机：装在混合机上的主剂罐在回转时，投放在罐内的固化剂被固定在罐内的叶片混合。在混合机上可固定5kg和10kg等两种罐子。

双组分型自动混合排出装置：将主剂和固化剂分别装在机器上，通过调节刻度，按所需混合比自动地吸入主剂和固化剂，接着进行搅拌后排出，也可装填喷枪，可装置18L的罐和180L的桶。

电钻型和拌合机型搅拌机在使用时，应注意如下几点：

① 罐底一般得不到充分的拌合，因此必须把叶片插到罐底。

② 为达到完全混合，要每隔二至三分钟停止一次拌合，并用刮刀去掉罐壁和罐底上的材料，使密封胶得到充分的混合。

③ 混合时间一般为10min左右，达到色泽均匀一致即可。

④ 双组分密封胶混合后的每一批料都要取样进行检查，发现固化不良或有异常时，应和主管人员协商采取必要的措施。

6. 挤出嵌缝枪的装填

狭窄的接缝常用嵌缝枪进行嵌缝作业。挤出式嵌缝枪形式多种多样，有手动式嵌缝枪，使用空压机的气动枪，装入管筒的管筒式嵌缝枪等。机械推杆式嵌缝枪应用较广（如图4-7）。手动嵌缝枪和气动嵌缝枪需配上适合于接缝尺寸的枪嘴。市售的枪嘴形状一般是圆筒形［图4-8（a）］，但不合适，如将顶端压扁后即可适用［图4-8（b）］。根据接缝的部位和形状，还可以做成弯头枪嘴［图4-8（c）］或其他异形枪嘴［图4-8（d）］。

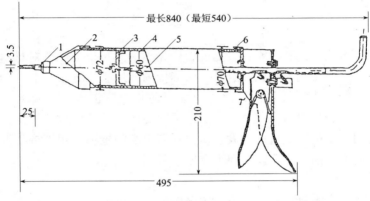

图4-7 嵌缝枪的构造

1—出料口；2—枪头；3—活塞头；4—枪筒；5—齿条；6—封盖；7—手把

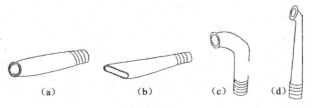

图4-8 嵌缝枪枪嘴的形状

一般专用的密封胶拌合机都附有装料装置，无条件的地方也可采取人工装料。人工装枪的方法有两种：一种是吸入法；另一种是灌入法。其操作方法如图4-9所示。

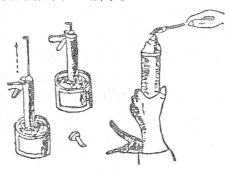

图4-9　人工装枪方法

在嵌缝枪内装填密封胶之前，应先了解其挤出力和背衬材料的状态。然后用刮刀将密封胶装入嵌缝枪内或用吸入方法把混合均匀的密封胶填入嵌缝枪内，此时应注意防止空气混入。如填入量较少，吸入法易混入空气，因此宜用刮刀装填，如用管筒装密封胶，应先用刀子按接缝宽度的大小切去管筒顶端的枪嘴，用细棍从枪嘴插入进去，捅破防湿膜后即可充填。

7．接缝的填充

非定型密封材料的嵌填，按操作工艺可分为热灌法和冷嵌法两种施工方法，改性沥青密封材料中的改性焦油沥青密封材料常用热灌法施工，改性石油沥青密封材料和合成高分子密封材料则常用冷嵌法施工。

（1）热灌法

热灌法如图4-10所示，热灌法的施工需要在施工现场塑化或加热密封材料，使其具有流塑性后再使用，这种方法一般适用于平面接缝的密封防水处理。

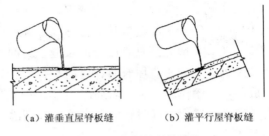

（a）灌垂直屋脊板缝　　　　　（b）灌平行屋脊板缝

图 4-10　密封材料热灌施工

采用热灌法施工时，密封材料的熬制及浇灌温度应按不同类型材料的要求严格控制。加热设备用塑化炉，也可以在施工现场搭砌炉灶，用铁锅或铁桶加热。将热塑性密封材料装入锅内，装锅容量以 2/3 为宜，用文火缓慢加热使其熔化，并随时用棍棒进行搅拌，使锅内材料升温均匀，以免锅底材料温度过高而老化变质。在加热过程中，要注意温度变化，可用 200～300℃ 的棒式温度计测量温度。其测量方法是将温度计插入锅中心液面下 100mm 左右，并不断轻轻搅动，至温度计停止升温时，便测得锅内材料的温度。加热温度一般在 110～130℃，最高不得超过 140℃。若现场没有温度计，温度控制以锅内材料液面发亮、不再起泡、并略有青烟冒出为度。例如聚氯乙烯建筑防水接缝密封材料分为热塑型和热熔型两种，热塑型现场施工熬制温度不能低于 130℃，否则不能塑化；当温度达到（135±5）℃ 时，应保持 5min 以上，使其塑化；当温度超过 140℃ 时，则会产生结焦、冒黄烟现象，使聚氯乙烯失去改性作用。热熔型则现场施工只需化开即可使用，熬制温度不宜过高，浇灌时温度不宜低于 110℃，否则，不仅大大降低密封材料的粘结性能，还会使材料变稠不利于施工。

塑化或加热到规定温度后，应立即运至现场进行浇灌，灌缝时温度不宜低于 110℃，若运输距离过远，应采用保温桶运输。

当屋面坡度较小时，可采用特制的灌缝车或塑化炉灌缝，以减轻劳动强度，提高工效。檐口、山墙等节点部位灌缝车无法使用或灌缝量不大时宜采用鸭嘴壶浇灌。为方便清理，可在桶内薄薄地涂一层机油，撒上少量滑石粉。灌缝应从最低标高处开始向上连续地进行，尽量减少接头。一般先灌垂直屋脊的板缝，后灌平行屋脊的板缝以及纵横交叉处，在灌垂直屋脊时，应向平行屋脊缝两侧延伸150mm，并留成斜茬，灌缝应饱满，略高出板缝，并浇出板缝两侧各20mm左右。灌垂直屋脊板缝时，应对准缝中部浇灌，灌平行屋脊板缝时，应靠近高侧浇灌。

灌缝时漫出两侧的多余材料，可切除回收利用，与容器内清理出来的密封材料一起，在加热过程中加入锅内重新使用，但一次加入量不能超过新材料的10%。

灌缝结束后，应立即检查密封材料与缝两侧面的粘结是否良好，有否存在气泡，若发现有脱开现象和气泡存在，则应用喷灯或电烙铁烘烤后压实。

（2）冷嵌法

冷嵌法施工大多采用手工操作，用腻子刀或刮刀嵌填，较先进的有采用电动或手动嵌缝挤出枪进行嵌填。施工部位并不限于接缝，还有螺丝帽及其他部位，因此施工时，有时往往同时需要用多种工具进行操作。但不论用何种工具，嵌缝时都应防止气泡混入，而且嵌填量都要充足。采用冷嵌法施工，其操作要点和注意事项如下：

① 单组分密封胶只需在施工现场拌匀后即可使用，采用挤出枪施工的可直接使用；双组分密封胶则必须根据规定的比例准确计量，拌合均匀，每次混合量、混合时间、混合温度均应按所用的密封胶的规定执行，以保证密封胶的质量。

② 用腻子刀嵌填密封胶时，应先用刀片将密封胶刮到接缝两侧的粘结面上，然后将密封胶填满整个接缝。嵌缝时应注意不要让气泡混入密封胶中，并使密封胶在接缝内嵌填密实饱满。为了避免密封胶粘在腻子刀片上，在嵌填密封胶之前，可先将腻子刀片在煤油中蘸一下。

③ 采用挤出枪施工时，应根据接缝尺寸的宽度选用合适的枪嘴，若采用筒装密封胶，可把包装筒的塑料嘴斜切开来作为枪嘴。

待底涂料干透后，将装有密封胶的挤出枪的枪口对准接缝紧压接缝底板，并朝移动方向倾斜一定的角度［持枪位置从底板开始充满整个接缝，参见图 4-12（a）］。在接缝端部嵌缝时，可先离端部处留出一短距离空档，待灌满缝后，再反过来将挤出枪枪头插进起始端刚灌注了的密封胶中，徐徐向前挤出密封胶，直至空挡处补齐为止，然后用刮刀刮去隆起的部分。如果接缝较宽，可用腻子刀把密封胶压进缝内。

如果枪嘴的形状和尺寸大小不适合于接缝或枪嘴位置旋转不当（枪嘴未插到缝底）或在嵌缝枪的移动速度和密封胶的挤出量二者之间不平衡时进行嵌填作业，密封胶内就会混入许多气泡，参见图 4-12（b），上述三个方面是进行接缝填充时至关重要的，必须充分注意。

如果发现已嵌填的缝隙其密封胶中存在较大气泡，在进行修补时，无论是用腻子刀还是用挤出枪都不应在凹穴处直接灌注，而应在凹穴处附近灌注，使下面的密封胶把气泡顶出接缝的表面，再加以修平，参见图 4-12（c）。

接缝的交叉部位，如十字交叉缝、丁字交叉缝等，应先填充一侧的接缝，然后把挤出枪枪嘴顶端插进交叉部位的接缝内，先充填好一方后再充填另一方。参见图 4-12（d）。

在填到密封胶相衔接的部位时，应继续在另一侧已填好的密封胶上重复填充一下，参见图 4-12（e）。

如接缝宽度超过 30mm 或者缝底为弧线时，宜采用二次填充法，即先填充的密封胶固化后，再进行第二次填充，参见图 4-12（f）。

填充的密封胶高度应比接缝上部稍高一些，填充和刮刀压平整修作业必须在密封胶有效使用时间内完成。

密封胶的嵌填不得在雨雪天气时施工。

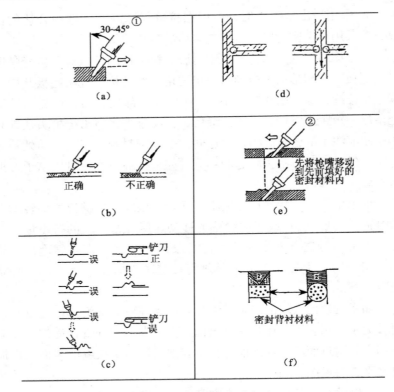

图 4-12　密封胶的嵌填方法

8. 密封胶的压平抹光整修

填充后要在密封胶有效使用时间内进行压平抹光整修工作，常用的工具有刮刀、竹片等。用刮刀压平抹光密封胶，不使被粘结面有空隙存在，并对密封胶的厚薄进行调整，修整填充后剩余的部分和溢出的部分，同时整修外观，以及使密封胶与被粘结面粘结紧密。压平抹光整修工作的好坏，既影响密封胶的防水性，也影响其耐久性，必须认真进行。

压平时要用力，使力传到内部，表面抹光要达到平整光滑，没有波浪痕迹。对于水平接缝要注意使上部填满，要用刮刀向上按，一次压平，然后再将表面抹光。刮刀压平时，不要来回进行多次揉压，以免弄脏表面，压平一结束，即用刮刀朝一定方向缓慢移动，使表面平滑。刮刀压平的方向，应与填充时挤出枪的移动方向相反，而表面平整加工方向则与刮刀压平的方向相反。压平抹光整修工作应在填充后尽早地进行。如使用单组分型中硫化速度快的密封用胶，则应在填充后立即进行压平抹光整修作业。

9. 揭去防污带（条）

在压平抹光整修作业结束后，应立即揭去防污带（条），如超过有效使用时间则会污染接缝边，特别是双组分的硅酮系，因有效使用时间短，更应注意。如接缝周围附着密封胶，要用溶剂擦洗掉，应注意选用不污染粘结体的溶剂。如是硅酮系密封胶的污染，应固化后擦掉，因未固化时进行清洗，反而会使污染扩大。

揭去防污带时，要与平面成 45°～60°角，用刮刀或圆棒卷起。用过的防污带，要放入预先准备的垃圾箱内。揭掉防污带后，有时残留下的防污带上的粘结剂痕迹较多，应用溶剂擦掉，溶剂的选择标准应以不污染粘结体为准。

10. 养护

在压平抹光整修后，密封胶在缝隙中间处于指触干状态，此时，不能触碰，固化前要养护以使其不附着灰尘，不受损伤污染。

用气枪喷气和清扫等方法对密封面容易造成损伤。当使用油性嵌缝材料时，这种作业应在表面形成皮膜后进行，使用弹性密封胶时也应在固化（约 2～3d）后进行。在施工结束后，对凹凸较多的部位以及从外部容易受损伤的部位，应立即用胶合板等板材围护好，以便进行保护和养护。

对填充密封胶的部位附近，如用药剂进行清理，特别是使用浓酸盐或挥发性溶剂时，这些药剂一接触密封胶面，就会导致侵蚀和变质，因此必须防止这些药剂附着在密封层表面上。

水性密封胶如在未固化前淋雨淋水就会溶解流失。若天气预报将降雨，原则上应停止施工，已完工的应做好防止被雨水溶解的工作。

如在密封层表面附着灰尘或杂物等，就会弄脏表面，并破坏其外观，为此应停止或延期进行周围的作业，以便安排一个养护时期。如在现场由于工程等关系做不到这一点时，应铺上养护条进行养护。

还应根据密封胶的性质和施工标准，对密封胶进行相应的养护，这就需要在现场工程管理上留出一个充分的养护时间，以保证密封胶的性能。

4.3 路桥接缝密封防水的设计与施工

凡是能承受接缝位移以达到气密、水密目的而嵌入路桥建筑接缝中的密封材料称之为路桥用嵌缝密封材料。路桥用嵌缝密封材料常应用于水泥混凝土路面的各种接缝、桥梁的伸缩缝等处。

4.3.1 路桥用嵌缝密封材料的分类

路桥用嵌缝密封材料按其形态可分为定形密封材料和非定形密封材料两大类。定形密封材料是具有一定形状和尺寸的密封材料，它是根据工程要求而制成的各种带、条、垫状的密封衬垫材料，应用于路桥工程的主要产品有嵌缝板，预制嵌缝密封条等；非定形密封材料即密封胶（填缝料），是溶剂型、乳液型、化学反应型等黏稠状的密封材料，多数非定形密封材料是以橡胶、树脂等高分子合成材料为基料制成的，包括弹性的和非弹性的密封胶、密封腻子和液体密封垫料等产品，应用于路桥工程的主要产品有沥青橡胶类嵌缝密封胶、硅酮聚硫、氯丁橡胶、聚氨酯等合成高分子嵌缝密封胶。

路桥用嵌缝密封材料按其使用性能可分为嵌缝板和密封料。嵌缝板根据其材质的不同，可分为塑料、橡胶泡沫板、泡沫树脂板、沥青纤维板、杉木板等几类；密封料按其形态可分为预制嵌缝密封条和填缝密封料两大类；按其用途可分为胀缝密封料和缩缝密封料；按其施工温度条件可分为加热施工式密封料和常温施工式密封料。

路桥用嵌缝密封材料的分类参见图4-13。

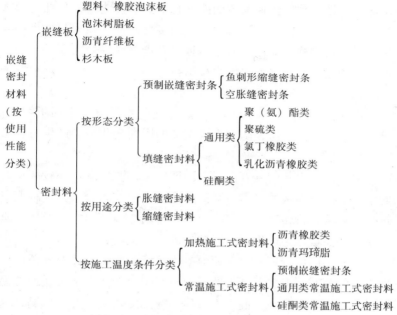

图 4-13 路桥用嵌缝密封材料的分类

4.3.2 水泥混凝土路面接缝防水密封的设计与施工

水泥混凝土路面是高级路面，是由水泥混凝土面板、基层及垫层等组成。根据材料的要求、组成及施工工艺的不同，水泥混凝土路面包括普通混凝土路面、钢筋混凝土路面、连续配筋混凝土路面、预应力混凝土路面、装配式混凝土路面、钢纤维混凝土路面等多种。目前采用最为广泛的是就地浇筑的普通混凝土路面，是指除了接缝区和局部范围如边缘和角隅之外，均不配置钢筋的水泥混凝土路面。

水泥混凝土路面具有强度高、稳定性好、耐久性良好、有利于夜间行车等优点，但水泥混凝土路面因受温度应力的影响或施工的原因，必须修筑许多接缝，这些接缝不仅增加了施工和养护的复杂性，而且易引起行车跳动，接缝又是路面的薄弱点，如处理不当，势将影响路面的质量。在任何形式的接缝处，水泥混凝土板体都不可能是连续的，其传递荷载的能力总不如非接缝处，且任何形式的接缝都会漏水，因此对于各种形式的接缝，都必须为其提供相应的传荷与防水措施。为使表面水不致渗入接缝而降低路面基层的稳定性，必须在这些接缝处嵌填嵌缝密封材料。

4.3.2.1 路面接缝的设计和施工

水泥混凝土面层是由具有一定厚度的水泥混凝土面板组成的，具有热胀冷缩的性质，随着大气温度的周期变化，会产生各种形式的温度变形。

由年温差引起的温度变形，周期较长，温度变化亦较缓慢，因此水泥混凝土面板的胀缩在其厚度范围内呈均匀分布，这种变形一旦受到约束，将转变为温度内应力，若内应力超出容许范围，水泥混凝土路面板即会产生裂缝或被挤碎。在夏季，日温差较大，由于日温差变化周期较短，故水泥混凝土面板的胀缩在其厚度范围内呈现不均匀分布，引起混凝土的变形及开裂，造成上下板底面的温度坡差。白天气温升高，混凝土板顶面的温度较底面的温度高，这种温度坡差可导致其中部有隆起的趋势；夜间气温降低，混凝土板顶面温度较底面的温度低，会使混凝土板的周边和角隅有发生翘起的趋势（参见图4-14a）。这些变形会受到混凝土板与基础之间的摩阻力和粘结力以及混凝土板的自重、车轮荷载等的约束，致使混凝土板内产生过大的应力，造成混凝土板的断裂（参见图4-14b）或拱胀等破坏。从图4-14（b）中可知，由于翘曲而引起的裂缝发生后被分割的两块板体尚不致完全分离，倘若混凝土板体温度均匀下降则可引起收缩，将使两块混凝土板体被拉开（参见图4-14c），从而失去荷载传递作用。为了避免这些缺陷，混凝土路面不得不在纵横两个方向设置许多接缝，从而把整个路面分割成许多整齐的平面块体（参见图4-15），以防止不规则裂缝的产生。从图4-15中可知，水泥混凝土路面所设置的接缝，按照接缝的几何位置，可分为纵缝和横缝二大类，纵缝平行于行车方向，横缝不般垂直于纵缝。纵缝两侧的横缝不得互相错位。

（a）混凝土由于温度坡差 （b）开裂 （c）由于均匀温度下降
引起的变形 使板开裂

图 4-14 温差对混凝土板的影响

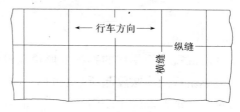

图 4-15 路面接缝设置

接缝是水泥混凝土路面板的重要构造部位，也是最容易产生病害的部位。以纵向与横向接缝将路面板分割为规则的形状，对于消除温度内应力，保持路面整齐的外观是有效的措施，但是接缝附近的路面板却因此成为了最为薄弱的部位。当车轮通过时，由于边、角部位接缝对路面的削弱，则更加容易断裂，雨水也容易穿过接缝渗入路基和基层，有时还会引起唧泥，使细颗粒土壤流失，造成路面板边、板角脱空，以致面板工作条件进一步恶化。因此，混凝土路面既要设置接缝，又要尽量使接缝数量减少，并且从接缝构造上保持两侧面板的整体性，以提高传荷能力，保护面板下路基与基层的正常工作条件。

普通混凝土路面、钢筋混凝土路面、钢纤维混凝土路面无论采用轨道、滑横、三辊轴机组还是小型机具施工，其接缝的设置原则和施工方式是基本相同的。

1. 横向接缝的构造和设计

横向接缝是指垂直于行车方向的接缝，横向接缝共有三种，缩缝、胀缝和施工缝。

缩缝是保证混凝土板块因温度和湿度的降低而产生收缩时沿该薄弱断面缩裂时，避免产生不规则裂缝的一类接缝。

胀缝是保证混凝土板块在温度升高产生部分伸胀时，避免路面板拱胀和折断破坏的一类接缝，同时也能起到缩缝的作用。

施工缝是混凝土路面每天施工结束以及因雨天或其他原因不能继续施工时设置的一类接缝，其位置应尽可能选在胀缝处或缩缝处。

（1）胀缝的构造

胀缝是用于释放混凝土板累积的膨胀变形量而设置的，其目的是为了防止热天混凝土板的膨胀隆起所采取的一种措施。

普通混凝土路面、钢筋混凝土路面、钢纤维混凝土路面的胀缝间距应视集料的温度膨胀性大小、当地年温差和施工季节综合确定：高温施工可不设胀缝；常温施工，集料温缩系数和年温差较小时，亦可不设胀缝；集料温缩系数或年温差较大时，路面两端构造物间距大于等于500m时，宜设一道中间胀缝；低温施工，路面两端构造物间距大于等于350m时，则宜设一道胀缝。临近构造物、平曲线处或与其他道路相交处的胀缝应按《公路水泥混凝土路面设计规范》（JTG D40）的规定设置。

普通混凝土路面的胀缝应设置胀缝补强钢筋支架、嵌缝板和传力杆，胀缝的构造参见图4-16，钢筋混凝土路面和钢纤维混凝土路面可不设钢筋支架。

胀缝缝隙宽约20～25mm，如施工时气温较高，或胀缝间距较短，应采用低限，反之则采用高限。使用沥青或塑料薄膜滑动封闭层时，其缝隙宽度宜加宽到25～30mm。缝隙上部浇灌填缝料，下部则设置富有弹性的嵌缝板。

① 设置胀缝所采用的材料

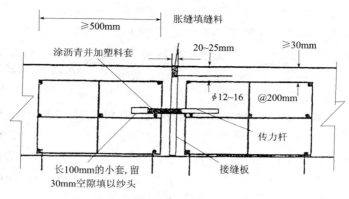

图 4-16 胀缝构造示意图

嵌缝板又称胀缝板，应选用能适应混凝土板膨胀、收缩和施工时不变形、弹性复原率高、耐久性好的嵌缝板。高速公路、一级公路宜采用塑料、橡胶泡沫板或沥青纤维板；其他公路可采用各种嵌缝板，一般多采用由油浸或沥青浸制的软木板制成的嵌缝板。在目前使用的各类嵌缝板材当中，橡胶泡沫嵌缝板是性能和使用效果较为理想的高速公路胀缝板材料。嵌缝板应与路中心线垂直，缝壁垂直，缝隙宽度一致，缝中完全不连浆。

填缝料应具有与混凝土板壁粘结牢固、回弹性好、不溶于水、不渗水、高温时不挤出、不流淌、抗嵌入能力强、耐老化龟裂、负温拉伸量大、低温时不脆裂、耐久性好等性能。填缝料根据施工方法不同，可分为常温施工式和加热施工式两类，常温施工式填缝料主要有聚（氨）酯、硅酮、氯丁橡胶、聚硫、乳化沥青橡胶等；加热施工式填缝料主要有沥青橡胶、沥青玛琋脂、聚氯乙烯胶泥等品种。高速公路、一级公路应优选使用树脂类、橡胶类或改性沥青类填缝料，并宜在填缝料中加入耐老化剂。

填缝时应使用背衬材料（背衬垫条）控制填缝形状系数。背衬垫条应具有良好的弹性、柔韧性、不吸水、耐酸碱腐蚀和高温不软化等性能，背衬垫条其材质有聚氨酯橡胶或微孔泡沫塑料等多种，其形状应为圆柱形，其直径应比接缝宽度大 2～5mm。

对于交通繁重的道路，为保证混凝土板之间能有效地传递荷载，防止形成错台，应在胀缝处设置传力杆，传力杆一般长 40～60cm，直径为 20～25mm 的光圆钢筋，每隔 30～50cm 设一根，传力杆的半段固定在混凝土内，传力杆一半以上长度的表面应涂防粘涂层，端部应戴上长约 5～10cm 的铁皮或塑料套帽。用于传力杆端部的套帽宜采用镀锌管或塑料管，其管壁厚度不应小于 2mm，要求其端部密封不透水，内径宜较传力杆直径大 1.0～1.5mm，塑料套帽长度宜为 100mm 左右，镀锌套帽长度宜为 50mm 左右，顶部空隙长度均不应小于 25mm。在套帽底与传力杆端部之间留出宽约 3～4cm 的空隙，并用木屑与弹性材料填充，以利于板的自由伸缩，参见图 4-17（a），在同一条胀缝上的传力杆，设有套帽的活动端最好在缝的两边交错布置。嵌缝板、传力杆及其套帽滑移端设置的精确度见表 4-11。

由于设置传力杆需用钢材，故有时不设置传力杆，而在混凝土板下用 C10 混凝土或其他刚性较大的材料，铺成断面为矩形或梯形的垫枕，如图 4-17（b）所示。当用炉渣石灰土等半刚性材料做基层时，可将基层加厚形成垫枕，如图 4-17（c）所示。为了防止水经过胀缝渗入基层和土基内，还可以在混凝土板与垫枕或基层之间铺一层或两层油毡或 2cm 厚的沥青砂。

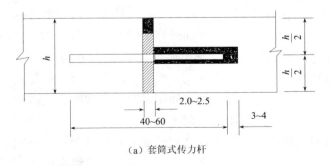

（a）套筒式传力杆

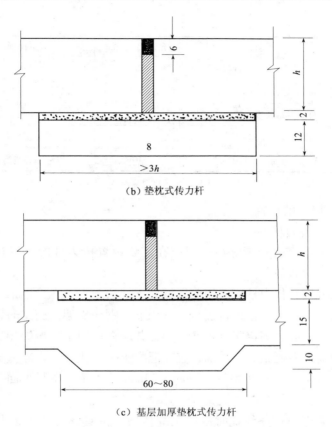

（b）垫枕式传力杆

（c）基层加厚垫枕式传力杆

图 4-17　胀缝的构造形式（单位：cm）

表 4-11　拉杆、嵌缝板、传力杆及其套帽、滑移端设置精确度

项　　　目	允许偏差/mm	测量位置
传力杆端上下左右偏斜偏差	10	在传力杆两端测量
传力杆在板中心上下左右偏差	20	以板面为基准测量
传力杆沿路面纵向前后偏位	30	以缝中心线为准
拉杆深度偏差及上下左右偏斜偏差	10	以板厚和杆端为基准测量
拉杆端及在板中上下左右偏差	20	杆两端和板面测量

项　　目	允许偏差/mm	测量位置
拉杆沿路面纵向前后偏位	30	纵向测量
胀缝传力杆套帽长度不小于100mm	10	以封堵帽端起测量
缩缝传力杆滑移端长度大于1/2杆长	20	以传力杆长度中间起测量
嵌缝板倾斜偏差	20	以板底为准
嵌缝板的弯曲和位移偏差	10	以缝中心线为准

注：嵌缝板不允许与混凝土连浆，必须完全隔断。

② 胀缝的设置

（a）传力杆的架设

当两侧模板安装好后，即应在需要设置传力杆的胀缝（或缩缝）位置上设置传力杆。

胀缝设置传力杆应采用前置钢筋支架法施工，也可以采用预留一块面板，高温时再进行铺封。采用前置钢筋支架法施工时，应预先加工、安装和固定胀缝钢筋支架，并应在使用手持振捣棒振实嵌缝板两侧的混凝土后再摊铺，宜在混凝土未硬化时，剔除嵌缝板上部的混凝土，嵌入（20～25）mm×20mm的木条，整平表面。嵌缝板应连续贯通整个路面板宽度。

混凝土板连续浇筑时设置胀缝传力杆的具体做法一般是在嵌缝板上预留有圆孔，以便于传力杆穿过，嵌缝板上面设木制或铁制的压缝板条，再在压缝板条旁放一块胀缝模板，按照传力杆的位置和间距，在胀缝模板下部挖成倒U形槽，使传力杆由此通过。传力杆的两端固定在钢筋支架上，支架脚则插入基层内，参见图4-18。

对于不连续浇筑的混凝土板在施工结束时设置的胀缝，可采用顶头木模固定传力杆的安装方法，即在端模板侧增设一块定位模板，板上应同样按照传力杆间距及杆径钻成孔眼，将传力杆穿过端模挡板孔眼并至外侧定位模板孔眼，两模板之间可用长度为传力杆一半的固定横木固定，参见图4-19。然后在继续浇筑邻板时，拆除端模挡板、固定横木及外侧定位模板，设置嵌缝板、木制或铁制压缝板条和传力杆套帽。

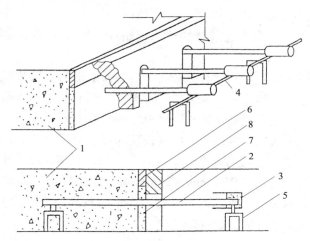

图4-18　胀缝传力杆的架设（钢筋支架法）

1—先浇的混凝土；2—传力杆；3—金属套帽；
4—钢筋；5—支架；6—压缝板条；7—嵌缝板；8—胀缝模板

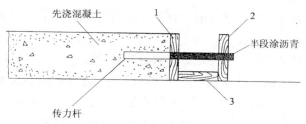

图4-19　胀缝传力杆的架设（顶头模固定法）

1—端模挡板；2—外侧定位模板；3—固定模木

（b）筑浇胀缝

先浇筑胀缝一侧的混凝土，在取去胀缝模板后，再浇筑另一侧的混凝土，钢筋支架浇在混凝土内。压缝板条在设置前应先涂上废机油或其他润滑油，在混凝土振捣后，先抽动一下，而后最迟在混凝土终凝前将压缝板条轻轻地抽出，在抽出时为确保两侧的混凝土不被扰动，可采用木板条压住两侧的混凝土，然后再轻轻抽出压缝板条，再用铁抹板将两侧的混凝土抹平整。留在胀缝下部的嵌缝板可用沥青浸制的软木板制成，胀缝上部应浇灌嵌缝密封料。

胀缝施工的技术关键有二：其一是要保证钢筋支架和嵌缝板的准确定位，在机械或人工摊铺时均不推移，钢筋支架不弯曲，嵌缝板不倾斜，并要求钢筋支架和嵌缝板之间较有力的固定；其二是嵌缝板上部软嵌入的压缝板条、嵌缝板顶部可能会提前开裂，来不及硬切（双）缝，已经弯曲断开，缝宽不一致，很难处理。其解决办法是临时软嵌（20～25）mm×20mm 木条，保持均匀缝宽和边角完好性，直到填缝，剔除木条（施工车辆通行期间不剔除），再粘胀缝多孔橡胶条或嵌缝。

（2）缩缝的构造

缩缝一般采用假缝形式，即只在混凝土板的上部设缝隙（参见图4-20），当混凝土板收缩时将沿此最薄弱断面有规则地自行断裂。

普通混凝土路面横向缩缝宜等间距布置，不宜采用斜缝，必须调整板长时，最大板长不宜大于6m，最小板长不宜小于板宽。

横向缩缝可分为不设传力杆假缝型和设传力杆假缝型两类。在中、轻度交通流量的混凝土路面上，横向缩缝可采用不设传力杆假缝型，如图4-20a，此类假缝由于缩缝缝隙下面板断裂面为凹凸不平，能起一定的传荷作用，故不必设置传力杆。此类假缝缝隙宽约7～10mm，深度约为板厚的1/4～1/5。

在超轴载或特重、重交通的高速公路、一级公路水泥路面上或渠化交通严重的收费广场等处，邻近胀缝或路面自由端的3条缩缝应采用假缝加传力杆（即设传力杆假缝型），如图4-20b，此类假缝缝隙宽约7～10mm，深度约为板厚的1/3～1/4。

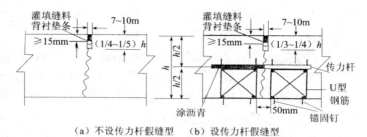

（a）不设传力杆假缝型　（b）设传力杆假缝型

图 4-20　横向缩缝构造

设传力杆假缝型的施工方法有两种：一是采用滑模摊铺机配备的传力杆自动插入装置（DBI）法，二是可采用前置钢筋支架法。采用前置钢筋支架法，其传力杆设置精度有保证，但在没有布料机的情况下，影响摊铺速度，且投资增大，施工时钢筋支架应具有足够的刚度，传力杆应准确定位，摊铺之前应在基层表面放样，并用钢纤锚固，宜使用手持振捣棒振实传力杆高度以下的混凝土，然后方可机械摊铺，传力杆无防粘涂层一侧应焊接，有涂料一侧应绑扎。采用 DBI 法置入传力杆时，应在路侧缩缝切割位置做好标记，以保证切缝位于传力杆中部。在使用传力杆自动插入装置 DBI 法工艺时，最大坍落度不得大于 50mm，在过稀的料中，传力杆有可能因自重而移位，最小坍落度不宜小于 10mm，过硬的路面，整机重量不足以将整排传力杆振压到位。传力杆插入造成的上部破损缺陷应由振动搓平梁进行彻底修复。用于 DBI 法缩缝传力杆塑料套管，其管壁厚度不应小于 0.5mm，套管与传力杆应密切贴合，套管长度应比传力杆一半长度长 30mm。

横向缩缝（假缝）的筑做方法如下：

①　切缝法

在混凝土捣实整平后，利用振捣梁将"T"形震动刀准确地按缩缝位置震出一条槽，随后放入铁制压缝板条，并用原浆修平槽边。当混凝土收浆抹面后，再轻轻地取出铁制压缝板条，并立即用专用抹子修整缝缘。这种做法要求谨慎操作，以免混凝土结构受到扰动和接缝边缘出现不平整（错台）。

②锯缝法

在硬结的混凝土中用带有金刚石或金刚砂轮锯片的锯缝机锯割出深底符合要求的槽口，采用这种工艺可保证缝槽质量和不扰动混凝土结构。但要掌握好锯割的时间，过迟因混凝土过硬而使锯片磨损过大且费工，而且更主要的是可能在锯割前混凝土会出现收缩裂缝；过早混凝土因还未硬结，在锯割时槽口边缘易产生剥落。合适的时间视气候条件而定，炎热而多风的天气，或者早晚气温有突变时，混凝土板会产生较大的湿度或温度坡差，使内应力过大而出现裂缝，故锯缝应在表面整修后 4h 即可开始；如天气较冷，一天内气温变化不大时，其锯割时间可晚至 12h 以上。

（3）横向施工缝

混凝土已经初凝或摊铺中断时间超过 30min 时或每天摊铺结束后，应使用端头钢模板设横向施工缝，其位置宜与胀缝或缩缝重合，确有困难不能重合时，施工缝应采用带螺纹传力杆的企口缝形式。这样做的目的是在横向施工缝中不仅能保证优良的荷载传递，而且可拉成整体板，这种混凝土板中施工缝也会由于面板混凝土干缩形成微细裂缝，所以也需要切缝和灌缝。横向施工缝应与路中心线垂直。横向施工缝在缩缝处采用平缝加传力杆型（图 4-21）；在胀缝处其构造与胀缝相同（图 4-16）；施工缝采用设拉杆企口缝形式，如图 4-22 所示。

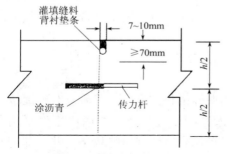

图 4-21　横向施工缝构造示意图

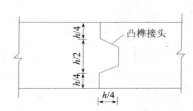

图 4-22　企口缝的构造形式

（4）横缝的布置

在桥涵两端以及小半径平、竖曲线处应设置胀缝。胀缝是混凝土路面的薄弱环节，其不仅仅会给施工带来不便，同时，由于施工时传力杆设置不当（如未能正确定位），使胀缝处的混凝土常出现碎裂等病害，当雨水通过胀缝渗入地基后，易使地基软化，引起唧泥、错台等破坏；当砂石进入胀缝后，易造成胀缝处板边挤碎、拱胀等破坏。同时，胀缩容易引起行车跳动，其中的填缝料又要经常补充或更换，增加了养护的麻烦。因此，近年来修筑的混凝土路面均有减少胀缝的趋势。我国现行刚性路面设计规范规定：胀缝应尽量少设或不设，但在临近桥梁或固定建筑物处或与其他类型路面相连接处、板厚变化处、隧道口、小半径曲线和纵坡变换处，均应设置胀缝；在其他位置，当板厚等于或大于 20cm 并在夏天施工，也可不设胀缝。但是，如果采用长间距胀缝或无胀缝路面结构，则需注意采取一些相应的措施，如增大基层表面的摩阻力，以约束板在高温或潮湿时伸长的趋势；在气温较高的时候施工，以尽量减小水泥混凝土板的胀缩幅度；相对地缩短缩缝间距，以便减小混凝土板的温度翘曲应力，缩小缩缝缝隙的拉宽度以提高传荷能力，并增进混凝土板对地基变形的适应性。

缩缝的间距一般为 4 ~ 6m（即板长），在昼夜气温变化较大的地区，或地基水文情况不良的路段，应取低限值，反之取高限值。

2. 纵向接缝的构造和设计

纵向接缝是指平行于行车方向的接缝，纵向接缝一般分为假缝和施工缝两种。纵缝间距一般按 3 ~ 4.5m 设置，其构造参见图 4-23。在路面等宽的路段内或路面变宽路段的等宽部分，纵缝的间距和形式应保持一致，路面变宽段的加宽部分与等宽部分之间，以纵向施工缝隔开，加宽板在变宽段起终点处的宽度不应小于 1m。

（1）纵向施工缝的构造

当一次铺筑宽度小于路面和硬路肩总宽度时，应设置纵向施工缝，其位置应避开轨迹，并重合或靠近车道线，其构造可采用平缝加拉杆型，上部应锯切槽口，深底为 30~40mm，宽度为 3~8mm，槽内灌嵌缝密封料，构造参见图 4-23（a）所示。当所摊铺的面板厚度大于或等于 260mm 时，也可采用插拉杆的企口型纵向施工缝，以有利于板间传递荷载，参见图 4-23c。

采用滑模施工时，纵向施工缝的拉杆可用摊铺机的侧向拉杆装置插入；采用固定模板施工方式时，应在振实过程中，从侧模预留孔中手工插入拉杆。

筑做企口式纵缝，模板内壁应做成凸榫状，拆模后，混凝土板侧面即形成凹模。需设置拉杆时，横板在相应位置处要钻有圆孔，以便穿入拉杆。浇筑另一侧混凝土前，应先在凹槽壁上涂抹沥青。

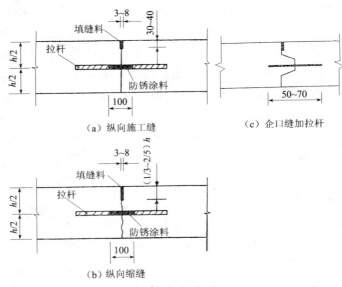

图 4-23　纵缝构造（尺寸单位：mm）

拉杆应采用螺纹钢筋，设在板厚中央，并应对拉杆中部 100mm 范围内进行防锈处理，拉杆直径、长度和间距可参照表 4-12 选用。

施工布设时，拉杆间距应按横向接缝的实际位置予以调整，最外侧的拉杆距横向接缝的距离不得小于100mm。拉杆滑移端设置精确度参见表4-11。

表4-12　拉杆直径、长度和间距

面层厚度/mm	到自由边或设拉杆纵缝的距离/m					
	3.0	3.50	3.75	4.5	6.0	7.50
200~250	14×700×900	14×700×800	14×700×700	14×700×600	14×700×500	14×700×400
260~300	16×800×900	16×800×800	16×800×700	16×800×600	16×800×500	16×800×400

注：拉杆直径、长度和间距的数字为直径×长度×间距。

连续配筋混凝土面层的纵缝拉杆可由板内横向钢筋延伸穿过接缝代替。

（2）纵向缩缝的构造

一次铺筑宽度大于4.5m时，应设置纵向缩缝，其构造参见图4-23b，纵向缩缝采用假缝形式，锯切的槽口深度应大于施工缝的锯切槽口的深度。锯切的槽口深度与基层采用的材料有关，当采用粒料基层时，其槽口深度应为混凝土板厚的1/3；当采用半刚性基层时，其槽口深度应为板厚的2/5。纵缝位置应按照车道宽度设置，并在摊铺过程中用专用的拉杆插入装置插入拉杆。

（3）纵缝拉杆的设置

钢筋混凝土路桥面和搭板的纵缝拉杆亦可由横向钢筋延伸穿过接缝代替。钢纤维混凝土路面切开的假纵缝可不设拉杆，纵向施工缝应设拉杆。

插入的侧向拉杆应牢固，不得松动、碰撞或拔出。若发现拉杆松脱或漏插，应在横向相邻路面摊铺前，钻孔重新植入。当发现拉杆可能会被拔出来时，应进行拉杆拔出力（握裹力）检验。

3. 纵横接缝的构造

纵缝和横缝一般做成垂直正交，使混凝土板具有90°的角隅，纵缝两旁的横缝一般成一条直线。如果横缝在纵缝两旁错开，则将导致混凝土板产生从横缝延伸出来的裂缝，参见图4-24。

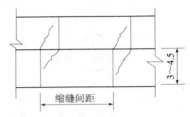

图 4-24　横缝错开时引起的裂缝（单位：m）

两条道路正交时，各条道路的直道部分均应保持本身纵缝的连贯，而相交路段内各条道路的横缝位置应按相对道路的纵缝间距做相应的变动，以保证两条道路的纵横缝垂直相交，互不错位。两条道路斜交时，主要道路的直道部分应保持纵缝的连贯，而相交路段内的横缝位置应按次要道路的纵缝间距做相应变动，保证与次要道路的纵缝相连接。相交道路弯道加宽部分的接缝布置，应不出现或少出现错缝和锐角板。

在次要道路弯道加宽段起终点断面处的横向接缝，应采用胀缝形式，膨胀量大时，应在直线段连续布置 2～3 条胀缝。

4. 切缝的技术要求

贫混凝土基层、各种混凝土面层、加铺层、桥面和搭板的纵、横向缩缝均应采用切缝法施工，目前水泥混凝土路面的切缝技术已有很大的进展，其切缝设备有软切缝机、普通切缝机、支架切缝机等多种，其切缝方式有：全部硬切缝、软硬结合切缝、全部软切缝三种。

（1）缩缝的切割

横向缩缝的切割，上述三种切缝方式均可采用，其切缝方式的选用，应由施工期间该地区路面摊铺完毕到切缝时的昼夜温差确定，宜参照表4-13选用。

表 4-13　根据施工气温所推荐的切缝方式

昼夜温差*/℃	切缝方式	缩缝切深
＜10	最长时间不得超过 24h	硬切缝 1/4~1/5 板厚
10~15	软硬结合切缝，每隔 1~2 条提前软切缝，其余用硬切缝补切	软切深度不应小于 60mm；不足者应硬切补深到 1/3 板厚，已断开的缝不补切
＞15	宜全部软切缝，抗压强度约为 1~1.5MPa，人可行走。软切缝不宜超过 6h	软切缝深大于等于 60mm，未断开的接缝，应硬切补深到不小于 1/4 板厚

注：＊注意降雨后刮风引起路面温度骤降，面板温差在表中规定范围内，应按表中方法，提早切缝。

在连接路面切缝时，对分幅摊铺的路面应在先摊铺的混凝土板横向缩缝已断开的部位做好标记。分幅横向连接摊铺纵缝有拉杆的水泥路面，对其先铺路面已经断开的缩缝，由于拉杆会传递拉应变，导致后铺路面在硬切缝之前就产生断板，故应特别注意，在后摊铺的路面上应对齐已断开的横缩缝，提前进行软切缝，以防止断板。

纵向带拉杆假缩缝及横向带传力杆缩缝的切缝，当采用滑模摊铺机和三辊轴机组一次摊铺两个车道大于等于 7.5m 的路面时，如果假纵缝和传力杆缩缝切缝深度过浅和切缝时间太迟，可引起一些拉杆和传力杆端部的纵向开裂，因此已设置拉杆的假纵缝和设有传力杆的缩缝，其切割深度不应小于 1/3~1/4 板厚，其最浅不得小于 70mm，最迟切割时间不宜超过 24h。无传力杆缩缝的切缝深度应为 1/4~1/5 板厚，最浅不得小于 60mm。

纵向缩缝的切缝要求应与横向缩缝相同，纵、横缩缝宜同时切缝。

（2）纵向施工缝的处置

各级公路高填方（路基高度大于或等于 10m）路段、软基路段、填挖方交界路段、桥面板、桥头搭板部位的纵向施工缝，应在上半部涂满沥青的基础上，然后硬切缝并填缝。这是对特殊路段的双重防水保护措施，其目的是防止水从这些部位的纵缝中渗到桥面、易沉降变形的高填方、桥头等基层中去。桥面铺装如果渗水，会造成主梁翼缘板混凝土冲刷、溶蚀、冰冻、盐冻、碱集料反应和钢筋锈蚀，其危害很大；高填方路基和桥头如果渗水，会加速和加大这些部位的工后不均匀沉降变形，促使纵横缝张开位移量增大，故要求对这些部位采取更严格的双重防水密封措施。

在年降雨量1000mm的潮湿地区，高等级公路全路段纵缝推荐采用上述双重防水密封措施；在年降雨量 500～1000mm 的地区，高速公路和一级公路全路段纵缝推荐采用上述双重防水密封措施，二级及其以下公路一般路段的纵向施工缝在上半部涂满沥青后可不切缝；年降雨量小于或等于500mm 的干旱、半干旱地区的各级公路路面一般路段，上半部已饱涂沥青的纵向施工缝可不切缝不填缝；特殊路段则可根据当地路面冲刷破坏程度自定。

（3）切缝的宽度

缩缝切缝的宽度宜控制在 4～6mm，切缝时锯片晃度不应大于2mm。

以往对切缝宽度未进行控制，认为缩缝宽度越窄，对面板的结构越好，但过窄的宽度，缝口是无法填灌的，同时也很难控制填缝形状系数，即使灌缝之后，填缝料的性能也承受不了数倍的拉裂变形，因此切缝的宽度应控制在 4～6mm。

当切缝宽度小于6mm，可采用二次扩填缝槽或台阶锯片切缝，可以先用薄锯片锯切到要求的深度，再使用 6～8mm 的厚锯片或叠合锯片扩宽填缝槽，这将有利于控制填缝料形状系数在 2 左右，接缝断开后适宜的填缝槽深度宜为 25～30mm，宽度宜为 7～10mm，最宽不宜大于 10mm，参见图 4-25。这样既可保证接缝不因嵌入较大粒径的坚硬石子而崩边角，又可兼顾填缝材料不致因拉应变过大而过早拉裂失去密封防水效果。

（4）变宽路段切缝

在弯道加宽段、渐变段、平面交叉口和匝道进出口横向加宽或变宽路面上，宜先切缝划分板宽。匝道上的纵缝宜避开轨迹位置，横缝应垂直于每块面板的中心线。横向缩缝切缝必须缝对缝，相邻板的横向缩缝切口必须对齐，允许偏差不得大于 5mm，如对不上时，可采用小转角折线缩缝。其原因是纵缝有拉杆传递拉开变形，将未对缝的面板拉断。若对不上缝，又不允许拉断，变宽路面纵缝两侧应采用钢筋混凝土或配边缘补强钢筋。

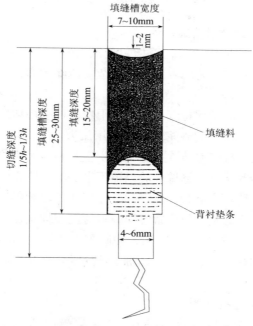

填缝槽宽度 7~10mm

1~2 mm

填缝槽深度 25~30mm

填缝深度 15~20mm

切缝深度 1/5h~1/3h

填缝料

背衬垫条

4~6mm

图 4-25　缩缝切缝、填缝（槽）、垫条细部尺寸

4.3.2.2　混凝土路面接缝的填缝工艺

　　水泥混凝土路面接缝的施工是水泥混凝土路面施工工艺中的一个组成部分。水泥混凝土面层板的施工程序参见图 4-26。从图 4-26 中可知，混凝土路面接缝的施工主要包括设置传力杆、接缝的设置和填缝三个方面，其中设置传力杆、接缝的设置前面已作了介绍，下面介绍混凝土路面接缝的填缝工艺。

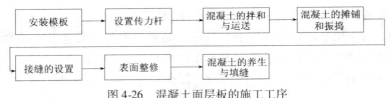

图 4-26　混凝土面层板的施工工序

1. 基层处理及材料准备

混凝土板养护期满后，缝槽口应及时进行填缝，填缝又称灌缝。填缝前，首先应将缝隙内的泥沙杂物清除干净，然后方可浇灌填缝料。

在填缝时，必须保持缝内清洁和干燥，可采用切缝机清除接缝中夹杂的沙石，凝结的砂浆等，再使用压力大于或等于 0.5MPa 的压力水和压缩空气彻底清除接缝中的尘土及其他污染物，以确保缝壁及内部清洁和干燥，缝壁检验以擦不出灰尘为填缝标准。

理想的填缝料应能长期保持弹性、韧性，填缝料应与混凝土缝壁粘结紧密，不渗水。使用常温填缝料时应按规定比例将各组分材料按 1h 填缝量混拌均匀后使用，并随配随用；使用加热填缝料时应将填缝料加热至规定温度，在加热的过程中，应将填缝料熔化，搅拌均匀并保温使用。

2. 浇灌填缝料（密封胶）

填缝的形状系数宜控制在 2 左右，填缝深度宜为 15～20mm，最浅不得小于 15mm，参见图 4-25。在浇灌填缝料前，应先挤压嵌入直径为 9～12mm 的多孔泡沫塑料背衬条，然后方可灌缝。填缝顶面夏天应与板面平齐，缝隙缩窄时不软化挤出；冬天应稍低于板面，填成凹液面，其中心低于板面 1～2mm，缝隙增宽时能胀大并不脆裂。填缝必须饱满、均匀、厚度一致并连续贯通，填缝料不得缺失、开裂，与混凝土粘牢以防止土砂、雨水进入缝内。此外还要耐磨、耐疲劳、不易老化。高速公路、一级公路应使用专用工具填缝。

常温施工式填缝料的养生期，低温天宜为 24h，高温天宜为

12h；加热施工式填缝料的养生期，低温天宜为 2h，高温天宜为 6h。在填缝料养生期内（特别是反应型常温填缝料在固化前），应封闭交通。

3. 嵌缝预制嵌缝条

必须在缝槽口干燥清洁的状态下嵌入嵌缝条。粘结剂应均匀地涂在缝壁上部（1/2 以上深度），形成一层连续的约 1mm 厚的粘结剂膜，以便粘结紧密，不渗水。嵌缝条在嵌入的过程中，应使用专用工具，在长度方向应既不拉伸也不压缩，保持自然状态，在宽度方向应压缩 40%~60% 嵌入，嵌缝条高度为 2.5cm，当填缝粘结剂固化后，应将胀缝两端多余的嵌缝条齐路面边缘裁掉。嵌缝条在施工期间和粘结剂固化前，应封闭交通。

4. 纵缝填缝

纵向缩缝填缝应与横向缩缝相同。各级公路高填方（路基高度大于或等于 10m）路段、桥面、搭头搭板部位的纵向施工缝在涂沥青的基础上，还应切缝并灌缝，一般路段，上半部已饱涂沥青的纵向施工缝可不切缝、填缝。

5. 胀缝填缝

路面胀缝，无传力杆的隔离缝应在填缝前先凿去接缝板顶部嵌入的压缝板条，涂粘结剂后，嵌入胀缝专用多孔橡胶条或嵌入适宜的填缝料。若胀缝有大的变形量，胀缝中的填缝料不宜使用各种密实型填缝材料，因为夏季一定会被挤出，带走或磨掉，而冬季则会收缩成槽。宜使用上表面较厚的几重防护的多孔橡胶条。当胀缝的宽度不一致或有啃边、掉角等现象时，则必须填缝。

4.3.2.3　FK992 水泥混凝土路面桥梁接缝材料（FK992 弹性胶泥）的施工

苏州非矿院防水材料设计研究所研制开发的 FK992 弹性胶泥，是以含有 -NOC 的氨基甲酸酯预聚体为 A 组分，以增韧剂、填充剂、固化剂等组成的 B 组分经双组分搅拌均匀而成的一种优质道路

（桥梁、机场）嵌缝材料。

FK992 弹性胶泥广泛适用于水泥混凝土路面胀缝和缩缝嵌缝，同时也适用于桥梁与道路接口及机场的嵌缝，也可用于污水处理厂、自来水厂水池、贮液构筑物的嵌缝密封和裂缝修补。

1. 产品特点及技术指标

本产品与传统的石油沥青、沥青木丝板、木板、PVC 胶泥等材料相比具有以下特点：

① 冷作业施工；

② 与混凝土具有良好的粘接强度；

③ 能在稍潮湿的基层上施工；

④ 有较大的延伸率；

⑤ 有良好的低温柔性（-30℃不开裂）；

⑥ 耐高温性能（100℃不流淌）。

FK992 弹性胶泥主要技术指标见表 4-14。

表 4-14 FK992 弹性胶泥技术指标

项　　目	标准要求	实测数据
灌入稠度/s	<20	7.8
失黏时间/h	6～24	9.5
弹性（复原率）/%	>75	90
流动度/mm	0	0
拉伸量/mm	<15	35

2. 施工要点

FK992 弹性胶泥施工简单，操作方便，但施工人员必须严格按操作规程施工，才能达到充分固化和良好的力学性能。具体施工操作要点如下：

（1）施工基面的清理

① 用凿子、铁钩、切割机将缝垃圾清理干净；

② 用小型钢丝刷或铜丝刷将缝两侧刷干净；

③ 用皮老虎或空压机将缝内灰尘吹干净；

④ 将聚乙烯（PE）泡沫条或聚苯乙烯（PS）条嵌入缝内，直径或厚度应大于缝宽 1mm 左右；

⑤ 用定制压轮或木棒将 PE 条或 PS 板压至规定深度。

（2）FK992 弹性胶泥的配制

① 将 A、B 两个组分混合，用手提电动搅拌机充分搅拌 3min 以上，手工搅拌时间必须达到 5min 以上至充分均匀。

② 用大容量施胶枪将胶泥吸入到胶枪内。

（3）FK992 弹性胶泥的施工

① 胶枪装上特殊枪头即可施工；

② 以平衡均匀的速度将胶泥施工于缝内，也可用刮刀进行施工；

③ 胶泥平面应低于混凝土面层 2mm 左右，无凹陷，不流出缝外。

（4）施工质量的检查

① 施工完毕后应立即对缝进行全面检查，如有漏刮、不平情况应及时补好。

② FK992 弹性胶泥的表干时间为 24h，但要到 7d 后才能达到 70% 的强度，因此在胶泥未充分固化前要注意保护，防止雨水和其他水源浸入而降低性能。

（5）施工注意事项

① 搅拌方式尽量采用机械形式；

② 搅拌时间一定要达到规定时间并确认已搅拌均匀，否则会固化不完全；

③ 施工时严禁烟火；

④ 施工完毕后应及时清洗工具；

⑤ 施工时应戴涂塑手套加以保护。

（6）施工用量和固化时间

本产品密度为 $\rho = (1.5 \pm 0.2)$ g/cm^3，具体材料用量见表 4-15；

施工温度与固化时间参见表4-16。

表4-15　FK992弹性胶泥施工参考用量表

断面尺寸 /mm	5×100	10×100	20×120	30×150	40×120	50×120
用量 /（kg/m）	0.75	1.5	3.6	6.75	7.2	9.0

表4-16　FK992弹性胶泥施工温度与固化时间参考表

施工气温/℃	固化时间/h
0	48～72
0～10	48～24
10～20	24～8
20	8
20～30	8～5
30～40	<5

4.4　聚硫、聚氨酯密封胶给水排水工程中密封防水的设计与施工

双组分聚硫、聚氨酯建筑密封胶具有优良的水密、气密、耐久性能，在水中经长期浸泡后其性能仍稳定，且无毒、无污染，可用作生活饮用水的密封防水，也适用于建筑物的变形缝、施工缝、穿墙管件、地下管道等部位的嵌缝密封防水，尤其适用于净水厂、污水处理的水池接缝防水密封，是建筑物和贮藏构筑物的一种优质防水密封材料，应用范围日益广泛。

4.4.1　聚硫、聚氨酯密封胶的性能要求

聚硫建筑密封胶是指以液态聚硫橡胶为基料的一类常温硫化双组分建筑密封胶，其产品的物理力学性能应符合表4-17的规定。

表4-17 聚硫密封胶的物理力学性能

序号	项 目		技术指标[4]		
			20HM	25LM	20LM
1	密度/（g/cm³）		规定值 ±0.1		
2	流动性/mm	下垂度（N型）	≤3		
		流平性（L型）	光滑平整		
3	表干时间/h		≤24		
4	适用期/h		≥2[1]		
5	弹性恢复率/%		≥70		
6	拉伸模量/MPa	23℃	>0.4 或 >0.6	≤0.4 或 ≤0.6	
		−20℃			
7	定伸粘结性		无破坏		
8	浸水后定伸粘结性		无破坏		
9	冷拉—热压后粘结性[2]		无破坏		
10	浸水及拉伸—压缩循环后粘结性[3]		无破坏		
11	质量损失率/%		≤5		

1）允许采用供需双方商定的其他指标值；
2）此项适用于一般建筑接缝用胶；
3）此项适用于长期有水环境用胶；
4）表中 HM 表示高模量；LM 表示低模量。

聚氨酯建筑密封胶是指以氨基甲酸酯聚合物为主要成分的一类单组分或多组分建筑密封胶，其产品的物理力学性能应符合表4-18的规定。

表4-18 聚氨酯密封胶的物理力学性能

序号	项目		技术指标		
			20HM[3]	25LM	20LM
1	密度/（g/cm³）		规定值 ±0.1		
2	流动性/mm	下垂度（N型）	≤3		
		流平性（L型）	光滑平整		
3	表干时间/h		≤24		

序号	项目		技术指标[3]		
			20HM	25LM	20LM
4	挤出性[1]/（mL/min）		≥80		
5	适用期[2]/h		≥1		
6	弹性恢复率/%		≥70		
7	拉伸模量/MPa	23℃	>0.4 或 >0.6	≤0.4 或 ≤0.6	
		-20℃			
8	定伸粘结性		无破坏		
9	浸水后定伸粘结性		无破坏		
10	冷拉—热压后粘结性		无破坏		
11	质量损失率/%		≤7		

1）此项仅适用于单组分产品；
2）此项仅适用于多组分产品，允许采用供需双方商定的其他指标值；
3）表中 HM 表示高模量；LM 表示低模量。

聚硫、聚氨酯密封胶用于饮用水工程防水密封时，应符合现行国家标准 GB 5749《生活饮用水卫生标准》、GB/T 17219《生活饮用水输配水设备及防护材料的安全性评价标准》等的要求。

在进行聚硫、聚氨酯密封胶施工时，宜采用生产企业推荐的施工工艺、配比和底涂料，以及基层处理方法，其最终物理力学性能则应符合表 4-17 和表 4-18 的要求。

聚硫、聚氨酯密封胶的技术性能应符合现行行业标准 JC/T 483《聚硫建筑密封胶》和 JC/T 482《聚氨酯建筑密封胶》的规定。

聚硫、聚氨酯密封胶防水密封工程的材料选用、施工及验收，除应遵守中国工程建设标准化协会 CE CS 217：2006《聚硫、聚氨酯密封胶给水排水工程应用技术规程》规定外，尚应符合现行国家标准 GB 50108《地下工程防水技术规范》、GB 50208《地下防水工程质量验收规范》和中国工程建设标准化协会 CE CS 117《给水排水工程混凝土构筑物变形缝设计规程》等的规定。

4.4.2 聚硫、聚氨酯密封胶给水排水工程中密封防水的设计

聚硫、聚氨酯密封胶防水密封工程的设计方案，应根据材料的

具体应用部位、构筑物内介质的性质、温度和其他使用条件等因素综合确定。在常温下聚硫、聚氨酯密封胶可用于构筑物的变形缝、施工缝、螺栓眼、穿墙管和地下管道接口等易渗漏水并需要密封防水的部位。若聚硫、聚氨酯密封胶应用于污水处理工程的污水池，其污水的水质应符合现行行业标准 CJ 18《污水排入城市下水道水质标准》的规定。

聚硫、聚氨酯密封胶可用于水泥砂浆、混凝土、砖砌体、块石砌体、陶瓷、大理石、花岗岩、硬质聚氯乙烯板、玻璃或钢铁基层上。聚硫、聚氨酯密封胶接缝密封的缝宽不应小于 10mm，缝深不应小于 7mm。聚硫、聚氨酯密封胶用于变形缝时，其宽度与深度的比值宜采用 3∶2～2∶1，参见图4-27。聚硫、聚氨酯密封胶密封防水其节点构造参见图4-28～图4-33。

聚硫、聚氨酯密封胶的材料用量可参照表4-19 和表4-20 进行计算。

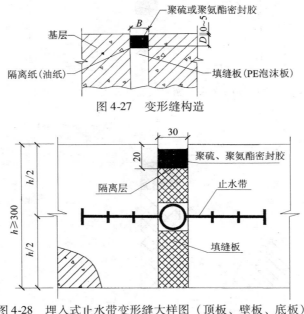

图 4-27　变形缝构造

图 4-28　埋入式止水带变形缝大样图（顶板、壁板、底板）

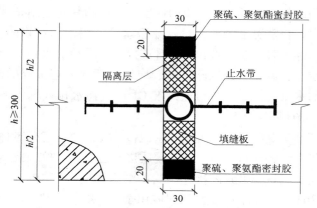

图 4-29　埋入式止水带变形缝大样图（顶板、壁板）

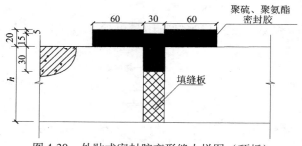

图 4-30　外贴式密封胶变形缝大样图（顶板）

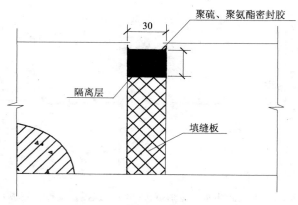

图 4-31　密封胶填缝大样图

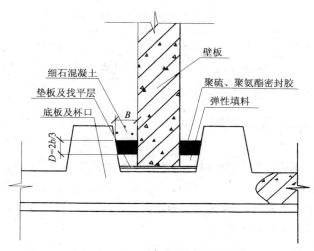

图 4-32　水池杯口大样图

表 4-19　聚硫材料用量参考表

断面尺寸/mm	15×10	40×20	30×30	40×30	50×40
用量/（kg/m）	0.25	1.32	1.49	1.98	3.30

注：本表材料密度以 1.65g/cm³ 计算。

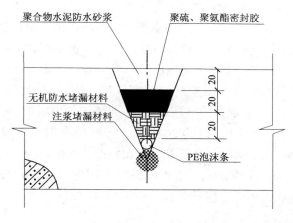

图 4-33　裂缝治理大样图

表 4-20　聚氨酯材料用量参考表

断面尺寸/mm	15×10	20×20	30×30	40×30	50×40
用量/（kg/m）	0.21	0.54	1.22	1.62	2.70

注：本表材料密度以 1.35g/cm^3 计算。

4.4.3　聚硫、聚氨酯密封胶给水排水工程中密封防水的施工

1. 一般规定

（1）聚硫、聚氨酯密封胶施工的环境温度宜为 $10 \sim 35℃$，当环境温度低于 $10℃$ 或高于 $35℃$ 时，施工时应采取措施。聚硫、聚氨酯密封胶应在龄期多于 10d 的水泥砂浆或混凝土基层上施工，雨雪天气不应进行露天施工。

（2）聚硫、聚氨酯密封胶施工时，基层表面应平整、坚实、干燥、干净、无油污、无杂物，水泥砂浆或混凝土基层上不应有浮浆、起砂、空鼓裂缝等现象，若有上述现象，则应采取有效措施进行处理。

（3）聚硫建筑密封胶在进行施工前，宜采用专用底涂料。

2. 聚硫、聚氨酯密封胶的配制方法

聚硫、聚氨酯密封胶的配制要点如下：

（1）聚硫、聚氨酯密封胶防水密封工程施工前，应根据施工环境温度、施工条件和辅助材料等情况，按生产企业推荐的配合比或现场设定的配合比，通过试验确定后，方可开始施工。在一般情况下，对于聚硫 A 组分（主要基材）宜取 10 份（质量比），B 组分（助剂和固化剂）宜取 1 份（质量比）。当施工气温较低时，B 组分宜取 $1.1 \sim 1.2$ 份（质量比），当施工气温较高时，B 组分宜取 $0.8 \sim 1.0$ 份。对于双组分聚氨酯，配比宜取 $A : B = 1 : 1$。

（2）在施工现场宜采用手提电钻或专用密封胶搅拌设备搅拌 5min 以上，如采用手工搅拌，搅拌时间宜在 8min 以上，要求搅拌混合物达到均匀、无色差。

（3）配制好的材料应在 2h 内用完，做到随用随配。

3. 聚硫、聚氨酯密封胶的施工

聚硫、聚氨酯密封胶施工的要点如下：

（1）聚硫、聚氨酯密封胶施工前应准备好设备和机具，包括砂轮切割机、毛刷、钢丝刷、油灰刀、多用挤胶枪、电线和搅拌器（现场应备电源）、拌料桶、脚手架、汽油喷灯、碘钨灯、吹风机等。

（2）应清理施工基层，达到4.4.3节1（2）的要求。

（3）变形缝施工时，为避免密封胶因三面粘结而影响其位移性能，在填缝板和密封胶底面之间应采用隔离措施。

（4）为避免接缝两边基材表面受污染，宜在接缝两边基材表面粘贴隔离纸。施工结束后，去掉隔离纸。

（5）为保证施工质量，施工时宜采用挤胶枪将配好的聚硫、聚氨酯密封胶先挤在缝的两侧，然后再施工到所需高度。施工时要求压紧刮平，防止带入气泡影响强度和水密性。推荐采用专用的挤胶枪施工。

第5章 刚性防水材料的施工

刚性防水技术的特点是根据不同的工程结构，采用不同的方法，使浇筑后的刚性防水层细致密实，抗裂抗渗，水分子难以通过，防水的耐久性好，施工工艺简单方便，造价较低，易于维修。在土木工程建筑中，刚性防水占有相当大的比率。刚性防水层可根据其构造型式和所采用的材料进行分类，其具体类型参见表5-1。

表5-1 刚性防水层的分类及特点

防水层类型		构造及特点	适用范围
按构造型式分类	非隔离式防水层	（1）防水层直接浇筑在结构层上，使防水层与结构层形成整体，可加强结构刚度； （2）省工、省料，造价低； （3）防水层易受结构层制约，对地基不均匀沉降、温度变化、构件伸缩、屋面振动等因素极为敏感，易引起防水层开裂而导致渗漏	（1）分格缝尺寸较小的普通钢筋混凝土屋面； （2）补偿收缩混凝土防水层； （3）温度、湿度变化较小的钢纤维混凝土防水层； （4）蓄水屋面
	隔离式防水层	（1）在结构层与防水层之间设隔离层，使两者互不粘结； （2）防水层受结构层的变形约束较小，在一定范围内可以自由伸缩，有一定的反应能力	（1）分格缝尺寸较大的普通钢筋混凝土屋面； （2）温度、湿度变化较大的防水工程
按所用材料分类	普通防水混凝土防水层	（1）防水层采用普通钢丝网细石混凝土，依靠混凝土的密实性达到防水目的； （2）施工简单、造价低； （3）当隔离层效果不好、节点构造和分格不当或施工质量不良时，结构层的变形和温度、湿度变化易引起防水层开裂，防水效果较差	如防水层中不配钢丝网，分块尺寸不宜超过 $16m^2$；配置钢丝网后分块尺寸可大些，但也不宜大于 $60m^2$

防水层类型		构造及特点	适用范围
按所用材料分类	外加剂防水混凝土防水层	（1）防水层所用的细石混凝土中掺入适量添加剂，用以改善混凝土的和易性，便于施工操作； （2）可提高防水层的密实性和抗渗、抗裂能力，有利于减缓混凝土的表面风化、碳化，延长其使用寿命	分块尺寸与普通防水混凝土防水层相同的防水工程
	预应力混凝土防水层	（1）利用施工阶段在防水层混凝土内建立的预压应力来抵消或部分抵消在使用过程中可能出现的拉应力，克服混凝土抗拉强度低的缺点，避免板面开裂； （2）抗渗性和防水性好； （3）材料省、造价低、施工简单	（1）分块尺寸大，可大于60m²； （2）可不设隔离层； （3）屋顶设置钢筋混凝土圈梁的屋面防水工程
	补偿收缩混凝土防水层	（1）防水层混凝土利用微膨胀水泥或膨胀剂拌制而成，具有适当的膨胀性能； （2）利用混凝土在硬化过程中产生的膨胀来抵消其全部或大部分收缩，避免和减轻防水层开裂而取得良好的防水效果； （3）具有遇水膨胀、失水收缩的可逆反应，遇水时可使细微裂缝闭合而不致渗漏，抗渗性好； （4）早期强度较高	处于推广应用阶段，南方省区应用较多
	纤维混凝土防水层	（1）防水层混凝土中掺入短而不连续的钢纤维或聚丙烯纤维； （2）纤维在混凝土中可抑制细微裂缝的开展，使其具有较高的抗拉强度和较好的抗裂性能； （3）防水效果好，使用年限长，施工工艺简单，维修率低、造价低	处于推广应用阶段，南方省区应用较多

防水层类型		构造及特点	适用范围
按所用材料分类	聚合物混凝土防水层	（1）用硅酸盐水泥和聚合物树脂作复合胶结料、卵石作骨料，砂子作填充料而制成； （2）和易性好，抗拉强度和伸长率高，具有抗冻性、防水性、抗腐蚀性能强	价格较贵，用于防冻、防裂要求较高的防水工程
	块体刚性防水层	（1）结构层上铺设块材，用防水水泥砂浆填缝和抹面而形成防水层； （2）块材热导率小，热膨胀率低，单元体积小，在温度、收缩作用下应力能均匀地分散和平衡，块体之间的缝隙很小，可提高防水层防水能力； （3）施工简单	不得用于屋面防水等级为Ⅰ、Ⅱ级的建筑，也不宜用于屋面刚度小的建筑、有振动设备的厂房及大跨度的建筑
	砂浆防水层	结构层上涂抹防水砂浆做防水层，施工简单，具有较好的防水效果	适用于不会因结构沉降、振动等原因而产生有害裂缝的防水工程

　　刚性防水材料是指以水泥、砂石、水等原材料或在其内掺入少量外加剂、高分子聚合物纤维类增强材料等，通过调整其配合比，抑制或减小孔隙率，改变孔隙特征，增加各组成材料界面间的密实性等方法，配制而成的具有一定抗渗透能力的混凝土或砂浆类防水材料，以及其组成材料如各种类型的混凝土添加剂、防水剂等，刚性防水材料还包括瓦材等产品。刚性防水材料按其作用又可分为有承重作用的防水材料（即结构自防水材料）和仅有防水作用的防水材料，前者是指各种类型的防水混凝土，后者则是指各种类型的防水砂浆。刚性防水材料的分类参见图 5-1。

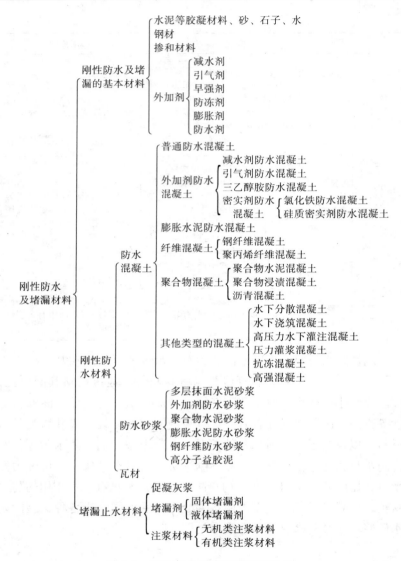

图 5-1　刚性防水及堵漏材料的分类

5.1 聚合物水泥防水砂浆防水层的施工

砂浆是由胶凝材料、细骨料、掺合料、水以及根据需要加入的外加剂，按一定的比例配制而成的建筑工程材料，其在建筑工程中起着粘结、衬垫和传递应力的作用。

砂浆按其胶凝材料的不同，可分为水泥砂浆、聚合物水泥砂浆、石灰砂浆、沥青砂浆、水玻璃砂浆、硫磺砂浆等；按其用途可分为砌筑砂浆、抹面砂浆和粘贴砂浆，抹面砂浆是指以薄层涂抹在建筑物表面的砂浆，抹面砂浆按其用途可分为抹灰砂浆、装饰砂浆、保温隔热砂浆、防水砂浆、耐腐蚀砂浆、防辐射砂浆等多种。

应用于制作建筑防水层的砂浆称之为防水砂浆，防水砂浆是通过严格的操作技术或掺入适量的具有防水性能的外加剂，合成高分子聚合物材料，以提高砂浆的密实性，达到抗渗防水目的的一种重要的刚性防水材料。常用的防水砂浆可分为多层抹面水泥砂浆、掺外加剂的防水砂浆、聚合物水泥防水砂浆等多种。

聚合物水泥防水砂浆是由水泥、骨料和橡胶胶乳或树脂乳液以及稳定剂、消泡剂等助剂经搅拌混合均匀配制而成的一类刚性防水材料。

5.1.1 聚合物水泥防水砂浆的物理力学性能要求

聚合物水泥防水砂浆是在水泥砂浆中掺入一定量的聚合物，如有机硅、丙烯酸酯共聚乳液、氯丁胶乳、EVA 乳液等，从而使砂浆具有良好的抗渗、抗裂与防水性能。如将有机硅防水剂掺入水泥砂浆中，在水和空气中二氧化碳的作用下，能生成甲基硅氧烷，进一步缩聚成网状甲基硅树脂防水膜，渗入基层内可堵塞水泥砂浆内部的毛细孔，增加密实性，提高抗渗性，从而起到防水作用；又如胶乳树脂类聚合物掺入砂浆中后，由于它能均匀地分布在砂浆内部细粒骨料的表面，在一定温度条件下凝结，使水泥、骨料、聚合物三者相互形成一个完整的网络膜，封闭住砂浆空隙的通路，从而阻止外部介质的浸入，使砂浆的吸水率大大减小，而抗渗能力则相应地得到提高。

聚合物水泥防水砂浆产品现已发布了建材行业标准JC/T 984—2011《聚合物水泥防水砂浆》。其物理力学性能要求参见表5-2。

表5-2　物理力学性能　　JC/T 984—2011

序号	项目				技术指标	
					Ⅰ型	Ⅱ型
1	凝结时间ª	初凝/min		≥	45	
		终凝/h		≤	24	
2	抗渗压力ᵇ/MPa	涂层试件	≥	7d	0.4	0.5
		砂浆试件	≥	7d	0.8	1.0
				28d	1.5	1.5
3	抗压强度/MPa			≥	18.0	24.0
4	抗折强度/MPa			≥	6.0	8.0
5	柔韧性（横向变形能力）/mm			≥	1.0	
6	粘结强度/MPa		≥	7d	0.8	1.0
				28d	1.0	1.2
7	耐碱性				无开裂、剥落	
8	耐热性				无开裂、剥落	
9	抗冻性				无开裂、剥落	
10	收缩率/%			≤	0.30	0.15
11	吸水率/%			≤	6.0	4.0

a 凝结时间可根据用户需要及季节变化进行调整。
b 当产品使用的厚度不大于5mm时测定涂层试件抗渗压力；当产品使用的厚度大于5mm时测定砂浆试件抗渗压力。亦可根据产品用途，选择测定涂层或砂浆试件的抗渗压力。

5.1.2　聚合物水泥防水砂浆的施工

聚合物水泥防水砂浆品种繁多，其施工工艺亦各有不同，本节将侧重介绍丙乳砂浆、有机硅防水砂浆、氯丁胶乳防水砂浆的施工工艺要点。

5.1.2.1 丙烯酸酯共聚乳液砂浆的施工

丙烯酸酯共聚乳液（丙乳）砂浆施工方便，对基层处理不要求烘干，适合于潮湿面施工，配制和拌和砂浆工艺简单。不仅可以采用机械喷涂施工，而且还可以采用人工涂抹施工，只要正确掌握施工技术要点，便可保证施工质量。

1. 丙乳砂浆的配制

丙乳砂浆施工配合比根据工程需要参照下列规定在施工现场经试拌确定。

一般配比为：水泥：砂子：丙乳：水 = 1：（1～2）：（0.25～0.35）：适量。

配制丙乳砂浆采用质量称量，其误差应小于3%。称量容器应干净无油污。

丙乳砂浆用人工或立式砂浆搅拌机拌和，拌和器具也应干净。拌制时，先将水泥与砂子干拌均匀，再加入丙乳和经试拌确定的水拌和3min后，尽快运送至施工部位，配好的砂浆需在30～45min（视气候而定）内用完，因此，一次拌和量应根据施工能力确定。

2. 基层处理

为确保施工质量，基层必须清除疏松层、油污、灰尘等杂物，用钢丝刷刷毛或打毛后，用压力水冲洗，划出每块摊铺的分割线。在涂抹砂浆前，基层表面必须24h潮湿，但不积水。先用丙乳净浆［丙乳：水泥 = 1：（1～2）］打底，涂刷力求薄而均匀，15min后，即可摊铺丙乳砂浆。

3. 丙乳砂浆的施工与养护

丙乳砂浆施工温度以5～30℃为宜，遇寒流、高温或雨雪应停止施工。丙乳砂浆摊铺前应检查基底是否符合规定，在分割线内摊铺完毕要立即压抹，操作速度要快，要求一次用力抹平，避免反复抹面。如遇气泡要刺破压紧，保证表面密实。

大面积施工时应进行分块间隔施工或设置接缝条，分块面积宜小于10～15m²，间隔时间应小于24h，接缝条可用8mm×14mm、两边均为30°坡面的木条或聚氯乙烯预先固定在基础上，待丙乳砂浆抹面收光后即可抽取，并在24h后进行补缝。直面或仰面施工时，如涂层厚度大于10mm，必须分层施工，分层间隔时间视施工季节不同，室内3～24h，室外2～6h（前一层触干时进行下一层施工）。当碰到结构伸缩缝时，伸缩缝填缝料必须低于基底1cm，然后再在其上摊铺或填筑丙乳砂浆。丙乳砂浆抹面收光，表面触干后立即喷雾养护或覆盖塑料薄膜、草袋进行潮湿养护7d，然后进行自然养护21d后才可以承载。潮湿养护期间如遇寒流或雨天要加以保温覆盖，使砂浆温度高于5℃，不受雨水冲洗。丙乳砂浆养护结束后，要涂刷一层丙乳净浆。如遇雨天、寒流等影响丙乳砂浆质量的意外情况，要采取措施进行处理。必要时清除重铺。

丙乳砂浆若采用机械施工，最好采用改进的湿喷工艺。

湿喷工艺是将包括水在内的各组分材料预先按设计配比拌制好，通过泵送设备将全湿料输送至喷枪，再由枪口附近输入的压缩空气将湿料喷出。与干喷法相比，湿喷工艺具有水灰比控制准确、涂层质量均匀、回弹损失小及没有粉尘污染等优点。但干喷法所具有的优点（如可远距离输送与高差大，一次可喷涂厚度较大）都正好是湿喷法的缺陷。这是由于湿喷法的输料方式是通过挤压式或柱塞式泵来完成的，泵送设备所需克服的全湿料在整个管路中的摩擦阻力比干喷法的风送干料要大得多。从泵送角度考虑，砂浆宜拌制成高流动度的稀浆，否则将使设备泵送效率大大降低，甚至导致管路堵塞，但喷至结构面的砂浆又被要求尽可能是低流动度的稠浆，以形成一定厚度的涂层，并使其具有良好的力学与耐久性能。当采用传统的湿喷法喷涂丙乳砂浆时，其适宜于泵送且不易引起堵塞的水灰比约为0.35（灰砂比为1:2），尽管这一水灰比的丙乳砂浆仍具有良好的力学与耐久性能，但其一次可喷涂厚度通常仅2～3mm。这一厚度有时难以满足工程需要，如碾压混凝土坝上游面防渗涂层厚度设计要求一般为5～8mm。虽可通过多层喷涂（待前一层砂浆初凝后，再喷第二层、第三层）的办法增厚，但往往又为现场条件或工期所不允许，同时也将增大施工成本。

为了改进喷涂工艺，一方面，在制浆时适当加大水灰比，使较高流动度的砂浆便于泵送但不易堵塞；另一方面，这种便于泵送的较高流动度的砂浆被送至喷枪时，如果能在喷枪内补充适宜的干料，使喷出的砂浆流动度变低，则可大大降低浆料喷至基面后的流淌性，并增大一次可喷厚度。根据湿喷工艺在喷枪内送风喷涂的特点，这种干料应该是可以通过风送的粉状材料，即把传统湿喷工艺中的单纯送风改进成带粉料的风。喷粉机系统按其功能主要由五部分组成：①密封粉料贮罐；②定量螺旋输料器；③驱动装置；④气路控制系统；⑤定位支架。压缩空气经过喷粉机械系统后，即成为携带粉料的压缩空气。其在单位时间内输送粉量的大小，可根据工程需要由喷粉机换挡装置调节。

喷粉机械系统中携带粉料的压缩空气，使砂浆喷出后水灰比减小，从而克服流淌现象，并增大一次可喷厚度。此外，可通过粉料种类的适当选择来满足不同工程的需要，起到使砂浆改性的辅助作用。当以增稠、增强为主要目的时，宜选择硅粉作为补充粉料；当需考虑砂浆的补偿收缩时，应选择微膨胀剂；当工期紧迫需要速凝或要求连续喷涂多遍时，可选择速凝剂；当缺乏任何改性粉料时，也可以水泥代替。值得指出的是：使用湿喷工艺时，如果从工程进度考虑要求涂层速凝，而速凝剂不能直接掺入砂浆中，只能通过喷粉工艺掺入。

传统湿喷工艺的喷枪进风管由于是单纯送风，管径通常较细，且管口位置靠近喷嘴以利于砂浆喷出后的雾化。但当风管需输送带粉料的风时，除了须将风管内径增大外，还需将枪身自喷嘴至风管口间的距离适当加长，使粉料与砂浆在喷出前有一个较充分的混合过程，以充分发挥粉料的增稠作用。然而，风管口离喷嘴较远，又将大大影响砂浆喷出后的雾化状况。

试验表明，将枪管这段距离加长 5~6cm 较适宜，使"混合"与"雾化"状况均可接受。为使雾化效果更加完善，在喷嘴部位增加了二次进风嘴，使砂浆二次雾化，以达到更佳效果。二次进风并不需要另增风源，只需在喷粉机风路系统中设一旁路即可。

为防止输料系统被堵塞，对扬料斗的形式及输料管的连接方式进行了改进。设有搅拌装置的输料斗对降低堵管概率效果明显，料斗出料口的形式及与输料管的连接应尽可能平顺。改进后的湿喷系统，在操作过程正常且保持相对连续喷涂的情况下，已基本上消除了堵塞现象，且使丙乳砂浆的一次喷涂厚度达到 6 ~ 8mm。

5.1.2.2 有机硅防水砂浆防水层的施工

首先做好基层处理，才可进行防水层的施工。将已配制好的（有机硅∶水 =1∶7）调匀的硅水喷或刷在基层面上 1 ~ 2 道，并在湿润的状态下抹结合面水泥浆。按配合比搅拌成的结合面水泥浆应随拌随用，用力刮抹在潮湿不积水的基层面上，第一层刮 1mm、第二层抹 1mm，保持均匀粘结牢固，待初凝后方可再抹底层水泥砂浆。

按配合比配制底层水泥防水砂浆，应认真计量、搅拌均匀，方可涂抹在初凝后的水泥浆面上，掌握抹灰的力度，控制抹灰的厚度在 6m 以内。处理好阴角的圆弧，阳角的钝角，粉平粉直，压实压密，并用木抹子拉成小毛。

按配合比配制而成的面层水泥砂浆，亦应精确计量，搅拌均匀，才可涂抹在终凝后的底层水泥砂浆面上。间隔时间夏季为 24h，冬季为 48h。控制抹灰的厚度在 6mm 以内，抹压平整，表面用铁抹子抹压密实、光滑。

待防水层施工完成后，隔 24h 进行湿养护，保持面层湿润达 14d，防止防水砂浆层中的水分过早蒸发而出现干缩裂缝。也可喷涂养护液进行封闭养护。

基层过于潮湿和雨天不能施工，防止喷涂的硅水被雨水冲走，以影响防水的效果。有机硅防水剂耐高低温性能较好，故可在冬季进行施工。有机硅防水剂为强碱性材料，经稀释后碱度虽已大大降低，但使用时仍要注意避免与人体皮肤接触，施工人员特别要注意保护好眼睛。

　　穿墙管道处作有机硅防水砂浆防水层，应将管道按设计要求的位置固定，并在其周围剔凿深 1～8cm、宽 3mm 的槽沟，用细石防水混凝土（配合比为水泥：砂：豆石：硅水 =1：2：3：0.5）填入槽内捣实，待凝固后再用防水砂浆（其配合比为水泥：砂：硅水 =1：2：0.5，硅水的配合比为有机硅防水剂：水 =1：9）分层抹入槽内，压实即可。

　　有机硅防水剂防水层的施工要点参见表 5-3。

表 5-3　有机硅防水剂防水层的施工要点

项目	操作要点和要求
新建屋面防水施工	（1）按有机硅防水剂：水 =1：8 配制有机硅水备用 （2）预制板用油膏嵌缝，在油膏上用有机硅水：水泥 =1：2.5 的水泥砂浆抹成宽 100mm、高 20～30mm，覆盖 （3）水泥砂浆硬化后，屋面满刷有机硅水两遍 （4）待第二遍有机硅水稍干后，刷水泥素浆一道，厚 1mm。素浆配比为水泥：建筑胶：水 =1：0.13：（0.5～0.6） （5）素浆干后接着再刷有机硅水一遍 （6）最后刷砂浆一道厚 1mm。砂浆配比为水泥：细砂：建筑胶：水 =1：1：0.13：0.5
墙面防水施工	（1）新建房屋墙面干燥后，直接用有机硅水喷涂两遍，其中间隔以第一遍未完全干燥为宜。喷涂时不得漏喷，有机硅水配合比为有机硅防水剂：水 =1：8 （2）对旧房屋墙面，先用建筑胶：水泥：中性有机硅水 =0.2：1：0.5 的水泥胶浆修补裂缝，清除表面尘土、浮皮等，待裂纹修补处干燥后喷涂 1：8 有机硅水两遍 中性有机硅水配合比为有机硅防水剂：水：硫酸铝 =1：6：0.5，pH 值调至 7～8

5.1.2.3　氯丁胶乳防水砂浆的施工

　　氯丁胶乳防水砂浆的施工要点见表 5-4。

表 5-4　氯丁胶乳防水砂浆的施工要点

项目	操作要点和要求
涂刷结合层	在处理好的基层上，用毛刷、棕刷、橡胶刮板或喷枪把胶乳水泥净浆均匀涂刷在基层表面上，不得漏涂

项目	操作要点和要求
铺抹胶乳砂浆防水层	待结合层的胶乳水泥净浆涂层表面稍干（约15min）后，即可铺抹防水层砂浆。因胶乳成膜较快，胶乳水泥砂浆摊开后，应迅速顺着一个方向、边抹平边压实；一次成活，不得往返多次抹压，以防破坏胶乳砂浆面层胶膜 铺抹时，按先立墙后地面的顺序施工，一般垂直面抹5mm厚左右，水平面抹10~15mm厚，阴阳角加厚抹成圆角
涂刷保护层或罩面层	胶乳水泥砂浆凝结时间比普通水泥砂浆慢，20℃时初凝约4h，终凝约8h，凝结后防水层不吸水。因此设计要求做水泥砂浆保护层或罩面时，必须在防水层初凝后进行。一般垂直墙面保护层厚5mm，水平地面保护层厚20~30mm
养护	氯丁胶乳水泥浆应采取干湿结合养护方法 （1）龄期2d前不洒水，采取干养护。使面层砂浆接触空气，较早形成胶膜。如过早浇水养护，养护水会冲走砂浆中的胶乳而破坏胶网膜的形成。此间砂浆所需的水化用水主要从胶乳中得到补充 （2）2d以后再进行10d左右的洒水养护
注意事项	（1）对于干燥基层，施工前应适当进行湿润处理，以提高胶乳水泥砂浆与基层的粘结力 （2）胶乳水泥砂浆中的胶乳在空气中凝聚较快，应随拌随用，拌和后的砂浆必须在1h内用完 （3）胶乳水泥砂浆以拌匀为原则，不允许长时间进行强烈搅拌 （4）夏季气温较高时，砂子、水泥、胶乳应避免阳光曝晒，以防拌制的砂浆因胶乳凝聚太快而失去和易性

5.2 水泥基渗透结晶型防水材料的施工

水泥基渗透结晶型防水材料简称 CCCW，是由硅酸盐水泥、石英砂、特殊的活性化学物质以及各种添加剂组成的无机粉末状防水材料。

水泥基渗透结晶型防水材料是一种刚性防水材料，与水作用后，材料中含有的活性化学物质通过载体向混凝土内部渗透，在混凝土中形成不溶于水的结晶体，填塞毛细孔道，从而使混凝土致密、防水。按照使用方法的不同，此类产品可分为水泥基渗透结晶型防水涂料（C）和水泥基渗透结晶型防水剂（A）两大类别。除此之外，尚有其他类型如速凝、堵漏用的水泥基渗透结晶型防水材料等。

水泥基渗透结晶型防水涂料是一种粉状材料，经与水拌合可调配成刷涂或喷涂在水泥混凝土表面的浆料，亦可将其以干粉撒覆并压入未完成凝固的水泥混凝土表面。

水泥基渗透结晶型防水剂是一种掺入混凝土内部的粉状材料。

5.2.1　水泥基渗透结晶型防水材料的性能要求

水泥基渗透结晶型防水材料执行国家标准 GB 18445—2012《水泥基渗透结晶型防水材料》。

此类产品一般以粉状材料供应用户，因此含水量的高低会影响产品的贮存与使用性能；碱集料反应会导致混凝土的破坏，混凝土中的碱主要由水泥、集料、外加剂等带入，因此严格规定产品的总碱量（$Na_2O + 0.65K_2O$），降低混凝土中总碱量，可以提高建筑与构筑物的耐久性；氯离子对钢筋起锈蚀作用，故标准规定了此项目应控制在生产厂控制值相对量的 5% 以内；掺合料的细度各生产厂差别较大，故标准要求产品出厂时其细度实测值的控制范围。匀质性指标反映了生产企业质量管理水平与产品质量的稳定性。

水泥基渗透结晶型防水涂料的物理力学性能要求见表 5-5。

掺水泥基渗透结晶型防水剂的混凝土的物理力学性能要求见表 5-6。

表 5-5　水泥基渗透结晶型防水涂料　GB 18445—2012

序　号	试　验　项　目		性能指标
1	外观		均匀、无结块
2	含水率/%	≤	1.5
3	细度，0.63mm 筛余/%	≤	5
4	氯离子含量/%	≤	0.10
5	施工性	加水搅拌后	刮涂无障碍
		20min	刮涂无障碍

序 号	试 验 项 目		性能指标
6	抗折强度/MPa，28d	≥	2.8
7	抗压强度/MPa，28d	≥	15.0
8	湿基面粘结强度/MPa，28d	≥	1.0
9	砂浆抗渗性能	带涂层砂浆的抗渗压力ᵃ/MPa，28d	报告实测值
		抗渗压力比（带涂层）/%，28d　　≥	250
		去除涂层砂浆的抗渗压力ᵃ/MPa，28d	报告实测值
		抗渗压力比（去除涂层）/%，28d　≥	175
10	混凝土抗渗性能	带涂层混凝土的抗渗压力ᵃ/MPa，28d	报告实测值
		抗渗压力比（带涂层）/%，28d　　≥	250
		去除涂层混凝土的抗渗压力ᵃ/MPa，28d	报告实测值
		抗渗压力比（去除涂层）/%，28d　≥	175
		带涂层混凝土的第二次抗渗压力/MPa，56d　≥	0.8

ᵃ基准砂浆和基准混凝土28d抗渗压力应为 $0.4^{+0.0}_{-0.1}$ MPa，并在产品质量检验报告中列出。

表 5-6　水泥基渗透结晶型防水剂　　GB 18445—2012

序 号	试 验 项 目		性能指标
1	外观		均匀、无结块
2	含水率/%	≤	1.5
3	细度，0.63mm筛余/%	≤	5
4	氯离子含量/%	≤	0.10
5	总碱量/%		报告实测值
6	减水率/%	<	8
7	含气量/%	≤	3.0
8	凝结时间差	初凝/min　　>	-90
		终凝/h	—
9	抗压强度比/%	7d　　　　≥	100
		28d　　　 ≥	100

序　号	试　验　项　目		性能指标
10	收缩率比/% , 28d　　　　　　　　　　　　　　　　≤		125
11	混凝土抗渗性能	掺防水剂混凝土的抗渗压力[a]/MPa, 28d	报告实测值
		抗渗压力比/% , 28d　　　　　　　　　　　≥	200
		掺防水剂混凝土的第三次抗渗压力/MPa, 56d	报告实测值
		第二次抗渗压力比/% , 56d　　　　　　　　≥	150

[a] 基准砂浆和基准混凝土 28d 抗渗压力应为 $0.4^{+0.0}_{-0.1}$ MPa, 并在产品质量检验报告中列出。

中国工程建设标准化协会发布了有关标准 CECS195：2006《聚合物水泥、渗透结晶型防水材料应用技术规程》。

粉状渗透结晶型防水材料应为无杂质、无结块的粉末，其物理力学性能应符合表 5-6 的要求；液态渗透结晶型防水材料应为无杂质、无沉淀的均匀溶液，其物理力学性能应符合表 5-7 的要求。

表 5-7　液态渗透结晶型防水材料物理力学性能

序号	试验项目		技术指标
1	外观		无色透明、无气味、无毒、不燃的水性溶液
2	密度/（g/cm³）		1.01 ~ 1.14
3	pH 值		≥10
4	黏度		按照产品说明书要求
5	表面张力		
6	渗透深度/mm		≥2.0
7	抗渗性	第一次抗渗压强（28d）/MPa	≥0.8
		第二次抗渗压强（56d）/MPa	≥0.6
		渗透压强比（28d）/%	≥200

5.2.2　渗透结晶型防水材料防水层的设计

渗透结晶型防水材料防水层的设计要点如下：

① 渗透结晶型防水材料可在结构刚度较好的地下防水工程、

建筑物室内防水工程以及构筑物防水工程中单独使用，也可与其他防水材料复合使用。渗透结晶型防水材料宜用于混凝土基体的迎水面，也可用于混凝土基体的背水面。

② 粉状渗透结晶型防水材料的用量不得小于 $0.8kg/m^2$；重要工程不应小于 $1.2kg/m^2$。液态渗透结晶型防水材料应按照其产品说明书的规定进行稀释，稀释后的实际用量不得少于 $0.2kg/m^2$；重要工程不应小于 $0.28kg/m^2$。

③ 细部构造应有详细的设计，应采取更可靠的设防措施，宜采用密封材料、遇水膨胀橡胶条、止水带、防水涂料等进行组合设防。

5.2.3 渗透结晶型防水材料防水层的施工

渗透结晶型防水材料防水层的施工要点如下：

（1）将新、旧混凝土基层表面的尘土、杂物、浮浆、浮灰、油垢和污渍彻底清扫干净，基层表面的蜂窝、孔洞、缝隙等缺陷，应进行修补，凸块应凿除。必要时还应将基层表面作凿毛处理，并用水冲洗干净。混凝土表面的脱模剂应清除干净，混凝土基体应充分湿润，基层表面不得有明水。

（2）渗透结晶型防水材料施工前应先对细部构造进行密封或增强处理。

（3）渗透结晶型防水材料施工前应根据设计要求，确定材料的单位面积用量以及施工的遍数。

（4）粉状渗透结晶型防水材料施工应符合下列规定：

① 粉状渗透结晶型防水材料应按产品说明书提供的配合比控制用水量，配料宜采用机械搅拌，配制好的材料应色泽均匀，无结块、粉团。

② 拌制好的粉状渗透结晶型防水材料，从加水时起计算，材料宜在 20min 内用完。在施工过程中，应不时地搅拌混合料，不得向已经混合好的粉料中另外加水。

③ 多遍涂刷时，应交替改变涂刷方向。若采用喷涂施工，喷

枪的喷嘴应垂直于基面，合理调整压力、喷嘴与基面之间的距离。每遍涂层施工完成后应按照产品说明书规定的间隔时间进行第二遍作业。

④涂层终凝后，应及时进行喷雾干湿交替养护，养护时间不得少于72h，不得采用蓄水或浇水养护。

⑤采用干撒法施工时，若先干撒粉状渗透结晶型防水材料，应在混凝土浇筑前30min以内进行；若先浇筑混凝土，则应在混凝土初凝前干撒完毕。

⑥养护完毕经验收合格后，在进行下一道工序前应将表面析出物清理干净。

（5）液态渗透结晶型防水材料施工应符合下列规定：

①应先将原液充分搅拌，按照产品说明书规定的比例加水混合，搅拌均匀，不得任意改变溶液的浓度。

②喷涂时应控制好每一遍喷涂的用量，喷涂应均匀，无漏涂或流坠，每遍喷涂结束后，应按产品说明书的要求，间隔一定时间后喷洒清水养护

③施工结束后，应将基体表面清理干净。

参考文献

［1］王寿华．屋面工程．技术规范理解与应用［M］．北京：中国建筑工业出版社，2005.

［2］张文华，项桦太．屋面工程施工质量验收规范培训讲座［M］．北京：中国建筑工业出版社，2002.

［3］朱国梁，潘金龙．简明防水工程施工手册［M］．北京：中国环境科学出版社，2003.

［4］瞿义勇．防水工程施工与质量验收实用手册［M］．北京：中国建材工业出版社，2004.

［5］王朝熙．简明防水工程手册［M］．北京：中国建筑工业出版社，1999.

［6］中国建筑防水材料工业协会．建筑防水手册［M］．北京：中国建筑工业出版社，2001.

［7］本书编写组．建筑施工手册（第4版）［M］．北京：中国建筑工业出版社，2003.

［8］叶琳昌．防水工手册（第3版）［M］．北京：中国建筑工业出版社，2005.

［9］王寿华，王比君．屋面工程设计与施工手册（第3版）［M］．北京：中国建筑工业出版社，2003.

［10］俞宾辉．建筑防水工程施工手册［M］．济南：山东科学技术出版社，2004.

［11］徐文彩，宋伏麟．怎样做好屋面工程和屋面防水［M］．上海：同济大学出版社，1999.

［12］北京土木建筑学会．屋面工程施工操作手册［M］．北京：经济科学出版社，2004.

［13］薛莉敏．建筑屋面与地下工程防水施工技术［M］．北京：机械工业出版社，2004.

［14］上海市建设工程质量监督总站，上海市工程建设监督研究会．建筑安装

工程质量工程师手册［M］．上海：上海科学技术文献出版社，2001.

［15］孙加保．新编建筑施工工程师手册［M］．哈尔滨：黑龙江科学技术出版社，2000.

［16］张智强，杨斧钟，陈明凤．化学建材［M］．重庆：重庆大学出版社，2000.

［17］陈长明，刘程．化学建筑材料手册［M］．南昌：江西科学技术出版社，北京：北京科学技术出版社，1997.

［18］张海梅．新世纪高职高专土建类系列教材　建筑材料［M］．北京：科学出版社，2001.

［19］杨生茂．建筑材料工程质量监督与验收丛书　防水材料与屋面材料分册［M］．北京：中国计划出版社，1998.

［20］朱馥林．建筑防水新材料及防水施工新技术［M］．北京：中国建筑工业出版社，1997.

［21］金孝权，杨承忠．建筑防水（第2版）［M］．南京：东南大学出版社，1998.

［22］姜继圣，杨慧玲．建筑功能材料及应用技术［M］．北京：中国建筑工业出版社，1998.

［23］陈世霖，邓钞印．建筑材料手册（第4版）［M］．北京：中国建筑工业出版社，1997.

［24］邓钞印．建筑工程防水材料手册（第2版）［M］．北京：中国建筑工业出版社，2001.

［25］陈巧珍．建筑材料试验计算手册［M］．广州：广东科技出版社，1992.

［26］潘长华．实用小化工生产大全（第二卷）［M］．北京：化学工业出版社，1997.

［27］赵世荣，顾秀云．实用化学配方手册［M］．哈尔滨：黑龙江科学技术出版社，1988.

［28］建筑工程常用数据系列手册．建筑设计常用数据手册［M］．北京：中国建筑工业出版社，1997.

［29］中国建筑防水材料工业协会．建筑防水设计教材（试用本），2000.

［30］马清浩．混凝土外加剂及建筑防水材料应用指南［M］．北京：中国建材工业出版社，1998.

［31］叶琳昌，薛绍祖．防水工程（第2版）［M］．北京：中国建筑工业出版

社，1996.

［32］朱维益．防水工操作技术指南［M］．北京：中国计划出版社，2000.

［33］北京城建集团一公司．建筑防水施工工艺与技术［M］．北京：中国建筑工业出版社，1998.

［34］刘民强．防水工考核应知［M］．北京：北京工业大学出版社，1992.

［35］朱维益，张晓钟，张先权．建筑工程识图与预算［M］．北京：中国建筑工业出版社，1999.

［36］本书编写组．建筑安装工程质量保证资料管理手册［M］．北京：机械工业出版社，1999.

［37］李金星．建筑·装饰工程施工技术资料编写指南［M］．合肥：安徽科学技术出版社，1999.

［38］尹辉．民用建筑房屋防渗漏技术措施［M］．北京：中国建筑工业出版社，1996.

［39］张承志．建筑混凝土［M］．北京：化学工业出版社，2001.

［40］沈春林，苏立荣，岳志俊等．建筑防水材料［M］．北京：化学工业出版社，2000.

［41］沈春林，苏立荣，李芳等．建筑涂料［M］．北京：化学工业出版社，2001.

［42］沈春林．防水工程手册［M］．北京：中国建筑工业出版社，1998.

［43］沈春林．防水技术手册［M］．北京：中国建材工业出版社，1993.

［44］沈春林．建筑防水工程师手册［M］．北京：化学工业出版社，2002.

［45］沈春林．防水材料手册［M］．北京：中国建材工业出版社，1998.

［46］沈春林．化学建材配方手册［M］．北京：化学工业出版社，1999.

［47］沈春林，苏立荣，李芳，高德才．刚性防水及堵漏材料［M］．北京：化学工业出版社，2004.

［48］韩喜林．新型建筑绝热保温材料应用设计施工［M］．北京：中国建材工业出版社，2005.

［49］靳玉芳．房屋建筑学［M］．北京：中国建材工业出版社，2004.

［50］刘昭如．房屋建筑构成与构造［M］．上海：同济大学出版社，2005.

［51］刘庆普．建筑防水与堵漏［M］．北京：化学工业出版社，2002.

［52］徐剑主．建筑识图与房屋构造［M］．北京：金盾出版社，2005.

［53］许传华，贾莉莉．房屋建筑学［M］．合肥：合肥工业大学出版

社，2005.

［54］梁新焰．建筑防水工程手册［M］．太原：山西科学技术出版社，2005.

［55］梁敦维．建筑工程施工常见问题防治系列手册：防水工程［M］．太原：山西科学技术出版社，2006.

［56］李振霞，魏广龙．房屋建筑学概论［M］．北京：中国建材工业出版社，2005.

［57］中国建筑工程总公司．ZJQ00—SG—012—2003 建筑砌体工程施工工艺标准［S］．北京：中国建筑工业出版社，2003.

［58］中国建筑工程总公司．ZJQ00—SG—001—2003 建筑装饰装修工程施工工艺标准［S］．北京：中国建筑工业出版社，2003.

［59］中国建筑工程总公司．ZJQ00—SG—003—2003 建筑地面工程施工工艺标准［S］．北京：中国建筑工业出版社，2003.

［60］熊杰民．地面工程施工与验收手册［M］．北京：中国建筑工业出版社，2005.

［61］彭跃军．装饰装修工程［M］．北京：中国建筑工业出版社，2005.

［62］邓学方．建筑地面与楼面手册［M］．北京：中国建筑工业出版社，2005.

［63］高爱军．建筑地面施工便携手册［M］．北京：中国计划出版社，2006.

［64］北京土木建筑学会．建筑地面工程施工操作手册［M］．北京：经济科学出版社，2004.

［65］北京土木建筑学会．砌体工程施工操作手册［M］．北京：经济科学出版社，2004.

［66］北京土木建筑学会．混凝土结构工程施工操作手册［M］．北京：经济科学出版社，2004.

［67］北京土木建筑学会．防水工程施工技术措施［M］．北京：经济科学出版社，2005.

［68］徐占发．简明砌体工程施工手册［M］．北京：中国环境科学出版社，2003.

［69］朱国梁，顾雪龙．简明混凝土工程施工手册［M］．北京：中国环境科学出版社，2003.

［70］朱晓斌，李群．简明地面工程施工手册［M］．北京：中国环境科学出版社，2003.

［71］本书编委会．建筑工程分项施工工艺表解速查系列手册：砌体结构与木结构工程［M］．北京：中国建材工业出版社，2004．

［72］本书编委会．建筑工程分项施工工艺表解速查系列手册：建筑地面与屋面工程［M］．北京：中国建材工业出版社，2004．

［73］图集编绘组．工程建设分项设计施工系列图集：防水工程［M］．北京：中国建材工业出版社，2004．

［74］宋伏麟．砖混房屋施工［M］．上海：同济大学出版社，1999．

［75］杨绍林．建筑砂浆实用手册［M］．北京：中国建筑工业出版社，2003．

［76］侯君伟．砌筑工手册（第3版）［M］．北京：中国建筑工业出版社，2006．

［77］李立权．混凝土工手册（第2版）［M］．北京：中国建筑工业出版社，1999．

［78］本丛书编委会．看图学砌体施工技术［M］．北京：机械工业出版社，2004．

［79］本书编委会．建筑设计资料集（第2版）［M］．北京：中国建筑工业出版社，1996．

［80］朱国梁等．防水工程施工禁忌手册［M］．北京：机械工业出版社，2006．

［81］刘峰，方文启．防水工程施工［M］．武汉：中国地质大学出版社，2005．

［82］孙波．装饰与防水工程施工［M］．哈尔滨：黑龙江科学技术出版社，2005．

［83］雍本．幕墙工程施工手册［M］．北京：中国计划出版社，2000．

［84］张芹，黄拥军．金属与石材幕墙工程实用技术［M］．北京：机械工业出版社，2005．

［85］广州市鲁班建筑防水补强有限公司．通用建筑防水图集［M］．2000．

［86］张保善．砌体结构［M］．北京：化学工业出版社，2005．

［87］韩喜林．新型防水材料应用技术［M］．北京：中国建材工业出版社，2003．

［88］雍传德，雍世海．防水工操作技巧［M］．北京：中国建筑工业出版社，2003．

［89］田延中．建筑幕墙施工图集［M］．北京：中国建筑工业出版社，2006．

［90］涂料工艺编委会．涂料工艺［M］．北京：化学工业出版社，1997.

［91］马庆麟．涂料工业手册［M］．北京：化学工业出版社，2001.

［92］张德庆，张东兴，刘立柱．高分子材料科学导论［M］．哈尔滨：哈尔滨工业大学出版社，1999.

［93］耿耀宗，曹同玉．合成聚合物乳液制造与应用技术［M］．北京：中国轻工业出版社，1999.

［94］曹同玉，刘庆普，胡金生．聚合物乳液合成原理性能及应用［M］．北京：化学工业出版社，1997.

［95］黄金锜．屋顶花园设计与营造［M］．北京：中国林业出版社，1994.

［96］徐峰，封蕾，郭正一．屋顶花园设计与施工［M］．北京：化学工业出版社，2007.

［97］王仙民．屋顶绿化［M］．武汉：华中科技大学出版社，2007.

［98］李铮生．城市园林绿地规划与设计（第2版）［M］．北京：中国建筑工业出版社，2006.

［99］王希亮．现代园林绿化设计、施工与养护［M］．北京：中国建筑工业出版社，2007.

［100］筑龙网组．园林工程施工方案范例精选［M］．北京：中国电力出版社，2006.

［101］本书编写组．实用建筑施工手册［M］．北京：中国建筑工业出版社，1999.

［102］本书编写组．建筑工程防水设计与施工手册［M］．北京：中国建筑工业出版社，1999.

［103］夏明耀，曾进伦．地下工程设计施工手册［M］．北京：中国建筑工业出版社，1999.

［104］鞠建英．实用地下工程防水手册［M］．北京：中国计划出版社，2002.

［105］建设部人事教育司组织．土木建筑职业技能岗位培训教材：防水工［M］．北京：中国建筑工业出版社，2002.

［106］薛绍祖．地下防水工程质量验收规范培训讲座［M］．北京：中国建筑工业出版社，2002.

［107］张行锐，王凌辉．防水施工技术（第2版）［M］．北京：中国建筑工业出版社，1983.

［108］康宁，王友亭，夏吉安．建筑工程的防排水［M］．北京：科学出版社，1998.

［109］彭振斌．注浆工程设计计算与施工［M］．武汉：中国地质大学出版社，1997.

［110］薛绍祖．地下建筑工程防水技术［M］．北京：中国建筑工业出版社，2003.

［111］徐天平．地基与基础工程施工质量问答［M］．北京：中国建筑工业出版社，2004.

［112］张文华，项桦太．建筑防水工程施工质量问答［M］．北京：中国建筑工业出版社 2004.

［113］李相然，岳同助．城市地下工程实用技术［M］．北京：中国建材工业出版社，2000.

［114］中国建筑标准设计研究所，总参谋部工程兵科研三所．OZJ301 地下建筑防水构造［M］．北京：中国建筑标准设计研究所，2003.

［115］图集编绘组．建筑工程设计施工系列图集：土建工程［M］．北京：中国建材工业出版社，2003.

［116］张健．建筑材料与检测［M］．北京：化学工业出版社，2003.

［117］王惠忠．化学建材［M］．北京：中国建材工业出版社，1992.

［118］张书香，隋同波，王惠忠．化学建材生产及应用［M］．北京：化学工业出版社，2002.

［119］戴振国．建筑粘接密封技术［M］．北京：中国建筑工业出版社，1981.

［120］王燕谋，苏慕珍，张量．硫铝酸盐水泥［M］．北京：北京工业大学出版社，1999.

［121］熊大玉，王小虹．混凝土外加剂［M］．北京：化学工业出版社，2002.

［122］顾国芳，浦鸿汀．化学建材用助剂原理与应用［M］．北京：化学工业出版社，2003.

［123］冯乃谦．实用混凝土大全［M］．北京：科学出版社，2001.

［124］曹文达等．新型混凝土及其应用［M］．北京：金盾出版社，2001.

［125］李继业．新型混凝土技术与施工工艺［M］．北京：中国建筑工业出版社，2002.

［126］冯浩，朱清江．混凝土外加剂工程应用手册 ［M］．北京：中国建筑工业出版社，1999.

［127］陈惠敏．石油沥青产品手册 ［M］．北京：石油工业出版社，2001.

［128］张应立．现代混凝土配合比设计手册 ［M］．北京：人民交通出版社，2002.

［129］李立权．混凝土配合比设计手册（第3版）［M］．广州：华南理工大学出版社，2002.

［130］黄国兴，陈改新．水工混凝土建筑物修补技术及应用 ［M］．北京：中国水利水电出版社，1999.

［131］杜嘉鸿，张崇瑞，何修仁，熊厚金．地下建筑注浆工程简明手册 ［M］．北京：科学出版社，1998.

［132］吕康成，崔凌秋等．隧道防排水工程指南 ［M］．北京：人民交通出版社，2005.

［133］劳动和社会保障部中国就业培训技术指导中心组织．国家职业资格培训教程：防水工 ［M］．北京：中国城市出版社，2003.

［134］于清溪．橡胶原材料手册 ［M］．北京：化学工业出版社，1996.

［135］李子东，李广宇，于敏．实用胶粘剂原材料手册 ［M］．北京：国防工业出版社，1999.

［136］刘国杰，耿耀宗．涂料应用科学与工艺学 ［M］．北京：中国轻工业出版社，1994.

［137］洪啸吟，冯汉保．涂料化学 ［M］．北京：科学出版社，1997.

［138］陆亨荣．建筑涂料生产与施工（第2版）［M］．北京：中国建筑工业出版社，1997.

［139］苏洁．建筑涂料 ［M］．上海：同济大学出版社，1997.

［140］全国化学建材协调组建筑涂料专家组建筑涂料编委会．建筑涂料培训教材 ［M］．上海，2000.

［141］张兴华．水基涂料—原料选择·配方设计·生产工艺 ［M］．北京：中国轻工业出版社，2000.

［142］徐峰．建筑涂料与涂装技术 ［M］．北京：化学工业出版社，1998.

［143］朱广军．涂料新产品与新技术 ［M］．南京：江苏科学技术出版社，2000.

［144］王建国，刘琳．建筑涂料与涂装 ［M］．北京：中国轻工业出版

社，2002.

[145] 李俊贤．塑料工业手册：聚氨酯［M］．北京：化学工业出版社，1999.

[146] 徐培林，张淑琴．聚氨酯材料手册［M］．北京：化学工业出版社，2002.

[147] 李绍雄，刘益军．聚氨酯树脂及其应用［M］．北京：化学工业出版社，2002.

[148] 朱吕民．聚氨酯合成材料［M］．南京：江苏科学技术出版社，2002.

[149] 盛茂桂，邓桂琴．新型聚氨酯树脂涂料生产技术与应用［M］．广州：广东科技出版社，2001.

[150] 罗云军，桂红星．有机硅树脂及其应用［M］．北京：化学工业出版社，2002.

[151] 翟海潮．建筑粘合与防水材料应用手册［M］．北京：中国石化出版社，2000.

[152] 穆锐．涂料实用生产技术与配方［M］．南昌：江西科学技术出版社，2002.

[153] 姚治邦．建筑材料实用配方手册（修订版）［M］．南京：河海大学出版社，1995.

[154] 沈春林．涂料配方手册［M］．北京：中国石化出版社，2000.

[155] 沈春林．建筑涂料手册［M］．北京：中国建筑工业出版社，2002.

[156] 沈春林．聚合物水泥防水涂料［M］．北京：化学工业出版社，2010.

[157] 王新民，李颂．新型建筑干拌砂浆指南［M］．北京：中国建筑工业出版社，2004.

[158] 张雄，张永娟．建筑功能砂浆［M］．北京：化学工业出版社，2006.

[159] 傅德海，赵四渝，徐洛屹．干粉砂浆应用指南［M］．北京：中国建材工业出版社，2006.

[160] 钟世云，袁华．聚合物在混凝土中的应用［M］．北京：化学工业出版社，2003.

[161] 中国散协干混砂浆专业委员会．干混砂浆技术与应用．

[162] 王新民，薛国龙，俞锡贤，何维平，何俊高．干粉砂浆添加剂选用［M］．北京：中国建筑工业出版社，2007.

[163] 王培铭．商品砂浆的研究与应用［M］．北京：机械工业出版

社，2006.

［164］龚益，沈荣熹，李清海. 杜拉纤维在土建工程中的应用［M］. 北京：
机械工业出版社，2002.

［165］中国腐蚀与防护学会. 张信鹏，王德森. 耐腐蚀混凝土［M］. 北京：
化学工业出版社，1989.

［166］张德勤. 石油沥青的生产与应用［M］. 北京：中国石化出版
社，2001.

［167］施仲衡. 地下铁道设计与设计［M］. 西安：陕西科学技术出版
社，2006.

［168］崔玖江. 隧道与地下工程修建技术［M］. 北京：科学出版社，2005.

［169］龙晓昕. 现代道路路面工程［M］. 北京：清华大学出版社，北京交通
大学出版社，2004.

［170］陈振木. 城市道路工程施工手册［M］. 北京：中国建筑工业出版
社，2004.

［171］天津市市政工程局. 道路桥梁工程施工手册［M］. 北京：中国建筑工
业出版社，2003.

［172］李西亚，王育军. 路基路面工程［M］. 北京：科学出版社，2004.

［173］高杰，桥梁工程［M］. 北京：科学出版社，2004.

［174］李麟. 城市道路工程［M］. 北京：中国电力出版社，2004.

［175］田文玉，江立民. 道路建筑材料［M］. 北京：人民交通出版
社，2004.

［176］邰连河，张家平. 新型道路建筑材料［M］. 北京：化学工业出版
社，2003.

［177］刘尚乐. 聚合物沥青及其建筑防水材料［M］. 北京：中国计划出版
社，2004.

［178］沈春林. 路桥防水材料［M］. 北京：化学工业出版社，2006.

［179］虎增福. 乳化沥青及稀浆封层技术［M］. 北京：人民交通出版
社，2001.

［180］黄晓明，吴少鹏，赵永利. 沥青与沥青混合料［M］. 南京：东南大学
出版社，2004.

［181］廖克俭，丛玉凤. 道路沥青生产与应用技术［M］. 北京：化学工业出
版社，2004.

[182] 杨林江. 改性沥青及其乳化技术 [M]. 北京：人民交通出版社，2004.

[183] 王天. 建筑防水 [M]. 北京：机械工业出版社，2006.

[184] 王云江. 市政工程概论（道路·桥梁·排水）[M]. 北京：中国建筑工业出版社，2007.

[185] 韩选江. 大型地下顶管施工技术原理及应用 [M]. 北京：中国建筑工业出版社，2008.

[186] 徐峰，陈彦岭，刘兰. 涂膜防水材料与应用 [M]. 北京：化学工业出版社，2007.

[187] 张玉龙，齐贵亮. 水性涂料配方精选 [M]. 北京：化学工业出版社，2009.

[188] 李东光. 实用防水制品配方集锦 [M]. 北京：化学工业出版社，2009.

[189] 倪玉德. 涂料制造技术 [M]. 北京：化学工业出版社，2003.

[190] 武利民，李丹，游波. 现代涂料配方设计 [M]. 北京：化学工业出版社，2000.

[191] 朱传棨. 化工百科全书：第一卷：丙烯酸系聚合物. [M]. 北京：化学工业出版社，1990.

[192] 陶子斌. 丙烯酸生产与应用技术 [M]. 北京：化学工业出版社，2007.

[193] 王长春，包启宇. 丙烯酸酯涂料 [M]. 北京：化学工业出版社，2005.

[194] 中国建筑标准设计研究院，北京中核北研科技发展有限公司. 国家建筑标准设计图集07CJ10 聚合物水泥防水涂料建筑构造——RG 防水图料 [M]. 北京：中国建筑标准设计研究院，2007.

[195] 叶扬祥，潘肇基. 涂装技术实用手册 [M]. 北京：机械工业出版社，1998.

[196] 刘同和. 油漆工手册 [M]. 北京：中国建筑工业出版社，1999.

[197] 李业兰. 全国建筑企业施工员（土建综合工长）岗位培训教材 建筑材料 [M]. 北京：中国建筑工业出版社，1998.

[198] 沈春林. 建筑工程设计施工详细图集：防水工程 [M]. 北京：中国建筑工业出版社，2000.

［199］CECS217：2006 聚硫、聚氨酯密封胶给水排水工程应用技术规程［S］. 北京：中国计划出版社，2007.

［200］CECS195：2006 聚合物水泥、渗透结晶型防水材料应用技术规程［S］. 北京：中国计划出版社，2006.

［201］泳池用聚氯乙烯膜片应用技术规程［S］. 北京：中国计划出版社，2006.

［202］QB/001—2008 橡化沥青非固化防水涂料（倍斯特 SEAL）施工技术规程［S］. 2008.

［203］聚甲基丙烯酸甲酯（PMMA）防水涂料（草案稿）［S］. 2010.

［204］Q/SPHG21—2009 甲基丙烯酸甲酯（MMA）防水涂料［S］. 2009.

［205］洪啸吟，冯汉保. 涂料化学［M］. 北京：科学出版社，1997.

［206］丛树枫，喻露如. 聚氨酯涂料［M］. 北京：化学工业出版社，2003.

［207］傅明源，孙酣经. 聚氨酯弹性体及其应用（第二版）［M］. 北京：化学工业出版社，1999.

［208］JGJ/T 200—2010 喷涂聚脲防水工程技术规程［S］. 中国建筑工业出版社，2010.

［209］客运专线铁路桥梁混凝土桥面喷涂聚脲防水层暂行技术条件（送审稿）［S］. 2009.

［210］京沪高速铁路桥梁混凝土桥面喷涂聚脲防水层暂行技术条件［S］. 2009.

［211］单组分聚脲防水涂料应用技术规程 JQB—142—2007［S］. 2007.

［212］Q/BCS—PUA—100—2007 混凝土桥梁、隧道聚脲类涂层技术规程（草稿）［S］. 2007.

［213］王德宇：化工百科全书第八卷：聚氨酯［M］. 北京：化学工业出版社，1994.

［214］王箴. 化工词典（第四版）［M］. 北京：化学工业出版社，2000.

［215］中国大百科全书总编辑委员会《化工》编辑委员会，中国大百科全书出版社编辑部. 中国大百科全书化工卷［M］. 北京、上海：中国大百科全书出版社，1987.

［216］［德］G·厄特尔. 阎家宾，吕塑贤等译校. 聚氨酯手册［M］. 北京：中国石化出版社，1992.

［217］刘玉海，赵辉，李国平等. 异氰酸酯［M］. 北京：化学工业出版

社，2004.

[218] 赵亚光. 聚氨酯涂料生产实用技术问答［M］. 北京：化学工业出版社，2004.

[219] 方禹声，朱吕民等. 聚氨酯泡沫塑料（第二版）［M］. 北京：化学工业出版社，1994.

[220] 李绍雄，刘益军. 聚氨酯胶粘剂［M］. 北京：化学工业出版社，1998.

[221] 华北地区建筑设计标准化办公室，北京市建筑设计标准化办公室. 华北标 BJZ 系列建筑构造专项图集，08BJZ11ZT 喷涂聚脲防水系列，2008.

[222] 黄微波. 喷涂聚脲弹性体技术［M］. 北京：化学工业出版社，2005.

[223] 张行锐，王凌辉. 防水施工技术（第三版）［M］. 北京：中国建筑工业出版社，1983.

[224] 刘国杰. 特种功能性涂料［M］. 北京：化学工业出版社，2002.

[225] 赵世荣，顾秀云. 实用化学配方手册［M］. 哈尔滨：黑龙江科学技术出版社，1988.

[226] 张雄. 建筑功能外加剂［M］. 北京：化学工业出版社，2004.

[227] 中国新型建筑材料（集团）公司，中国建材工业经济研究会新型建筑材料专业委员会. 新型建筑材料施工手册（第二版）［M］. 北京：中国建筑工业出版社，2010.

[228] 吴明. 防水工程材料［M］. 北京：中国建筑工业出版社，2010.

[229] 杨杨. 防水工程施工［M］. 北京：中国建筑工业出版社，2010.

[230] 沈春林，苏立荣，李芳，周云. 建筑防水涂料［M］. 北京：化学工业出版社，2003.

[231] 沈春林. 聚合物水泥防水砂浆［M］. 北京：化学工业出版社，2007.

[232] 沈春林. 喷涂聚脲防水涂料［M］. 北京：化学工业出版社，2010.

[233] 张道真. 防水工程设计［M］. 北京：中国建筑工业出版社，2010.

[234] 项桦太. 防水工程概论［M］. 北京：中国建筑工业出版社，2010.

[235] 沈春林，李伶. 种植屋面的设计与施工［M］. 北京：化学工业出版社，2009.

[236] 广珠城际轨道交通工程桥面防水层暂行技术条件［S］，2009.

[237] 何移. 高层建筑外墙防渗漏技术的探讨［J］. 中国建筑防水，2003（1）.

［238］邓天宇. 建筑外墙防水问题探讨［J］. 中国建筑防水，1999（3）.

［239］王仲辰，严汉军，顾乐民. 沿海地区建筑外墙渗漏防治原理及其应用［J］. 中国建筑防水，2003（12）.

［240］李伶，李翔. 德国威达种植屋面系统技术剖析［J］. 新型建筑材料，2007（10）.

［241］朱志远. JGJ 155—2007《种植屋面工程技术规程》标准介绍［J］. 中国建筑防水，2007（9）.

［242］赵定国. 屋顶绿化及轻型平屋顶绿化技术［J］. 中国建筑防水，2004（4）.

［243］陈习之，贾立人. 屋顶绿化配套技术研究［J］. 中国建筑防水，2004（4）.

［244］高延续，沈民生. 科学地开展屋顶绿化工程［J］. 中国建筑防水，2005（5）.

［245］王天. 种植屋面的几个问题［J］. 中国建筑防水，2004（4）.

［246］王天. 种植屋面与其他行业［J］. 中国建筑防水，2005（9）.

［247］叶林标. 种植屋面的设计与施工［J］. 中国建筑防水，2004（4）.

［248］弭明新. APP 改性沥青抗根卷材及其在屋顶花园防水工程中的应用［J］. 中国建筑防水，2004（4）.

［249］朱恩东. 合金卷材是种植屋面防水的佳选［J］. 中国建筑防水，2004（4）.

［250］胡骏. 种植屋面的防水及设计［J］. 中国建筑防水，2006（1）.

［251］Yumiko Graham 格林格屋顶花园系统［J］. 中国建筑防水，2005（8）.

［252］曲璐，丛日晨，贾友柱. 种植屋面系统工程中常见问题探析［J］. 中国建筑防水，2007（9）.

［253］宋磊. 地下防水与屋顶花园的最佳伴侣——HDPE 排水保护板［J］. 中国建筑防水，2007 增刊.

［254］赵黎芳，丛日晨，韩丽莉. 制定科学的式样方法. 规范种植屋面技术发展——介绍行标《防水卷材耐根穿刺试验方法》［J］. 中国建筑防水，2007（9）.

［255］毛学农. 试论屋顶花园的设计［J］. 重庆建筑大学学报：第 24 卷第 3 期，2002（6）.

［256］穆祥纯. 我国城市桥梁结构防水技术综述［J］. 中国建筑防水，2001

（2）．

［257］郝培文. 新型功能性路面材料总动员［J］. 中国公路，2003（22）．

［258］田凤兰，李玉华. 道桥和高架桥防水做法综述［J］. 中国建筑防水，1999（3）．

［259］张风旗. 防水混凝土桥面铺装层裂缝产生原因及防治［J］. 中国公路，2003（21）．

［260］洪秀敏. 高速公路沥青路面水破坏的成因及预防措施［J］. 中国公路，2002（14）．

［261］孟繁宏. 水泥混凝土路面裂缝的防治［J］. 中国公路，2003（20）．

［262］谢涛. 水泥路面防裂断方法［J］. 中国公路，2002（7）．

［263］孟繁宏. 道路裂缝的成因及防治［J］. 中国公路，2002（23）．

［264］刘传波，董延平，李宗学. 水泥混凝土路面破坏的成因［J］. 中国公路，2002（20）．

［265］张卫东. 桥面防水设计与施工［J］. 中国建筑防水，2004（6）．

［266］王洪立. 混凝土路桥防水施工新技术探讨［J］. 新型建筑材料，2005（4）．

［267］王新. 从钢筋混凝土桥梁防水问题反思桥梁防水设计［J］. 中国建筑防水，2004（增刊）．

［268］王新. 钢筋混凝土桥梁防水设计问题探讨［J］. 新型建筑材料，2004（1）．

［269］薛风清，糜月琴，周学虎. 浅谈影响道桥防水质量的几个因素［J］. 中国建筑防水，2004（6）．

［270］朱志远，杨胜. 道桥用防水卷材、防水涂料技术标准的研究［J］. 中国建筑防水，2004（增刊）．

［271］朱志远. 混凝土道桥防水材料的应用及检测［J］. 中国建筑防水，2004（9）．

［272］王斐峰，邓学钧. 高速公路桥梁桥面防水层试验研究［J］. 中国建筑防水，2005（4）．

［273］徐立，孟梅. 路桥用塑性体改性沥青防水卷材的开发［J］. 中国建筑防水，2004（6）．

［274］杨斌. 水泥基渗透结晶型防水材料国家标准的制定［J］. 中国建筑防水，2001（6）．

[275] 薛绍祖. 国外水泥基渗透结晶型防水材料的研究与发展［J］. 中国建筑防水，2001（6）.

[276] 白彬，李珊珊. 凯顿百森新型防水材料在工程上的应用［J］. 中国建筑防水，2001（6）.

[277] 秦雪晨，秦晓辉，秦晓博. 沥青聚合物反应改性自粘防水卷材的研究［J］. 中国建筑防水，2001（5）.

[278] 柴景超. 高耐热塑性复合改性沥青防水卷材的研制［J］. 中国建筑防水，2001（3）.

[279] 杨良明. APP 改性沥青防水卷材在桥梁及路面水害防治中的应用［J］. 新型建筑材料，2004（6）.

[280] 蒋勤逸. 聚合物水泥防水涂料的性能及通用施工工艺［J］. 化学建材，2002（2）.

[281] 姜丽萍. 水性沥青基桥面防水涂料的应用［J］. 中国公路，2003（13）.

[282] 张沂. 聚合物水泥类防水涂料综述［J］. 中国建筑防水，2001（4）.

[283] 尹鹏程. SIK 防水浆料在城市立交钢结构箱梁防水施工中的应用［J］. 中国建筑防水，2004（2）.

[284] 徐明祥，单春明. 水泥密封防水剂在桥面防水中的应用［J］. 中国建筑防水，2004（8）.

[285] 王硕太，刘晓曦，马国靖，吴永根，桑玉书，孔大庆. 机场混凝土道面新型封缝材料［J］. 新型建筑材料，2002（11）.

[286] 田凤兰，陈早明. 高耐热 APP 改性卷材在桥面防水工程中的应用［J］. 中国建筑防水，2004（8）.

[287] 张广彬，尚华胜. 路桥专用高耐热改性沥青防水卷材生产中应注意的几个问题［J］. 中国建筑防水，2004（增刊）.

[288] 刘尚乐. 乳化沥青［J］. 中国建筑防水材料，1985（4）.

[289] 刘尚乐. 高聚物改性沥青材料［J］. 中国建筑防水材料，1985（3）.

[290] 徐建伟，檀春丽. 非焦油型聚氨酯防水涂料的研制［J］. 中国建筑防水，2000（2）.

[291] 王飞镝，邱清华. 彩色阻燃性聚氨酯防水涂料的研制［J］. 新型建筑材料，1994（5）.

[292] 王芳芳. 环保型水性沥青聚氨酯防水涂料［J］. 化学建材，2002（2）.

[293] 袁大伟. 再议"沥青聚氨酯"防水涂料的疑点 [J]. 中国建筑防水, 2002（2）.

[294] 陈振耀. 新型聚氨酯防水涂料的研究 [J]. 新型建筑材料, 2001（9）.

[295] 赵守佳. 无溶剂聚氨酯防水涂料的研制 [J]. 中国建筑防水, 2000（2）

[296] 王涛. 聚氨酯防水涂料用助剂 [J]. 化学建材, 2002（1）.

[297] 戴永清, 李亚军. 健康型聚氨酯建筑防水涂料的研制 [J]. 化学建材, 2002（5）.

[298] 高旭光, 宋敦清. 单组分水固化聚氨酯防水涂料的研制 [J]. 建材产品与应用, 2002（4）.

[299] 郭爱荣, 袁卫国, 张杰. 单组分聚氨酯防水涂料的生产及施工应用 [J]. 中国建筑防水, 2001（5）.

[300] 许永彰, 戚晓健, 许永彤. 彩色弹性防水涂料的研制及施工工艺 [J]. 新型建筑材料, 2000（8）.

[301] 徐彩宣, 陆文雄. 新型水性有机硅系防水剂的制备研究 [J]. 化学建材, 2001（1）.

[302] 寻民高, 单兆铁. XYPEX 防水材料 [J]. 建材产品与应用, 2001（1）.

[303] 樊细杨, 唐杰. XY-01 水泥基渗透结晶型防水材料在工程中的应用 [J]. 建材产品与应用, 2001（1）.

[304] 袁大伟. 聚合物水泥若干问题探讨 [J]. 中国建筑防水, 2001（4）.

[305] 许刚, 杜奎义. JS 复合防水涂料及其应用技术 [J]. 大明建材, 2000（11）.

[306] 沈春林. 新型防水剂——堵漏克的研制 [J]. 新型建筑材料, 1994（5）.

[307] 游宝坤, 韩立林, 李光明. 我国刚性防水技术的发展 [J]. 中国建筑防水, 2000（1）.

[308] 袁大伟. 外墙防水剂防水原理及施工 [J]. 中国建筑防水, 1998（4）.

[309] 谢先. 防水密封胶与防水剂 [J]. 中国建筑防水, 2000（5）.

[310] 檀春丽. 焦油型和非焦油型聚氨酯防水涂料若干问题探讨 [J]. 中国建筑防水, 2000（2）.

[311] 李震. 丙烯酸酯单组分防水涂料 [J]. 江苏省化学建材应用情报信息

网：建筑涂料，技术质量、信息与交流大会论文集，无锡，2001.11

［312］刘绍斌，肖鸿昌，肖志. 高弹性彩色防水涂料的研制与应用［J］. 全国建材工业化学建材专业情报信息网、中国硅酸盐学会房建材料分会装修材料专业委员会：第十一届全国建筑涂料暨第十四届全国建筑防水密封材料技术与推广应用交流大会论文集，1997.7

［313］顾国芳，王坚，张正国，陈德铨，方充之，竺乐益. 高性能硅丙乳液合成及其应用性能［J］. 江苏省化学建材应用情报信息网：建筑涂料技术质量、信息与交流大会论文集，无锡，2001.11

［314］乔玉林，原津萍，宋殿荣，王栋峰. 高性能有机硅丙烯酸外墙涂料的研制［J］. 江苏省化学建材应用情报信息网：建筑涂料技术质量、信息与交流大会论文集，无锡，2001.11

［315］游波，陈希翀，钱峰. 有机硅改性丙烯酸酯乳液及涂料性能的研究［J］. 江苏省化学建材应用情报信息网：建筑涂料技术质量、信息与交流大会论文集，无锡，2001.11.

［316］秦汉钦，赵文海，李安华. JS涂料乳液研究及应用报告［J］. 新型住宅小区. 地下铁道隧道防水材料应用技术交流会论文集. 广州，2002，3.

［317］王春久. 聚合物胶乳在防水材料中的应用探讨［J］. 中国防水技术与市场研讨会. 2000.

［318］刘冰坡. VAE乳液在建筑方面的应用［J］. 福建省建筑防水技术信息网：2002年建筑防水技术交流会暨福建省防水技术信息网第四次年会资料·论文集. 2002，6.

［319］江苏日出集团. 浅谈聚合物水泥基防水涂料用乳液［J］. 福建省建筑防水技术信息网：2002年建筑防水技术交流会暨福建省防水技术信息网第四次年会资料·论文集. 2002，6.

［320］纪庆绪. 乳胶漆用增稠剂［J］. 江苏省化学建材应用情报信息网：建筑涂料技术质量、信息与应用交流大会论文集. 2001，11.

［321］吕仕铭. 世名水性色浆在乳胶漆中使用简介［J］. 全国建材工业化学建材专业情报信息网、中国硅酸盐学会房建材料分会装饰材料专业委员会：第十一届全国建筑涂料暨第十四届全国建筑防水密封材料技术与推广应用交流大会论文集. 1999，7.

［322］周晓明. 聚合物水泥（JS）防水涂料的设计和施工［J］. 福建省建筑

防水技术信息网：2002 年建筑防水技术交流会暨福建省建筑防水技术信息网第四次年会资料. 论文集. 2002，6.

[323] 陈怡. 聚合物水泥复合防水涂料施工及应用 [J]. 福建省建筑防水技术信息网：2002 年建筑防水技术交流会暨福建省建筑防水技术信息网第四次年会资料. 论文集. 2002，6.

[324] 王新春，胡焕兵，李介福. 湿法绢云母粉对外墙乳胶漆性能的影响 [J]. 全国化学建材协调组建筑涂料专家组汇编：第二届中国建筑涂料产业发展战略与合作论坛论文集. 上海，2002.

[325] 王治，邓超. 聚合物水泥防水涂料发展概述 [J]. 新型建筑材料，2009，36（10）.

[326] 徐峰. 聚合物水泥防水涂料应用中几个问题的研究 [J]. 新型建筑材料，2009，36（5）.

[327] 李玉海，周晓敏. 用于聚合物水泥防水涂料中的新型 VAE 乳液性能初析 [J]. 中国建筑防水，2010，增刊（1）.

[328] 李玉海，周晓敏. VAE 乳液在聚合物水泥防水涂料中的应用研究 [J]. 防水与施工. 2009（11）.

[329] 周晓敏，史轶芳. 用于 JS 涂料的内增塑料 Tg 型 VAE 乳液的性能研究 [J]. 中国建筑防水，2008（11）.

[330] 郭青. 丙烯酸酯乳液及其防水涂料的研制及性能 [J]. 化学建材，2003，19（2）.

[331] 赵守佳，熊卫. JS 防水涂料体系中消泡剂的选择 [J]. 中国建筑防水，2007（9）.

[332] 郑高峰，郑水蓉，南博华. 聚合物水泥基复合防水涂料的研究进展 [J]. 涂料工业，2005（12）.

[333] 刘成楼. 提高 JS 防水涂料涂膜耐水性的研究 [J]. 新型建筑材料，2007，34（9）.

[334] 邓德安，吴琼燕. JS 防水涂料配方参数变化对涂膜性能的影响 [J]. 新型建筑材料，2008，35（2）.

[335] 董松，张智强. 聚合物水泥基复合防水涂膜的显微结构研究 [J]. 化学建材，2008，24（4）.

[336] 李应权，徐永模，韩立林. 低聚灰比高弹性聚合物水泥防水涂料的研究 [J]. 新型建筑材料，2002（9）.

［337］李应权，游宝坤，王宝安，陈旭峰．高性能聚合物水泥防水涂料 PMC 的技术特征［J］．中国建筑防水，2005（12）．

［338］王振海，许渊．JSA-101 聚合物水泥防水涂料的研究与应用［J］．化学建材，2005，21（3）．

［339］祝晓东．FJS 防水涂料在滨江商业步行街 D 区项目中的应用［J］．科技咨询导报，2007（22）．

［340］王立华．用反应型聚合物水泥防水涂料粘贴聚乙烯丙纶防水卷材［J］．新型建筑材料，2007，34（3）．

［341］叶军．反应型聚合物水泥防水涂料在奥运工程中的应用［J］．中国建筑防水，2007（4）．

［342］邓超．自闭型聚合物水泥防水涂料［J］．新型建筑材料，2006（8）．

［343］沈春林，褚建军．喷涂聚脲防水涂料及其标准［J］．中国建筑防水，2009（1）．

［344］朱志远．喷涂聚脲产品标准、规范及检验技术［J］．中国建筑防水协会、京沪高速铁路股份有限公司编：高速铁路桥梁喷涂聚脲防水技术研讨会论文集，2009．

［345］王宝柱，刘培礼，刘东晖，张安智．喷涂聚脲防水材料［J］．中国硅酸盐学会房建材料分会防水材料专业委员会编：全国第十次防水材料技术交流大会论文集，贵阳，2008．

［346］陈迺昌．喷涂聚脲防水涂料在铁路客运专线桥梁和隧道防水工程的应用，中国硅酸盐学会房建材料分会防水材料专业委员会编：全国第十一次防水材料技术交流大会论文集，深圳，2009．

［347］季宝，许毅，翟现明．聚氨酯材料的降解机理及其稳定剂［J］．聚氨酯工业，2008，23（6）．

［348］吕璐，曹一林，马跃．端氨基聚醚的合成及应用［J］．化学与粘合，2003（6）．

［349］叶青萱．TMXDI 在水性聚氨酯中的应用［J］．化学推进剂与高分子材料，2005，3（5）．

［350］孙彦璞，任孝修．低黏度水性聚氨酯预聚体［J］．涂料工业，2003，33（4）．

［351］郁维铭．端氨基聚醚的合成方法及其应用［J］．聚氨酯工业，2002，17（1）．

[352] 张翔宇，刘明辉，李荣光，范晓东，俞国星，田威，孙乐. 喷涂聚脲弹性体用端氨基聚醚的合成与表征 [J]. 高分子材料与工程，2007，23（4）.

[353] 高潮，邱少君，甘孝贤，吴洪才. 氨酯基改性的端氨基聚醚型柔性固化剂的合成及性能研究 [J]. 西安交通大学学报，2003，37（4）.

[354] 钟立. 异氰酸酯的合成与应用 [J]. 化工进展，2000，19（4）.

[355] 李英，李干佐，牟建海，徐洪奎. 添加剂对非离子十二烷基聚氧乙烯聚氧丙烯醚浊点的影响 [J]. 高等学校化学学报，1998，19（9）.

[356] 王延飞，沈本贤. 二甲硫基甲苯二胺的合成与表征 [J]. 应用化学，2003，20（10）.

[357] 陈晓东，周南桥，张海. TDI 与 DMTDA 为硬链段的浇注型 PU 弹性体的合成与性能研究 [J]. 塑料工业，2008，36（6）.

[358] 李再峰，梁自禄，田慧，张田林. 新型芳香二胺扩链剂 DMTDA 的"原位"扩链反应动力学研究 [J]. 聚氨酯工业，2004，19（3）.

[359] 杨娟，王贵友，胡春圃. 不同硬段含量脂肪族聚脲的结构与性能研究 [J]. 高分子学报，2003（6）.

[360] 杨娟，王贵友，胡春圃. 扩链剂对脂肪族聚氨酯脲和聚脲弹性体结构与性能的影响 [J]. 化学学报，2006，64（16）.

[361] 杨娟，王贵友，胡春圃. 改性二胺合成新型脂肪族聚脲弹性体 [J]. 华东理工大学学报，2003，29（5）.

[362] 谢瑞广，丘哲明，王斌，薛宁娟. 中温固化树脂基体的研究 [J]. 玻璃钢/复合材料，2004（3）.

[363] 李再峰，张彤，牛淑妍，徐春明. FTIR 法研究 3，5-二甲硫基-2，4-/2，6-二氨基甲苯二胺扩链剂的扩链动力学 [J]. 光谱学与光谱分析，2003，23（6）.

[364] 刘彦东，赵希娟，潘美，郑旗，仲晓林. 适用于混凝土基面聚脲封闭底涂的性能研究 [J]. 2009（2）

[365] 余建平. 高速铁路混凝土桥面防水基层处理剂与应用 [J]. 中国建筑防水协会、京沪高速铁路股份有限公司编：高速铁路桥梁喷涂聚脲防水技术研讨会论文集，2009.

[366] 张晓峰，刘海蓉，张平，周青. 聚脲喷涂弹性体喷涂工艺研究 [J]. 上海涂料，2009，47（5）.

［367］鲍俊杰，许戈文，刘都宝，张海龙．水性聚脲的合成与性能研究［J］．化学建材，2009，25（5）．

［368］吴士慧．上海东方雨虹聚脲/聚氨酯防水涂料生产线设计要点［J］，中国建筑防水，2009（8）．

［369］史立彤．喷涂聚脲施工和防水工程应用技术［J］．中国建筑防水协会、京沪高速铁路股份有限公司编：高速铁路桥梁喷涂聚脲防水技术研讨会论文集，2009．

［370］崔晓明．喷涂聚脲防水涂料技术及其应用［J］．上海涂料，2009，47（5）．

［371］庄敬．聚脲喷涂设备的发展和展望［J］．上海涂料，2009，47（5）．

［372］庄敬．喷涂聚脲设备技术综述［J］．中国建筑防水协会、京沪高速铁路股份有限公司编：高速铁路桥梁喷涂聚脲防水技术研讨会论文集，2009．

［373］陈酒昌．聚脲弹性体喷涂技术在建筑及基础设施防护工程中的应用［J］．新型建筑材料，2009（2）．

［374］廖有为，曹树印，钟萍，李健，雷磊．喷涂聚脲涂料在混凝土结构表面保护领域的应用研究［J］．中国硅酸盐学会房建材料分会防水材料专业委员会编：全国第十次防水材料技术交流大会论文集，贵阳，2008．

［375］田凤兰．京津城际铁路桥面中间部位喷涂聚脲防水层系统施工［J］．中国建筑防水，2009（5）．

［376］余建平．单组分无溶剂聚氨酯和单组分聚脲［J］．中国硅酸盐分会房建材料分会防水材料专业委员会编：全国第十次防水材料技术交流大会论文集，贵阳，2008．

［377］周华林．桥梁防水技术与喷涂聚脲若干问题探讨［J］．中国建筑防水协会、京沪高速铁路股份有限公司编：高速铁路桥梁喷涂聚脲防水技术研讨会论文集，2009．

［378］望雪林，柯万春．喷涂聚脲防水涂料在京津城际轨道交通中的应用［J］．上海涂料，2009，47（5）．

［379］周玉生．喷涂双组分聚脲技术在奥体会议中心配套工程的应用［J］．中国建筑防水，2008（1）．

［380］望雪林，柯万春．聚脲防水涂料在京津城际轨道交通工程中的应用［J］．铁道标准设计，2007（12）．

［381］吴轶娟. 京津铁路客运专线桥梁防水简述［J］. 中国建筑防水，2008 （5）.

［382］熊山. 喷涂型聚脲弹性体在地铁车站防水工程中的应用［J］. 地下工程与隧道，2008（2）.

［383］王宝柱，刘培礼. 关于聚脲热点问题的探讨［J］. 中国建筑防水，2009（12）.

［384］郁维铭. 聚氨酯及聚脲防水涂料技术综述［J］. 防水与施工，2009（11）.

［385］宋银河，元哲. 橡化沥青非固化防水涂料及其应用技术.（中国硅酸盐学会房建材料分会防水材料专业委员会. 全国第十三届防水材料技术交流大会论文集［L］），绍兴，2011.5.

［386］徐立. 橡化沥青非固化防水涂料介绍.（中国硅酸盐学会房建材料分会防水材料专业委员会. 全国第十三届防水材料技术交流大会论文集［L］），2011.5.

［387］廖有为，吴志高，徐风. 新型PMMA防护涂料技术及应用进展［J］. 中国涂料，2010（7）.

［388］杨金鑫，张伶俐，周子鸽，陈文广，梁秋明，李国荣. MMA防水涂料的制备及其施工工艺［J］. 中国硅酸盐学会房建材料分会防水材料专业委员会：全国第十三届防水材料技术交流大会论文集，绍兴，2011.5.

［389］毕磊，肖亮，金红光，孙红斌. 喷涂聚脲在济南奥体中心工程中的应用［J］. 21世纪建筑材料，2009，（2）.

［390］慈洪涛. 直接用于金属底材的100%固体含量的脂肪族聚脲涂料［J］. 现代涂料与涂装，2006，（3）.

［391］高志亮，范晓东，田威，周志勇，刘国涛. 喷涂聚脲弹性体的研究进展［J］. 中国胶粘剂，2008，17（5）.

［392］葛嵘. 聚天冬氨酸酯聚脲的合成及其在地坪涂料中的应用［J］. 中国涂料，2007，22（10）.

［393］葛嵘，孙凌，张宪康. 新一代喷涂聚脲路面标线涂料［J］. 涂料工业，2006，36（3）.

［394］黄微波. 喷涂聚脲弹性体的性能［J］. 上海涂料，2006，44（9）.

［395］黄微波. 喷涂聚脲弹性体结构与性能的关系——脂肪族SPUA材料

[J]. 上海涂料，2006，44（6）.

[396] 黄微波. 喷涂聚脲弹性体技术——聚脲化学反应原理［J］. 上海涂料，2006，44（4）.

[397] 黄微波，陈国华，卢敏，张效慈. 聚脲柔性减阻材料的制备及性能［J］. 高分子材料科学与工程，2007，23（3）.

[398] 黄微波，吕平. 绿色材料——喷涂聚脲的技术原理［J］. 房材与应用，2000，28（2）.

[399] 兰平艾. 润滑防腐涂料的研制［J］. 表面技术，2009，38（4）：78～79，85

[400] 廖有为，车轶才，赵舒超，曹树印，贺光辉. 聚脲弹性涂料在皮卡车车厢表面的应用［J］. 材料保护，2004，37（2）.

[401] 刘培礼，胡松霞，王宝柱，崔洪犁. 慢速喷涂聚脲弹性体的研究进展［J］. 聚氨酯工业，2008，23（3）.

[402] 陆爱阳，赵德信.《喷涂聚脲防水涂料》国标编制中的一些问题浅谈［J］. 上海涂料，2008，46（12）.

[403] 吕平，陈国华，黄微波. 新型聚天门冬氨酸酯合成脂肪族聚脲涂层［J］. 高分子材料科学与工程，2007，23（3）.

[404] 苏琴. 发展中的中国聚脲工业［J］. 上海涂料，2008，46（9）.

[405] 王宝柱，黄微波，杨宇润，陈酒姜，徐德喜，刘东晖，刘培礼. 喷涂聚脲弹性体技术的应用［J］. 聚氨酯工业，2000，15（1）.

[406] 王海荣，张海信. 聚脲弹性体防腐蚀涂料的开发［J］. 腐蚀与防护，2006，27（10）.

[407] 王海荣，张海信. 聚脲弹性体防腐蚀涂料在海上钢结构中的应用研究［J］. 新型建筑材料，2006，（8）.

[408] 姚凯，金树军，郁维铭. 聚脲型道路标线涂料的研制［J］. 聚氨酯工业，2008，23（3）.

[409] 郁维铭. 100%固含量聚氨酯和聚脲涂料［J］. 化学推进剂与高分子材料，2007，5（2）.

[410] 钟鑫，孙慧. 喷涂聚脲弹性体涂料及其应用领域［J］. 聚氨酯工业，2007，22（5）.

[411] 钟鑫，杜根洲，蒋玉涛，宋伟霞. 喷涂聚脲防腐蚀弹性涂料［J］. 现代涂料与涂装，2007，10（2）.

［412］ 美国 Graco（固瑞克）公司：高性能涂料/聚氨酯泡沫喷涂设备资料.

［413］ 美国 Graco（固瑞克）公司：http：//www. graco. com. cn/.

［414］ GAMA（卡马）机械公司：http：//www. gama-China. com/indes. htm.

［415］ 北京京华派克聚合机械设备有限公司：http：//www. jhpk. net/.

［416］ 北京金科聚氨酯有限责任公司：http：//www. jkpu. com/newEbizl/Ebiz-PortalFG/portal/html.

［417］ 北京东盛富田聚氨酯设备制造有限公司：http：//dongshengfut i-an. cn. alibaba. com/.

［418］ 河田防水科技（上海）有限公司：JETSPRAY 喷涂工艺资料.

［419］ 河田防水科技（上海）有限公司：http：//www. shanghai-kawata. com/.